"十二五"普通高等教育本科国家级规划教材

全国优秀教材
一等奖

电 路

Dianlu

第5版

原著　邱关源
修订　罗先觉

高等教育出版社·北京

作者声明

未经本书作者和高等教育出版社许可,任何单位和个人均不得以任何形式将《电路》(第5版)中的习题解答后出版,不得翻印或在出版物中选编、摘录本书的内容;否则,将依照《中华人民共和国著作权法》追究法律责任。

第 5 版序言

本书的第 4 版于 1999 年出版,此次出版的为第 5 版,主要目标是适应电子与电气信息类专业人才培养方案和教学内容体系的改革以及高等教育迅速发展的形势。全书共有 18 章和 3 个附录。

新版继续保持过去重视基本内容、基本概念的特色,明确本课程的主要任务是为电子与电气信息类专业的后续课程和学生未来工作需要准备必要的基础知识;拓宽了适用面,使本教材更能兼顾强电专业和弱电专业的需要,也兼顾了各类高等学校的教学要求,有利于灵活、柔性地组织教学;考虑到现代教育技术的普及应用和读者使用的方便,虽然本课程的总学时有所减少,新版在教材内容上依然保持知识体系的完整性和系统性;另外,与新版配套,将出版《〈电路〉(第 5 版)学习指导与习题分析》和《〈电路〉(第 5 版)电子教案》,以方便广大学生学习和教师教学。

与第 4 版对比,新版在内容上作了一定的调整,进一步理顺了教学内容之间的关系,增加了一些新内容。具体的变动和调整主要有:(1)增加了绪论。(2)将第一章中关于电容元件和电感元件内容作为第六章,并补充了电容、电感的串联和并联的内容。(3)将第六章(一阶电路)和第七章(二阶电路)合并为第七章(一阶电路和二阶电路的时域分析)。(4)将第九章中的谐振部分单独作为第十一章(电路的频率响应),并补充了波特图等内容。(5)在第十章补充了耦合电感的功率的内容。(6)将第十三章(拉普拉斯变换)和第十四章(网络函数)合并为第十四章(线性动态电路的复频域分析)。(7)增加了附录 C——MATLAB 简介。另外,新版还在电路定理和相量法等内容的阐述上做了进一步优化,有利于学习和组织教学。

书中标有星号(*)及排成小字的内容属于参考内容,可以取舍,不要求讲授。习题中也有少量是标有星号的。

新版保留了第 4 版的部分习题,补充了一些新习题,使习题类型有所增加,但总的习题数量基本不变。书后给出了部分习题的答案。全部答案和习题分析可参考与本书配套的《〈电路〉(第 5 版)学习指导与习题分析》。

书末附有索引和参考书目。

本教材的修订由罗先觉主持,参加修订工作的有罗先觉、江慰德、刘正兴、陈燕、刘崇新,全书经罗先觉修改、补充和定稿。本书承清华大学陆文娟教授、王树民教授和于歆杰副教授仔细审阅并提出宝贵修改意见，谨致以衷心谢意。

这里特别要感谢《电路》(1~4版)的主编邱关源教授为本教材的建设所做出的巨大贡献。邱关源教授还对本次修订工作给予了热情的指导和帮助，在此向《电路》(1~4版)的所有编者，特别是主编邱关源教授，致以衷心的感谢。

最后，还要感谢为打印书稿和绘图付出辛勤劳动的同志们以及所有支持本书出版工作的其他同志。

书中不足和错误之处，希读者予以批评指正。意见请寄西安交通大学电气工程学院(邮编：710049)，也可发送电子邮件至 luoxj@mail.xjtu.edu.cn。

编　者

2006年3月于西安

第1版序言

本书系根据1977年11月在合肥召开的全国高等学校工科基础课电工、无线电教材编写会议所通过的编写大纲编写的。

本书内容分为两大部分。第一部分(一至十一章、十八章)包括直流电路、正弦电流电路、非正弦周期电流电路、线性电路的过渡过程(经典法和运算法)、二端口网络以及磁路等,这部分属于电路理论的传统内容。第二部分(十二至十七章)包括多端元件和受控电源、网络图论、状态方程和计算非线性电阻电路的牛顿－拉夫逊法等,还有两章有关数学的内容即矩阵和计算方法,这部分反映了现代网络理论的某些新内容,以计算机辅助分析的基础知识和有源电路的初步分析为主。

书中对传统内容进行了精选,保证了必需的常用基础知识,删去了一些不常用的和陈旧的内容。在体系安排上,第二部分内容全部放在后面,可供选用,以便在使用时具有一定的灵活性。

本书只讨论集中参数电路,分布参数电路移至电磁场(电工原理Ⅱ)。

本书的基本部分为一至十一章,其中个别节如§10-9网络函数和§10-10复频率平面、极点和零点可作为参考内容。十二、十四两章也建议作为基本内容,但§12-6密勒定理可以不讲。十五章一般作为参考内容。十八章带有附录性质,如这部分内容放在有关后续课程中进行较为合适,可以不讲。十三章属于数学内容,但为学习以后几章所必需。十六章的内容是电路的计算机辅助分析所必须具备的基础知识。这两章究竟在哪门课程中讲授为宜,以及如何处理,都尚待进一步研究,本书暂集中为两章且保留在正文中。十七章可灵活处理。

估计总的讲课时数(包括本书全部内容)约110学时。

本书的一至九章和十八章是以我校1973年在校内发行的《电工基础》上、下册的一至十一章为基础进行改写的,参加该书这些部分编写工作的有:邱关源、范丽娟、刘国柱、夏承铨、宁超、肖衍明、周佩白、黄东泉、刘正兴、潘经慧等同志。这些部分的改写以及本书其余部分均由邱关源负责执笔。书稿最后的文字润色工作由黄东泉负责。

本书承哈尔滨工业大学周长源和刘润两位同志初审,提出了宝贵的修改意见,谨致以衷心的谢意。书稿经1978年2月在西安召开的审稿会议讨论通过。参加会议的有二十余单位,其中有哈尔滨工业大学、清华大学、重庆大学、浙江大学、南京工学院、中国科技大学、上海交通大学、北京工业大学、河北电力学院、成都工学院、吉林电力学院、河北水利水电学院以及其他(包括西安地区)十余所高等院校的代表。会上承兄弟院校的代表们提出宝贵修改意见,谨致以衷心的谢意。

限于我们的水平以及时间仓促,书中不妥和错误之处恐不在少数,希望读者予以批评指正。意见请寄西安交通大学电工原理教研室。

编　者

1978年3月

第 2 版序言

本书系《电路(电工原理Ⅰ)》的修订本。修订本的内容及其次序的安排,基本上符合电工教材编审委员会于 1980 年 6 月审订的高等工业学校四年制电类(不包括无线电技术类)各专业试用的《电路教学大纲(草案)》。全书共有十四章和一个附录,分上、下两册出版。

与原版本对比,修订本加强和充实了基本的和传统的内容,并调整了原版本后半部分的一些内容。变动较大的地方有:(1)电路元件的介绍集中在第一章。(2)受控源的概念提到前面,因此各种分析和计算方法中均包括具有受控源的电路。(3)过渡过程(时域分析)放在第三章,在正弦电流电路稳态分析的前面。但是,只要稍作一些补充,把第三章移到后面(即仍按原版本的次序)讲授也是可行的。有关部分的写法考虑了这种可能性。(4)原版本的第三章(正弦电流电路的基本概念)不再单独作为一章,其中部分内容删去,部分内容放在本书的第一章,而其主要内容则结合在本书的第四章中。(5)原版本的第十五章(状态方程)删去,部分内容分别放在本书的第十章和第十三章。(6)原版本的第十三章(矩阵),十六章(计算方法),十八章(磁路和铁心线圈)均删去;计算方法的某些内容则移在本书的第十四章。(7)非线性电路的大部分内容经过重写。(8)增加了有关均匀传输线的内容,放在附录中。实质上这部分是本书的一章,主要供不设《电磁场》课程的专业选用,也供愿意在《电路》课程中讲授具有分布参数的电路的教师选用。(9)增加了有关计算机辅助分析内容的一章,但全章作为参考内容处理。

本书保留了原版本的部分内容和例题。习题则全部重选,数量上略有减少,但类型则稍有增加。使用本书的教师可以适当地自选一些习题作为补充。

书中排成小字的内容,包括标有星号(*)的整节,以及排成大字的第十四章都属加深加宽的内容,供参考用。在使用本书教学时,这些内容均可根据实际需要和可能而有所取舍。

参加本书修订工作的有:邱关源、范丽娟、刘国柱、江慰德和刘正兴。本书初稿承哈尔滨工业大学周长源、高象贤和刘润同志仔细审阅,并提出宝贵的修改意见,谨致以衷心的谢意。书稿并经高等学校电工教材编审委员会电路理论及信号分析编审小组审查通过。

本书虽然在原版本的基础上,根据各方面的读者提出的建设性意见作了一些改进,但缺点和错误之处在所难免,希望读者予以批评指正。意见请寄西安交通大学电工原理教研室。

编 者

1982 年

第3版序言

本书的第 1 版《电路(电工原理Ⅰ)》和第 2 版《电路(修订本)》先后于 1978 年和 1982 年出版。此次出版的为第 3 版。新版本内容满足工科电工课程教学指导委员会于 1986 年制订的高等工业学校电路课程(130～160 学时)的教学基本要求。全书共有 20 章和两个附录,分上、下两册出版。

与第 2 版对比,主要的变动和调整有:(1)把图论的基本知识前移;补充了建立电路方程的 $2b$ 法。(2)把运算放大器前移,作为一种基本多端元件来处理,有关内容也随之而加强。(3)非线性电路的部分内容经过改写并稍有充实。这部分移到了上册,目的是为了有利于配合后续课程的需要,不过仍可放在线性电路部分的后面来讲授。(4)增加了电路设计的初步概念。除在个别章节中略有涉及外,专门增加了一章(第十九章),这可能有利于加强工程背景。(5)增加了有关开关电容网络的初步知识(第二十章)。这新增加的两章均作为参考内容列入。(6)个别图形符号和正弦电流电路部分的少量定义参照有关国家标准作了相应的变动。(7)删去了网络的计算机辅助分析的内容。

本版对基本内容、传统内容和新内容的协调予以充分的注意,而以前两者为主。由于电路课程的教学时数不可能增多,除考虑到各部分内容的分量恰当外,删简了一些较繁琐的或过分强调技巧的内容,而力图突出基本概念和基本原理,并采用比较有效和精练的方式把问题交代清楚。这样做可能更有利于培养学生在教师指导下的自学能力。

考虑到一些专业的教学需要,书末增加了有关磁路的内容作为附录。本版本保留了第 2 版的部分例题和习题,而总的习题数量则有所增加,并增加了少量需要用计算机求解的练习。

书中标有星(*)号并排成小字的章节均属参考内容,可以根据实际需要和可能有所取舍,不一定都要讲授。

参加本版修订工作的有邱关源、刘正兴、叶金官。本书承哈尔滨工业大学周长源、刘润、高象贤同志仔细审阅并提出宝贵修改意见,谨致以衷心谢意。书稿经高等工业学校电路理论与信号分析课程教学指导小组同意作为教材出版。

本书在某些方面所作的变动和尝试,以及书中的不足和错误之处,均希读者予以批评指正。意见请寄西安交通大学电工原理教研室。

编　者

1988 年

第 4 版序言

本书的第 3 版出版已 10 年。此次出版的为第 4 版，主要目标是适应教学内容和课程体系改革以及拓宽专业面的需求。

20 世纪 80 年代后，国内外的一致意见认为本科电路课程的基本内容和范围大体上已趋稳定。新版保持过去重视基本内容、基本概念和慎重处理传统内容的特色；明确本课程主要任务是为后续课程和学生将来工作需要准备必要的基础知识，不强调电路理论学科本身的要求；进一步删简了一些过深内容或过于严谨的叙述；拓宽了适用面，使本教材更能兼顾强电和弱电类专业的需要；作了适当删简以适应学时数的削减。另外，还适度地引入了为学习本书的学生能接受的少量新内容，以开拓他们的眼界和思路。

与第 3 版对比，具体的变动和调整主要有：(1)删去了"$2b$ 法"，第十五章补充了列表法作为参考内容。(2)非线性电路部分移后并作了删简；作为参考内容增加了有关"混沌电路"和"人工神经元电路"的初步知识的内容。(3)删去了第 3 版第十九章(电路设计)和第二十章(开关电容网络简介)。(4)在附录中增加了"PSPICE 简介"，同时把分布参数电路改为本书中的第十八章。

本版保留了第 3 版的部分习题，补充了一些新习题，使总的习题数量和类型有所增加。书后给出了部分习题的答案。全部答案可参考与本书配套的《〈电路〉(第 4 版)学习指导书》，该书中还提供了一些解题的思路。

书中标有星(*)号并排成小字的整节或其他排成小字的内容均属参考内容，可以取舍，不要求讲授。习题中也有少量是标有星号的。

书末附有索引。

参加本版修订工作的有江慰德、刘正兴、陈燕、罗先觉，全书经邱关源修改、补充和定稿。本书承天津大学杨山教授和孙雨耕教授仔细审阅并提出宝贵修改意见，谨致以衷心谢意。书稿经教育部"电路、信号系统和电磁场课程教学指导小组"审阅，同意作为教材出版。

书中不足和错误之处，希望读者予以批评指正。意见请寄西安交通大学电气工程学院。

编　者
1999 年

目 录

绪论 1

第一章　电路模型和电路定律 7
§1-1　电路和电路模型 7
§1-2　电流和电压的参考方向 9
§1-3　电功率和能量 11
§1-4　电路元件 12
§1-5　电阻元件 13
§1-6　电压源和电流源 16
§1-7　受控电源 18
§1-8　基尔霍夫定律 20
习题 25

第二章　电阻电路的等效变换 32
§2-1　引言 32
§2-2　电路的等效变换 32
§2-3　电阻的串联和并联 33
§2-4　电阻的 Y 形联结和 △ 形联结的等效变换 37
§2-5　电压源、电流源的串联和并联 41
§2-6　实际电源的两种模型及其等效变换 42
§2-7　输入电阻 45
习题 46

第三章　电阻电路的一般分析 52
§3-1　电路的图 52
§3-2　KCL 和 KVL 的独立方程数 54
§3-3　支路电流法 58
§3-4　网孔电流法 60
§3-5　回路电流法 64
§3-6　结点电压法 69

习题 75

第四章 电路定理 82
§4-1 叠加定理 82
§4-2 替代定理 88
§4-3 戴维宁定理和诺顿定理 90
§4-4 最大功率传输定理 97
*§4-5 特勒根定理 99
*§4-6 互易定理 102
*§4-7 对偶原理 105
习题 107

第五章 含有运算放大器的电阻电路 115
§5-1 运算放大器的电路模型 115
§5-2 比例电路的分析 118
§5-3 含有理想运算放大器的电路的分析 120
习题 123

第六章 储能元件 126
§6-1 电容元件 126
§6-2 电感元件 129
§6-3 电容、电感元件的串联与并联 131
习题 134

第七章 一阶电路和二阶电路的时域分析 137
§7-1 动态电路的方程及其初始条件 137
§7-2 一阶电路的零输入响应 140
§7-3 一阶电路的零状态响应 147
§7-4 一阶电路的全响应 152
§7-5 二阶电路的零输入响应 156
§7-6 二阶电路的零状态响应和全响应 164
§7-7 一阶电路和二阶电路的阶跃响应 168
§7-8 一阶电路和二阶电路的冲激响应 172
*§7-9 卷积积分 181
*§7-10 状态方程 184
*§7-11 动态电路时域分析中的几个问题 187
习题 190

第八章 相量法 202

§8-1 复数 …… 202
§8-2 正弦量 …… 205
§8-3 相量法的基础 …… 208
§8-4 电路定律的相量形式 …… 211
习题 …… 217

第九章 正弦稳态电路的分析 …… 220

§9-1 阻抗和导纳 …… 220
§9-2 电路的相量图 …… 226
§9-3 正弦稳态电路的分析 …… 227
§9-4 正弦稳态电路的功率 …… 233
§9-5 复功率 …… 238
§9-6 最大功率传输 …… 241
习题 …… 243

第十章 含有耦合电感的电路 …… 252

§10-1 互感 …… 252
§10-2 含有耦合电感电路的计算 …… 257
§10-3 耦合电感的功率 …… 262
§10-4 变压器原理 …… 265
§10-5 理想变压器 …… 268
习题 …… 271

第十一章 电路的频率响应 …… 279

§11-1 网络函数 …… 279
§11-2 RLC 串联电路的谐振 …… 281
§11-3 RLC 串联电路的频率响应 …… 285
§11-4 RLC 并联谐振电路 …… 290
§11-5 波特图 …… 292
§11-6 滤波器简介 …… 295
习题 …… 296

第十二章 三相电路 …… 301

§12-1 三相电路 …… 301
§12-2 线电压(电流)与相电压(电流)的关系 …… 303
§12-3 对称三相电路的计算 …… 306
§12-4 不对称三相电路的概念 …… 308
§12-5 三相电路的功率 …… 310

习题 312

第十三章 非正弦周期电流电路和信号的频谱 317

§13-1 非正弦周期信号 317
§13-2 非正弦周期函数分解为傅里叶级数 318
§13-3 有效值、平均值和平均功率 325
§13-4 非正弦周期电流电路的计算 328
*§13-5 对称三相电路中的高次谐波 330
*§13-6 傅里叶级数的指数形式 333
*§13-7 傅里叶积分简介 336
习题 340

第十四章 线性动态电路的复频域分析 344

§14-1 拉普拉斯变换的定义 344
§14-2 拉普拉斯变换的基本性质 346
§14-3 拉普拉斯反变换的部分分式展开 351
§14-4 运算电路 355
§14-5 应用拉普拉斯变换法分析线性电路 359
§14-6 网络函数的定义 365
§14-7 网络函数的极点和零点 368
§14-8 极点、零点与冲激响应 370
§14-9 极点、零点与频率响应 372
习题 377

第十五章 电路方程的矩阵形式 388

§15-1 割集 388
§15-2 关联矩阵、回路矩阵、割集矩阵 391
*§15-3 矩阵 A、B_f、Q_f 之间的关系 397
§15-4 回路电流方程的矩阵形式 398
§15-5 结点电压方程的矩阵形式 402
*§15-6 割集电压方程的矩阵形式 407
*§15-7 列表法 409
习题 413

第十六章 二端口网络 418

§16-1 二端口网络 418
§16-2 二端口的方程和参数 419
§16-3 二端口的等效电路 427

§16-4 二端口的转移函数 ………………………………………………… 429
§16-5 二端口的连接 …………………………………………………… 432
§16-6 回转器和负阻抗变换器 ………………………………………… 435
习题 ……………………………………………………………………… 437

第十七章 非线性电路 …………………………………………………… 442

§17-1 非线性电阻 ……………………………………………………… 442
§17-2 非线性电容和非线性电感 ……………………………………… 447
§17-3 非线性电路的方程 ……………………………………………… 449
§17-4 小信号分析法 …………………………………………………… 451
§17-5 分段线性化方法 ………………………………………………… 454
*§17-6 工作在非线性范围的运算放大器 ……………………………… 458
*§17-7 二阶非线性电路的状态平面 …………………………………… 461
*§17-8 非线性振荡电路 ………………………………………………… 463
*§17-9 混沌电路简介 …………………………………………………… 466
*§17-10 人工神经元电路 ……………………………………………… 469
习题 ……………………………………………………………………… 471

第十八章 均匀传输线 …………………………………………………… 475

§18-1 分布参数电路 …………………………………………………… 475
§18-2 均匀传输线及其方程 …………………………………………… 478
§18-3 均匀传输线方程的正弦稳态解 ………………………………… 480
§18-4 均匀传输线的原参数和副参数 ………………………………… 487
§18-5 无损耗传输线 …………………………………………………… 491
§18-6 无损耗线方程的通解 …………………………………………… 498
§18-7 无损耗线的波过程 ……………………………………………… 501
习题 ……………………………………………………………………… 504

附录 A 磁路和铁心线圈 ………………………………………………… 506

§A-1 磁场和磁路 ……………………………………………………… 506
§A-2 铁磁物质的磁化曲线 …………………………………………… 508
§A-3 磁路的基本定律 ………………………………………………… 510
§A-4 恒定磁通磁路的计算 …………………………………………… 512
§A-5 交变磁通磁路简介 ……………………………………………… 517
§A-6 铁心线圈 ………………………………………………………… 519
习题 ……………………………………………………………………… 521

附录 B PSpice 简介 ……………………………………………………… 524

§B-1　电路的计算机辅助分析 …………………………………………… 524
　　§B-2　PSpice …………………………………………………………… 527
附录C　MATLAB 简介 …………………………………………………… 536
　　§C-1　MATLAB 概述 …………………………………………………… 536
　　§C-2　MATLAB 在电路分析中的应用举例 …………………………… 538
部分习题答案 ……………………………………………………………… 544
索引 ………………………………………………………………………… 562
参考书目 …………………………………………………………………… 569

绪　　论

一、课程定位

"电路"课程是高等学校电子与电气信息类专业的重要的基础课,是所有强电专业和弱电专业的必修课。

学习本课程要求学生具备必要的电磁学和数学基础知识。"电路"课程以分析电路中的电磁现象,研究电路的基本规律及电路的分析方法为主要内容。"电路"课程理论严密、逻辑性强,有广阔的工程背景。

通过本课程的学习,对树立学生严肃认真的科学作风和理论联系实际的工程观点,培养学生的科学思维能力、分析计算能力、实验研究能力和科学归纳能力都有重要的作用。

通过本课程的学习,使学生掌握电路的基本理论知识、电路的基本分析方法和初步的实验技能,为进一步学习电路理论打下初步的基础,为学习电子与电气信息类专业的后续课程准备必要的电路知识。因此,"电路"课程在整个电子与电气信息类专业的人才培养方案和课程体系中起着承前启后的重要作用。

将"电路"课程作为必修技术基础课程的普通高等学校的专业(标记*者为引导性专业)如下:

(1) 电气工程及其自动化。
(2) 自动化。
(3) 计算机科学与技术。
(4) 电子科学与技术。
(5) 通信工程。
(6) 电子信息工程。
(7) 生物医学工程。
(8) 电气工程与自动化*。
(9) 信息工程*。

二、电路理论及相关科学技术的发展简史

电路理论是当代电气工程与电子科学技术的重要理论基础之一。电路理论

与电磁学、电子科学与技术、通信、电气工程、自动控制、计算机科学技术等学科相互促进、相互影响。经历了一个多世纪的漫长道路以后,电路理论已经发展成为一门体系完整、逻辑严密、具有强大生命力的学科领域。

人类对电磁现象的认识始于对静电、静磁现象的观察。1729 年,英国人 S. 格雷将材料分为两类——导体和绝缘体。美国科学家富兰克林(B. Franklin,1706—1790)在电的研究方面作了大量实验,并于 1749 年提出了正电和负电的概念。1785—1789 年,法国人库仑(C. A. Coulomb)定量地研究了两个带电体间的相互作用,得出了历史上最早的静电学定律——库仑定律。这是人类在电磁现象认识上的一次飞跃。

19 世纪以前,电与磁的应用尚属凤毛麟角。1800 年,意大利物理学家伏特(A. Vlota,1745—1827)发明了伏打电池,它能够把化学能不断地转变为电能,维持单一方向的持续电流。这一发明具有划时代的意义,它为人们深入研究电化学、电磁学以及它们的应用打下了物质基础。以后很快发现了电流的化学效应、热效应以及利用电来照明等。

1820 年,丹麦物理学家奥斯特(H. C. Oersted,1777—1851)通过实验发现了电流的磁效应,在电与磁之间架起了一座桥梁,打开了近代电磁学的突破口。

1825 年,法国科学家安培(A. M. Ampere,1775—1836)提出了著名的安培环路定律。他从 1820 年开始在测量电流的磁效应中,发现两个载流导线可以互相吸引,又可以相互排斥。这一发现成为研究电学的基本定律,为电动机的发明作了理论上的准备。

1826 年,德国人欧姆(G. S. Ohm,1787—1854)在多年实验基础上,提出了著名的欧姆定律:在恒定温度下,导线回路中的电流等于回路中的电动势与电阻之比。欧姆又将这一定律推广于任意一段导线上,并得出导线中的电流等于这一段导线上的电压与电阻之比。

1831 年,英国物理学家法拉第(M. Faraday,1791—1867)发现了电磁感应现象。当他继续奥斯特的实验时,他坚信,既然电能产生磁,那么磁也能产生电。他终于发现在磁场中运动的导体会产生感生电动势,并能在闭合导体回路中产生电流。这一发现成为发电机和变压器的基本原理,从而使机械能变为电能成为可能。1832 年,亨利提出了表征线圈中自感应作用的自感系数 L。1834 年俄国人楞次提出感应电流方向的定律,即著名的楞次定律。

1838 年,画家出身的美国人莫尔斯(S. F. Morse,1791—1872)发明了电报。1844 年,他用电报机从华盛顿向 40 英里外的巴尔的摩发出电文。

电报的出现,增加了对电路分析和计算的需要。1845 年,德国科学家基尔霍夫(G. R. Kirchhoff,1824—1887)在深入研究了欧姆的工作成果之后,提出了电路的两个基本定律——基尔霍夫电流定律(简称 KCL)和基尔霍夫电压定律

(简称 KVL)。它是集总参数电路中电压、电流必须服从的规律。

1853 年,汤姆逊(W. Thomson,1824—1907,即开尔文勋爵)采用电阻、电感和电容的电路模型,分析了莱顿瓶的放电过程,得出电振荡的频率。同年,亥姆霍兹提出电路中的等效发电机定理。由于国际通信需求的增加,1850—1855 年,欧洲建成了英国、法国、意大利、土耳其之间的海底电报电缆。电报信号经过远距离的电缆传送,产生了信号的衰减、延迟、失真等现象。1854 年汤姆逊发表了电缆传输理论,分析了这些现象。1857 年基尔霍夫考虑到架空传输线与电缆不同,得出了包括自感系数在内的完整的传输线上电压及电流方程式,称之为电报员方程或基尔霍夫方程。至此,包括传输线在内的电路理论就基本建立起来了。

1864 年英国物理学家麦克斯韦(J. C. Maxwell,1831—1879)总结了当时所发现的种种电磁现象的规律,将它表达为麦克斯韦方程组,预言了电磁波的存在,为电路理论奠定了坚实的基础。1887 年,德国物理学家赫兹(H. R. Hertz,1857—1894)经过艰苦的反复实验,证明麦克斯韦所预言的电磁波确实存在。

1866 年,德国工程师西门子(E. W. Siemens,1823—1883)发现了电动机原理并用在了发电机的改进上。由于电在各方面的应用日益广泛,如照明、电解、电镀、电力拖动等,迫切需要更方便地获取电能,以提高效率、降低成本。1881 年,直流高压输电试验成功。但由于直流高压不便于用户直接使用,同年在发明变压器的基础上又实现了远距离交流高压输电。从此,电气化时代开始了。

1876 年,美国科学家贝尔(A. G. Bell,1847—1922)发明了电话。当时电报已很发达,贝尔在多路电报通信实验中,萌发了在电报线上通话的设想。在 T. A. 沃森的协助下,经过不懈的努力终于试验成功。经过不断改进,到 1878 年,他实现了从波士顿到纽约之间 200 英里的首次长途通话。

1879 年,美国人爱迪生(T. A. Edison,1847—1931)发明了碳丝灯泡。1912 年美国人 W. D. 库利奇发明了钨丝灯泡,成为最普及的照明用具。电灯的广泛使用,是电能应用的一次大普及,并改变了人们的生活。

1880 年,英国人 J. 霍普金森提出了形式上与欧姆定律相似的计算磁路用的定律。19 世纪末,交流电技术的迅速发展,促进交流电路理论的建立。1893 年,C. P. 施泰因梅茨提出分析交流电路的复数符号法(相量法),采用复数表示正弦式的交流电,简化了交流电路的计算。瑞士数学家 J. R. 阿尔甘提出的矢量图,也成为分析交流电路的有力工具。这些理论和方法,为此后电路理论的发展奠定了基础。

1894 年,意大利人马可尼(G. Marconi,1874—1937)和俄国的波波夫分别发明了无线电。没有受过正规大学教育的 20 岁的马可尼利用赫兹的火花振荡器作为发射器,通过电键的开、闭产生断续的电磁波信号。1895 年,他发射的信号传送距离为 1 km 以上，1897 年发射的信号可在 20 km 之外接收到，从此开始了无线电通信的时代。

电真空器件的发明使电子工程的发展推进了一大步。英国科学家汤姆逊(J. J. Thomson, 1856—1940)在 1895—1897 年间反复测试，证明了电子确实存在。随后，英国科学家弗莱明(J. A. Fleming)在爱迪生发明的热二极管的基础上发明了实用的真空二极管。它具有单向导电特性，能用来整流或检波。1906 年，美国人德福雷斯特(L. De Forest)发明了真空三极管，它对微弱电信号有放大作用。1914 年，德福雷斯特用真空三极管又构成了振荡电路，使无线电通信系统更加先进。

应用的需要导致了大规模发电及输配电的出现和发展。在 19 世纪末还发生过一场"交、直流之争"。以爱迪生为代表的一方主张应用直流电，而另一方以 G. 威斯汀豪斯及其创建的西屋公司为代表，主张应用交流电。直到交流发电机、感应电动机、变压器等发明之后，充分显示了交流制的优点，交流制才得到广泛的应用。到 20 世纪 30 年代，电力传输线的电压已达到 22×10^4 V，供电范围达几百公里，形成比较复杂的电力网。

进入 20 世纪，1911 年英国工程师 O. 亥维赛提出阻抗的概念，还提出了求解电路瞬态过程的运算法。1918 年福台克提出的对称分量法，简化了不对称三相电路的分析。这一方法至今仍为分析三相交流电机、电力系统不对称运行的常用方法。1920 年，G. A. 坎贝尔、K. 瓦格纳研究了梯形结构的滤波电路。1924 年，R. M. 福斯特提出电感电容二端网络的电抗定理。此后便建立了由给定频率特性设计电路的网络综合理论。

1925 年，英国人贝尔德(J. L. Baird)首先发明电视。几乎在同时，美国无线电公司(R. C. A)的工程师兹沃雷金(V. K. Zworykin)发明了电视显像管。1933 年，他利用真空二极管、真空三极管和显像管，最早发明了电视机。1936 年，黑白电视机正式问世了。

在电子管被发明后，电子电路的技术迅速发展。1932 年瑞典人 H. 奈奎斯特提出了由反馈电路的开环传递函数的频率特性判断闭环系统稳定性的判据。1945 年美国人 H. W. 伯德出版了《网络分析和反馈放大器》一书，总结了负反馈放大器的原理，由此形成了分析线性电路和控制系统的频域分析方法，并得到广泛的应用。

第二次世界大战中雷达和近代控制技术的出现，对电路理论的发展起到了推进作用。1947 年 12 月 24 日，贝尔实验室的布拉顿(W. H. Brattain)、巴丁(J. Bardeen)和肖克利(W. B. Shockley)发明了一种点接触晶体管。这是一种全新的半导体器件，它的体积小，电性能稳定，功耗低。这项发明自从 1948 年公布于世起，很快就应用于通信、电视、计算机等领域，电子技术进入了半导体时代。

  1958年发明了集成电路,它将构成电子电路的电阻、电容、二极管、晶体管和导线都制造在一块几平方毫米的半导体芯片上,从而使体积大大缩小。现在集成电路已从含几十个晶体管的小规模集成电路发展到含上百万个晶体管的超大规模集成电路,电子技术进入了集成电路时代。

  与此同时,电子计算机和各类微处理机也历经数代变迁,1947年应用的电子计算机 ENIAC,含 18 000 个电子管,30 t,功耗 50 kW。而今日用集成电路制成的同样功能的电子计算机,不到 300 g,功耗仅 0.5 W。目前,计算机已广泛应用于生产、国防、科研、管理、教育和医疗卫生等领域。

  从 20 世纪 30 年代开始,电路理论已形成为一门独立的学科。建立了各种元器件的电路模型。成功地运用电阻、电容、电感、电压源、电流源等几种理想元件,近似地表征成千上万种实际电气装置。到 20 世纪 50 年代末,电路理论在学术体系上基本完善,这一发展阶段称为经典电路理论阶段。在 20 世纪 60 年代以后,电路理论又经历了一次重大的变革,这一变革的主要起源是新型电路元件的出现和计算机的冲击,电路理论无论在深度和广度方面均得到巨大的发展。因此又称 20 世纪 60 年代以后的电路理论为近代电路理论。

  近代电路理论的主要特点之一是吉尔曼(Guillemin)将图论引入电路理论之中。它为应用计算机进行电路分析和集成电路布线与板图设计等研究提供了有力的工具。特点之二是出现大量新的电路元件、有源器件,如使用低电压的 MOS 电路,摒弃电感元件的电路,进一步摒弃电阻的开关电容电路等。当前,有源电路的综合设计正在迅速发展之中。特点之三是在电路分析和设计中应用计算机后,使得对电路的优化设计和故障诊断成为可能,大大地提高了电子产品的质量并降低了成本。

三、电路理论的应用

  电路理论是高等学校电子与电气信息类专业的技术基础课,为该类专业的后续许多课程提供理论支持,例如模拟电子技术、数字电子技术、信号与系统、电机学、电力系统分析、集成电路设计、自动控制、电力电子技术等课程都用到电路理论。

  在科学技术发展中,电路理论与众多学科相互影响和相互促进。例如,电路理论在电力系统中应用,产生了电力系统分析这门学科,并为电力系统运行分析建立了理论体系。而当代电子技术从电子管、半导体晶体管、集成电路到超大规模集成电路,更离不开电路理论的支持和它的发展。当然,电子技术的发展也促进了电路理论的发展。例如新型电子元器件的出现,促使电路模型的多样化和建模理论的发展。

在工程技术实际和生活实际中,电路理论有非常广阔的应用。从简单的照明电路,到复杂的电力系统;从单个的手提电话、收音机、电视机,到卫星通信网络、计算机互联网,都与电路理论有一定的关系。可以说,只要在涉及电能的产生、传输和使用的地方,就有电路理论的应用。而在信息产生、信息传递、信息处理的绝大多数场合,都可见到电路理论应用的例子。电路理论已经与我们的生活密不可分。

四、电路理论和"电路"课程

电路理论是电气工程和电子科学技术的主要理论基础,是一门研究电路分析和网络综合与设计基本规律的基础工程学科。所谓电路分析是在电路给定、参数已知的条件下,通过求解电路中的电压、电流而了解电网络具有的特性;而网络综合是在给定电路技术指标的情况下,设计出电路并确定元件参数,使电路的性能符合设计要求。因此电路分析是电路理论中最基本的部分,是学习电路理论的入门课程,被列为电类各专业共同需要的技术基础课。

我国从20世纪50年代开始,高等工科学校的电类专业将电路理论与电磁场理论合为一门课程,称为"电工原理",并列为技术基础课。其中电路理论部分的内容主要介绍线性电路的分析、磁路的计算以及均匀传输线。20世纪70年代末,电路理论单独设课,内容上也增加了电路方程的矩阵形式和计算机辅助分析等内容。由于"电路"课程为电子与电气信息类专业的技术基础课,因此在过去的20多年,其教学内容相对稳定。主要变化在教学内容优化,教学过程组织,教学方法和手段改革,实验教学改革,与"信号与系统"、"自动控制"、"模拟电子技术"等课程的协调等方面。

第一章

电路模型和电路定律

• ──── 内 容 提 要 ──── •

> 本章介绍电路模型、电路元件的概念,电压、电流参考方向的概念,元件、电路吸收或发出功率的表达式和计算;还介绍电阻、独立电源和受控电源等电路元件。
>
> 电路中的电压、电流之间具有两种约束,一种是由电路元件决定的元件约束;另一种是元件间连接而引入的几何约束[①],后者由基尔霍夫定律来表达。基尔霍夫定律是集总参数电路的基本定律。

§1-1 电路和电路模型

人们在工作和生活中会遇到很多实际电路。实际电路是为完成某种预期目的而设计、安装、运行(也可以是在非预期情况,例如短路、漏电等),由电路部件(例如电阻器、蓄电池等)和电路器件(例如晶体管、集成电路等)相互连接而成的电流通路装置。实际电路常借助于电压、电流而完成传输电能或信号、处理信号、测量、控制、计算等功能。其中,电能或电信号的发生器称为电源,用电设备称为负载。由于电路中的电压、电流是在电源的作用下产生的,因此电源又称为激励源或激励;由激励而在电路中产生的电压、电流称为响应。有时,根据激励与响应之间的因果关系,把激励称为输入,响应称为输出。

有些实际电路十分复杂,例如,电能的产生、输送和分配是通过发电机、变压器、输电线等完成的,它们形成了一个庞大而复杂的电路或系统。当前,集成电路的应用已渗透到许多领域,集成电路芯片可能小到不大于指甲,但在上面有成千上万个晶体管相互连接成为一个电路或系统。现在,集成电路的集成度越来

---

① 又称拓扑约束。

越高,就是说在同样大小的芯片上可容纳的部件、器件数目越来越多,可达数百万或更多。前面所述电路,都是比较复杂的,但有些电路非常简单,例如手电筒的电路就是一个十分简单的电路。

本书的主要内容是介绍电路理论的入门知识并为后续课程的学习准备必要的基础。电路理论研究电路中发生的电磁现象,并用电流、电压、电荷、磁通等物理量来描述其中的过程。电路理论主要是计算电路中各部件、器件的端子电流和端子间的电压,一般不涉及内部发生的物理过程。本书讨论的对象不是实际电路而是实际电路的电路模型。实际电路的电路模型由理想电路元件相互连接而成,理想元件是组成电路模型的最小单元,是具有某种确定电磁性质并有精确数学定义的基本结构。在一定的工作条件下,理想电路元件及它们的组合足以模拟实际电路中部件、器件中发生的物理过程。在电路模型中各理想元件的端子是用"理想导线"①连接起来的。根据元件对外端子的数目,理想电路元件可分为二端、三端、四端元件等。

图1-1(a)所示为一个简单的实际电路,这是一个由干电池和小灯泡用两根连接导线组成的照明电路。其电路模型如图1-1(b)所示。图中的电阻元件 R 作为小灯泡的电路模型,反映了将电能转换为热能和光能这一物理现象;干电池用电压源 U_S 和电阻元件 R_S 的串联组合作为模型,分别反映了电池内储化学能转换为电能以及电池本身耗能的物理过程。连接导线用理想导线(其电阻设为零)即线段表示。

图1-1 实际电路与电路模型示例

用理想电路元件或它们的组合模拟实际器件就是建立其模型,简称建模。建模时必须考虑工作条件,并按不同准确度的要求把给定工作情况下的主要物理现象和功能反映出来。例如,一个线圈的建模:在直流情况下它在电路中仅反映为导线内电流引起的能量消耗,因此,它的模型就是一个电阻元件;在电流变化的情况下(包括交变电流),线圈电流产生的磁场会引起感应电压,故电路模型除电阻元件还应包含一个与之串联的电感元件;当电流变化甚快时(包括高频交流),则还应计及线圈导体表面的电荷作用,即电容效应。所以其模型中还需要包含电容元件。可见,在不同的工作条件下,同一实际器件可能采用不同的模型。模型取得恰当,对电路进行分析计算的结果就与实际情况接近;模型取得不恰当,则会造成很大误差甚至导致错误的结果。如果模型取得太复杂则会造成分析困难,取得太简单则可能无法反映真实的物理现象。建模问题需要专门进

---

① 理想导线的电阻为零,且假设当导线中有电流时,导线内、外均无电场和磁场。

行研究,本书不作介绍。

今后本书所涉及电路均指由理想电路元件构成的电路模型。同时将把理想电路元件简称为电路元件①。

通常,电路又称网络②,本书中将不加区分地引用。电路理论(或电网络理论)是一门研究网络分析和网络综合或设计③的基础工程学科,它与近代系统理论有密切的关系。本书的主要内容是电路分析,探讨电路的基本定律和定理,并讨论各种分析方法,为学习电气工程技术、电子和信息工程技术等建立必要的理论基础。

§1-2 电流和电压的参考方向

电路理论中涉及的物理量主要有电流、电压、电荷和磁通,通常用 I、U、Q 和 Φ 分别表示④。磁通链用 Ψ 表示。另外,电功率和电能也是重要的物理量,它们的符号分别为 P 和 W。

在电路分析中,当涉及某个元件或部分电路的电流或电压时,有必要指定电流或电压的参考方向。这是因为电流或电压的实际方向可能是未知的,也可能是随时间变动的。图 1-2 表示一个电路的一部分,其中的矩形框表示一个二端元件。流过这个元件的电流为 i,其实际方向可以是由 A 到 B,或是由 B 到 A。图 1-2 中在导线上标示的箭头表示电流的参考方向,它不一定就是电流的实际方向。指定参考方向的用意是在于把电流看成代数量。如果电流 i 的实际方向是由 A 到 B,如图 1-2(a)中虚线箭头所示,它与参考方向一致,则电流为正值,即 $i>0$。在图 1-2(b)中,指定的电流参考方向自 B 到 A,如果电流的实际方向是由 A 到 B(见虚线箭头),两者不一致,故电流为负值,即 $i<0$。这样,在指定的电流参考方向下,电流值的正和负就可以反映出电流的实际方向。另一方面,只有规定了参考方向以后,才能写出随时间变化的电流的函数式。电流的参考方向可以任意指定,一般用箭头表示,也可以用双下标表示,例如,i_{AB} 表示参考方向是由 A 到 B。

同理,对电路两点之间的电压也可指定参考方向或参考极性。在表达两点

---

① 有时把实际电路器件也称为"电路元件"。但本书中凡涉及"电路元件"均指理想化模型。

② 网络(Network)的含义较为广泛,可引申至非电情况。例如"神经网络","计算机网络"等。

③ 网络分析(Analysis)问题,指给定电路结构、参数求解电路性能;网络综合(Synthesis)问题,指给定电路性能要求,求电路结构、参数,是网络分析的逆问题;如果在综合过程中还考虑其他诸如灵敏度、优化、成本、工艺等因素则成为电路设计。

④ 当电路中的电流、电压、电荷等变量随时间变化时,一般用小写字母 i、u、q 等表示,用大写字母 I、U、Q 时则表示对应的变量是恒定量。但本书有时也采用小写字母表示恒定的变量;可根据上、下文判断。

图 1-2 电流的参考方向

之间的电压时,用正极性(+)表示高电位,负极性(-)表示低电位,而正极指向负极的方向就是电压的参考方向。指定电压的参考方向后,电压就是一个代数量,在图 1-3 中,电压 u 的参考方向是由 A 指向 B,也就是假定 A 点的电位比 B 点的电位高;如果 A 点的电位确实高于 B 点的电位,即电压的实际方向是由 A 到 B,两者的方向一致,则 $u>0$。若实际电位是 B 点高于 A 点,则 $u<0$。有时为了图示方便,也可用一个箭头表示电压的参考方向(见图 1-3,本书一般不采用此种表示法)。还可以用双下标来表示电压,如 u_{AB} 表示 A 与 B 之间的电压,其参考方向为 A 指向 B。

图 1-3 电压的参考方向

一个元件的电流或电压的参考方向可以独立地任意指定。如果指定流过元件的电流的参考方向是从标以电压正极性的一端指向负极性的一端,即两者的参考方向一致,则把电流和电压的这种参考方向称为关联参考方向,如图 1-4(a)所示;当两者不一致时,称为非关联参考方向。在图 1-4(b)中,N 表示电路的一个部分,它有两个端子与外电路连接,电流 i 的参考方向自电压 u 的正极性端流入电路,从负极性端流出,两者的参考方向一致,所以是关联参考方向;图 1-4(c)所示电流和电压的参考方向是非关联的。

图 1-4 关联方向

在国际单位制(SI)中,电流的单位为 A(安培,简称安),电荷的单位为 C(库仑,简称库),电压的单位为 V(伏特,简称伏)。表 1-1 列出了 SI 单位中规定的用来构成十进倍数或分数的词头。例如：1 μA(微安) = 10^{-6} A，2 kV(千伏) = $2×10^3$ V，2 GHz(吉赫) = 2000 MHz = $2×10^9$ Hz 等。

表1-1　SI 倍数与分数词头

倍率	词头名称词	词头符号	倍率	词头名称词	词头符号
10^{24}	尧[它]	yotta	Y	10^{-1}	分	deci	d
10^{21}	泽[它]	zetta	Z	10^{-2}	厘	centi	c
10^{18}	艾[可萨]	exa	E	10^{-3}	毫	milli	m
10^{15}	拍[它]	peta	P	10^{-6}	微	micro	μ
10^{12}	太[拉]	tera	T	10^{-9}	纳[诺]	nano	n
10^{9}	吉[咖]	giga	G	10^{-12}	皮[可]	pico	p
10^{6}	兆	mega	M	10^{-15}	飞[母托]	femto	f
10^{3}	千	kilo	k	10^{-18}	阿[托]	atto	a
10^{2}	百	hecto	h	10^{-21}	仄[普托]	zepto	z
10	十	deca	da	10^{-24}	幺[科托]	yocto	y

§1-3　电功率和能量

在电路的分析和计算中，能量和功率的计算是十分重要的。这是因为电路在工作状况下总伴随有电能与其他形式能量的相互交换；另一方面，电气设备、电路部件本身都有功率的限制，在使用时要注意其电流值或电压值是否超过额定值，过载会使设备或部件损坏，或是不能正常工作。

电功率与电压和电流密切相关。当正电荷从元件上电压的"+"极经元件运动到电压的"−"极时，与此电压相应的电场力要对电荷作功，这时，元件吸收能量；反之，正电荷从电压的"−"极经元件运动到电压"+"极时，与此电压相应的电场力作负功，元件向外释放电能。

如果在 dt 时间内，有 dq 电荷自元件上电压的"+"极经历电压 u[①] 到达电压的"−"极。根据电压的定义(A、B 两点的电压 u 等于电场力将单位正电荷自 A 点移动至 B 点时所作的功)，电场力所作功，也即元件吸收的能量为

$$dW = udq$$

现在假设 i 在元件上与 u 成关联方向，由 i 的定义 $i = dq/dt$，有 $dW = ui dt$，功

---

① 本书通常把 $u(t)$、$i(t)$ 等简写为 u、i 等。

率是能量的导数,故元件的吸收功率为

$$p = \frac{dW}{dt} = ui \tag{1-1}$$

在 t_0 到 t 的时间内,元件吸收的能量为

$$W(t) = \int dW = \int_{q(t_0)}^{q(t)} u \, dq = \int_{t_0}^{t} u(\xi) i(\xi) d\xi \tag{1-2}$$

由于 u、i 都是代数量,因此,功率 p 和吸收的能量 W 也都是代数量。当 $p>0$,$W>0$,元件确实吸收功率与能量;当 $p<0$,$W<0$ 时,元件实际释放电能或发出功率。

当电流单位为 A,电压的单位为 V 时,能量的单位为 J(焦耳,简称焦),当时间的单位为 s(秒)时,功率的单位为 W(瓦特,简称瓦)。

在指定电压和电流的参考方向后,应用式(1-1)求功率 p 时应当注意:当电压和电流的参考方向为关联参考方向时,乘积"ui"表示元件吸收的功率;当 p 为正值时,表示该元件确实吸收功率。如果电压和电流的参考方向为非关联参考方向时,乘积"ui"表示元件发出的功率,此时,当 p 为正值时,该元件确实发出功率。一个元件若吸收功率 100 W,也可以认为它发出功率 -100 W,同理,一个元件若发出功率 100 W,也可以认为它吸收功率 -100 W。这两种说法是一致的。

在图 1-5 中,已知某元件两端的电压为 5 V,A 点电位高于 B 点电位;电流 i 的实际方向为自 A 点到 B 点,其值为 2 A。根据图 1-5(a)中指定的参考方向,u 和 i 为关联参考方向,$u = 5$ V,$i = 2$ A。据式(1-1),$p = 10$ W,为正值,此元件吸收的功率为 10 W。如果指定的 u 和 i 的参考方向为非关联参考方向,如图 1-5(b)所示时,则此时 $u = -5$ V,$i = 2$ A。按式(1-1),元件发出的功率 $p = -10$ W,为负值。所以此元件实际上还是吸收 10 W,与按图 1-5(a)求得的结果一致。

图 1-5 元件的功率

§1-4 电路元件

电路元件是电路中最基本的组成单元。电路元件通过其端子与外部连接。元件的特性通过与端子有关的电路物理量描述。每种元件通过端子的两种物理

量反映一种确定的电磁性质。元件的两个端子的电路物理量之间的代数函数关系称为元件的端子特性(亦称元件特性)。集总(参数)元件[①] 假定：在任何时刻，流入二端元件的一个端子的电流一定等于从另一端子流出的电流，且两个端子之间的电压为单值量。由集总元件构成的电路称为集总电路，或称具有集总参数的电路。用有限个集总元件及其组合模拟实际的部件和器件以及用集总电路作为实际电路的电路模型是有条件的，本书的第十八章将加以讨论。本书的其余各章只考虑集总电路。

电路物理量有电压 u、电流 i、电荷 q 以及磁通 Φ(或磁通链 Ψ)等。电阻元件的元件特性是电压与电流的代数关系 $f(u,i)=0$；电容元件的元件特性是电荷 q 与电压 u 的代数关系 $f(q,u)=0$；电感元件的元件特性是磁通链 Ψ 与电流 i 的代数关系 $f(\Psi,i)=0$。如果表征元件特性的代数关系是一个线性关系，则该元件称为线性元件。如果表征元件特性的代数关系是一个非线性关系，则该元件称为非线性元件。

前已提及，电路元件按与外部连接的端子数目可分为二端、三端、四端元件等。电路元件还可分为线性元件和非线性元件，时不变元件和时变元件，无源元件和有源元件等。

§1-5 电阻元件

电阻器、白炽灯、电炉等在一定条件下可以用二端线性电阻元件作为其模型(以后各章主要讨论二端元件，故将略去"二端"两字)。线性电阻元件是这样的理想元件：在电压和电流取关联参考方向时，在任何时刻其两端的电压和电流服从欧姆定律

$$u = Ri \qquad (1-3)$$

线性电阻元件的图形符号如图 1-6(a)所示。上式中 R 为电阻元件的参数，称为元件的电阻。R 是一个正实常数。当电压单位用 V，电流单位用 A 时，电阻的单位为 Ω(欧姆，简称欧)。

令 $G = \dfrac{1}{R}$，式(1-3)变成

$$i = Gu \qquad (1-4)$$

式中 G 称为电阻元件的电导。电导的单位是 S(西门子，简称西)。R 和 G 都是

[①] 集总参数(Lumped Parameter)元件是指有关电、磁场物理现象都由元件来"集总"表征。在元件外部不存在任何电场与磁场。如果元件外部有电场，进、出端子的电流就有可能不同；如果元件外部有磁场，两个端子之间的电压就可能不是单值的。

电阻元件的参数。

如果电压、电流参考方向取非关联参考方向,则
$$u = -Ri \text{ 或 } i = -Gu$$

由于电压和电流的单位是伏和安,因此电阻元件的特性称为伏安特性。图1-6(b)画出线性电阻元件的伏安特性曲线,它是通过原点的一条直线。直线的斜率与元件的电阻 R 有关。如果在作图时,电压坐标的标尺为 m_u(m_u 为坐标轴上每单位长度代表的电压值),电流坐标的标尺为 m_i(m_i 为坐标轴上每单位长度代表的电流值),则有

$$R = \frac{u}{i} = \frac{m_u}{m_i}\frac{\overline{OU}}{\overline{OI}} = \frac{m_u}{m_i}\tan\theta^{①}$$

$$G = \frac{i}{u} = \frac{m_i}{m_u}\frac{\overline{OI}}{\overline{OU}} = \frac{m_i}{m_u}\tan\alpha$$

式中 $\overline{OU}$、$\overline{OI}$ 分别为电压 u 与电流 i 相应的 u 轴和 i 轴上的线段长度。

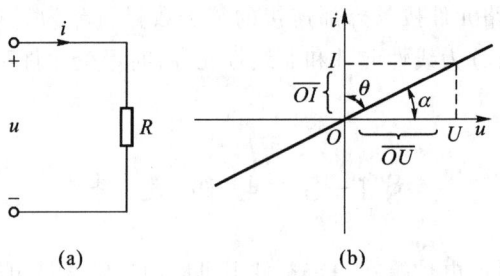

图1-6 电阻元件及其伏安特性曲线

当一个线性电阻元件的端电压不论为何值时,流过它的电流恒为零值,就把它称为"开路"。开路的伏安特性曲线在 $u-i$ 平面上与电压轴重合,它相当于 $R=\infty$ 或 $G=0$,如图1-7(a)所示。当流过一个线性电阻元件的电流不论为何值时,它的端电压恒为零值,就把它称为"短路"。短路的伏安特性曲线在 $u-i$ 平面上与电流轴重合,它相当于 $R=0$ 或 $G=\infty$,如图1-7(b)所示。如果电路中的一对端子1-1′之间呈断开状态,如图1-7(c)所示,这相当于1-1′之间接有 $R=\infty$ 的电阻,此时称1-1′处于"开路"。如果把端子1-1′用理想导线(电阻为零)连接起来,称这对端子1-1′被短路,如图1-7(d)所示。

当电压 u 和电流 i 取关联参考方向时,电阻元件消耗的功率为

---

① 对于一个 $R=1\,\Omega$ 的电阻,如果取 $m_u/m_i=1$,则 $\theta=45°$;而当 $m_u/m_i=2$ 时,$\theta=26.6°$。

§1-5 电阻元件　　　　　　　　　　15

$$p = ui = Ri^2 = \frac{u^2}{R}$$

$$= Gu^2 = \frac{i^2}{G} \qquad (1-5)$$

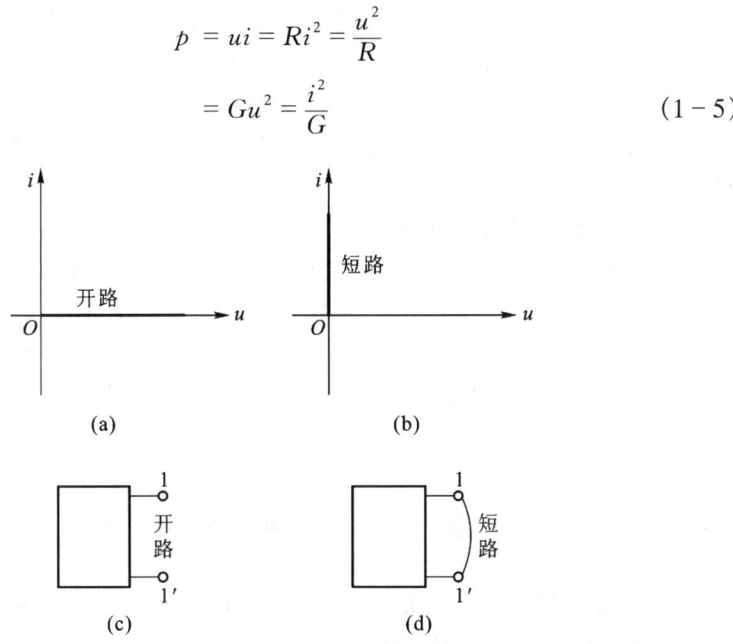

图 1-7　开路和短路的伏安特性曲线

R 和 G 是正实常数,故功率 p 恒为非负值。所以线性电阻元件是一种无源元件。

电阻元件从 t_0 到 t 的时间内吸收的电能为

$$W = \int_{t_0}^{t} Ri^2(\xi)\mathrm{d}\xi$$

电阻元件一般把吸收的电能转换成热能或其他能量。

由于制作材料的电阻率与温度有关,(实际)电阻器通过电流后因发热会使温度改变,因此,严格说,电阻器带有非线性因素[①]。但是在正常工作条件下,温度变化有限,许多实际部件如金属膜电阻器、线绕电阻器等,它们的伏安特性曲线近似为一条直线。所以用线性电阻元件作为它们的理想模型是合适的。

非线性电阻元件的伏安特性曲线不是一条通过原点的直线。非线性电阻元件的电压电流关系一般可写为

---

① 手电筒中的小电珠是一个典型的非线性热电阻。小电珠在室温时用电阻表量得电阻小于 1 Ω,但在 2.5 V、0.3 A 额定工作情况下其电阻为 2.5/0.3 Ω = 8.33 Ω。这是因为小电珠工作温度在 3 000℃ 以上,以致灯泡电阻增加了近十倍。

家用电器中常使用 PTC(Positive Temperature Coefficient)陶瓷为发热元件。这是一种具有正温度系数的半导体陶瓷,发热后,电阻迅速增加而具有自动限制电流的能力。通常由钛酸钡(BaTiO)等构成。

$$u = f(i) \quad [\text{或} \quad i = h(u)]$$

如果一个电阻元件具有以下的电压电流关系：

$$u(t) = R(t)i(t) \quad [\text{或} \quad i(t) = G(t)u(t)]$$

这里 u 与 i 仍是比例关系，但比例系数 R 是随时间变化的，故称为时变电阻元件。

线性电阻元件的伏安特性曲线位于第一、三象限。如果一个电阻元件的伏安特性曲线位于第二、四象限，则此元件的电阻为负值，即 $R < 0$。负电阻元件实际上是一个发出电能的元件。如果要获得这种元件，一般需要专门设计。

今后，为了叙述方便，把线性电阻元件简称为电阻，所以本书中"电阻"这个术语以及它的相应符号 R 一方面表示一个电阻元件，另一方面也表示此元件的参数。

§1-6 电压源和电流源

实际电源有电池、发电机、信号源等。电压源和电流源是从实际电源抽象得到的电路模型，它们是二端有源元件。

电压源是一个理想电路元件，它的端电压 $u(t)$ 为

$$u(t) = u_S(t)^{①}$$

式中 $u_S(t)$ 为给定的时间函数，称为电压源的激励电压。电压源电压 $u(t)$ 与通过元件的电流无关，总保持为给定的时间函数，而电流的大小则由外电路决定。电压源的图形符号如图 1-8(a) 所示。当 $u_S(t)$ 为恒定值时，这种电压源称为恒定电压源或直流电压源，用 U_S 表示。有时用图 1-8(b) 所示蓄电池的图形符号表示直流电压源，其中长线表示电源的"+"端。

图 1-8 电压源

图 1-9(a) 示出电压源接外电路的情况。端子 1、2 之间的电压 $u(t)$ 等于 $u_S(t)$，不受外电路的影响。图 1-9(b) 示出电压源在 t_1 时刻的伏安特性曲线，它是一条不通过原点且与电流轴平行的直线。当 $u_S(t)$ 随时间改变时，这条平行于电流轴的直线也将随之平移其位置。图 1-9(c) 是直流电压源的伏安特性曲线，它不随时间改变。

在图 1-9(a) 中，电压源的电压和通过电压源的电流的参考方向取为非关联参考方向，此时，电压源发出的功率为

---

① 这里 $u_S(t)$ 或 $u(t)$ 实际上是用来表示所考虑时间范围内的"波形曲线"或整个函数。$u(t)$ 或 $u_S(t)$ 也表示某一瞬间的电压值，即所谓瞬时值。严格来说，这两者是有区别的。

§1-6 电压源和电流源

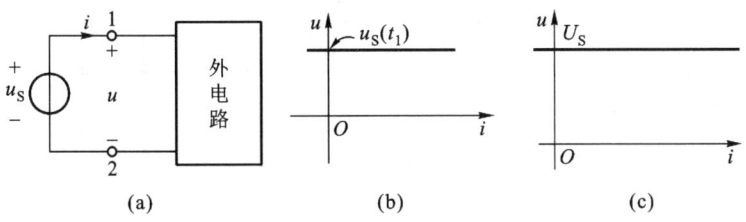

图1-9 电压源及其伏安特性曲线

$$p(t) = u_S(t)i(t)$$

它也是外电路吸收的功率。

电压源不接外电路时,电流 i 总为零值,这种情况称为"电压源处于开路"。如果一个电压源的电压 $u_S = 0$,则此电压源的伏安特性曲线为 i-u 平面上的电流轴,它相当于短路。把 $u_S \neq 0$ 的电压源短路是没有意义的,因为短路时端电压 $u = 0$,这与电压源的特性不相容。

电流源是一个理想电路元件。电流源发出的电流 $i(t)$ 为

$$i(t) = i_S(t)$$

式中 $i_S(t)$ 为给定时间函数,称为电流源的激励电流。因而电流源的电流 $i(t)$ 与元件的端电压无关,并总保持为给定的时间函数。电流源的端电压由外电路决定[①]。电流源的图形符号如图1-10(a)所示,图1-10(b)示出了电流源接外电路的情况。图1-10(c)为电流源在 t_1 时刻的伏安特性曲线,它是一条不通过原点且与电压轴平行的直线。当 $i_S(t)$ 随时间改变时,这条平行于电压轴的直线将随之平移其位置。图1-10(d)示出直流电流源的伏安特性曲线,它不随时间改变。

在图1-10(b)中,电流源电流和电压的参考方向为非关联参考方向,所以电流源发出的功率为

$$p(t) = u(t)i_S(t)$$

它也是外电路吸收的功率。

电流源两端短路时,其端电压 $u = 0$,而 $i = i_S$,短路电流就是激励电流。如果一个电流源的 $i_S = 0$,则此电流源的伏安特性曲线为 u-i 平面上的电压轴,

---

① 用于静电起电的范德格拉夫(Van der Graff)发电机的端电压就是电流源电压的例子。当起电盘以恒定转速转动时,金属刷以固定速率从起电盘的金属片上得到电荷,也就是供给的电流是恒定值。当电极间绝缘良好即外电路电阻很大时,可以得到很高的电压。反之,在周围空气潮湿而绝缘电阻不高时,就得不到高电压。

图 1-10 电流源及其伏安特性曲线

它相当于开路。把 $i_S \neq 0$ 的电流源开路是没有意义的,因为开路时的电流 i 必须为零,这与电流源的特性不相容。

当电压源的电压 $u_S(t)$ 或电流源的电流 $i_S(t)$ 随时间作正弦规律变化时,则称为正弦电压源或正弦电流源。以正弦电压源为例,有

$$u_S(t) = U_m \cos\left(\frac{2\pi}{T}t + \phi\right)$$
$$= U_m \cos(2\pi f t + \phi)$$
$$= U_m \cos(\omega t + \phi)$$

式中 U_m 为正弦电压的最大值,T 为正弦函数的周期,$f = \dfrac{1}{T}$ 为其频率,单位为 Hz(赫兹,简称赫),$\omega = 2\pi f$ 为角频率,ϕ 为正弦函数的初相角。正弦电压也可以用 sine 函数表示(见第八章)。

常见实际电源(如发电机、蓄电池等)的工作机理比较接近电压源,其电路模型是电压源与电阻的串联组合。像光电池[①] 一类器件,工作时的特性比较接近电流源,其电路模型是电流源与电阻的并联组合。另外,专门设计的电子电路可作为电流源而广泛应用于集成电路之中。

上述电压源和电流源常常被称为"独立"电源,"独立"二字是相对于下一节要介绍的"受控"电源来说的。

§1-7 受控电源

受控(电)源又称"非独立"电源。受控电压源的激励电压或受控电流源的激励电流与独立电压源的激励电压或独立电流源的激励电流有所不同,后者是独立量,前者则受电路中某部分电压或电流控制。

[①] 光电池的采光极板接受一定的光通量时,在一定的电压范围内,其电流几乎不变。相当于一个电流源。

双极晶体管的集电极电流受基极电流控制,运算放大器的输出电压受输入电压控制,所以这类器件的电路模型中要用到受控源。

受控电压源或受控电流源视控制量是电压或电流可分为电压控制电压源(VCVS)、电压控制电流源(VCCS)、电流控制电压源(CCVS)和电流控制电流源(CCCS)[①]。这 4 种受控源的图形符号如图 1-11 所示。为了与独立电源相区别,用菱形符号表示其电源部分。图中 u_1 和 i_1 分别表示控制电压和控制电流,μ、r、g 和 β 分别是有关的控制系数,其中 μ 和 β 是量纲一的量,r 和 g 分别具有电阻和电导的量纲。这些系数为常数时,被控制量和控制量成正比,这种受控源称为线性受控源。本书只考虑线性受控源,故一般将略去"线性"二字。

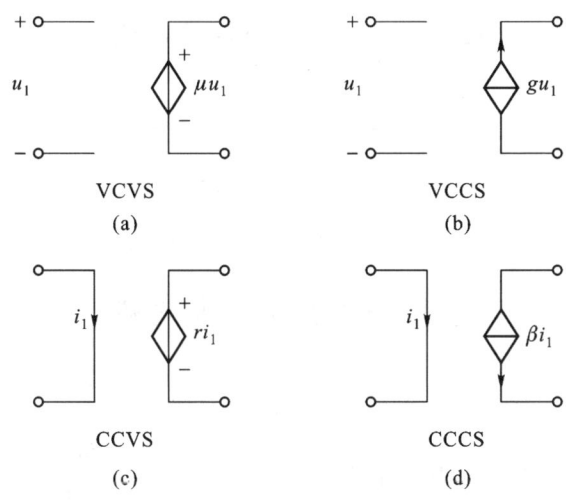

图 1-11 受控电源

在图 1-11 中把受控源表示为具有 4 个端子的电路模型,其中受控电压源或受控电流源具有一对端子,另一对控制端子则或为开路,或为短路,分别对应于控制量是开路电压或短路电流。这样处理有时会带来方便。所以可以把受控源看作是一种四端元件,但在一般情况下,不一定要在图中专门标出控制量所在处的端子。

独立电源是电路中的"输入",它表示外界对电路的作用,电路中电压或电流是由于独立电源起的"激励"作用产生的。受控源则不同,它是用来反映电路中

---

① VCVS——Voltage Controlled Voltage Source;
 VCCS——Voltage Controlled Current Source;
 CCVS——Current Controlled Voltage Source;
 CCCS——Current Controlled Current Source。

某处的电压或电流能控制另一处的电压或电流的现象,或表示一处的电路变量与另一处电路变量之间的一种耦合关系。在求解具有受控源的电路时,可以把受控电压(电流)源作为电压(电流)源处理,但必须注意其激励电压(电流)是取决于控制量的。

例 1-1 图 1-12 中 $i_S = 2$ A,VCCS 的控制系数 $g = 2$S,求 u。

解 由图 1-12 左部先求控制电压 u_1,$u_1 = 5 i_S = 10$ V;故 $u = 2 g u_1 = 2 \times 2 \times 10$ V $= 40$ V。

图 1-12 例 1-1 图

§1-8 基尔霍夫定律

集总电路由集总元件相互连接而成。基尔霍夫定律是集总电路的基本定律。为了说明基尔霍夫定律,先介绍支路、结点和回路的概念。为了简化说明,在本节中把组成电路的每一个二端元件称为一条支路,把支路的连接点称为结点。图 1-13 为一个具有 6 条支路、4 个结点的电路,各支路和结点的编号如图所示。由支路所构成的闭合路径称为回路,如图中支路(1,3,4,6)。同理,支路(1,2,4,6)、(1,2,5,6)、(1,3,5,6)、(2,3)、(4,5)等也都分别构成回路。关于支路、结点和回路等概念的进一步介绍见§3-1。

图 1-13 支路与结点

如果将电路中各个支路的电流和支路的电压(简称支路电流与支路电压)作为变量来看,这些变量受到两类约束。一类是元件的特性造成的约束。例如,线性电阻元件的电压与电流必须满足 $u = Ri$ 的关系。这种关系称为元件的组成关系或电压电流关系(VCR)[1],即 VCR 构成了变量的元件约束。另一类约束是由于元件的相互连接给支路电流之间或支路电压之间带来的约束关系,有时称为"几何"约束或"拓扑"[2] 约束,这类约束由基尔霍夫定律来体现。

基尔霍夫定律包括电流定律和电压定律。

基尔霍夫电流定律(KCL)[3] 指出:"在集总电路中,任何时刻,对任一结点,所有流出结点的支路电流的代数和恒等于零"。此处,电流的"代数和"是根据电流是流出结点还是流入结点判断的。若流出结点的电流前面取" + "号,则流入结点的电流前面取" - "号;电流是流出结点还是流入结点,均根据电流的参考方向判断。所以对任一结点有

$$\sum i = 0$$

上式取和是对连接于该结点的所有支路电流进行的。

例如,以图 1-14 所示电路为例,对结点①应用 KCL,有(各支路电流的参考方向见图)

$$i_1 + i_4 - i_6 = 0$$

上式可写为

$$i_1 + i_4 = i_6$$

此式表明,流出结点①的支路电流等于流入该结点的支路电流。因此,KCL 也可理解为,任何时刻,流出任一结点的支路电流等于流入该结点的支路电流。

KCL 通常用于结点,但对包围几个结点的闭合面也是适用的。对图 1-14 所示电路,用虚线表示的闭合面 S 内有 3 个结点,即结点①、②和③。对这些结点分别有

$$i_1 + i_4 - i_6 = 0$$
$$- i_2 - i_4 - i_5 = 0$$
$$i_3 + i_5 + i_6 = 0$$

以上 3 式相加后,得对闭合面 S 的电流代数和

$$i_1 - i_2 + i_3 = 0[4]$$

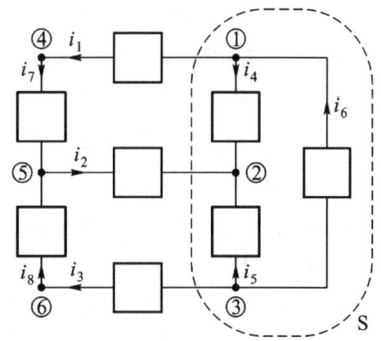

图 1-14 KCL

---

① VCR——Voltage Current Relation。
② "拓扑"是一个数学名词。这里将它理解为"连接关系"。
③ KCL——Kirchhoff's Current Law。
④ 这是因为仅在闭合面内流动的支路电流在各 KCL 式中各出现两次,一次为正、一次为负,其和必为零,不会在闭合面的 KCL 中出现。

其中 i_1 和 i_3 流出闭合面，i_2 流入闭合面。

所以，通过一个闭合面的支路电流的代数和总是等于零；或者说，流出闭合面的电流等于流入同一闭合面的电流。这称为电流连续性。KCL 是电荷守恒的体现。

基尔霍夫电压定律（KVL）[①] 指出："在集总电路中，任何时刻，沿任一回路，所有支路电压的代数和恒等于零"。

所以，沿任一回路有

$$\sum u = 0$$

上式取和时，需要任意指定一个回路的绕行方向，凡支路电压的参考方向与回路的绕行方向一致者，该电压前面取"＋"号，支路电压参考方向与回路绕行方向相反者，前面取"－"号。

以图 1-15 所示电路为例，对支路（1,2,3,4）构成的回路列写 KVL 方程时，需要先指定各支路电压的参考方向和回路的绕行方向。绕行方向用虚线上的箭头表示，有关支路电压为 u_1、u_2、u_3、u_4，它们的参考方向如图 1-15 所示。

根据 KVL，对指定的回路有

$$u_1 + u_2 - u_3 + u_4 = 0$$

由上式也可得

$$u_3 = u_1 + u_2 + u_4$$

上式表明，结点③、④之间的电压 u_3 是单值的，不论沿支路 3 或沿支路 1、2、4 构成的路径，此两结点间的电压值是相等的。KVL 是电压与路径无关这一性质的反映[②]。

KCL 在支路电流之间施加线性约

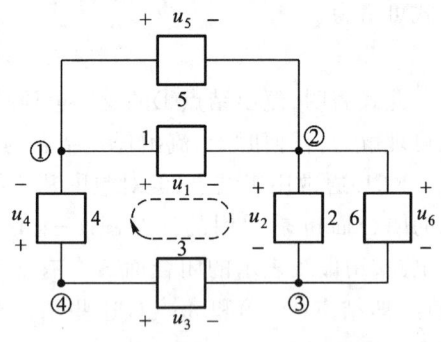

图 1-15 KVL

束关系；KVL 则对支路电压施加线性约束关系。这两个定律仅与元件的相互连接有关，而与元件的性质无关。不论元件是线性的还是非线性的，时变的还是时不变的，KCL 和 KVL 总是成立的。KCL 和 KVL 是集总电路的两个公设。

对一个电路应用 KCL 和 KVL 时，应对各结点和支路编号，并指定有关回路的绕行方向，同时指定各支路电流和支路电压的参考方向，一般两者取关联参考方向。

例 1-2 图 1-16 所示电路中，已知 $u_1 = u_3 = 1$ V，$u_2 = 4$ V，$u_4 = u_5 =$

[①] KVL——Kirchhoff's Voltage Law。
[②] 实质上，也是能量守恒和转换定律的反映。

2 V,求电压 u_x。

解 对回路Ⅰ和Ⅱ分别列出 KVL 方程（支路的参考方向和回路的绕行方向如图 1-16 所示）

$$-u_1 + u_2 + u_6 - u_3 = 0$$
$$-u_6 + u_4 + u_5 - u_x = 0$$

u_6 在方程中出现两次，一次前面为"＋"号（与Ⅰ绕行方向相同）、一次为"－"号（与Ⅱ绕行方向相反）。将两个方程相加消去 u_6，得

$$u_x = -u_1 + u_2 - u_3 + u_4 + u_5{}^{①} = 6\ \text{V}$$

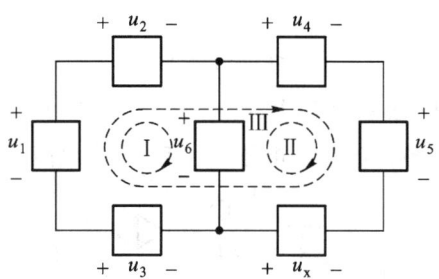

图 1-16　例 1-2 图

例 1-3　图 1-17 所示电路中，电阻 $R_1 = 1\ \Omega, R_2 = 2\ \Omega, R_3 = 10\ \Omega, U_{S1} = 3\ \text{V}, U_{S2} = 1\ \text{V}$。求电阻 R_1 两端的电压 U_1。

图 1-17　例 1-3 图

解　求解本题时，须同时应用 KCL、KVL 以及元件的 VCR。各支路电压与电流的参考方向如图 1-17 所示。现将支路电流 I_1、I_2 与 I_3 都以求解的未知量 U_1 来表示。有 $I_1 = \dfrac{U_1}{R_1} = \dfrac{U_1}{1} = U_1$；并据Ⅰ、Ⅱ回路由 KVL 可得 $U_1 = U_{S1} -$

---

① 若沿图中的回路Ⅲ列出 KVL 方程，可得 $-u_1 + u_2 - u_3 + u_4 + u_5 - u_x = 0$，也可解出 u_x。

R_3I_3 与 $U_1 = R_2I_2 + U_{S2}$,从而得到

$$I_3 = \frac{U_{S1} - U_1}{R_3} = \frac{3 - U_1}{10}$$

与

$$I_2 = \frac{U_1 - U_{S2}}{R_2} = \frac{U_1 - 1}{2}$$

在结点①使用 KCL,有 $I_3 = I_1 + I_2$,即

$$\frac{3 - U_1}{10} = U_1 + \frac{U_1 - 1}{2}$$

从而解得

$$U_1 = 0.5 \text{ V}$$

例 1-4 图 1-18 所示电路中,已知 $R_1 = 2 \text{ k}\Omega$, $R_2 = 500 \text{ }\Omega$, $R_3 = 200 \text{ }\Omega$, $u_S = 12 \text{ V}$,电流控制电流源的激励电流 $i_d = 5i_1$。求电阻 R_3 两端的电压 u_3。

图 1-18 例 1-4 图

解 这是一个有受控源的电路,宜选择控制量 i_1 作为未知量先求解,解得 i_1 后再通过 i_d 求 u_3。可分以下步骤进行:

(1) 在结点①使用 KCL,可知流过 R_2 的电流 $i_2 = i_1 + i_d = i_1 + 5i_1 = 6i_1$。

(2) 在回路 I 中使用 KVL,得

$$u_S = R_1 i_1 + R_2 i_2 = (R_1 + 6R_2) i_1$$

代入 u_S、R_1、R_2 的数值,可得

$$i_1 = 2.4 \text{ mA}$$

(3) R_3 两端的电压 u_3 为

$$u_3 = -R_3 i_d = -R_3 \times 5i_1 = -2.4 \text{ V}$$

以上例题主要是说明 KCL 与 KVL 在求解电路中的应用。如何根据这两个定律和元件的 VCR 列出电路方程而系统地求解,将在第三章中介绍。

习 题

1-1 说明题 1-1 图(a)、(b)中：
(1) u、i 的参考方向是否关联？
(2) ui 乘积表示什么功率？
(3) 如果在图(a)中 $u>0$、$i<0$，图(b)中 $u>0$、$i>0$，元件实际发出还是吸收功率？

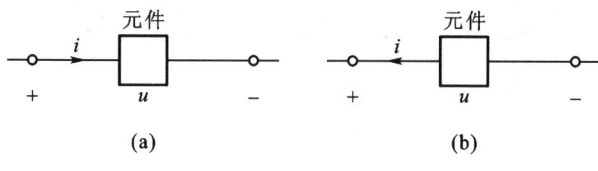

题 1-1 图

1-2 在题 1-2 图(a)与(b)中，试问对于 N_A 与 N_B，u、i 的参考方向是否关联？此时乘积 ui 对 N_A 与 N_B 分别意味着什么功率？

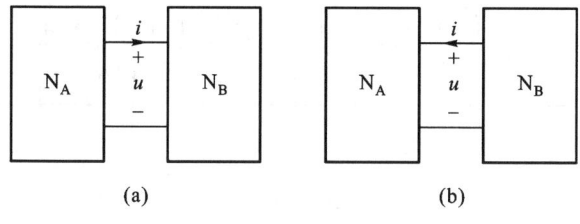

题 1-2 图

1-3 求解电路以后，校核所得结果的方法之一是核对电路中所有元件的功率平衡，即一部分元件发出的总功率应等于其他元件吸收的总功率。试校核题 1-3 图中电路所得解答是否正确。

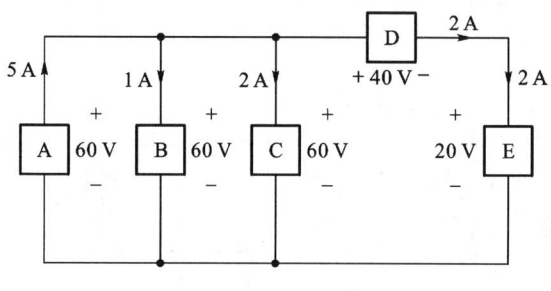

题 1-3 图

1-4 在指定的电压 u 和电流 i 的参考方向下，写出题 1-4 图所示各元件的 u 和 i 的约束方程（即 VCR）。

题 1-4 图

1-5 试求题 1-5 图中各电路中电压源、电流源及电阻的功率（须说明是吸收还是发出）。

题 1-5 图

1-6 以电压 U 为纵轴，电流 I 为横轴，取适当的电压、电流标尺，在同一坐标上：画出以下元件及支路的电压、电流关系（仅画第一象限）。

(1) $U_S = 10$ V 的电压源，如题 1-6 图(a)所示；

(2) $R = 5 \ \Omega$ 线性电阻，如题 1-6 图(b)所示；

(3) U_S、R 的串联组合，如题 1-6 图(c)所示。

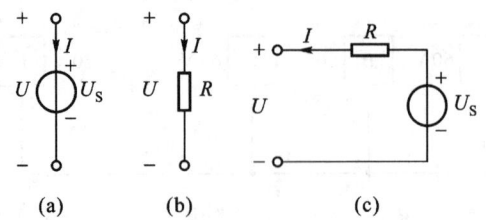

题 1-6 图

1-7 题1-7图中各元件的电流 I 均为2A。

(1) 求各图中支路电压；
(2) 求各图中电源、电阻及支路的功率，并讨论功率平衡关系。

题1-7图

1-8 试求题1-8图中各电路的电压 U，并分别讨论其功率平衡。

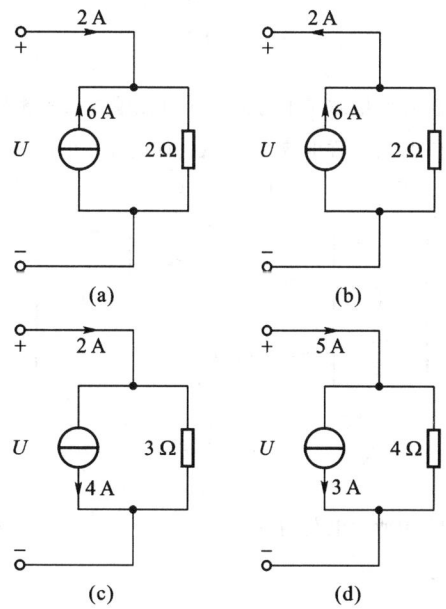

题1-8图

1-9 题1-9图中各受控源是否可看为电阻？并求各图中 a、b 端钮的等效电阻。

1-10 电路如题1-10图所示，试求：

(1) 图(a)中，i_1 与 u_{ab}；　(2) 图(b)中，u_{cb}。

题 1-9 图

题 1-10 图

1-11 我国自葛洲坝水电站至上海的高压直流输电线示意图如题 1-11 图。输电线每根对地耐压为 500 kV,导线容许电流为 1 kA。每根导线电阻为 27 Ω(全长 1 088 km)。试问当首端线间电压 U_1 为 1000 kV 时,可传输多少功率到上海?传输效率是多少?

题 1-11 图

1-12 对题 1-12 图所示电路,若:

(1) R_1、R_2、R_3 不定;

(2) $R_1 = R_2 = R_3$。

在以上两种情况下,尽可能多地确定各电阻中的未知电流。

1-13 在题 1-13 图所示电路中,已知 $u_{12} = 2$ V,$u_{23} = 3$ V,$u_{25} = 5$ V,$u_{37} = 3$ V,$u_{67} = 1$ V,尽可能多地确定其他各元件的电压。

1-14 对上题所示电路,指定各支路电流的参考方向,然后列出所有结点处的 KCL 方程,并说明这些方程中有几个是独立的。

题 1-12 图

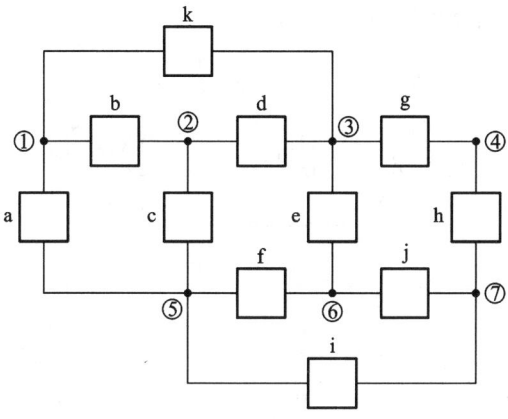

题 1-13 图

1-15 电路如题 1-15 图所示,该电路可列 KVL 的回路共有 7 个。试按给定支路电流的参考方向列出这些 KVL 方程。并找出其中三组独立方程(每组中方程应尽可能多)。

题 1-15 图

1-16 电路如题 1-16 图所示,试求每个元件发出或吸收的功率。

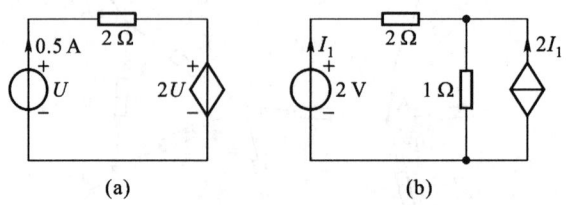

题 1-16 图

1-17 利用 KCL 与 KVL 求题 1-17 图中 I(提示:利用 KVL 将 180 V 电源支路电流用 I 来表示,然后在结点①写 KCL 方程求解)。

题 1-17 图

1-18 (1) 已知题 1-18 图(a)中,$R=2\ \Omega,i_1=1\ \text{A}$,求电流 i;

(2) 已知题 1-18 图(b)中,$u_S=10\ \text{V},i_1=2\ \text{A},R_1=4.5\ \Omega,R_2=1\ \Omega$,求 i_2。

题 1-18 图

1-19 试求题 1-19 图所示电路中控制量 I_1 及电压 U_0。

1-20 试求题 1-20 图所示电路中控制量 u_1 及电压 u。

题 1-19 图　　　　　　　　题 1-20 图

第二章

电阻电路的等效变换

• 内 容 提 要 •

本章介绍电路等效变换的概念。内容包括：电阻的串联、并联与混联，Y形联结与Δ形联结；电源的串联与并联，电源的等效变换以及一端口电路输入电阻的计算。

§2-1 引 言

由时不变线性无源元件、线性受控源和独立电源组成的电路，称为时不变线性电路，简称线性电路。本书的大部分内容是线性电路的分析。

如果构成电路的无源元件均为线性电阻，则称该电路为线性电阻性电路（或简称电阻电路）。本书第二、三、四章介绍电阻电路的分析。电路中电压源的电压或电流源的电流，可以是直流，也可以随时间按某种规律变化；当电路中的独立电源都是直流电源时，这类电路简称为直流电路。

本章为简单电阻电路的分析与计算，着重介绍等效变换的概念。

§2-2 电路的等效变换

对电路进行分析和计算时，有时可以把电路中某一部分简化，即用一个较为简单的电路代替该电路。在图 2-1(a) 中，右方虚线框中由几个电阻构成的电路可以用一个电阻 R_{eq} [1] [见图 2-1(b)]代替，使整个电路得以简化。进行代替的条件是使图 2-1(a)、(b) 中，端子 1-1′ 以右的部分有相同的伏安特性。电阻 R_{eq} 称为等效电阻，其值决定于被代替的原电路中各电阻的值以及它们的连接方式。

---

[1] 下标 eq 为等效(equivalent)的简写。

另一方面,当图 2-1(a)中端子 1-1′以右电路被 R_{eq} 代替后,1-1′以左部分电路的任何电压和电流都将维持与原电路相同。这就是电路的"等效概念"。更一般地说,当电路中某一部分用其等效电路代替后,未被代替部分的电压和电流均应保持不变。也就是说,用等效电路的方法求解电路时,电压和电流保持不变的部分仅限于等效电路以外,这就是"对外等效"的概念。等效电路是被代替部分的简化或结构变形,因此,内部并不等效。例如,把图 2-1(a)所示电路简化后,不难按图 2-1(b)求得端子 1-1′以左部分的电流 i 和端子 1-1′的电压 u,它们分别等于原电路中的电流 i 和电压 u。如果要求图 2-1(a)中虚线框内的各电阻的电流,就必须回到原电路,根据已求得的电流 i 和电压 u 来求解。可见,"对外等效"也就是其外部特性等效。

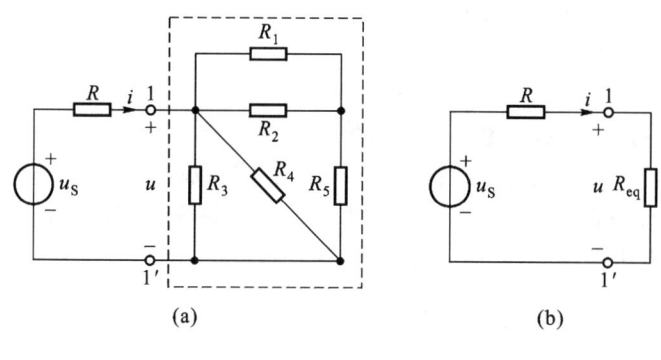

图 2-1 等效电阻

§2-3 电阻的串联和并联

图 2-2(a)所示电路为 n 个电阻 R_1、R_2、$\cdots$、R_k、$\cdots$、R_n 的串联组合,电阻串联时,每个电阻中的电流为同一电流。

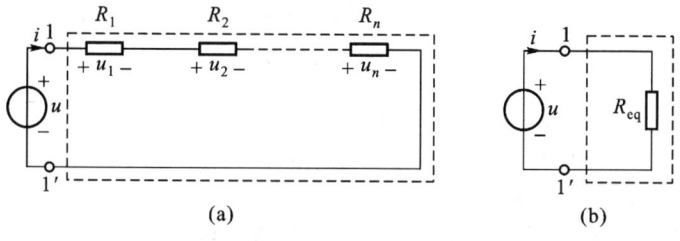

图 2-2 电阻的串联

应用 KVL,有
$$u = u_1 + u_2 + u_3 + \cdots + u_k + \cdots + u_n$$
由于每个电阻的电流均为 i,有 $u_1 = R_1 i, u_2 = R_2 i, u_3 = R_3 i, \cdots, u_k = R_k i, \cdots, u_n = R_n i$,代入上式,得
$$u = (R_1 + R_2 + R_3 + \cdots + R_k + \cdots + R_n) i = R_{eq} i$$
其中
$$R_{eq} \stackrel{\text{def}}{=\!=} ^{①} \frac{u}{i} = R_1 + R_2 + R_3 + \cdots + R_k + \cdots + R_n = \sum_{k=1}^{n} R_k \qquad (2-1)$$
电阻 R_{eq} 是这些串联电阻的等效电阻。显然,等效电阻必大于任一个串联的电阻。

电阻串联时,各电阻上的电压为
$$u_k = R_k i = \frac{R_k}{R_{eq}} u \qquad k = 1, 2, \cdots, n \qquad (2-2)$$
可见,串联的每个电阻,其电压与电阻值成正比。或者说,总电压根据各个串联电阻的值进行分配。式(2-2)称为电压分配公式,或称分压公式。

图 2-3(a)示出 n 个电阻的并联组合。电阻并联时,各电阻的电压为同一电压。由于电压相等,总电流 i 可根据 KCL 写作

| (a) | (b) |

图 2-3 电阻的并联

$$\begin{aligned} i &= i_1 + i_2 + \cdots + i_k + \cdots + i_n \\ &= G_1 u + G_2 u + \cdots + G_k u + \cdots + G_n u \\ &= (G_1 + G_2 + \cdots + G_k + \cdots + G_n) u = G_{eq} u \end{aligned} \qquad (2-3)$$

式中 $G_1 、 G_2 、 \cdots 、 G_k 、 \cdots 、 G_n$ 为电阻 $R_1 、 R_2 、 \cdots 、 R_k 、 \cdots 、 R_n$ 的电导,而
$$G_{eq} \stackrel{\text{def}}{=\!=} \frac{i}{u} = G_1 + G_2 + \cdots + G_k + \cdots + G_n = \sum_{k=1}^{n} G_k \qquad (2-4)$$
G_{eq} 是 n 个电阻并联后的等效电导。并联后的等效电阻 R_{eq} 为

---

① 符号"$\stackrel{\text{def}}{=\!=}$"表示"按定义等于"。

$$R_{eq} = \frac{1}{G_{eq}} = \frac{1}{\sum_{k=1}^{n} G_k} = \frac{1}{\sum_{k=1}^{n} \frac{1}{R_k}}$$

或

$$\frac{1}{R_{eq}} = \sum_{k=1}^{n} \frac{1}{R_k}$$

不难看出,等效电阻小于任一个并联的电阻。

电阻并联时,各电阻中的电流为

$$i_k = G_k u = \frac{G_k}{G_{eq}} i \quad (k = 1, 2, \cdots, n)$$

可见,每个并联电阻中的电流与它们各自的电导值成正比。上式称为电流分配公式,或称分流公式。

当 $n = 2$ 时,即 2 个电阻的并联,如图 2-4(a)所示,等效电阻为

$$R_{eq} = \frac{1}{\frac{1}{R_1} + \frac{1}{R_2}} = \frac{R_1 R_2}{R_1 + R_2}$$

图 2-4 2 个电阻并联

两并联电阻的电流分别为

$$i_1 = \frac{G_1}{G_{eq}} i = \frac{R_2}{R_1 + R_2} i$$

$$i_2 = \frac{G_2}{G_{eq}} i = \frac{R_1}{R_1 + R_2} i$$

例 2-1 图 2-5 所示电路中,$I_S = 16.5$ mA,$R_S = 2$ kΩ,$R_1 = 40$ kΩ,$R_2 = 10$ kΩ,$R_3 = 25$ kΩ,求 I_1、I_2 和 I_3。

解 R_S 不影响 R_1、R_2、R_3 中电流的分配。现在 $G_1 = \frac{1}{R_1} = 0.025$ mS,$G_2 = \frac{1}{R_2}$

图 2-5 例 2-1 图

$=0.1\text{ mS}$, $G_3=\dfrac{1}{R_3}=0.04\text{ mS}$。按电流分配公式,有

$$I_1=\dfrac{G_1}{G_1+G_2+G_3}I_S=\dfrac{0.025}{0.025+0.1+0.04}\times 16.5\text{ mA}=2.5\text{ mA}$$

$$I_2=\dfrac{G_2}{G_1+G_2+G_3}I_S=\dfrac{0.1}{0.025+0.1+0.04}\times 16.5\text{ mA}=10\text{ mA}$$

$$I_3=\dfrac{G_3}{G_1+G_2+G_3}I_S=\dfrac{0.04}{0.025+0.1+0.04}\times 16.5\text{ mA}=4\text{ mA}$$

当电阻的连接中既有串联又有并联时,称为电阻的串、并联,或简称混联。图 2-6(a)、(b)所示电路均为混联电路。在图 2-6(a)中,R_3 与 R_4 串联后与 R_2 并联,再与 R_1 串联,故有

$$R_{eq}=R_1+\dfrac{R_2(R_3+R_4)}{R_2+R_3+R_4}$$

对于图 2-6(b)中电路,读者可自行求得 $R_{eq}=12\text{ Ω}$。

图 2-6 电阻的混联

除了串联、并联以外,另一种特殊的连接形式是桥形连接。图 2-7(a)所示桥形结构电路中电阻既不是串联也不是并联,因此无法根据电阻的串联、并联变换规律将电路结构加以变动。如果在该电路的任一支路中加入一个电压源就可得到图 2-7(b)所示电路。该电路又称为惠斯通电桥。其中 R_1、R_2、R_3、R_4 所在支路称为桥臂,R_5 支路称为对角线支路。不难证明,当满足条件 $R_1R_4=R_2R_3$ 时,对角线支路中电流为零,称为电桥处于平衡状态[①],这一条件也称为电桥的平衡条件。电桥平衡时 R_5 可看作开路或短路,电路就可按串、并联规律计算[②]。但当电桥不满足平衡条件时,就无法应用串、并联变换,而要应用下一节中电阻的 Y-Δ 等效变换。

---

① 电桥的这一特性常用于电气测量、控制电路之中。
② 由于 R_5 中电流为零,两端电压亦为零(R_5 为有限值),将该支路断开或短路均不会影响其他部分的电压、电流。

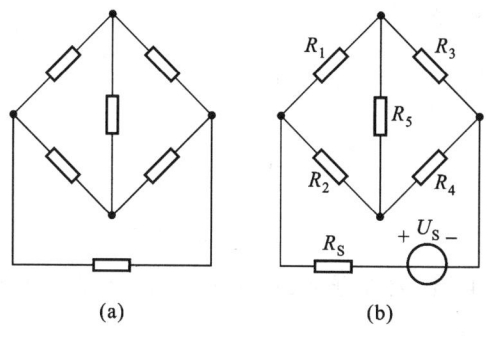

(a)   (b)

图 2-7 桥形结构与惠斯通电桥

§2-4 电阻的 Y 形联结和 △ 形联结的等效变换

Y 形联结也称为星形(star)联结,△(delta)形联结也称为三角形联结。它们都具有 3 个端子与外部相连。在图 2-7 所示电桥电路中,R_1,R_3,R_5 构成 Y 形联结(R_2,R_4,R_5 也构成 Y 形联结);R_1,R_2,R_5 构成 △ 形联结(R_3,R_4,R_5 也构成 △ 形联结)。图 2-8(a)、(b)分别表示接于端子 1、2、3 的 Y 形联结与 △ 形联结的三个电阻。端子 1、2、3 与电路的其他部分相连,图中没有画出电路的其他部分。当两种电路的电阻之间满足一定关系时,它们在端子 1、2、3 上及端子以外的特性可以相同,就是说它们可以互相等效变换。如果在它们的对应端子之间具有相同的电压 u_{12}、u_{23} 和 u_{31},而流入对应端子的电流分别相等,即 $i_1 = i'_1, i_2 = i'_2, i_3 = i'_3$,在这种条件下,它们彼此等效。这就是 Y-△ 等效变换的条件。

对于 △ 形联结电路,各电阻中电流为

$$i_{12} = \frac{u_{12}}{R_{12}}, i_{23} = \frac{u_{23}}{R_{23}}, i_{31} = \frac{u_{31}}{R_{31}}$$

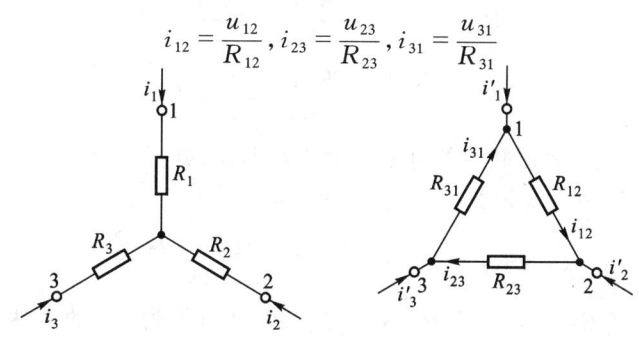

(a) Y 形联结   (b) △ 形联结

图 2-8 Y 形联结和 △ 形联结的等效变换

根据 KCL,端子电流分别为

$$\left.\begin{aligned} i'_1 &= \frac{u_{12}}{R_{12}} - \frac{u_{31}}{R_{31}} \\ i'_2 &= \frac{u_{23}}{R_{23}} - \frac{u_{12}}{R_{12}} \\ i'_3 &= \frac{u_{31}}{R_{31}} - \frac{u_{23}}{R_{23}} \end{aligned}\right\} \quad (2-5)$$

对于 Y 形联结电路,应根据 KCL 和 KVL 求出端子电压与电流之间的关系,方程为

$$i_1 + i_2 + i_3 = 0$$
$$R_1 i_1 - R_2 i_2 = u_{12}$$
$$R_2 i_2 - R_3 i_3 = u_{23}$$

可以解出电流

$$\left.\begin{aligned} i_1 &= \frac{R_3 u_{12}}{R_1 R_2 + R_2 R_3 + R_3 R_1} - \frac{R_2 u_{31}}{R_1 R_2 + R_2 R_3 + R_3 R_1} \\ i_2 &= \frac{R_1 u_{23}}{R_1 R_2 + R_2 R_3 + R_3 R_1} - \frac{R_3 u_{12}}{R_1 R_2 + R_2 R_3 + R_3 R_1} \\ i_3 &= \frac{R_2 u_{31}}{R_1 R_2 + R_2 R_3 + R_3 R_1} - \frac{R_1 u_{23}}{R_1 R_2 + R_2 R_3 + R_3 R_1} \end{aligned}\right\} \quad (2-6)$$

由于不论 u_{12}、u_{23}、u_{31} 为何值,两个等效电路的对应的端子电流均相等,故式(2-5)与式(2-6)中电压 u_{12}、u_{23} 和 u_{31} 前面的系数应该对应地相等。于是得到

$$\left.\begin{aligned} R_{12} &= \frac{R_1 R_2 + R_2 R_3 + R_3 R_1}{R_3} \\ R_{23} &= \frac{R_1 R_2 + R_2 R_3 + R_3 R_1}{R_1} \\ R_{31} &= \frac{R_1 R_2 + R_2 R_3 + R_3 R_1}{R_2} \end{aligned}\right\} \quad (2-7)$$

式(2-7)就是根据 Y 形联结的电阻确定 △ 形联结的电阻的公式。

将式(2-7)中三式相加,并在右方通分可得

$$R_{12} + R_{23} + R_{31} = \frac{(R_1 R_2 + R_2 R_3 + R_3 R_1)^2}{R_1 R_2 R_3}$$

代入 $R_1 R_2 + R_2 R_3 + R_3 R_1 = R_{12} R_3 = R_{31} R_2$ 就可得到 R_1 的表达式。同理可得 R_2 和 R_3。公式分别为

§2-4 电阻的 Y 形联结和 △ 形联结的等效变换

$$R_1 = \frac{R_{12}R_{31}}{R_{12} + R_{23} + R_{31}}$$
$$R_2 = \frac{R_{23}R_{12}}{R_{12} + R_{23} + R_{31}}$$
$$R_3 = \frac{R_{31}R_{23}}{R_{12} + R_{23} + R_{31}}$$

(2-8)

式(2-8)就是根据 △ 形联结的电阻确定 Y 形联结的电阻的公式。

为了便于记忆,以上互换公式可归纳为

$$Y 形电阻 = \frac{\triangle 形相邻电阻的乘积}{\triangle 形电阻之和}$$

$$\triangle 形电阻 = \frac{Y 形电阻两两乘积之和}{Y 形不相邻电阻}$$

注意这些公式的量纲和端子 1、2、3 的互换性有助于记忆。

若 Y 形联结中 3 个电阻相等,即 $R_1 = R_2 = R_3 = R_Y$,则等效 △ 形联结中 3 个电阻也相等,它们等于

$$R_\triangle = R_{12} = R_{23} = R_{31} = 3R_Y$$

或

$$R_Y = \frac{1}{3}R_\triangle$$

式(2-7)、(2-8)也可用电导表示,例如式(2-7)可写成

$$G_{12} = \frac{G_1 G_2}{G_1 + G_2 + G_3}$$

$$G_{23} = \frac{G_2 G_3}{G_1 + G_2 + G_3}$$

$$G_{31} = \frac{G_3 G_1}{G_1 + G_2 + G_3}$$

例 2-2 求图 2-9(a)所示桥形电路的总电阻 R_{12}。

解 将结点①、③、④内的 △ 形电路用等效 Y 形电路替代,得到图 2-9(b)所示电路,其中

$$R_2 = \frac{14 \times 21}{14 + 14 + 21}\ \Omega = 6\ \Omega$$

$$R_3 = \frac{14 \times 14}{14 + 14 + 21}\ \Omega = 4\ \Omega$$

$$R_4 = \frac{14 \times 21}{14 + 14 + 21}\ \Omega = 6\ \Omega$$

然后用串、并联的方法,得到图 2-9(c)、(d)、(e)所示电路,从而求得

$$R_{12} = 15\ \Omega$$

另一种方法是用 △ 形电路来替代结点①、④、⑤内的 Y 形电路(以结点③为

图 2-9 例 2-2 图

Y 形联结的内部公共结点),求解过程如图 2-10 所示。

图 2-10 求解例 2-2 的另一种方法

§2-5 电压源、电流源的串联和并联

图 2-11(a)为 n 个电压源的串联,可以用一个电压源等效替代如图 2-11(b)所示,这个等效电压源的激励电压为

$$u_S = u_{S1} + u_{S2} + \cdots + u_{Sn} = \sum_{k=1}^{n} u_{Sk}$$

如果 u_{Sk} 的参考方向与图 2-11(b)中 u_S 的参考方向一致时,式中 u_{Sk} 的前面取"+"号,不一致时取"-"号。

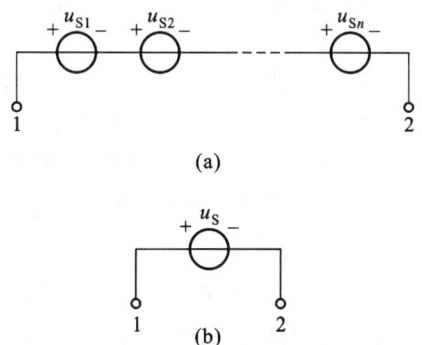

图 2-11 电压源的串联

图 2-12(a)所示为 n 个电流源的并联,可以用一个电流源等效替代。等效电流源的激励电流为

$$i_S = i_{S1} + i_{S2} + \cdots + i_{Sn} = \sum_{k=1}^{n} i_{Sk}$$

如果 i_{Sk} 的参考方向与图 2-12(b)中 i_S 的参考方向一致时,式中 i_{Sk} 的前面取"+"号,不一致时取"-"号。

只有激励电压相等且极性一致的电压源才允许并联,否则违背 KVL。其等效电路为其中任一电压源,但是这个并联组合向外部提供的电流在各个电压源之间如何分配则无法确定。

只有激励电流相等且方向一致的电流源才允许串联,否则违背 KCL。其等效电路为其中任一电流源,但是这个串联组合的总电压如何在各个电流源之间分配则无法确定。

图 2-12 电流源的并联

§2-6 实际电源的两种模型及其等效变换

图 2-13(a)所示为一个实际直流电源,例如一个电池;图 2-13(b)是它的输出电压 u 与输出电流 i 的伏安特性曲线。可见电压 u 随电流 i 增大而减少,而且不成线性关系。电流 i 不可超过一定的限值,否则会导致电源损坏。不过在一段范围内电压和电流的关系近似为直线。如果把这一段直线加以延长而作为该电源的外特性,如图 2-13(c)所示,可以看出,它在 u 轴和 i 轴上各有一个交点,前者相当于 $i=0$ 时的电压,即开路电压 U_{oc}[①];后者相当于 $u=0$ 时的电流,即短路电流 I_{sc}[②]。根据此伏安特性曲线,可以用电压源和电阻的串联组合或电流源和电导的并联组合作为实际电源的电路模型。

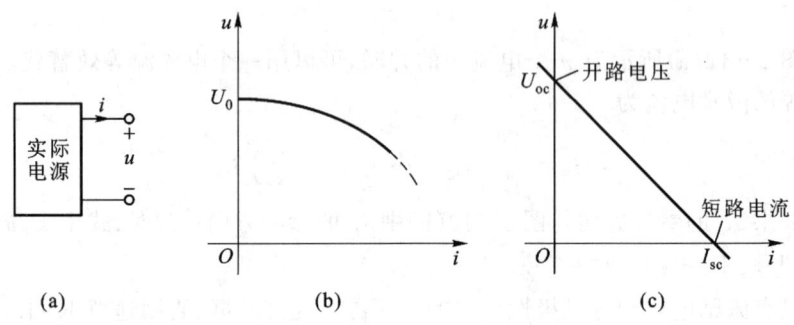

图 2-13 实际电源及其伏安特性曲线

图 2-14(a)所示为电压源 U_S 和电阻 R 的串联组合,在端子 1-1′处的电压 u 与(输出)电流 i 的关系为

---

① 下标 oc 是开路(open circuit)的简写。
② 下标 sc 是短路(short circuit)的简写。

$$u = U_S - Ri \tag{2-9}$$

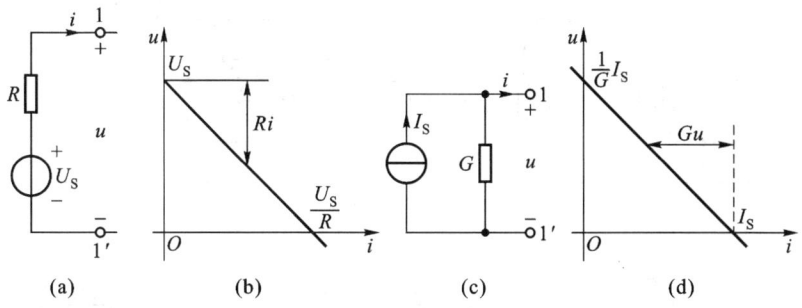

图 2-14 电源的两种电路模型

图 2-14(c)所示为电流源 I_S 与电导 G 的并联组合,在端子 1-1'处的电压 u 与(输出)电流 i 的关系为

$$i = I_S - Gu \tag{2-10}$$

如果令

$$G = \frac{1}{R}, I_S = GU_S \tag{2-11}$$

式(2-9)和(2-10)所示的两个方程将完全相同,也就是在端子 1-1'处的 u 和 i 的关系将完全相同。式(2-11)就是这两种组合彼此对外等效必须满足的条件(注意 U_S 和 I_S 的参考方向,I_S 的参考方向由 U_S 的负极指向正极)。

当 $i=0$ 时,端子 1-1'处的电压为开路电压 U_{oc},而 $U_{oc} = U_S$。当 $u=0$ 时,i 为把端子 1-1'短路后的短路电流 I_{sc},而 $I_{sc} = I_S$。同时有 $U_{oc} = RI_{sc}$,或 $I_{sc} = GU_{oc}$。

图 2-14(b)和(d)分别示出图 2-14(a)和(c)所示电路在 $i-u$ 平面上的伏安特性曲线,它们都是一条直线。当式(2-11)的条件满足时,它们将是同一条直线。

这种等效变换仅保证端子 1-1'外部电路的电压、电流和功率相同(即只是对外部等效),对内部并无等效可言。例如,端子 1-1'开路时,两电路对外均不发出功率,但此时电压源发出的功率为零,电流源发出功率为 $\frac{I_S^2}{G}$。反之,短路时,电压源发出的功率为 $\frac{U_S^2}{R}$,电流源发出的功率为零。

利用§2-3、§2-5 和本节的等效变换,就可以求解由电压源、电流源和电阻组成的串、并联电路。

例 2-3 求图 2-15(a)所示电路中电流 i。

图 2-15 例 2-3 图

解 图 2-15(a)所示电路可简化为图 2-15(d)所示单回路电路。简化过程如图 2-15(b)、(c)、(d)、(e)所示。由化简后的电路可求得电流为

$$i = \frac{5}{3+7} \text{ A} = 0.5 \text{ A}$$

受控电压源、电阻的串联组合和受控电流源、电导的并联组合也可以用上述方法进行变换。此时可把受控电源当作独立电源处理,但应注意在变换过程中保存控制量所在支路,而不要把它消掉。

例 2-4 图 2-16(a)所示电路中,已知 $u_S = 12$ V,$R = 2$ Ω,VCCS 的电流 i_c 受电阻 R 上的电压 u_R 控制,且 $i_c = g u_R$,$g = 2$ S。求 u_R。

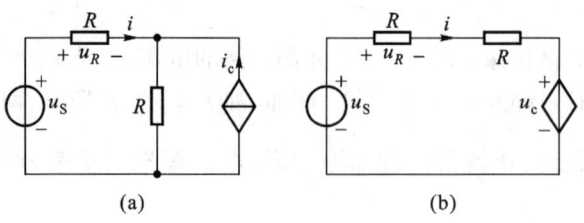

图 2-16 例 2-4 图

解 利用等效变换,把电压控制电流源和电导的并联组合变换为电压控制

电压源和电阻的串联组合,如图 2-16(b),其中 $u_c = Ri_c = 2 \times 2 \times u_R = 4u_R$,而 $u_R = Ri$。按 KVL,有

$$Ri + Ri + u_c = u_S$$

$$2u_R + 4u_R = u_S$$

$$u_R = \frac{u_S}{6} = 2 \text{ V}$$

§2-7 输 入 电 阻

电路或网络的一个端口是它向外引出的一对端子,这对端子可以与外部电源或其他电路相联结。对一个端口来说,从它的一个端子流入的电流一定等于从另一个端子流出的电流。这种具有向外引出一对端子的电路或网络称为一端口(网络)或二端网络。图 2-17(a)所示是一个一端口的图形表示。

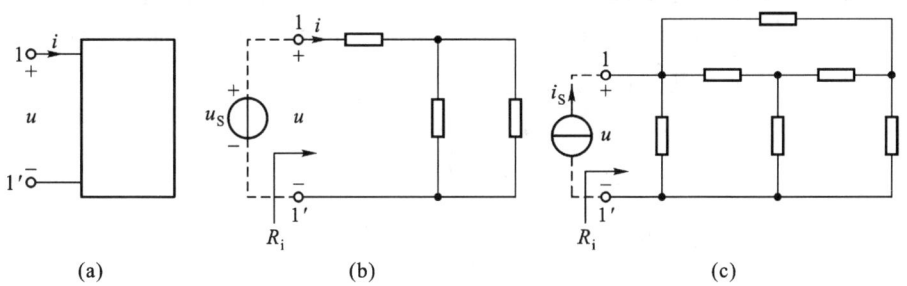

图 2-17 一端口的输入电阻

如果一个一端口内部仅含电阻,则应用电阻的串、并联和 Y-Δ 变换等方法,可以求得它的等效电阻。如果一端口内部除电阻以外还含有受控源,但不含任何独立电源,可以证明(见§4-3),不论内部如何复杂,端口电压与端口电流[见图 2-17(a)]成正比,因此,定义此一端口的输入电阻 R_i 为

$$R_i \stackrel{\text{def}}{=} \frac{u}{i} \tag{2-12}$$

端口的输入电阻也就是端口的等效电阻,但两者的含意有区别。求端口输入电阻的一般方法称为电压、电流法,即在端口加以电压源 u_S,然后求出端口电流 i;或在端口加以电流源 i_S,然后求出端口电压 u。根据式(2-12),$R_i = \frac{u_S}{i} = \frac{u}{i_S}$。测量一个电阻器的电阻就可以采用这种方法。

图 2-17(b)中一端口的输入电阻可通过电阻串、并联化简求得,图 2-17

(c)所示电路具有桥形结构,应用 Y-△ 变换后才能简化。也可以用电压、电流法求此两图的输入电阻,如图 2-17(b)、(c)所示。

例 2-5 求图 2-18(a)所示一端口的输入电阻。

图 2-18 例 2-5 图

解 在端口 1-1′处加电压 u_S,求出 i,再由式(2-12)求输入电阻 R_i。

将 CCCS 和电阻 R_2 的并联组合等效变换为 CCVS 和电阻的串联组合,如图 2-18(b)所示。根据 KVL,有

$$u_S = -R_2 \alpha i + (R_2 + R_3) i_1 \quad (1)$$

$$u_S = R_1 i_2 \quad (2)$$

再由 KCL,$i = i_1 + i_2$,可得 $i_1 = i - i_2 = i - \dfrac{u_S}{R_1}$,代入(1)式,整理后,有

$$R_i = \frac{u_S}{i} = \frac{R_1 R_3 + (1-\alpha) R_1 R_2}{R_1 + R_2 + R_3}$$

上式分子中有负号出现,因此,当存在受控源时,在一定的参数条件下,R_i 有可能是零,也有可能是负值。例如,当 $R_1 = R_2 = 1\,\Omega$,$R_3 = 2\,\Omega$,$\alpha = 5$ 时,$R_i = -0.5\,\Omega$。§1-5 中曾指出负电阻元件实际是一个发出功率的元件。本例中一端口向外发出功率是由于受控源发出功率。

习　题

2-1 电路如题 2-1 图所示,已知 $u_S = 100$ V,$R_1 = 2$ kΩ,$R_2 = 8$ kΩ。试求以下 3 种情况下的电压 u_2 和电流 i_2、i_3:

(1) $R_3 = 8$ kΩ;

(2) $R_3 = \infty$(R_3 处开路);

(3) $R_3 = 0$(R_3 处短路)。

题 2-1 图

习　题　47

2-2 电路如题2-2图所示,其中电阻、电压源和电流源均为已知,且为正值。求:
(1) 电压 u_2 和电流 i_2;
(2) 若电阻 R_1 增大,对哪些元件的电压、电流有影响? 影响如何?

2-3 题2-3图中 $u_s = 50$ V, $R_1 = 2$ kΩ, $R_2 = 8$ kΩ。现欲测量电压 u_o,所用电压表量程为50 V,灵敏度为1 000 Ω/V(即每伏量程电压表相当为1 000 Ω 的电阻),问:
(1) 测量得 u_o 为多少?
(2) u_o 的真值 u_{ot} 为多少?
(3) 如果测量误差以下式表示:

$$\delta(\%) = \frac{u_o - u_{ot}}{u_{ot}} \times 100\%$$

问此时测量误差是多少?

题 2-2 图　　　　　题 2-3 图

2-4 求题2-4图所示各电路的等效电阻 R_{ab},其中 $R_1 = R_2 = 1$ Ω, $R_3 = R_4 = 2$ Ω, $R_5 = 4$ Ω, $G_1 = G_2 = 1$ S, $R = 2$ Ω。

2-5 用 △-Y 等效变换法求题2-5图中a、b端的等效电阻:
(1) 将结点①、②、③之间的三个9 Ω 电阻构成的 △ 形变换为 Y 形;
(2) 将结点①、③、④与作为内部公共结点的②之间的三个9 Ω 电阻构成的 Y 形变换为 △ 形。

2-6 利用 Y-△ 等效变换求题2-6图中a、b端的等效电阻。

2-7 在题2-7图(a)所示电路中, $u_{S1} = 24$ V, $u_{S2} = 6$ V, $R_1 = 12$ kΩ, $R_2 = 6$ kΩ, $R_3 = 2$ kΩ。题2-7图(b)为经电源变换后的等效电路。
(1) 求等效电路的 i_s 和 R;
(2) 根据等效电路求 R_3 中电流和消耗功率;
(3) 分别在题2-7图(a)、(b)中求出 R_1、R_2 及 R_3 消耗的功率;
(4) 试问 u_{S1}、u_{S2} 发出的功率是否等于 i_s 发出的功率? R_1、R_2 消耗的功率是否等于 R 消耗的功率? 为什么?

题 2-4 图

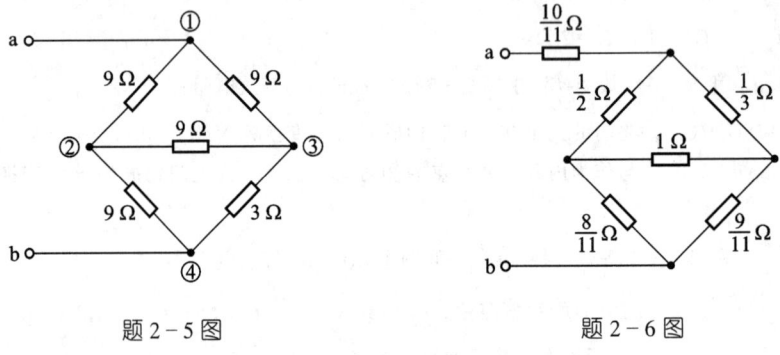

题 2-5 图 题 2-6 图

2-8 求题 2-8 图所示电路中对角线电压 U 及总电压 U_{ab}。

2-9 题 2-9 图所示为由桥 T 电路构成的衰减器。

(1) 试证明当 $R_2 = R_1 = R_L$ 时,$R_{ab} = R_L$,且有 $\dfrac{u_o}{u_i} = 0.5$;

(2) 试证明当 $R_2 = \dfrac{2R_1 R_L^2}{3R_1^2 - R_L^2}$ 时,$R_{ab} = R_L$,并求此时电压比 $\dfrac{u_o}{u_i}$。

题 2-7 图

题 2-8 图

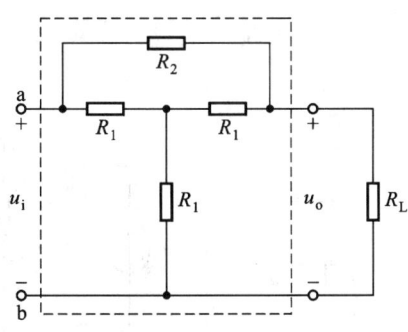

题 2-9 图

2-10 在题 2-10 图(a)中，$u_{S1} = 45$ V，$u_{S2} = 20$ V，$u_{S4} = 20$ V，$u_{S5} = 50$ V；$R_1 = R_3 = 15$ Ω，$R_2 = 20$ Ω，$R_4 = 50$ Ω，$R_5 = 8$ Ω；在题 2-10 图(b)中 $u_{S1} = 20$ V，$u_{S5} = 30$ V，$i_{S2} = 8$ A，$i_{S4} = 17$ A，$R_1 = 5$ Ω，$R_3 = 10$ Ω，$R_5 = 10$ Ω。利用电源的等效变换求题 2-10 图(a)、(b)中的电压 u_{ab}。

2-11 利用电源的等效变换，求题 2-11 图所示电路的电流 i。

2-12 利用电源的等效变换，求题 2-12 图所示电路中电压比 $\dfrac{u_o}{u_S}$。已知 $R_1 = R_2 = 2$ Ω，$R_3 = R_4 = 1$ Ω。

题 2-10 图

题 2-11 图

题 2-12 图　　　　　　　　题 2-13 图

2-13 题 2-13 图所示电路中 $R_1=R_3=R_4$，$R_2=2R_1$，CCVS 的电压 $u_c=4R_1i_1$，利用电源的等效变换求电压 u_{10}。

2-14 试求题 2-14 图(a)、(b)的输入电阻 R_{ab}。

2-15 试求题 2-15 图(a)、(b)的输入电阻 R_i。

2-16 题 2-16 图所示电路中全部电阻均为 $1\,\Omega$，求输入电阻 R_i。

题 2-14 图

题 2-15 图

题 2-16 图

第三章

电阻电路的一般分析

━━━━● 内 容 提 要 ●━━━━

本章介绍线性电阻电路方程的建立方法。内容包括:电路图论的初步概念、支路电流法、网孔电流法、回路电流法和结点电压法。要求通过本章的学习后,会列出电路方程。

§3-1 电路的图

对于结构较为简单的电路,应用第二章介绍的等效变换的方法来求解通常是有效的。但对于结构较为复杂的电路(例如有多个独立电源),等效法的应用不太有效,有时反而使问题复杂化。本章介绍电路的系统求解法。这种方法的特点是不改变电路的结构,而是选择一组合适的电路变量(电流和/或电压),根据 KCL 和 KVL 以及元件的 VCR 建立该组变量的独立方程组,通过求解电路方程,从而得到所需的响应。所建立的方程称为电路方程,对于线性电阻电路,它是一组线性代数方程。在第 15 章中将介绍利用计算机建立、求解各类方程的辅助方法。电路方程的建立及求解还将推广应用于交流电路、非线性电路,时域、频域分析等领域之中。

在电路分析中,将以图论[1] 为数学工具来选择电路独立变量,列出与之相应的独立方程。图论在电路中的应用也称为"网络图论[2]"。网络图论为电路分析建立严密的数学基础并提供系统化的表达方法,更为利用计算机分析、计算、设计大规模电路问题奠定了基础。

---

[1] 图论(Graph Theory)是研究离散对象二元关系结构的一个数学分支。图论中的元素是点和线。点用以表示不同的对象,点间的线段表该两对象间的某种关联关系。这种抽象提炼显然可适用于很多不同的领域。

[2] 网络图论的内容在 20 世纪 60 年代前常被称为网络拓扑(Network Topology)。

§3-1 电路的图

在本节中,介绍一些图论的初步知识。图论的研究对象是"图[①]"。图是由点和连接这些点的边构成的。如果把电路图中各支路的内容忽略不计,代之以线段,电路图就成为它的"图"。因此,在电路分析中,用图论的研究方法来讨论电路的连接性质是十分有效的。

一个图 G 是具有给定连接关系的结点和支路的集合。支路的端点必须是结点,但结点则允许是孤立结点。这点和电路图中支路和结点的概念是有差别的,在电路图中,支路是实体,结点则是支路的连接点,结点是由支路形成的,没有了支路也不存在结点。但在图论中,孤立结点允许存在,它表示一个与外界不发生联系的"事物"。

图 3-1(a)中画出一个具有 6 个电阻和 2 个独立电源的电路。如果认为每一个二端元件构成电路的一条支路,则图 3-1(b)就是该电路的"图",它共有 5 个结点和 8 条支路。有时为了需要,可以把元件的串联组合作为一条支路处理,并以此为根据画出电路的图。例如,图 3-1(a)中电压源 u_{S1} 和电阻 R_1 的串联组合可以作为一条支路,这个电路的图将如图 3-1(c)所示。它共有 4 个结点和 7 条支路。如果再把元件的并联组合也作为一条支路[②],例如,电流源 i_{S2} 和电阻 R_2 的并联组合。这样,图 3-1(c)将成为图 3-1(d),它共有 4 个结点和 6 条

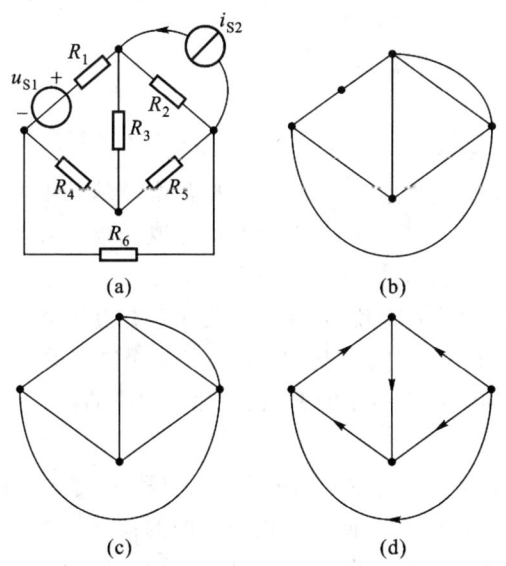

图 3-1 电路的图

---

① 图(Graph)是数学中的专门名词,与通常意义有所不同。图论中称点和线段为"顶点"和"边"。为避免引入过多术语,本书仍用"结点"和"支路"表示图中的点和线段。

② 按照传统的讲法,支路是电路的一个分支,所以元件的并联组合一般不能作为一条支路。

支路。所以,当用不同的元件结构定义电路的一条支路时,该电路的图以及它的结点数和支路数将随之不同。

在电路中通常指定每一条支路中的电流参考方向,电压一般取关联参考方向。电路的图的每一条支路也可以指定一个方向,此方向即该支路电流(和电压)的参考方向。赋予支路方向的图称为"有向图",未赋予支路方向的图称为"无向图"。图 3-1(b)、(c)为无向图,图 3-1(d)为有向图。

KCL 和 KVL 与支路的元件性质无关,因此可以利用电路的图讨论如何列出 KCL 和 KVL 方程,并讨论它们的独立性。

§3-2 KCL 和 KVL 的独立方程数

图 3-2 示出一个电路的图,它的结点和支路都已分别编号,并给出了支路的方向,该方向也即支路电流和与之关联的支路电压的参考方向。

对结点①、②、③、④分别列出 KCL 方程,有

$$i_1 - i_4 - i_6 = 0$$
$$-i_1 - i_2 + i_3 = 0$$
$$i_2 + i_5 + i_6 = 0$$
$$-i_3 + i_4 - i_5 = 0$$

由于对所有结点都列写了 KCL 方程,而每一支路无例外地与 2 个结点相连,且每个支路电流必然从其中一个结点流入,从另一个结点流出。因此,在所有 KCL 方程中,每个支路电流必然出现 2 次,一次为正,另一次为负(指每项前面的"+"或"-")。若把以上 4 个方程相加,必然得出等号两边为零的结果。这就是说,这 4 个方程不是相互独立的,但上列 4 个方程中的任意 3 个是独立的。可以证明①,对于具有 n 个结点的电路,在任意$(n-1)$个结点上可以得出$(n-1)$个独立的 KCL 方程。相应的$(n-1)$个结点称为独立结点。

图 3-2 KCL 独立方程

将对应于一组线性独立的 KVL 方程的回路称为独立回路,回路和独立回路的概念与支路的方向无关,因此可以用无向图的概念叙述。

从一个图 G 的某一结点出发,沿着一些支路移动而到达另一结点(或回到原出发点),这样的一系列支路构成图 G 的一条路径。一条支路本身也算为路径。当图 G 的任意两个结点之间至少存在一条路径时,图 G 就称为连通图②。

---

① 应当指出,对于以下述及的连通图才有此结论。
② 本章所涉及的电路的图都是连通的,所有结论都是针对连通图来说的。

例如,图3-2所示是连通图。如果一条路径的起点和终点重合,且经过的其他结点不出现重复,这条闭合路径就构成图G的一个回路。例如,对图3-3所示图G,支路(1,5,8),(2,5,6),(1,2,3,4),(1,2,6,8)等都是回路;其他还有支路(4,7,8),(3,6,7),(1,5,7,4),(3,4,8,6),(2,3,7,5),(1,2,6,7,4),(1,2,3,7,8),(2,3,4,8,5),(1,5,6,3,4)等构成的9个回路;总共有13个不同的回路。但是独立回路数远少于总的回路数。

对每个回路可以应用KVL列出有关支路电压的方程。例如,对图3-3所示图G,如果按支路(1,5,8)和支路(2,5,6)分别构成2个回路列出2个KVL方程,不论支路电压和绕行方向怎样指定,支路5的电压将在这2个方程中出现,因为该支路是这2个回路的共有支路。把这2个方程相加或相减总可以把支路5的电压消去,而得到按支路(1,2,6,8)构成回路的KVL方程。可见这3个回路(方程)是相互不独立的,因为其中任何一个回路(方程)可以由其他2个回路(方程)导出。因此,这3个回路中只有2个是独立的。

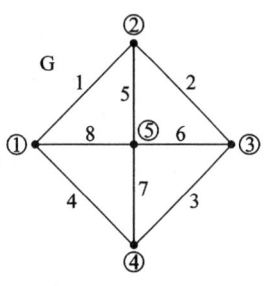

图3-3 回路

一个图的回路数很多,如何确定它的一组独立回路有时不太容易。利用"树"的概念有助于寻找一个图的独立回路组,从而得到独立的KVL方程组。

连通图G的树T定义为:包含图G的全部结点且不包含任何回路的连通子图。

对于图3-3所示图G,符合上述定义的树有很多,图3-4(a)、(b)、(c)绘出其中的3个。图3-4(d)、(e)不是该图的树,因为图(d)中包含了回路;图(e)则是非连通的。树中包含的支路称为该树的树支,而其他支路则称为对应于该树的连支。例如图3-4(a)所示树,它具有树支(5,6,7,8);相应的连支为(1,2,3,4)。对图3-4(b)所示树,其树支为(1,3,5,6);相应的连支为(2,4,7,8)。树支和连支一起构成图G的全部支路。

图3-3所示图G有5个结点,图3-4(a)、(b)、(c)所示图G的每一个树具有4条支路;图3-4(d)有5条支路,它不是树,图3-4(e)只有3条支路,它也不是树。这个图G有许多不同的树[1],但不论是哪一个树,树支数总是4。可以证明,任一个具有n个结点的连通图,它的任何一个树的树支数为$(n-1)$[2]。

由于连通图G的树支连接所有结点又不形成回路,因此,对于图G的任意一个树,加入一个连支后,就会形成一个回路,并且此回路除所加连支外均由树

---

① 可以证明,该图G共有45个不同的树。

② 证明从略,可参考有关图论书籍。

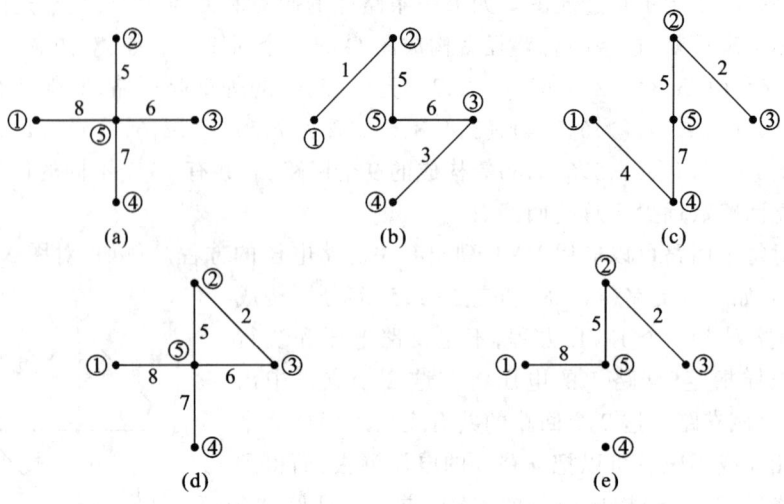

图 3-4 树

支组成,这种回路称为单连支回路或基本回路。对于图 3-5(a)所示图 G,取支路(1,4,5)为树,在图 3-5(b)中以实线表示,相应的连支为(2,3,6)。对应于这一树的基本回路是(1,3,5),(1,2,4,5)和(4,5,6)。每一个基本回路仅含一个连支,且这一连支并不出现在其他基本回路中。由连支形成的全部基本回路构成基本回路组,基本回路的个数显然等于连支数。如果对基本回路组列写 KVL 方程,由于每个连支只在一个回路中出现,因此这些 KVL 方程必构成独立方程组。换言之,根据基本回路所列出的 KVL 方程组是独立方程。对一个具有 b 条支路和 n 个结点的电路,连支数 $l=b-n+1$,这也就是一个图的独立回路的数目。选择不同的树,就可以得到不同的基本回路组。图 3-5(c)、(d)、(e)是以支路(1,4,5)为树相应的基本回路组。

如果把一个图画在平面上,能使它的各条支路除连接的结点外不再交叉,这样的图称为平面图,否则称为非平面图。图 3-6(a)是一个平面图,图 3-6(b)则是典型的非平面图。对于一个平面图,可以引入网孔的概念。平面图的一个网孔是它的一个自然的"孔",它限定的区域内不再有支路。对图 3-6(a)所示的平面图,支路(1,3,5),(2,3,7),(4,5,6),(4,7,8),(6,8,9)都构成网孔[1];支路(1,2,8,6),(2,3,4,8)等不构成网孔。平面图的全部网孔是一组独立回路[2],所以平面图的网孔数也就是独立回路数。图 3-6(a)所示平面图有 5 个结点,9

---

[1] 这些都是"内网孔"。平面图周界形成的回路有时称为"外网孔"。本书涉及的"网孔"不包括外网孔。

[2] 将图中 5 个内网孔的 KVL 方程相加减,得到外网孔的 KVL 方程,等号两边并不为零。

条支路,独立回路数 $l=b-n+1=5$,而它的网孔数正好也是 5 个。

图 3-5 基本回路

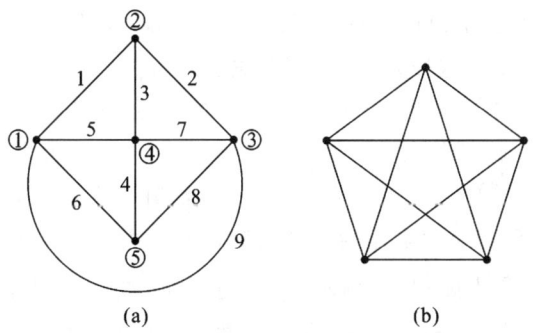

图 3-6 平面图与非平面图

一个电路的 KVL 独立方程数等于它的独立回路数。以图 3-7(a)所示电路的图为例,如果取支路(1,4,5)为树,则 3 个基本回路示于图 3-7(b)。按图中的电压和电流的参考方向及回路绕行方向,计及支路及回路的编号,可以列出 KVL 方程如下:

回路 1 $u_1 + u_3 + u_5 = 0$

回路 2 $u_1 - u_2 + u_4 + u_5 = 0$

回路 3 $-u_4 - u_5 + u_6 = 0$

这是一组独立方程。

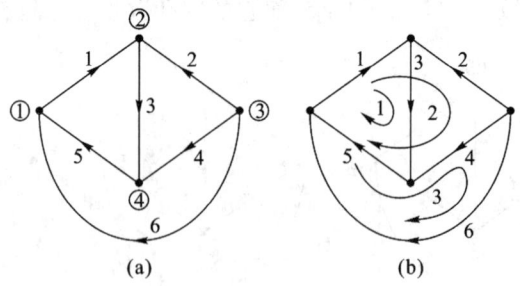

图 3-7 基本回路的 KVL 方程

§3-3 支路电流法

对一个具有 b 条支路和 n 个结点的电路,当以支路电压和支路电流为电路变量列写方程时,总计有 $2b$ 个未知量。根据 KCL 可以列出 $(n-1)$ 个独立方程、根据 KVL 可以列出 $(b-n+1)$ 个独立方程;根据元件的 VCR 又可列出 b 个方程。总计方程数为 $2b$,与未知量数目相等。因此,可由 $2b$ 个方程解出 $2b$ 个支路电压和支路电流。这种方法称为 $2b$ 法。

为了减少求解的方程数,可以利用元件的 VCR 将各支路电压以支路电流表示,然后代入 KVL 方程,这样,就得到以 b 个支路电流为未知量的 b 个 KCL 和 KVL 方程。方程数从 $2b$ 减少至 b。这种方法称为支路电流法。

现在以图 3-8(a)所示电路为例说明支路电流法。把电压源 u_{S1} 和电阻 R_1 的串联组合作为一条支路;把电流源 i_{S5} 和电阻 R_5 的并联组合作为一条支路,这样电路的图就如图 3-8(b)所示,其结点数 $n=4$,支路数 $b=6$,各支路的方向和编号也示于图中。求解变量为 i_1、i_2、$\cdots$、i_6。先利用元件的 VCR,将支路电压 u_1、u_2、$\cdots$、u_6 以支路电流 i_1、i_2、$\cdots$、i_6 表示。图 3-8(c)、(d)给出支路 1 和支路 5 的结构,有

$$\left.\begin{aligned} u_1 &= -u_{S1} + R_1 i_1 \\ u_2 &= R_2 i_2 \\ u_3 &= R_3 i_3 \\ u_4 &= R_4 i_4 \\ u_5 &= R_5 i_5 + R_5 i_{S5} \\ u_6 &= R_6 i_6 \end{aligned}\right\} \quad (3-1)$$

选择网孔作为独立回路,按图 3-8(b)所示回路绕行方向列出 KVL 方程

图 3-8 支路电流法

$$\left.\begin{array}{r}u_1 + u_2 + u_3 = 0 \\ -u_3 + u_4 + u_5 = 0 \\ -u_2 - u_4 + u_6 = 0\end{array}\right\} \qquad (3-2)$$

将式(3-1)代入式(3-2),得

$$\left.\begin{array}{r}-u_{S1} + R_1 i_1 + R_2 i_2 + R_3 i_3 = 0 \\ -R_3 i_3 + R_4 i_4 + R_5 i_5 + R_5 i_{S5} = 0 \\ -R_2 i_2 - R_4 i_4 + R_6 i_6 = 0\end{array}\right\} \qquad (3-3)$$

把上式中的 u_{S1} 和 $R_5 i_{S5}$ 项移到方程的右边后,与在独立结点①、②、③处列出的 KCL 方程联列,就组成了支路电流法的全部方程

$$\left.\begin{array}{r}-i_1 + i_2 + i_6 = 0 \\ -i_2 + i_3 + i_4 = 0 \\ -i_4 + i_5 - i_6 = 0 \\ R_1 i_1 + R_2 i_2 + R_3 i_3 = u_{S1} \\ -R_3 i_3 + R_4 i_4 + R_5 i_5 = -R_5 i_{S5} \\ -R_2 i_2 - R_4 i_4 + R_6 i_6 = 0\end{array}\right\} \qquad (3-4)$$

式(3-4)中的 KVL 方程可归纳为

$$\sum R_k i_k = \sum u_{Sk} \qquad (3-5)$$

此式须对所有的独立回路写出。式中 $R_k i_k$ 是回路中第 k 个支路中电阻上的电

压,当 i_k 的参考方向与回路的方向一致时,该项在和式中取"+"号;不一致时,则取"-"号;式中右方 u_{Sk} 是回路中第 k 个支路的电源电压,电源电压包括电压源的激励电压,也包括由电流源引起的等效激励电压。例如在支路 5 中并无电压源,仅为电流源与电阻的并联组合,但可将其等效变换为电压源与电阻的串联组合,其等效电压源为 $u_{S5} = R_5 i_{S5}$,在取代数和时,当 u_{Sk} 与回路方向一致时前面取"-"号(因移在等号另一侧), u_{Sk} 与回路方向不一致时,前面取"+"号。式 (3-5) 实际上是 KVL 的另一种表达式,即任一回路中,电阻电压的代数和等于电压源电压的代数和。

列出支路电流法的电路方程的步骤如下:

(1) 选定各支路电流的参考方向。

(2) 对 $(n-1)$ 个独立结点列出 KCL 方程。

(3) 选取 $(b-n+1)$ 个独立回路,指定回路的绕行方向,按照式(3-5)列出 KVL 方程。

支路电流法要求 b 个支路电压均能以支路电流表示,即存在式(3-1)形式的关系。当一条支路仅含电流源而不存在与之并联的电阻时,就无法将支路电压以支路电流表示。这种无并联电阻的电流源称为无伴电流源。当电路中存在这类支路时,必须加以处理后才能应用支路电流法[①]。

如果将支路电流用支路电压表示,然后代入 KCL 方程,连同支路电压的 KVL 方程,可得到以支路电压为变量的 b 个方程。这就是支路电压法。

§3-4 网孔电流法

在网孔电流法中,以网孔电流作为电路的独立变量,它仅适用于平面电路。以下通过图 3-9(a) 所示电路说明。图 3-9(b) 是此电路的图,该电路共有 3 条支路,给定的支路编号和参考方向如图所示。

在结点①应用 KCL,有

$$-i_1 + i_2 + i_3 = 0$$

或

$$i_2 = i_1 - i_3$$

可见 i_2 不是独立的,它由 i_1、i_3 决定。i_2 分为两部分,即图 3-9(b) 中向下方向的 i_1 以及向上方向的 i_3。这两个电流可以看成是支路 1 与支路 3 中的电流 i_1 与 i_3 各自经过结点①后的延续,也就是将图中所有的电流归结为由两个沿网孔

[①] 处理方法见§3-5。

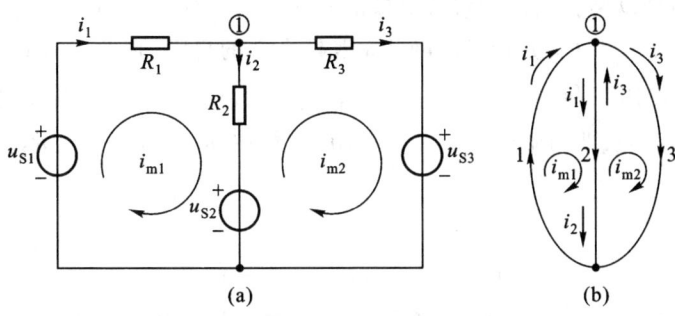

图 3-9 网孔电流法

连续流动的假想电流 i_1 与 i_3 所产生,这两个假想的电流称之为网孔电流 i_{m1} 与 i_{m2}[①]。根据网孔电流和支路电流参考方向的给定,可以得出其间的关系:支路 1 只有电流 i_{m1} 流过,支路电流 $i_1 = i_{m1}$;支路 3 只有电流 i_{m2} 流过,支路电流 $i_3 = i_{m2}$;但是支路 2 有 2 个网孔电流同时流过,在给定的参考方向下[见图 3-9(a)]支路电流将是网孔电流的代数和,即 $i_2 = i_{m1} - i_{m2}$。

由于网孔电流已经体现了电流连续即 KCL 的制约关系(换言之,根据网孔电流而计算的支路电流一定满足 KCL 方程,或称为自动满足 KCL),所以用网孔电流作为电路变量求解时只需列出 KVL 方程。全部网孔是一组独立回路,因而对应的 KVL 方程将是独立的,且独立方程个数与电路变量数均为全部网孔数,足以解出网孔电流。这种方法称为网孔电流法。

现以图 3-9(a)所示电路为例,对网孔 1 与 2 列出 KVL 方程。列方程时,以各自的网孔电流方向为绕行方向,逐段写出电阻以及电源上的电压。对于网孔 1,从结点①出发可得到

$$R_2(i_{m1} - i_{m2}) + u_{S2} - u_{S1} + R_1 i_{m1} = 0$$

对网孔 2 则有

$$R_3 i_{m2} + u_{S3} - u_{S2} + R_2(i_{m2} - i_{m1}) = 0$$

式中沿网孔 1 绕行方向列方程时,R_2 上的电压为 $R_2(i_{m1} - i_{m2})$,其中 i_{m2} 前的负号是因为电流 i_{m2} 在 R_2 上的流动方向与 i_{m1} 相反之结果;同理,在网孔 2 的方程中,沿着网孔 2 绕行方向,R_2 上的电压则为 $R_2(i_{m2} - i_{m1})$,经整理后,有

$$\left.\begin{array}{r}(R_1 + R_2)i_{m1} - R_2 i_{m2} = u_{S1} - u_{S2} \\ -R_2 i_{m1} + (R_2 + R_3)i_{m2} = u_{S2} - u_{S3}\end{array}\right\} \quad (3-6)$$

---

① 网孔(mesh),以下标 m 表示网孔。

式(3-6)即是以网孔电流为求解对象的网孔电流方程。

现在用 R_{11} 和 R_{22} 分别代表网孔 1 和网孔 2 的自阻,它们分别是网孔 1 和网孔 2 中所有电阻之和,即 $R_{11}=R_1+R_2$,$R_{22}=R_2+R_3$;用 R_{12} 和 R_{21} 代表网孔 1 和网孔 2 的互阻,即两个网孔的共有电阻,本例中 $R_{12}=R_{21}=-R_2$。上式可改写为

$$\left.\begin{aligned} R_{11}i_{m1}+R_{12}i_{m2}&=u_{S1}-u_{S2}\\ R_{21}i_{m1}+R_{22}i_{m2}&=u_{S2}-u_{S3} \end{aligned}\right\} \quad (3-7)$$

此方程可理解为:$R_{11}i_{m1}$ 项代表网孔电流 i_{m1} 在网孔 1 内各电阻上引起的电压之和,$R_{22}i_{m2}$ 项代表网孔电流 i_{m2} 在网孔 2 内各电阻上引起的电压之和。由于网孔绕行方向和网孔电流方向取为一致,故 R_{11} 和 R_{22} 总为正值。$R_{12}i_{m2}$ 项代表网孔电流 i_{m2} 在网孔 1 中引起的电压,而 $R_{21}i_{m1}$ 项代表网孔电流 i_{m1} 在网孔 2 中引起的电压。当两个网孔电流在共有电阻上的参考方向相同时,$i_{m2}(i_{m1})$ 引起的电压与网孔 1(2) 的绕行方向一致,应当为正;反之为负。为了使方程形式整齐,把这类电压前的"+"号或"-"号包括在有关的互阻中。这样,当通过网孔 1 和网孔 2 的共有电阻上的两个网孔电流的参考方向相同时,互阻(R_{12}、R_{21})取正;反之则取负。故在本例中 $R_{12}=R_{21}=-R_2$。

对具有 m 个网孔的平面电路,网孔电流方程的一般形式可以由式(3-7)推广而得,即有

$$\left.\begin{aligned} R_{11}i_{m1}+R_{12}i_{m2}+R_{13}i_{m3}+\cdots+R_{1m}i_{mm}&=u_{S11}\\ R_{21}i_{m1}+R_{22}i_{m2}+R_{23}i_{m3}+\cdots+R_{2m}i_{mm}&=u_{S22}\\ \cdots\cdots\cdots\cdots\\ R_{m1}i_{m1}+R_{m2}i_{m2}+R_{m3}i_{m3}+\cdots+R_{mm}i_{mm}&=u_{Smm} \end{aligned}\right\} \quad (3-8)$$

式中具有相同双下标的电阻 R_{11}、R_{22}、R_{33} 等是各网孔的自阻;有不同下标的电阻 R_{12}、R_{13}、R_{23} 等是网孔间的互阻。自阻总是正的,互阻的正、负则视两网孔电流在共有支路上参考方向是否相同而定。方向相同时为正,方向相反时为负。显然,如果两个网孔之间没有共有支路,或者有共有支路但其电阻为零(例如共有支路间仅有电压源),则互阻为零。如果将所有网孔电流都取为顺(或逆)时钟方向,则所有互阻总是负的。在不含受控源的电阻电路的情况下,$R_{ik}=R_{ki}$。方程右方 u_{S11}、u_{S22}、$\cdots$ 分别为网孔 1、网孔 2、$\cdots$ 中所有电压源电压的代数和,各电压源的方向与网孔电流一致时,前面取"-"号,反之取"+"号。

例 3-1 在图 3-10 所示直流电路中,电阻和电压源均为已知,试用网孔电流法求各支路电流。

解 电路为平面电路,共有 3 个网孔。

(1) 选取网孔电流 I_1、I_2、I_3，如图 3-10 所示。

图 3-10　例 3-1 图

(2) 列网孔电流方程。
由

$$R_{11} = (60 + 20)\ \Omega = 80\ \Omega$$

$$R_{22} = (20 + 40)\ \Omega = 60\ \Omega$$

$$R_{33} = (40 + 40)\ \Omega = 80\ \Omega$$

$$R_{12} = R_{21} = -20\ \Omega$$

$$R_{13} = R_{31} = 0$$

$$R_{23} = R_{32} = -40\ \Omega$$

$$U_{S11} = (180 - 70)\ \text{V} = 110\ \text{V}$$

$$U_{S22} = 70\ \text{V}$$

$$U_{S33} = -20\ \text{V}$$

故网孔电流方程为

$$80I_1 - 20I_2 = 110$$

$$-20I_1 + 60I_2 - 40I_3 = 70$$

$$-40I_2 + 80I_3 = -20$$

(3) 用消去法或行列式法，解得

$$I_1 = 2\ \text{A}$$

$$I_2 = 2.5\ \text{A}$$

$$I_3 = 1\ \text{A}$$

(4) 指定各支路电流如图 3-10 所示，有

$$I_a = I_1 = 2\ \text{A}$$

$$I_b = -I_1 + I_2 = 0.5\ \text{A}$$

$$I_c = I_2 - I_3 = 1.5\ \text{A}$$

$$I_d = -I_3 = -1\ \text{A}$$

(5) 校验。

取一个未用过的回路,例如取由 60 Ω、40 Ω 电阻及 180 V、20 V 电压源构成的外网孔,沿顺时针绕行方向写 KVL 方程,有

$$60I_a - 40I_d = 180 - 20$$

把 I_a、I_d 值代入 160 = 160,故答案正确。

当电路中存在电流源和电阻的并联组合时,可将它等效变换成电压源和电阻的串联组合,再按上述方法进行分析。对于存在无伴电流源或受控源的情况,请参见 §3-5。

§3-5 回路电流法

网孔电流法仅适用于平面电路,回路电流法则无此限制,它适用于平面或非平面电路。回路电流法是一种适用性较强并获得广泛应用的分析方法。

网孔电流是在网孔中连续流动的假想电流,对于一个具有 b 个支路,n 个结点的电路,b 个支路电流受 $(n-1)$ 个 KCL 独立方程所制约,因此,独立的支路电流只有 $(b-n+1)$ 个,等于网孔电流数。回路电流也是在回路中连续流动的假想电流。但是与网孔不同,回路的取法很多,选取的回路应是一组独立回路,且回路的个数(也即回路电流的个数)也应等于 $(b-n+1)$ 个。选定一树以后形成的基本回路显然满足上述要求。这就是说,基本回路电流可以作为电路的独立变量来求解。

以图 3-11 所示电路(的图)为例,如果选支路(4,5,6)为树(在图中用粗线画出),可以得到以支路(1,2,3)为单连支的 3 个基本回路,它们是独立回路。把连支电流 i_1、i_2、i_3 分别作为在各自单连支回路中流动的假想回路电流 i_{l1}[①],i_{l2},i_{l3}。支路 4 为回路 1 和 2 所共有,而其方向与回路 1 的绕行方向相反,与回路 2 的绕行方向相同,所以有

$$i_4 = -i_{l1} + i_{l2}$$

同理,可以得出支路 5 和支路 6 的电流 i_5 和 i_6 为

$$i_5 = -i_{l1} - i_{l3}$$
$$i_6 = -i_{l1} + i_{l2} - i_{l3}$$

从以上 3 式可见,树支电流可以通过连支电流或回路电流表达,即全部支路电流可以通过回路电流表达。

列方程时,因回路电路已满足 KCL 方程,也只需按 KVL 列方程。对于 b

---

① 回路电流 i_l 的下标 l 表示回路(loop)。

§3-5 回路电流法

树:支路(4,5,6)
连支:支路(1,2,3)

图 3-11 回路电流

个支路、n 个结点的电路,回路电流数 $l = (b - n + 1)$。以下,将以例 3-2 所示电路介绍列出回路电流方程的方法。

例 3-2 给定直流电路如图 3-12(a)所示,其中 $R_1 = R_2 = R_3 = 1\ \Omega$,$R_4 = R_5 = R_6 = 2\ \Omega$,$u_{S1} = 4\ V$,$u_{S5} = 2\ V$。试选择一组独立回路,并列出回路电流方程。

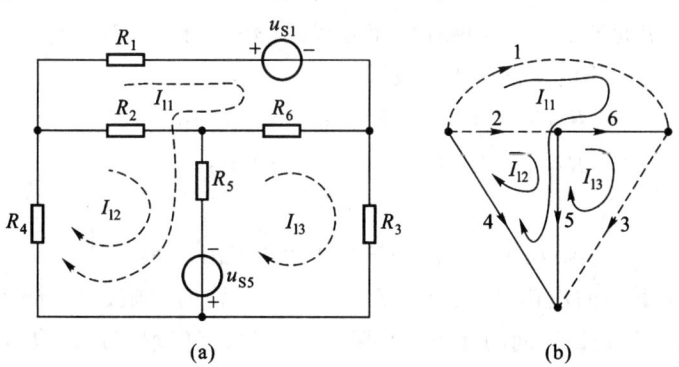

图 3-12 例 3-2 图

解 电路的图如图 3-12(b)所示,选择支路 4、5、6 为树,3 个独立回路(基本回路)绘于图中。连支电流 I_1、I_2、I_3 即为回路电流 I_{l1}、I_{l2}、I_{l3}。在三个基本回路列出以回路电流 I_{l1}、I_{l2}、I_{l3} 为变量的 KVL 方程分别为

$$\left.\begin{array}{l}R_1 I_{l1} + u_{S1} + R_6(I_{l1} - I_{l3}) + R_5(I_{l1} + I_{l2} - I_{l3}) - u_{S5} + R_4(I_{l1} + I_{l2}) = 0\\ R_2 I_{l2} + R_5(I_{l2} + I_{l1} - I_{l3}) - u_{S5} + R_4(I_{l1} + I_{l2}) = 0\\ R_6(I_{l3} - I_{l1}) + R_3 I_{l3} + u_{S5} + R_5(I_{l3} - I_{l1} - I_{l2}) = 0\end{array}\right\} \quad (3-9)$$

代入数字,并经整理后,可得

$$\left.\begin{array}{l}7I_{l1} + 4I_{l2} - 4I_{l3} = -2\\ 4I_{l1} + 5I_{l2} - 2I_{l3} = 2\\ -4I_{l1} - 2I_{l2} + 5I_{l3} = -2\end{array}\right\} \quad (3-10)$$

解出 I_{l1}、I_{l2}、I_{l3} 后,可根据以下各式计算支路电流

$$I_1 = I_{l1}$$
$$I_2 = I_{l2}$$
$$I_3 = I_{l3}$$
$$I_4 = -I_{l1} - I_{l2}$$
$$I_5 = I_{l1} + I_{l2} - I_{l3}$$
$$I_6 = -I_{l1} + I_{l3}$$

回路电流方程式(3-10)是 KVL 方程,其中左方各项是各个回路电流在回路中电阻上引起的电压。与网孔电流方程式(3-8)相似,对具有 l 个独立回路的电路可写出回路电流方程的一般形式

$$\left.\begin{array}{l}R_{11}i_{l1} + R_{12}i_{l2} + R_{13}i_{l3} + \cdots + R_{1l}i_{ll} = u_{S11}\\ R_{21}i_{l1} + R_{22}i_{l2} + R_{23}i_{l3} + \cdots + R_{2l}i_{ll} = u_{S22}\\ \cdots\cdots\cdots\\ R_{l1}i_{l1} + R_{l2}i_{l2} + R_{l3}i_{l3} + \cdots + R_{ll}i_{ll} = u_{Sll}\end{array}\right\} \quad (3-11)$$

式中有相同下标的电阻 R_{11}、R_{22}、R_{33} 等是各回路的自阻,有不同下标的电阻 R_{12}、R_{13}、R_{23} 等是回路间的互阻。自阻总是正的,互阻取正还是取负,则由相关两个回路共有支路上两回路电流的方向是否相同而决定,相同时取正,相反时取负。显然,若两个回路间无共有电阻,则相应的互阻为零。方程右方的 u_{S11}、u_{S22}、$\cdots$ 分别为各回路 1、2、$\cdots$ 中所有电压源的代数和,取和时,与回路电流方向一致的电压源前应取"-"号,否则取"+"号。

如果电路中有电流源和电阻的并联组合,可经等效变换成为电压源和电阻的串联组合后再列回路电流方程。但当电路中存在无伴电流源时,就无法进行等效变换。此时可采用下述方法处理。除回路电流外,将无伴电流源两端的电压作为一个求解变量列入方程。这样,虽然多了一个变量,但是无伴电流源所在支路的电流为已知,故增加了一个回路电流的附加方程,这样,独立方程数与独

立变量数仍然相同。

例 3-3 图 3-13 所示电路中 $U_{S1} = 50\text{ V}, U_{S3} = 20\text{ V}, I_{S2} = 1\text{ A}$，此电流源为无伴电流源。试用回路法列出电路的方程。

解 把电流源两端的电压 U 作为附加变量。该电路有 3 个独立回路，假设回路电流[①] I_{l1}、I_{l2}、I_{l3} 如图 3-14 所示。沿各自回路的 KVL 方程[②] 为

$$\left.\begin{array}{l}(20+15+10)I_{l1} - 10I_{l2} - 15I_{l3} = 0 \\ -10I_{l1} + (10+30)I_{l2} + U = 50 \\ -15I_{l1} - U + (40+15)I_{l3} = -20\end{array}\right\} \quad (3-12)$$

图 3-13 例 3-3 图

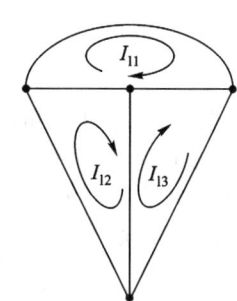

图 3-14 例 3-3 图

无伴电流源所在支路有 I_{l2} 和 I_{l3} 通过，故附加方程为

$$I_{l3} - I_{l2} = 1 \quad (3-13)$$

方程数和未知变量数相等。

当电路中含有受控电压源时，把它作为电压源暂时列于 KVL 方程的右边，同时把控制量用回路电流表示，然后再将回路电流表示的受控源电压项移到方程的左边。当受控源是受控电流源时，可参照前面处理独立电流源的方法进行(见下例)。

***例 3-4** 图 3-15 所示电路中有无伴电流源 i_{S1}，无伴电流控制电流源 $i_c = \beta i_2$，电压控制电压源 $u_c = \alpha u_2$，电压源 u_{S2}。列出回路电流方程。

解 取独立回路如图 3-15 所示，使无伴电流源和无伴受控电流源都只有一个回路电流流过，前者为 i_{l1}、后者为 i_{l3}，这样就可不再列回路 1 和回路 3 的 KVL 方程。把控制量用有关

---

① 为了简化讨论，实际上取的是网孔电流。

② 将式(3-12)中后两式相加，可得 $-(10+15)I_{l1} + (10+30)I_{l2} + (15+40)I_{l3} = 50-20$，相当于在包含 I_{l2} 与 I_{l3} 的大回路中列出的 KVL 方程，绕过了无伴电流源，因此，附加变量 U 不再出现。如果无伴电流源中仅有一个回路电流流过时，该回路的 KVL 方程就可不列。

图 3-15 例 3-4 图

回路电流表示,有
$$i_2 = i_{l2}$$
$$u_2 = R_2(i_{l1} - i_{l2})$$

直接应用一般公式(3-11)列出回路2和回路4的KVL方程比较困难,可以沿绕行方向逐段写出有关电压,有

回路2:$-u_2 - u_{S2} + R_3(i_{l2} + i_{l3} - i_{l4}) + u_{S3} = 0$

回路4:$-u_{S3} + R_3(i_{l4} - i_{l2} - i_{l3}) + R_4 i_{l4} + u_c = 0$

代入 $u_2 = R_2(i_{l1} - i_{l2})$,$u_c = \alpha u_2$,有
$$-R_2(i_{l1} - i_{l2}) + R_3(i_{l2} + i_{l3} - i_{l4}) = u_{S2} - u_{S3}$$
$$R_3(i_{l4} - i_{l2} - i_{l3}) + R_4 i_{l4} + \alpha R_2(i_{l1} - i_{l2}) = u_{S3}$$

经整理后,得
$$-R_2 i_{l1} + (R_2 + R_3) i_{l2} + R_3 i_{l3} - R_3 i_{l4} = u_{S2} - u_{S3}$$
$$\alpha R_2 i_{l1} - (\alpha R_2 + R_3) i_{l2} - R_3 i_{l3} + (R_3 + R_4) i_{l4} = u_{S3}$$

附加方程为
$$i_{l1} = i_{S1}$$
$$i_{l3} = \beta i_{l2}$$

如果把 i_{l1}、i_{l3} 代入前2个方程,可得到仅含 i_{l2}、i_{l4} 的两个方程。

回路电流法的步骤可归纳如下:

(1) 根据给定的电路,通过选择一个树确定一组基本回路,并指定各回路电流(即连支电流)的参考方向。

(2) 按一般公式(3-11)列出回路电流方程,注意自阻总是正的,互阻的正、负由相关的两个回路电流通过共有电阻时,两者的参考方向是否相同而定。并注意该式右边项取代数和时各有关电压源前面的"+"、"-"号。

(3) 当电路中有受控源或无伴电流源时,需另行处理。

(4) 对于平面电路可用网孔电流法。

§3-6 结点电压法

在电路中任意选择某一结点为参考结点,其他结点为独立结点,这些结点与此参考结点之间的电压称为结点电压,结点电压的参考极性是以参考结点为负,其余独立结点为正。由于任一支路都连接在两个结点上,根据 KVL,不难断定支路电压就是两个结点电压之差。如果每一个支路电流都可由支路电压来表示,那么它一定也可以用结点电压来表示。在具有 n 个结点的电路中写出其中 $(n-1)$ 个独立结点的 KCL 方程,就得到变量为 $(n-1)$ 个结点电压的共 $(n-1)$ 个独立方程,称为结点电压方程,最后由这些方程解出结点电压,从而求出所需的电压、电流。这就是结点电压法。

例如,对于图 3-16 所示电路及其图,结点的编号和支路的编号及参考方向均示于图中。电路的结点数为 4,支路数为 6。以结点⓪为参考,并规定结点①、②、③的结点电压分别用 u_{n1}、u_{n2}、u_{n3}[①] 表示。支路电压分别用 u_1、u_2、u_3、u_4、u_5 与 u_6 来表示。根据 KVL,不难求出 $u_1 = u_{n1}$,$u_2 = u_{n2}$,$u_3 = u_{n3}$,$u_4 = u_{n1} - u_{n2}$,$u_5 = u_{n2} - u_{n3}$ 以及 $u_6 = u_{n1} - u_{n3}$。

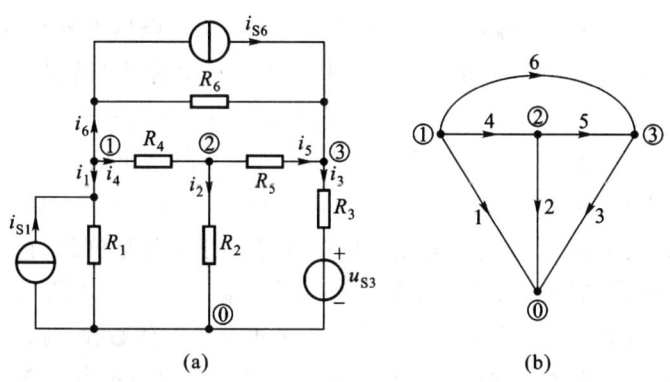

图 3-16 结点电压法

在结点①、②、③的 KCL 方程为

$$\left.\begin{array}{r} i_1 + i_4 + i_6 = 0 \\ i_2 - i_4 + i_5 = 0 \\ i_3 - i_5 - i_6 = 0 \end{array}\right\} \tag{3-14}$$

根据各支路的 VCR 及支路电压与结点电压的关系,式(3-14)成为

---

① 下标 n 表示结点"node"。

$$\left.\begin{array}{l}\left(\dfrac{u_{n1}}{R_1}-i_{S1}\right)+\left(\dfrac{u_{n1}-u_{n2}}{R_4}\right)+\left(\dfrac{u_{n1}-u_{n3}}{R_6}+i_{S6}\right)=0\\[2mm]\left(\dfrac{u_{n2}}{R_2}\right)-\left(\dfrac{u_{n1}-u_{n2}}{R_4}\right)+\left(\dfrac{u_{n2}-u_{n3}}{R_5}\right)=0\\[2mm]\left(\dfrac{u_{n3}-u_{S3}}{R_3}\right)-\left(\dfrac{u_{n2}-u_{n3}}{R_5}\right)-\left(\dfrac{u_{n1}-u_{n3}}{R_6}+i_{S6}\right)=0\end{array}\right\} \qquad (3-15)$$

经整理,就可得到以结点电压为独立变量的方程

$$\left.\begin{array}{l}\left(\dfrac{1}{R_1}+\dfrac{1}{R_4}+\dfrac{1}{R_6}\right)u_{n1}-\dfrac{1}{R_4}u_{n2}-\dfrac{1}{R_6}u_{n3}=i_{S1}-i_{S6}\\[2mm]-\dfrac{1}{R_4}u_{n1}+\left(\dfrac{1}{R_2}+\dfrac{1}{R_4}+\dfrac{1}{R_5}\right)u_{n2}-\dfrac{1}{R_5}u_{n3}=0\\[2mm]-\dfrac{1}{R_6}u_{n1}-\dfrac{1}{R_5}u_{n2}+\left(\dfrac{1}{R_3}+\dfrac{1}{R_5}+\dfrac{1}{R_6}\right)u_{n3}=i_{S6}+\dfrac{u_{S3}}{R_3}\end{array}\right\} \qquad (3-16)$$

式(3-16)可写为

$$\left.\begin{array}{l}(G_1+G_4+G_6)u_{n1}-G_4 u_{n2}-G_6 u_{n3}=i_{S1}-i_{S6}\\-G_4 u_{n1}+(G_2+G_4+G_5)u_{n2}-G_5 u_{n3}=0\\-G_6 u_{n1}-G_5 u_{n2}+(G_3+G_5+G_6)u_{n3}=i_{S6}+G_3 u_{S3}\end{array}\right\} \qquad (3-17)$$

式中 G_1、G_2、$\cdots$、G_6 为支路 1、2、$\cdots$、6 的电导。列结点电压方程时,可以根据观察按 KCL 直接写出式(3-16)或式(3-17),不必按照前述步骤进行。为归纳出更为一般的结点电压方程,可令 $G_{11}=G_1+G_4+G_6$,$G_{22}=G_2+G_4+G_5$,$G_{33}=G_3+G_5+G_6$,分别为结点①、②、③的自导,自导总是正的,它等于连于各结点支路电导之和;令 $G_{12}=G_{21}=-G_4$,$G_{13}=G_{31}=-G_6$,$G_{23}=G_{32}=-G_5$,分别为①、②、①、③和②、③这 3 对结点间的互导。互导总是负的,它们等于连接于两结点间支路电导的负值。方程右方写为 i_{S11}、i_{S22}、i_{S33},分别表示结点①、②、③的注入电流。注入电流等于流向结点的电流源的代数和,流入结点者前面取"+"号,流出结点者前面取"-"号。注入电流源还应包括电压源和电阻串联组合经等效变换形成的电流源。在上例中,结点③除了有 i_{S6} 流入外,还有电压源 u_{S3} 形成的等效电流源 $\dfrac{u_{S3}}{R_3}$。3 个独立结点的结点电压方程为

$$\left.\begin{array}{l}G_{11}u_{n1}+G_{12}u_{n2}+G_{13}u_{n3}=i_{S11}\\G_{21}u_{n1}+G_{22}u_{n2}+G_{23}u_{n3}=i_{S22}\\G_{31}u_{n1}+G_{32}u_{n2}+G_{33}u_{n3}=i_{S33}\end{array}\right\} \qquad (3-18)$$

式(3-18)不难推广到具有 $(n-1)$ 个独立结点的电路,有

$$G_{11}u_{n1} + G_{12}u_{n2} + G_{13}u_{n3} + \cdots + G_{1(n-1)}u_{n(n-1)} = i_{S11}$$
$$G_{21}u_{n1} + G_{22}u_{n2} + G_{23}u_{n3} + \cdots + G_{2(n-1)}u_{n(n-1)} = i_{S22}$$
$$\cdots\cdots\cdots\cdots$$
$$G_{(n-1)1}u_{n1} + G_{(n-1)2}u_{n2} + G_{(n-1)3}u_{n3} + \cdots + G_{(n-1)(n-1)}u_{n(n-1)} = i_{S(n-1)(n-1)}$$

(3-19)

求得各结点电压后,可根据 VCR 求出各支路电流。列结点电压方程时,不需要事先指定支路电流的参考方向。结点电压方程本身已包含了 KVL,而以 KCL 的形式写出,故如要检验答案,应按支路电流用 KCL 进行。

例 3-5 列出图 3-17 所示电路的结点电压方程。

解 指定参考结点,并对其他结点编号,设结点电压为 u_{n1}、u_{n2}、u_{n3} 与 u_{n4}。

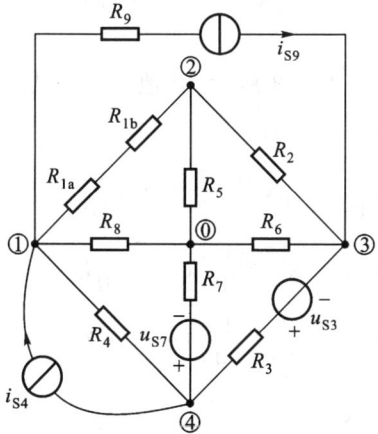

图 3-17 例 3-5 图

图中各电阻以电阻值给出,因此,各支路电导为支路电阻的倒数。此处应注意:$G_1 = \dfrac{1}{R_{1a} + R_{1b}}$,以及 R_9 不在方程中出现。

$$\left(\frac{1}{R_{1a}+R_{1b}} + \frac{1}{R_4} + \frac{1}{R_8}\right)u_{n1} - \frac{1}{R_{1a}+R_{1b}}u_{n2} - \frac{1}{R_4}u_{n4} = i_{S4} - i_{S9}$$
$$-\frac{1}{R_{1a}+R_{1b}}u_{n1} + \left(\frac{1}{R_{1a}+R_{1b}} + \frac{1}{R_2} + \frac{1}{R_5}\right)u_{n2} - \frac{1}{R_2}u_{n3} = 0$$
$$-\frac{1}{R_2}u_{n2} + \left(\frac{1}{R_2} + \frac{1}{R_3} + \frac{1}{R_6}\right)u_{n3} - \frac{1}{R_3}u_{n4} = i_{S9} - \frac{u_{S3}}{R_3}$$
$$-\frac{1}{R_4}u_{n1} - \frac{1}{R_3}u_{n3} + \left(\frac{1}{R_3} + \frac{1}{R_4} + \frac{1}{R_7}\right)u_{n4} = -i_{S4} + \frac{u_{S7}}{R_7} + \frac{u_{S3}}{R_3}$$

(3-20)

例 3-6 电路如图 3-18 所示,用结点电压法求各支路电流及输出电压

U_o。

图 3-18 例 3-6 图

解 取参考结点如图 3-18 所示,其他 3 个结点的结点电压分别为 U_{n1}、U_{n2}、U_{n3}。结点电压方程为

$$\left.\begin{array}{l}\left(\dfrac{1}{10}+\dfrac{1}{10}\right)U_{n1}-\dfrac{1}{10}U_{n2}=1-\dfrac{30}{10}\\[2mm] -\dfrac{1}{10}U_{n1}+\left(\dfrac{1}{10}+\dfrac{1}{20}\right)U_{n2}-\dfrac{1}{20}U_{n3}=7+\dfrac{30}{10}\\[2mm] -\dfrac{1}{20}U_{n2}+\left(\dfrac{1}{10}+\dfrac{1}{20}\right)U_{n3}=-2\end{array}\right\} \quad (3-21)$$

整理得

$$0.2U_{n1}-0.1U_{n2}=-2$$
$$-0.1U_{n1}+0.15U_{n2}-0.05U_{n3}=10$$
$$-0.05U_{n2}+0.15U_{n3}=-2$$

可解得

$$U_{n1}=40 \text{ V}$$
$$U_{n2}=100 \text{ V}$$
$$U_{n3}=20 \text{ V}$$

假定各支路电流为 I_1、I_2、I_3、I_4,参考方向如图 3-18 所示,有

$$I_1=\dfrac{U_{n1}}{10}=4 \text{ A}$$

$$I_2=\dfrac{U_{n1}-U_{n2}+30}{10}=-3 \text{ A}$$

$$I_3=\dfrac{U_{n2}-U_{n3}}{20}=4 \text{ A}$$

$$I_4 = \frac{U_{n3}}{10} = 2 \text{ A}$$

输出电压 $U_o = U_{n2} - U_{n3} = 80$ V

各支路电流在参考点满足 KCL, 求解正确。

无电阻与之串联的电压源称为无伴电压源。当无伴电压源作为一条支路连接于两个结点之间时, 该支路的电阻为零, 即电导等于无限大, 支路电流不能通过支路电压表示, 结点电压方程的列写就遇到困难。当电路中存在这类支路时, 有几种方法可以处理。第一种方法是把无伴电压源的电流作为附加变量列入 KCL 方程, 每引入这样的一个变量, 同时也增加了一个结点电压与无伴电压源电压之间的一个约束关系。把这些约束关系和结点电压方程合并成一组联立方程, 其方程数仍将与变量数相同。另一种方法是将连接无伴电压源的两个结点的结点电压方程合为一个①, 即取一个包含这两结点的封闭面的 KCL, 可避免附加电流变量的出现。同时还应添加结点电压与无伴电压源的约束关系。

例 3-7 图 3-19 所示电路中, u_{S1} 为无伴电压源的电压。试列出此电路的结点电压方程。

解 设无伴电压源支路的电流为 i, 电路的结点电压方程为

$$(G_1 + G_3)u_{n1} - i - G_3 u_{n2} = 0$$
$$-G_3 u_{n1} + (G_2 + G_3)u_{n2} = i_{S2}$$

补充的约束关系为

$$u_{n1} = u_{S1}$$

由上列 3 个方程, 可以联立解得 u_{n1}、u_{n2} 和 i。

图 3-19 例 3-7 图

这种方法实际上采用了混合变量, 除了结点电压外, 还把无伴电压源支路的电流作为变量。在回路电流法中, 处理无伴电流源时也采用了混合变量(见例 3-3)。如果应用第二种处理方法, 则舍弃上列 3 个方程中的第一个方程, 可联立求解 u_{n2}。

若电路中存在受控电流源, 在建立结点电压方程时, 先把控制量用结点电压表示, 并暂时把它当作独立电流源, 按前述方法列出结点电压方程, 然后把用结点电压表示的受控电流源电流项移到方程的左边。当电路中存在有伴受控电压源时, 把控制量用有关结点电压表示并变换为等效受控电流源。如果存在无伴受控电压源, 可参照无伴独立电压源的处理方法。

---

① 如果无伴电压源的一端是参考结点, 则该结点的 KCL 方程就不列, 仅补充以约束方程。

例 3-8 图 3-20 电路中独立源与 CCVS 都是无伴电压源。试列出其结点电压方程。

解 选择参考结点及标明独立结点，结点电压分别为 U_{n1}、U_{n2}、U_{n3}。独立电压源一端为参考结点，故结点①不列方程；对 CCVS 两端作包含结点②与③的封闭面 S，对 S 列 KCL 方程为

$$\frac{U_{n2} - U_{n1}}{R_1} + \frac{U_{n2}}{R_2} - g_m U + \frac{U_{n3}}{R_3} = 0$$

附加方程

图 3-20 例 3-8 图

$$U_{n1} = U_S$$
$$U_{n2} - U_{n3} = R_m I_1$$

其中控制量 U 与 I_1 可以结点电压来表示，即

$$U = U_{n2}$$
$$I_1 = \frac{U_{n1} - U_{n2}}{R_1}$$

经整理可得 3 变量方程组

$$-\frac{1}{R_1} U_{n1} + \left(\frac{1}{R_1} + \frac{1}{R_2} - g_m\right) U_{n2} + \frac{1}{R_3} U_{n3} = 0$$
$$U_{n1} = U_S$$
$$-\frac{R_m}{R_1} U_{n1} + \left(1 + \frac{R_m}{R_1}\right) U_{n2} - U_{n3} = 0$$

结点电压法的步骤可以归纳如下：

(1) 指定参考结点，其余结点对参考结点之间的电压就是结点电压。通常以参考结点为各结点电压的负极性。

(2) 按一般公式(3-19)列出结点电压方程，注意自导总是正的，互导总是负的；并注意各结点注入电流前面的"+"、"-"号。

(3) 当电路中有受控源或无伴电压源时需另行处理。

本章介绍了分析线性电阻电路的支路电流法、回路电流法（含网孔电流法）和结点电压法。并提到了 2b 法和支路电压法。就方程数目说，2b 法为支路数 b 的 2 倍；支路电流(电压)法为支路数 b；结点电压法为独立结点数 $(n-1)$（n 为结点数）；回路电流法为独立回路数 $(b-n+1)$；其中以 2b 法为最多。支路电流法要求每个支路电压都能以支路电流表示，这就使该方法的应用受到一定的限制，例如对于无伴电流源就需要另行处理。结点电压法也有类似问题存在，它

要求每个支路电流都能以支路电压表示,对于无伴电压源就需要另行处理①。$2b$ 法就比较灵活,因为只要求写出每个支路的 VCR,对任何元件都不难做到。回路电流法存在与支路电流法类似的限制。结点电压法的优点是结点电压容易选择,不存在选取独立回路的问题。用网孔电流法时,选取独立回路简便、直观,但仅适用于平面电路。

自电子计算机普及后,高阶代数方程的求解已不是难事,本书第十五章和附录 B 将简要介绍应用计算机辅助电路分析的基本知识。此时,考虑问题的出发点与手列方程时并不相同。

线性电阻电路方程是一组线性代数方程。无论用以上哪一种方法,都可以获得一组未知数和方程数相等的代数方程。从数学上说,只要方程的系数行列式不等于零,方程就有解且是唯一解。线性电阻电路方程一般总是有解的,但是在某些特定条件以及特殊情况下,线性电阻电路方程可能无解,也可能存在多解。

习　题

3-1 在以下两种情况下,画出题 3-1 图所示电路的图,并说明其结点数和支路数:

(1) 每个元件作为一条支路处理;

(2) 电压源(独立或受控)和电阻的串联组合,电流源和电阻的并联组合作为一条支路处理。

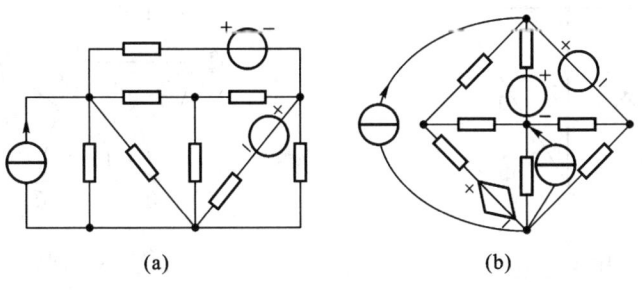

题 3-1 图

3-2 指出题 3-1 中两种情况下,KCL、KVL 独立方程各为多少?

3-3 对题 3-3 图(a)、(b),各画出 4 个不同的树,树支数各为多少?

3-4 题 3-4 图所示桥形电路共可画出 16 个不同的树,试一一列出(由于结点数

---

① 一般而言,含有无伴电流源时采用变量为电流的方法(支路电流法、网孔法及回路法),含有无伴电压源时采用电压变量的方法(支路电压法、结点电压法等)。

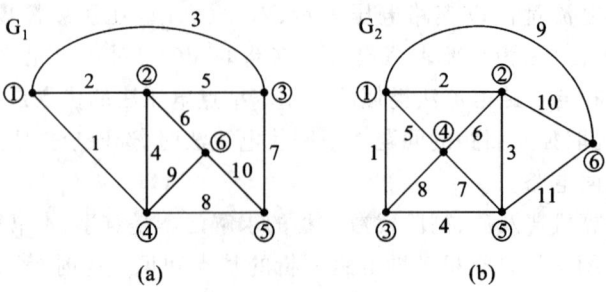

题 3-3 图

为 4,故树支数为 3,可按支路号递增的穷举方法列出所有可能的组合,如 123,124,…,126,134,135,…,从中选出树)。

3-5 对题 3-3 图所示的 G_1 和 G_2,任选一树并确定其基本回路组,同时指出独立回路数和网孔数各为多少?

3-6 对题 3-6 图所示非平面图,设:
(1) 选择支路(1,2,3,4)为树;
(2) 选择支路(5,6,7,8)为树。

问独立回路各有多少?求其基本回路组。

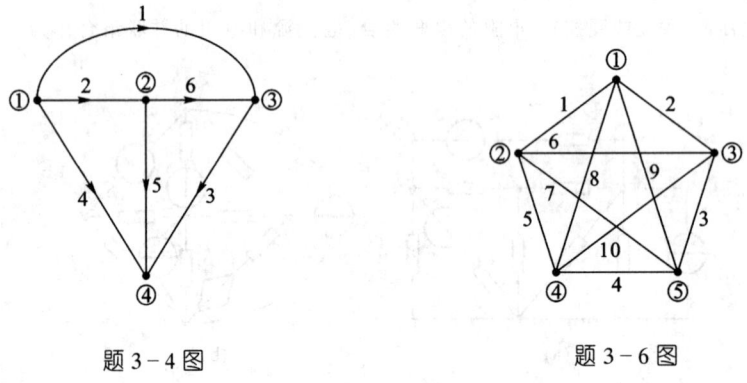

题 3-4 图   题 3-6 图

3-7 题 3-7 图所示电路中 $R_1 = R_2 = 10\ \Omega, R_3 = 4\ \Omega, R_4 = R_5 = 8\ \Omega, R_6 = 2\ \Omega,$ $u_{S3} = 20\ \text{V}, u_{S6} = 40\ \text{V},$ 用支路电流法求解电流 i_5。

3-8 用网孔电流法求解题 3-7 图中电流 i_5。

3-9 用回路电流法求解题 3-7 图中电流 i_3。

3-10 用回路电流法求解题 3-10 图所示中 5 Ω 电阻中的电流 i。

3-11 用回路电流法求解题 3-11 图所示电路中电流 I。

题 3-7 图

题 3-10 图

3-12 用回路电流法求解题 3-12 图所示电路中电流 I_a 及电压 U_o。

题 3-11 图　　　　　　　　题 3-12 图

3-13 用回路电流法求解:
(1) 题 3-13 图(a)中的 U_x；
(2) 题 3-13 图(b)中的 I。

3-14 用回路法求解题 3-14 图所示电路中 I_x 以及 CCVS 的功率。

题 3-13 图

题 3-14 图

3-15 列出题 3-15 图(a)、(b)所示电路的结点电压方程。

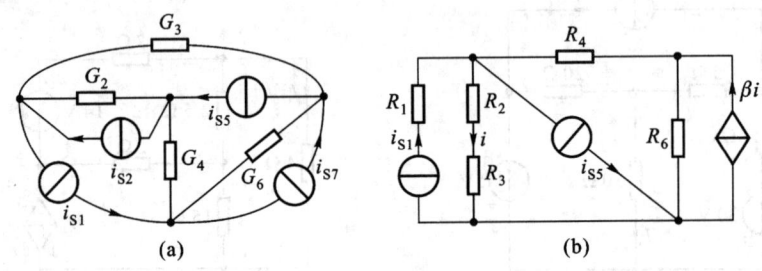

题 3-15 图

3-16 列出题 3-16 图(a)、(b)所示电路的结点电压方程。

3-17 题 3-17 图所示为由电压源和电阻组成的一个独立结点的电路,用结点电压法证明其结点电压为

$$u_{n1} = \frac{\sum G_k u_{Sk}}{\sum G_k}$$

此式又称为弥尔曼定理。

题 3-16 图

题 3-17 图

3-18 列出题 3-18 图(a)、(b)所示电路的结点电压方程。

题 3-18 图

3-19 用结点电压法求解题 3-19 图所示电路中各支路电流。

3-20 题 3-20 图所示电路中电源为无伴电压源，用结点电压法求解电流 I_S 和 I_O。

(a)　　　　　　　　　　　(b)

题 3-19 图

3-21　用结点电压法求解题 3-21 图所示电路中电压 U_o。

题 3-20 图　　　　　　　题 3-21 图

3-22　用结点电压法求解题 3-13。

3-23　用结点电压法求解题 3-14。

3-24　用结点电压法求解题 3-24 图所示电路后，求各元件的功率并检验功率是否平衡。

题 3-24 图

3-25　用结点电压法求解题 3-25 图所示电路中 u_{n1} 和 u_{n2}，你对此题有什么看法？

题 3-25 图

3-26 列出题 3-26 图所示电路的结点电压方程。如果 $R_S = 0$，则方程又如何？（提示：为避免引入过多附加电流变量，对连有无伴电压源的结点部分，可在包含无伴电压源的封闭面 S 上写出 KCL 方程。）

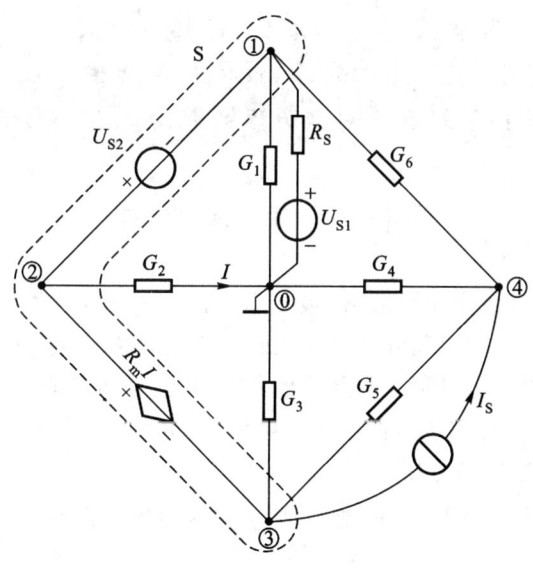

题 3-26 图

第四章

电路定理

━━━━━● 内容提要 ●━━━━━

本章介绍一些重要的电路定理,包括叠加定理(含齐性定理)、替代定理、戴维宁定理、诺顿定理、最大功率传输定理、特勒根定理、互易定理,并扼要介绍有关对偶原理的概念。

§4-1 叠加定理

作为线性系统(包含线性电路)最基本的性质——线性性质,它包含可加性与齐次性两方面。叠加定理就是可加性的反映,它是线性电路的一个重要定理。可加性的概念可以说是贯穿于电路分析之中,并在叠加定理中得到直接应用。

图4-1(a)所示电路中有两个独立电源,为电路中的激励,现在要求解作为电路中响应的电流 i_2 与电压 u_1。

根据 KCL、KVL 与 VCR 可列出以 i_2 为未知量的方程 $u_S = R_1(i_2 - i_S) + R_2 i_2$,从而解得

$$\left. \begin{array}{l} i_2 = \dfrac{u_S}{R_1 + R_2} + \dfrac{R_1 i_S}{R_1 + R_2} \\ u_1 = \dfrac{R_1 u_S}{R_1 + R_2} - \dfrac{R_1 R_2 i_S}{R_1 + R_2} \end{array} \right\} \quad (4-1)$$

式(4-1)中,i_2、u_1 都分别是 u_S 和 i_S 的线性组合。可将其改写为

$$\left. \begin{array}{l} i_2 = i_2' + i_2'' \\ u_1 = u_1' + u_1'' \end{array} \right\} \quad (4-2)$$

其中

$$i_2' = \dfrac{u_S}{R_1 + R_2} = i_2 \bigg|_{i_S = 0} , \quad i_2'' = \dfrac{R_1 i_S}{R_1 + R_2} = i_2 \bigg|_{u_S = 0}$$

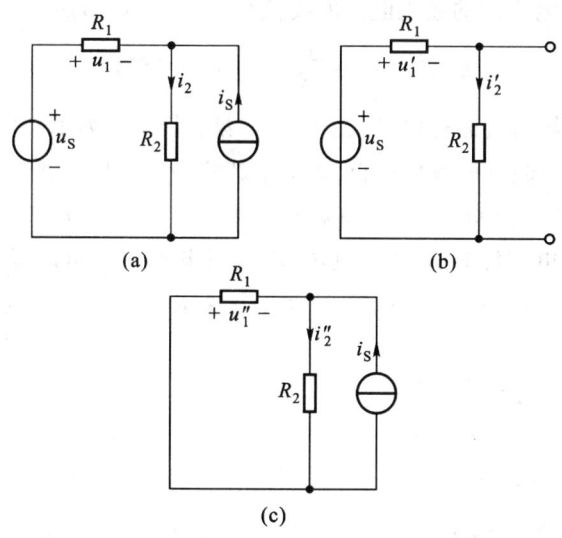

图 4-1 叠加定理

$$u'_1 = \frac{R_1 u_S}{R_1 + R_2} = u_1 \bigg|_{i_S = 0}, \quad u''_1 = -\frac{R_1 R_2 i_S}{R_1 + R_2} = u_1 \bigg|_{u_S = 0}$$

式中 i'_2 与 u'_1 为将原电路中电流源 i_S 置零时的响应,即由 u_S 单独作用的分电路中所产生的电流、电压分响应,如图 4-1(b)所示;i''_2 与 u''_1 为将原电路中电压源 u_S 置零后由 i_S 单独作用的分电路中所产生的电流、电压分响应,如图 4-1(c)所示。原电路的响应则为相应分电路中分响应的和。这就是叠加定理。可以证明如下:

对于一个具有 b 条支路、n 个结点的电路,可以用回路电流或结点电压作为变量列出电路方程,此种方程具有以下形式:

$$\left.\begin{array}{l}a_{11}x_1 + a_{12}x_2 + \cdots + a_{1N}x_N = b_{11}\\a_{21}x_1 + a_{22}x_2 + \cdots + a_{2N}x_N = b_{22}\\\cdots\cdots\cdots\cdots\\a_{N1}x_1 + a_{N2}x_2 + \cdots + a_{NN}x_N = b_{NN}\end{array}\right\} \quad (4-3)$$

式中求解变量以 $x_k(k=1,2,\cdots,N)$ 表示,右方系数 $b_{kk}(k=1,2,\cdots,N)$ 是电路中激励的线性组合。当此方程是回路电流方程时,x_k 是回路电流 i_{lk},系数 $a_{kj}(k=1,2,\cdots,N, j=1,2,\cdots,N)$ 是自阻或互阻,b_{kk} 则是回路中电压源电压和由电流源等效变换所得电压源电压的线性组合。当此方程是结点电压方程时,x_k 是结点电压 u_{nk},系数 a_{kj} 是自导或互导,b_{kk} 是结点上的电流源的注入电流和电压

源等效变换所得电流源的注入电流的线性组合。式(4-3)的解的一般形式为

$$x_k = \frac{\Delta_{1k}}{\Delta}b_{11} + \frac{\Delta_{2k}}{\Delta}b_{22} + \cdots + \frac{\Delta_{Nk}}{\Delta}b_{NN}$$

式中，Δ 为 a_{kj} 系数构成的行列式，Δ_{jk} 是 Δ 的第 j 行第 k 列的余因式。由于 b_{11}、b_{22}、$\cdots$ 都是电路中激励的线性组合，而每个解答 x_k 又是 b_{11}、b_{22}、$\cdots$ 的线性组合，故任意一个解(电压或电流)都是电路中所有激励的线性组合。当电路中有 g 个电压源和 h 个电流源时，任意一处电压 u_f 或电流 i_f 都可以写为以下形式

$$\left.\begin{aligned}
u_f &= k_{f1}u_{S1} + k_{f2}u_{S2} + \cdots + k_{fg}u_{Sg} + K_{f1}i_{S1} + K_{f2}i_{S2} + \cdots + K_{fh}i_{Sh} \\
&= \sum_{m=1}^{g} k_{fm}u_{Sm} + \sum_{m=1}^{h} K_{fm}i_{Sm} \\
&\cdots\cdots\cdots\cdots \\
i_f &= k'_{f1}u_{S1} + k'_{f2}u_{S2} + \cdots + k'_{fg}u_{Sg} + K'_{f1}i_{S1} + K'_{f2}i_{S2} + \cdots + K'_{fh}i_{Sh} \\
&= \sum_{m=1}^{g} k'_{fm}u_{Sm} + \sum_{m=1}^{h} K'_{fm}i_{Sm}
\end{aligned}\right\} \quad (4-4)$$

叠加定理可表述为：在线性电阻电路中，某处电压或电流都是电路中各个独立电源单独作用时，在该处分别产生的电压或电流的叠加。

叠加定理在线性电路的分析中起着重要的作用，它是分析线性电路的基础。线性电路中很多定理都与叠加定理有关。直接应用叠加定理计算和分析电路时，可将电源分成几组，按组计算以后再叠加，有时可简化计算。

当电路中存在受控源时，叠加定理仍然适用。受控源的作用反映在回路电流或结点电压方程中的自阻和互阻或自导和互导中，所以任一处的电流或电压仍可按照各独立电源作用时在该处产生的电流或电压的叠加计算。所以对含有受控源的电路应用叠加定理，在进行各分电路计算时，应把受控源保留在各分电路之中[①]。

使用叠加定理时应注意以下几点：

(1) 叠加定理适用于线性电路，不适用于非线性电路。

(2) 在叠加的各分电路中，不作用的电压源置零，在电压源处用短路代替；不作用的电流源置零，在电流源处用开路代替。电路中所有电阻都不予更动，受控源则保留在各分电路中。

---

① 受控源不同于独立电源，它不直接起"激励"作用，但是又带有"电源"性质。在列电路方程时，往往把受控源的电流或电压"暂时"列于方程的右边，如同独立电源。如果在应用叠加定理时，把受控源当作独立电源处理，不把受控源保留在各分电路中，而另外设仅含受控源的分电路也是可行的，但是受控源的控制量不是该分电路中的控制量，而应保持为原电路中的控制量。最终进行叠加时，应包含受控源分电路的分量。这种处理方法的不足之处是原电路的控制量为待求量，需要按各分电路叠加求得，可参见本章习题。严格地说，叠加性质是针对各独立电源的。

(3) 叠加时各分电路中的电压和电流的参考方向可以取为与原电路中的相同。取代数和时,应注意各分量前的"＋"、"－"号。

(4) 原电路的功率不等于按各分电路计算所得功率的叠加,这是因为功率是电压和电流的乘积,与激励不成线性关系。

例 4 - 1 试用叠加定理计算图 4 - 2(a)所示电路中的 U_1 与 I_2。

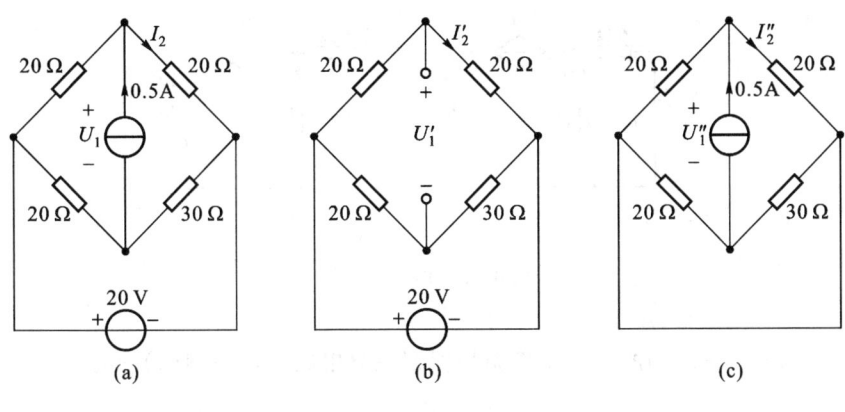

图 4 - 2 例 4 - 1 图

解 画出电压源与电流源分别作用时的分电路如图 4 - 2(b)与图 4 - 2(c)所示。对图 4 - 2(b)有

$$U'_1 = \left(\frac{20}{20+20} \times 20 - \frac{30}{20+30} \times 20\right)\text{V} = -2\text{V}$$

$$I'_2 = \frac{20}{20+20}\text{A} = 0.5\text{A}$$

对图 4 - 2(c)有

$$U''_1 = \left(\frac{20 \times 20}{20+20} + \frac{20 \times 30}{20+30}\right) \times 0.5\text{V} = 11\text{V}$$

$$I''_2 = \frac{20}{20+20} \times 0.5\text{A} = 0.25\text{A}$$

原电路的总响应为

$$U_1 = U'_1 + U''_1 = (-2+11)\text{V} = 9\text{V}$$

$$I_2 = I'_2 + I''_2 = (0.5+0.25)\text{A} = 0.75\text{A}$$

显然,由于使用了叠加定理,本题的求解得以简化。

例 4 - 2 电路如图 4 - 3(a)所示,其中 CCVS 的电压受流过 6 Ω 电阻的电流控制。求电压 u_3。

解 按叠加定理,作出 10 V 电压源和 4 A 电流源分别作用的分电路,如图

图 4-3 例 4-2 图

4-3(b)和图 4-3(c)所示。受控源均保留在分电路中。在图(b)中有

$$i_1' = i_2' = \frac{10}{6+4} \text{ A} = 1 \text{ A}$$

$$u_3' = -10i_1' + 4i_2' = (-10+4) \text{ V} = -6 \text{ V}$$

在图(c)中有

$$i_1'' = -\frac{4}{6+4} \times 4 \text{ A} = -1.6 \text{ A}$$

$$i_2'' = 4 + i_1'' = 2.4 \text{ A}$$

$$u_3'' = -10i_1'' + 4i_2'' = 25.6 \text{ V}$$

所以

$$u_3 = u_3' + u_3'' = 19.6 \text{ V}$$

例 4-3 在图 4-3(a)所示电路中的电阻 R_2 处再串接一个 6V 电压源,如图 4-4(a)所示,重求 u_3。

解 应用叠加定理,把 10 V 电压源和 4 A 电流源合为一组激励,其分响应在例 4-2 中已求得;所加 6 V 电压源看为另一组激励。分电路分别如图 4-4(b)与图 4-4(c)所示。利用上例结果,图(b)的分响应为

$$u_3' = 19.6 \text{ V}$$

而在图(c)中

$$i_1'' = i_2'' = \frac{-6}{6+4} \text{ A} = -0.6 \text{ A}$$

$$u_3'' = -10i_1'' - 6i_1'' = 9.6 \text{ V}$$

图 4-4 例 4-3 图

所以

$$u_3 = u'_3 + u''_3 = 29.2 \text{ V}$$

在线性电路中,当所有激励(电压源和电流源)都同时增大或缩小 K 倍(K 为实常数)时,响应(电压和电流)也将同样增大或缩小 K 倍。这就是线性电路的齐性定理,它不难从叠加定理推得。应注意,这里的激励是指独立电源,并且必须全部激励同时增大或缩小 K 倍,否则将导致错误的结果。显然,当电路中只有一个激励时,响应必与该激励成正比。

如果例 4-3 中电压源由 6 V 增至 8 V,则根据齐性定理,8 V 电压源单独作用产生的 u'''_3 为

$$u'''_3 = \frac{9.6 \times 8}{6} \text{ V} = 12.8 \text{ V}$$

故此时应有

$$u_3 = u'_3 + u'''_3$$
$$= (19.6 + 12.8) \text{ V} = 32.4 \text{ V}$$

用齐性定理分析梯形电路特别有效。

例 4-4 求图 4-5 所示梯形电路中各支路电流。

解 设 $i_5 = i'_5 = 1$ A,则

$$u'_{BC} = (R_5 + R_6) i'_5 = 22 \text{ V}$$

$$i'_4 = \frac{u'_{BC}}{R_4} = 1.1 \text{ A}$$

$$i'_3 = i'_4 + i'_5 = 2.1 \text{ A}$$

$$u'_{AD} = R_3 i'_3 + u'_{BC} = 26.2 \text{ V}$$

$$i'_2 = \frac{u'_{AD}}{R_2} = 1.31 \text{ A}$$

$$i'_1 = i'_2 + i'_3 = 3.41 \text{ A}$$

$$u'_S = R_1 i'_1 + u'_{AD} = 33.02 \text{ V}$$

现给定 $u_S = 120$ V,相当于将以上激励 u'_S 增至 $\frac{120}{33.02}$ 倍,即 $K = \frac{120}{33.02} = 3.63$,故各支路电流应同时增至 3.63 倍,即

$$i_1 = K i'_1 = 12.38 \text{ A}$$
$$i_2 = K i'_2 = 4.76 \text{ A}$$
$$i_3 = K i'_3 = 7.62 \text{ A}$$
$$i_4 = K i'_4 = 3.99 \text{ A}$$
$$i_5 = K i'_5 = 3.63 \text{ A}$$

图 4-5 例 4-4 图

本例计算是先从梯形电路最远离电源的一端开始,倒退至激励处。这种计算方法称为"倒退法"。先对某个电压或电流设一便于计算的值,如本例设 $i'_5 = 1$ A,最后再按齐性定理予以修正。

§4-2 替代定理

替代定理是一个应用范围颇为广泛的定理,它不仅适用于线性电路,也适用于非线性电路。它时常用来对电路进行简化,从而使电路易于分析或计算。

替代定理的内容可叙述如下:在电路中如已求得 N_A 与 N_B 两个一端口网络连接端口的电压 u_p 与电流 i_p,那么就可用一个 $u_S = u_p$ 的电压源或一个 $i_S = i_p$ 的电流源来替代其中的一个网络,而使另一个网络的内部电压、电流均维持不变。图 4-6(a)是原电路,图 4-6(b)是将 N_B 替代为一个电压源 u_S;图 4-6(c)是将 N_B 替代为一个电流源 i_S,而(a)、(b)、(c)三图中,N_A 中的电压、电流都是相同的。

图 4-6(d)示出替代定理的证明过程[它仅给出图 4-6(b)所示的电压源替

代 N_B 的证明]。先在 N_B 的端子 a、c 间串接两个电压方向相反,但激励电压均为 u_S 的电压源,这不会影响 N_A 及 N_B 内的各电压、电流。令 $u_S = u_p$,可见 b、d 之间的电压 $u_{bd} = 0$,用一条短路线将 b、d 两点短接就可得到与图 4-6(b) 相同的电路,即把 N_B 替代为一个 $u_S = u_p$ 的电压源。图 4-6(c) 所示的电流源替代 N_B 的证明,可在 a、d 端子间并接两个电流方向相反,但激励电流值相同的电流源而得到。

如果在 N_B 中有 N_A 中受控源的控制量,N_B 被替代后将无法表达这种控制关系,这时,N_B 就不可以被替代。

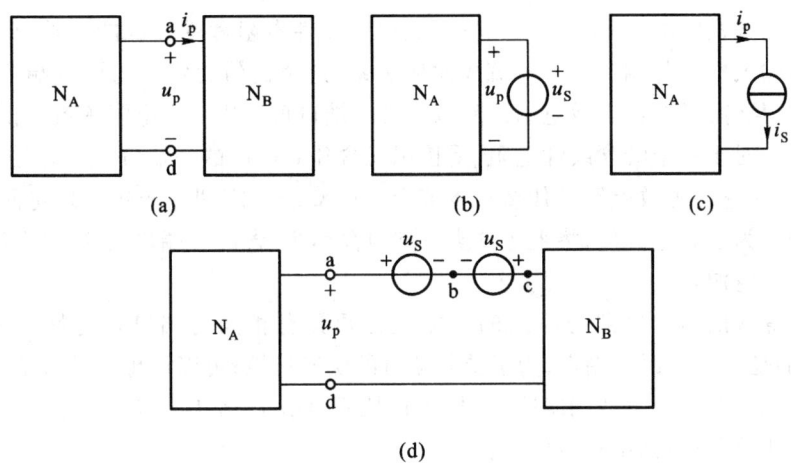

图 4-6 替代定理及证明

图 4-7 示出替代定理应用的实例。图 4-7(a) 中,可求得 $u_3 = 8$ V,$i_3 =$

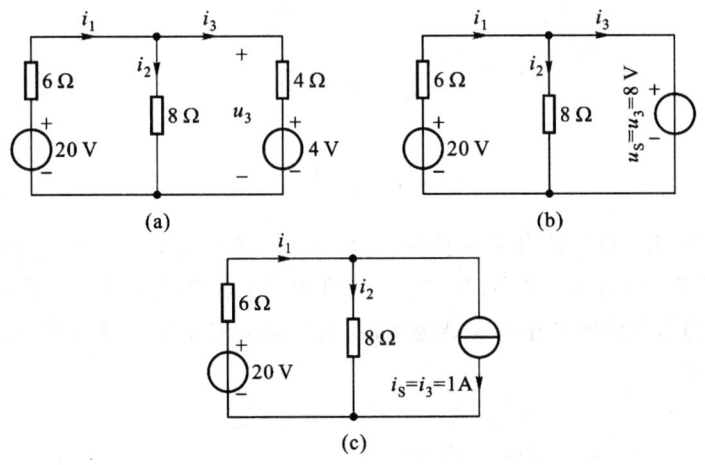

图 4-7 替代定理示例

1 A。现将支路3分别以 $u_S = u_3 = 8 \text{ V}$ 的电压源或 $i_S = i_3 = 1 \text{ A}$ 的电流源替代,如图4-7(b)或图4-7(c)所示,不难看出,在图4-7(a)、(b)、(c)中,其他部分的电压和电流均保持不变,即 $i_1 = 2 \text{ A}, i_2 = 1 \text{ A}$。

顺便指出,支路3也可用一个电阻来替代,其值为 $R_S = \dfrac{u_S}{i_S} = \dfrac{8}{1} \Omega = 8 \Omega$,此时,其他部分的电压和电流亦保持不变。

§4-3 戴维宁定理和诺顿定理[①]

根据齐性定理,一个不含独立电源、仅含线性电阻和受控源的一端口网络,其端口输入电压与端口输入电流成比例关系,这个比值就定义为该一端口的输入电阻(见§2-7)或等效电阻。所以这类一端口可以用一个电阻等效置换而加以简化。对于一个既含线性电阻、受控源又含独立电源的一端口,应如何加以简化,或者说它的等效电路是什么?本节介绍的戴维宁定理和诺顿定理将回答这个问题。为了叙述方便,将上述这类一端口简称为"含源一端口",这里"含源"是指含独立电源。

从等效的简化电路与原来的一端口必须具有相同的端口外特性出发,图4-8(a)是一个含源一端口,为了求其端口的伏安特性,可以设想在端口1-1′处加一个电压源 U[②],然后求解端口电流 I,从而得出 U 和 I 的函数关系。利用结点电压法,可以得到结点电压方程

$$U_{ao}\left(\dfrac{1}{5} + \dfrac{1}{4} + \dfrac{1}{20}\right) = \dfrac{25}{5} + 3 + \dfrac{U}{4}$$

可解得 $U_{ao} = 16 + \dfrac{U}{2}$,由 $I = \dfrac{U_{ao} - U}{4}$

可得到

$$U = 32 - 8I$$

或

$$I = 4 - \dfrac{U}{8}$$

与此两方程相应的等效含源支路如图4-8(b)、(c)所示。这一结果带有普遍性,即任意含源一端口,其端口的电压 U 和电流 I 呈现线性函数关系,可以等效变换(简化)为带内阻的电压源或电流源,前者称为戴维宁等效电路;后者称为诺顿等效电路。

---

① Thevenin's Theorem, Norton's Theorem。
② 也可以在端口加电流源 I 后求 U。

§4-3 戴维宁定理和诺顿定理

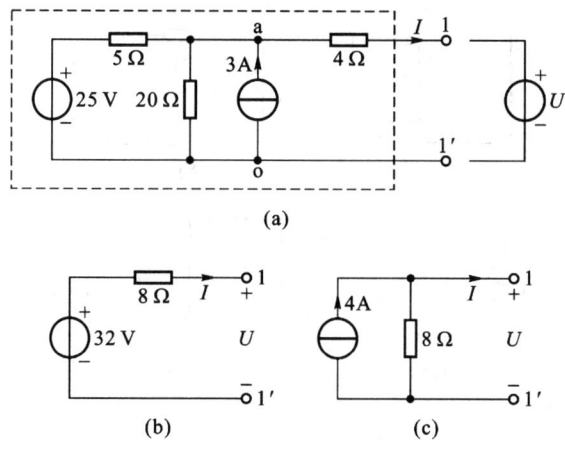

图 4-8 等效含源支路

图 4-9 示出含源一端口[图 4-9(a)]的两种等效电路[1]，其中图 4-9(b)为戴维宁等效电路；图 4-9(c)为诺顿等效电路。由于图 4-9(b)、(c)电路与图 4-9(a)电路在一切情况下等效，所以图 4-9(b)中 u_{oc} 即为图 4-9(a)中 1-1′ 开路时端口的开路电压；同理图 4-9(c)中 i_{sc} 即为图 4-9(a)中 1-1′ 短路时端口的短路电流。将图 4-9(b)中 1-1′ 短路或将图 4-9(c)中 1-1′ 开路，均可得到 u_{oc}、i_{sc} 与 R_{eq} 的一个重要关系，即

$$u_{oc} = R_{eq} i_{sc} \tag{4-5}$$

R_{eq} 称为等效电路的等效电阻，R_{eq} 也可直接从图 4-9(a)来求得。将 N 中所有独立电源置零，即电压源处用短路代替，电流源处用开路代替。置零后的 N 以 N_0 表示。N_0 的戴维宁等效电路和诺顿等效电路中，由于 N_0 中无独立电源，故必然 $u_{oc}=0$，$i_{sc}=0$，从图 4-9(b)或图 4-9(c)的端口 1-1′ 看入的输入电阻均为 R_{eq}，它就等于图 4-9(d)中 N_0 在端口 1-1′ 的输入电阻。

戴维宁定理指出："一个含独立电源、线性电阻和受控源[2] 的一端口，对外电路来说，可以用一个电压源和电阻的串联组合等效置换，此电压源的激励电压等于一端口的开路电压，电阻等于一端口内全部独立电源置零后的输入电阻"。

诺顿定理指出："一个含独立电源、线性电阻和受控源的一端口，对外电路来说，可以用一个电流源和电阻的并联组合等效置换，电流源的激励电流等于一端

---

[1] 通常将这两种等效电路称为原含源一端口的等效发电机。

[2] 这些受控源只能受端口内部的电压、电流的控制；同时，端口内的电压、电流也不能是外电路中受控源的控制量。

图 4-9 等效参数

口的短路电流,电阻等于一端口中全部独立源置零后的输入电阻"。

图 4-10 戴维宁定理的证明过程

戴维宁定理可以完整地证明如下:图 4-10(a)中 N 为含源一端口,设外电路仅为电阻 R_o(主要为了简化讨论),根据替代定理,用 $i_S = i$ 的电流源替代电阻 R_o,替代后的电路如图 4-10(b)所示。应用叠加定理,所得分电路如图 4-10(c)和图 4-10(d)所示。在图 4-10(c)中,当电流源不作用而 N 中全部电源作用时,$u' = u_{oc}$;在图 4-10(d)中,当 i 作用而 N 中全部独立电源置零时,N 成为 N_0(受控源仍保留在 N_0 中)。此时,有 $u'' = -R_{eq}i$,其中 R_{eq} 为从 N_0 端口看入的等效电阻。按叠加定理,端口 1-1'间的电压 u 应为

$$u = u' + u'' = u_{oc} - R_{eq}i$$

§4-3 戴维宁定理和诺顿定理

故一端口的等效电路如图 4-10(e) 所示，戴维宁定理得证[1]。

当一端口用戴维宁等效电路或诺顿等效电路置换后，端口以外的电路（称为外电路）中的电压、电流均保持不变。这种等效也是对外等效。

应用戴维宁定理或诺顿定理来等效含源一端口时，可先求出该一端口的开路电压、短路电流和等效电阻三个参数中的任意两个（可视给定电路的具体情况，选择容易求得的参数先求解），如果需要求出第三个参数，可根据式(4-5)计算。

戴维宁定理和诺顿定理指出：一个含源一端口网络可以按照其端口的伏安特性（$u-i$ 坐标图上的一条直线）等效为电压源与电阻的串联组合或电流源与电阻的并联组合。当此一端口网络与外电路连接后，其端口处就有确定的电压 u_p 与电流 i_p，也就是一端口网络工作于伏安特性曲线上的一点 $p(u_p, i_p)$。替代定理说明了在这种情况下可将一端口网络用一个电压源或电流源置换的替代关系，也可以说是在伏安特性曲线上特定的一点上的等效置换。这和戴维宁定理及诺顿定理中整个伏安特性曲线上的等效置换是不同的。

例 4-5 图 4-11 所示电路中，已知 $u_{S1}=40$ V，$u_{S2}=40$ V，$R_1=4$ Ω，$R_2=2$ Ω，$R_3=5$ Ω，$R_4=10$ Ω，$R_5=8$ Ω，$R_6=2$ Ω，求通过 R_3 的电流 i_3。

解 将 R_3 的左、右两部分的电路都看为一端口而加以简化。左侧是一个含源一端口[见图 4-12(a)]，求开路电压

图 4-11 例 4-5 图

及等效电阻较为方便。它的等效电路如图 4-12(b) 所示，其中

$$R = R_{eq} = \frac{R_1 R_2}{R_1 + R_2} = 1.33 \text{ Ω}$$

$$u_S = u_{oc} = R_2 i + u_{S2} = \frac{u_{S1} - u_{S2}}{R_1 + R_2} R_2 + u_{S2} = 40 \text{ V}$$

再求右侧无源一端口的等效电阻

$$R_{cd} = \frac{R_4(R_5 + R_6)}{R_4 + R_5 + R_6} = 5 \text{ Ω}$$

图 4-11 可以简化为图 4-12(c) 所示电路。通过 R_3 的电流为

$$i_3 = \frac{u_S}{R + R_3 + R_{cd}} = 3.53 \text{ A}$$

例 4-6 求图 4-13(a) 所示一端口电路的等效发电机。

---

[1] 如在 1-1′ 以电压源 u 替代 R_0，用类似方法可证明诺顿定理。

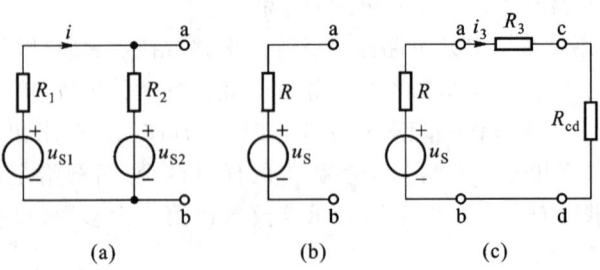

图 4 - 12 例 4 - 5 图

解 由图 4 - 13(a)可知，求 i_{sc} 和 R_{eq} 比较容易。当 1 - 1′ 短路时，有

$$i_{sc} = \left(3 - \frac{60}{20} + \frac{40}{40} - \frac{40}{20}\right)\text{A} = -1\text{A}$$

把一端口内部独立电源置零后，可以求得 R_{eq}，它等于 3 个电阻的并联，即有

$$R_{eq} = \frac{1}{\frac{1}{20} + \frac{1}{40} + \frac{1}{20}} \Omega = 8\ \Omega$$

诺顿等效电路将如图 4 - 13(b)所示。

图 4 - 13 例 4 - 6 图

例 4 - 7 求图 4 - 14(a)所示含源一端口的戴维宁等效电路和诺顿等效电路。一端口内部有电流控制电流源，$i_c = 0.75 i_1$。

解 先求开路电压 u_{oc}。在图 4 - 14(a)中，当端口 1 - 1′ 开路时，有

$$i_2 = i_1 + i_c = 1.75 i_1$$

对网孔 1 列 KVL 方程，得

$$5 \times 10^3 \times i_1 + 20 \times 10^3 \times i_2 = 40$$

代入 $i_2 = 1.75 i_1$，可以求得 $i_1 = 1$ mA。而开路电压

$$u_{oc} = 20 \times 10^3 \times i_2 = 35 \text{ V}$$

当 1-1′短路时,可求得短路电流 i_{sc} [见图 4-14(b)]。此时

$$i_1 = \frac{40}{5 \times 10^3} \text{ A} = 8 \text{ mA}$$

$$i_{sc} = i_1 + i_c = 1.75 i_1 = 14 \text{ mA}$$

故得

$$R_{eq} = \frac{u_{oc}}{i_{sc}} = 2.5 \text{ k}\Omega$$

对应的戴维宁等效电路和诺顿等效电路分别如图 4-14(c)和图 4-14(d)所示。

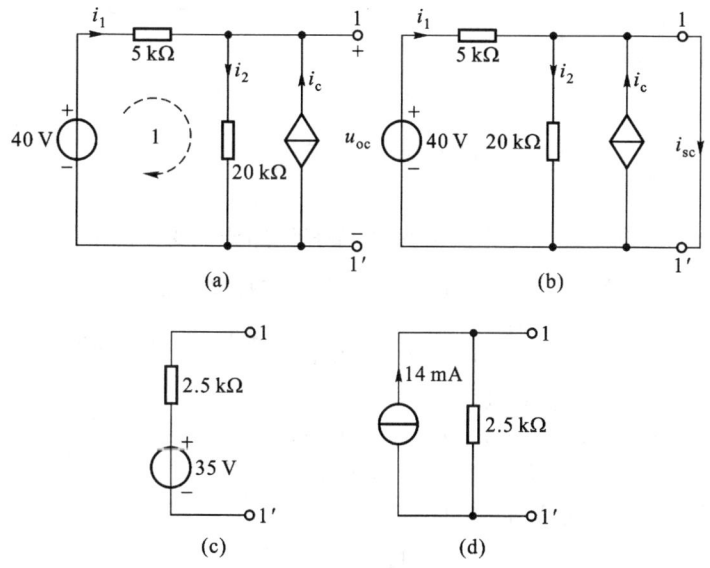

图 4-14 例 4-7 图

当含源一端口内部含受控源时,在它的内部独立电源置零后,输入电阻有可能为零或无限大。如果 $R_{eq} = 0$ 而开路电压 u_{oc} 为有限值,此时含源一端口存在戴维宁等效电路且仅为一个无伴电压源(即 u_{oc}),而无电阻与之串联,但因 G_{eq} 与 i_{sc} 均趋向无限大,故不存在诺顿等效电路。如果求得 R_{eq} 为无限大(或 $G_{eq} = 0$)而短路电流 i_{sc} 为有限值,此时含源一端口存在诺顿等效电路且仅为一个无伴电流源(即 i_{sc}),而无电阻与之并联,但因 R_{eq} 与 u_{oc} 均趋于无限大,故不存在戴维宁等效电路。通常情况下,两种等效电路是都存在的。

戴维宁定理和诺顿定理在电路分析中应用广泛。在一个复杂的电路中,如

果对某些一端口其内部的电压、电流无求解需要,就可应用这两个定理将这些一端口简化[①]。特别是仅对电路的某一元件感兴趣时,这两个定理尤为适用。

例 4-8 图 4-15 是一个惠斯通电桥,其中 G 为检流计,其电阻为 R_G。当 R_3 为 500 Ω 时,电桥平衡,G 中无电流[②]。求当 $R_3 = 501$ Ω,即电桥不平衡时,R_G 为 50 Ω、100 Ω、200 Ω 与 500 Ω 时,G 中的电流 I_G。

图 4-15 惠斯通电桥

解 由于要求电路中 R_G 发生变化,而其他部分不变情况下的多个解,可将 G 以外的 1-1′看为一个含源一端口。1-1′的开路电压

$$u_{oc} = \left(\frac{501}{100+501} - \frac{5000}{1000+5000}\right) \times 5 \text{ V} = 1.386 \text{ mV}$$

从 1-1′看入的等效电阻

$$R_{eq} = \left(\frac{501 \times 100}{501+100} + \frac{5000 \times 1000}{5000+1000}\right) \Omega = 916.7 \text{ Ω}$$

戴维宁等效电路如图 4-15(b)所示,从而

$$I_G = \frac{1.386 \times 10^{-3}}{916.7 + R_G}$$

可求得当 R_G 为 50 Ω、100 Ω、200 Ω 与 500 Ω 时,I_G 分别为 1.434 μA、1.363 μA、1.241 μA 与 0.978 μA。

例 4-9 对图 4-16 所示电路,如果用具有内电阻 R_V 的直流电压表分别在端子 a、b 和 b、c 处测量电压,试分析电压表内电阻引起的测量误差。

解 当用电压表测量端子 b、c 的电压时,电压的真值是图 4-16(a)中该处的开路电压。为了求得由于电压表内电阻 R_V 引起的误差,需要求得实际的测量值。把图 4-16(a)中 b、c 左边的电路用戴维宁等效电路置换,设 U_{oc} 为 b、c

---

① 简化的条件是一端口内部是线性电路,且与端口外部无受控关系。
② 参见图 2-7,当 $R_1/R_2 = R_3/R_4$ 时,对角线的开路电压 $u_{oc} = 0$,故对角线中并无电流。

图 4-16 例 4-9 图

端子的开路电压,R_{eq}为从 b、c 端看的输入电阻[见图 4-16(b)]。令 U 为实际测量所得的电压,它等于电阻 R_V 两端的电压,即

$$U = \frac{R_V}{R_V + R_{eq}} U_{oc}$$

相对测量误差

$$\delta(\%) = \frac{U - U_{oc}}{U_{oc}} \times 100\% = \left(\frac{R_V}{R_V + R_{eq}} - 1\right) \times 100\%$$
$$= -\frac{R_{eq}}{R_V + R_{eq}} \times 100\%$$

例如,当 $R_1 = 20 \text{ k}\Omega$,$R_2 = 30 \text{ k}\Omega$,$R_V = 500 \text{ k}\Omega$ 时,$\delta = -2.34\%$。

不难看出,如果在 a、b 端测量电压,则由于 R_{eq} 相同,故相对测量误差不变。当测量某支路电流,对接入内电阻 R_A 不为零的电流表所引起的测量误差,读者可利用诺顿定理自行分析。

§4-4 最大功率传输定理

在分析计算从电源向负载传输功率时,会遇到两种不同类型的问题。第一类型的问题着重于传输功率的效率问题。典型的例子就是交、直流电力传输网络,传输的电功率巨大使得传输引起的损耗、传输效率问题成为首要考虑的问题。另一类型的问题则着重于传输功率的大小问题,例如在通信系统和测量系统中,首要问题是如何从给定的信号源(产生通信信号或测量信号的"源")取得尽可能大的信号功率。由于此时传输的功率不大,因此效率问题并不是第一位考虑的问题。

下面从图 4-17 所示电路来讨论最大功率传输问题。图 4-17(a)中 U_S 为电压源的电压、R_S 为电源的内阻,R_L 是负载。该电路可代表电源通过两条传

输线向负载传输功率,此时,R_S 就是两根传输线的电阻。

图 4-17 最大功率的传输

负载 R_L 所获得的功率 P_L 为

$$P_L = I_L^2 R_L = \left(\frac{U_S}{R_S + R_L}\right)^2 R_L = \frac{U_S^2}{R_S + R_L} \cdot \frac{R_L}{R_S + R_L}$$

$$= P_S \eta$$

式中 $P_S = \dfrac{U_S^2}{R_S + R_L}$ 为电源发出的功率,$\eta = \dfrac{R_L}{R_S + R_L}$ 为传输效率。将 R_L 看为变量,P_L 将随 R_L 而变,最大功率发生在 $\dfrac{dP_L}{dR_L} = 0$ 的条件下,即

$$\frac{dP_L}{dR_L} = U_S^2 \left[\frac{(R_S + R_L)^2 - R_L \times 2(R_S + R_L)}{(R_S + R_L)^4}\right] = 0$$

求解上式得

$$R_L = R_S$$

R_L 所获得的最大功率

$$P_{Lmax} = \frac{U_S^2 R_S}{(2R_S)^2} = \frac{U_S^2}{4R_S}$$

可见,当负载电阻 $R_L = R_S$ 时,负载可以获得最大功率,此种情况称为 R_L 与 R_S 匹配。

最大功率问题可推广至可变化的负载 R_L 从含源一端口获得功率的情况。将含源一端口[如图 4-17(b)所示]用戴维宁等效电路来代替,其参数为 U_{oc} 与 R_{eq},当满足 $R_L = R_{eq}$ 时,R_L 将获得最大功率

$$P_{Lmax} = \frac{U_{oc}^2}{4R_{eq}}$$

此时,称负载 R_L 与含源一端口的输入电阻匹配。

例 4-10 在图 4-18(a)所示电路中,问 R_L 为何值时,它可取得最大功率,并求此最大功率。由电源发出的功率有多少百分比传输给 R_L?

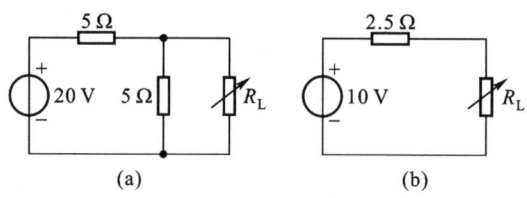

图 4-18 例 4-10 图

解 先求出 R_L 左边含源一端口的戴维宁等效电路,可得 $U_{oc}=10$ V, $R_{eq}=2.5$ Ω,其等效电路如图 4-18(b)所示。故知当 $R_L=R_{eq}=2.5$ Ω 时,可得最大功率 $P_{Lmax}=\dfrac{10^2}{4\times 2.5}$ W=10 W。为求 20 V 电源所发出的功率,必须返回至原电路图 4-18(a),由于 R_L 中电流为 $\dfrac{10}{2.5+2.5}$ A=2 A,故与之并联的 5 Ω 电阻中电流为 1 A,而 20 V 电源中电流为 3 A,20 V 电压源发出功率为 $P_S=20\times 3$ W $=60$ W。此时,仅有 1/6 的功率,即 16.67% 的功率传输至 R_L 中。

*§4-5 特勒根定理①

特勒根定理是电路理论中对集总电路普遍适用的基本定理;就这个意义上,它与基尔霍夫定律等价。

特勒根定理有两种形式。

特勒根定理 1:"对于一个具有 n 个结点和 b 条支路的电路,假设各支路电流和支路电压取关联参考方向,并令 $(i_1, i_2, \cdots, i_b)$、$(u_1, u_2, \cdots, u_b)$ 分别为 b 条支路的电流和电压,则对任何时间 t,有

$$\sum_{k=1}^{b} u_k i_k = 0 \qquad (4-6)$$

此定理可通过图 4-19 所示电路的图证明如下:令 u_{n1}、u_{n2}、u_{n3} 分别表示结点①、②、③的结点电压,按 KVL 可得出各支路电压与结点电压之间的关系为

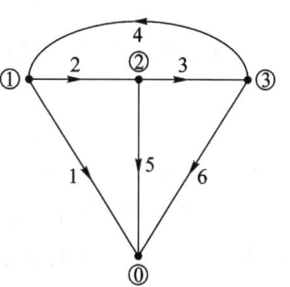

图 4-19 特勒根定理的证明

---

① Tellegen's Theorem。

$$\left.\begin{aligned} u_1 &= u_{n1} \\ u_2 &= u_{n1} - u_{n2} \\ u_3 &= u_{n2} - u_{n3} \\ u_4 &= -u_{n1} + u_{n3} \\ u_5 &= u_{n2} \\ u_6 &= u_{n3} \end{aligned}\right\} \quad (4-7)$$

对结点①、②、③应用 KCL,得

$$\left.\begin{aligned} i_1 + i_2 - i_4 &= 0 \\ -i_2 + i_3 + i_5 &= 0 \\ -i_3 + i_4 + i_6 &= 0 \end{aligned}\right\} \quad (4-8)$$

而

$$\sum_{k=1}^{6} u_k i_k = u_1 i_1 + u_2 i_2 + u_3 i_3 + u_4 i_4 + u_5 i_5 + u_6 i_6$$

把支路电压用结点电压表示后,代入此式可得

$$\sum_{k=1}^{6} u_k i_k = u_{n1} i_1 + (u_{n1} - u_{n2}) i_2 + (u_{n2} - u_{n3}) i_3 + (-u_{n1} + u_{n3}) i_4 + u_{n2} i_5 + u_{n3} i_6$$

上式经整理得

$$\sum_{k=1}^{6} u_k i_k = u_{n1}(i_1 + i_2 - i_4) + u_{n2}(-i_2 + i_3 + i_5) + u_{n3}(-i_3 + i_4 + i_6)$$

式中括号内的电流分别为结点①、②、③处电流的代数和,故引用式(4-8),即有

$$\sum_{k=1}^{6} u_k i_k = 0$$

上述证明可推广至任何具有 n 个结点和 b 条支路的电路[①],即有

$$\sum_{k=1}^{6} u_k i_k = 0 \quad (4-9)$$

注意在证明过程中,只根据电路的拓扑性质应用了基尔霍夫定律,并不涉及支路的内容,因此特勒根定理对任何具有线性、非线性、时不变、时变元件的集总电路都适用。这个定理实质上是功率守恒的数学表达式,它表明任何一个电路的全部支路吸收的功率之和恒等于零。

特勒根定理 2:"如果有两个具有 n 个结点和 b 条支路的电路,它们具有相同的图,但由内容不同的支路构成。假设各支路电流和电压都取关联参考方向,并分别用 $(i_1, i_2, \cdots, i_b)$、$(u_1, u_2, \cdots, u_b)$ 和 $(\hat{i}_1, \hat{i}_2, \cdots, \hat{i}_b)$、$(\hat{u}_1, \hat{u}_2, \cdots, \hat{u}_b)$ 表示

---

① 特勒根定理更为普遍的证明可用第十五章述及的矩阵形式进行。

*§4-5 特勒根定理

两电路中 b 条支路的电流和电压,则在任何时间 t,有

$$\sum_{k=1}^{b} u_k \hat{i}_k = 0 \tag{4-10}$$

$$\sum_{k=1}^{b} \hat{u}_k i_k = 0 \tag{4-11}$$

对式(4-10)的证明如下:设两个电路的图如图4-19所示。对电路1,用 KVL 可写出式(4-7);对电路2应用 KCL,有

$$\left.\begin{array}{r}\hat{i}_1 + \hat{i}_2 - \hat{i}_4 = 0 \\ -\hat{i}_2 + \hat{i}_3 + \hat{i}_5 = 0 \\ -\hat{i}_3 + \hat{i}_4 + \hat{i}_6 = 0\end{array}\right\} \tag{4-12}$$

利用式(4-7)可得出

$$\sum_{k=1}^{6} u_k \hat{i}_k = u_{n1}(\hat{i}_1 + \hat{i}_2 - \hat{i}_4) + u_{n2}(-\hat{i}_2 + \hat{i}_3 + \hat{i}_5) + u_{n3}(-\hat{i}_3 + \hat{i}_4 + \hat{i}_6)$$

再引用式(4-12),即可得出

$$\sum_{k=1}^{6} u_k \hat{i}_k = 0$$

此证明可推广到任何具有 n 个结点和 b 条支路的两个电路,只要它们具有相同的图。

定理的第二部分即式(4-11)可用类似方法证明。

值得注意的是,定理2不能用功率守恒解释,它仅仅是对两个具有相同拓扑的电路中,一个电路的支路电压和另一个电路的支路电流,或者可以是同一电路在不同时刻的相应支路电压和支路电流必须遵循的数学关系。由于它仍具有功率之和的形式,所以有时又称为"拟功率定理"。应当指出,定理2同样对支路内容没有任何限制,这也是此定理普遍适用的特点。

例如,对图4-20所示两个不同的电路,其支路内容可以完全不同。表4-1列出了两个电路在某一瞬间的支路电流和电压值,这些电流和电压分别满足各电路本身的 KCL 和 KVL。不难验证

$$\sum_{k=1}^{6} u_k i_k = -15 + 3 + 4 - 4 - 2 + 14 = 0$$

$$\sum_{k=1}^{6} \hat{u}_k i_k = -21 + 2 + 10 - 6 - 1 + 16 = 0$$

$$\sum_{k=1}^{6} u_k \hat{i}_k = 10 + 6 + 2 + 4 + 6 - 28 = 0$$

$$\sum_{k=1}^{6} \hat{u}_k \hat{i}_k = 14 + 4 + 5 + 6 + 3 - 32 = 0$$

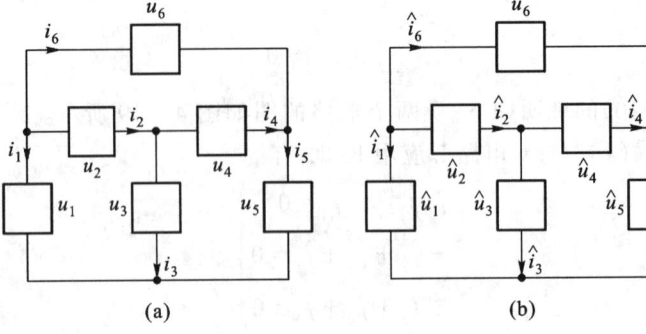

图 4-20 特勒根定理二

表 4-1

支路 u, i	1	2	3	4	5	6
u_k/V	5	3	2	4	-2	7
i_k/A	-3	1	2	-1	1	2
$\hat{u}_k$/V	7	2	5	6	-1	8
$\hat{i}_k$/A	2	2	1	1	-3	-4

*§4-6 互易定理

互易定理指出，对于一个仅含线性电阻且只有一个激励的电路，在保持电路将独立电源置零后电路拓扑结构不变的条件下，激励和响应互换位置后，响应与激励的比值保持不变。上述互换后拓扑结构不变有三种可能，这就构成了互易定理的三种形式。

图 4-21(a)、(b)示出第一种激励与响应互换位置的形式，图 4-21(c)为把图 4-21(a)与图 4-21(b)中的独立源置零后的拓扑结构。这就是互易定理的第一种形式。图 4-21(b)中，互换位置后的网络及变量均冠以"^"号，根据互易定理，应有

$$\frac{i_2}{u_S} = \frac{\hat{i}_1}{\hat{u}_S}$$

当 $\hat{u}_S = u_S$ 时,就有 $\hat{i}_1 = i_2$。

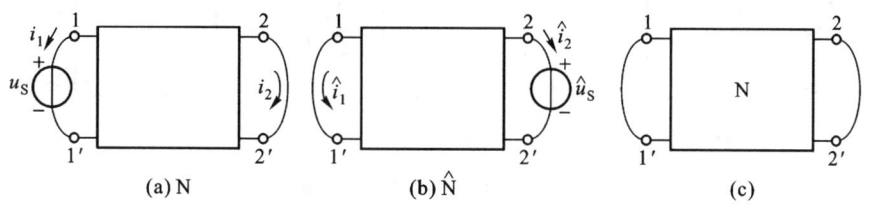

图 4-21 互易定理的第一种形式

现在利用特勒根定理来证明上述结果。对于图 4-21(a)、(b),据特勒根定理的第二形式,有

$$u_1\hat{i}_1 + u_2\hat{i}_2 + \sum_{k=3}^{b} u_k\hat{i}_k = 0$$

$$\hat{u}_1 i_1 + \hat{u}_2 i_2 + \sum_{k=3}^{b} \hat{u}_k i_k = 0$$

式中 b 为电路的支路数,取和号遍及方框内的所有支路。并规定所有支路中电流和电压都取关联参考方向。

由于方框内各支路均由线性电阻构成,应有 $u_k = R_k i_k$,$\hat{u}_k = R_k \hat{i}_k$,$k = 3,\cdots,b$。将它们分别代入两式后有

$$u_1\hat{i}_1 + u_2\hat{i}_2 + \sum_{k=3}^{b} R_k i_k \hat{i}_k = 0$$

$$\hat{u}_1 i_1 + \hat{u}_2 i_2 + \sum_{k=3}^{b} R_k \hat{i}_k i_k = 0$$

比较两式,得到

$$u_1\hat{i}_1 + u_2\hat{i}_2 = \hat{u}_1 i_1 + \hat{u}_2 i_2$$

对图 4-21(a) 来说,$u_1 = u_S$,$u_2 = 0$;对图 4-21(b) 来说,$\hat{u}_1 = 0$,$\hat{u}_2 = \hat{u}_S$ 代入上式便得

$$u_S \hat{i}_1 = \hat{u}_S i_2$$

于是得证。

激励和响应互换位置的第二种形式如图 4-22(a)、(b)所示,图 4-22(c)为其将独立源置零后的拓扑结构。这就是互易定理的第二种形式。其中激励是电流源,响应是开路电压,互易前后激励、响应所在支路在将独立源置零后都是开路。

根据特勒根定理,对图 4-22(a)、(b)来说有

$$u_1\hat{i}_1 + u_2\hat{i}_2 = \hat{u}_1 i_1 + \hat{u}_2 i_2$$

图 4-22 互易定理的第二种形式

代入 $i_1 = -i_S, i_2 = 0; \hat{i}_1 = 0, \hat{i}_2 = -\hat{i}_S$,有

$$u_2 \hat{i}_S = \hat{u}_1 i_S$$

即

$$\frac{u_2}{i_S} = \frac{\hat{u}_1}{\hat{i}_S}$$

可见,响应与激励的比值不变,如果 $\hat{i}_S = i_S$,则 $\hat{u}_1 = u_2$。

激励与响应互换位置的第三种形式是激励由电流源换为电压源,响应由短路电流换为开路电压。这样,在激励与响应互换位置后,将独立源置零后的电路的拓扑结构维持不变,即 $1-1'$ 支路始终为开路而 $2-2'$ 支路始终为短路[见图 4-23(c)]。图 4-23(a)、(b)就是互易定理的第三种形式。

图 4-23 互易定理的第三种形式

对图 4-23(a)、(b)应用特勒根定理,可以得到

$$u_1 \hat{i}_1 + u_2 \hat{i}_2 = \hat{u}_1 i_1 + \hat{u}_2 i_2$$

代入 $i_1 = -i_S, u_2 = 0; \hat{i}_1 = 0, \hat{u}_2 = \hat{u}_S$,便可得

$$-\hat{u}_1 i_S + \hat{u}_S i_2 = 0$$

即

$$\frac{i_2}{i_S} = \frac{\hat{u}_1}{\hat{u}_S}$$

响应与激励之比值不变。如果在数值上 $\hat{u}_S = i_S$,则 $\hat{u}_1 = i_2$(i_1 与 i_S、$\hat{u}_1$ 与 $\hat{u}_S$ 均分别取同一单位)。

最后要强调指出,为使互易定理得以应用,方框内部 N 的 $(b-2)$ 条支路的电压、电流必须满足下列关系

$$\sum_{k=3}^{b} u_k \hat{i}_k = \sum_{k=3}^{b} \hat{u}_k i_k$$

这一关系是判断网络是否可互易的条件。凡能满足此关系的网络称为可互易网络,其元件称为可互易元件,反之称为非互易网络和非互易元件。受控源的控制是有方向性的,所以受控源就不是可互易元件,具有受控源的电路也不是可互易网络。

*§4-7 对偶原理

对偶原理是电路分析中出现的大量相似性的归纳和总结。现以示例来说明这种相似联系。

图 4-24(a)为 n 个电阻的串联电路,图 4-24(b)为 n 个电导的并联电路,分别以 N 与 $\overline{N}$ 表示。在 N 与 $\overline{N}$ 的若干公式之间,存在着以下相似

在 N 中

$$\left.\begin{array}{ll} \text{总电导} & R = \sum_{k=1}^{n} R_k \\ \text{电流} & i = \dfrac{u}{R} \\ \text{分压公式} & u_k = \dfrac{R_k}{R} u \end{array}\right\} \quad (4-13)$$

对 $\overline{N}$ 有

$$\left.\begin{array}{ll} \text{总电导} & G = \sum_{k=1}^{n} G_k \\ \text{电压} & u = \dfrac{i}{G} \\ \text{分流公式} & i_k = \dfrac{G_k}{G} i \end{array}\right\} \quad (4-14)$$

可见,在以上这些关系式中,如果将电压 u 与 i 互换,电阻 R 与电导 G 互换,那么在 N 中的公式就成为 $\overline{N}$ 中的公式。反之亦然。将这种对应关系称为对偶关系,这些互换元素称为对偶元素。串联与并联;电压与电流;电阻 R 与电导 G 都是对偶元素。而 N 与 $\overline{N}$ 则称为对偶网络。图 4-25(a)与图 4-25(b)所示两个平面电路 N 与 $\overline{N}$,在给定网孔电流与结点电压的参考方向下,N 的网孔方程与 $\overline{N}$ 的结点电压方程分别为

图 4-24 串联和并联的对偶

图 4-25 互为对偶的电路

$$\left.\begin{array}{r}(R_1+R_2)i_{m1}-R_2 i_{m2}=u_{S1}\\-R_2 i_{m1}+(R_2+R_3)i_{m2}=u_{S2}\end{array}\right\}$$

$$\left.\begin{array}{r}(\bar{G}_1+\bar{G}_2)\bar{u}_{n1}-\bar{G}_2\bar{u}_{n2}=\bar{i}_{S1}\\-\bar{G}_2\bar{u}_{n1}+(\bar{G}_2+\bar{G}_3)\bar{u}_{n2}=\bar{i}_{S2}\end{array}\right\}$$

如果把 R 和 $\bar{G}$，u_S 和 $\bar{i}_S$，网孔电流 i_m 和结点电压 $\bar{u}_n$ 等对应元素互换，则上面两个方程也可以彼此转换。所以"网孔电流"和"结点电压"是对偶元素，这两个平面电路称为对偶电路。

对偶原理指出，在对偶电路中，某些元素之间的关系（或方程）可以通过对偶元素的互换而相互转换。根据对偶原理，如果在某电路中导出某一关系式和结论，就等于解决了和它对偶的另一个电路中的关系式和结论。可以利用这一点来记忆公式和作推断。对偶的内容包括：电路的拓扑结构、电路变量、电路元件、一些电路的公式（或方程）甚至定理。例如戴维宁定理与诺顿定理就互为对偶，电路定律 KCL 与 KVL 也是互为对偶的。对偶的概念不仅局限于电阻电路,还可在以后其他章节的学习过程中看到有新的对偶关系。还应注意:"对偶"和"等效"是两个不同的概念,不可混淆。

4-1 应用叠加定理求题 4-1 图所示电路中电压 u_{ab}。

题 4-1 图

4-2 应用叠加定理求题 4-2 图所示电路中电压 u。

4-3 应用叠加定理求题 4-3 图所示电路中电流 I。

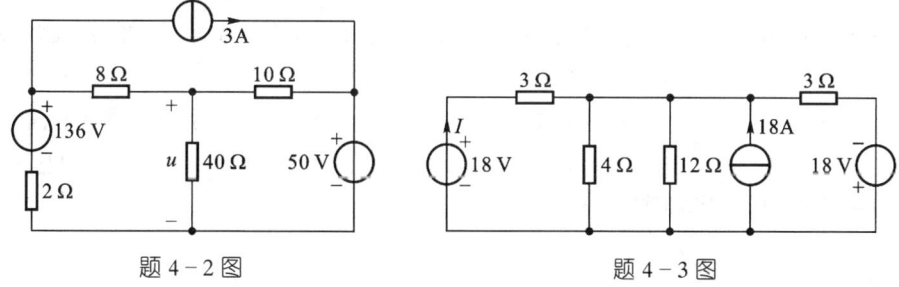

题 4-2 图　　　　　　　　　题 4-3 图

4-4 应用叠加定理求:
(1) 题 4-4 图(a)中电压 u_2;
(2) 题 4-4 图(b)中电压 U。

(a)　　　　　　　　　　(b)

题 4-4 图

4-5 应用叠加定理,按下列步骤求解题 4-5 图中 I_a。

(1) 将受控源参与叠加,画出三个分电路,第三分电路中受控源电压为 $6I_a$,I_a 并非分响应,而为未知总响应;

(2) 求出三个分电路的分响应 I'_a、I''_a 与 I'''_a,I'''_a 中包含未知量 I_a;

(3) 利用 $I_a = I'_a + I''_a + I'''_a$ 解出 I_a。

4-6 试求题 4-6 图所示梯形电路中各支路电流、结点电压和 $\dfrac{u_O}{u_S}$。其中 $u_S = 10$ V。

题 4-5 图　　　　　　　　　　题 4-6 图

4-7 题 4-7 图所示电路中,当电流源 i_{S1} 和电压源 u_{S2} 反向时(u_{S2} 不变),电压 u_{ab} 是原来 0.5 倍;当 i_{S1} 和 u_{S2} 反向时(u_{S1} 不变),电压 u_{ab} 是原来的 0.3 倍。问:仅 i_{S1} 反向(u_{S1}、u_{S2} 均不变)时,电压 u_{ab} 应为原来的几倍?

4-8 题 4-8 图所示电路中 $U_{S1} = 10$ V,$U_{S2} = 15$ V,当开关 S 在位置 1 时,毫安表的读数为 $I' = 40$ mA;当开关 S 合向位置 2 时,毫安表的读数为 $I'' = -60$ mA。如果把开关 S 合向位置 3,则毫安表的读数为多少?

题 4-7 图　　　　　　　　　　题 4-8 图

4-9 求题 4-9 图所示电路的戴维宁或诺顿等效电路。

4-10 求题 4-10 图中各电路在 ab 端口的戴维宁等效电路或诺顿等效电路。

题 4-9 图

题 4-10 图

4-11 题 4-11 图(a)所示含源一端口的外特性曲线画于题 4-11 图(b)中,求其等效电源。

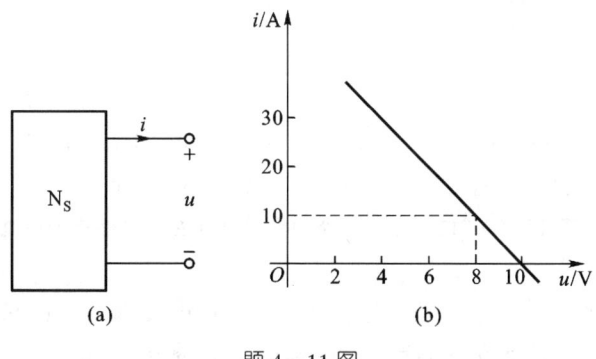

题 4-11 图

4-12 求题 4-12 图所示各电路的等效戴维宁电路或诺顿电路。

题 4-12 图

4-13 求题 4-13 图所示两个一端口的戴维宁或诺顿等效电路,并解释所得结果。

题 4-13 图

4-14 (1) 题 4-14 图(a)中,电压表测量 a、b 的电压 $U_{abm}=25$ V。问电压表的内阻 R_V 是多少?如果要控制测量相对误差 $|\delta(\%)|<1\%$,则 R_V 的最小值为多少?

(2) 题 4-14 图(b)中,在 12 Ω 电阻支路中串接内阻 $R_A=3.2$ Ω 的电流表测量 I_a,求测量相对误差 $\delta(\%)$。

4-15 在题 4-15 图所示电路中,当 R_L 取 0 Ω、2 Ω、4 Ω、6 Ω、10 Ω、18 Ω、24 Ω、42 Ω、90 Ω 和 186 Ω 时,求 R_L 的电压 U_L、电流 I_L 和 R_L 消耗的功率。

题 4-14 图

4-16 在题 4-16 图所示电路中,试问:

(1) R 为多大时,它吸收的功率最大?求此最大功率。

(2) 当 R_L 取得最大功率时,两个 50 V 电压源发出的功率共为多少?

(3) 若 $R = 80\ \Omega$,欲使 R 中电流为零,则 a、b 间应并联什么元件?其参数为多少?画出电路图。

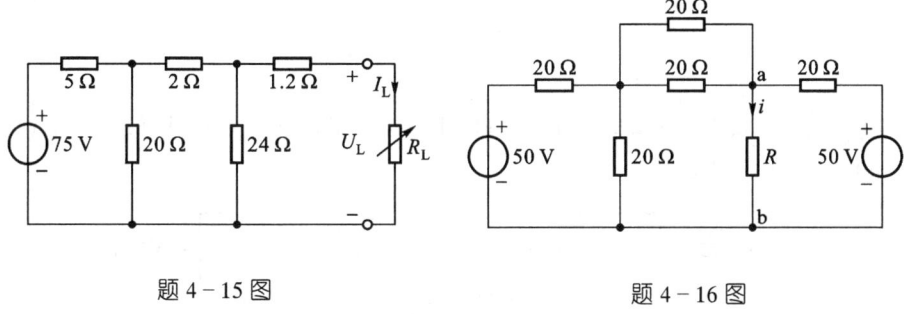

题 4-15 图 题 4-16 图

4-17 题 4-17 图所示电路的负载电阻 R_L 可变,试问 R_L 等于何值时可吸收最大功率?求此功率。

题 4-17 图

4-18 题 4-18 图所示电路中 N(方框内部)仅由电阻组成。对不同的输入直流电压 U_S 及不同的 R_1、R_2 值进行了两次测量,得下列数据:$R_1 = R_2 = 2\ \Omega$ 时,$U_S = 8\ \text{V}$,$I_1 = 2$ A,$U_2 = 2$ V;$R_1 = 1.4\ \Omega$,$R_2 = 0.8\ \Omega$ 时,$\hat{U}_S = 9$ V,$\hat{I}_1 = 3$ A,求 $\hat{U}_2$ 的值。

题 4-18 图

4-19 在题 4-19 图(a)中,已知 $U_2 = 6$ V,求图题 4-19(b)中 U_1'(网络 N 仅由电阻组成)。

题 4-19 图

4-20 题 4-20 图中网络 N 仅由电阻组成。根据图(a)和图(b)的已知情况,求图(c)中电流 I_1 和 I_2。

题 4-20 图

4-21 已知题 4-21 图中 N 为电阻网络,在图(a)中 $U_1 = 30$ V, $U_2 = 20$ V。求图(b)电路中 $\hat{U}_1$ 为多少?

题 4-21 图

4-22 题 4-22 图中 N 为电阻网络。已知图(a)中各电压、电流。求图(b)中电流 I。

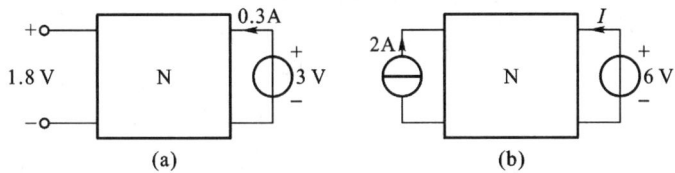

题 4-22 图

4-23 题 4-23 图所示电路中 N 由电阻组成,图(a)中,$I_2 = 0.5$ A,求图(b)中电压 U_1。

题 4-23 图

4-24 题 4-24 图所示电路中 N 仅由电阻组成。已知图(a)中电压 $U_1 = 1$ V,电流 $I_2 = 0.5$ A,求图(b)中 $\hat{I}_1$。

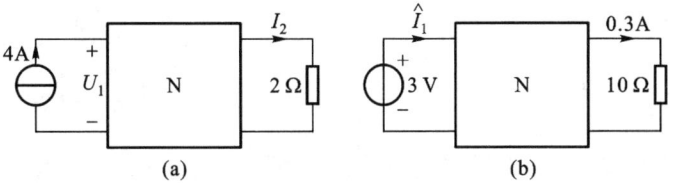

题 4-24 图

4-25 题 4-25 图所示网络 N 仅由电阻组成，端口电压和电流之间的关系可由下式表示：

$$i_1 = G_{11}u_1 + G_{12}u_2$$
$$i_2 = G_{21}u_1 + G_{22}u_2$$

试证明 $G_{12} = G_{21}$。如果 N 内部含独立电源或受控源，上述结论是否成立？为什么？

题 4-25 图

第五章

含有运算放大器的电阻电路

●────── 内 容 提 要 ──────●

运算放大器是电路中一种重要的多端器件,它的应用十分广泛。本章介绍运算放大器的电路模型,运算放大器在理想化条件下的外部特性,以及含有运算放大器的电阻电路的分析。另外介绍一些典型电路。

§5-1 运算放大器的电路模型

运算放大器(简称运放)是一种包含许多晶体管的集成电路,它是目前获得广泛应用的一种多端器件。一般放大器的作用是把输入电压放大一定倍数后再输送出去,其输出电压与输入电压的比值称为电压放大倍数或电压增益。运放是一种高增益(可达几万倍甚至更高)、高输入电阻、低输出电阻的放大器。由于它能完成加法、积分、微分等数学运算而被称为运算放大器,然而它的应用远远超出上述范围。

虽然运放有多种型号,其内部结构也各不相同,但从电路分析的角度出发,感兴趣的仅仅是运放的外部特性及其电路模型。图 5-1(a)给出了运放的电路图形符号,其中"三角形"符号表示"放大器"(实际运放外部端子比图示的可能还要多)。运放有两个输入端 a、b 和一个输出端 o。电源端子 E^+ 和 E^- 连接直流偏置电压,以维持运放内部晶体管正常工作。E^+ 端接正电压,E^- 端接负电压,这里电压的正、负是对"地"或公共端① 而言的。在分析运放的放大作用时可以不考虑偏置电源,这时采用图 5-1(b)所示电路符号,但应记得偏置电源是存在的。a 端称为倒向输入端(也称反相输入端)。当输入电压 u^- 加在 a 端与公共

---

① 公共端或"地"的电压(位)是零,它相当于电路中的参考结点。事实上接地不一定要求与大地直接连接。有时仪器的底座或金属外壳都可以作为公共端。接地的符号见图 5-1(a)。

端之间,且其实际方向从 a 端指向公共端时,输出电压 u_o 的实际方向则自公共端指向 o 端,即两者的方向正好相反。b 端称为非倒向输入端(也称为同相输入端)。当输入电压 u^+ 加在 b 端与公共端之间,u_o 与 u^+ 两者的实际方向相对公共端恰好相同。为了区别起见,a 端和 b 端分别用"-"号和"+"号标出,如图 5-1 所示,但不要将它们误认为电压参考方向的正、负极性。电压的正、负极性应另外标出或用箭头表示。

如果在 a 端和 b 端分别同时加输入电压 u^- 和 u^+,则有

$$u_o = A(u^+ - u^-) = Au_d \qquad (5-1)$$

其中 $u_d = u^+ - u^-$,A 为运放的电压放大倍数(或电压增益的绝对值)。运放的这种输入情况称为差分输入,而 u_d 称为差分输入电压。在实际应用中经常把非倒向端与公共端连接起来(接地),而只在倒向端加输入电压,则有

$$u_o = -Au^-$$

图 5-1 运放的电路图形符号图

上式右边的负号说明输出电压 u_o 与输入电压 u^- 相对公共端是反向的。反之,若把倒向端与公共端连接起来,而在非倒向端加输入电压 u^+,这时有

$$u_o = Au^+$$

有时,为了简化起见,在画运放的电路符号时[见图 5-1(b)],可将接地的连接线省略掉,而用图 5-1(c)所示的电路符号表示[1]。但在进行电路分析时,

---

[1] 目前不少运放产品的引出端中往往不存在公共端或接地端,而接地端是通过偏置(双)电源实现的,如图 5-1(a)所示。

应当注意到这个接地线的存在。运放可以看作是一种多端元件。

运放的输出电压 u_o 与差分输入电压 u_d 之间的关系可以用图 5-2 近似地描述。在 $-\varepsilon \leqslant u_d \leqslant \varepsilon$ (ε 是很小的) 范围内, u_o 与 u_d 的关系用通过原点的一段直线描述,其斜率等于放大倍数 A。由于 A 值很大,所以这段直线很陡。当 $|u_d| > \varepsilon$ 时,输出电压 u_o 趋于饱和,图中用 $\pm U_{sat}$ 表示,此饱和电压值略低于直流偏置电压值。这个关系曲线称为运放的外特性。

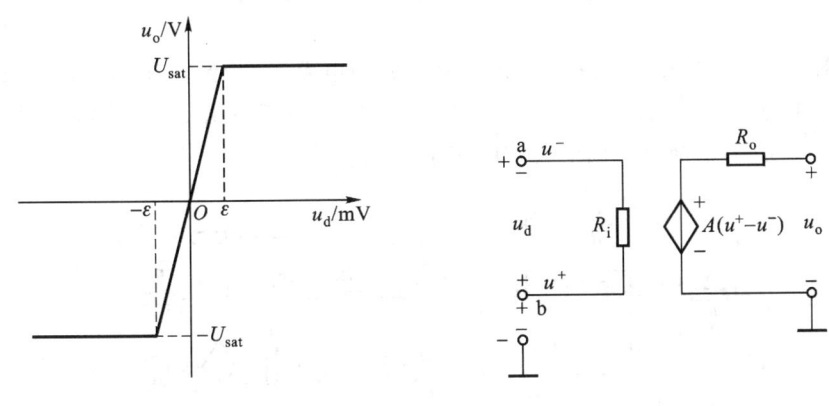

图 5-2 运放的 $u_d - u_o$ 特性   图 5-3 运放的电路模型

图 5-3 示出运放的电路模型,其中电压控制电压源的电压为 $A(u^+ - u^-)$, R_i 为运放的输入电阻, R_o 为输出电阻。实际运放的 R_i 都比较高,而 R_o 则较低。它们的具体值根据运放的制造工艺有所不同,但可以认为 $R_i \gg R_o$。本章中把运放的工作范围限制在线性段,即设 $-U_{sat} < u_o < U_{sat}$。由于放大倍数 A 很大,而 U_{sat} 一般为正、负十几伏或几伏,这样输入电压就必须很小。运放的这种工作状态称为"开环运行", A 称为开环放大倍数。在运放的实际应用中,通常通过一定的方式将输出的一部分接回(反馈)到输入中去,这种工作状态称为"闭环运行"。

在理想化情况下,设流入运放两个输入端的电流均为零,等于将输入电阻 R_i 设为无限大;而将输出电阻 R_o 设为零,将放大倍数 A 设为无限大。于是从式(5-1)可知, $u_d = u^+ - u^- = 0$。这是因为 u_o 为有限值,所以差分输入电压 u_d 被强制为零,或者说 u^+ 和 u^- 将相等。如果不是差分输入的情况,而是把非倒向端(或倒向端)接地,即有 $u^+ = 0$(或 $u^- = 0$),则在倒向端的电压 u^-(或非倒向端的电压 u^+)就将强制为零值。

归纳以上论述,在 $-U_{sat} < u_o < U_{sat}$ 范围内,如果假设运放的电路模型中的 $R_i = \infty, R_o = 0$,且认为 $A = \infty$,则称这种运放为理想运放,并且在表示运放的图

形符号中加"∞"以资说明,否则用"A"表示。

实际运放的工作情况比以上介绍的要复杂一些。例如,放大倍数 A 不仅为有限值,而且随着频率的增高而下降。通常,图 5-3 所示运放电路模型在输入电压频率较低时是足够精确的。为了简化分析,一般将假设运放是在理想化条件下工作的,这样做在许多场合下不会造成很大的误差。

§5-2 比例电路的分析

图 5-4(a)表示一个由运放和电阻构成的电路,称为倒向比例器。运放的输出电压通过电阻 R_2 反馈到输入回路中。显然,由于电阻 R_1 的存在,电路的输入电压 u_i 与运放的倒向输入端电压 u^- 不同。

图 5-4 倒向比例器

参照图 5-3 所示运放电路模型,图 5-4(a)所示电路可用图 5-4(b)表示。设输入电压用一个电压为 u_i 的电压源表示,对结点①、②列出结点电压方程,有

$$\left(\frac{1}{R_1}+\frac{1}{R_i}+\frac{1}{R_2}\right)u_{n1}-\frac{1}{R_2}u_{n2}=\frac{u_i}{R_1}$$

$$-\frac{1}{R_2}u_{n1}+\left(\frac{1}{R_o}+\frac{1}{R_2}\right)u_{n2}=-\frac{Au^-}{R_o}$$

由于 $u_{n1}=u^-,u_{n2}=u_o$,改写上列方程,得

$$\left(\frac{1}{R_1}+\frac{1}{R_i}+\frac{1}{R_2}\right)u^--\frac{1}{R_2}u_o=\frac{u_i}{R_1}$$

$$\left(-\frac{1}{R_2}+\frac{A}{R_o}\right)u^-+\left(\frac{1}{R_o}+\frac{1}{R_2}\right)u_o=0$$

联立求解上列方程,求得

$$u_o = \cfrac{-\left(\cfrac{A}{R_o} - \cfrac{1}{R_2}\right)\cfrac{u_i}{R_1}}{\left(\cfrac{1}{R_o} + \cfrac{1}{R_2}\right)\left(\cfrac{1}{R_1} + \cfrac{1}{R_i} + \cfrac{1}{R_2}\right) + \cfrac{1}{R_2}\left(\cfrac{A}{R_o} - \cfrac{1}{R_2}\right)}$$

所以

$$\frac{u_o}{u_i} = -\frac{R_2}{R_1} \cfrac{1}{1 + \cfrac{\left(1 + \cfrac{R_o}{R_2}\right)\left(1 + \cfrac{R_2}{R_1} + \cfrac{R_2}{R_i}\right)}{A - \cfrac{R_o}{R_2}}} \quad (5-2)$$

从上式可见,由于 A 很大,R_o 很小,R_i 很大,再选择适当的 R_1 和 R_2,则有

$$\frac{u_o}{u_i} \approx -\frac{R_2}{R_1} \quad (5-3)$$

例如,设 $A = 50\,000$,$R_i = 1\ \text{M}\Omega$,$R_o = 100\ \Omega$,而 $R_2 = 100\ \text{k}\Omega$,$R_1 = 10\ \text{k}\Omega$,则

$$\frac{u_o}{u_i} = -\frac{R_2}{R_1} \cdot \frac{1}{1.00022}$$

可见用式(5-3)计算 $\dfrac{u_o}{u_i}$ 足够精确。

上述结果是很有意义的。利用图 5-4(a)所示电路可使输出电压与输入电压之比按 $\dfrac{R_2}{R_1}$ 确定,而不会由于运放的性能稍有改变就使 $\dfrac{u_o}{u_i}$ 的值受到影响。显然,选择不同的 R_2 和 R_1 值,就可获得不同的 $\dfrac{u_o}{u_i}$ 值,所以有比例器的作用。通常又把这个电路称为倒向放大器。

如果把图 5-4(a)所示运放当作理想运放,则由于 $A = \infty$,$R_i = \infty$,$R_o = 0$,从式(5-2)可直接求得

$$\frac{u_o}{u_i} = -\frac{R_2}{R_1}$$

另外,也可以直接利用理想运放的性质,对图 5-4(a)所示电路求解。由于 $R_i = \infty$,$R_o = 0$ 及 $A = \infty$,则 $i_1 = i_2$,从而得

$$\frac{u_i - u^-}{R_1} = \frac{u^- - u_o}{R_2}$$

又由于 $\dfrac{u_o}{u^-} = -A$,故 $u^- = 0$,所以

$$\frac{u_i}{R_1} = -\frac{u_o}{R_2}$$

这样也可以求得

$$\frac{u_o}{u_i} = -\frac{R_2}{R_1}$$

与上述结果相同。

§5-3 含有理想运算放大器的电路的分析

含有理想运放的电路的分析有一些特点,按§5-1介绍的有关理想运放的性质,可以得到以下两条规则:

(1) 倒向端和非倒向端的输入电流均为零[可称之为"虚断(路)"];

(2) 对于公共端(地),倒向输入端的电压与非倒向输入端的电压相等[1] [可称之为"虚短(路)"]。

合理地运用这两条规则,并与结点电压法相结合,将使这类电路的分析大为简化。下面举例加以说明。

例 5-1 图 5-5 所示电路称为非倒向放大器(比例器)。试求输出电压 u_o 与输入电压 u_i 之间的关系。

解 用上述两条规则。按规则(1),有 $i_1 = i_2 = 0$,故有

$$u_2 = \frac{u_o R_1}{R_1 + R_2}$$

按规则(2),有 $u_i = u^+ = u^- = u_2$,所以

$$u_i = \frac{u_o R_1}{R_1 + R_2}$$

即

$$\frac{u_o}{u_i} = 1 + \frac{R_2}{R_1}$$

图 5-5 例 5-1 图

选择不同的 R_1 和 R_2,可以获得不同的 $\frac{u_o}{u_i}$ 值,而比值一定大于 1,同时又是正的,即输出是非倒向的。

将图 5-5 中电阻 R_1 改为开路,把电阻 R_2 改为短路,则得到图 5-6 所示电路。不难看出 $u_o = u_i$,同时有 $i_i = 0$,就是说输入电阻 R_i 为无限大。此电路

---

[1] 显然,如果把这两个输入端直接与一个独立电压源或受控电压源连接,那将导致矛盾,因此是不允许的。另外,如果运放的一个输入端接地,则另一个没有接地的输入端的电压将等于零,故称之为"虚地"。

的输出电压完全"重复"输入电压,故称为电压跟随器。由于 R_i 为无限大,所以它又起"隔离作用"。例如,图 5-7(a)所示由电阻 R_1 和 R_2 构成的分压电路,其中电压 $u_2 = \dfrac{R_2}{R_1+R_2} u_1$。如果把负载 R_L 直接接到此分压器,则电阻 R_L 的接入将会影响电压 u_2 的大小。但是如果通过图 5-6 所示电压跟随器把 R_L 接入[见图 5-7(b)],则 u_2 值仍将等于 $\dfrac{R_2}{R_1+R_2} u_1$。所以,负载电阻的作用被"隔离"了。

图 5-6 电压跟随器

图 5-7 电压跟随器的隔离作用

例 5-2 图 5-8 所示电路为加法器。试说明其工作原理。

图 5-8 加法器

解 用规则(1),$i^- = 0$,得 $i = i_1 + i_2 + i_3$,故

$$-\frac{u_o - u^-}{R_f} = \frac{u_1 - u^-}{R_1} + \frac{u_2 - u^-}{R_2} + \frac{u_3 - u^-}{R_3}$$

用规则(2),得 $u^- = 0$,所以

$$-\frac{u_o}{R_f} = \frac{u_1}{R_1} + \frac{u_2}{R_2} + \frac{u_3}{R_3}$$

$$u_o = -R_f\left(\frac{u_1}{R_1} + \frac{u_2}{R_2} + \frac{u_3}{R_3}\right)$$

如令 $R_1 = R_2 = R_3 = R_f$,则

$$u_o = -(u_1 + u_2 + u_3)$$

式中负号说明输出电压和输入电压反向。

如果直接对结点①列写结点电压方程(注意 $u_{n1} = 0, i^- = 0$),得

$$-\frac{u_1}{R_1} - \frac{u_2}{R_2} - \frac{u_3}{R_3} - \frac{u_o}{R_f} = 0$$

所得结果将与上面一致。

例 5-3 图 5-9 所示电路含有 2 个运放,设 $R_5 = R_6$。试求 $\dfrac{u_o}{u_i}$。

图 5-9 例 5-3 图

解 对结点①和结点②列出结点电压方程,并注意到规则(1)和规则(2)($u_{n1} = u_{n2} = 0$),可得:

$$-\frac{u_i}{R_1} - \frac{u_o'}{R_6} - \frac{u_o}{R_4} = 0$$

$$-\frac{u_i}{R_2} - \frac{u_o'}{R_5} - \frac{u_o}{R_3} = 0$$

从以上两个方程中消去 u_o',得

$$\frac{u_i}{R_1} - \frac{u_i}{R_2} = \frac{u_o}{R_3} - \frac{u_o}{R_4}$$

所以

$$\frac{u_o}{u_i} = \frac{G_1 - G_2}{G_3 - G_4}$$

在应用以上方法时,由于运放输出端的电流事先无法确定,因此不宜对该结点列方程,可以认为这是把运放理想化处理所带有的特点。

习 题

5-1 设题 5-1 图所示电路的输出 u_o 为

$$u_o = -3u_1 - 0.2u_2$$

已知 $R_3 = 10 \text{ k}\Omega$，求 R_1 和 R_2。

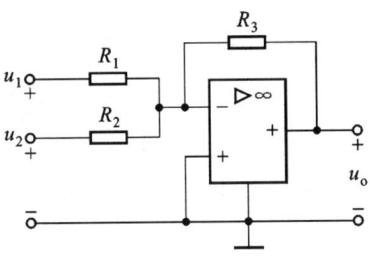

题 5-1 图

5-2 题 5-2 图所示电路起减法作用，求输出电压 u_o 和输入电压 u_1、u_2 之间的关系。

题 5-2 图

5-3 求题 5-3 图所示电路的输出电压与输入电压之比 $\dfrac{u_2}{u_1}$。

题 5-3 图

5-4 求题 5-4 图所示电路的电压比值 $\dfrac{u_o}{u_1}$。

题 5-4 图

5-5 求题 5-5 图所示电路的电压比 $\dfrac{u_O}{u_S}$。

题 5-5 图

5-6 试证明题 5-6 图所示电路若满足 $R_1 R_4 = R_2 R_3$,则电流 i_L 仅决定于 u_1 而与负载电阻 R_L 无关。

5-7 求题 5-7 图所示电路的 u_O 与 u_{S1}、u_{S2} 之间的关系。

*5-8 电路如题 5-8 图所示,设 $R_f = 16\,R$,验证该电路的输出 u_o 与输入 $u_1 \sim u_4$ 之间的关系为 $u_o = -(8u_1 + 4u_2 + 2u_3 + u_4)$。[注:该电路为 4 位数字-模拟转换器,常用在信息处理、自动控制领域。该电路可将一个 4 位二进制数字信号转换成模拟信号。例如当数字信号为 **1101** 时,令 $u_1 = u_2 = u_4 = \mathbf{1}, u_3 = \mathbf{0}$,则由关系式 $u_o = -(8u_1 + 4u_2 + 2u_3 + u_4)$ 得模拟信号 $u_o = -(8 + 4 + 0 + 1) = -13$。]

题 5-6 图　　题 5-7 图

题 5-8 图

第六章

储 能 元 件

● 内 容 提 要 ●

本章介绍电容、电感两种储能元件,讨论其在电路中的 VCR 及功率、能量表达式。也讨论了电容、电感在作串、并联时的等效参数。

§6-1 电容元件

在工程技术中,电容器的应用极为广泛。电容器虽然品种、规格各异,但就其构成原理来说,电容器都是由间隔以不同介质(如云母、绝缘纸、空气等)的两块金属板组成。当在两极板上加上电压后,两极板上分别聚集起等量的正、负电荷,并在介质中建立电场而具有电场能量。将电源移去后,电荷可继续聚集在极板上,电场继续存在。所以电容器是一种能储存电荷或者说储存电场能量的部件。电容元件就是反映这种物理现象的电路模型。

电容元件的元件特性是电路物理量电荷 q 与电压 u 的代数关系。线性电容元件的图形符号如图 6-1(a)所示,当电压参考极性与极板储存电荷的极性一致时,线性电容元件的元件特性为

$$q = Cu \qquad (6-1)$$

式中 C 是电容元件的参数,称为电容,它是一个正实常数。在国际单位制(SI)中,当电荷和电压的单位分别为 C 和 V 时,电容的单位为 F(法拉,简称法)。图 6-1(b)中,以 q 和 u 为坐标轴画出电容元件的库伏特性曲线。线性电容元件的库伏特性曲线是一条通过原点的直线。

如果电容元件的电流 i 和电压 u 取关联参考方向,如图 6-1(a)所示,则得到电容元件的电压电流关系(VCR)为

$$i = \frac{dq}{dt} = \frac{d(Cu)}{dt} = C\frac{du}{dt} \qquad (6-2)$$

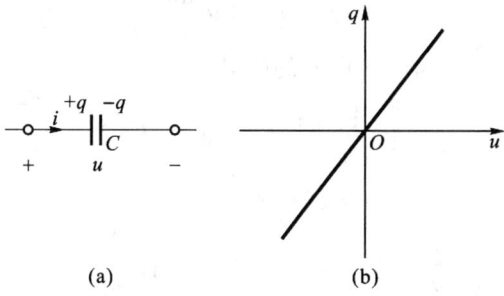

图 6-1 电容元件及其库伏特性曲线

表明电流和电压的变化率成正比。当电容上电压发生剧变(即 $\dfrac{\mathrm{d}u}{\mathrm{d}t}$ 很大)时,电流很大。当电压不随时间变化时,电流为零。故电容在直流情况下其两端电压恒定,相当于开路,或者说电容有隔断直流(简称隔直)的作用。

式(6-2)的逆关系为

$$q = \int i \mathrm{d}t \tag{6-3}$$

这是一个不定积分,可写成定积分的表达式

$$q = \int_{-\infty}^{t} i \mathrm{d}\xi = \int_{-\infty}^{t_0} i \mathrm{d}\xi + \int_{t_0}^{t} i \mathrm{d}\xi = q(t_0) + \int_{t_0}^{t} i \mathrm{d}\xi \tag{6-4}$$

式中 $q(t_0)$ 为 t_0 时刻电容所带电荷。上式的物理意义是:t 时刻具有的电荷等于 t_0 时的电荷加以 t_0 到 t 时间间隔内增加的电荷。如果指定 t_0 为时间的起点并设为零,式(6-4)可写为

$$q(t) = q(0) + \int_0^t i \mathrm{d}\xi \tag{6-5}$$

对于电压与电流的关系,由于 $u = \dfrac{q}{C}$,因此有

$$u(t) = u(t_0) + \dfrac{1}{C}\int_{t_0}^{t} i \mathrm{d}\xi \tag{6-6}$$

或

$$u(t) = u(0) + \dfrac{1}{C}\int_0^t i \mathrm{d}\xi \tag{6-7}$$

将式(6-2)与式(1-3)比较可知,电容元件的电压 u 与电流 i 具有动态关系,因此,电容元件是一个动态元件。从式(6-7)可见,电容电压除与 0 到 t 的电流值有关外,还与 $u(0)$ 值有关,因此,电容元件是一种有"记忆"的元件。与之相比,电阻元件的电压仅与该瞬间的电流值有关,是无记忆的元件。

在电压和电流的关联参考方向下,线性电容元件吸收的功率为

$$p = ui = Cu\frac{\mathrm{d}u}{\mathrm{d}t}$$

从 $t = -\infty$ 到 t 时刻,电容元件吸收的能量为

$$\begin{aligned}W_C &= \int_{-\infty}^{t} u(\xi)i(\xi)\mathrm{d}\xi = \int_{-\infty}^{t} Cu(\xi)\frac{\mathrm{d}u(\xi)}{\mathrm{d}\xi}d\xi \\ &= C\int_{u(-\infty)}^{u(t)} u(\xi)\mathrm{d}u(\xi) \\ &= \frac{1}{2}Cu^2(t) - \frac{1}{2}Cu^2(-\infty)\end{aligned}$$

电容元件吸收的能量以电场能量的形式储存在元件的电场中。可以认为在 $t = -\infty$ 时,$u(-\infty) = 0$,其电场能量也为零。这样,电容元件在任何时刻 t 储存的电场能量 $W_C(t)$ 将等于它吸收的能量,可写为

$$W_C(t) = \frac{1}{2}Cu^2(t) \tag{6-8}$$

从时间 t_1 到 t_2,电容元件吸收的能量

$$\begin{aligned}W_C &= C\int_{u(t_1)}^{u(t_2)} u\mathrm{d}u = \frac{1}{2}Cu^2(t_2) - \frac{1}{2}Cu^2(t_1) \\ &= W_C(t_2) - W_C(t_1)\end{aligned}$$

电容元件充电时,$|u(t_2)| > |u(t_1)|$,$W_C(t_2) > W_C(t_1)$,故在此时间内元件吸收能量;电容元件放电时,$W_C(t_2) < W_C(t_1)$,元件释放电能。元件在充电时吸收并储存起来的能量一定在放电完毕时全部释放,它不消耗能量。所以,电容元件是一种储能元件。同时,电容元件也不会释放出多于它吸收或储存的能量,所以它又是一种无源元件。

如果电容元件的库伏特性曲线在 $u - q$ 平面上不是通过原点的直线,此元件称为非线性电容元件,晶体二极管中的变容二极管就是一种非线性电容,其电容随所加电压而变。

一般的电容器除有储能作用外,也会消耗一部分电能,这时,非理想电容器的模型就必须是电容元件和电阻元件的组合。由于电容器消耗的电功率与所加电压直接相关,因此其模型宜是两者的并联组合。

电容器是为了获得一定大小的电容特意制成的。但是,电容的效应在许多别的场合也存在,这就是分布电容和杂散电容。从理论上说,电位不相等的导体之间就会有电场,因此就有电荷聚集并有电场能量,即有电容效应存在。例如,在两根架空输电线之间,每一根输电线与地之间都有分布电容。在晶体三极管或二极管的电极之间,甚至一个线圈的线匝之间也存在着杂散电容。至于是否要在模型中计入这些电容,必须视工作条件下它们所起作用而定,当工作频率很高时,一般不应忽略其作用,而应以适当的方式在模型中反映出来。

为了叙述方便,把线性电容元件简称为电容,所以本书中"电容"这个术语以及与它相应的符号 C,一方面表示一个电容元件,另一方面也表示这个元件的参数。

§6-2 电感元件

在工程中广泛应用导线绕制的线圈,例如,在电子电路中常用的空心或带有铁心的高频线圈,电磁铁或变压器中含有在铁心上绕制的线圈等。当一个线圈通以电流后产生的磁场随时间变化时,在线圈中就产生感应电压。

图 6-2 示出一个线圈,其中的电流 i 产生的磁通 Φ_L 与 N 匝线圈交链,则磁通链 $\Psi_L = N\Phi_L$。由于磁通 Φ_L 和磁通链 Ψ_L 都是由线圈本身的电流 i 产生的,所以称为自感磁通和自感磁通链。Φ_L 和 Ψ_L 的方向[①] 与 i 的参考方向成右手螺旋关系,如图 6-2 中所示。当磁通链 Ψ_L 随时间变化时,在线圈的端子间产生感应电压。如果感应电压 u 的参考方向与 Ψ_L 成右手螺旋关系(即从端子 A 沿导线到端子 B 的方向与 Ψ_L 成右手螺旋关系),则根据电磁感应定律,有

$$u = \frac{d\Psi_L}{dt} \qquad (6-9)$$

由该式确定感应电压的真实方向时,与楞次定律[②] 的结果是一致的。

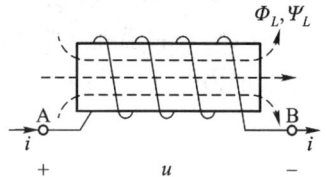

图 6-2 磁通链与感应电压

电感元件是实际线圈的一种理想化模型,它反映了电流产生磁通和磁场能量储存这一物理现象,其元件特性是磁通链 Ψ_L 与电流 i 的代数关系。线性电感元件的图形符号如图 6-3(a)所示,一般在图中不必也难以画出 $\Psi_L(\Phi_L)$ 的参考方向,但规定 Ψ_L 与电流 i 的参考方向满足右手螺旋关系。对于线性电感元件,其元件特性为

$$\Psi = Li \qquad (6-10)$$

其中 L 为电感元件的参数,称为自感系数或电感,它是一个正实常数。

---

① 习惯上,将穿过某面积的磁感线的指向称为磁通 Φ 或磁通链 Ψ 的方向。

② 楞次定律指出,线圈中磁通变化引起的感应电动势,其真实方向总是使其产生的感应电流试图阻止磁通的变化。图 6-2 中,当 $\frac{di}{dt}>0$,因而 $\frac{d\Psi_L}{dt}>0$ 时,按式(6-9)可知 $u>0$,即端子 A 的电位高于端子 B 的电位,此时如将 A、B 端子与外电路接通,则有感应电流自 A 通过外电路流回 B,再经线圈回到 A,显然这一电流产生的磁场阻止 Ψ_L 的增长,与楞次定律相符。对于 $\frac{di}{dt}<0$,即 $\frac{d\Psi_L}{dt}<0$ 的情况,读者可自行证实两者相符。

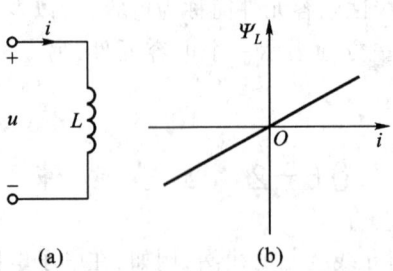

图6-3 电感元件及其韦安特性

在国际单位制(SI)中,磁通和磁通链的单位是Wb(韦伯,简称韦),当电流单位为A时,电感的单位是H(亨利,简称亨)。

线性电感元件的韦安特性是 $\Psi_L - i$ 平面上通过原点的一条直线,见图6-3(b)。

把 $\Psi_L = Li$ 代入式(6-9),可以得到电感元件的电压电流关系(VCR)。

$$u = L \frac{di}{dt} \quad (6-11)$$

式中 u 与 Ψ_L 成右手螺旋关系,与 i 为关联参考方向。

上式的逆关系为

$$i = \frac{1}{L} \int u \, dt \quad (6-12)$$

写成定积分形式为

$$i = \frac{1}{L} \int_{-\infty}^{t} u \, d\xi = \frac{1}{L} \int_{-\infty}^{t_0} u \, d\xi + \frac{1}{L} \int_{t_0}^{t} u \, d\xi = i(t_0) + \frac{1}{L} \int_{t_0}^{t} u \, d\xi \quad (6-13)$$

或

$$\Psi_L = \Psi_L(t_0) + \int_{t_0}^{t} u \, d\xi \quad (6-14)$$

可以看出,电感元件是动态元件,也是记忆元件。

在电压和电流的关联参考方向下,线性电感元件吸收的功率为

$$p = ui = Li \frac{di}{dt} \quad (6-15)$$

如果在 $t = -\infty$ 时,$i(-\infty) = 0$,电感元件无磁场能量。因此,从 $-\infty$ 到 t 的时间段内电感吸收的磁场能量

$$W_L(t) = \int_{-\infty}^{t} p \, d\xi = \int_{-\infty}^{t} Li \frac{di}{d\xi} d\xi = \int_{0}^{i(t)} Li \, di$$

$$= \frac{1}{2} Li^2(t) = \frac{1}{2} \frac{\Psi_L^2(t)}{L} \quad (6-16)$$

这就是线性电感元件在任何时刻的磁场能量表达式。

从时间 t_1 到 t_2 内,线性电感元件吸收的磁场能量

$$W_L = L\int_{i(t_1)}^{i(t_2)} i\mathrm{d}i = \frac{1}{2}Li^2(t_2) - \frac{1}{2}Li^2(t_1)$$
$$= W_L(t_2) - W_L(t_1)$$

当电流|i|增加时,$W_L>0$,元件吸收能量;当电流|i|减小时,$W_L<0$,元件释放能量。可见电感元件不把吸收的能量消耗掉,而是以磁场能量的形式储存在磁场中。所以电感元件是一种储能元件,同时,它也不会释放出多于它吸收或储存的能量,因此它又是一种无源元件。

空心线圈是以线性电感元件为模型的典型例子。当线圈导线电阻的损耗不可忽略时,就需要用线性电感元件和电阻元件的串联组合作为其模型。

如果电感元件的韦安特性不是通过 $\Psi_L - i$ 平面上原点的一条直线,它就是非线性电感元件。非线性电感元件的韦安特性可以用下列公式表示:

$$\Psi_L = f(i)$$

或

$$i = h(\Psi_L)$$

带铁心的电感线圈是以非线性电感元件为模型的典型例子。但如线圈在铁磁材料的非饱和状态下工作,那么 Ψ_L 与 i 仍近似于线性关系,在这种情况下,铁心线圈仍可以当作线性电感元件处理。

为了叙述方便,把线性电感元件简称为电感,所以本书中的"电感"这个术语以及与它相应的符号 L,一方面表示一个电感元件,另一方面也表示这个元件的参数。

当电感元件端钮短路时,就有 $\dfrac{\mathrm{d}\Psi_L}{\mathrm{d}t}=0$,故 $\Psi_L=$ 常数,意味着磁通链不会发生变化。如果有外磁场企图使磁场变化,在电感所形成的超导回路中就会感应出电流,其产生的磁场足以抵消磁场的变化。利用这一原理可制成磁悬浮。列车上的磁极被铁轨上的超导线圈产生磁场所推斥,悬浮于铁轨之上,使磁悬浮列车得以高速行驶。

§6-3 电容、电感元件的串联与并联

当电容、电感元件为串联或并联组合时,它们也可用一个等效电容或等效电感来替代。先讨论电容串联的情况。图 6-4(a)为 n 个电容的串联,对于每一个电容,具有相同的电流,故 VCR 为

$$u_1 = u_1(t_0) + \frac{1}{C_1}\int_{t_0}^{t} i\mathrm{d}\xi$$

图 6-4 串联电容的等效电容

$$u_2 = u_2(t_0) + \frac{1}{C_2}\int_{t_0}^{t} i\,\mathrm{d}\xi$$

$$\vdots$$

$$u_n = u_n(t_0) + \frac{1}{C_n}\int_{t_0}^{t} i\,\mathrm{d}\xi$$

根据 KVL,总电压

$$u = u_1 + u_2 + \cdots + u_n = u_1(t_0) + \frac{1}{C_1}\int_{t_0}^{t} i\,\mathrm{d}\xi + \cdots + u_n(t_0) + \frac{1}{C_n}\int_{t_0}^{t} i\,\mathrm{d}\xi$$

$$= u_1(t_0) + u_2(t_0) + \cdots + u_n(t_0) + \left(\frac{1}{C_1} + \frac{1}{C_2} + \cdots + \frac{1}{C_n}\right)\int_{t_0}^{t} i\,\mathrm{d}\xi$$

$$= u(t_0) + \frac{1}{C_{eq}}\int_{t_0}^{t} i\,\mathrm{d}\xi$$

式中 C_{eq} 为等效电容,其值由下式决定,即

$$\frac{1}{C_{eq}} = \frac{1}{C_1} + \frac{1}{C_2} + \cdots + \frac{1}{C_n} \tag{6-17}$$

$u(t_0)$ 为 n 个串联电容的等效初始条件。其值为

$$u(t_0) = u_1(t_0) + u_2(t_0) + \cdots + u_n(t_0) \tag{6-18}$$

如果将 t_0 取为 $-\infty$,则各初始电压均为零,此时 $u(t_0)=0$。

图 6-5(a)示出 n 个电容并联的情况,并且 $u_1(t_0) = u_2(t_0) = \cdots = u_n(t_0) = u(t_0)$,由于各电容电压相等,根据 KCL,有

$$i = i_1 + i_2 + \cdots + i_n = C_1\frac{\mathrm{d}u}{\mathrm{d}t} + C_2\frac{\mathrm{d}u}{\mathrm{d}t} + \cdots + C_n\frac{\mathrm{d}u}{\mathrm{d}t}$$

$$= C_{eq}\frac{\mathrm{d}u}{\mathrm{d}t}$$

式中 C_{eq} 为并联的等效电容,其值为

$$C_{eq} = C_1 + C_2 + \cdots + C_n \tag{6-19}$$

具有初始电压 $u(t_0)$。

图 6-6(a)为 n 个具有相同初始电流的电感的串联。即有 $i_1(t_0) = i_2(t_0) = \cdots = i_n(t_0) = i(t_0)$。由于各电感中电流相等,根据 KVL,总电压

图 6-5　并联电容的等效电容

$$u = u_1 + u_2 + \cdots + u_n = L_1 \frac{di}{dt} + L_2 \frac{di}{dt} + \cdots + L_n \frac{di}{dt}$$
$$= (L_1 + L_2 + \cdots + L_n)\frac{di}{dt} = L_{eq}\frac{di}{dt}$$

图 6-6　串联电感的等效电感

式中,等效电感

$$L_{eq} = L_1 + L_2 + \cdots + L_n \qquad (6-20)$$

且具有初始电流 $i(t_0)$。

对于具有初始电流分别为 $i_1(t_0)$、$i_2(t_0)$、$\cdots$、$i_n(t_0)$ 的 n 个电感 L_1、L_2、$\cdots$、L_n 作并联组合时(见图 6-7),读者不难根据 KCL 自行证得并联后的等效电感和初始电流分别为

$$\frac{1}{L_{eq}} = \frac{1}{L_1} + \frac{1}{L_2} + \cdots + \frac{1}{L_n} \qquad (6-21)$$

$$i(t_0) = i_1(t_0) + i_2(t_0) + \cdots + i_n(t_0) \qquad (6-22)$$

图 6-7　并联电感的等效电感

习 题

6-1 电容元件与电感元件中电压、电流参考方向如题6-1图所示,且知 $u_C(0)=0$, $i_L(0)=0$。
(1) 写出电压用电流表示的约束方程;
(2) 写出电流用电压表示的约束方程。

题6-1图　　　　题6-2图

6-2 $2\mu F$ 的电容上所加电压 u 的波形如题6-2图所示。求:
(1) 电容电流 i;
(2) 电容电荷 q;
(3) 电容吸收的功率 p。

6-3 题6-3图(a)中电容中电流 i 的波形如题6-3图(b)所示,现已知 $u(0)=0$,试求 $t=1\,\text{s}$, $t=2\,\text{s}$ 和 $t=4\,\text{s}$ 时电容电压 u。

题6-3图

6-4 题6-4图(a)中 $L=4H$,且 $i(0)=0$,电压的波形如题6-4图(b)所示。试求当 $t=1\,\text{s}$, $t=2\,\text{s}$, $t=3\,\text{s}$ 和 $t=4\,\text{s}$ 时电感电流 i。

6-5 若已知显像管行偏转线圈中的周期性行扫描电流如题6-5图所示,现已知线圈电感为 $0.01\,H$,电阻略而不计,试求电感线圈所加电压的波形。

题 6-4 图　　　　　　　　题 6-5 图

6-6　电路如题 6-6 图所示，其中 $R=2\ \Omega, L=1\ \text{H}, C=0.01\ \text{F}, u_C(0)=0$。若电路的输入电流为

(1) $i=2\sin\left(2t+\dfrac{\pi}{3}\right)\text{A}$;

(2) $i=\text{e}^{-t}\text{A}$。

试求两种情况下，当 $t>0$ 时的 u_R、u_L 和 u_C 值。

6-7　电路如题 6-7 图所示，其中 $L=1\ \text{H}, C_2=1\ \text{F}$。设 $u_S(t)=U_m\cos(\omega t)$，$i_S(t)=I\text{e}^{-\alpha t}$，试求 $u_L(t)$ 和 $i_{C_2}(t)$。

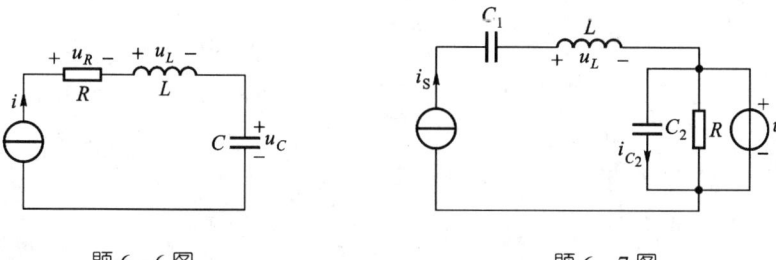

题 6-6 图　　　　　　　　题 6-7 图

6-8　求题 6-8 图所示电路中 a、b 端的等效电容与等效电感。

6-9　题 6-9 图中 $C_1=2\mu\text{F}, C_2=8\mu\text{F}; u_{C_1}(0)=u_{C_2}(0)=-5\text{V}$。现已知 $i=120\text{e}^{-5t}\mu\text{A}$，求

(1) 等效电容 C 及 u_C 表达式；

(2) 分别求 u_{C_1} 与 u_{C_2}，并核对 KVL。

6-10　题 6-10 图中 $L_1=6\ \text{H}, i_1(0)=2\ \text{A}; L_2=1.5\ \text{H}, i_2(0)=-2\ \text{A}, u=6\text{e}^{-2t}\text{V}$，求

题 6-8 图

(1) 等效电感 L 及 i 的表达式；
(2) 分别求出 i_1 与 i_2，并核对 KCL。

题 6-9 图　　　　　　　题 6-10 图

第七章

一阶电路和二阶电路的时域分析

———— 内 容 提 要 ————

本章讨论用微分方程描述的电路,首先讨论可用一阶微分方程描述的电路,主要是 RC 和 RL 电路,介绍分析一阶电路过渡过程的经典法及一阶电路时间常数的概念。在一阶电路的基础上用经典法分析二阶电路的过渡过程。本章还介绍了零输入响应、零状态响应、全响应、瞬态分量、稳态分量、阶跃响应、冲激响应等重要概念。

§7-1 动态电路的方程及其初始条件

第六章介绍了电容元件和电感元件,这两种元件的电压和电流的约束关系是通过导数(或积分)表达的,所以称为动态元件,又称为储能元件。当电路中含有电容元件和电感元件时,根据 KCL 和 KVL 以及元件的 VCR 建立的电路方程是以电流和电压为变量的微分方程或微分-积分方程,微分方程的阶数取决于动态元件的个数和电路的结构。

在一般情况下,当电路中仅含一个动态元件,动态元件以外的线性电阻电路可用戴维宁定理或诺顿定理置换为电压源和电阻的串联组合,或电流源和电阻的并联组合,对于这样的电路,所建立的电路方程将是一阶线性常微分方程,相应的电路称为一阶电路。当电路中含有二个或 n 个动态元件时,建立的方程为二阶微分方程或 n 阶微分方程。

含有动态元件的电路又称为动态电路。动态电路的一个特征是当电路的结构或元件的参数发生变化时(例如电路中电源或无源元件的断开或接入,信号的突然注入等),可能使电路改变原来的工作状态,转变到另一个工作状态[①],这种

[①] 这里的"工作"状态均指"稳定状态",稳定状态的概念将在后面介绍。

转变往往需要经历一个过程,在工程上称为过渡过程。

上述电路结构或参数变化引起的电路变化统称为"换路",并认为换路是在 $t=0$ 时刻进行的。为了叙述方便,把换路前的最终时刻记为 $t=0_-$,把换路后的最初时刻记为 $t=0_+$,换路经历的时间为 0_- 到 0_+。

分析动态电路的过渡过程的方法之一是:根据 KCL、KVL 和支路的 VCR 建立描述电路的方程,这类方程是以时间为自变量的线性常微分方程,然后求解常微分方程,从而得到电路所求变量(电压或电流)。此方法称为经典法,它是一种在时间域中进行的分析方法。

用经典法求解常微分方程时,必须根据电路的初始条件确定解答中的积分常数。设描述电路动态过程的微分方程为 n 阶,所谓初始条件就是指电路中所求变量(电压或电流)及其 1 阶至 $(n-1)$ 阶导数在 $t=0_+$ 时的值,也称初始值。电容电压 $u_C(0_+)$ 和电感电流 $i_L(0_+)$ 称为独立的初始条件,其余的称为非独立的初始条件。

对于线性电容,在任意时刻 t 时,它的电荷、电压与电流的关系为:

$$q(t) = q(t_0) + \int_{t_0}^{t} i_C(\xi)d\xi$$

$$u_C(t) = u_C(t_0) + \frac{1}{C}\int_{t_0}^{t} i_C(\xi)d\xi$$

式中 q、u_C 和 i_C 分别为电容的电荷、电压和电流。令 $t_0 = 0_-$,$t = 0_+$,则得

$$q(0_+) = q(0_-) + \int_{0_-}^{0_+} i_C dt \qquad (7-1a)$$

$$u_C(0_+) = u_C(0_-) + \frac{1}{C}\int_{0_-}^{0_+} i_C dt \qquad (7-1b)$$

从式(7-1a)和式(7-1b)可以看出,如果在换路前后,即 0_- 到 0_+ 的瞬间,电流 $i_C(t)$ 为有限值,则式(7-1a)和式(7-1b)中右方的积分项将为零,此时电容上的电荷和电压就不发生跃变,即

$$q(0_+) = q(0_-) \qquad (7-2a)$$

$$u_C(0_+) = u_C(0_-) \qquad (7-2b)$$

对于一个在 $t=0_-$ 储存电荷 $q(0_-)$,电压为 $u_C(0_-) = U_0$ 的电容,在换路瞬间不发生跃变的情况下,有 $u_C(0_+) = u_C(0_-) = U_0$,可见在换路的瞬间,电容可视为一个电压值为 U_0 的电压源。同理,对于一个在 $t=0_-$ 不带电荷的电容,在换路瞬间不发生跃变的情况下,有 $u_C(0_+) = u_C(0_-) = 0$,在换路瞬间电容相当于短路。

线性电感的磁通链、电流与电压的关系为

$$\Psi_L(t) = \Psi_L(t_0) + \int_{t_0}^{t} u_L(\xi)d\xi$$

$$i_L(t) = i_L(t_0) + \frac{1}{L}\int_{t_0}^{t} u_L(\xi)d\xi$$

令 $t_0 = 0_-$, $t = 0_+$ 有

$$\Psi_L(0_+) = \Psi_L(0_-) + \int_{0_-}^{0_+} u_L dt \qquad (7-3\text{a})$$

$$i_L(0_+) = i_L(0_-) + \frac{1}{L}\int_{0_-}^{0_+} u_L dt \qquad (7-3\text{b})$$

如果从 0_- 到 0_+ 瞬间，电压 $u_L(t)$ 为有限值，式中右方的积分项将为零，此时电感中的磁通链和电流不发生跃变，即

$$\Psi_L(0_+) = \Psi_L(0_-) \qquad (7-4\text{a})$$

$$i_L(0_+) = i_L(0_-) \qquad (7-4\text{b})$$

对于 $t = 0_-$ 时电流为 I_0 的电感，在换路瞬间不发生跃变的情况下，有 $i_L(0_+) = i_L(0_-) = I_0$，此电感在换路瞬间可视为一个电流值为 I_0 的电流源。同理，对于 $t = 0_-$ 时电流为零的电感，在换路瞬间不发生跃变的情况下有 $i_L(0_+) = i_L(0_-) = 0$，此电感在换路瞬间相当于开路。

式(7-2a)、(7-2b)和式(7-4a)、(7-4b)分别说明在换路前后电容电流和电感电压为有限值的条件下，换路前后瞬间电容电压和电感电流不能跃变。上述关系又称为换路定则。

一个动态电路的独立初始条件为电容电压 $u_C(0_+)$ 和电感电流 $i_L(0_+)$，一般可以根据它们在 $t = 0_-$ 时的值（即电路发生换路前的状态）$u_C(0_-)$ 和 $i_L(0_-)$ 确定。该电路的非独立初始条件，即电阻的电压和电流、电容电流、电感电压等则需通过已知的独立初始条件求得。

例 7-1 图 7-1(a)所示电路中直流电压源的电压为 U_0。当电路中的电压和电流恒定不变时打开开关 S。试求 $u_C(0_+)$、$i_L(0_+)$、$i_C(0_+)$、$u_L(0_+)$ 和

图 7-1 例 7-1 图

$u_{R_2}(0_+)$。

解 可以根据 $t=0_-$ 时刻的电路状态计算 $u_C(0-)$ 和 $i_L(0_-)$。由于开关打开前,电路中的电压和电流已恒定不变,故有

$$\left(\frac{du_C}{dt}\right)_0 = 0, \quad \left(\frac{di_L}{dt}\right)_0 = 0$$

所以电容电流和电感电压均为零 $\left(i_C = C\dfrac{du_C}{dt}, u_L = L\dfrac{di_L}{dt}\right)$,即此时刻的电容相当于开路,电感相当于短路。所以

$$u_C(0_-) = \frac{U_0 R_2}{R_1 + R_2}$$

$$i_L(0_-) = \frac{U_0}{R_1 + R_2}$$

该电路在换路时,i_L 和 u_C 都不会跃变,所以有 $u_C(0_+) = u_C(0_-)$,$i_L(0_+) = i_L(0_-)$。为了求得 $t=0_+$ 时刻的其他初始值,可以把已知的 $u_C(0_+)$ 和 $i_L(0_+)$ 分别以电压源和电流源替代,得到 $t=0_+$ 时的等效电路如图 7-1(b)所示。可以求出

$$i_C(0_+) = \frac{-U_0}{R_1 + R_2} = -i_L(0_+)$$

$$u_{R_2}(0_+) = R_2 i_L(0_+) = \frac{U_0 R_2}{R_1 + R_2}$$

$$u_L(0_+) = 0$$

由上例可以看出,确定初始条件的步骤为:

(1) 根据换路前的电路,确定 $u_C(0_-)$、$i_L(0_-)$。

(2) 依据换路定则确定 $u_C(0_+)$、$i_L(0_+)$。

(3) 根据已求得的 $u_C(0_+)$ 和 $i_L(0_+)$,画出 $t=0_+$ 时的等效电路亦称为初始值等效电路,即根据替代定理将电容所在处用电压等于 $u_C(0_+)$ 的电压源替代,电感所在处用电流等于 $i_L(0_+)$ 的电流源替代。若 $u_C(0_+) = 0$,$i_L(0_+) = 0$,则电容所在处用短路替代,电感所在处用开路替代。激励源则用 $u_S(0_+)$ 与 $i_S(0_+)$ 的直流电源替代,这样处理后的 0_+ 等效电路是一个直流电阻网络,可以确定其他非独立初始条件。

§7-2 一阶电路的零输入响应

动态电路中无外施激励电源,仅由动态元件初始储能所产生的响应,称为动态电路的零输入响应。

§7-2 一阶电路的零输入响应

首先讨论 RC 电路的零输入响应。在图 7-2 所示 RC 电路中，开关 S 闭合前，电容 C 已充电，其电压 $u_C = U_0$。开关闭合后，电容储存的能量将通过电阻以热能形式释放出来。现把开关动作时刻取为计时起点（$t=0$）。开关闭合后，即 $t \geq 0_+$ 时，根据 KVL 可得

$$u_R - u_C = 0$$

将 $u_R = Ri$，$i = -C\dfrac{\mathrm{d}u_C}{\mathrm{d}t}$ 代入上述方程，有

$$RC\dfrac{\mathrm{d}u_C}{\mathrm{d}t} + u_C = 0$$

图 7-2 RC 电路的零输入响应

这是一阶齐次微分方程，初始条件 $u_C(0_+) = u_C(0_-) = U_0$，令此方程的通解 $u_C = Ae^{pt}$，代入上式后有

$$(RCp + 1)Ae^{pt} = 0$$

相应的特征方程为

$$RCp + 1 = 0$$

特征根为

$$p = -\dfrac{1}{RC}$$

根据 $u_C(0_+) = u_C(0_-) = U_0$，以此代入 $u_C = Ae^{pt}$，则可求得积分常数 $A = u_C(0_+) = U_0$。

这样，求得满足初始值的微分方程的解为

$$u_C = u_C(0_+)e^{-\frac{1}{RC}t} = U_0 e^{-\frac{1}{RC}t}$$

这就是放电过程中电容电压 u_C 的表达式。

电路中的电流为

$$i = -C\dfrac{\mathrm{d}u_C}{\mathrm{d}t} = -C\dfrac{\mathrm{d}}{\mathrm{d}t}(U_0 e^{-\frac{1}{RC}t})$$

$$= -C\left(-\dfrac{1}{RC}\right)U_0 e^{-\frac{1}{RC}t} = \dfrac{U_0}{R}e^{-\frac{1}{RC}t}$$

电阻上的电压

$$u_R = u_C = U_0 e^{-\frac{1}{RC}t}$$

从以上表达式可以看出，电压 u_C、u_R 及电流 i 都是按照同样的指数规律衰减的。它们衰减的快慢取决于指数中 $\dfrac{1}{RC}$ 的大小。由于 $p = -\dfrac{1}{RC}$，这是电路特征方程的特征根，仅取决于电路的结构和元件的参数。当电阻的单位为 Ω，电容的单位为 F 时，乘积 RC 的单位为 s，它称为 RC 电路的时间常数，用 τ 表示。引入 τ 后，电容电压 u_C 和电流 i 可以分别表示为

$$u_C = U_0 e^{-\frac{t}{\tau}}$$

$$i = \frac{U_0}{R} e^{-\frac{t}{\tau}}$$

τ 的大小反映了一阶电路过渡过程的进展速度,它是反应过渡过程特性的一个重要的量。可以计算得

$$t = 0 \text{ 时}, u_C(0) = U_0 e^0 = U_0$$

$$t = \tau \text{ 时}, u_C(\tau) = U_0 e^{-1} = 0.368 U_0$$

零输入响应在任一时刻 t_0 的值,经过一个时间常数 τ 可以表示为

$$u_C(t_0 + \tau) = U_0 e^{-\frac{t_0 + \tau}{\tau}}$$

$$= U_0 e^{-1} e^{-\frac{t_0}{\tau}}$$

$$= e^{-1} u_C(t_0)$$

$$= 0.368 u_C(t_0)$$

即经过一个时间常数 τ 后,衰减了 63.2%,或为原值的 36.8%。$t = 2\tau, t = 3\tau, t = 4\tau, \cdots$ 时刻的电容电压值列于表 7-1 中。

表 7-1

t	0	τ	2τ	3τ	4τ	5τ	$\cdots$	∞
$u_C(t)$	U_0	$0.368U_0$	$0.135U_0$	$0.05U_0$	$0.018U_0$	$0.0067U_0$	$\cdots$	0

从上表可见,在理论上要经过无限长的时间 u_C 才能衰减为零值。但工程上一般认为换路后,经过 $3\tau \sim 5\tau$ 时间过渡过程即告结束。

图 7-3(a)、(b)所示曲线为 u_C、u_R 和 i 随时间变化的曲线。时间常数 τ 的大小,还可以从 u_C 或 i_C 的曲线上用几何方法求得。在图 7-4 中,取电容电压 u_C 的曲线上任意一点 A,通过 A 点作切线 AC,则图中的次切距

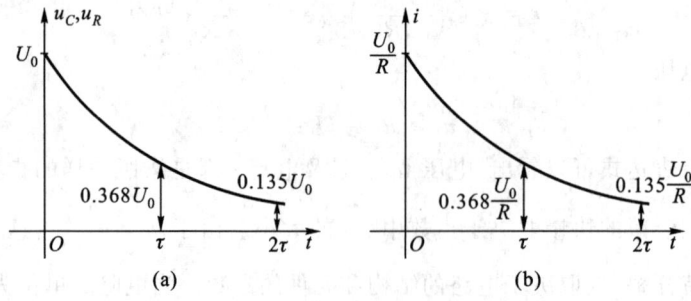

图 7-3 u_C、u_R 和 i 随时间变化的曲线

§7-2 一阶电路的零输入响应

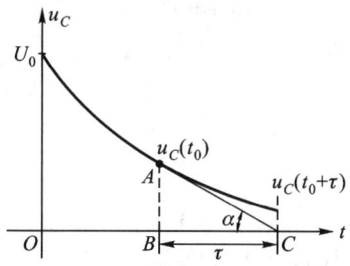

图 7-4 时间常数 τ 的几何意义

$$BC = \frac{AB}{\tan \alpha} = \frac{u_C(t)}{-\left.\frac{du_C}{dt}\right|_{t=t_0}} = \frac{U_0 e^{-\frac{t_0}{\tau}}}{\frac{1}{\tau}U_0 e^{-\frac{t_0}{\tau}}} = \tau$$

即在时间坐标上次切距的长度等于时间常数 τ。这说明曲线上任意一点,如果以该点的斜率为固定变化率衰减,经过 τ 时间为零值。

在放电过程中,电容不断放出能量并为电阻所消耗;最后,原来储存在电容中的电场能量全部为电阻吸收而转换成热能。即

$$\begin{aligned} W_R &= \int_0^\infty i^2(t)R\,dt = \int_0^\infty \left(\frac{U_0}{R}e^{-\frac{1}{RC}t}\right)^2 R\,dt \\ &= \frac{U_0^2}{R}\int_0^\infty e^{-\frac{2t}{RC}}dt = -\frac{1}{2}CU_0^2\left(e^{-\frac{2}{RC}t}\right)\Big|_0^\infty \\ &= \frac{1}{2}CU_0^2 \end{aligned}$$

现在讨论 RL 电路的零输入响应。图 7-5(a) 所示电路在开关 S 动作之前电压和电流已恒定不变,电感中有电流 $I_0 = \dfrac{U_0}{R_0} = i(0_-)$。在 $t=0$ 时开关由 1 合到 2,具有初始电流 I_0 的电感 L 和电阻 R 相连接,构成一个闭合回路,如图 7-5(b) 所示。在 $t>0$ 时,根据 KVL,有

$$u_R + u_L = 0$$

而 $u_R = Ri$,$u_L = L\dfrac{di}{dt}$,电路的微分方程为

$$L\frac{di}{dt} + Ri = 0$$

这也是一个一阶齐次微分方程。令方程的通解 $i = Ae^{pt}$,可以得到相应的特征方程为

$$Lp + R = 0$$

其特征根为

$$p = -\frac{R}{L}$$

故电流为

$$i = Ae^{-\frac{R}{L}t}$$

根据 $i(0_+) = i(0_-) = I_0$，代入上式可求得 $A = i(0_+) = I_0$，从而

$$i = i(0_+)e^{-\frac{R}{L}t} = I_0 e^{-\frac{R}{L}t}$$

图 7-5 RL 电路的零输入响应

电阻和电感上电压分别为

$$u_R = Ri = RI_0 e^{-\frac{R}{L}t}$$

$$u_L = L\frac{di}{dt} = -RI_0 e^{-\frac{R}{L}t}$$

与 RC 电路类似，令 $\tau = \frac{L}{R}$，称为 RL 电路的时间常数，则上述各式可写为

$$i = I_0 e^{-\frac{t}{\tau}}$$

$$u_R = RI_0 e^{-\frac{t}{\tau}}$$

$$u_L = -RI_0 e^{-\frac{t}{\tau}}$$

图 7-6 所示曲线分别为 i、u_L 和 u_R 随时间变化的曲线。

例 7-2 图 7-7 所示是一台 300 kW 汽轮发电机的励磁回路。已知励磁绕组的电阻 $R = 0.189\ \Omega$，电感 $L = 0.398$ H，直流电压 $U = 35$ V。电压表的量程为 50 V，内阻 $R_V = 5$ kΩ。开关未断开时，电路中电流已经恒定不变。在 $t = 0$ 时，断开开关。求：

(1) 电阻、电感回路的时间常数；

(2) 电流 i 的初始值；

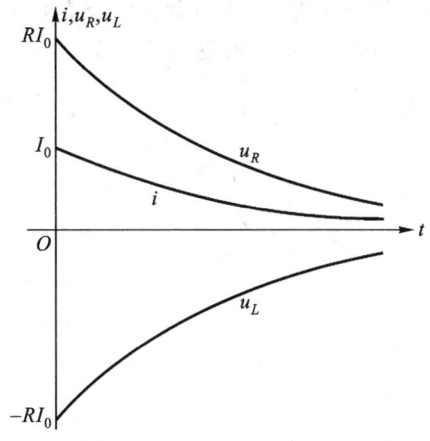

图 7-6 RL 电路的零输入响应曲线

(3) 电流 i 和电压表处的电压 u_V；

(4) 开关刚断开时，电压表处的电压。

解 (1) 时间常数为

$$\tau = \frac{L}{R + R_V} = \frac{0.398}{0.189 + 5 \times 10^3} \text{ s} = 79.6 \text{ μs}$$

(2) 开关断开前，由于电流已恒定不变，电感 L 两端电压为零，故

$$i(0_-) = \frac{U}{R} = \frac{35}{0.189} \text{ A} = 185.2 \text{ A}$$

由于电感中电流不能跃变，电流的初始值 $i(0_+) = i(0_-) = 185.2$ A。

图 7-7 例 7-2 图

(3) 按 $i = i(0_+)e^{-\frac{t}{\tau}}$，可得

$$i = 185.2 \, e^{-12\,560t} \text{ A}$$

电压表处的电压为

$$u_V = -R_V i = -5 \times 10^3 \times 185.2 e^{-12\,560t} \text{ V} = -926 e^{-12\,560t} \text{ kV}$$

(4) 开关刚断开时，电压表处的电压为

$$u_V(0_+) = -926 \text{ kV}$$

在这个时刻电压表要承受很高的电压，其绝对值将远大于直流电源的电压 U，而且初始瞬间的电流也很大，可能损坏电压表。由此可见，切断电感电流时必须考虑磁场能量的释放。如果磁场能量较大，而又必须在短时间内完成电流的切断，则必须考虑如何熄灭因此而出现的电弧(一般出现在开关处)的问题。

例7-3 图7-8(a)所示电路,开关S合在位置1时电路已达稳态,$t=0$时开关由位置1合向位置2,试求$t \geqslant 0_+$时的电流$i(t)$。

图7-8 例7-3图

解 由开关合在位置1时电路已达稳态可以求得$u_C(0_-)=6$ V,则$u_C(0_+)=6$ V,换路后电路的响应为零输入响应。

电容以外电路为含有受控源的电阻电路,其等效电阻R_{eq}可用外施电源法求得,如图7-8(b)所示。图中

$$u = 6i_2 + 2i$$

$$i_2 = -(i_1 + i) = -\left(\frac{u}{2} + i\right)$$

将i_2代入$u=6i_2+2i$,经整理可得等效电阻为

$$R_{eq} = -\frac{u}{i} = 1 \text{ Ω}$$

时间常数

$$\tau = R_{eq}C = 1 \times 0.25 \text{ s} = 0.25 \text{ s}$$

所以

$$u_C = u_C(0_+)e^{-\frac{t}{\tau}} = 6e^{-4t} \text{ V}$$

$$i(t) = C\frac{du_C}{dt} = 0.25\frac{d}{dt}(6e^{-4t}) \text{ A} = -6e^{-4t} \text{ A}$$

电流$i(t)$也可以通过如下方法求得:求出$u_C(0_+)=6$ V后,画出$t=0_+$时的等效电路如图7-9所示。由图可知,$i_1(0_+)=\frac{6}{2}$ A = 3 A,$i_2(0_+)=-[i(0_+)+3]$,沿图中回路的KVL方程为

$$6i_2(0_+) + 2i(0_+) - u_C(0_+) = -6 \times [i(0_+)+3] + 2(0_+) - 6 = 0$$

求解上式可得

$$i(0_+) = -6 \text{ A}$$

再用与前解法相同的方法求出电容以外电路的等效电阻R_{eq}和电路的时间常数

τ，即可得

$$i(t) = i(0_+)\mathrm{e}^{-\frac{t}{\tau}} = -6\mathrm{e}^{-4t} \text{ A}$$

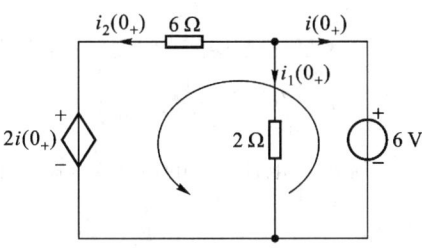

图 7-9　$t = 0_+$ 时的等效电路

§7-3　一阶电路的零状态响应

零状态响应就是电路在零初始状态下（动态元件初始储能为零）由外施激励引起的响应。

图 7-10 所示 RC 串联电路，开关 S 闭合前电路处于零初始状态，即 $u_C(0_-) = 0$。在 $t = 0$ 时刻，开关 S 闭合，电路接入直流电压源 U_S。根据 KVL，有

$$u_R + u_C = U_S$$

将 $u_R = Ri$，$i = C\dfrac{\mathrm{d}u_C}{\mathrm{d}t}$ 代入，得电路的微分方程

$$RC\dfrac{\mathrm{d}u_C}{\mathrm{d}t} + u_C = U_S$$

此方程为一阶线性非齐次方程。方程的解由非齐次方程的特解 u_C' 和对应的齐次方程的通解 u_C'' 两个分量组成，即

$$u_C = u_C' + u_C''$$

图 7-10　RC 电路的零状态响应

不难求得特解为

$$u_C' = U_S$$

而齐次方程 $RC\dfrac{\mathrm{d}u_C}{\mathrm{d}t} + u_C = 0$ 的通解为

$$u_C'' = A\mathrm{e}^{-\frac{t}{\tau}}$$

其中 $\tau = RC$。因此

$$u_C = U_S + A\mathrm{e}^{-\frac{t}{\tau}}$$

代入初始值,可求得
$$A = -U_S$$
而
$$u_C = U_S - U_S e^{-\frac{t}{\tau}} = U_S(1 - e^{-\frac{t}{\tau}})$$
$$i = C\frac{du_C}{dt} = \frac{U_S}{R}e^{-\frac{t}{\tau}}$$

u_C 和 i 的波形如图 7-11 所示。电压 u_C 的两个分量 u'_C 和 u''_C 也示于该图中。

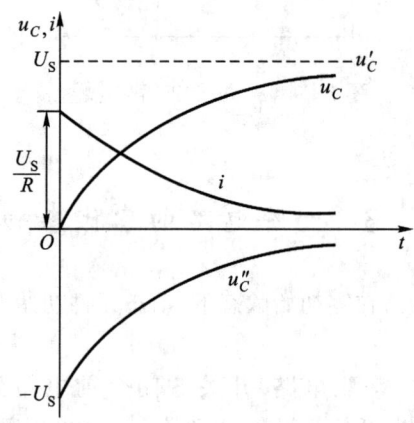

图 7-11 u_C、i 的波形

u_C 以指数形式趋近于它的最终恒定值 U_S,到达该值后,电压和电流不再变化,电容相当于开路,电流为零。此时电路达到稳定状态(简称稳态),所以在这种情况下,特解 $u'_C(=U_S)$ 称为稳态分量。同时可以看出 u'_C 与外施激励的变化规律有关,所以又称为强制分量。齐次方程的通解 u''_C 则由于其变化规律取决于特征根而与外施激励无关,所以称为自由分量。自由分量按指数规律衰减,最终趋于零,所以又称为瞬态分量。对电流 i 可作类似解释。

RC 电路接通直流电压源的过程也即是电源通过电阻对电容充电的过程。在充电过程中,电源供给的能量一部分转换成电场能量储存于电容中,一部分被电阻转变为热能消耗,电阻消耗的电能为

$$W_R = \int_0^\infty i^2 R dt = \int_0^\infty \left(\frac{U_S}{R}e^{-\frac{t}{\tau}}\right)^2 R dt$$
$$= \frac{U_S^2}{R}\left(-\frac{RC}{2}\right)e^{-\frac{2}{RC}t}\bigg|_0^\infty$$
$$= \frac{1}{2}CU_S^2$$

从上式可见,不论电路中电容 C 和电阻 R 的数值为多少,在充电过程中,电源提供的能量只有一半转变成电场能量储存于电容中,另一半则为电阻所消耗,也就是说,充电效率只有 50%。

图 7-12 所示为 RL 电路,直流电流源的电流为 I_S,在开关打开前电感中的电流为零。开关打开后 $i_L(0_+) = i_L(0_-) = 0$,电路的响应为零状态响应。注意到换路后 R_S 与 I_S 串联的等效电路仍为 I_S,则电路的微分方程为

$$\frac{L}{R}\frac{di_L}{dt} + i_L = I_S$$

初始条件为 $i_L(0_+) = 0$。电流 i_L 的通解为

$$i_L = i'_L + Ae^{-\frac{R}{L}t}$$
$$= i'_L + Ae^{-\frac{t}{\tau}}$$

式中 $\tau = \frac{L}{R}$ 为时间常数。

图 7-12 RL 电路的零状态响应

特解 $i'_L = I_S$,积分常数 $A = -i'_L(0_+) = -I_S$。所以

$$i_L = I_S(1 - e^{-\frac{t}{\tau}})$$

下面以 RL 电路为例,讨论在正弦电压激励下的零状态响应。

图 7-13(a)所示为 RL 串联电路,外施激励为正弦电压 $u_S = U_m\cos(\omega t + \phi_u)$,其中 ϕ_u 为接通电路时外施电压的初相角,它决定于电路的接通时刻,所以又称为接入相位角或合闸角。接通后电路方程为

$$L\frac{di}{dt} + Ri = U_m\cos(\omega t + \phi_u)$$

其通解 $i = i' + i''$,其中自由分量 $i'' = Ae^{-\frac{t}{\tau}}$,$\tau = \frac{L}{R}$ 为时间常数。i' 应为上述微分方程的特解[①]。为了求得此特解,设特解为

$$i' = I_m\cos(\omega t + \theta)$$

把它代入上述微分方程,有

$$RI_m\cos(\omega t + \theta) - \omega LI_m\sin(\omega t + \theta) = U_m\cos(\omega t + \phi_u)$$

可以用待定系数法确定 I_m 和 θ。引入 $\tan\varphi = \frac{\omega L}{R}$,有

$$\sin\varphi = \frac{\omega L}{\sqrt{R^2 + (\omega L)^2}}$$

$$\cos\varphi = \frac{R}{\sqrt{R^2 + (\omega L)^2}}$$

---

① i' 的求解方法将在第九章详细介绍。

图 7-13 正弦激励下的 RL 电路

再令 $|Z| = \sqrt{R^2 + (\omega L)^2}$，上式左方可写为

$$I_m[R\cos(\omega t + \theta) - \omega L\sin(\omega t + \theta)]$$
$$= I_m|Z|\left[\cos(\omega t + \theta)\frac{R}{|Z|} - \sin(\omega t + \theta)\frac{\omega L}{|Z|}\right]$$
$$= I_m|Z|[\cos(\omega t + \theta)\cos\varphi - \sin(\omega t + \theta)\sin\varphi]$$
$$= I_m|Z|\cos(\omega t + \theta + \varphi)$$

于是，得

$$I_m|Z|\cos(\omega t + \theta + \varphi) = U_m\cos(\omega t + \phi_u)$$

因此可求得待定常数

$$I_m|Z| = U_m$$
$$\theta + \varphi = \phi_u$$

或

$$I_m = \frac{U_m}{|Z|} = \frac{U_m}{\sqrt{R^2 + (\omega L)^2}}$$
$$\theta = \phi_u - \varphi$$

所以，特解 i' 为

$$i' = \frac{U_m}{|Z|}\cos(\omega t + \phi_u - \varphi)$$

方程的通解为

$$i = \frac{U_m}{|Z|}\cos(\omega t + \phi_u - \varphi) + A e^{-\frac{t}{\tau}}$$

代入初始条件，由于 $i(0_+) = i(0_-) = 0$，有

$$0 = \frac{U_m}{|Z|}\cos(\phi_u - \varphi) + A$$

于是

$$A = -\frac{U_m}{|Z|}\cos(\phi_u - \varphi)$$

因而电流 i 为

$$i = \frac{U_m}{|Z|}\cos(\omega t + \phi_u - \varphi) - \frac{U_m}{|Z|}\cos(\phi_u - \varphi) e^{-\frac{t}{\tau}}$$

电阻上的电压为

$$u_R = Ri = \frac{RU_m}{|Z|}\cos(\omega t + \phi_u - \varphi) - \frac{RU_m}{|Z|}\cos(\phi_u - \varphi) e^{-\frac{t}{\tau}}$$

电感上的电压为

$$u_L = L\frac{di}{dt} = U_m \frac{\omega L}{|Z|}\cos\left(\omega t + \phi_u - \varphi + \frac{\pi}{2}\right) + U_m \frac{R}{|Z|}\cos(\phi_u - \varphi) e^{-\frac{t}{\tau}}$$

由以上可见，方程的特解或强制分量与外施正弦激励按同频率的正弦规律变化，自由分量则随时间增长趋于零。最终只剩下强制分量。所以说这种电路需经历一个过渡过程，然后达到稳定状态。自由分量与开关闭合的时刻有关。

当开关闭合时，若有 $\phi_u = \varphi - \frac{\pi}{2}$，则

$$A = -\frac{U_m}{|Z|}\cos(\phi_u - \varphi) = 0$$

所以

$$i = i' = \frac{U_m}{|Z|}\cos\left(\omega t - \frac{\pi}{2}\right)$$

故开关闭合后，电路中不发生过渡过程而立即进入稳定状态，i 的波形如图 7-13(b) 所示。

如果开关闭合时，有 $\phi_u = \varphi$，则有

$$A = -\frac{U_m}{|Z|}\cos(\phi_u - \varphi)$$

$$= -\frac{U_m}{|Z|}$$

即

$$i'' = -\frac{U_\mathrm{m}}{|Z|}\mathrm{e}^{-\frac{t}{\tau}}$$

$$i = \frac{U_\mathrm{m}}{|Z|}\cos(\omega t) - \frac{U_\mathrm{m}}{|Z|}\mathrm{e}^{-\frac{t}{\tau}}$$

电流 i 的波形如图 7-13(c) 所示。从上式和波形图中可以看出,若电路的时间常数很大,则 i'' 衰减极其缓慢。这种情况下接通电路后,大约经过半个周期的时间,电流的最大瞬时值的绝对值将接近稳态电流振幅的两倍。

RC 串联电路与正弦电源接通,用相同的分析方法分析可得到相对偶的结果,即当 $\phi_u = \varphi$ 时换路后不发生过渡过程立即进入稳定状态,当 $\phi_u = \varphi \pm \frac{\pi}{2}$ 时,在电路时间常数很大的情况下,电路换路后大约经过半个周期的时间电容电压的最大瞬时值的绝对值接近稳态电压振幅的两倍。

可见,RC 串联电路或 RL 串联电路与正弦电源接通后,在初始值一定的条件下,电路的过渡过程与开关的动作时刻有关。

§7-4 一阶电路的全响应

当一个非零初始状态的一阶电路受到激励时,电路的响应称为一阶电路的全响应。

图 7-14 所示电路为已充电的电容经过电阻接到直流电压源 U_S。设电容原有电压 $u_C = U_0$,开关 S 闭合后,根据 KVL 有

$$RC\frac{\mathrm{d}u_C}{\mathrm{d}t} + u_C = U_\mathrm{S}$$

初始条件

$$u_C(0_+) = u_C(0_-) = U_0$$

方程的通解

$$u_C = u_C' + u_C''$$

取换路后达到稳定状态的电容电压为特解,则

$$u_C' = U_\mathrm{S}$$

u_C'' 为上述微分方程对应的齐次方程的通解

$$u_C'' = A\mathrm{e}^{-\frac{t}{\tau}}$$

图 7-14 一阶电路的全响应

其中 $\tau = RC$ 为电路的时间常数,所以有

$$u_C = U_\mathrm{S} + A\mathrm{e}^{-\frac{t}{\tau}}$$

根据初始条件 $u_C(0_+) = u_C(0_-) = U_0$,得积分常数为

§7-4 一阶电路的全响应

$$A = U_0 - U_S$$

所以电容电压

$$u_C = U_S + (U_0 - U_S)e^{-\frac{t}{\tau}} \qquad (7-5)$$

这就是电容电压在 $t>0$ 时的全响应。

把式(7-5)改写成

$$u_C = U_0 e^{-\frac{t}{\tau}} + U_S(1 - e^{-\frac{t}{\tau}})$$

可以看出,上式右边的第一项是电路的零输入响应,右边的第二项则是电路的零状态响应,这说明全响应是零输入响应和零状态响应的叠加,即

全响应 = (零输入响应) + (零状态响应)

从式(7-5)还可以看出,右边的第一项是电路微分方程的特解,其变化规律与电路施加的激励相同,所以称为强制分量,式(7-5)右边第二项对应的是微分方程的通解,它的变化规律取决于电路参数而与外施激励无关,所以称之为自由分量。因此,全响应又可以用强制分量和自由分量表示,即

全响应 = (强制分量) + (自由分量)

在直流或正弦激励的一阶电路中,常取换路后达到新的稳态的解作为特解,而自由分量随着时间的增长按指数规律逐渐衰减为零,所以又常将全响应看作是稳态分量和瞬态分量的叠加,即

全响应 = (稳态分量) + (瞬态分量)

无论是把全响应分解为零状态响应和零输入响应,还是分解为瞬态分量和稳态分量,都不过是从不同角度去分析全响应的。而全响应总是由初始值、特解和时间常数三个要素决定的。在直流电源激励下,若初始值为 $f(0_+)$,特解为稳态解 $f(\infty)$,时间常数为 τ,则全响应 $f(t)$ 可写为

$$f(t) = f(\infty) + [f(0_+) - f(\infty)]e^{-\frac{t}{\tau}} \qquad (7-6)$$

只要知道 $f(0_+)$、$f(\infty)$ 和 τ 这三个要素,就可以根据式(7-6)直接写出直流激励下一阶电路的全响应,这种方法称为三要素法。

一阶电路在正弦电源激励下,由于电路的特解 $f'(t)$ 是时间的正弦函数,则上述公式可写为

$$f(t) = f'(t) + [f(0_+) - f'(0_+)]e^{-\frac{t}{\tau}} \qquad (7-7)$$

其中 $f'(t)$ 是特解为稳态响应,$f'(0_+)$ 是 $t=0_+$ 时稳态响应的初始值,$f(0_+)$ 与 τ 的含义与前述相同。

前已指出,如果电路中仅含一个储能元件(L 或 C),电路的其他部分由电阻和独立电源或受控源连接而成,这种电路仍是一阶电路。在求解这类电路时,可以把储能元件以外的部分,应用戴维宁定理或诺顿定理进行等效变换,然后求得

储能元件上的电压和电流。如果还要求其他支路的电压和电流,则可以按照变换前的原电路进行。

例7-4 图7-15(a)所示电路中 $U_S = 10$ V, $I_S = 2$ A, $R = 2$ Ω, $L = 4$H。试求S闭合后电路中的电流 i_L 和 i。

解 戴维宁等效电路如图7-15(b)所示,其中

$$U_{oc} = U_S - RI_S = (10 - 2 \times 2) \text{ V} = 6 \text{ V}$$

$$R_{eq} = R = 2 \text{ Ω}$$

$$i_L(0_+) = i_L(0_-) = -2 \text{ A}$$

特解

$$i'_L = \frac{6}{2} \text{ A} = 3 \text{ A}$$

$$\tau = \frac{L}{R_{eq}} = 2 \text{ s}$$

按式(7-6)解得

$$i_L = [3 + (-2-3)e^{-\frac{1}{2}t}] \text{ A}$$
$$= (3 - 5e^{-0.5t}) \text{ A}$$

i_L 随时间变化的曲线如图7-15(c)所示。电流 i 可以根据KCL求得为

$$i = I_S + i_L = (5 - 5e^{-0.5t}) \text{ A}$$

图7-15 例7-4图

例 7-5 图 7-16 所示电路中,开关 S 闭合前电路已达稳定状态,$t=0$ 时 S 闭合,求 $t>0$ 时电容电压 u_C 的零状态响应、零输入响应和全响应,并定性绘出波形图。

图 7-16 例 7-5 图

解 求 $u_C(0_-)$ 的电路如图 7-17(a)所示,因开关 S 闭合前电路已达稳态,电容相当于开路,有

$$\frac{u_1}{2} - 1.5\,u_1 = 1$$

$$u_1 = -1 \text{ V}$$

$$u_C(0_-) = 4 \times 1.5 u_1 + u_1 = 7u_1 = -7 \text{ V}$$

开关 S 闭合后求电容以外电路的戴维宁等效电路中的电源 u_S 和等效电阻的电路如图 7-17(b)、(c)所示,求得

$$u_S = u_{oc} = 1.5 u_1 \times 4 + u_1 = 7 u_1$$

而 $\qquad u_1 = 0.5 \text{ V}$

所以 $\qquad u_{oc} = 3.5 \text{ V}$

用外施电流源法求 R_{eq},在端口施加电流源 i,将 0.5 V 电压源置零,所以 $u_1 = 0$,受控源所在处开路。

$$u = 4i$$

$$R_{eq} = 4 \text{ Ω}$$

$$\tau = R_{eq}C = (4 \times 0.5) \text{ s} = 2 \text{ s}$$

零状态响应 $\qquad u_C^{(1)}(t) = 3.5(1 - e^{-0.5t}) \text{ V}$

零输入响应 $\qquad u_C^{(2)}(t) = -7e^{-0.5t} \text{ V}$

全响应 $\qquad u_C(t) = u_C^{(1)}(t) + u_C^{(2)}(t)$

$$= [3.5(1 - e^{-0.5t}) - 7e^{-0.5t}] \text{ V}$$

$$= (3.5 - 10.5e^{-0.5t}) \text{ V}$$

全响应亦可用按式(7-6)求得,即

图 7-17 例 7-5 解题用图

$$u_C(t) = u_C(\infty) + [u_C(0_+) - u_C(\infty)]e^{-\frac{t}{\tau}}$$
$$= [3.5 + (-7 - 3.5)e^{-0.5t}] \text{ V}$$
$$= (3.5 - 10.5 e^{-0.5t}) \text{ V}$$

响应的波形如图 7-17(d)所示。

§7-5 二阶电路的零输入响应

用二阶微分方程描述的动态电路称为二阶电路。在二阶电路中,给定的初始条件应有两个,它们由储能元件的初始值决定。RLC 串联电路和 GLC 并联电路是最简单的二阶电路。

图 7-18 所示为 RLC 串联电路,假设电容原已充电,其电压 $u_C = U_0$,电感中的初始电流为 I_0。$t=0$ 时,开关 S 闭合,此电路的放电过程即是二阶电路的零输入响应。在指定的电压、电流参考方向下,根据 KVL 可得

$$-u_C + u_R + u_L = 0$$

$i = -C\dfrac{du_C}{dt}$,电压 $u_R = Ri = -RC\dfrac{du_C}{dt}$,$u_L = $

图 7-18 RLC 放电电路

§7-5 二阶电路的零输入响应

$L\dfrac{\mathrm{d}i}{\mathrm{d}t} = -LC\dfrac{\mathrm{d}^2 u_C}{\mathrm{d}t^2}$。把它们代入上式,得

$$LC\dfrac{\mathrm{d}^2 u_C}{\mathrm{d}t^2} + RC\dfrac{\mathrm{d}u_C}{\mathrm{d}t} + u_C = 0 \tag{7-8}$$

式(7-8)是以 u_C 为未知量的 RLC 串联电路放电过程的微分方程。这是一个线性常系数二阶齐次微分方程。求解这类方程时,仍然先设 $u_C = A\mathrm{e}^{pt}$,然后再确定其中的 p 和 A。

将 $u_C = A\mathrm{e}^{pt}$ 代入式(7-8),得特征方程

$$LCp^2 + RCp + 1 = 0$$

解出特征根为

$$p = -\dfrac{R}{2L} \pm \sqrt{\left(\dfrac{R}{2L}\right)^2 - \dfrac{1}{LC}}$$

根号前有正、负两个符号,所以 p 有两个值。为了兼顾这两个值,电压 u_C 可写成

$$u_C = A_1 \mathrm{e}^{p_1 t} + A_2 \mathrm{e}^{p_2 t} \tag{7-9}$$

其中

$$\left. \begin{array}{l} p_1 = -\dfrac{R}{2L} + \sqrt{\left(\dfrac{R}{2L}\right)^2 - \dfrac{1}{LC}} \\ p_2 = -\dfrac{R}{2L} - \sqrt{\left(\dfrac{R}{2L}\right)^2 - \dfrac{1}{LC}} \end{array} \right\} \tag{7-10}$$

从式(7-10)可见,特征根 p_1 和 p_2 仅与电路参数和结构有关,而与激励和初始储能无关。

现在给定的初始条件为 $u_C(0_+) = u_C(0_-) = U_0$ 和 $i(0_+) = i(0_-) = I_0$。由于 $i = -C\dfrac{\mathrm{d}u_C}{\mathrm{d}t}$,因此有 $\dfrac{\mathrm{d}u_C}{\mathrm{d}t} = -\dfrac{I_0}{C}$,根据这两个初始条件和式(7-9),得

$$\left. \begin{array}{l} A_1 + A_2 = U_0 \\ p_1 A_1 + p_2 A_2 = -\dfrac{I_0}{C} \end{array} \right\} \tag{7-11}$$

联立求解式(7-11)就可求得常数 A_1 和 A_2。下面讨论 $U_0 \neq 0$ 而 $I_0 = 0$ 的情况,即已充电的电容通过 R、L 放电的情况。此时,可解得

$$A_1 = \dfrac{p_2 U_0}{p_2 - p_1}$$

$$A_2 = -\dfrac{p_1 U_0}{p_2 - p_1}$$

将解得的 A_1、A_2 代入式(7-9)就可以得到 RLC 串联电路零输入响应的表

达式。

由于电路中 R、L、C 的参数不同,特征根可能是:(a)两个不等的负实根;(b)一对实部为负的共轭复根;(c)一对相等的负实根。下面将对这 3 种情况加以讨论。

1. $R > 2\sqrt{\dfrac{L}{C}}$,非振荡放电过程

在这种情况下,特征根 p_1 和 p_2 是两个不等的负实数,电容上的电压为

$$u_C = \frac{U_0}{p_2 - p_1}(p_2 e^{p_1 t} - p_1 e^{p_2 t}) \qquad (7-12)$$

电流

$$i = -C\frac{du_C}{dt} = -\frac{CU_0 p_1 p_2}{p_2 - p_1}(e^{p_1 t} - e^{p_2 t}) = -\frac{U_0}{L(p_2 - p_1)}(e^{p_1 t} - e^{p_2 t}) \qquad (7-13)$$

上式中利用了 $p_1 p_2 = \dfrac{1}{LC}$ 的关系。

电感电压

$$u_L = L\frac{di}{dt} = -\frac{U_0}{p_2 - p_1}(p_1 e^{p_1 t} - p_2 e^{p_2 t}) \qquad (7-14)$$

图 7-19 画出了 u_C、i、u_L 随时间变化的曲线。从图中可以看出,u_C、i 始终不改变方向,而且有 $u_C > 0$,$i \geqslant 0$,表明电容在整个过程中一直释放储存的电能,因此称为非振荡放电,又称为过阻尼放电。当 $t = 0_+$ 时,$i(0_+) = 0$,当 $t \to \infty$ 时放电过程结束,$i(\infty) = 0$,所以在放电过程中电流必然要经历从小到大再趋于

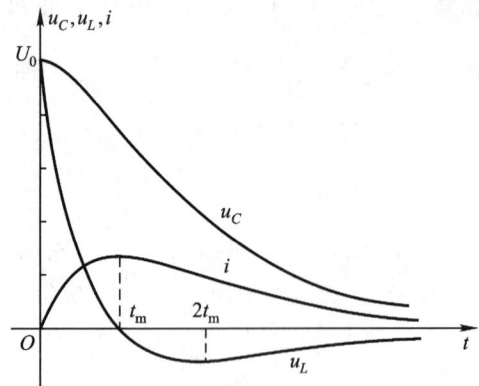

图 7-19 非振荡放电过程中 u_C、u_L 和 i 随时间变化的曲线

零的变化。电流达最大值的时刻 t_m 可由 $\dfrac{\mathrm{d}i}{\mathrm{d}t}=0$ 决定

$$t_m = \dfrac{\ln\left(\dfrac{p_2}{p_1}\right)}{p_1 - p_2}$$

$t < t_m$ 时,电感吸收能量,建立磁场;当 $t > t_m$ 时,电感释放能量,磁场逐渐衰减,趋向消失。当 $t = t_m$ 时,正是电感电压过零点。

例 7-6 在图 7-20 所示的电路中,已知 $U_S = 10$ V,$C = 1$ μF,$R = 4$ kΩ,$L = 1$ H,开关 S 原来闭合在位置 1 处,在 $t = 0$ 时,开关 S 由位置 1 接至位置 2 处。求:(1) u_C、u_R、i 和 u_L;(2) $i_{\max}$。

解 (1) 今已知 $R = 4$ kΩ,而 $2\sqrt{\dfrac{L}{C}} = 2\sqrt{\dfrac{1}{10^{-6}}}$ Ω = 2 kΩ,所以 $R > 2\sqrt{\dfrac{L}{C}}$,放电过程是非振荡的。且 $u_C(0_+) = U_0 = U_S$。

特征根

$$p_1 = -\dfrac{R}{2L} + \sqrt{\left(\dfrac{R}{2L}\right)^2 - \dfrac{1}{LC}} = -268$$

$$p_2 = -\dfrac{R}{2L} - \sqrt{\left(\dfrac{R}{2L}\right)^2 - \dfrac{1}{LC}} = -3\,732$$

根据公式(7-12)、(7-13)和(7-14),可得电容电压

$$u_C = (10.77\,\mathrm{e}^{-268t} - 0.773\mathrm{e}^{-3\,732t})\ \mathrm{V}$$

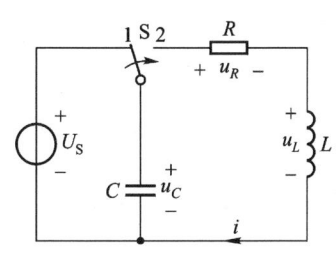

图 7-20 例 7-6 图

电流

$$i = 2.89(\mathrm{e}^{-268t} - \mathrm{e}^{-3\,732t})\ \mathrm{mA}$$

电阻电压

$$u_R = Ri = 11.56(\mathrm{e}^{-268t} - \mathrm{e}^{-3\,732t})\ \mathrm{V}$$

电感电压

$$u_L = L\dfrac{\mathrm{d}i}{\mathrm{d}t} = (10.77\mathrm{e}^{-3\,732t} - 0.773\mathrm{e}^{-268t})\ \mathrm{V}$$

(2) 电流最大值发生在 t_m 时刻,即

$$t_m = \dfrac{\ln\left(\dfrac{p_2}{p_1}\right)}{p_1 - p_2} = 7.60 \times 10^{-4}\ \mathrm{s} = 760\ \mu\mathrm{s}$$

$$i_{\max} = 2.89(\mathrm{e}^{-268 \times 7.60 \times 10^{-4}} - \mathrm{e}^{-3732 \times 7.60 \times 10^{-4}})\ \mathrm{A}$$

$$= 21.9 \times 10^{-4}\ \mathrm{A}$$

$$= 2.19\ \mathrm{mA}$$

2. $R < 2\sqrt{\dfrac{L}{C}}$,振荡放电过程

在这种情况下,特征根 p_1 和 p_2 是一对共轭复数。若令

$$\delta = \frac{R}{2L}; \omega^2 = \frac{1}{LC} - \left(\frac{R}{2L}\right)^2$$

则

$$\sqrt{\left(\frac{R}{2L}\right)^2 - \frac{1}{LC}} = \sqrt{-\omega^2} = \mathrm{j}\omega \qquad (\mathrm{j} = \sqrt{-1})$$

于是有

$$p_1 = -\delta + \mathrm{j}\omega, \; p_2 = -\delta - \mathrm{j}\omega$$

令 $\omega_0 = \sqrt{\delta^2 + \omega^2}$,$\beta = \arctan\left(\dfrac{\omega}{\delta}\right)$(如图 7-21 所示),则有 $\delta = \omega_0 \cos\beta$,$\omega = \omega_0 \sin\beta$,根据 $\mathrm{e}^{\mathrm{j}\beta} = \cos\beta + \mathrm{j}\sin\beta$,$\mathrm{e}^{-\mathrm{j}\beta} = \cos\beta - \mathrm{j}\sin\beta$,可求得

$$p_1 = -\omega_0 \mathrm{e}^{-\mathrm{j}\beta}, \; p_2 = -\omega_0 \mathrm{e}^{\mathrm{j}\beta}$$

这样

$$u_C = \frac{U_0}{p_2 - p_1}(p_2 \mathrm{e}^{p_1 t} - p_1 \mathrm{e}^{p_2 t})$$

$$= \frac{U_0}{-\mathrm{j}2\omega}[-\omega_0 \mathrm{e}^{\mathrm{j}\beta}\mathrm{e}^{(-\delta + \mathrm{j}\omega)t} + \omega_0 \mathrm{e}^{-\mathrm{j}\beta}\mathrm{e}^{(-\delta - \mathrm{j}\omega)t}]$$

$$= \frac{U_0 \omega_0}{\omega}\mathrm{e}^{-\delta t}\left[\frac{\mathrm{e}^{\mathrm{j}(\omega t + \beta)} - \mathrm{e}^{-\mathrm{j}(\omega t + \beta)}}{\mathrm{j}2}\right]$$

$$= \frac{U_0 \omega_0}{\omega}\mathrm{e}^{-\delta t}\sin(\omega t + \beta)$$

根据 $i = -C\dfrac{\mathrm{d}u_C}{\mathrm{d}t}$,或者利用式(7-13)可求得 i 为

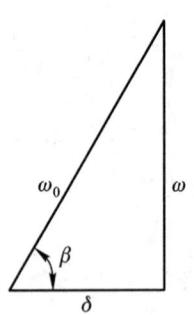

图 7-21 表示 ω_0、ω 和 δ 相互关系的三角形

$$i = \frac{U_0}{\omega L}\mathrm{e}^{-\delta t}\sin(\omega t)$$

而电感电压

$$u_L = -\frac{U_0 \omega_0}{\omega}\mathrm{e}^{-\delta t}\sin(\omega t - \beta)$$

从上述 u_C、i 和 u_L 的表达式可以看出,它们的波形将呈现衰减振荡的状态,在整个过程中,它们将周期性地改变方向,储能元件也将周期性地交换能量。u_C、i 和 u_L 的波形如图 7-22 所示,根据上述各式,还可以得出

(1) $\omega t = k\pi, k = 0, 1, 2, 3, \cdots$ 为电流 i 的过零点,即 u_C 的极值点。

(2) $\omega t = k\pi + \beta, k = 0, 1, 2, 3, \cdots$ 为电感电压 u_L 的过零点,也即电流 i 的极

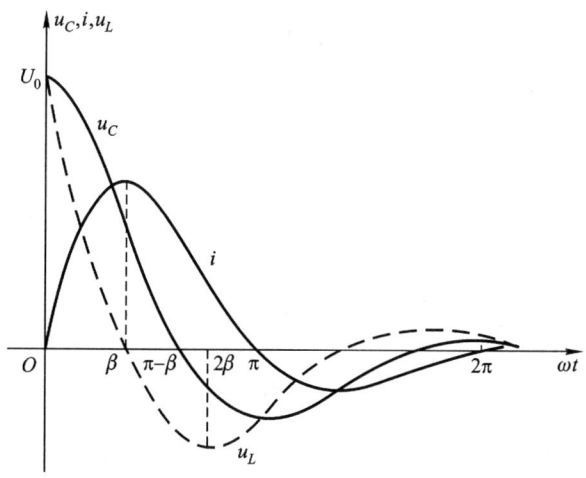

图 7-22 振荡放电过程中 u_C、u_L 和 i 的波形

值点。

(3) $\omega t = k\pi - \beta, k = 0,1,2,3,\cdots$ 为电容电压 u_C 的过零点。

根据上述零点划分的时域可以看出元件之间能量转换、吸收的概况，见表 7-2。

表 7-2

	$0 < \omega t < \beta$	$\beta < \omega t < \pi - \beta$	$\pi - \beta < \omega t < \pi$
电感	吸收	释放	释放
电容	释放	释放	吸收
电阻	消耗	消耗	消耗

例 7-7 在受控热核研究中，需要强大的脉冲磁场，它是靠强大的脉冲电流产生的。这种强大的脉冲电流可以由 RLC 放电电路产生。若已知 $U_0 = 15$ kV, $C = 1\,700$ μF, $R = 6 \times 10^{-4}$ Ω, $L = 6 \times 10^{-9}$ H, 试问：

(1) $i(t)$ 为多少？

(2) $i(t)$ 在何时达到极大值？求出 i_{max}。

解 根据已知参数有

$$\delta = \frac{R}{2L} = 5 \times 10^4 \text{ s}^{-1}$$

$$\omega = \sqrt{\left(\frac{R}{2L}\right)^2 - \frac{1}{LC}} = j3.09 \times 10^5 \text{ rad/s}$$

$$\beta = \arctan\left(\frac{\omega}{\delta}\right) = 1.41 \text{ rad}$$

即特征根为共轭复数,属于振荡放电情况。所以有

(1) 电流 i 为

$$i = \frac{U_0}{\omega L} e^{-\delta t} \sin(\omega t)$$

$$= 8.09 \times 10^6 e^{-5 \times 10^4 t} \sin(3.09 \times 10^5 t) \text{ A}$$

(2) 当 $\omega t = \beta$,即当 $t = \frac{\beta}{\omega} = 4.56 \text{ } \mu\text{s}$ 时,电流 i 达到极大值

$$i_{\max} = 8.09 \times 10^6 e^{-5 \times 10^4 \times 4.56 \times 10^{-6}} \sin(3.09 \times 10^5 \times 4.56 \times 10^{-6}) \text{ A}$$

$$= 6.36 \times 10^6 \text{ A}$$

可见,最大放电电流可达 6.36×10^6 A,这是一个比较可观的数值。

在 $R = 0$ 时,$\delta = 0$,则 $\omega = \omega_0 = \frac{1}{\sqrt{LC}}$,$\beta = \frac{\pi}{2}$,所以这时 u_C、i、u_L 的表达式为

$$u_C = U_0 \sin\left(\omega_0 t + \frac{\pi}{2}\right)$$

$$i = \frac{U_0}{\omega_0 L} \sin(\omega_0 t) = \frac{U_0}{\sqrt{\frac{L}{C}}} \sin(\omega_0 t)$$

$$u_L = -U_0 \sin\left(\omega_0 t - \frac{\pi}{2}\right) = U_0 \sin\left(\omega_0 t + \frac{\pi}{2}\right) = u_C$$

这时 u_C、i、u_L 各量都是正弦函数,它们的振幅并不衰减,是一种等幅振荡的放电过程。

尽管实际的振荡电路都是有损耗的,但若仅关心在很短的时间间隔内发生的过程时,则按等幅振荡处理不会带来显著的误差。

例 7-8 为了试验油开关熄灭电弧的能力,需要在开关中通以数十千安,频率为 50 Hz 的正弦电流。工程中往往采用 LC 放电电路作为试验电源,如图 7-23 所示。其工作情况大致如下:首先打开开关 S_2,接通开关 S_1,使电容器充电至所需电压 U_0;然后打开开关 S_1,接通开关 S_2,于是电容器就开始对电感线圈放电。选择电路参数 L 和 C 的大小以及充电电压 U_0 的数值,就可得到试验所需正弦电流。在开关闭合后的适当时间,借助于自动装置把被试开关的触头 A 拉开,便可以试验高压开关的灭弧能力。

在本例题中,已知 $C = 3\ 800\ \mu\text{F}$,$U_0 = 14.14\ \text{kV}$,若线圈用很粗的导线绕制,则在近似估算中可以把它的电阻忽略不计,试求:

§7-5 二阶电路的零输入响应

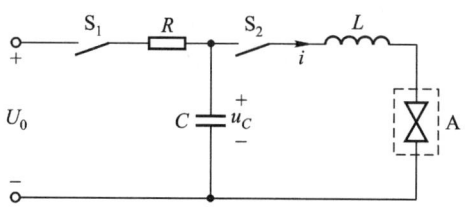

图 7-23 试验高压开关灭弧能力的振荡电路

(1) 为了产生试验所需 50 Hz 电流,线圈电感 L 等于多少?
(2) 振荡电路的电流 $i(t)$ 以及电容电压 $u_C(t)$。

解 (1) 试验所需电流的频率为 50 Hz,即 $\omega_0 = 2\pi f = 314$ rad/s,根据 $\omega_0 = \dfrac{1}{\sqrt{LC}}$,可以求出电感 L 的大小

$$L = \frac{1}{\omega_0^2 C} = 2.67 \times 10^{-3} \text{ H} = 2.67 \text{ mH}$$

(2) 根据

$$i = \frac{U_0}{\sqrt{\dfrac{L}{C}}} \sin\left(\frac{t}{\sqrt{LC}}\right)$$

可以得出电流 $i(t)$ 为

$$i(t) = 16.9 \times 10^3 \sin(314\, t) \text{ A}$$

可见,放电电流的峰值可达 16.9 kA。

电容电压为

$$u_C = u_L = U_0 \sin\left(\omega_0 t + \frac{\pi}{2}\right) = 10\sqrt{2} \times 10^3 \sin\left(314t + \frac{\pi}{2}\right) \text{ V}$$

3. $R = 2\sqrt{\dfrac{L}{C}}$,临界情况

在 $R = 2\sqrt{\dfrac{L}{C}}$ 的条件下,这时特征方程具有重根

$$p_1 = p_2 = -\frac{R}{2L} = -\delta$$

微分方程式(7-8)的通解为

$$u_C = (A_1 + A_2 t) e^{-\delta t}$$

根据初始条件可得

$$A_1 = U_0$$
$$A_2 = \delta U_0$$

所以

$$u_C = U_0(1 + \delta t)\mathrm{e}^{-\delta t}$$

$$i = -C\frac{\mathrm{d}u_C}{\mathrm{d}t} = \frac{U_0}{L}t\mathrm{e}^{-\delta t}$$

$$u_L = L\frac{\mathrm{d}i}{\mathrm{d}t} = U_0\mathrm{e}^{-\delta t}(1 - \delta t)$$

从以上各式显然可以看出 u_C、i、u_L 不作振荡变化,即具有非振荡的性质,其波形与图 7-19 所示相似。然而,这种过程是振荡与非振荡过程的分界线,所以 $R = 2\sqrt{\dfrac{L}{C}}$ 时的过渡过程称为临界非振荡过程,这时的电阻称为临界电阻,并称电阻大于临界电阻的电路为过阻尼电路,小于临界电阻的电路为欠阻尼电路。

还可指出,临界情况下过渡过程的计算公式,可通过前两种非临界情况下的公式取极限导出。

§7-6 二阶电路的零状态响应和全响应

二阶电路的初始储能为零(即电容两端的电压和电感中的电流都为零),仅由外施激励引起的响应称为二阶电路的零状态响应。

图 7-24 所示为 GCL 并联电路,$u_C(0_-) = 0$,$i_L(0_-) = 0$,$t = 0$ 时,开关 S 打开。根据 KCL 有

$$i_C + i_G + i_L = i_S$$

以 i_L 为待求变量,可得

$$LC\frac{\mathrm{d}^2 i_L}{\mathrm{d}t^2} + GL\frac{\mathrm{d}i_L}{\mathrm{d}t} + i_L = i_S$$

这是二阶线性非齐次方程,它的解答由特解和对应的齐次方程的通解组成。如果 i_S 为直流激励或正弦激励,则取稳态解 i' 为特解,而通解 i'' 与零输入响应形式相同,再根据初始条件确定积分常数,从而得到全解。

图 7-24 二阶电路的零状态响应

§7-6 二阶电路的零状态响应和全响应

如果二阶电路具有初始储能,又接入外施激励,则电路的响应称为全响应。全响应是零输入响应和零状态响应的叠加,可以通过求解二阶非齐次方程的方法求得全响应。

例7-9 图7-24所示电路中,$u_C(0_-)=0, i_L(0_-)=0, G=2\times 10^{-3}$ S,$C=1$ μF,$L=1$ H,$i_S=1$ A,当 $t=0$ 时把开关S打开。试求响应 i_L、u_C 和 i_C。

解 列出开关S打开后的电路微分方程为

$$LC\frac{d^2 i_L}{dt^2}+GL\frac{di_L}{dt}+i_L=i_S$$

特征方程为

$$p^2+\frac{G}{C}p+\frac{1}{LC}=0$$

代入数据后可求得特征根为

$$p_1=p_2=p=-10^3$$

由于 p_1、p_2 是重根,为临界阻尼情况,其解答为

$$i_L=i_L'+i_L''$$

式中 i_L' 为特解(强制分量)

$$i_L'=1 \text{ A}$$

i_L'' 为对应的齐次方程的解

$$i_L''=(A_1+A_2 t)e^{pt}$$

所以通解为

$$i_L=[1+(A_1+A_2 t)e^{-10^3 t}]$$

$t=0_+$ 时的初始值为

$$i_L(0_+)=i_L(0_-)=0$$

$$\left(\frac{di_L}{dt}\right)_{0_+}=\frac{1}{L}u_L(0_+)=\frac{1}{L}u_C(0_+)$$

$$=\frac{1}{L}u_C(0_-)=0$$

代入初始条件可求得

$$1+A_1+0=0$$
$$-10^3 A_1+A_2=0$$

解得

$$A_1=-1$$
$$A_2=-10^3$$

所以求得的零状态响应为

$$i_L = [1 - (1 + 10^3 t)e^{-10^3 t}] \text{ A}$$

$$u_C = u_L = L\frac{di_L}{dt} = 10^6 t e^{-10^3 t} \text{ V}$$

$$i_C = C\frac{du_C}{dt} = (1 - 10^3 t)e^{-10^3 t} \text{ A}$$

过渡过程是临界阻尼情况,属非振荡性质,i_L、i_C、u_C 随时间变化的波形如图 7-25所示。

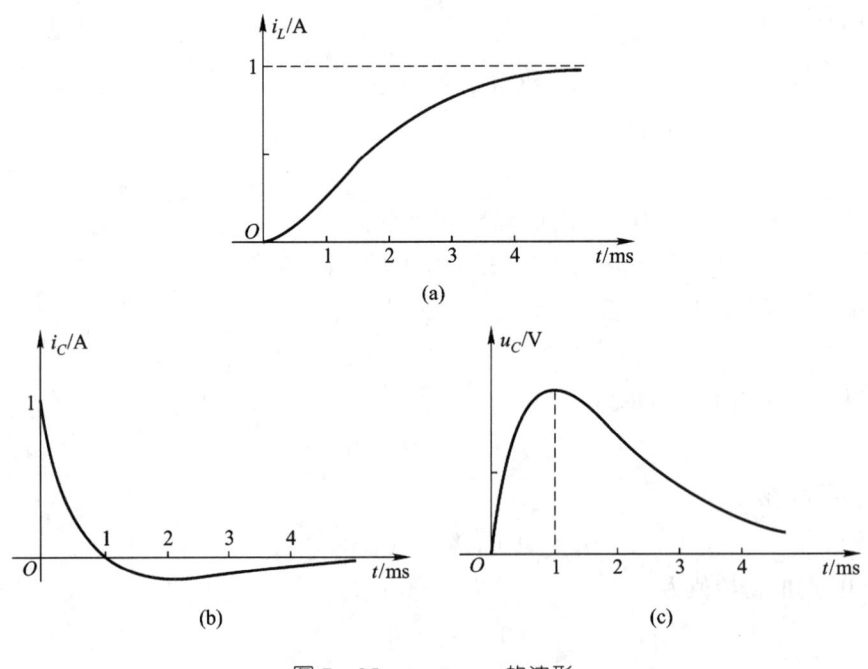

图 7-25 i_L、i_C、u_C 的波形

例 7-10 图 7-26 所示电路,开关在 $t=0$ 时闭合,已知 $u_C(0_-)=0$,$i_L(0_-)=2$ A,求开关闭合后电感中的电流 $i_L(t)$。

解 从题目所给条件可以看出,电路原有初始电流 $i_L(0_-)=2$ A,开关闭合后又接入了电压源,所以开关闭合后的响应为全响应。

(1) 列出开关闭合后的电路微分方程,对结点①应用 KCL 有

$$\frac{50 - L\dfrac{di_L}{dt}}{R} = i_L + LC\frac{d i_L^2}{dt^2}$$

整理得

§7-6 二阶电路的零状态响应和全响应

图 7-26 例 7-10 的图

$$RLC \frac{d^2 i_L}{dt^2} + L \frac{di_L}{dt} + Ri_L = 50$$

代入已知参数得

$$\frac{d^2 i_L}{dt^2} + 200 \frac{di_L}{dt} + 20\,000 i_L = 20\,000$$

设全响应为 $i_L(t) = i_L' + i_L''$。

(2) 特解为

$$i_L' = \frac{50}{50} = 1 \text{ A}$$

(3) 求通解,二阶微分方程的特征方程为

$$p^2 + 200p + 20\,000 = 0$$

特征根

$$p = -100 \pm j100$$

由于特征根为共轭复根,所以换路后过渡过程的性质为欠阻尼性质,即

$$i_L'' = A e^{-100t} \sin(100t + \beta)$$

(4) 全响应为

$$i_L(t) = i_L' + i_L''$$
$$= 1 + A e^{-100t} \sin(100t + \beta)$$

已知初始条件为

$$i_L(0_+) = i_L(0_-) = 2 \text{ A}$$

$$\left. \frac{di_L}{dt} \right|_{0_+} = \frac{u_C(0_+)}{L} = 0$$

所以有

$$\begin{cases} 1 + A\sin\beta = 2 \\ 100A\cos\beta - 100A\sin\beta = 0 \end{cases}$$

解得:

$$A = \sqrt{2}$$
$$\beta = 45°$$

所以电流 i_L 的全响应为

$$i_L(t) = [1 + \sqrt{2}e^{-100t}\sin(100t + 45°)] \text{ A}$$

§7-7 一阶电路和二阶电路的阶跃响应

电路对于单位阶跃函数输入的零状态响应称为单位阶跃响应。

单位阶跃函数是一种奇异函数,见图 7-27(a),可定义为

$$\varepsilon(t) = \begin{cases} 0 & t<0 \\ 1 & t>0 \end{cases}$$

(a)　　　　　　　　　(b)

图 7-27　单位阶跃函数

值得注意的是,单位阶跃函数在 $t=0$ 这一点是不连续的,它可以用来描述图 7-27(b)所示开关动作,它表示在 $t=0$ 时把电路接到单位直流电压源上。阶跃函数可以作为开关的数学模型,所以有时也称为开关函数。

定义任一时刻 t_0 起始的阶跃函数为

$$\varepsilon(t - t_0) = \begin{cases} 0 & t<t_0 \\ 1 & t>t_0 \end{cases}$$

$\varepsilon(t-t_0)$ 可看作是 $\varepsilon(t)$ 在时间轴上移动 t_0 后的结果,如图 7-28 所示,所以它是延迟的单位阶跃函数。

假设把电路在 $t=t_0$ 时接通到一个电流为 2 A 的直流电流源,则此外施电流就可写为 $2\varepsilon(t-t_0)$ A。

单位阶跃函数还可用来"起始"任意一个 $f(t)$。设 $f(t)$ 是对所有 t 都有定义的一个任意函数,则

$$f(t)\varepsilon(t - t_0) = \begin{cases} f(t) & t>t_0 \\ 0 & t<t_0 \end{cases}$$

它的波形如图 7-29 所示。

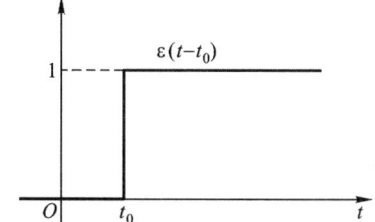

图 7-28 延迟的单位阶跃函数　　图 7-29 单位阶跃函数的起始作用

对于一个如图 7-30(a) 所示幅度为 1 的矩形脉冲，可以把它看作由两个阶跃函数组成的，如图 7-30(b) 所示，即

$$f(t) = \varepsilon(t) - \varepsilon(t - t_0)$$

同理，对于一个如图 7-30(c) 所示矩形脉冲，则可写为

$$f(t) = \varepsilon(t - \tau_1) - \varepsilon(t - \tau_2)$$

当电路的激励为单位阶跃 $\varepsilon(t)$V 或 $\varepsilon(t)$A 时，相当于将电路在 $t=0$ 时接通电压值为 1 V 的直流电压源或电流值为 1 A 的直流电流源。因此单位阶跃响应与直流激励响应相同。用 $s(t)$ 表示单位阶跃响应。已知电路的 $s(t)$，如果该电路的恒定激励为 $u_S(t) = U_0\varepsilon(t)$ [或 $i_S(t) = I_0\varepsilon(t)$]，则电路的零状态响应为 $U_0 s(t)$ [或 $I_0 s(t)$]。

例 7-11　图 7-31 所示电路，开关 S 合在位置 1 时电路已达稳定状态。$t=0$ 时，开关由位置 1 合向位置 2，在 $t=\tau=RC$ 时又由位置 2 合向位置 1，求 $t>0$ 时的电容电压 $u_C(t)$。

解　此题可用两种方法求解。

(1) 将电路的工作过程分段求解

在 $0<t<\tau$ 区间为 RC 电路的零状态响应

$$u_C(0_+) = u_C(0_-) = 0$$

$$u_C(t) = U_S(1 - e^{-\frac{t}{\tau}}), \quad \tau = RC$$

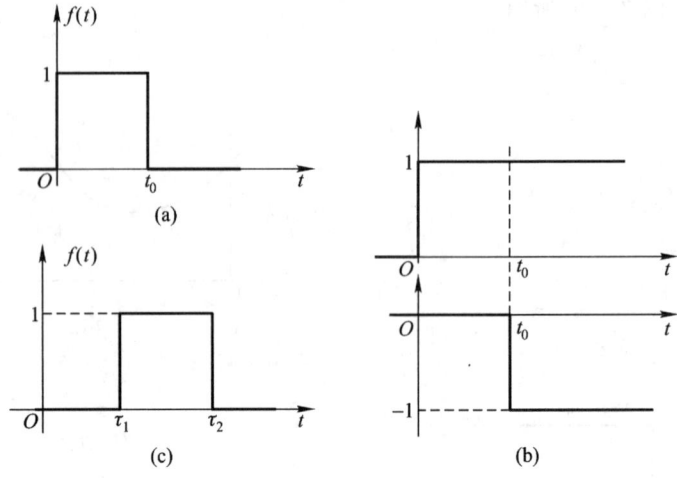

图 7-30 矩形脉冲的组成

在 $\tau < t < \infty$ 区间为 RC 电路的零输入响应

$$u(\tau) = U_S(1 - e^{-\frac{\tau}{\tau}}) = 0.632 U_S$$

$$u_C(t) = 0.632 U_S e^{-\frac{t-\tau}{\tau}}$$

(2) 用阶跃函数表示激励,求阶跃响应

根据开关的动作,电路的激励 $u_S(t)$ 可以用图 7-32(a)所示的矩形脉冲表示,按图 7-32(b)可写为

图 7-31 例 7-11 图

$$u_S(t) = U_S \varepsilon(t) - U_S \varepsilon(t - \tau)$$

RC 电路的单位阶跃响应为

$$s(t) = (1 - e^{-\frac{t}{\tau}})\varepsilon(t)$$

故

$$u_C(t) = U_S(1 - e^{-\frac{t}{\tau}})\varepsilon(t) - U_S[1 - e^{\frac{-(t-\tau)}{\tau}}]\varepsilon(t - \tau)$$

其中第一项为阶跃响应,第二项为延迟的阶跃响应。$u_C(t)$ 的波形如图 7-32(c)所示。

例 7-12 图 7-33 所示电路中,已知 $u_C(0_-) = 0, i_L(0_-) = 0, R = 0.2\ \Omega, L = 0.25\ \text{H}, C = 2\ \text{F}, i_S(t) = \varepsilon(t)\text{A}$,试求单位阶跃响应 $i_L(t)$。

解 对电路应用 KCL 列结点电流方程有

$$i_R + i_C + i_L - 0.5 i_C = i_S$$

§7-7 一阶电路和二阶电路的阶跃响应

图 7-32 u_C 的波形

图 7-33 例 7-12 图

$$i_R + 0.5 i_C + i_L = \varepsilon(t)$$

其中

$$i_R = \frac{u_R}{R} = \frac{L}{R}\frac{\mathrm{d}i_L}{\mathrm{d}t}$$

$$i_C = C\frac{\mathrm{d}u_C}{\mathrm{d}t} = LC\frac{\mathrm{d}^2 i_L}{\mathrm{d}t^2}$$

代入已知参数并整理得

$$0.25\frac{\mathrm{d}i_L^2}{\mathrm{d}t^2} + 1.25\frac{\mathrm{d}i_L}{\mathrm{d}t} + i_L = \varepsilon(t)$$

即

$$\frac{\mathrm{d}i_L^2}{\mathrm{d}t^2} + 5\frac{\mathrm{d}i_L}{\mathrm{d}t} + 4i_L = 4\varepsilon(t)$$

这是一个关于 i_L 的二阶线性非齐次方程,其解为

$$i_L = i' + i''$$

其中特解

$$i' = 1$$

通解

$$i'' = A_1 \mathrm{e}^{p_1 t} + A_2 \mathrm{e}^{p_2 t}$$

特征方程为

$$p^2 + 5p + 4 = 0$$

解得特征根

$$p_1 = -1, p_2 = -4$$

所以

$$i_L = 1 + A_1 \mathrm{e}^{-t} + A_2 \mathrm{e}^{-4t}$$

将初始条件 $i_L(0_+) = i_L(0_-) = 0, u_C(0_+) = u_C(0_-) = 0$。代入上式有

$$\begin{cases} 1 + A_1 + A_2 = 0 \\ -A_1 - 4A_2 = 0 \end{cases}$$

解得

$$A_1 = -\frac{4}{3}, A_2 = \frac{1}{3}$$

所以阶跃响应 $i_L(t)$ 为

$$i_L(t) = s(t) = \left(1 - \frac{4}{3}\mathrm{e}^{-t} + \frac{1}{3}\mathrm{e}^{-4t}\right)\varepsilon(t) \mathrm{A}$$

电路的动态过程是过阻尼性质的。

§7-8 一阶电路和二阶电路的冲激响应

电路对于单位冲激函数激励的零状态响应称为单位冲激响应。
单位冲激函数也是一种奇异函数,可定义为

$$\begin{cases} \int_{-\infty}^{\infty} \delta(t)\mathrm{d}t = 1 \\ \delta(t) = 0 \qquad (当 t \neq 0) \end{cases}$$

§7-8 一阶电路和二阶电路的冲激响应

单位冲激函数又称为 δ 函数。它在 $t \neq 0$ 处为零,但在 $t = 0$ 处为奇异的。

单位冲激函数 $\delta(t)$ 可以看作是单位脉冲函数的极限情况。图 7-34(a) 为一个单位矩形脉冲函数 $p(t)$ 的波形。它的高为 $\frac{1}{\Delta}$,宽为 Δ,在保持矩形面积 $\Delta \cdot \frac{1}{\Delta} = 1$ 不变的情况下,它的宽度越来越窄时,它的高度越来越大。当脉冲宽度 $\Delta \to 0$ 时,脉冲高度 $\frac{1}{\Delta} \to \infty$,在此极限情况下,可以得到一个宽度趋于零,幅度趋于无限大的面积仍为 1 的脉冲,这就是单位冲激函数 $\delta(t)$,可记为

$$\lim_{\Delta \to 0} p(t) = \delta(t)$$

单位冲激函数的波形如图 7-34(b) 所示,有时在箭头旁边注明"1"。强度为 K 的冲激函数可用图 7-34(c) 表示,此时箭头旁边应注明"K"。

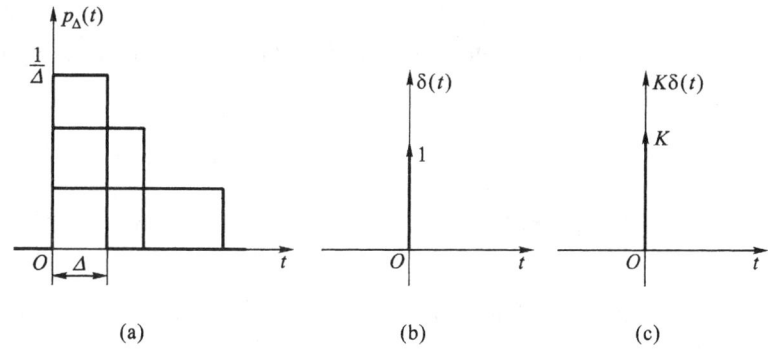

图 7-34 冲激函数

同在时间上延迟出现的单位阶跃函数一样,可以把发生在 $t = t_0$ 时的单位冲激函数写为 $\delta(t - t_0)$,还可以用 $K\delta(t - t_0)$ 表示一个强度为 K,发生在 t_0 时刻的冲激函数。

冲激函数有如下两个主要性质:

(1) 单位冲激函数 $\delta(t)$ 对时间的积分等于单位阶跃函数 $\varepsilon(t)$,即

$$\int_{-\infty}^{t} \delta(\xi) d\xi = \varepsilon(t)$$

反之,阶跃函数 $\varepsilon(t)$ 对时间的一阶导数等于冲激函数 $\delta(t)$,即

$$\frac{d\varepsilon(t)}{dt} = \delta(t) \tag{7-15}$$

(2) 单位冲激函数的"筛分"性质

由于当 $t \neq 0$ 时,$\delta(t) = 0$,所以对任意在 $t = 0$ 时连续的函数 $f(t)$,将有

$$f(t)\delta(t) = f(0)\delta(t)$$

因此

$$\int_{-\infty}^{\infty} f(t)\delta(t)\mathrm{d}t = f(0)\int_{-\infty}^{\infty} \delta(t)\mathrm{d}t = f(0)$$

同理,对于任意一个在 $t=t_0$ 时连续的函数 $f(t)$,有

$$\int_{-\infty}^{\infty} f(t)\delta(t-t_0)\mathrm{d}t = f(t_0)$$

这就是说,冲激函数有把一个函数在某一时刻的值"筛"出来的本领,所以称为"筛分"性质,又称取样性质。

当把一个单位冲激电流 $\delta_i(t)$(其单位为 A)加到初始电压为零且 $C=1$ F 的电容,电容电压 u_C 为

$$u_C = \frac{1}{C}\int_{0_-}^{0_+} \delta_i(t)\mathrm{d}t = \frac{1}{C} = 1 \text{ V}$$

这相当于单位冲激电流瞬时把电荷转移到电容上,使电容电压从零跃变到 1 V。

同理,如果把 1 个单位冲激电压 $\delta_u(t)$(其单位为 V)加到初始电流为零且 $L=1$ H 的电感上,则电感电流

$$i_L = \frac{1}{L}\int_{0_-}^{0_+} \delta_u(t)\mathrm{d}t = \frac{1}{L} = 1 \text{ A}$$

所以单位冲激电压瞬时在电感内建立了 1 A 的电流,即电感电流从零值跃变到 1 A。

当冲激函数作用于零状态的一阶 RC 或 RL 电路,在 $t=0_-$ 到 0_+ 的区间内它使电容电压或电感电流发生跃变。$t \geqslant 0_+$ 时,冲激函数为零,但 $u_C(0_+)$ 或 $i_L(0_+)$ 不为零,电路中将产生相当于初始状态引起的零输入响应。所以,一阶电路冲激响应的求解,关键在于计算在冲激函数作用下的 $u_C(0_+)$ 或 $i_L(0_+)$ 的值。

图 7-35(a)为一个在单位冲激电流 $\delta_i(t)$ 激励下的 RC 电路。可以用下述方法求得该电路的零状态响应。根据 KCL 有

图 7-35 RC 电路的冲激响应

§7-8 一阶电路和二阶电路的冲激响应

$$C\frac{\mathrm{d}u_C}{\mathrm{d}t} + \frac{u_C}{R} = \delta_i(t), t \geq 0_-$$

而 $u_C(0_-) = 0$。

为了求 $u_C(0_+)$ 的值，把上式在 0_- 至 0_+ 时间间隔内积分，得

$$\int_{0_-}^{0_+} C\frac{\mathrm{d}u_C}{\mathrm{d}t}\mathrm{d}t + \int_{0_-}^{0_+} \frac{u_C}{R}\mathrm{d}t = \int_{0_-}^{0_+} \delta_i(t)\mathrm{d}t$$

上式左方第二个积分仅在 u_C 为冲激函数时才不为零。但是如果 u_C 是冲激函数，则 i_R 亦为冲激函数 $\left(i_R = \frac{u_C}{R}\right)$，而 $i_C = C\frac{\mathrm{d}u_C}{\mathrm{d}t}$ 将为冲激函数的一阶导数；这样就不能满足 KCL，即上式将不能成立，因此 u_C 不可能是冲激函数。于是方程左方的第二个积分应为零，从而得

$$C[u_C(0_+) - u_C(0_-)] = 1$$

或

$$u_C(0_+) = \frac{1}{C}$$

当 $t \geq 0_+$ 时，冲激电流源相当于开路，所以可以用图 7-35(b) 求得 $t \geq 0_+$ 时的电容电压为

$$u_C = u_C(0_+)\mathrm{e}^{-\frac{t}{\tau}} = \frac{1}{C}\mathrm{e}^{-\frac{t}{\tau}}$$

式中 $\tau = RC$，为给定 RC 电路的时间常数。

用相同的分析方法，可求得图 7-36 所示 RL 电路在 $t \geq 0_-$ 时单位冲激电压 $\delta_u(t)$ 激励下的零状态响应 i_L 为

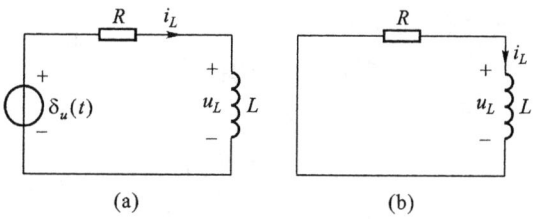

图 7-36 RL 电路的冲激响应

$$i_L = \frac{1}{L}\mathrm{e}^{-\frac{t}{\tau}}\varepsilon(t)$$

式中 $\tau = \frac{L}{R}$ 为时间常数。而 i_L 在 $t \geq 0_+$ 时的表达式则为 $i_L = \frac{1}{L}\mathrm{e}^{-\frac{t}{\tau}}$。

由于电感电流在 $t = 0$ 时发生了跃变，所以电感电压 u_L 为

$$u_L = \delta_u(t) - \frac{R}{L}e^{-\frac{t}{\tau}}\varepsilon(t)$$

i_L、u_L 的波形如图 7-37(a)、(b)所示,注意 $t=0_-$ 到 0_+ 的冲激和跃变情况。

零状态的二阶电路在冲激函数激励下的响应就是二阶电路的冲激响应。

图 7-37 i_L 和 u_L 的波形

图 7-38 是一个零状态的 RLC 串联电路,在 $t=0$ 时与冲激电压 $\delta(t)$ 接通。若以 u_C 为变量,根据 KVL 可得电路方程

$$\left. \begin{array}{l} LC\dfrac{d^2 u_C}{dt^2} + RC\dfrac{du_C}{dt} + u_C = \delta(t) \\ u_C(0_-) = 0, i_L(0_-) = 0 \end{array} \right\} t \geqslant 0_-$$

(7-16)

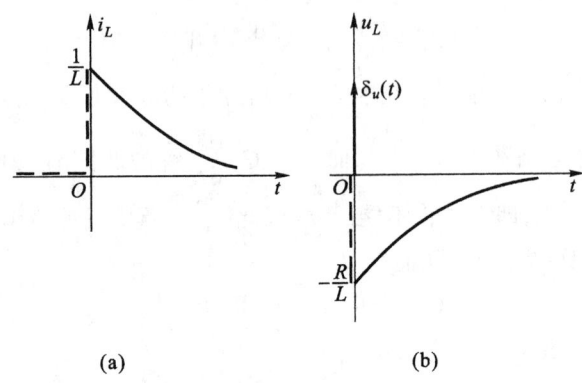

图 7-38 二阶电路的冲激响应

由于 $\delta(t)$ 在 $t \neq 0$ 时为零,而在 $t=0$ 时电路受冲激电压激励而获得了一定能量,在 $t \geqslant 0_+$ 时放电,即在 $t \geqslant 0_+$ 时,有

$$LC\frac{d^2 u_C}{dt^2} + RC\frac{du_C}{dt} + u_C = 0 \qquad (7-17)$$

关键在于求出与初始能量对应的初始条件 $u_C(0_+)$ 和 $i(0_+)$。把式(7-16)在 0_- 至 0_+ 时间间隔内积分,得

$$LC\left[\frac{du_C}{dt}\bigg|_{t=0_+} - \frac{du_C}{dt}\bigg|_{t=0_-}\right] + RC[u_C(0_+) - u_C(0_-)] + \int_{0_-}^{0_+} u_C dt = 1$$

根据零状态条件,有 $u_C(0_-)=0$, $i(0_-)=0$,故 $\dfrac{du_C}{dt}\bigg|_{t=0_-}=0$。由于 u_C 不可能是阶跃函数或冲激函数,否则式(7-16)不能成立,就是说 u_C 不可能跃变,仅

$\dfrac{du_C}{dt}$ 才可能发生跃变。这样就有

$$LC\dfrac{du_C}{dt}\bigg|_{t=0_+} = 1$$

即

$$\dfrac{du_C}{dt}\bigg|_{t=0_+} = \dfrac{1}{LC}$$

该式的意义是冲激电压源在 $t=0_-$ 到 0_+ 间隔内使电感电流跃变,跃变后 $i(0_+)=C\dfrac{du_C}{dt}\bigg|_{t=0_+}=\dfrac{1}{L}$,电感中储存一定的磁场能量,而冲激响应就是由此磁场能量引起的变化过程。

$t\geqslant 0_+$ 时为零输入解,其过渡过程的分析和解答与 §7-5 相同,即

$$u_C = A_1 e^{p_1 t} + A_2 e^{p_2 t}$$

初始条件为

$$u_C(0_+) = A_1 + A_2 = 0$$

$$\dfrac{du_C}{dt}\bigg|_{t=0_+} = p_1 A_1 + p_2 A_2 = \dfrac{1}{LC}$$

有

$$A_1 = -A_2 = \dfrac{-\dfrac{1}{LC}}{p_2 - p_1}$$

$$u_C = -\dfrac{1}{LC(p_2 - p_1)}(e^{p_1 t} - e^{p_2 t})$$

如果 $R < 2\sqrt{\dfrac{L}{C}}$,即振荡放电情况,冲激响应为

$$u_C = \dfrac{1}{\omega LC} e^{-\delta t} \sin(\omega t)$$

由于阶跃函数和冲激函数之间满足式(7-15)的关系,因此,线性电路中阶跃响应与冲激响应之间也具有一个重要关系。如果以 $s(t)$ 表示某一电路的阶跃响应,而 $h(t)$ 为同一电路的冲激响应,则两者之间存在下列数学关系:

$$h(t) = \dfrac{ds(t)}{dt}$$

$$s(t) = \int h(t) dt$$

下面证明这一关系。

按冲激函数的定义,有

$$\int_{-\infty}^{t} \delta(\xi)\mathrm{d}\xi = \varepsilon(t)$$

$$\delta(t) = \frac{\mathrm{d}\varepsilon(t)}{\mathrm{d}t}$$

对于一个线性电路,描述电路性状的微分方程为线性常系数方程。对于这种电路,如设激励 $e(t)$ 时的响应为 $r(t)$,则当所加激励换为 $e(t)$ 的导数或积分时,所得响应必相应地为 $r(t)$ 的导数或积分。冲激激励是阶跃激励的一阶导数,因此冲激响应可以按阶跃响应的一阶导数求得。

对于图 7-35(a)、图 7-36(a)所示电路,如按阶跃响应的一阶导数求冲激响应,可得到与上述相同的结果。

例 7-13 图 7-39 所示电路中,$u_C(0_-) = 0$,$R_1 = 3\ \mathrm{k\Omega}$,$R_2 = 6\ \mathrm{k\Omega}$,$C = 2.5\ \mu\mathrm{F}$,试求电路的冲激响应 i_C、i_1 和 u_C。

解 应用戴维宁定理把原电路等效为图 7-39(b)所示的电路。其中

$$u_{oc} = \frac{R_2 \delta(t)}{R_1 + R_2} = \frac{2}{3}\delta(t)\ \mathrm{V}$$

$$R_{eq} = \frac{R_1 R_2}{R_1 + R_2} = 2\ \mathrm{k\Omega}$$

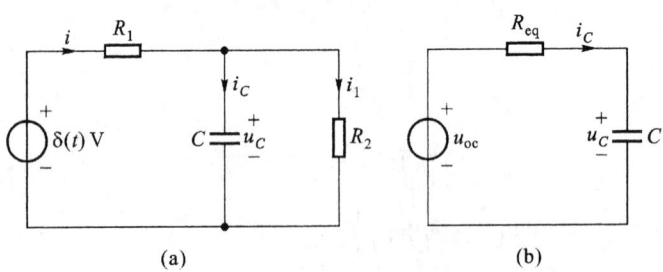

图 7-39 例 7-13 图

解法一 根据 KVL,图 7-39(b)所示电路的方程为

$$R_{eq} i + u_C = u_{oc}$$

即

$$R_{eq} C \frac{\mathrm{d}u_C}{\mathrm{d}t} + u_C = \frac{2}{3}\delta(t) \quad t \geqslant 0_-$$

把上式在 0_- 至 0_+ 时间域积分,应用 $\delta(t)$ 的"筛分"性质,得

$$\int_{0_-}^{0_+} R_{eq} C \frac{\mathrm{d}u_C}{\mathrm{d}t}\mathrm{d}t + \int_{0_-}^{0_+} u_C \mathrm{d}t = \frac{2}{3}\int_{0_-}^{0_+}\delta(t)\mathrm{d}t = \frac{2}{3}$$

由于 $u_C(t)$ 不是冲激函数，有 $\int_{0_-}^{0_+} u_C dt = 0$，上式积分为

$$R_{eq}C[u_C(0_+) - u_C(0_-)] = \frac{2}{3}$$

把 $u_C(0_-) = 0$ 代入，得

$$u_C(0_+) = \frac{2}{3} \times \frac{1}{R_{eq}C} = \frac{2}{3} \times \frac{1}{2 \times 10^3 \times 2.5 \times 10^{-6}} \text{V} = \frac{400}{3} \text{ V}$$

当 $t \geq 0_+$ 时，$\delta(t) = 0$，即 u_{oc} 相当于短路，电容电压为

$$u_C(t) = u_C(0_+)e^{-\frac{t}{\tau}} = \frac{400}{3}e^{-\frac{t}{R_{eq}C}} = 133.33e^{-200t} \text{ V}$$

图 7-39(a)中的各电流在 $t \geq 0_-$ 时为

$$i_1(t) = \frac{u_C(t)}{R_2} = \frac{400}{3 \times 6 \times 10^3}e^{-200t}\varepsilon(t) \text{ A} = 22.22 \times 10^{-3}e^{-200t}\varepsilon(t) \text{ A}$$

$$i(t) = \frac{\delta(t) - u_C(t)}{R_1} = \left[\frac{1}{3} \times 10^{-3}\delta(t) - \frac{0.4}{9}e^{-200t}\varepsilon(t)\right] \text{ A}$$

$$= [0.333\delta(t) - 44.44e^{-200t}\varepsilon(t)] \text{ mA}$$

$$i_C(t) = i - i_1 = [0.333\delta(t) - 66.66e^{-200t}\varepsilon(t)] \text{ mA}$$

电容电流也可用下列方式求得：

$$i_C(t) = C\frac{du_C(t)}{dt} = C\frac{d}{dt}\left[\frac{400}{3}e^{-200t}\varepsilon(t)\right]$$

$$= [0.333\delta(t) - 66.66e^{-200t}\varepsilon(t)] \text{ mA} \qquad t \geq 0_-$$

解法二 利用阶跃响应求冲激响应。

设图 7-39(b)所示电路的电压源 $u_{oc} = \frac{2}{3}\varepsilon(t)$，其阶跃响应为

$$s_{u_C}(t) = \frac{2}{3}(1 - e^{-\frac{t}{R_{eq}C}})\varepsilon(t) = \frac{2}{3}(1 - e^{-200t})\varepsilon(t) \text{ V}$$

则冲激响应为

$$u_C(t) = \frac{ds_{u_C}(t)}{dt} = -\frac{2}{3}e^{-200t} \times (-200)\varepsilon(t) = \frac{400}{3}e^{-200t}\varepsilon(t) \text{ V}$$

进一步求出的 i_1 和 i_C 均与解法一求得的结果相同。

例 7-14 若例 7-12 中电流源为冲激电流源，即 $i_S = \delta(t)$A，试求单位冲激响应 $i_L(t)$。

解 电路如图 7-40 所示，根据 KCL 列出的电路方程为

$$0.25\frac{d^2i_L}{dt^2} + 1.25\frac{di_L}{dt} + i_L = \delta(t)$$

已知电路 $u_C(0_-) = 0$，$i_L(0_-) = 0$，$t = 0$ 时电路受冲激电流源作用而获得了能

量,为求出与初始能量对应的初始条件 $u_C(0_+), i_L(0_+)$,把上式从 $t=0_-$ 到 0_+ 区间积分有

$$\int_{0_-}^{0_+} 0.25 \frac{d i_L^2}{d t^2} dt + \int_{0_-}^{0_+} 1.25 \frac{d i_L}{d t} dt + \int_{0_-}^{0_+} i_L dt = \int_{0_-}^{0_+} \delta(t)$$

图 7-40 例 7-14 图

由于 i_L 不可能是阶跃函数或冲激函数,否则电路方程不成立,所以 i_L 不可能跃变,仅 $\frac{d i_L}{d t}$ 才可能发生跃变。这样就有

$$0.25 \left(\frac{d i_L}{d t} \bigg|_{0_+} - \frac{d i_L}{d t} \bigg|_{0_-} \right) = 1$$

而

$$\frac{d i_L}{d t} \bigg|_{0_-} = \frac{u_C(0_-)}{L} = 0$$

所以

$$\begin{cases} \dfrac{d i_L}{d t} \bigg|_{0_+} = \dfrac{1}{0.25} = 4 \\ i_L(0_+) = i_L(0_-) = 0 \end{cases}$$

上式说明冲激电流源在 $t=0_-$ 到 0_+ 区间使电容电压发生了跃变,$L \dfrac{d i_L}{d t} \bigg|_{0_+} = u_C(0_+) = 1$ V。$t \geq 0_+$ 后为零输入响应

$$i_L(t) = A_1 e^{p_1 t} + A_2 e^{p_2 t}$$

已在例 7-12 中求得,$p_1 = -1, p_2 = -4$。代入已求得的初始值有

$$\begin{cases} A_1 + A_2 = 0 \\ -A_1 - 4A_2 = 4 \end{cases}$$

解得

$$A_1 = \frac{4}{3}, A_2 = -\frac{4}{3}$$

因此,冲激响应

$$i_L(t) = h(t) = \left(\frac{4}{3}e^{-t} - \frac{4}{3}e^{-4t}\right)\varepsilon(t) \text{ A}$$

若根据阶跃响应与冲激响应的关系,则根据例 7-12 所求得的阶跃响应

$$i_L(t) = s(t) = \left(1 - \frac{4}{3}e^{-t} + \frac{1}{3}e^{-4t}\right)\varepsilon(t) \text{ A}$$

可求得冲激响应为

$$i_L(t) = h(t) = \frac{\mathrm{d}s(t)}{\mathrm{d}t} = \left[\delta(t)\left(1 - \frac{4}{3}e^{-t} + \frac{1}{3}e^{-4t}\right) + \left(\frac{4}{3}e^{-t} - \frac{4}{3}e^{-4t}\right)\varepsilon(t)\right] \text{ A}$$

结果中的第一项由于 $\delta(t)$ 在 $t \geq 0_+$ 时为零,所以冲激响应在 $t \geq 0_+$ 时

$$h(t) = \left(\frac{4}{3}e^{-t} - \frac{4}{3}e^{-4t}\right) \text{ A}$$

由此可见,这两种求冲激响应的方法所得的结果是相同的。

*§7-9 卷积积分

这一节介绍时域分析中的一个重要概念——卷积积分。设有两个时间函数 $f_1(t)$ 和 $f_2(t)$(在 $t<0$ 时均为零),则 $f_1(t)$ 和 $f_2(t)$ 的卷积通常用 $f_1(t) * f_2(t)$ 表示,并由下列积分式来定义:

$$f_1(t) * f_2(t) = \int_0^t f_1(t-\xi)f_2(\xi)\mathrm{d}\xi \text{①}$$

如果令 $\tau = t - \xi$,则 $\mathrm{d}\tau = -\mathrm{d}\xi$,于是

$$\int_0^t f_1(t-\xi)f_2(\xi)\mathrm{d}\xi = -\int_t^0 f_1(\tau)f_2(t-\tau)\mathrm{d}\tau$$

$$= \int_0^t f_2(t-\tau)f_1(\tau)\mathrm{d}\tau = f_2(t) * f_1(t)$$

所以 $$f_1(t) * f_2(t) = f_2(t) * f_1(t)$$

若 $f_1(t)$ 为电路的冲激响应 $h(t)$,$f_2(t)$ 为电路的任意输入激励 $e(t)$,则该电路对任意激励的零状态响应 $r(t)$,就可以通过 $h(t)$ 与 $e(t)$ 的卷积积分求得,这就是研究卷积积分的重要意义之所在。

设电路激励 $e(t)$ 的波形如图 7-41 所示,并定义于时间区间 (t_0, t),而 ξ 表示在 t_0 和 t 之间的任意时刻。现在用一系列具有相同宽度的矩形脉冲来近似地表示 $e(\xi)$。把时间区间 (t_0, t) 分成相等的 n 段,如图 7-41 所示,每一段的宽度为 Δ,即 $t_1 - t_0 = t_2 - t_1 = \cdots = t_{k+1} - t_k = \cdots = \Delta$。于是 $e(\xi)$ 可以用图

---

① 这里积分下限的"0"取"0_-",而上限的 t 最好取 t_+,这样就便于把在原点的冲激函数考虑在内。此处为了记法上的方便,并与常用的定义、公式一致起见,故写为"0"及"t"。

示的阶梯曲线来逼近,而后者又可以看作是一系列矩形脉冲之合成。这一系列矩形脉冲可以通过单位脉冲函数和延迟的单位脉冲函数,即 $p_\Delta(\xi)$ 和 $p_\Delta(\xi-t_k)$ 来表示。这样,当把激励 $e(\xi)$ 用上述矩形脉冲表示时,得

图 7-41 用具有相同宽度的矩形脉冲系列逼近 $e(\xi)$

$$e_\Delta(\xi) = e(t_0)p_\Delta(\xi-t_0)\Delta + e(t_1)p_\Delta(\xi-t_1)\Delta + \\ e(t_2)p_\Delta(\xi-t_2)\Delta + \cdots + e(t_k)p_\Delta(\xi-t_k)\Delta + \cdots + \\ e(t_{n-1})p_\Delta(\xi-t_{n-1})\Delta$$

$$= \sum_{k=0}^{n-1} e(t_k)p_\Delta(\xi-t_k)\Delta \qquad (7-18)$$

设电路在单位矩形脉冲 $p_\Delta(\xi)$ 激励下的零状态响应为 $h_\Delta(\xi)$,对每一延迟的矩形脉冲 $p_\Delta(\xi-t_k)$,在时刻 t 观察到的相应的响应将为 $h_\Delta(t-t_k)$。根据线性电路的齐性定理,对 $e(t_k)p_\Delta(\xi-t_k)\Delta$ 的响应将是 $e(t_k)h_\Delta(t-t_k)\Delta$。因此按照叠加定理,式(7-18)的激励所产生的响应为

$$r_\Delta(t) = \sum_{k=0}^{n-1} e_\Delta(t_k)h_\Delta(t-t_k)\Delta$$

现在令 t_0 到 t 区间内的脉冲数 n 不断地增加,由于 $t-t_0=n\Delta$,所以 Δ 将越来越小。当 $n\to\infty$ 时,$\Delta\to 0$,每一单位矩形脉冲变成了冲激函数,h_Δ 变成了冲激响应 h,e_Δ 变成了原来的激励 $e(t)$,响应 $r_\Delta(t)$ 则将变成电路对原激励的零状态响应 $r(t)$,同时上式的求和也变成了积分,而 t_k 变成了连续变量 ξ,Δ 则变成了 $d\xi$。这样就有

$$r(t) = \int_{t_0}^{t} e(\xi)h(t-\xi)d\xi \qquad t \geq t_0$$

式中 t_0 为激励施加的时刻,t 为待求响应所对应的时刻。如 $t_0=0$,则有

$$r(t) = \int_{0}^{t} e(\xi)h(t-\xi)d\xi \qquad t \geq 0 \qquad (7-19)$$

上式还可以改写为

$$r(t) = \int_0^t e(t-\xi)h(\xi)d\xi \qquad (7-20)$$

式(7-19)或式(7-20)所示积分称为卷积积分。只要知道电路的冲激响应,给定任何激励函数 $e(t)$,根据卷积积分就可以求出该电路的零状态响应。如果电路是非零状态,只要在上述积分的结果上按叠加定理加上相应的零输入响应即可。

例7-15 图7-42所示 RC 并联电路,其中 $R=500\ \text{k}\Omega, C=1\ \mu\text{F}$,电流源电流 $i_S = 2\text{e}^{-t}\varepsilon(t)\ \mu\text{A}$。设电容 C 上原来没有电压,试求 $u_C(t)$。

解 电路的冲激响应(这里指 $u_C(t)$)参阅图7-35已求得为(见§7-8)

$$h(t) = \frac{1}{C}\text{e}^{-\frac{1}{RC}t} = \frac{1}{1\times 10^{-6}}\text{e}^{-2t}\ \text{V} = 10^6\text{e}^{-2t}\varepsilon(t)\ \text{V}$$

应用式(7-20)可求得

$$u_C(t) = \int_0^t i_S(t-\xi)h(\xi)d\xi$$

$$= \int_0^t 2\times 10^{-6}\text{e}^{-(t-\xi)}\times 10^6\text{e}^{-2\xi}d\xi$$

$$= 2\int_0^t \text{e}^{-(t+\xi)}d\xi = 2\text{e}^{-t}\int_0^t \text{e}^{-\xi}d\xi$$

$$= 2(\text{e}^{-t} - \text{e}^{-2t})\varepsilon(t)\ \text{V}$$

图7-42 例7-15图

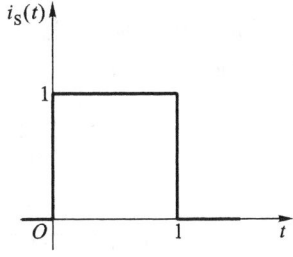

图7-43 例7-16图

例7-16 设上题中的 i_S 为图7-43所示的矩形脉冲,即 $i_S = [\varepsilon(t) - \varepsilon(t-1)]\ \mu\text{A}$,试求 $u_C(t)$。

解 应用式(7-19)

$$u_C(t) = \int_0^t h(t-\xi)i_S(\xi)d\xi$$

由于 $i_S(t)$ 在 $t>1$ 时为零,所以分两种情况来取积分限。

对 $0<t<1$,由于 $i_S(t)=10^{-6}$ A,因此有

$$u_C(t) = \int_0^t 10^{-6} \times 10^6 e^{-2(t-\xi)} d\xi = \int_0^t 1 \times e^{-2(t-\xi)} d\xi$$

$$= \frac{1}{2}(1-e^{-2t}) \text{ V}$$

对 $t>1$,由于 $i_S(t)=0$,只需要积分到 $t=1$ 为止。于是

$$u_C(t) = \int_0^1 1 \times e^{-2(t-\xi)} d\xi = \frac{1}{2}(e^2-1)e^{-2t} \text{ V}$$

$$= 3.19 e^{-2t} \text{ V} = 0.432 e^{-2(t-1)} \text{ V}$$

所以 $u_C(t)$ 可写为

$$u_C(t) = \left\{ \frac{1}{2}(1-e^{-2t})[\varepsilon(t)-\varepsilon(t-1)] + 0.432 e^{-2(t-1)}\varepsilon(t-1) \right\} \text{ V}$$

*§7-10 状 态 方 程

"状态"是系统理论中的一个基本概念,在电路理论中,状态是指在某给定时刻电路必须具备的最少量的信息,它们和从该时刻开始的任意输入一起就足以完全确定今后该电路在任何时刻的性状。状态变量就是电路的一组独立的动态变量,它们在任何时刻的值组成了该时刻的状态。电容上的电压 u_C(或电荷 q_C)和电感中的电流 i_L(或磁通链 Ψ_L)就是电路的状态变量。对状态变量列出的一阶微分方程称为状态方程。因此,如果已知状态变量在 t_0 时的值,而且已知自 t_0 开始的外施激励,就能唯一地确定 $t>t_0$ 后电路的全部性状。

图 7-44 所示的 RLC 串联电路,其以电容电压为待求变量的微分方程为

$$LC \frac{d^2 u_C}{dt^2} + RC \frac{du_C}{dt} + u_C = u_S$$

图 7-44 RLC 串联电路

这是一个二阶线性微分方程。用来确定积分常数的初始条件是电容上的电压和电感中的电流在 $t=t_0$ 时的初始值。

如果以电容电压 u_C 和电感电流 i_L 作为变量列上述方程,则有

$$C\frac{\mathrm{d}u_C}{\mathrm{d}t} = i_L$$

$$L\frac{\mathrm{d}i_L}{\mathrm{d}t} = u_S - Ri_L - u_C$$

再把这两个方程的形式做些改变,可得

$$\left.\begin{aligned}\frac{\mathrm{d}u_C}{\mathrm{d}t} &= 0 + \frac{1}{C}i_L + 0 \\ \frac{\mathrm{d}i_L}{\mathrm{d}t} &= -\frac{1}{L}u_C - \frac{R}{L}i_L + \frac{1}{L}u_S\end{aligned}\right\} \quad (7-21)$$

这是一组以 u_C 和 i_L 为变量的一阶微分方程,而 $u_C(t_{0+})$ 和 $i_L(t_{0+})$ 提供了用来确定积分常数的初始值,式(7-21)就是描述电路动态过程的状态方程。

如果用矩阵形式列写方程式(7-21),则有

$$\begin{bmatrix}\dfrac{\mathrm{d}u_C}{\mathrm{d}t} \\ \dfrac{\mathrm{d}i_L}{\mathrm{d}t}\end{bmatrix} = \begin{bmatrix} 0 & \dfrac{1}{C} \\ -\dfrac{1}{L} & -\dfrac{R}{L} \end{bmatrix}\begin{bmatrix}u_C \\ i_L\end{bmatrix} + \begin{bmatrix}0 \\ \dfrac{1}{L}\end{bmatrix}[u_S]$$

若令 $x_1 = u_C, x_2 = i_L, \dot{x}_1 = \dfrac{\mathrm{d}u_C}{\mathrm{d}t}, \dot{x}_2 = \dfrac{\mathrm{d}i_L}{\mathrm{d}t}$,则有

$$\begin{bmatrix}\dot{x}_1 \\ \dot{x}_2\end{bmatrix} = \boldsymbol{A}\begin{bmatrix}x_1 \\ x_2\end{bmatrix} + \boldsymbol{B}[u_S]$$

式中 $\boldsymbol{A} = \begin{bmatrix} 0 & \dfrac{1}{C} \\ -\dfrac{1}{L} & -\dfrac{R}{L} \end{bmatrix}, \boldsymbol{B} = \begin{bmatrix}0 \\ \dfrac{1}{L}\end{bmatrix}$

如果令 $\dot{\boldsymbol{x}} = [\dot{x}_1 \quad \dot{x}_2]^\mathrm{T}, \boldsymbol{x} = [x_1 \quad x_2]^\mathrm{T}, \boldsymbol{v} = [u_S]$

则有

$$\dot{\boldsymbol{x}} = \boldsymbol{A}\boldsymbol{x} + \boldsymbol{B}\boldsymbol{v} \quad (7-22)$$

式(7-22)称为状态方程的标准形式。$\boldsymbol{x}$ 称为状态向量,$\boldsymbol{v}$ 称为输入向量,上列方程有时称为向量微分方程。

从对上述电路列写状态方程的过程不难看出,要列出包括 $\dfrac{\mathrm{d}u_C}{\mathrm{d}t}$ 项的方程,必须对只接有一个电容的结点写出 KCL 方程,而要列出包含 $\dfrac{\mathrm{d}i_L}{\mathrm{d}t}$ 项的方程,必须对只包含一个电感的回路列写 KVL 方程。对于不太复杂的电路,可以用直观编写法。

例 7-17 电路如图 7-45 所示,试列出该电路的状态方程。

图 7-45 例 7-17 图

解 对结点①列出 KCL 方程

$$C\frac{du_C}{dt} = i_{L_1} - i_{L_2}$$

再分别对回路 1 和回路 2 列出 KVL 方程

$$\begin{cases} L_1 \dfrac{di_{L_1}}{dt} = -u_C - R_1 i_{L_1} + u_S \\ L_2 \dfrac{di_{L_2}}{dt} = u_C - R_2(i_{L_2} + i_S) \end{cases}$$

整理以上方程并整理成矩阵形式有

$$\begin{bmatrix} \dfrac{du_C}{dt} \\ \dfrac{di_{L_1}}{dt} \\ \dfrac{di_{L_2}}{dt} \end{bmatrix} = \begin{bmatrix} 0 & \dfrac{1}{C} & -\dfrac{1}{C} \\ -\dfrac{1}{L_1} & -\dfrac{R_1}{L_1} & 0 \\ \dfrac{1}{L_2} & 0 & -\dfrac{R_2}{L_2} \end{bmatrix} \begin{bmatrix} u_C \\ i_1 \\ i_2 \end{bmatrix} - \begin{bmatrix} 0 & 0 \\ -\dfrac{1}{L_1} & 0 \\ 0 & -\dfrac{R_2}{L_2} \end{bmatrix} \begin{bmatrix} u_S \\ i_S \end{bmatrix}$$

在列写包含 $\dfrac{du_C}{dt}$ 或 $\dfrac{di_L}{dt}$ 的方程时，有时可能出现非状态变量，如例 7-20 中电阻 R_1、R_2 上的电压，这需要用状态变量表示它们，这个过程称为消去非状态变量的过程。

在实际应用中，如果需要以结点电压为输出，这就要导出结点电压与状态变量之间的关系。在线性电路中，结点电压可表示为状态变量与输入激励的线性组合，如上例中，若要以结点①、②的电压作为输出，则有

$$u_{n1} = u_C$$
$$u_{n2} = (i_{L_2} + i_S)R_2$$

整理并写成矩阵形式有

$$\begin{bmatrix} u_{n1} \\ u_{n2} \end{bmatrix} = \begin{bmatrix} 1 & 0 \\ 0 & R_2 \end{bmatrix} \begin{bmatrix} u_C \\ i_{L_2} \end{bmatrix} + \begin{bmatrix} 0 & 0 \\ 0 & R_2 \end{bmatrix} \begin{bmatrix} u_S \\ i_S \end{bmatrix}$$

这种联系电路中某些感兴趣的量(此例中为结点电压)与状态变量和输入量之间的关系式称为电路的输出方程。输出方程的一般形式为

$$y = Cx + Dv$$

式中 y 为输出向量,x 为状态变量,v 为输入向量,C 和 D 为仅与电路结构和元件值有关的系数矩阵。

通过上例可以看出,对于不太复杂的电路可以用直观的方法来写出其状态方程,但如果电路比较复杂,则必须借助网络图论的知识,用系统的编写方法编写状态方程。至于状态方程的求解可参阅有关系统理论的书籍,这里不再介绍了。

*§7-11 动态电路时域分析中的几个问题

1. 动态电路微分方程的阶数与电路结构的关系

在§7-1曾提到,在一般情况下,电路微分方程的阶数与电路动态元件的个数相等,严格讲应是电路微分方程的阶数与该电路中所包含的独立动态元件的个数相等。所谓独立动态元件,就是指各电容的电压不能根据 KVL 用其他电容电压和电压源表示出来;各电感的电流不能根据 KCL 用其他电感的电流和电流源表示出来。如图 7-46(a)中电容 C 与电压源构成了回路,$u_C = u_S(t)$,图 7-46(b)中电感与电流源串联,$i_L = i_S(t)$。同样图 7-47(a)中有由 C_1, C_2, C_3 与电压源 u_S 构成的回路,图 7-47(b)中有由 L_1, L_2 与电流源构成的结点。因此相应的动态元件中必有非独立动态元件。

一般来说,把由纯电容元件或电容与电压源构成的回路称为纯电容回路,每个纯电容回路必有一个非独立电容;把由纯电感元件或电感与电流源构成的结点(或第十五章中的割集),称为纯电感结点(或割集),每个纯电感结点(或割集)中必有一个非独立电感。正因为如此,图 7-46(a)、(b)所示电路并非一阶电路而是零阶电路,图 7-47(a)所示电路是三阶电路,图 7-47(b)所示电路为一阶电路。

图 7-46 零阶电路

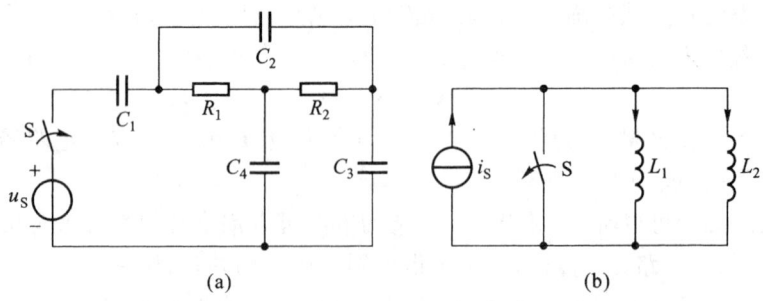

图 7-47 具有非独立动态元件的电路

如果电路参数间有一定关系时,电路微分方程的阶数也可以比参数间没有一定关系时要低。

从对微分方程阶数与动态元件个数之间关系的分析中还可以进一步理解微分方程特征根(电路固有频率)与动态元件个数及参数之间的关系。

2. 动态电路中初始值的计算

§7-1 中已介绍过,对于通常遇到的电路,初始值由下面两个简单关系确定:

$$u_C(0_+) = u_C(0_-)$$
$$i_L(0_+) = i_L(0_-)$$

但在某些情况下,$u_C(0_+) \neq u_C(0_-)$,$i_L(0_+) \neq i_L(0_-)$,例如§7-8 叙述的电路中有冲激激励时,电容电压或电感电流会发生跃变。另外,把未充过电的电容与独立电压源骤然接通,电容上电压必然要跃变;把原先未具有磁场能量的电感与独立电流源骤然接通,电感中电流也必然要跃变。这时电容中电场能量和电感中磁场能量也将跃变,电容和电感所吸收的功率都将无限大,而独立电压源和独立电流源都是理想元件,设想它们可以发出无限大的功率,因此并不矛盾。可以证明,仅当电容上电压值 $u_C(0_-)$ 和电感中电流值 $i_L(0_-)$ 不满足换路后的电路方程时,才有 $u_C(0_+) \neq u_C(0_-)$,$i_L(0_+) \neq i_L(0_-)$。有两种不相容的情况:(1)换路后的电路有纯电容构成的回路,或有由电容和独立电压源构成的回路,且回路中各电容上电压值 $u_{Ck}(0_-)$ 与各电压源电压的初始值的代数和不等于零,即电容上的电压如不跃变,在 $t=0_+$ 时刻,该回路的电压将不能满足 KVL;(2)换路后的电路有纯电感构成的结点(或割集)或有由电感和独立电流源构成的结点(或割集),且结点处各电感的电流值 $i_{Lk}(0_-)$ 与电流源电流的初始值的代数和不等于零,即电感中电流如不跃变,在 $t=0_+$ 时刻,该结点(或割集)处的电流将不能满足 KCL。在上述两种情况下,要想求得初始值,必须遵循换路前后电路中电荷守恒和磁通链守恒的约束关系,即

§7-11 动态电路时域分析中的几个问题

$$\sum q_k(0_+) = \sum q_k(0_-) \qquad (7-23\text{a})$$

或

$$\sum C_k u_{Ck}(0_+) = \sum C_k u_{Ck}(0_-) \qquad (7-23\text{b})$$

$$\sum \Psi_k(0_+) = \sum \Psi_k(0_-) \qquad (7-24\text{a})$$

或

$$\sum L_k i_{Lk}(0_+) = \sum L_k i_{Lk}(0_-) \qquad (7-24\text{b})$$

例 7-18 (1) 计算图 7-48(a) 所示电路中各电容在开关闭合后电压的初始值;(2) 计算图 7-48(b) 所示的电路中各电感在开关断开后电流的初始值。

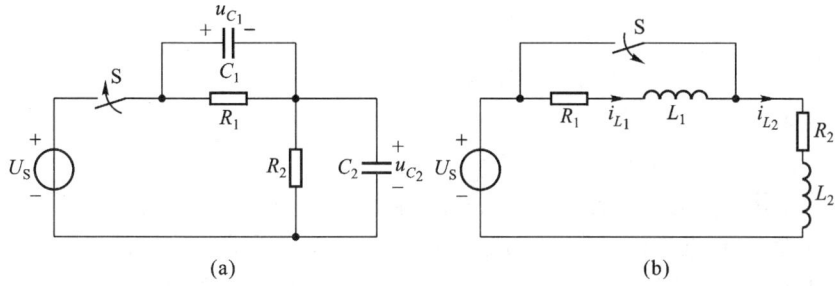

图 7-48 例 7-18 图

解 (1) 开关闭合前

$$u_{C_1}(0_-) = u_{C_2}(0_-) = 0$$

开关闭合后,$t = 0_+$ 时,根据 KVL 应有

$$u_{C_1}(0_+) + u_{C_2}(0_+) = U_S$$

故 $t = 0_-$ 时电容上电压值不满足换路后的电路方程,因而电容上电压应跃变。由于式(7-23b)相应于 KCL,电容上电荷重新分配引起的电流应遵循 KCL 方程中关于正负号的规定。所以,在图 7-48(a) 所示电容电压参考方向下,根据换路前后瞬间电容上电荷守恒有

$$C_1 u_{C_1}(0_+) - C_2 u_{C_2}(0_+) = C_1 u_{C_1}(0_-) - C_2 u_{C_2}(0_-)$$

与上述的 $u_{C_1}(0_+) + u_{C_2}(0_+) = U_S$ 联立,则可解得

$$u_{C_1}(0_+) = \frac{C_2}{C_1 + C_2} U_S$$

$$u_{C_2}(0_+) = \frac{C_1}{C_1 + C_2} U_S$$

(2) 在开关断开前

$$i_{L_1}(0_+) = 0 \quad i_{L_2}(0_-) = \frac{U_S}{R_2}$$

换路后应有 $i_{L_1}(0_+) = i_{L_2}(0_+)$,故电感中电流应跃变。由于式(7-24b)相应于

KVL,电感中电流变化引起的电压应遵循 KVL 方程中关于正负号的规定。所以,在图 7-48(b)所示电感电流参考方向下,根据换路前后瞬间电感中磁通链守恒有

$$L_1 i_{L_1}(0_+) + L_2 i_{L_2}(0_+) = L_1 i_{L_1}(0_-) + L_2 i_{L_2}(0_-) = L_2 \cdot \frac{U_S}{R_2}$$

与上述 $i_{L_1}(0_+) = i_{L_2}(0_+)$ 联立,解得

$$i_{L_1}(0_+) = i_{L_2}(0_+) = \frac{L_2}{L_1 + L_2} \cdot \frac{U_S}{R_2}$$

3. 非齐次微分方程特解的计算

在本章中已重点研究了直流激励的一阶电路和二阶电路,其特解取 $t \to \infty$ 时的稳态解。在一般情况下,如何计算特解呢?

由于特解具有任意性,它只要满足电路对应的非齐次方程即可。因此,从数学角度看,可根据激励函数的特点,假定一个形式与激励函数形式相同的特解,将其代入方程,经过比较方程两边的对应项系数,即可得到所需特解。例如,激励为阶跃函数,特解可假定为一常数;若激励为指数函数,特解可假定为一个指数函数;若激励为正弦函数,特解可假定为一个与激励同频率的正弦函数(用第九章介绍的相量法求正弦稳态解做特解更为简单方便);若激励是一个关于 t 的多项式形式,则特解可假定为一个同阶的 t 的多项式,等等。

以上是关于动态电路用经典法求解时通常会遇到的几个问题。而当电路结构复杂,激励形式不仅是直流时,采用经典法从数学计算角度看就有些繁难。因此,采用第十四章介绍的拉普拉斯变换法求解线性动态电路将是一个重要而有效的方法。学习时将这两章内容有机地结合起来,会进一步加深对问题的理解。

———— 习 题 ————

7-1 题 7-1 图(a)、(b)所示电路中开关 S 在 $t=0$ 时动作,试求电路在 $t=0_+$ 时刻电压、电流的初始值。

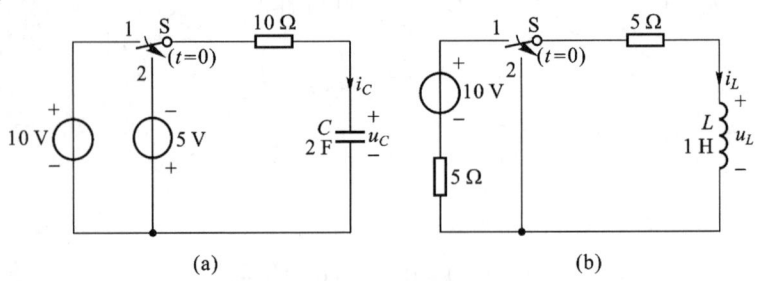

题 7-1 图

7-2 题 7-2 图所示各电路中开关 S 在 $t=0$ 时动作,试求各电路在 $t=0_+$ 时刻的电压、电流。已知题 7-2 图(d)中的 $e(t)=100\sin\left(\omega t+\dfrac{\pi}{3}\right)$ V,$u_C(0_-)=20$ V。

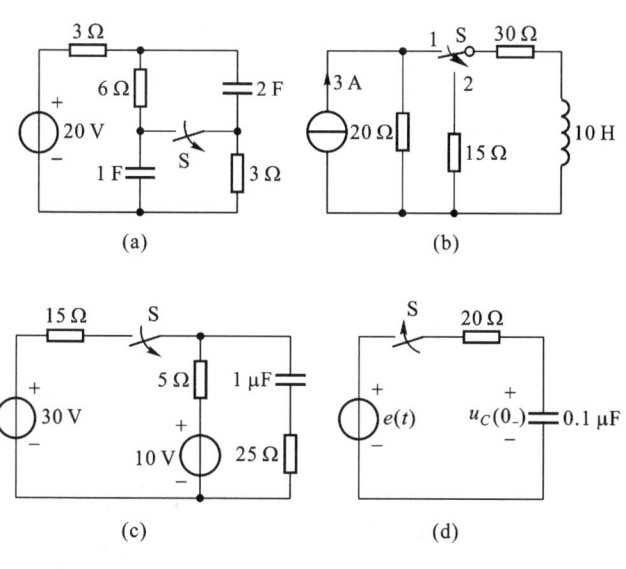

题 7-2 图

7-3 电路如题 7-3 图所示,开关未动作前电路已达稳态,$t=0$ 时开关 S 打开。求 $u_C(0_+)$、$i_L(0_+)$、$\left.\dfrac{\mathrm{d}u_C}{\mathrm{d}t}\right|_{0_+}$、$\left.\dfrac{\mathrm{d}i_L}{\mathrm{d}t}\right|_{0_+}$、$\left.\dfrac{\mathrm{d}i_R}{\mathrm{d}t}\right|_{0_+}$。

题 7-3 图

7-4 电路如题 7-4 图所示,开关 S 原在位置 1 已久,$t=0$ 时合向位置 2,求 $u_C(t)$ 和 $i(t)$。

7-5 题 7-5 图中开关 S 在位置 1 已久,$t=0$ 时合向位置 2,求换路后的 $i(t)$ 和

$u_L(t)$。

题 7-4 图　　　　　题 7-5 图

7-6 题 7-6 图所示电路中，若 $t=0$ 时开关 S 闭合，求电流 i。

题 7-6 图　　　　　题 7-7 图

7-7 题 7-7 图所示电路中，已知电容电压 $u_C(0_-)=10$ V，$t=0$ 时开关 S 闭合，求 $t>0$ 时电流 $i(t)$。

7-8 题 7-8 图所示电路开关原合在位置 1，$t=0$ 时开关由位置 1 合向位置 2，求 $t>0$ 时电感电压 $u_L(t)$。

题 7-8 图

7-9 题 7-9 图所示电路中，若 $t=0$ 时开关 S 打开，求 u_C 和电流源发出的功率。

7-10 题 7-10 图所示电路中开关 S 闭合前，电容电压 u_C 为零。在 $t=0$ 时 S 闭合,求 $t>0$ 时的 $u_C(t)$ 和 $i_C(t)$。

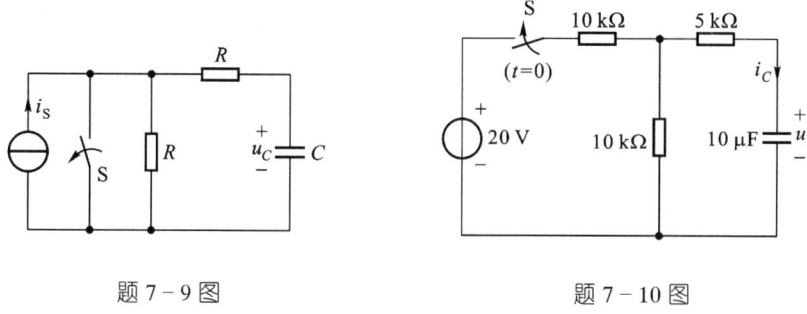

题 7-9 图　　　　　　　　题 7-10 图

7-11 题 7-11 图所示电路中开关 S 打开前已处稳定状态。$t=0$ 开关 S 打开,求 $t>0$ 时的 $u_L(t)$ 和电压源发出的功率。

题 7-11 图

7-12 题 7-12 图所示电路中开关闭合前电容无初始储能,$t=0$ 时开关 S 闭合,求 $t>0$ 时的电容电压 $u_C(t)$。

题 7-12 图

7-13 题 7-13 图所示电路,已知 $u_C(0_-)=0$,$t=0$ 时开关闭合,求 $t>0$ 时的电压 $u_C(t)$ 和电流 $i_C(t)$。

题 7-13 图

7-14 题 7-14 图所示电路,已知 $i_L(0_-)=0$, $t=0$ 时开关闭合,求 $t>0$ 时的电流 $i_L(t)$ 和电压 $u_L(t)$。

题 7-14 图

7-15 题 7-15 图所示电路中 $e(t)=\sqrt{2}\,220\cos(314t+30°)$ V, $t=0$ 时合上开关 S。求:

(1) u_C;

(2) $u_C(0_-)$ 为何值时,瞬态分量为零?

题 7-15 图　　　　　　　　题 7-16 图

7-16 题 7-16 图所示电路中直流电压源的电压为 24 V,且电路原已达稳态,$t=0$ 时合上开关 S,求:

(1) 电感电流 i_L;

(2) 直流电压源发出的功率。

7-17 题 7-17 图所示电路中开关打开以前电路已达稳态，$t=0$ 时开关 S 打开。求 $t>0$ 时的 $i_C(t)$，并求 $t=2$ ms 时电容的能量。

题 7-17 图

7-18 题 7-18 图所示电路中各参数已给定，开关 S 打开前电路为稳态。$t=0$ 时开关 S 打开，求开关打开后电压 $u(t)$。

题 7-18 图

7-19 题 7-19 图所示电路开关原合在位置 1，已达稳态。$t=0$ 时开关由位置 1 合向位置 2，求 $t>0$ 时电容电压 $u_C(t)$。

题 7-19 图

7-20 题 7-20 图所示电路，开关合在位置 1 时已达稳定状态，$t=0$ 时开关由位置

1 合向位置 2,求 $t>0$ 时的电压 u_L。

题 7-20 图

7-21 题 7-21 图所示电路中,电容原先已充电,$u_C(0_-)=6$ V,$R=2.5$ Ω,$L=0.25$ H,$C=0.25$ F。试求:

(1) 开关闭合后的 $u_C(t)$、$i(t)$;

(2) 使电路在临界阻尼下放电,当 L 和 C 不变时,电阻 R 应为何值?

7-22 题 7-22 图所示电路中开关 S 闭合已久,$t=0$ 时 S 打开。求 u_C、i_L。

题 7-21 图   题 7-22 图

7-23 题 7-23 图所示电路在开关 S 打开之前已达稳态;$t=0$ 时,开关 S 打开,求 $t>0$ 时的 u_C。

题 7-23 图   题 7-24 图

7-24 电路如题 7-24 图所示,$t=0$ 时开关 S 闭合,设 $u_C(0_-)=0$, $i(0_-)=0$, $L=1\text{ H}$, $C=1\ \mu\text{F}$, $U=100\text{ V}$。若(1) 电阻 $R=3\text{ k}\Omega$;(2) $R=2\text{ k}\Omega$;(3) $R=200\ \Omega$,试分别求在上述电阻值时电路中的电流 i 和电压 u_C。

7-25 题 7-25 图所示电路中 $R=3\ \Omega$, $L=6\text{ mH}$, $C=1\ \mu\text{F}$, $U_0=12\text{ V}$,电路已处稳态。设开关 S 在 $t=0$ 时打开,试求 $u_L(t)$。

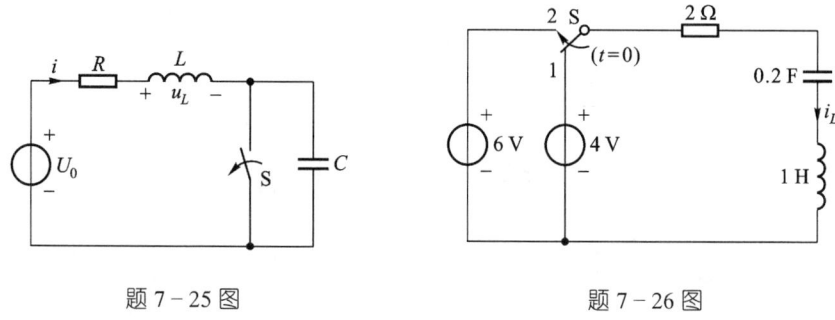

题 7-25 图   题 7-26 图

7-26 题 7-26 图所示电路在开关 S 动作前已达稳态;$t=0$ 时 S 由 1 接至 2,求 $t>0$ 时的 i_L。

7-27 题 7-27 图所示电路中,已知 $i_S=10\varepsilon(t)\text{ A}$, $R_1=1\ \Omega$, $R_2=2\ \Omega$, $C=1\ \mu\text{F}$, $u_C(0_-)=2\text{ V}$, $g=0.25\text{ s}$。求全响应 $i_1(t)$、$i_C(t)$、$u_C(t)$。

题 7-27 图

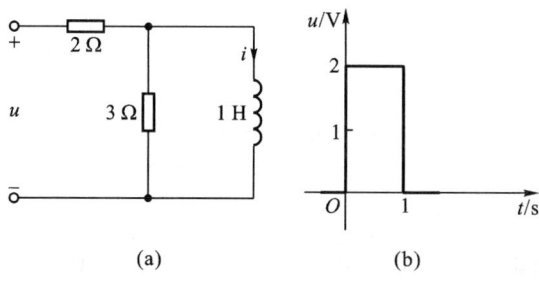

(a)   (b)

题 7-28 图

7-28 题7-28图(a)所示电路中的电压$u(t)$的波形如题7-28图(b)所示,试求电流$i(t)$。

7-29 RC电路中电容C原未充电,所加$u(t)$的波形如题7-29图所示,其中$R = 1000\ \Omega, C = 10\ \mu F$。求电容电压$u_C$,并把$u_C$:
(1) 用分段形式写出;
(2) 用一个表达式写出。

题7-29图

7-30 题7-30图所示电路中,$u_C(0_-) = 0, R_1 = 3\ k\Omega, R_2 = 6\ k\Omega, C = 2.5\ \mu F$,试求电路的冲激响应$i_C$、$i_1$和$u_C$。

7-31 题7-31图所示电路中$i_L(0_-) = 0, R_1 = 6\ \Omega, R_2 = 4\ \Omega, L = 100\ mH$。求冲激响应$i_L$和$u_L$。

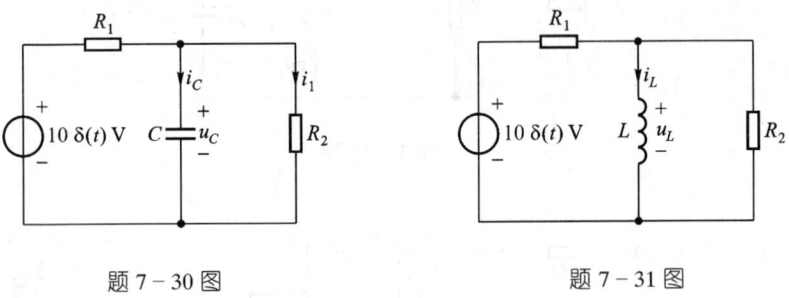

题7-30图   题7-31图

7-32 题7-32图所示电路中电容原未充电,求当i_S给定为下列情况时的u_C和i_C:
(1) $i_S = 25\varepsilon(t)$ mA;
(2) $i_S = \delta(t)$ mA。

7-33 电路如题7-33图所示,当:(1) $i_S = \delta(t)$ A, $u_C(0_-) = 0$;(2) $i_S = \delta(t)$ A, $u_C(0_-) = 1$ V;(3) $i_S = 3\delta(t-2)$ A, $u_C(0_-) = 2$ V时,试求响应$u_C(t)$。

题 7-32 图　　　　　　　题 7-33 图

7-34 题 7-34 图所示电路中，$u_{S1}=\varepsilon(t)\mathrm{V}$，$u_{S2}=5\varepsilon(t)\mathrm{V}$，试求电路响应 $i_L(t)$。

7-35 题 7-35 图所示电路中，电源 $u_S=[50\varepsilon(t)+2\delta(t)]\mathrm{V}$，求 $t>0$ 时电感支路的电流 $i(t)$。

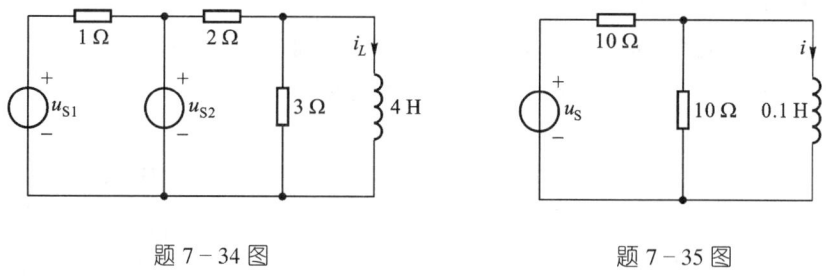

题 7-34 图　　　　　　　题 7-35 图

7-36 题 7-36 图所示电路中，$G=5\,\mathrm{S}$，$L=0.25\,\mathrm{H}$，$C=1\,\mathrm{F}$。

求：(1) $i_S(t)=\varepsilon(t)\,\mathrm{A}$ 时，电路的阶跃响应 $i_L(t)$；

(2) $i_S(t)=\delta(t)\,\mathrm{A}$ 时，电路的冲激响应 $u_C(t)$。

7-37 当 $u_S(t)$ 为下列情况时，求题 7-37 图所示电路的响应 u_C：

(1) $u_S(t)=10\varepsilon(t)\,\mathrm{V}$；

(2) $u_S(t)=10\delta(t)\,\mathrm{V}$。

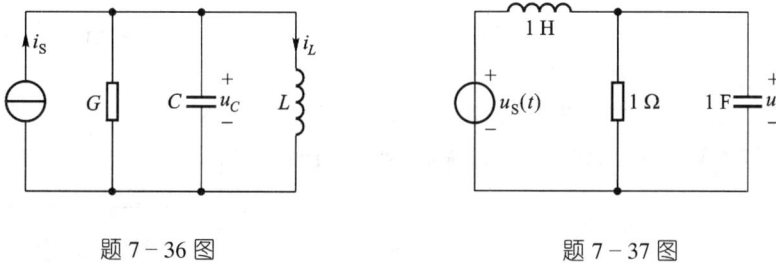

题 7-36 图　　　　　　　题 7-37 图

7-38 已知题 7-38 图(a)电路中,$u_S(t) = \varepsilon(t)\text{V}, C = 2\text{ F}$,其零状态响应为

$$u_2(t) = \left(\frac{1}{2} + \frac{1}{8}e^{-0.25t}\right)\varepsilon(t)\text{ V}$$

如果用 $L = 2\text{ H}$ 的电感代替电容 C,如题 7-38 图(b)所示,试求零状态响应 $u_2(t)$。

题 7-38 图

7-39 题 7-39 图所示电路中含有理想运算放大器,试求零状态响应 $u_C(t)$,已知 $u_i = 5\varepsilon(t)\text{V}$。

7-40 题 7-40 图所示电路中含理想运算放大器,且电容的初始电压为零,试分别求:(1) $u_i = U\varepsilon(t)\text{V}$;(2) $u_i = \delta_u(t)\text{V}$ 时电路的输出电压 u_o。

题 7-39 图   题 7-40 图

7-41 题 7-41 图所示电路中电感的初始电流为零,设 $u_S(t) = U_0 e^{-at}\varepsilon(t)$,试用卷积积分求 $u_L(t)$。

7-42 列出题 7-42 图所示电路的状态方程。若选结点①和②的结点电压为输出量,写出输出方程。

7-43 电路如题 7-43 图所示,试写出状态方程。

题 7-41 图

题 7 - 42 图

题 7 - 43 图

第八章

相 量 法

内 容 提 要

本章介绍相量法。相量法是线性电路正弦稳态分析的一种简单易行的方法。主要内容有：复数、正弦量、相量法的基础、电路定律的相量形式。

§8-1 复 数

复数及其运算是应用相量法的数学基础。本节仅作简要的介绍。

一个复数有多种表示形式。复数 F 的代数形式为

$$F = a + \mathrm{j}b$$

式中 $\mathrm{j}=\sqrt{-1}$ 为虚单位。a 称为复数 F 的实部，b 称为复数 F 的虚部。复数 F 在复平面上是一个坐标点，常用原点至该点的向量表示，如图 8-1 所示。

根据图 8-1，可得复数 F 的三角形式

$$F = |F|(\cos\theta + \mathrm{j}\sin\theta)$$

而复数 F 的指数形式或极坐标形式为

$$F = |F|e^{\mathrm{j}\theta} \qquad F = |F|\underline{/\theta}$$

式中 $|F|$ 为复数的模（值），θ 为复数的辐角，即 $\theta = \arg F$。θ 可以用弧度或度表示。$|F|$ 和 θ 与 a 和 b 之间的关系为

$$|F| = \sqrt{a^2 + b^2}$$

$$\theta = \arctan\left(\frac{b}{a}\right)$$

$$a = |F|\cos\theta, \quad b = |F|\sin\theta$$

图 8-1 复数的表示

本书还常用到如下一些复数的概念，$\mathrm{Re}[F]$ 表示取复数 F 的实部，即

$$\mathrm{Re}[F] = a$$

$\mathrm{Im}[F]$ 表示取复数 F 的虚部,即

$$\mathrm{Im}[F] = b$$

F^* 表示复数 F 的共轭复数,即

$$F^* = a - \mathrm{j}b \quad \text{或} \quad F^* = |F|\underline{/-\theta}$$

下面介绍复数的运算。复数的相加和相减必须用代数形式进行。例如,设

$$F_1 = a_1 + \mathrm{j}b_1, \quad F_2 = a_2 + \mathrm{j}b_2$$

则

$$F_1 \pm F_2 = (a_1 + \mathrm{j}b_1) \pm (a_2 + \mathrm{j}b_2)$$
$$= (a_1 \pm a_2) + \mathrm{j}(b_1 \pm b_2)$$

复数的相加和相减的运算也可以按平行四边形法在复平面上用向量的相加和相减求得,如图 8-2 所示。

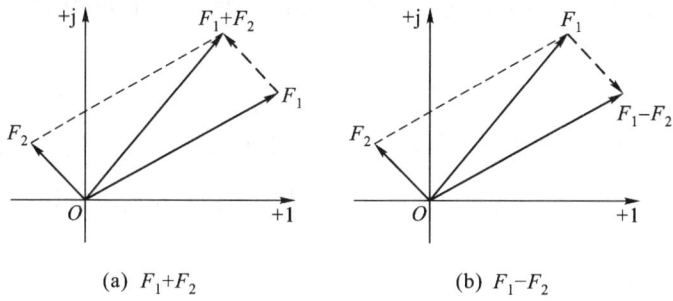

(a) $F_1 + F_2$ (b) $F_1 - F_2$

图 8-2 复数代数和的图解法

复数相乘用指数形式比较方便,即

$$F_1 F_2 = |F_1|\mathrm{e}^{\mathrm{j}\theta_1}|F_2|\mathrm{e}^{\mathrm{j}\theta_2}$$
$$= |F_1||F_2|\mathrm{e}^{\mathrm{j}(\theta_1 + \theta_2)}$$

所以

$$|F_1 F_2| = |F_1||F_2|$$
$$\arg(F_1 F_2) = \arg(F_1) + \arg(F_2)$$

两个复数的相乘,用代数形式有

$$F_1 F_2 = (a_1 + \mathrm{j}b_1)(a_2 + \mathrm{j}b_2)$$
$$= (a_1 a_2 - b_1 b_2) + \mathrm{j}(a_1 b_2 + a_2 b_1)$$

复数相除的运算为

$$\frac{F_1}{F_2} = \frac{|F_1|\underline{/\theta_1}}{|F_2|\underline{/\theta_2}} = \frac{|F_1|}{|F_2|}\underline{/(\theta_1 - \theta_2)}$$

所以

$$\left|\frac{F_1}{F_2}\right| = \frac{|F_1|}{|F_2|}$$

$$\arg\left(\frac{F_1}{F_2}\right) = \arg(F_1) - \arg(F_2)$$

如用代数形式有

$$\frac{F_1}{F_2} = \frac{a_1 + \mathrm{j}b_1}{a_2 + \mathrm{j}b_2} = \frac{(a_1 + \mathrm{j}b_1)(a_2 - \mathrm{j}b_2)}{(a_2 + \mathrm{j}b_2)(a_2 - \mathrm{j}b_2)}$$

$$= \frac{a_1 a_2 + b_1 b_2}{(a_2)^2 + (b_2)^2} + \mathrm{j}\frac{a_2 b_1 - a_1 b_2}{(a_2)^2 + (b_2)^2}$$

式中 $a_2 - \mathrm{j}b_2$ 为 F_2 的共轭复数 F_2^*。$F_2 F_2^*$ 的结果为实数,称为有理化运算。

图 8-3(a)、(b)为复数乘、除的图解表示,从图上可以看出:复数乘、除表示为模的放大或缩小,辐角表示为逆时针旋转或顺时针旋转。

复数 $\mathrm{e}^{\mathrm{j}\theta} = 1\underline{/\theta}$ 是一个模等于 1,辐角为 θ 的复数。任意复数 $A = |A|\mathrm{e}^{\mathrm{j}\theta_a}$ 乘以 $\mathrm{e}^{\mathrm{j}\theta}$ 等于把复数 A 逆时针旋转一个角度 θ,而 A 的模值不变,所以 $\mathrm{e}^{\mathrm{j}\theta}$ 称为旋转因子。

根据欧拉公式,不难得出 $\mathrm{e}^{\mathrm{j}\frac{\pi}{2}} = \mathrm{j}, \mathrm{e}^{-\mathrm{j}\frac{\pi}{2}} = -\mathrm{j}, \mathrm{e}^{\mathrm{j}\pi} = -1$。因此"$\pm \mathrm{j}$"和"$-1$"都可以看成旋转因子。例如一个复数乘以 j,等于把该复数在复平面上逆时针旋转 $\frac{\pi}{2}$;一个复数除以 j,等于该复数乘以 $-\mathrm{j}$,因此等于把它顺时针旋转 $\frac{\pi}{2}$。

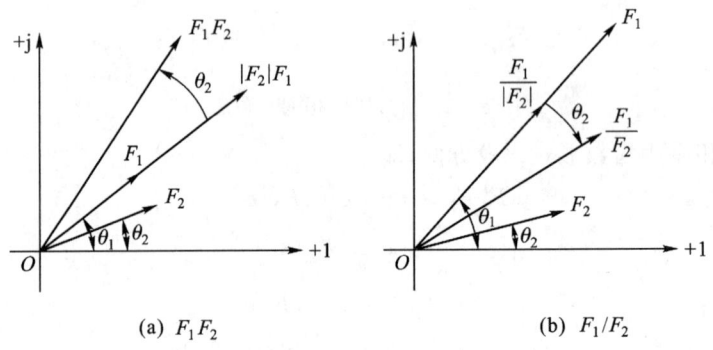

(a) $F_1 F_2$ (b) F_1/F_2

图 8-3 复数乘、除的图解示意

在复数运算中常有两个复数相等的运算。两个复数相等必须满足两个条件,如 $F_1 = F_2$ 必须有

$$\mathrm{Re}[F_1] = \mathrm{Re}[F_2] \quad \mathrm{Im}[F_1] = \mathrm{Im}[F_2]$$

或者有

$$|F_1| = |F_2| \quad \arg(F_1) = \arg(F_2)$$

一个复数方程可以分解为两个实数方程。

例 8 – 1 设 $F_1 = 3 - j4, F_2 = 10 \underline{/135°}$。求 $F_1 + F_2$ 和 $\dfrac{F_1}{F_2}$。

解 求复数的代数和用代数形式

$$F_2 = 10 \underline{/135°} = 10(\cos 135° + j\sin 135°)$$
$$= -7.07 + j7.07$$
$$F_1 + F_2 = (3 - j4) + (-7.07 + j7.07) = -4.07 + j3.07$$

转换为指数形式有

$$\arg(F_1 + F_2) = \arctan\left(\frac{3.07}{-4.07}\right) = 143°$$

$$|F_1 + F_2| = \frac{-4.07}{\cos 143°} = \frac{3.07}{\sin 143°} = 5.1$$

即有

$$F_1 + F_2 = 5.1 \underline{/143°}$$

$$\frac{F_1}{F_2} = \frac{3 - j4}{-7.07 + j7.07} = \frac{(3 - j4)(-7.07 - j7.07)}{(-7.07 + j7.07)(-7.07 - j7.07)} = -0.495 + j0.071$$

或者

$$\frac{F_1}{F_2} = \frac{3 - j4}{10 \underline{/135°}} = \frac{5 \underline{/-53.1°}}{10 \underline{/135°}} = 0.5 \underline{/-188.1°} = 0.5 \underline{/171.9°}$$

§8 – 2 正 弦 量

电路中按正弦规律变化的电压或电流,统称为正弦量。对正弦量的数学描述,可以采用 sine 函数,也可以用 cosine 函数。本书采用 cosine 函数。

图 8 – 4 表示一段电路中有正弦电流 i,在图示参考方向下,其数学表达式定义如下:

$$i = I_m \cos(\omega t + \phi_i) \qquad (8 - 1)$$

式中的 3 个常数 I_m、ω 和 ϕ_i 称为正弦量的三要素。

图 8 – 4 一段正弦电流电路

I_m 称为正弦量的振幅,它是正弦量在整个振荡过程中达到的最大值,即 $\cos(\omega t + \phi_i) = 1$ 时,有

$$i_{\max} = I_m$$

这也是正弦量的极大值。当 $\cos(\omega t + \phi_i) = -1$ 时,将有最小值(也是极小值)$i_{\min} = -I_m$。$i_{\max} - i_{\min} = 2I_m$ 称为正弦量的峰 – 峰值。

随时间变化的角度($\omega t + \phi_i$)称为正弦量的相位,或称相角。ω 称为正弦量的角频率,它是正弦量的相位随时间变化的角速度,即

$$\omega = \frac{\mathrm{d}}{\mathrm{d}t}(\omega t + \phi_i)$$

单位为 rad/s(弧度/秒)。它与正弦量的周期 T 和频率 f 之间的关系为

$$\omega T = 2\pi, \omega = 2\pi f, f = \frac{1}{T}$$

频率 f 的单位为 1/s(1/秒),称为 Hz(赫兹,简称赫)。我国工业化生产的电能为正弦电压源,其频率为 50 Hz,该频率称为工频。工程中还常以频率区分电路,如音频电路、高频电路、甚高频电路等。

ϕ_i 是正弦量在 $t = 0$ 时刻的相位,称为正弦量的初相位(角),简称初相,即

$$(\omega t + \phi_i)\big|_{t=0} = \phi_i$$

初相的单位用弧度或度表示,通常在主值范围内取值,即$|\phi_i| \leqslant 180°$。初相与计时零点的选择有关。对任一正弦量,初相是允许任意指定的,但对于同一电路系统中的许多相关的正弦量,只能相对于一个共同的计时零点确定各自的相位。

正弦量的三要素是正弦量之间进行比较和区分的依据。

正弦量随时间变化的图形称为正弦波。图 8-5 是正弦电流 i 的波形图($\phi_i > 0$)。横轴可以用时间 t,也可以用 ωt(rad)表示。

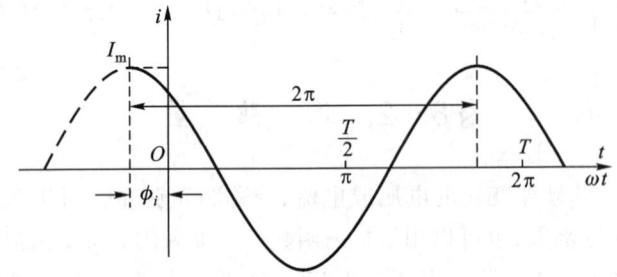

图 8-5　正弦量 i 的波形($\phi_i > 0$)

正弦量乘以常数,正弦量的微分、积分,同频正弦量的代数和等运算,其结果仍为一个同频率的正弦量。正弦量的这个性质十分重要。

工程中常将周期电流或电压在一个周期内产生的平均效应换算为等效的直流量,以衡量和比较周期电流或电压的效应,这一等效的直流量就称为周期量的有效值,用相对应的大写字母表示。如周期量 i 的有效值 I 定义如下:

$$I \stackrel{\text{def}}{=\!=} \sqrt{\frac{1}{T}\int_0^T i^2 \mathrm{d}t} \tag{8-2}$$

上式表示:周期量的有效值等于其瞬时值的平方在一个周期内积分的平均值的平方根,因此有效值又称为均方根值[①]。上式的定义是周期量有效值普遍适用的公式。当电流 i 是正弦量时,可以推出正弦量的有效值与正弦量的振幅之间的特殊关系。此时有

$$I = \sqrt{\frac{1}{T}\int_0^T I_m^2 \cos^2(\omega t + \phi_i) dt}$$

由于 $\cos^2(\omega t + \phi_i) = \dfrac{1 + \cos[2(\omega t + \phi_i)]}{2}$,代入上式后得

$$I = \frac{I_m}{\sqrt{2}} = 0.707 I_m$$

所以正弦量的有效值与其最大值之间有 $\sqrt{2}$ 关系,根据这一关系常将正弦量 i 改写成如下的形式:

$$i = \sqrt{2} I \cos(\omega t + \phi_i)$$

上式中 I、ω、ϕ_i 也可用来表示正弦量的三要素。正弦量的有效值与正弦量的频率和初相无关。工程中使用的交流电气设备铭牌上标出的额定电流、电压的数值,交流电压表、电流表显示的数字都是有效值。

电路中常引用"相位差"的概念描述两个同频正弦量之间的相位关系。例如,设两个同频正弦量电流 i_1、电压 u_2 分别为

$$i_1 = \sqrt{2} I_1 \cos(\omega t + \phi_{i1})$$
$$u_2 = \sqrt{2} U_2 \cos(\omega t + \phi_{u2})$$

两个同频正弦量的相位差等于它们相位相减的结果。如设 φ_{12} 表示电流 i_1 与电压 u_2 之间的相位差,则有

$$\varphi_{12} = (\omega t + \phi_{i1}) - (\omega t + \phi_{u2}) = \phi_{i1} - \phi_{u2}$$

相位差也是在主值范围内取值。上述结果表明:同频正弦量的相位差等于它们的初相之差,为一个与时间无关的常数。电路常采用"超(越)前"和"滞(落)后"等概念来说明两个同频正弦量相位比较的结果。

当 $\varphi_{12} > 0$ 时,称为 i_1 超前 u_2;当 $\varphi_{12} < 0$ 时,称为 i_1 滞后 u_2;当 $\varphi_{12} = 0$ 时,称为 i_1 和 u_2 同相;当 $|\varphi_{12}| = \dfrac{\pi}{2}$,称为 i_1 与 u_2 正交;当 $|\varphi_{12}| = \pi$,称为 i_1、u_2 彼此反相。

相位差可以通过观察波形来确定,如图 8-6 所示。在同一个周期内两个波形与横坐标轴的两个交点(正斜率过零点或负斜率过零点)之间的坐标值即为两

---

① root-mean-square value(r.m.s.v)。

者的相位差,先到达零点的为超前波。图中所示为 i_1 滞后 u_2。相位差与计时零点的选取、改变无关。

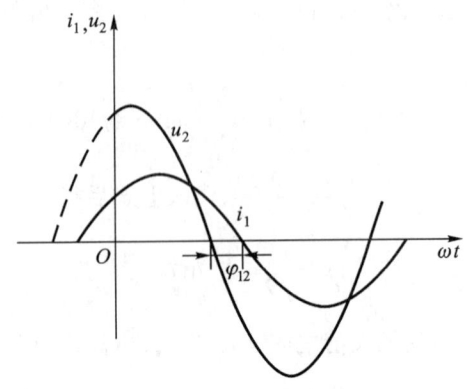

图 8-6 同频正弦量的相位差

由于正弦量的初相与设定的参考方向有关,当改设某一正弦量的参考方向时,则该正弦量的初相将改变 π,它与其他正弦量的相位差也将相应地改变 π。

§8-3 相量法的基础

相量法是分析研究正弦电流电路稳定状态的一种简单易行的方法。它是在数学理论和电路理论的基础上建立起来的一种系统方法。

根据电路的基本定律 VCR、KCL 和 KVL,编写含有储能元件的线性非时变电路的电路方程时,将获得一组常微(积)分方程。现以图 8-7 所示的 RLC 串联电路为例,电路的 KVL 方程为

$$u_R + u_L + u_C = u_S$$

其中

$$u_R = Ri \quad u_L = L\frac{\mathrm{d}i}{\mathrm{d}t} \quad u_C = \frac{1}{C}\int i\,\mathrm{d}t$$

将上述元件的 VCR 代入 KVL 方程有

$$Ri + L\frac{\mathrm{d}i}{\mathrm{d}t} + \frac{1}{C}\int i\,\mathrm{d}t = u_S \quad (8-3)$$

图 8-7 RLC 串联电路

由数学理论可知,当 u_S(激励)为正弦量时,上述微分方程中的电流变量 i 的特解(响应的强制分量)也一定是与 u_S 同一频率的正弦量,反之亦然。这一重要结论具有普遍意义,即线性非时变电路在正弦电源激励下,各支路电压、电流的特解都是与激励同频率的正弦量,当电路中存在有多个同频率的正弦激励时,该结

论也成立。工程上将电路的这一特解状态称为正弦电流电路的稳定状态,简称正弦稳态。电路处于正弦稳态时,同频率的各正弦量之间,仅在有效值(或振幅)、初相上存在"差异和联系",这种"差异和联系"正是正弦稳态分析求解中的关键问题。现以式(8-3)的求解为例,从理论上说明相量法的基础。

若已知式(8-3)中的正弦电源 u_S 为

$$u_S = \sqrt{2} U_s \cos(\omega t + \phi_u)$$

则电流 i 的特解将是与 u_S 同一频率的正弦量,因此,可设为

$$i = \sqrt{2} I \cos(\omega t + \phi_i)$$

式中 I、ϕ_i 为待求量。将上述正弦量代入式(8-3)后,则可将微分方程式(8-3)变换为

$$R\sqrt{2}I\cos(\omega t + \phi_i) - \omega L\sqrt{2}I\sin(\omega t + \phi_i) + \frac{1}{\omega C}\sqrt{2}I\sin(\omega t + \phi_i)$$

$$= \sqrt{2}U_s\cos(\omega t + \phi_u) \tag{8-4}$$

上述方程说明,正弦稳态电路方程是一组同频正弦函数描述的代数方程,电路基本定律所涉及的正弦电流、电压的运算,不会改变电压、电流同频正弦量的性质,即正弦量乘常数(Ri)、正弦量的微分(u_L)、正弦量的积分(u_C)和同频正弦量的代数和(KCL、KVL)等运算,其结果仍是同频的正弦量,这就验证了前述的结论。可以看出,各同频正弦电压、电流之间,在有效值(振幅)、初相上的"差异和联系"寓于正弦函数描述的电压、电流表达式及电路方程中。无疑,求解和分析同频正弦函数所描述的电路方程,将能获得正确的结果或结论,但这一方法对于复杂电路将显得非常繁琐,使分析求解相当困难。根据欧拉公式,可将正弦函数用复指数函数表示,如前所述的正弦量 u_S 和 i 可表示为

$$u_S = \frac{1}{2}[U_{sm}e^{j(\omega t + \phi_u)} + U_{sm}e^{-j(\omega t + \phi_u)}]$$

$$i = \frac{1}{2}[I_m e^{j(\omega t + \phi_i)} + I_m e^{-j(\omega t + \phi_i)}]$$

上述变换表明,一个正弦量可以分解为一对共轭的复指数函数。根据叠加定理和数学理论,只要对其中一个分量进行分析求解,就能写出全部结果。如取分量 $U_{sm}e^{j(\omega t + \phi_u)}$(激励),则对应的响应分量为 $I_m e^{j(\omega t + \phi_i)}$,代入式(8-3),注意到 $I_m = \sqrt{2}I$ 和 $U_{sm} = \sqrt{2}U_s$,经整理后有

$$RIe^{j\phi_i} + j\omega L Ie^{j\phi_i} - j\frac{1}{\omega C}Ie^{j\phi_i} = U_s e^{j\phi_u} \tag{8-5}$$

由上述代数方程求得

$$Ie^{j\phi_i} = \frac{U_s e^{j\phi_u}}{R + j\omega L - j\dfrac{1}{\omega C}}$$

该结果用复数形式表述了正弦量 i 除频率 ω 外的另两个要素 I（有效值）和 ϕ_i（初相），因此，根据正弦量的3个要素就可以直接写出正弦量 i 的表达式。这表明方程式(8-5)在理论上和实际上已足以满足正弦稳态分析的需要，不需要再求解另一分量的结果按欧拉公式写出正弦量 i。

上述变换只是数学形式的变换，与式(8-4)相比，并无实质性的区别，但在形式上实现了非常有益的转换，它将与时间有关的同频的正弦函数的电路方程转换为与时间无关的复代数形式的电路方程。更重要的是，它将正弦稳态中全部同频的正弦电压、电流转换为由各正弦量的有效值和初相组合成的复数表示，如 $Ie^{j\phi_i}$、$U_s e^{j\phi_u}$，使同频的各正弦量在有效值、初相上的"差异和联系"，在电路方程中表述得更清晰、更直观和更简单，这将大大简化对正弦稳态的表述和分析求解的过程。

电路理论中将式(8-5)中与正弦量 u_S、i 关联的复数 $U_s e^{j\phi_u}$ 和 $Ie^{j\phi_i}$ 定义为正弦量 u_S、i 对应的相量，并用对应的带"·"(点)符号的大写字母表示，如上述的正弦电压 u_S 和正弦电流 i 对应的相量表示分别为

$$\dot{U}_s \xlongequal{\text{def}} U_s e^{j\phi_u} = U_s \underline{/\phi_u}$$

$$\dot{I} \xlongequal{\text{def}} Ie^{j\phi_i} = I \underline{/\phi_i}$$

即正弦量的对应相量是一个复数，它的模为正弦量的有效值，它的辐角为正弦量的初相。式中 $\dot{U}_s$、$\dot{I}$ 中的"·"(点)号，既表示这一复数与正弦量关联的特殊身份，以区别于一般的复数，同时也表示区别于正弦量的有效值。正弦量对应的相量可直接根据上述定义写出。相量在复平面上表示的图形称为相量图，如图8-8所示为正弦电压 u_S 对应的相量 $\dot{U}_s$ 的相量图。

电路中有时也用正弦量的振幅表示相量的模，称为振幅相量，如有

$$\dot{U}_{sm} \xlongequal{\text{def}} U_{sm} e^{j\phi_u} = U_{sm} \underline{/\phi_u}$$

$$\dot{I}_m \xlongequal{\text{def}} I_m e^{j\phi_i} = I_m \underline{/\phi_i}$$

学习时要注意两者的区别。

本节的论述，仅从理论上向读者展示相量法的"来龙去脉"，以利于学习掌握。下一节将在此基础上加以归纳总结，系统构建电路基本定律的相量形式，可不经变换直接获得所需的相量(复数)形式的电路方程。

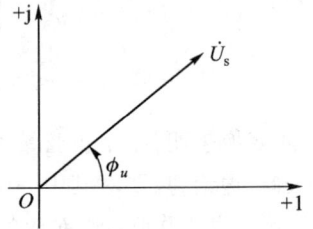

图8-8 相量 $\dot{U}_s$ 的相量图

例8-2 写出下列正弦电流对应的相量

$$i_1 = 14.14\cos(314t + 30°)\text{A}$$

$$i_2 = -14.14\sin(10^3 t - 60°)\text{A}$$

解 本书根据国家标准,统一用 cosine 函数表示正弦量。因此,电流 i_2 的表达式应改写为

$$i_2 = -14.14\cos(10^3 t - 60° - 90°)\text{A}$$
$$= -14.14\cos(10^3 t - 150°)\text{A}$$

电流相量可按定义直接写出

$$\dot{I}_1 = \frac{14.14}{\sqrt{2}}\underline{/30°}\text{A} = 10\underline{/30°}\text{A}$$

$$\dot{I}_2 = \frac{-14.14}{\sqrt{2}}\underline{/-150°}\text{A} = 10\underline{/30°}\text{A}$$

相量与正弦量之间不是相等的关系,因此,下面的写法是错误的

$$i_1 = 14.14\cos(314t + 30°)\text{A} = 10\underline{/30°}\text{A}$$

相量与频率无关。由相量反求正弦量的表达式时必须知道 ω 才能写出。本例中 $\dot{I}_1 = \dot{I}_2$ 没有实际意义,因为相量之间所表示的运算关系只能在同频的正弦量中使用。

例 8-3 求例 8-2 中正弦电流 i_1、i_2 的微分及其相量。

解 正弦电流 i_1、i_2 微分的时域形式的结果为

$$y_1 = \frac{\mathrm{d}i_1}{\mathrm{d}t} = -10\sqrt{2}\times 314\sin(314t+30°) = 10\sqrt{2}\times 314\cos(314t+30°+90°)$$

$$y_2 = \frac{\mathrm{d}i_2}{\mathrm{d}t} = -10\sqrt{2}\times 10^3\cos(10^3 t - 60°) = 10\sqrt{2}\times 10^3\cos(10^3 t - 60° + 180°)$$

微分结果是与原函数同频的正弦量,直接根据正弦量表达式写出其相量,但正弦量必须转换为 cosine 函数表示。y_1、y_2 对应的有效值相量分别为

$$\dot{Y}_1 = 3\,140\underline{/120°} = \mathrm{j}\omega_1 \dot{I}_1$$

$$\dot{Y}_2 = 10^4\underline{/120°} = \mathrm{j}\omega_2 \dot{I}_2$$

本例表明,正弦量的微分是与原正弦量同频率的正弦量,其对应的相量等于原正弦量 i_1(或 i_2)对应的相量 $\dot{I}_1$(或 $\dot{I}_2$)乘以 $\mathrm{j}\omega_1$(或 $\mathrm{j}\omega_2$)。

§8-4 电路定律的相量形式

在上一节的理论叙述中,已经得到一个重要的结论,即在线性非时变的正弦稳态电路中,全部电压、电流都是同一频率的正弦量。本节将在此基础上,直接用相量通过复数形式的电路方程描述电路的基本定律 VCR、KCL 和 KVL,称为电路定律的相量形式。

KCL 的相量形式：

对电路中任一结点有
$$i_1 + i_2 + i_3 + \cdots + i_k + \cdots = 0 \qquad \text{或} \sum i = 0$$
当式中的电流全部都是同频率的正弦量时，则可变换为相量形式为
$$\dot{I}_1 + \dot{I}_2 + \dot{I}_3 + \cdots + \dot{I}_k + \cdots = 0 \qquad \text{或} \sum \dot{I} = 0$$
即任一结点上同频的正弦电流的对应相量的代数和为零。

KVL 的相量形式：

对电路中任一回路有
$$u_1 + u_2 + u_3 + \cdots + u_k + \cdots = 0 \qquad \text{或} \sum u = 0$$
当式中的电压全都是同频的正弦量时，可变换成相量形式为
$$\dot{U}_1 + \dot{U}_2 + \dot{U}_3 + \cdots + \dot{U}_k + \cdots = 0 \qquad \text{或} \sum \dot{U} = 0$$
即任一回路中同频的正弦电压的对应相量的代数和为零。

电阻、电感和电容元件的 VCR 的相量形式：

对于图 8-9(a) 所示电阻 R，当有正弦电流 $i_R = \sqrt{2} I_R \cos(\omega t + \phi_i)$ 通过时，根据欧姆定律，电压-电流的时域关系为
$$u_R = R i_R = \sqrt{2} R I_R \cos(\omega t + \phi_i)$$

图 8-9 电阻中的电压、电流

说明电阻上的电压、电流都是同频的正弦量。令电压相量为 $\dot{U}_R = U_R \underline{/\phi_u}$，则相量形式有
$$\dot{U}_R = R I_R \underline{/\phi_i} = R \dot{I}_R \qquad (\text{或 } \dot{I}_R = G \dot{U}_R)$$
$$U_R = R I_R \qquad (\text{或 } I_R = G U_R)$$
$$\phi_u = \phi_i$$

它们的有效值仍符合欧姆定律，而辐角相等，即电压、电流同相。图 8-9(b) 为电阻的相量模型，图 8-9(c) 是其电压、电流的相量图，它们在同一个方向的直线上（相位差为零）。

对于图 8-10(a)所示的电感 L 中,当有正弦电流 $i_L = \sqrt{2} I_L \cos(\omega t + \phi_i)$ 通过时,根据电感的电压-电流的时域关系有

$$u_L = L\frac{\mathrm{d}i_L}{\mathrm{d}t} = -\sqrt{2}\omega L I_L \sin(\omega t + \phi_i)$$

$$= \sqrt{2}\omega L I_L \cos(\omega t + \phi_i + 90°)$$

说明电感 L 上的电压、电流为同频正弦量。令电压相量为 $\dot{U}_L = U_L\underline{/\phi_u}$,$u_L$ 的表达式变换后的相量形式为

$$\dot{U}_L = \mathrm{j}\omega L \dot{I}_L$$

$$U_L = \omega L I_L$$

$$\phi_u = \phi_i + 90°$$

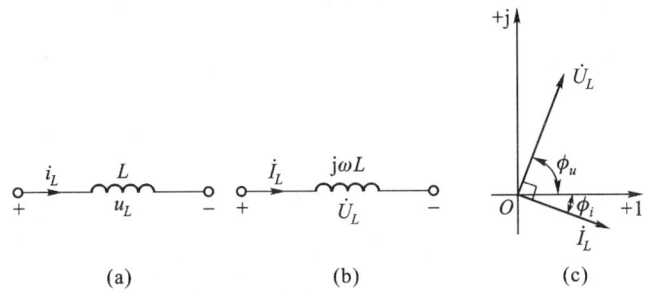

图 8-10 电感中的电压、电流

电压、电流有效值之间的关系类似于欧姆定律,但与角频率 ω 有关,其中与频率成正比的 ωL 具有与电阻相同的量纲[Ω],称为感抗,这样命名表示它与电阻有本质上的差别,$-\frac{1}{\omega L}$ 称为感纳,电感 L 上的电压将跟随频率变化,当 $\omega = 0$ 时(直流),$\omega L = 0$,$u_L = 0$,电感相当于短路。当 $\omega = \infty$ 时,$\omega L \to \infty$,$i = 0$,电感相当于开路,在相位上电压超前电流 $90°$。图 8-10(b)是电感的相量模型,图 8-10(c)是电感电压、电流的相量图。

对于图 8-11(a)所示的电容 C,它的电压、电流关系的相量形式与电感 L 类似。当有正弦电流 $i_C = \sqrt{2} I_C \cos(\omega t + \phi_i)$ 通过时,其时域形式的关系为

$$u_C = \frac{1}{C}\int i_C \mathrm{d}t = \sqrt{2}\frac{1}{\omega C} I_C \sin(\omega t + \phi_i)$$

说明电容上的电压、电流为同频的正弦量,电压、电流关系的相量形式为

$$\dot{U}_C = -\mathrm{j}\frac{1}{\omega C}\dot{I}_C$$

$$U_C = \frac{1}{\omega C} I_C$$

$$\phi_u = \phi_i - 90°$$

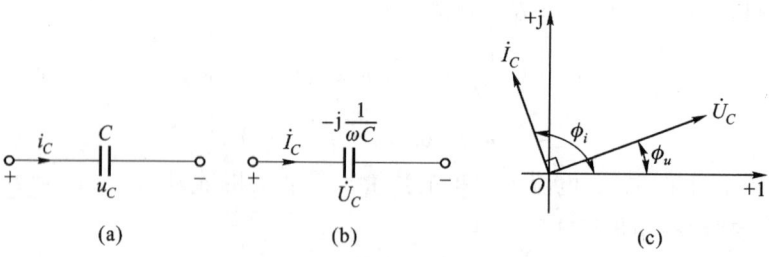

图 8-11 电容上的电压、电流

电压、电流有效值之间的关系类似于欧姆定律,但与频率 ω 有关,式中与频率成反比的 $-\dfrac{1}{\omega C}$ 具有与电阻相同的量纲[Ω],称为容抗,ωC 称为容纳。电容电压将随频率变化而变化,当 $\omega = 0$(直流)时,$\dfrac{1}{\omega C} = \infty$,$i_C = 0$,电容相当于开路。当 $\omega = \infty$ 时,$\dfrac{1}{\omega C} \to 0$,$u_C = 0$,电容相当于短路。在相位上,电流超前电压 90°。图 8-11(b)、(c)分别是电容的相量模型和电压、电流的相量图。

如果(线性)受控源的控制电压或电流是正弦量,则受控源的电压或电流将是同一频率的正弦量。现以图 8-12(a)的 VCCS 为例说明,此时有

$$i_j = g u_k$$

相量形式为

$$\dot{I}_j = g \dot{U}_k$$

图 8-12(b)为其相量形式的电路图(其他形式的受控源与其类似)。

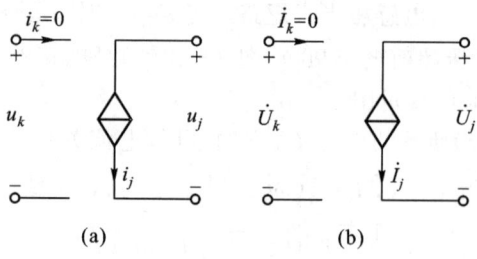

图 8-12 VCCS 的相量表示

用复数代数方程描述电路定律的相量形式(略去变换过程)是相量法体系的基础,其中 VCR 的相量形式对正确应用相量法十分重要,不仅要用到电阻、感

抗和容抗,或者电导、感纳和容纳等概念,而且要特别注意电压、电流之间的相位差。

例 8-4 图 8-13(a)所示电路中,$i_S = 5\sqrt{2}\cos(10^3 t + 30°)$ A,$R = 30$ Ω,$L = 0.12$ H,$C = 12.5$ μF,求电压 u_{ad} 和 u_{bd}。

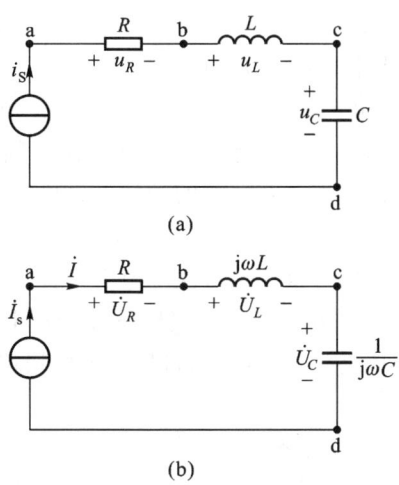

图 8-13 例 8-4 图

解 为了帮助理解和避免错误,可根据原电路图画出对应的相量模型,它是将时域中的正弦电压、电流用相量标记,电路中的电阻、电感和电容元件根据 VCR 的相量形式分别用复数形式的 R、$j\omega L$ 和 $\dfrac{1}{j\omega C}$ 标记,而其他与原电路图相同。根据相量形式的电路图就可以直接写出相量形式的电路方程。

图 8-13(a)所示电路相对应的相量形式的电路图如图 8-13(b)所示。图中 $\dot{I}_s = 5\underline{/30°}$ A,$j\omega L = j120$ Ω,$-j\dfrac{1}{\omega C} = -j80$ Ω。

根据元件的 VCR 的相量形式有

$$\dot{U}_R = R\dot{I} = 150\underline{/30°}\text{V} \quad (与 \dot{I}_s 相同)$$

$$\dot{U}_L = j\omega L\dot{I} = 600\underline{/120°}\text{V} \quad (超前 \dot{I}_s 90°)$$

$$\dot{U}_C = -j\dfrac{1}{\omega C}\dot{I} = 400\underline{/-60°}\text{V} \quad (滞后 \dot{I}_s 90°)$$

根据 KVL,有

$$\dot{U}_{bd} = \dot{U}_L + \dot{U}_C = (600\underline{/120°} + 400\underline{/-60°})\text{V} = 200\underline{/120°}\text{ V}$$

$$\dot{U}_{ad} = \dot{U}_R + \dot{U}_{bd} = (150\underline{/30°} + 200\underline{/120°})\text{V} = 250\underline{/83.13°}\text{ V}$$

所以
$$u_{bd} = 200\sqrt{2}\cos(10^3 t + 120°) \text{V}$$
$$u_{ad} = 250\sqrt{2}\cos(10^3 t + 83.13°) \text{V}$$

应用相量法分析正弦稳态电路时，其电路方程的相量形式与电阻电路相似，因此，线性电阻电路的各种分析方法和电路定理可推广用于线性电路的正弦稳态分析，差别仅在于所得电路方程为以相量形式表示的代数方程以及用相量形式描述的电路定理，而计算则为复数运算。

通过例 8-4 可以看出，当串联电路中同时有电感、电容时，其结果与电阻电路相比，存在明显的差异，这是因为感抗和容抗不仅与频率的关系彼此相反，而且在串联时有互相抵消的作用。在一定的条件下，电感、电容的电压可能会出现高于总电压的现象，如本例中 U_C、U_L 都比总电压 U_{ad} 高很多，这些现象在电阻串联电路中是不可能出现的。这些特点在学习中要特别注意分析。

图 8-13(b)所示的电路相量模型已集数学理论和电路定律于一体，直接用它对电路的正弦稳态响应进行分析研究，自然要方便快捷，而且在方法上完全可以仿照电阻电路。

例 8-5 图 8-14 所示电路中的仪表为交流电流表，其仪表所指示的读数为电流的有效值，其中电流表 A_1 的读数为 5A，电流表 A_2 的读数为 20A，电流表 A_3 的读数为 25A。求电流表 A 和 A_4 的读数。

解 图中各交流电流表的读数就是仪表所在支路的电流相量的模（有效值），但初相未知。

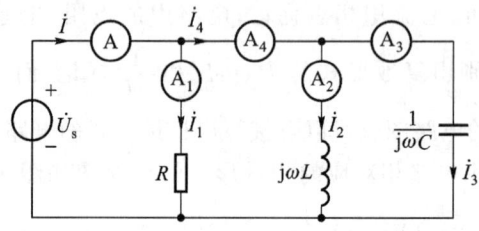

图 8-14 例 8-5 图

显然，如果设并联支路的电压相量为参考相量，即令 $\dot{U}_s = U_s \underline{/0°}$ V 作为参考相量，则根据元件的 VCR 相对 $\dot{U}_s$ 就能很方便地确定这些并联支路中电流的初相。它们分别为
$$\dot{I}_1 = 5\underline{/0°} \text{A}(与 \dot{U}_s 同相)$$
$$\dot{I}_2 = -j20\text{A}(滞后 \dot{U}_s 90°)$$
$$\dot{I}_3 = j25\text{A}(超前 \dot{U}_s 90°)$$

根据 KCL,有

$$\dot{I} = \dot{I}_1 + \dot{I}_2 + \dot{I}_3 = (5 + j5)\text{A} = 7.07 \underline{/45°}\text{A}$$

$$\dot{I}_4 = \dot{I}_2 + \dot{I}_3 = j5\text{A} = 5 \underline{/90°}\text{A}$$

所求电流表的读数为

表 A:7.07 A;   表 A_4:5 A

── 习 题 ──

8-1 将下列复数化为极坐标形式:

(1) $F_1 = -5 - j5$;(2) $F_2 = -4 + j3$;(3) $F_3 = 20 + j40$;(4) $F_4 = j10$;(5) $F_5 = -3$;
(6) $F_6 = 2.78 - j9.20$。

8-2 将下列复数化为代数形式:

(1) $F_1 = 10 \underline{/-73°}$;(2) $F_2 = 15 \underline{/112.6°}$;(3) $F_3 = 1.2 \underline{/52°}$;(4) $F_4 = 10 \underline{/-90°}$;
(5) $F_5 = 5 \underline{/-180°}$;(6) $F_6 = 10 \underline{/-135°}$。

8-3 若 $100 \underline{/0°} + A \underline{/60°} = 175 \underline{/\varphi}$,求 A 和 φ。

8-4 求题 8-1 中的 $F_2 \cdot F_6$ 和 $\dfrac{F_2}{F_6}$。

8-5 求题 8-2 中的 $F_1 + F_5$ 和 $-F_1 + F_5$。

8-6 已知 $F_1 = |F_1| \underline{/60°}$, $F_2 = -7.07 - j7.07$。求 $|F_1 + F_2|$ 最小时的 F_1。

8-7 若已知两个同频正弦电压的相量分别为 $\dot{U}_1 = 50 \underline{/30°}$ V, $\dot{U}_2 = -100 \underline{/-150°}$
V,其频率 $f = 100$ Hz。求:

(1) u_1、u_2 的时域形式;

(2) u_1 与 u_2 的相位差。

8-8 已知一段电路的电压、电流为

$$u = 10\sin(10^3 t - 20°) \text{ V}$$

$$i = 2\cos(10^3 t - 50°) \text{ A}$$

(1) 画出它们的波形图,求出它们的有效值、频率 f 和周期 T;

(2) 写出它们的相量和画出其相量图,求出它们的相位差;

(3) 如把电压 u 的参考方向反向,重新回答(1)、(2)。

8-9 已知题 8-9 图所示 3 个电压源的电压分别为

$$u_a = 220\sqrt{2}\cos(\omega t + 10°) \text{ V}$$

$$u_b = 220\sqrt{2}\cos(\omega t - 110°) \text{ V}$$

$$u_c = 220\sqrt{2}\cos(\omega t + 130°) \text{ V}$$

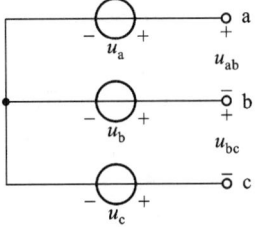

题 8-9 图

求:(1) 3 个电压的和;(2) u_{ab}、u_{bc};(3) 画出它们的相量图。

8-10 已知题8-10图(a)中电压表读数为 V_1:30V,V_2:60V;题8-10图(b)中的 V_1:15 V,V_2:80 V,V_3:100 V(电压表的读数为正弦电压的有效值)。求图中电压 u_S 的有效值 U_S。

题 8-10 图

8-11 如果维持例8-5图8-14所示电路中 A_1 的读数不变,而把电源的频率提高一倍,再求电流表 A 的读数。

8-12 对 RC 并联电路作如下 2 次测量:(1) 端口加 120 V 直流电压($\omega=0$)时,输入电流为 4 A;(2)端口加频率为 50 Hz,有效值为 120 V 的正弦电压时,输入电流有效值为 5 A。求 R 和 C 的值。

8-13 某一元件的电压、电流(关联方向)分别为下述 4 种情况时,它可能是什么元件?

(1) $\begin{cases} u = 10\cos(10t + 45°) \text{ V} \\ i = 2\sin(10t + 135°) \text{ A} \end{cases}$; (3) $\begin{cases} u = -10\cos t \text{ V} \\ i = -\sin t \text{ A} \end{cases}$;

(2) $\begin{cases} u = 10\sin(100t) \text{ V} \\ i = 2\cos(100t) \text{ A} \end{cases}$; (4) $\begin{cases} u = 10\cos(314t + 45°) \text{ V} \\ i = 2\cos(314t) \text{ A} \end{cases}$。

8-14 电路由电压源 $u_S = 100\cos(10^3 t)$ V 及 R 和 L=0.025H 串联组成,电感端电压的有效值为 25 V。求 R 值和电流的表达式。

8-15 已知题8-15图所示电路中 $I_1 = I_2 = 10$ A。求 $\dot{I}$ 和 $\dot{U}_S$。

8-16 题8-16图所示电路中 $\dot{I}_S = 2\angle 0°$ A。求电压 $\dot{U}$。

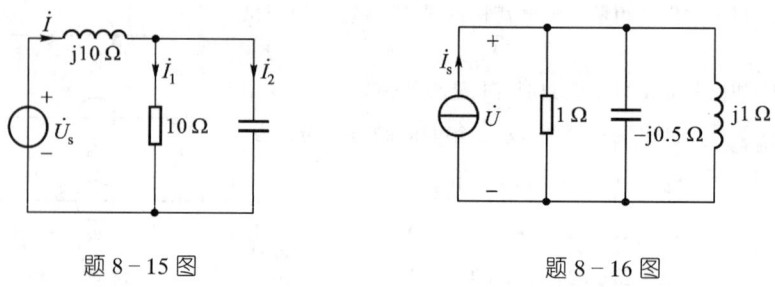

题 8-15 图   题 8-16 图

8-17 电路如题 8-17 图所示。已知 $C=1~\mu\text{F}, L=1~\mu\text{H}, u_S=1.414\cos(10^6 t+\phi_u)$ V。当电路稳态时,在 $t=t_1$ 时刻打开开关,有 $i_L(t_1)=0.6786$ A,求 $t\geqslant t_1$ 时的电流 i_L。

8-18 已知题 8-18 图中 $U_S=10$ V(直流),$L=1~\mu\text{H}, R_1=1~\Omega, i_S=2\cos(10^6 t+45°)$ A。用叠加定理求电压 u_C 和电流 i_L。

题 8-17 图

题 8-18 图

8-19 求题 8-19 图中所示的电流 i(分三种情况:$\beta>1, \beta<1$ 和 $\beta=1$)。

8-20 已知题 8-20 图中 $u_S=25\sqrt{2}\cos(10^6 t-126.87°)$ V, $R=3~\Omega, C=0.2~\mu\text{F}$,$u_C=20\sqrt{2}\cos(10^6 t-90°)$ V。求:

(1)各支路电流;
(2)支路 1 可能是什么元件?

题 8-19 图

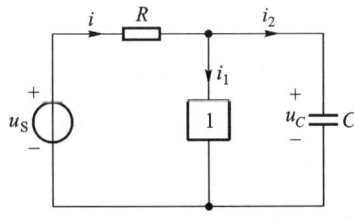

题 8-20 图

第九章

正弦稳态电路的分析

———————● 内 容 提 要 ●———————

本章用相量法分析线性电路的正弦稳态响应。首先,引入阻抗、导纳的概念和电路的相量图。其次,将通过实例介绍电路方程的相量形式和线性电路定理的相量描述和应用,最后,介绍正弦电流电路的瞬时功率、平均功率、无功功率、视在功率和复功率,以及最大功率的传输问题。

§9-1 阻抗和导纳

阻抗和导纳的概念以及对它们的运算和等效变换是线性电路正弦稳态分析中的重要内容。图 9-1(a)所示为一个不含独立源的一端口 N_0,当它在角频率为 ω 的正弦电源激励下处于稳定状态时,端口的电流、电压都是同频率的正弦量,其相量分别设为 $\dot{U}=U\underline{/\phi_u}$ 和 $\dot{I}=I\underline{/\phi_i}$。在相量法中,可以通过一端口的电压相量、电流相量,用两种不同类型的等效参数来表述一端口 N_0 的对外特性。这与电阻一端口电路类似(既可以用等效电阻,也可以用等效电导来表述其特性),现分述如下。

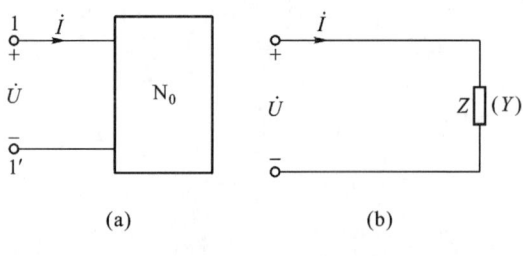

图 9-1 一端口 N_0 的阻抗、导纳

一端口 N_0 的端电压相量 $\dot{U}$ 与电流相量 $\dot{I}$ 的比值定义为一端口 N_0 的(复)阻抗 Z,即有

$$Z \xlongequal{\text{def}} \frac{\dot{U}}{\dot{I}} = \frac{U}{I} \underline{/(\phi_u - \phi_i)} = |Z| \underline{/\varphi_Z}$$

或

$$\dot{U} = Z \dot{I}$$

上式是用阻抗 Z 表示的欧姆定律的相量形式。Z 不是正弦量,而是一个复数,称为复阻抗,其模 $|Z| = \dfrac{U}{I}$ 称为阻抗模(经常将 Z、$|Z|$ 简称为阻抗),辐角 $\varphi_Z = \phi_u - \phi_i$ 称为阻抗角。Z 的单位为 Ω,其电路符号与电阻相同,如图 9-1(b)所示。Z 的代数形式为

$$Z = R + jX$$

式中 R 为等效电阻分量,X 为等效电抗分量,$X > 0$ 时 Z 称为感性阻抗,$X < 0$ 时称为容性阻抗。Z 在复平面上用直角三角形表示,如图 9-2(a)所示(图中设 $X > 0$),称为阻抗三角形。

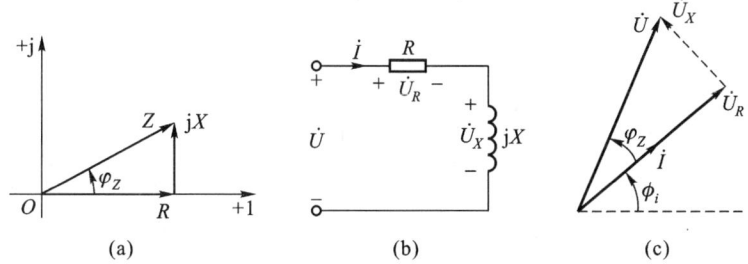

图 9-2 一端口 N_0 用阻抗 Z 表示($\varphi_Z > 0$)

根据阻抗表示的欧姆定律有

$$\dot{U} = (R + jX) \dot{I}$$

上式表明通过电阻和电抗的是同一电流,等效电路要用两个电路元件串联表示,一为电阻元件 R(表示实部),另一元件为储能元件(电感或电容),但要根据电抗的性质来定,当 $X > 0$($\varphi_Z > 0$)时,X 称为感性电抗,可用等效电感 L_{eq} 的感抗替代,即

$$\omega L_{\text{eq}} = X \qquad L_{\text{eq}} = \frac{X}{\omega}$$

当 $X < 0$($\varphi_Z < 0$)时,X 称为容性电抗,可用等效电容 C_{eq} 的容抗替代,即

$$\frac{1}{\omega C_{\text{eq}}} = |X| \qquad C_{\text{eq}} = \frac{1}{\omega |X|}$$

串联等效电路如图 9-2(b)所示,等效电路将端电压 $\dot{U}$ 分解为两个分量,$\dot{U}_R = R\dot{I}$ 和 $\dot{U}_X = jX\dot{I}$,根据 KVL,3 个电压相量在复平面上组成一个与阻抗三角形相似的直角三角形(将阻抗三角形乘以 $\dot{I}$ 获得),称为电压三角形,如图 9-2(c)

所示。

一端口 N_0 的电流相量 $\dot{I}$ 与端电压相量 $\dot{U}$ 的比值定义为一端口 N_0 的(复)导纳 Y，它是表述一端口 N_0 对外特性的另一种参数，即有

$$Y \stackrel{\text{def}}{=} \frac{\dot{I}}{\dot{U}} = \frac{I}{U} \underline{/(\phi_i - \phi_u)} = |Y|\underline{/\varphi_Y}$$

或

$$\dot{I} = Y\dot{U}$$

上式是用导纳 Y 表示的欧姆定律的相量形式。Y 是一个复数，称为复导纳，模值 $|Y| = \dfrac{I}{U}$ 称为导纳模(经常将 Y，$|Y|$ 简称为导纳)，辐角 $\varphi_Y = \phi_i - \phi_u$ 称为导纳角，Y 的单位为 S(西门子)，其电路符号与电导相同。Y 的代数形式为

$$Y = G + jB$$

G 为等效电导(分量)，B 为等效电纳(分量)。$B > 0$ 时 Y 称为容性导纳，$B < 0$ 时称为感性导纳，Y 在复平面上是一个直角三角形，如图 9-3(a) 所示(图中设 $B < 0$)，称为导纳三角形。

图 9-3 一端口 N_0 用导纳 Y 表示($\varphi_Y < 0$)

用导纳表示的欧姆定律有

$$\dot{I} = (G + jB)\dot{U}$$

等效电路要用等效电导与等效电感 L_{eq} 或等效电容 C_{eq} 的并联形式表示，并有

$$C_{eq} = \frac{B}{\omega} \quad (B>0，容性电纳) \qquad L_{eq} = \frac{1}{|B|\omega} \quad (B<0，感性电纳)$$

并联等效电路如图 9-3(b) 所示，电流 $\dot{I}$ 被分解为两个分量，$\dot{I}_G = \dot{U}G$ 和 $\dot{I}_B = jB\dot{U}$，根据 KCL，三个电流相量在复平面上组成一个与导纳三角形相似的电流三角形，如图 9-3(c) 所示。

当 $X = 0$ 或 $B = 0$($G = 0$ 或 $R = 0$)，等效电路就变成为一个参数和一种形式。

用 Z 或 Y 表示的欧姆定律是一种普遍形式，第八章 §8-4 中表述的 VCR 的相量形式实质上是欧姆定律的特例，是单一元件的欧姆定律，所以也可以写成阻抗或导纳的形式表示，即有

$$Z_R = R \qquad\qquad Y_G = G = \frac{1}{R}$$

$$(\varphi_Z = 0) \qquad\qquad (\varphi_Y = 0)$$

$$Z_L = j\omega L \qquad\qquad Y_L = -j\frac{1}{\omega L}$$

$$(\varphi_Z = 90°) \qquad\qquad (\varphi_Y = -90°)$$

$$Z_C = -j\frac{1}{\omega C} \qquad\qquad Y_C = j\omega C$$

$$(\varphi_Z = -90°) \qquad\qquad (\varphi_Y = 90°)$$

感抗和容抗也常用电抗的符号表示,即 $X_L = \omega L$,$X_C = -\dfrac{1}{\omega C}$。单一元件的阻抗和导纳是阻抗、导纳的基础。

最后需要指出如下几点:

(1) 一端口 N_0 的阻抗或导纳是由其内部的参数、结构和正弦电源的频率决定的,在一般情况下,其每一部分都是频率、参数的函数,随频率、参数而变。

(2) 一端口 N_0 中如不含受控源,则有 $|\varphi_Z| \leqslant 90°$ 或 $|\varphi_Y| \leqslant 90°$,但有受控源时,可能会出现 $|\varphi_Z| > 90°$ 或 $|\varphi_Y| > 90°$,其实部将为负值,其等效电路要设定受控源来表示实部。

(3) 一端口 N_0 的两种参数 Z 和 Y 具有同等效用,彼此可以等效互换,即有

$$ZY = 1$$

Z 和 Y 互为倒数,其极坐标形式表示的互换条件为

$$|Z||Y| = 1 \qquad \varphi_Z + \varphi_Y = 0$$

等效互换常用代数形式。阻抗 Z 变换为等效导纳 Y 为

$$Y = G + jB = \frac{1}{R + jX}$$

Y 的实部、虚部分别为

$$G = \frac{R}{|Z|^2} \qquad\qquad B = -\frac{X}{|Z|^2}$$

串联等效电路就变换为相应的并联等效电路。同理,导纳 Y 变换为等效阻抗 Z 为

$$Z = R + jX = \frac{1}{G + jB}$$

$$R = \frac{G}{|Y|^2} \qquad\qquad X = -\frac{B}{|Y|^2}$$

并联等效电路就变换为相应的串联等效电路。显然,等效变换不会改变阻抗(或导纳)原来的感性或容性性质。

(4) 对阻抗或导纳的串、并联电路的分析计算,三角形和星形之间的互换,完全可以采纳电阻电路中的方法及相关的公式。

例 9-1 RLC 串联电路如图 9-4(a)所示,其中 $R = 15\ \Omega$, $L = 12\ \mathrm{mH}$, $C = 5\ \mu\mathrm{F}$,端电压 $u_\mathrm{S} = 100\sqrt{2}\cos(5\,000t)$ V。试求:(1) 电路中的电流 i(瞬时表达式)和各元件的电压相量;(2) 电路的等效导纳和并联等效电路。

解 (1) 用相量法求解时,可先写出已知相量和设定待求相量,本例已知 $\dot{U}_\mathrm{S} = 100\underline{/0°}$ V,而 $\dot{I}$、$\dot{U}_R$、$\dot{U}_L$ 和 $\dot{U}_C$ 为待求相量,如图 9-4(a)所示。然后计算各部分阻抗为:

图 9-4 例 9-1 图

$$Z_R = 15\ \Omega$$

$$Z_L = j\omega L = j60\ \Omega$$

$$Z_C = -j\frac{1}{\omega C} = -j40\ \Omega$$

$$Z_\mathrm{eq} = Z_R + Z_L + Z_C = (15 + j20)\ \Omega$$

$$= 25\underline{/53.13°}\ \Omega(\text{感性阻抗})$$

电流相量为

$$\dot{I} = \frac{\dot{U}_\mathrm{S}}{Z_\mathrm{eq}} = \frac{100\underline{/0°}}{25\underline{/53.13°}}\ \mathrm{A} = 4\underline{/-53.13°}\ \mathrm{A}$$

正弦电流 i 为

$$i = 4\sqrt{2}\cos(5\,000t - 53.13°)\ \mathrm{A}$$

各元件电压相量为

$$\dot{U}_R = R\dot{I} = 60\underline{/-53.13°}\ \mathrm{V}$$

$$\dot{U}_L = j\omega L\dot{I} = 240\underline{/36.87°}\ \mathrm{V}$$

$$\dot{U}_C = -j\frac{1}{\omega C}\dot{I} = 160\underline{/-143.13°}\ \mathrm{V}$$

(2) 电路的等效导纳 Y_eq 为

$$Y_\mathrm{eq} = \frac{1}{Z_\mathrm{eq}} = \frac{1}{25}\underline{/-53.13°}\ \mathrm{S} = (0.024 - j0.032)\ \mathrm{S}(\text{感性})$$

等效电导 $G = 0.024\ \mathrm{S}$(或 $R = 41.67\ \Omega$),等效电感 $L_\mathrm{eq} = \dfrac{1}{|B|\omega} = 6.25\ \mathrm{mH}$。

等效电路如图 9-4(b)所示。由读者思考并完成下列问题:(1) 将本例的电路改为 RLC 并联电路,求各支路电流和串联等效电路;(2) 如果电源的角频率改为 $\omega = 2\,500$ rad/s,其等效电路将发生怎样的变化?

例 9-2　图 9-5(a)所示电路中 $Z = (10 + \text{j}157)\ \Omega, Z_1 = 1\,000\ \Omega, Z_2 = -\text{j}318.47\ \Omega$, $U_s = 100$ V, $\omega = 314$ rad/s。求:(1) 各支路电流和电压 $\dot{U}_{10}$;(2) 并联等效电路。

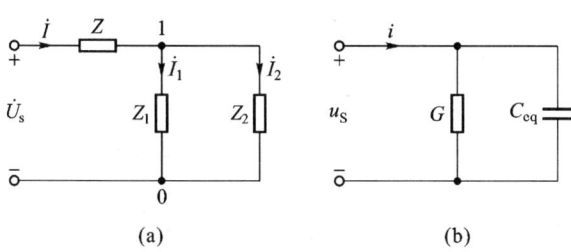

图 9-5　例 9-2 图

解　(1) 令 $\dot{U}_s = 100\,\underline{/0°}$ V(参考相量),设各支路电流相量为 $\dot{I}$、$\dot{I}_1$ 和 $\dot{I}_2$,如图 9-5(a)所示。计算方法和步骤完全与电阻串并联电路相同。Z_1 与 Z_2 的并联等效阻抗为 Z_{12},有

$$Z_{12} = \frac{Z_1 Z_2}{Z_1 + Z_2} = \frac{1\,000(-\text{j}318.47)}{1\,000 - \text{j}318.47}\ \Omega = 303.45\,\underline{/-72.33°}\ \Omega$$

$$= (92.11 - \text{j}289.13)\ \Omega\,(容性)$$

总的输入阻抗 Z_{eq} 为

$$Z_{eq} = Z_{12} + Z = (102.11 - \text{j}132.13)\ \Omega = 166.99\,\underline{/-52.30°}\ \Omega\,(容性)$$

各支路电流和电压 $\dot{U}_{10}$ 计算如下:

$$\dot{I} = \frac{\dot{U}_s}{Z_{eq}} = 0.60\,\underline{/52.30°}\ \text{A}$$

$$\dot{U}_{10} = Z_{12}\dot{I} = 182.07\,\underline{/-20.03°}\ \text{V}$$

$$\dot{I}_1 = \frac{\dot{U}_{10}}{Z_1} = 0.18\,\underline{/-20.03°}\ \text{A}$$

$$\dot{I}_2 = \frac{\dot{U}_{10}}{Z_2} = 0.57\,\underline{/69.96°}\ \text{A}$$

也可以用分流公式计算 $\dot{I}_1$、$\dot{I}_2$,即有

$$\dot{I}_1 = \dot{I}\frac{Z_2}{Z_1 + Z_2} \qquad \dot{I}_2 = \dot{I}\frac{Z_1}{Z_1 + Z_2}\,(或\ \dot{I}_2 = \dot{I} - \dot{I}_1)$$

(2) 电路的等效导纳 Y_{eq} 为

$$Y_{eq} = \frac{1}{Z_{eq}} = 5.99 \times 10^{-3} \underline{/52.30°}\ \text{S}$$
$$= (3.66 \times 10^{-3} + j4.74 \times 10^{-3})\text{S}(容性)$$

并联等效电路的等效电导和等效电容为

$$G = 3.66 \times 10^{-3}\text{S}(或\ R = 273.22\ \Omega)$$
$$C_{eq} = \frac{4.74 \times 10^{-3}}{314}\text{F} = 15.09\ \mu\text{F}$$

等效电路如图 9-5(b)所示。

§9-2 电路的相量图

在分析阻抗(导纳)串、并联电路时,可以利用相关的电压和电流相量在复平面上组成的电路的相量图。相量图可以直观地显示各相量之间的关系,并可用来辅助电路的分析计算。在相量图上,除了按比例反映各相量的模(有效值)以外,最重要的是相对地确定各相量在图上的位置(方位)。一般的做法是:相对于电路并联部分的电压相量,根据支路的 VCR 确定各并联支路的电流相量与电压相量之间的夹角;然后,再根据结点上的 KCL 方程,用相量平移求和法则,画出结点上各支路电流相量组成的多边形;相对于电路串联部分的电流相量,根据 VCR 确定串联部分有关电压相量与电流相量之间的夹角,再根据回路上的 KVL 方程,用相量平移求和的法则,画出回路上各电压相量所组成的多边形。

例 9-3 画出例 9-1 电路[图 9-4(a)所示]的相量图。

解 该电路为串联电路,可以相对于电流相量 $\dot{I}$ 确定各串联元件的电压相量在相量图中的位置,根据 $\dot{U}_s = \dot{U}_R + \dot{U}_L + \dot{U}_C$ 画出电压相量组成的多边形。画法如下。

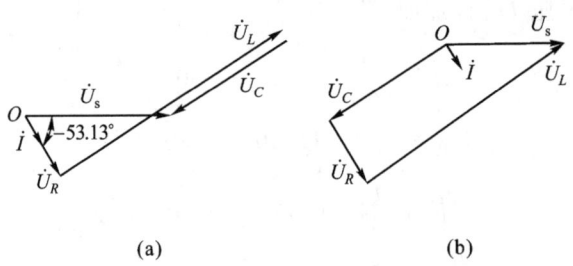

图 9-6 例 9-1 电路的相量图

在复平面上先画出电流相量 $\dot{I}$,然后,从原点 O 起,相对于电流相量 $\dot{I}$,按平移求和法则,逐一画出 KVL 方程右边各电压相量。例如,画出 $\dot{U}_R = R\dot{I}$(与 $\dot{I}$ 同相),然后,再从 $\dot{U}_R$ 的末端画出下一个电压相量,例如, $\dot{U}_L = j\omega L\dot{I}$(超前 $\dot{I}$

$90°$),依次类推。最后,从原点 O 至最后一个电压相量的末端的相量就是上述 KVL 方程左边的电压相量 $\dot{U}_s$,如图 9-6(a)所示。KVL 方程在相量图上表示为一个封闭的多边形,本例为四边形。根据 KVL 方程求和时,与电压相量的次序无关,所以,图 9-6(b)也是该电路的相量图。(本例也可以先设电流相量的相位为零画出,最后将整个图形顺时针旋转 $53.13°$。)

例 9-4 画出例 9-2 电路[图 9-5(a)所示]的相量图。

解 先画出并联部分的电压的相量 $\dot{U}_{10} = U_{10} \angle -20.03°$,然后相对于电压 $\dot{U}_{10}$ 画出描述 $\dot{I} = \dot{I}_1 + \dot{I}_2$ 的电流相量组成的三角形,注意,$\dot{I}_1$ 与 $\dot{U}_{10}$ 同相,$\dot{I}_2$ 超前 $\dot{U}_{10}$ 的角度为 $90°$;然后,相对于已画出的电流相量 $\dot{I}$,画出描述 $\dot{U}_s = \dot{U}_{10} + \dot{U}_Z = \dot{U}_{10} + Z\dot{I}$ 的电压相量组成的多边形。如图 9-7 所示即为该电路的相量图。

上述两个例子的相量图都是根据电路的求解结果画出,有时候也可以根据电路的参数和结构定性地画出相量图,以辅助电路的求解。

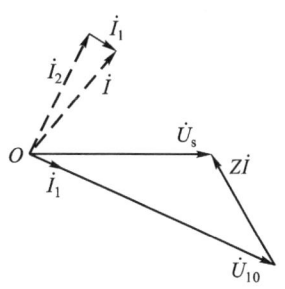

图 9-7 例 9-2 电路的相量图

§9-3 正弦稳态电路的分析

对线性电路的正弦稳态分析,无论在实际应用上,还是在理论上都极为重要。电力工程中遇到的大多数问题都可以按正弦稳态电路分析来解决。许多电气、电子设备的设计和性能指标也往往是按正弦稳态考虑的。电工技术和电子技术中的非正弦周期信号可以分解为频率成整数倍的正弦函数的无穷级数,这类问题也可以应用正弦稳态分析方法处理。

在前面的章节中已为相量法奠定了理论基础,获得了电路基本定律的相量形式,即

KCL	$\sum \dot{I} = 0$
KVL	$\sum \dot{U} = 0$
VCR	$\dot{U} = Z\dot{I}$ 或 $\dot{I} = Y\dot{U}$

并通过一些实例,初步展示了相量法的应用。这些都说明,相量法与线性电阻电路中的分析方法相比,不仅在表述的形式上十分相似,而且在分析方法上也完全一样。因此,用相量法分析时,线性电阻电路的各种分析方法和电路定理可推广用于线性电路的正弦稳态分析,差别仅在于所得电路方程为以相量形式表示的代数方程以及用相量形式描述的电路定理,而计算则为复数运算。本节将通过举例,较为全面、深入地展示相量法在正弦稳态分析中的应用。

例 9 - 5 图 9 - 8(a)中已知 $u_S = 200\sqrt{2}\cos(314t + \dfrac{\pi}{3})$ V,电流表 A 的读数为 2 A,电压表 V_1、V_2 的读数均为 200 V。求参数 R、L、C,并作出该电路的相量图。

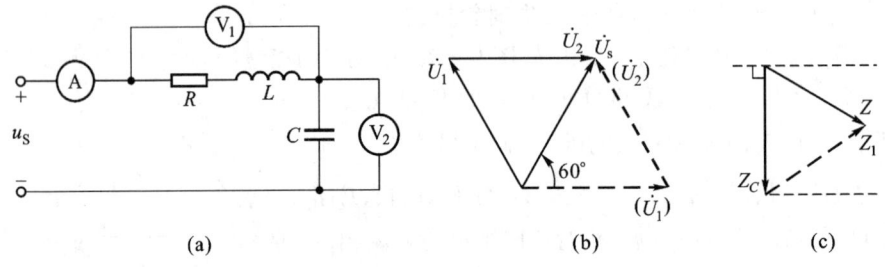

图 9 - 8 例 9 - 5 图

解 电路的基本定律和电路方程乃是解题的根本途径。根据题意可设:
$\dot{U}_s = 200\;\underline{/60°}$ V(已知),$\dot{U}_1 = 200\;\underline{/\phi_1}$ V,$\dot{U}_2 = 200\;\underline{/\phi_2}$ V,$\dot{I} = 2\;\underline{/\phi_i}$ A。根据图 9 - 8(a)电路可列写如下电压、电流关系和电路方程:

$$200\;\underline{/60°} = 200\;\underline{/\phi_1} + 200\;\underline{/\phi_2} \quad \text{(KVL)}$$

$$-j\frac{1}{\omega C} = \frac{\dot{U}_2}{\dot{I}} = 100\;\underline{/(\phi_2 - \phi_i)}$$

$$Z_1 = \frac{\dot{U}_1}{\dot{I}} = R + j\omega L = 100\;\underline{/(\phi_1 - \phi_i)}$$

依次求解上列方程,取一组合理解答为

$\phi_1 = 120°$ $\phi_2 = 0°$

$\phi_i = 90°$ $C = 31.85\;\mu\text{F}$

$R = 86.60\;\Omega$ $L = 0.159\;\text{H}$

读者可查验上述结果。对串、并联电路常常采用相量图来启发解题思路和方法。本例可先根据 KVL 作电路的电压相量图,如图 9—8(b)所示(两种可能的封闭的正三角形),很容易根据该图求得 ϕ_1 和 ϕ_2(有两种可能的解答)。也可作本题的阻抗三角形:$Z = 100\;\underline{/\varphi_Z}\;\Omega$,$Z_1 = 100\;\underline{/\varphi_{Z1}}\;\Omega$,$Z_C = -j100\;\Omega$,有

$$100\;\underline{/\varphi_Z} = 100\;\underline{/\phi_{Z1}} - j100$$

如图 9 - 8(c)所示,根据该图可得

$$Z = 100\;\underline{/-30°}\;\Omega$$

$$Z_1 = 100\;\underline{/30°}\;\Omega$$

当出现多解的情况时,必须判断其合理性。本例中有另一组解 $\phi_1 = 0°, \phi_2 = 120°$ 是不合理的。(请读者思考为什么。)

例 9-6 图 9-9 所示电路中 R 可变。在什么条件下 $\dot{I}$ 可保持不变?

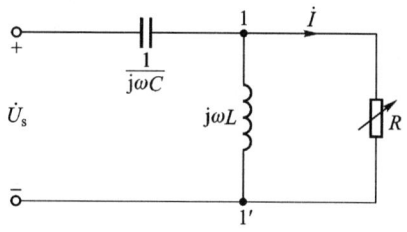

图 9-9 例 9-6 图

解 根据题意,电阻 R 是从其左侧的一端口 $1-1'$ 获得电流,所以,一端口 $1-1'$ 的诺顿等效电路应为理想电流源,其等效导纳应为零,则有

$$Y_{eq} = j\omega C - j\frac{1}{\omega L} = 0$$

$$\dot{I} = j\omega C \dot{U}_s (\text{短路电流})$$

应当满足的条件为

$$\omega = \frac{1}{\sqrt{LC}}$$

解题时要用多种方法试探,启发思维,达到举一反三的目的。以下提供其他的求解方法,由读者分析完成。

根据电路的结点方程

$$(j\omega C - j\frac{1}{\omega L})\dot{U}_{11'} + \dot{I} = j\omega C\dot{U}_s$$

根据网孔法(顺时针)解得电流 $\dot{I}$

$$\dot{I} = \frac{j\omega L \dot{U}_s}{(j\omega L - j\frac{1}{\omega C})(R + j\omega L) - (j\omega L)^2}$$

当 $R = \infty$(开路)时,开路电压的模 $U_{11'oc} = \infty$,而 $\dot{U}_{11'oc}$ 为

$$\dot{U}_{11'oc} = \frac{j\omega L \dot{U}_s}{j\omega L - j\frac{1}{\omega C}}$$

例 9-7 求图 9-10(a)所示一端口的戴维宁等效电路。

解 戴维宁等效电路的开路电压 $\dot{U}_{oc}$ 和戴维宁等效阻抗 Z_{eq} 的求解方法与电阻电路相同。

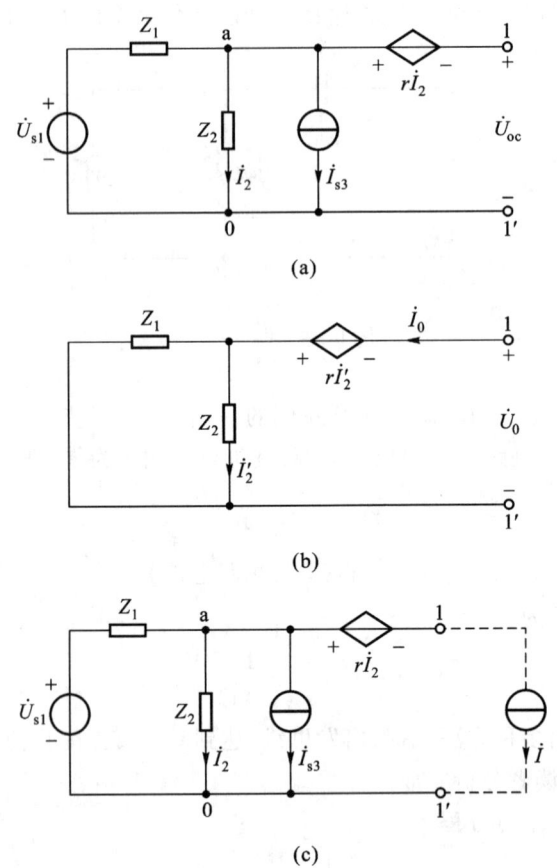

图 9-10 例 9-7 图

先求 $\dot{U}_{oc}$，将 1-1′开路，由图 9-10(a)可知

$$\dot{U}_{oc} = -r\dot{I}_2 + \dot{U}_{a0}$$

又有

$$(Y_1 + Y_2)\dot{U}_{a0} = Y_1\dot{U}_{s1} - \dot{I}_{s3}$$

解得

$$\dot{I}_2 = Y_2\dot{U}_{a0}$$

$$\dot{U}_{oc} = \frac{(1-rY_2)(Y_1\dot{U}_{s1} - \dot{I}_{s3})}{Y_1 + Y_2}$$

可按图 9-10(b)求解等效阻抗 Z_{eq}。在端口 1-1′置一电压源 $\dot{U}_0$(与独立电源同频率),求得 $\dot{I}_0$ 后有

$$Z_{eq} = \frac{\dot{U}_0}{\dot{I}_0}$$

可以设 $\dot{I}_2'$ 为已知,然后求出 $\dot{U}_0$、$\dot{I}_0$。由图 9-10(b)得

$$\dot{I}_0 = \dot{I}_2' + Z_2 Y_1 \dot{I}_2'$$

$$\dot{U}_0 = Z_2 \dot{I}_2' - r\dot{I}_2'$$

解得

$$Z_{eq} = \frac{(Z_2 - r)\dot{I}_2'}{(1 + Z_2 Y_1)\dot{I}_2'} = \frac{Z_2 - r}{1 + Z_2 Y_1} = \frac{1 - rY_2}{Y_1 + Y_2}$$

从求得的 $\dot{U}_{oc}$ 和 Z_{eq} 的表达式可知,应有 $Y_1 + Y_2 \neq 0$ 成立。

也可求解端口 1-1′的短路电流 $\dot{I}_{sc}$,用 $Z_{eq} = \frac{\dot{U}_{oc}}{\dot{I}_{sc}}$ 求得等效电抗。本例有

$$\dot{I}_{sc} = Y_1 \dot{U}_{s1} - \dot{I}_{s3}$$

当电路中有受控源时,上述方法要对电路进行两次求解,如用一步法可能要方便些。具体做法为:在端口 1-1′置一电流源 $\dot{I}$ 替代一端口的输出电流 $\dot{I}$,如图 9-10(c)中虚线所示,求端电压 $\dot{U}_{11'}$ 与 $\dot{I}$ 的电压电流关系,即 $\dot{U}_{11'} = f(\dot{I})$(外特性),如本例有电路方程

$$(Y_1 + Y_2)\dot{U}_{a0} = Y_1 \dot{U}_{s1} - \dot{I}_{s3} - \dot{I}$$

$$\dot{U}_{11'} = -r\dot{I}_2 + Z_2 \dot{I}_2$$

$$\dot{I}_2 = \dot{U}_{a0} Y_2$$

最后解得

$$\dot{U}_{11'} = \frac{1 - rY_2}{Y_1 + Y_2}(Y_1 \dot{U}_{s1} - \dot{I}_{s3}) - \frac{1 - rY_2}{Y_1 + Y_2}\dot{I}$$

根据上述方程就能获得戴维宁等效电路的两个参数。

例 9-8 求图 9-11 所示电路中的电流 i_L。图中电压源 $u_S = 10.39\sqrt{2}\sin(2t + 60°)$ V,电流源 $i_S = 3\sqrt{2}\cos(2t - 30°)$ A。

图 9-11 例 9-8 图

解 电路中的电源为同一频率,则有

$$\dot{U}_\mathrm{s} = 10.39 \underline{/-30°}\ \mathrm{V}, \qquad \dot{I}_\mathrm{s} = 3\underline{/-30°}\ \mathrm{A}, \qquad \frac{1}{\omega C} = 1\ \Omega, \qquad \omega L = 1\ \Omega$$

本例将仿照电阻电路用不同方法编写电路方程求解。

(1) 用结点法求解,列方程为

$$(2\mathrm{j}-\mathrm{j})\dot{U}_{10} - (-\mathrm{j})\dot{U}_{20} = \mathrm{j}\dot{U}_\mathrm{s}$$

$$-(-\mathrm{j})\dot{U}_{10} + (\mathrm{j}-\mathrm{j})\dot{U}_{20} = -\dot{I}_\mathrm{s}$$

$$\dot{I}_L = \frac{\dot{U}_{10} - \dot{U}_{20}}{\mathrm{j}}$$

可解得 $\dot{U}_{10} = \mathrm{j}\dot{I}_\mathrm{s}$ $\dot{U}_{20} = \dot{U}_\mathrm{s} - \mathrm{j}\dot{I}_\mathrm{s}$ $\dot{I}_L = -\mathrm{j}(\dot{U}_{10} - \dot{U}_{20}) = \mathrm{j}\dot{U}_\mathrm{s} + 2\dot{I}_\mathrm{s}$

(2) 用网孔法(顺时针方向)求解,设网孔电流为 $\dot{I}_1$、$\dot{I}_2$ 和 $\dot{I}_\mathrm{s}$(自左至右)

$$-\mathrm{j}2\dot{I}_1 - (-\mathrm{j})\dot{I}_2 = \dot{U}_\mathrm{s}$$

$$-(-\mathrm{j})\dot{I}_1 + (\mathrm{j}-\mathrm{j}2)\dot{I}_2 - (-\mathrm{j})\dot{I}_\mathrm{s} = 0$$

(右网孔方程省列)

$$\dot{I}_L = \dot{I}_2$$

(3) 用叠加定理求解。

$$\dot{I}'_L = \mathrm{j}\dot{U}_\mathrm{s} \qquad (\dot{U}_\mathrm{s}\ 单独作用)$$

$$\dot{I}''_L = \dot{I}_\mathrm{s}\,\frac{-\mathrm{j}}{-\mathrm{j}0.5} = 2\dot{I}_\mathrm{s} \qquad (\dot{I}_\mathrm{s}\ 单独作用)$$

$$\dot{I}_L = \dot{I}'_L + \dot{I}''_L$$

(4) 用戴维宁等效电路求解。

端口 1-2 的开路电压 $\dot{U}_\mathrm{oc}$ 为

$$\dot{U}_\mathrm{oc} = \frac{1}{2}\dot{U}_\mathrm{s} - \mathrm{j}\dot{I}_\mathrm{s}$$

端口 1-2 的等效阻抗 Z_{eq} 为

$$Z_{eq} = \left(\frac{1}{j2} - j\right) \Omega = -j1.5 \ \Omega$$

解得

$$\dot{I}_L = \dot{I}_2 = \frac{\dot{U}_{oc}}{j - j1.5} = j\dot{U}_s + 2\dot{I}_s = 10 \underline{/30°} \ A$$

$$i_L = 10\sqrt{2}\cos(2t + 30°) \ A$$

读者可思考，当电路中的电阻 R 变化时，将对电路产生哪些影响？

§9-4 正弦稳态电路的功率

设图 9-12(a)所示一端口 N 吸收的瞬时功率 p 等于电压 u 和电流 i 的乘积

$$p = ui$$

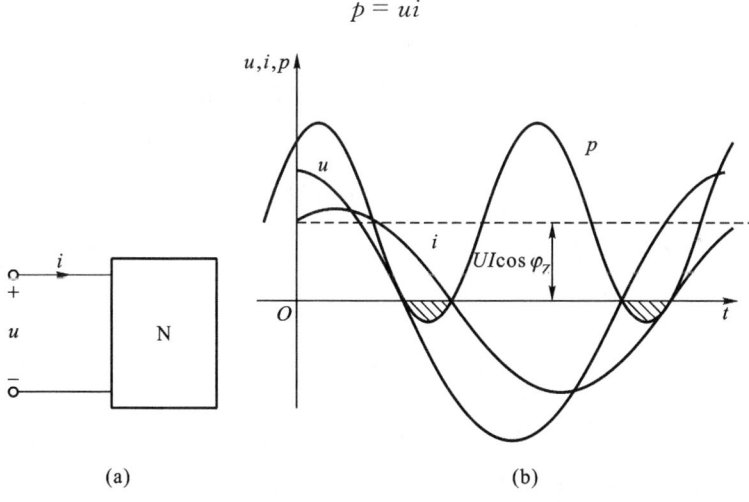

图 9-12 一端口电路 N 的功率

当一端口 N 处于正弦稳态时，端口的电压、电流是同频正弦量，瞬时功率是两个同频正弦量的乘积，是一个随时间作周期变化的非正弦周期量。工程上计量的功率，家用电器标记的功率都是周期量的平均功率，如电热水器的功率为 1 500 W，日光灯的功率为 40 W 等，都是指平均功率。周期量的平均功率 P 定义为

$$P \stackrel{\text{def}}{=} \frac{1}{T}\int_0^T p\,\mathrm{d}t = \frac{1}{T}\int_0^T ui\,\mathrm{d}t$$

下面将以 RLC 串联电路作为不含独立源的一端口的例子,来研究在正弦稳态下,这些元件在能量转换过程中的作用。电路可参阅图 9-4(a)所示,设正弦电流为 $i = I_m\cos(\omega t)$,各元件吸收的瞬时功率分述如下:

电阻 R 吸收的瞬时功率 p_R 为

$$p_R = Ri^2 = RI_m^2\cos^2(\omega t)$$
$$= RI^2[1 + \cos(2\omega t)]$$

它是一个频率为正弦电流(或电压)频率 2 倍的非正弦周期量,始终有 $p_R \geq 0$,表明电阻的耗能特性,其吸收的平均功率 P_R 为

$$P_R = \frac{1}{T}\int_0^T RI^2[1 + \cos(2\omega t)]\,\mathrm{d}t = RI^2$$

电感 L 吸收的瞬时功率 p_L 为

$$p_L = iL\frac{\mathrm{d}i}{\mathrm{d}t} = -\omega LI_m^2\cos(\omega t)\sin(\omega t)$$
$$= -\omega LI^2\sin(2\omega t)$$

它是一个频率为正弦电流(或电压)频率 2 倍的正弦量,在正弦电流的一个周期内正负交替变化 2 次,即吸收(储存)-释放能量 2 次。其吸收的平均功率 P_L 为

$$P_L = \frac{1}{T}\int_0^T -\omega LI^2\sin(2\omega t)\,\mathrm{d}t = 0$$

这反映了电感的非耗能的储能特性。

电容 C 吸收的瞬时功率 p_C 为

$$p_C = i\frac{1}{C}\int i\,\mathrm{d}t = \frac{1}{\omega C}I_m^2\cos(\omega t)\sin(\omega t)$$
$$= \frac{1}{\omega C}I^2\sin(2\omega t)$$

它也是一个频率为正弦电流(或电压)频率 2 倍的正弦量,在正弦电流的一个周期内,吸收(储存)-释放能量 2 次,其吸收的平均功率 P_C 为

$$P_C = \frac{1}{T}\int_0^T \frac{1}{\omega C}I^2\sin(2\omega t)\,\mathrm{d}t = 0$$

这反映了电容的非耗能的储能特性。

整个 RLC 串联电路吸收的瞬时功率为上述三项之和,即

$$p = p_R + p_L + p_C$$
$$= RI^2[1 + \cos(2\omega t)] - (\omega L - \frac{1}{\omega C})I^2\sin(2\omega t)$$

它是一个频率为正弦电流(或电压)频率 2 倍的非正弦周期量。第一项始终大于

或等于零,是瞬时功率的不可逆部分,为电路所吸收的功率(此处为电阻所吸收的功率),不再返回外部电路。第二项表明,电感和电容的瞬时功率反相,在能量交换过程中,彼此互补,即电感吸收(或释放)能量时,恰好是电容释放(或吸收)能量,彼此互补后的不足部分由外部电路补充(供给),这第二项就是 L、C 之间功率互补后不足部分与外电路往复交换的瞬时功率,这是瞬时功率的可逆部分。当 $\omega L - \dfrac{1}{\omega C} = 0$ 时,L、C 之间完全互补,第二项可逆部分将不存在,但 L、C 之间吸收-释放能量的交换过程仍按原周期进行,并未消失。如果只含有一种储能元件,将不存在功率的互补情况,如果电路中不存在储能元件,则电路与外部往复交换的瞬时功率(第二项)将不会发生。

根据一端口的阻抗三角形可作如下变换:

$$R = |Z|\cos\varphi_Z \qquad (\omega L - \frac{1}{\omega C}) = |Z|\sin\varphi_Z \qquad U = |Z|I$$

代入后有

$$p = UI\cos\varphi_Z[1 + \cos(2\omega t)] - UI\sin\varphi_Z\sin(2\omega t)$$

图 9-12(b)为正弦稳态电路瞬时功率的波形图($\varphi_Z > 0$ 呈感性)。从该图形可以看出,在正弦电流的一个周期内有两个时区 $p \leq 0$(图中斜线所示部分),当一端口为感性阻抗时,在此时区内有 $i \geq 0$(或 $i \leq 0$),但 $|i|$ 在下降,表明电感在释放能量,而此时电容电压 u_C 在增加(滞后电流 90°),表明电容在吸收能量,因此,电感将释放的能量除了供给电阻和电容外,将多余的能量返回外电路。

上述关于正弦稳态电路瞬时功率的描述,反映了一端口电路(或元件)在能量转换过程中的状态,并为工程测量和全面反映正弦稳态电路的功率提供了理论依据。可以通过一端口的 U、I 和 φ_Z 从如下几个方面反映正弦稳态电路的功率状态。

1. 有功功率 P(即平均功率)定义为

$$P \stackrel{\text{def}}{=\!=} \frac{1}{T}\int_0^T p\,\mathrm{d}t = UI\cos\varphi_Z$$

它是瞬时功率不可逆部分的恒定分量,也是其变动部分的振幅,它是衡量一端口实际所吸收的功率,其单位用 W(瓦)表示。

2. 无功功率 Q 定义为

$$Q \stackrel{\text{def}}{=\!=} UI\sin\varphi_Z$$

它是瞬时功率可逆部分的振幅,是衡量由储能元件引起的与外部电路交换的功率,这里"无功"的意思是指这部分能量在往复交换的过程中,没有"消耗"掉。其单位用 var(乏)表示。

3. 视在功率 S 定义为

$$S \overset{\text{def}}{=\!=} UI$$

它是满足一端口电路有功功率和无功功率两者的需要时,要求外部提供的功率容量,显然有 $S \geqslant P$ 和 $S \geqslant Q$,P、Q 及 S 三者的关系为

$$P = S\cos \varphi_Z \qquad Q = S\sin \varphi_Z \qquad S = \sqrt{P^2 + Q^2}$$

这是一个直角三角形关系(S 是斜边)。工程上常用视在功率衡量电气设备在额定的电压、电流条件下最大的负荷能力,或承载能力(指对外输出有功功率的最大能力)。视在功率的单位常用 V·A(伏安)表示。

上面所用单位 W、var 和 V·A,其量纲相同,目的是区分三种不同的功率。

工程中通常用到功率因数 λ 的概念,其定义为

$$\lambda = \cos \varphi_Z \leqslant 1$$

φ_Z 称为功率因数角(不含独立源的一端口的阻抗角)。它是衡量传输电能效果的一个非常重要的指标,表示传输系统有功功率所占的比例,即

$$\lambda = \frac{P}{S}$$

实际电网非常庞大,延伸数千公里,人们当然不希望电能的往复传输,这样会增加系统电能的消耗和增大系统设备的容量,所以,理想状态为 $\lambda = 1$,$Q = 0$。

上述关于正弦稳态功率的论述,虽然是通过 RLC 串联电路获得的,但它适用于任何一端口电路,具有普遍意义。

对于不含独立源的一端口,可以用等效阻抗 $Z = R + jX = |Z|\underline{/\varphi_Z}$(串联形式的等效电路)替代,端电压 $\dot{U}$ 被分解为两个分量 $\dot{U}_R$ 和 $\dot{U}_X$(参阅图 9-2),其中 $\dot{U}_R$ 产生有功功率 P,$\dot{U}_X$ 产生无功功率 Q,即为

$$P = UI\cos \varphi_Z = IU_R = I^2 R$$
$$Q = UI\sin \varphi_Z = IU_X = I^2 X$$

式中 $U_R = U\cos \varphi_Z$ 称为电压 U 的有功分量,$U_X = U\sin \varphi_Z$ 称为电压 U 的无功分量。

如用等效导纳 $Y = G + jB$(并联等效电路)替代,则输入电流 $\dot{I}$ 被分解为两个分量 $\dot{I}_G$ 和 $\dot{I}_B$,(参阅图 9-3),其中 $\dot{I}_G$ 产生有功功率,$\dot{I}_B$ 产生无功功率,由于 $\varphi_Z = -\varphi_Y$,则

$$P = UI\cos \varphi_Y = UI_G = U^2 G$$
$$Q = -UI\sin \varphi_Y = -UI_B = -U^2 B$$

式中 $I_G = I\cos \varphi_Y$ 称为 I 的有功分量,$I_B = I\sin \varphi_Y$ 称为 I 的无功分量。

对于单一的 R、L、C 元件,可以认为是不含独立源的一端口的特例,也适用上述有关功率的定义。

§9-4 正弦稳态电路的功率

对于电阻 R，由于 $\varphi_Z = 0, \lambda = 1$，它的有功功率和无功功率分别为
$$P_R = S\cos\varphi_Z = S = UI = RI^2 = GU^2$$
$$Q_R = S\sin\varphi_Z = 0$$

对于电感 L，由于 $\varphi_Z = 90°, \lambda = 0$，故
$$P_L = S\cos\varphi_Z = 0$$
$$Q_L = S\sin\varphi_Z = S = UI = \omega L I^2 = \frac{U^2}{\omega L}$$

对于电容 C，由于 $\varphi_Z = -90°, \lambda = 0$，故
$$P_C = S\cos\varphi_Z = 0$$
$$Q_C = S\sin\varphi_Z = -S = -UI = -\frac{1}{\omega C}I^2 = -\omega C U^2$$

在电路系统中，电感和电容的无功功率有互补作用，工程上认为电感吸收无功功率，而认为电容发出无功功率，将两者加以区别。

对于含有独立源的一端口电路，由于电源参与有功功率、无功功率的交换，使问题变得较为复杂，但上述有关三个功率的定义，仍然适用于含源一端口，可通过端口的电压、电流的计算获得，但功率因数将失去实际意义。设含源一端口的电压、电流分别为（关联参考方向）
$$i = I_m\cos(\omega t + \phi_i)$$
$$u = U_m\cos(\omega t + \phi_i + \varphi)$$

式中 $\varphi = \phi_u - \phi_i$，由于有
$$U_m\cos(\omega t + \phi_i + \varphi) = U_m\cos\varphi\cos(\omega t + \phi_i) - U_m\sin\varphi\sin(\omega t + \phi_i)$$

则
$$p = ui = UI\cos\varphi[1 + \cos(2\omega t + 2\phi_i)] - UI\sin\varphi\sin(2\omega t + 2\phi_i)$$

瞬时功率仍然由两部分组成：不可逆部分（式中第一项）和可逆部分（式中第二项）。通过 U、I 和 φ 表示的三个功率为
$$P = UI\cos\varphi \qquad Q = UI\sin\varphi \qquad S = UI$$

此外 $\varphi = \phi_u - \phi_i$，对不含独立源的一端口它就是阻抗角 φ_Z。当一端口含有受控源时，有可能出现 $|\varphi_Z| > 90°$ 的情况，此时，一端口发出有功功率；当 $|\varphi_Z| \leq 90°$ 时，含有受控源的一端口与不含受控源的一端口的情况相同。

整个电路遵守功率守恒原理，有
$$\sum P = 0 \qquad \sum Q = 0$$

一般情况下不存在 $\sum S = 0$。

例 9-9 求图 9-5(a)所示电路中电源发出的有功功率 P、无功功率 Q、视

在功率 S 和电路的功率因数 λ。

解 求功率必先解电路,求得各部分的电压、电流就能求得各种功率。图中电源发出的功率可根据 $\dot{U}_s$ 和 $\dot{I}$ 求得,其结果如下:

视在功率 S_s 为
$$S_s = U_s I = 100 \times 0.6 \text{ V}\cdot\text{A} = 60 \text{ V}\cdot\text{A}$$

$\dot{U}_s$ 与 $\dot{I}$ 的相位差 φ 和功率因数 λ 分别为
$$\varphi = 0° - 52.30° = -52.30° \quad (容性)$$
$$\lambda = \cos\varphi = 0.612$$

有功功率 P 为
$$P = S_s\lambda = 60 \times 0.612 \text{ W} = 36.72 \text{ W}$$

无功功率 Q 为
$$Q = S_s \sin\varphi = -47.47 \text{ var}$$

§9-5 复 功 率

由上一节可知,正弦电流电路的瞬时功率等于两个同频率正弦量的乘积,其结果是一个非正弦周期量,同时它的频率也不同于电压或电流的频率,所以不能用相量法讨论。但是正弦电流电路的有功功率、无功功率和视在功率三者之间是一个直角三角形的关系,可以通过"复功率"表述。

设一端口的电压相量为 $\dot{U}$,电流相量为 $\dot{I}$,复功率 $\overline{S}$ 定义为
$$\overline{S} \xrightarrow{\text{def}} \dot{U}\dot{I}^* = UI\underline{/(\phi_u - \phi_i)}$$
$$= UI\cos\varphi + jUI\sin\varphi$$
$$= P + jQ$$

式中 $\dot{I}^*$ 是 $\dot{I}$ 的共轭复数[①]。复功率的吸收或发出同样根据端口电压和电流的参考方向来判断。复功率是一个辅助计算功率的复数,它将正弦稳态电路的 3 种功率和功率因数统一为一个公式表示,是一个"四归一"公式。只要计算出电路中的电压和电流相量,各种功率就可以很方便地计算出来。例如求图 9-5(a)所示电源发出的复功率 $\overline{S}_s$ 为
$$\overline{S}_s = \dot{U}_s \dot{I}^* = 100 \times 0.6 \underline{/-52.30} \text{ V}\cdot\text{A} = (36.69 - j47.47)\text{V}\cdot\text{A}$$

显然,复功率将一端口的功率表述得非常简单。复功率的单位用 V·A。

---

① $\overline{S}$ 的另一种定义:$\overline{S} \xrightarrow{\text{def}} \dot{U}^* \dot{I}$。

最后,应当注意,复功率 $\overline{S}$ 不代表正弦量,乘积 $\dot{U}\dot{I}$ 是没有意义的。复功率的概念显然适用于单个电路元件或任何一端口电路。

对于不含独立源的一端口可以用等效阻抗 Z 或等效导纳 Y 替代,则复功率 $\overline{S}$ 又可表示为

$$\overline{S} = \dot{U}\dot{I}^* = (\dot{I}Z)\dot{I}^* = I^2 Z$$

$$\overline{S} = \dot{U}\dot{I}^* = U(Y\dot{U})^* = U^2 Y^*$$

由 $\overline{S}$、P、Q 形成的三角形是一个与阻抗三角形相似的直角三角形。上式中 $Y = G + jB$, $Y^* = G - jB$。

可以证明,对整个电路复功率守恒,即有

$$\sum \overline{S} = 0 \qquad \sum P = 0 \qquad \sum Q = 0$$

例 9 - 10 图 9 - 13(a)所示电路外加 50 Hz、380 V 的正弦电压,感性负载吸收的功率 $P_1 = 20$ kW,,功率因数 $\lambda_1 = 0.6$。若要使电路的功率因数提高到 $\lambda = 0.9$,求在负载的两端并接的电容值(图中虚线所示)。

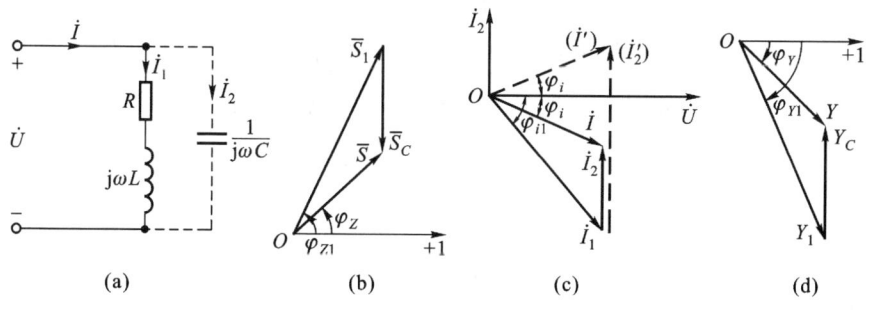

图 9 - 13　例 9 - 10 图

解　工程上常利用电感、电容无功功率的互补特性,通过在感性的负载端并联电容来提高电路的功率因数。接入电容后,不会改变原负载的工作状态,而利用电容发出的无功功率,部分(或全部)补偿感性负载所吸收的无功功率,从而减轻了电源和传输系统的无功功率的负担。

解法一: 根据复功率守恒原理求解。

接入电容 C 后,根据复功率守恒原理有

$$\overline{S} = \overline{S}_1 + \overline{S}_C$$

$\overline{S}$ 为并联电容 C 后电源发出的复功率,设阻抗角为 φ_Z,$\overline{S}_1$ 为支路 1 吸收的复功率,设其阻抗角为 φ_{Z1},而 $\overline{S}_C = -j\omega C U^2$ 为电容吸收的复功率,这些复功率组成了功率三角形,如图 9 - 13(b)所示,上式复功率方程分列为

$$S\cos\varphi_Z = S_1\cos\varphi_{Z1} = P_1 \quad \text{(有功功率)}$$

$$S\sin\varphi_Z = S_1\sin\varphi_{Z1} - \omega C U^2$$

从以上两式解得

$$C = \frac{P_1}{\omega U^2}(\tan\varphi_{Z1} - \tan\varphi_Z)$$

式中

$$\varphi_Z = \arccos\lambda = 25.84° \quad \text{(感性)}$$

$$\varphi_{Z1} = \arccos\lambda_1 = 53.13° \quad \text{(感性)}$$

最后有

$$C = 374.51\ \mu F$$

解法二:根据 KCL 电流方程求解。

并入电容 C 后,根据 KCL 有

$$\dot{I} = \dot{I}_1 + \dot{I}_2$$

令 $\dot{U} = 380\ \underline{/0°}$ V(参考相量), $\dot{I} = I\ \underline{/\phi_i}$ A(并联电容后), $\dot{I}_1 = I_1\ \underline{/\phi_{i1}}$ A 和 $\dot{I}_2 = j\omega C \dot{U}$,电流三角形如图 9-13(c)中实线所示,则电流方程可分列为

$$I\cos\phi_i = I_1\cos\phi_{i1} \quad \text{(有功分量)}$$

$$I\sin\phi_i = I_1\sin\phi_{i1} + \omega C U \quad \text{(无功分量)}$$

并有

$$U I_1 \cos\phi_{i1} = P_1$$

则解得

$$C = \frac{P_1}{\omega U^2}(\tan\phi_i - \tan\phi_{i1})$$

式中, $\phi_i = -\varphi_Z$, $\phi_{i1} = -\varphi_{Z1}$,这里 φ_Z 和 φ_{Z1} 分别为并联电容后的阻抗角和支路 1 的阻抗角,所以

$$\phi_i = -\arccos\lambda = -25.84° \quad \text{(感性)}$$

$$\phi_{i1} = -\arccos\lambda_1 = -53.13° \quad \text{(感性)}$$

可求得同样结果。表明,并联电容后,容性和感性的无功电流分量有互补作用。

解法三:根据等效导纳求解。

并接入电容 C 后有

$$Y = Y_1 + Y_C$$

设 $Y = |Y|\ \underline{/\varphi_Y}$(并联电容后), $Y_1 = |Y_1|\ \underline{/\varphi_{Y1}}$(支路 1),而 $Y_C = j\omega C$,导纳三角

形如图 9-13(d)所示,则导纳方程可分列为

$$|Y|\cos\phi_Y = |Y_1|\cos\varphi_{Y1} \quad (实部)$$
$$|Y|\sin\phi_Y = |Y_1|\sin\varphi_{Y1} + \omega C \quad (虚部)$$

又由于

$$|Y_1|\cos\varphi_{Y1}\,U^2 = P_1,\text{则解得}$$
$$C = \frac{P_1}{\omega U^2}(\tan\varphi_Y - \tan\varphi_{Y1})$$

式中

$$\varphi_Y = \arccos\lambda = -25.84° \quad (感性)$$
$$\varphi_{Y1} = \arccos\lambda_1 = -53.13° \quad (感性)$$

图 9-13(c)中虚线所示是符合要求的另一解答,功率因数角 $\varphi_Z = -25.84°$(容性),需要更大的电容量,经济上不可取。

通过这个例子可以看出功率因数提高的经济意义。并联电容后 $\overline{S} < \overline{S}_1$,$I < I_1$,这样既提高了电源设备的利用率,也减少了传输线上的损耗。

读者可思考:能否采用串联电容或串联电阻的方法提高功率因数?

§9-6 最大功率传输

图 9-14(a)所示电路为含源一端口 N_S 向终端负载 Z 传输功率,当传输的功率较小(如通信系统,电子电路中),而不必计较传输效率时,常常要研究使负载获得最大功率(有功)的条件。根据戴维宁定理,该问题可以简化为图 9-14(b)所示等效电路进行研究。

设 $Z_{eq} = R_{eq} + jX_{eq}$,$Z = R + jX$,则负载吸收的有功功率为

$$P = I^2 R = \frac{U_{oc}^2 R}{(R + R_{eq})^2 + (X_{eq} + X)^2}$$

图 9-14 最大功率传输

从上式可以看出,负载端获得的功率与一端口的等效参数(内部)和负载的参数(外部)有关,在内部不便变动的情况下(且 $U_{oc} \neq 0$),则负载 Z 必须根据 Z_{eq} 进行配置(匹配),才可能获得最大功率。配置条件不同,获得的最大功率也不同。如果 R 和 X 可以任意变动,而其他参数不变时,则获得最大功率的条件为

$$\left. \begin{array}{r} X + X_{eq} = 0 \\ \dfrac{d}{dR}\left[\dfrac{R}{(R+R_{eq})^2}\right]=0 \end{array} \right\}$$

解得
$$\left. \begin{array}{r} X = -X_{eq} \\ R = R_{eq} \end{array} \right\}$$

即有
$$Z = R_{eq} - jX_{eq} = Z_{eq}^*$$

此时获得的最大功率为
$$P_{max} = \dfrac{U_{oc}^2}{4R_{eq}}$$

当用诺顿等效电路时,获最大功率的条件可表示为
$$Y = Y_{eq}^*$$

上述获最大功率的条件称为最佳匹配(共轭匹配)。工程上还可以根据其他的匹配条件求解最大功率。在此不一一列举。

例 9 – 11 图 9 – 15 所示电路中的正弦电源 $\dot{U}_s = 10\underline{/-45°}$ V,负载 Z_L 可任意变动。求 Z_L 可能获得的最大功率(分 3 种情况:$g = 0.5$ S,-0.5 S 和 1 S)。

图 9 – 15 例 9 – 11 图

解 求一端口 1 – 1′ 的戴维宁等效电路。用电流源 $\dot{I}$ 替代 Z_L 后,结点方程为

$$\left(\dfrac{1}{1-j} + \dfrac{1}{j} + \dfrac{1}{2}\right)\dot{U}_{10} - \dfrac{1}{2}\dot{U}_{20} = \dfrac{\dot{U}_s}{1-j}$$

$$-\dfrac{1}{2}\dot{U}_{10} + \dfrac{1}{2}\dot{U}_{20} - g\dot{U}_{10} = -\dot{I}$$

解得
$$\dot{U}_{20} = \dot{U}_{11'} = \dfrac{1+2g}{-g+j(g-1)}\dot{U}_s - \dfrac{1-j3}{-g+j(g-1)}\dot{I}$$

戴维宁等效电路的参数为
$$\dot{U}_{oc} = \dfrac{1+2g}{-g+j(g-1)}\dot{U}_s \qquad Z_{eq} = \dfrac{1-j3}{-g+j(g-1)}$$

(1) 当 $g = 0.5$ S 时,有

$$\dot{U}_{oc} = 20\sqrt{2}\underline{/90°}\ \text{V} \qquad Z_{eq} = (2+\text{j}4)\ \Omega$$

当 $Z_L = Z_{eq}^* = (2-\text{j}4)\ \Omega$ 时，Z_L 可获最大功率为

$$P_{max} = \frac{U_{oc}^2}{2\times 4} = 100\ \text{W}$$

(2) 当 $g = -0.5$ S 时，有

$$\dot{U}_{oc} = 0 \qquad Z_{eq} = 2\ \Omega$$

得最佳匹配，但一端口无功率输出。

(3) 当 $g = 1$ S 时，

$$\dot{U}_{oc} = 30\underline{/135°}\ \text{V} \qquad Z_{eq} = (-1+\text{j}3)\ \Omega$$

该情况留给读者分析、讨论。

———— 习　题 ————

9-1 试求题 9-1 图所示各电路的输入阻抗 Z 和导纳 Y。

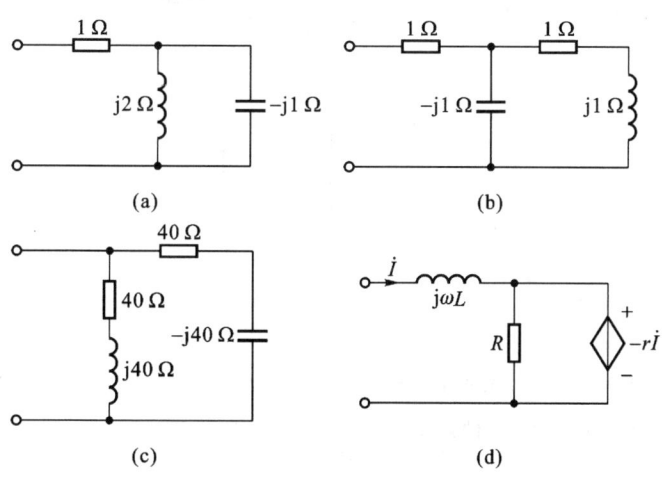

题 9-1 图

9-2 将题 9-2 图所示三角形 [图(a)] 和星形 [图(b)] 联结的电路转换为等效星形和三角形联结的电路。

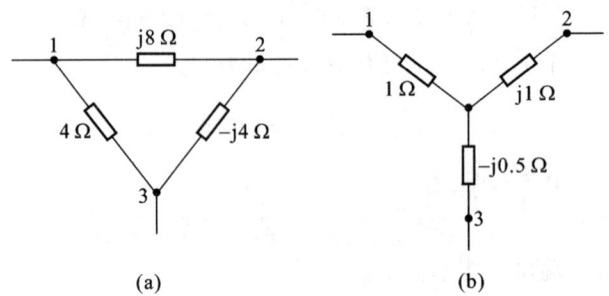

题 9-2 图

9-3 题 9-3 图中 N 为不含独立源的一端口,端口电压 u、电流 i 分别如下列各式所示。试求每一种情况下的输入阻抗 Z 和导纳 Y,并给出等效电路图(包括元件的参数值)。

(1) $\begin{cases} u = 200\cos(314t) \text{ V} \\ i = 10\cos(314t) \text{ A} \end{cases}$;

(2) $\begin{cases} u = 10\cos(10t + 45°) \text{ V} \\ i = 2\cos(10t - 90°) \text{ A} \end{cases}$;

(3) $\begin{cases} u = 100\cos(2t + 60°) \text{ V} \\ i = 5\cos(2t - 30°) \text{ A} \end{cases}$;

(4) $\begin{cases} u = 40\cos(100t + 17°) \text{ V} \\ i = 8\sin\left(100t + \dfrac{\pi}{2}\right) \text{ A} \end{cases}$。

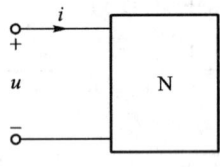

题 9-3 图

9-4 已知题 9-4 图所示电路中 $u_S = 16\sqrt{2}\sin(\omega t + 30°)$ V,电流表 A 的读数为 5 A。$\omega L = 4$ Ω,求电流表 A_1、A_2 的读数。

题 9-4 图

9-5 题 9-5 图所示电路中，$I_2 = 10$ A，$U_s = \dfrac{10}{\sqrt{2}}$ V，求电流 $\dot{I}$ 和电压 $\dot{U}_s$，并画出电路的相量图。

题 9-5 图

9-6 题 9-6 图中 $i_s = 14\sqrt{2}\cos(\omega t + \phi)$ mA，调节电容，使电压 $\dot{U} = U\underline{/\phi}$，电流表 A_1 的读数为 50 mA。求电流表 A_2 的读数。

9-7 题 9-7 图中 $Z_1 = (10 + j50)$ Ω，$Z_2 = (400 + j1\,000)$ Ω，如果要使 $\dot{I}_2$ 和 $\dot{U}_s$ 的相位差为 90°（正交），β 应等于多少？如果把图中 CCCS 换为可变电容 C，求 ωC。

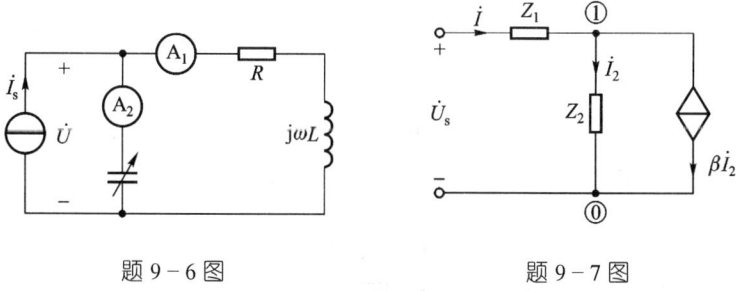

题 9-6 图　　　　　　　题 9-7 图

9-8 已知题 9-8 图所示电路中 $U = 8$ V，$Z = (1 - j0.5)$ Ω，$Z_1 = (1 + j1)$ Ω，$Z_2 = (3 - j1)$ Ω。求各支路电流和电路的输入导纳、画出电路的相量图。

9-9 已知题 9-9 图所示电路中，$U = 100$ V，$U_C = 100\sqrt{3}$ V，$X_C = -100\sqrt{3}$ Ω，阻抗 Z_x 的阻抗角 $|\varphi_x| = 60°$。求 Z_x 和电路的输入阻抗。

题 9-8 图　　　　　　　题 9-9 图

9-10　题 9-10 图所示电路中，当 S 闭合时，各表读数如下：V 为 220 V、A 为 10 A、W 为 1 000 W；当 S 打开时，各表读数依次为 220 V、12 A 和 1 600 W。求阻抗 Z_1 和 Z_2，设 Z_1 为感性（图中表 W 称为功率表，其读数 $= \mathrm{Re}[\dot{U}\dot{I}^*]$，$\dot{U}$ 为表 W 跨接的电压相量，$\dot{I}$ 为从 * 端流进表 W 的电流相量）。

题 9-10 图

9-11　已知题 9-11 图所示电路中，各交流电表的读数分别为 V：100 V；V_1：171 V；V_2：240 V。$I = 4$ A，$P_1 = 240$ W（Z_1 吸收），求阻抗 Z_1 和 Z_2。

题 9-11 图

9-12　如果题 9-12 图所示电路中 R 改变时电流 I 保持不变，L、C 应满足什么条件？

9-13　题 9-13 图所示电路在任意频率下都有 $U_{cd} = U_s$。试求：

（1）满足上述要求的条件；

(2) U_{cd} 相位的可变范围。

题 9-12 图　　　　　题 9-13 图

9-14　已知题 9-14 图所示电路中的电压源为正弦量,$L = 1$ mH,$R_0 = 1$ kΩ,$Z = (3+\mathrm{j}5)$ Ω。试求：

(1) 当 $\dot{I}_0 = 0$ 时,C 值为多少？

(2) 当条件(1)满足时,试证明输入阻抗为 R_0。

9-15　在题 9-15 图所示电路中,已知 $U = 100$ V,$R_2 = 6.5$ Ω,$R = 20$ Ω,当调节触点 c 使 $R_{ac} = 4$ Ω 时,电压表的读数最小,其值为 30 V。求阻抗 Z。

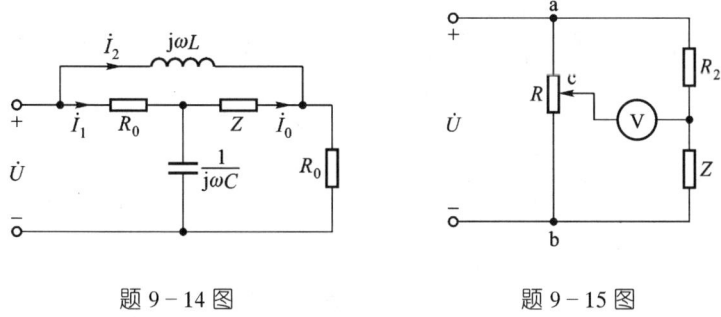

题 9-14 图　　　　　题 9-15 图

9-16　已知题 9-16 图所示电路中,当 $Z = 0$ 时,$\dot{U}_{11'} = \dot{U}_0$；当 $Z = \infty$ 时,$\dot{U}_{11'} = \dot{U}_k$。端口 2-2′ 的输入阻抗为 Z_A。试证明 Z 为任意值时有

$$\dot{U}_{11'} = \dot{U}_k + \frac{(\dot{U}_0 - \dot{U}_k)Z_A}{Z + Z_A}$$

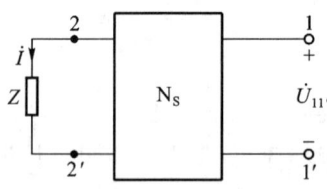

题 9-16 图

9-17 列出题 9-17 图所示电路的回路电流方程和结点电压方程。已知 $u_S = 14.14\cos(2t)$ V,$i_S = 1.414\cos(2t+30°)$ A。

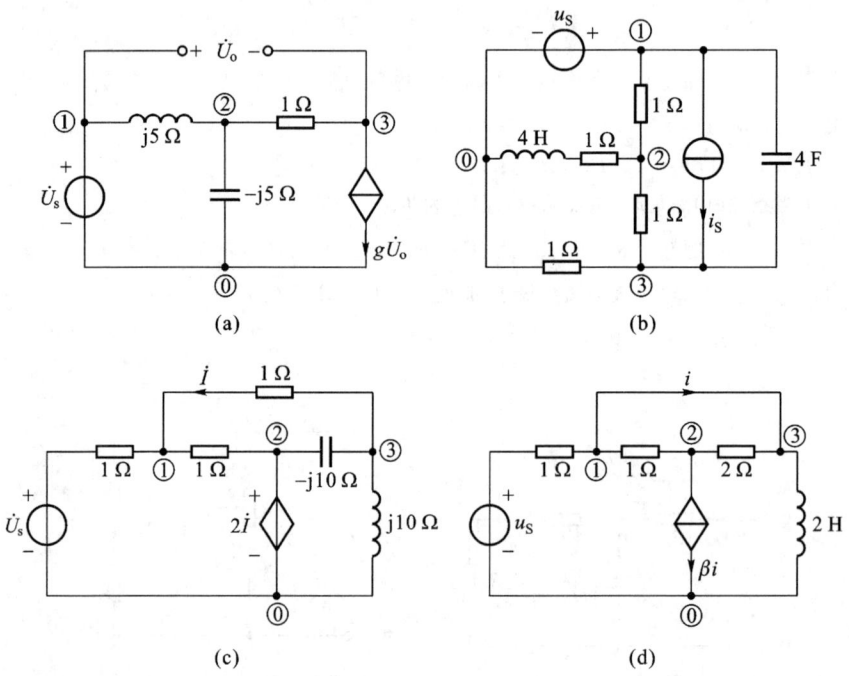

题 9-17 图

9-18 已知题 9-18 图所示电路中,$I_s = 10$ A,$\omega = 5\,000$ rad/s,$R_1 = R_2 = 10$ Ω,$C = 10\ \mu$F,$\mu = 0.5$。求电源发出的复功率。

9-19 题 9-19 图所示电路中 R 可变动,$\dot{U}_s = 200\underline{/0°}$ V。试求 R 为何值时,电源 $\dot{U}_s$ 发出的功率最大(有功功率)?

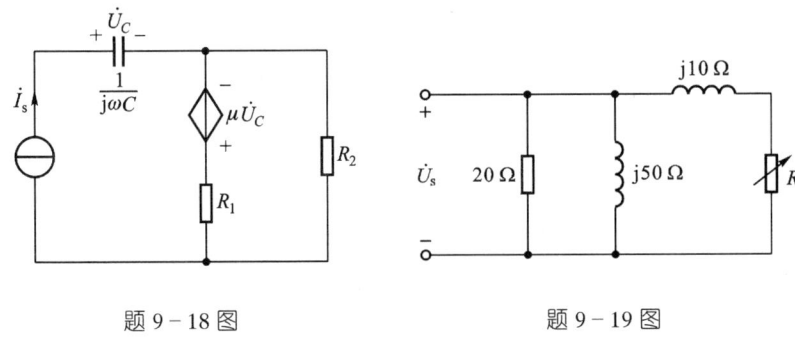

题 9-18 图   题 9-19 图

9-20 求题 9-3(2)、(4)电路吸收的复功率。

9-21 题 9-21 图所示电路中,已知 $I_s = 0.6$ A, $R = 1$ kΩ, $C = 1$ μF。如果电流源的角频率可变,问在什么频率时,RC 串联部分获最大功率？

题 9-21 图

9-22 题 9-22 图所示电路中 $R_1 = R_2 = 10$ Ω,电压表的读数为 20 V,功率表的读数为 120 W。试求 $\dfrac{\dot{U}_2}{\dot{U}_s}$ 和电源发出的复功率 $\overline{S}(L = 0.25$ H, $C = 10^{-3}$ F)。

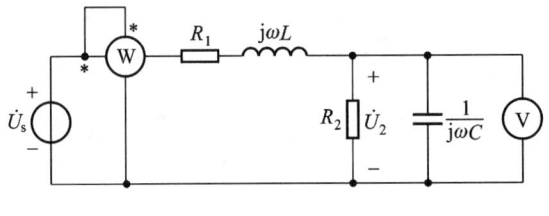

题 9-22 图

9-23 题 9-23 图中 $R_1 = R_2 = 100$ Ω, $L_1 = L_2 = 1$ H, $C = 100$ μF, $\dot{U}_s = 100\underline{/0°}$ V, $\omega = 100$ rad/s。求 Z_L 能获得的最大功率。

题 9-23 图

9-24 题 9-24 图中的独立电源为同频正弦量,当 S 打开时,电压表的读数为 25 V。电路中的阻抗为 $Z_1 = (6+\mathrm{j}12)\,\Omega, Z_2 = 2Z_1$。求 S 闭合后 $-\mathrm{j}\dfrac{1}{\omega C}$ 为何值时,图中电压表 V 的读数最大?并求此时电压表 V 的读数。

题 9-24 图

9-25 把 3 个负载并联接到 220 V 正弦电源上,各负载取用的功率和电流分别为:$P_1 = 4.4$ kW, $I_1 = 44.7$ A(感性);$P_2 = 8.8$ kW, $I_2 = 50$ A(感性);$P_3 = 6.6$ kW, $I_3 = 60$ A(容性)。求题 9-25 图中表 A、W 的读数和电路的功率因数。

题 9-25 图

9-26 已知题 9-26 图中

$$u(t) = 20\cos(10^3 t + 75°) \text{ V}$$

$$i(t) = \sqrt{2}\sin(10^3 t + 120°) \text{ A}$$

N_0 中无独立源。求 N_0 吸收的复功率和输入阻抗 Z_i。

题 9-26 图

9-27 已知题 9-27 图中 $\dot{U}_s = 100\underline{/90°}$ V, $\dot{I}_s = 5\underline{/0°}$ A。求当 Z_L 获最大功率时各独立源发出的复功率。

题 9-27 图

第十章

含有耦合电感的电路

------• 内容提要 •------

耦合电感在工程中有着广泛的应用。本章主要介绍耦合电感中的磁耦合现象、互感和耦合因数、耦合电感的同名端和耦合电感的磁通链方程、电压电流关系；还介绍含有耦合电感电路的分析计算及变压器、理想变压器的初步概念。

§10-1 互 感

载流线圈之间通过彼此的磁场相互联系的物理现象称为磁耦合。图 10-1(a)为两个有耦合的载流线圈(即电感 L_1 和 L_2)，载流线圈中的电流 i_1 和 i_2 称为施感电流，线圈的匝数分别为 N_1 和 N_2。根据两个线圈的绕向、施感电流的参考方向，按右手螺旋法则确定施感电流产生的磁通方向和彼此交链的情况。线圈 1 中的电流 i_1 产生的磁通设为 Φ_{11}[①]，方向如图所示，在交链自身的线圈时产生的磁通链设为 Ψ_{11}，此磁通链称为自感磁通链；Φ_{11} 中的一部分或全部交链线圈 2 时产生的磁通链设为 Ψ_{21}，称为互感磁通链。同样，线圈 2 中的电流 i_2 也产生自感磁通链 Ψ_{22} 和互感磁通链 Ψ_{12}(图中未画出)，这就是彼此耦合的情况。工程上称这对耦合线圈为耦合电感(元件)。

当周围空间是各向同性的线性磁介质时，每一种磁通链都与产生它的施感电流成正比，即有自感磁通链

[①] 磁通(链)符号中双下标的含义：第 1 个下标表示该磁通(链)所在线圈的编号，第 2 个下标表示产生该磁通(链)的施感电流所在线圈的编号。

§10-1 互　感

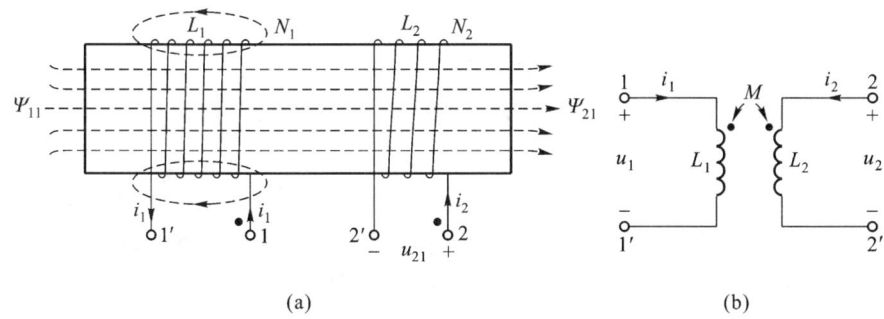

图 10-1　耦合电感

$$\Psi_{11} = L_1 i_1 \qquad \Psi_{22} = L_2 i_2$$

互感磁通链

$$\Psi_{12} = M_{12} i_2 \qquad \Psi_{21} = M_{21} i_1$$

上式中 M_{12} 和 M_{21} 称为互感系数，简称互感。单位为 H(亨)。可以证明，$M_{12} = M_{21}$，所以当只有两个线圈(电感)有耦合时，可以略去 M 的下标，即可令 $M = M_{12} = M_{21}$。耦合电感中的磁通链等于自感磁通链和互感磁通链两部分的代数和，如线圈 1 和 2 中的磁通链分别设为 Ψ_1(与 Ψ_{11} 同向)和 Ψ_2(与 Ψ_{22} 同向)。

$$\Psi_1 = \Psi_{11} \pm \Psi_{12} = L_1 i_1 \pm M i_2 \qquad (10-1)$$

$$\Psi_2 = \pm \Psi_{21} + \Psi_{22} = \pm M i_1 + L_2 i_2$$

上式表明，耦合线圈中的磁通链与施感电流成线性关系，是各施感电流独立产生的磁通链叠加的结果。M 前的"±"号是说明磁耦合中，互感作用的两种可能性。"+"号表示互感磁通链与自感磁通链方向一致，自感方向的磁场得到加强(增磁)，称为同向耦合。工程上将同向耦合状态下的一对施感电流(i_1、i_2)的入端(或出端)定义为耦合电感的同名端，并用同一符号标出这对端子，例如图 10-1(a)中用"·"号标出的一对端子(1,2)，即为耦合电感的同名端(未标记的端子 1′,2′亦为同名端)。同名端可用实验的方法判断。式中"-"号表示施感电流(i_1、i_2)的入端为异名端，互感磁通链总是与自感磁通链的方向相反，总有 $\Psi_1 < \Psi_{11}$，$\Psi_2 < \Psi_{22}$，称为反向耦合，总是使自感方向的磁场削弱，有可能使耦合电感之一的合成磁场为零，甚至为负值，其绝对值有可能超过原自感磁场。耦合电感的耦合状态将随施感电流方向的变化而变化。引入同名端的概念后，可以用带有互感 M 和同名端标记的电感(元件)L_1 和 L_2 表示耦合电感，如图 10-1(b)所示，其中 M 表示互感。这样有

$$\Psi_1 = L_1 i_1 + M i_2$$

$$\Psi_2 = M i_1 + L_2 i_2$$

式中含有 M 的项之前取"+"号,表示同向耦合。耦合电感可以看作是一个具有 4 个端子的二端口电路元件。

当有两个以上电感彼此之间存在耦合时,同名端应当一对一对地加以标记,每一对宜用不同符号标记。每一个电感中的磁通链将等于自感磁通链与所有互感磁通链的代数和。同向耦合时互感磁通链求和时取"+"号,反向耦合时,则取"−"号。

例 10 − 1 图 10 − 1(b)中 $i_1 = 1$ A(直流),$i_2 = 5\cos(10t)$ A,$L_1 = 2$ H,$L_2 = 3$ H,$M = 1$ H。求耦合电感中的磁通链。

解 因为施感电流 i_1、i_2 都是从标记的同名端流进线圈,为同向耦合,各磁通链计算如下:

$$\Psi_{11} = L_1 i_1 = 2 \text{ Wb}$$

$$\Psi_{22} = L_2 i_2 = 15\cos(10t) \text{ Wb}$$

$$\Psi_{12} = M i_2 = 5\cos(10t) \text{ Wb}$$

$$\Psi_{21} = M i_1 = 1 \text{ Wb}$$

最后得(按右手螺旋法则指定磁通链的参考方向)

$$\Psi_1 = L_1 i_1 + M i_2 = [2 + 5\cos(10t)] \text{ Wb}$$

$$\Psi_2 = M i_1 + L_2 i_2 = [1 + 15\cos(10t)] \text{ Wb}$$

由上式可知,在 $\left(\dfrac{\pi}{2} + 2k\pi < 10t < \dfrac{3\pi}{2} + 2k\pi, k = 0,1,\cdots\right)$ 区域内,耦合电感实际处于反向耦合状态,将会出现 $\Psi_1 < 0$ 和 $|\Psi_1| > \Psi_{11}$ 的情况。

耦合电感中的磁通链 Ψ_1、Ψ_2,不仅与施感电流 i_1、i_2 有关,还与由线圈的结构、相互位置和磁介质所决定的线圈耦合的紧疏程度有关,工程上通过耦合电感中互感磁通链与自感磁通链的比值来衡量耦合的紧疏程度,有

$$\frac{|\Psi_{12}|}{\Psi_{11}} = \frac{M i_2}{L_1 i_1} \quad (线圈 1)$$

$$\frac{|\Psi_{21}|}{\Psi_{22}} = \frac{M i_1}{L_2 i_2} \quad (线圈 2)$$

当 $i_1 = i_2 = 1$(单位电流)时,上述比值越大,表示耦合越紧密。工程上取上述两比值的几何平均值(将消去比值中的电流)定义为耦合电感的耦合因数 k,即有

$$k \xlongequal{\text{def}} \frac{M}{\sqrt{L_1 L_2}} \leqslant 1$$

改变耦合线圈之间的位置,就可能改变耦合电感的耦合因数的大小,当 L_1 和 L_2 一定时,也就相应地改变了互感 M 的大小。如图 10-2 所示,图(a)为紧耦合, $k \approx 1$(称为全耦合),图(b)为疏耦合(轴线垂直),可能使 $k \approx 0$(无耦合)。耦合电感的互感系数 M 不会大于 $\sqrt{L_1 L_2}$ 。

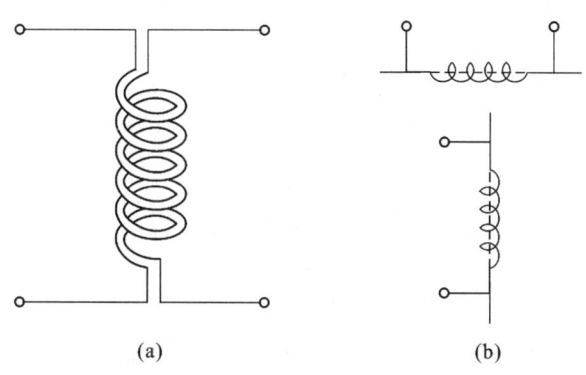

图 10-2 两种耦合状态

如果耦合电感 L_1 和 L_2 中有变动的电流,耦合电感中的磁通链将跟随电流变动。根据法拉第电磁感应定律,耦合电感的两个端口将产生感应电压。设 L_1 和 L_2 端口的电压和电流分别为 u_1、i_1 和 u_2、i_2,且都取关联参考方向,互感为 M,则式(10-1)微分后有

$$\begin{aligned} u_1 &= \frac{d\Psi_1}{dt} = L_1 \frac{di_1}{dt} \pm M \frac{di_2}{dt} \\ u_2 &= \frac{d\Psi_2}{dt} = \pm M \frac{di_1}{dt} + L_2 \frac{di_2}{dt} \end{aligned} \quad (10-2)$$

上式表示耦合电感的电压电流关系。令 $u_{11} = L_1 \frac{di_1}{dt}$, $u_{22} = L_2 \frac{di_2}{dt}$ 称为自感电压,令 $u_{12} = M \frac{di_2}{dt}$, $u_{21} = M \frac{di_1}{dt}$ 称为互感电压,u_{12} 是变动电流 i_2 在 L_1 中产生的互感电压,u_{21} 是变动电流 i_1 在 L_2 中产生的互感电压。所以耦合电感的电压是自感电压和互感电压叠加的结果。互感电压前的"+"或"-"号的正确取舍是写出耦合电感电压电流关系的关键,取舍方法可简明地表述如下:一种方法是根据耦合电感的耦合状态,当耦合电感同向耦合时,则互感电压在 KVL 方程中与

自感电压同号,反向耦合时,与自感电压异号。另一种方法是约定互感电压的"+"极性端的设定规则:总是使施感电流的入端与其互感电压(在另一线圈中)的"+"极性端(设定)为耦合电感的同名端(即一对同标记端),即当施感电流从同名端的标记端流进线圈(入端)时,则其互感电压的"+"极性端就设在同名端的标记端,反之亦然。如图 10-1(b)中的 $M\dfrac{\mathrm{d}i_1}{\mathrm{d}t}$ 和 $M\dfrac{\mathrm{d}i_2}{\mathrm{d}t}$ 的"+"极性端都设在有同名端标记的端子上。然后再根据编写 KVL 方程的取号方法,确定互感电压在方程中的取号,则上述互感电压 u_{12}、u_{21} 在 KVL 方程中,应当取"+"号(上述设置方法都符合右手螺旋法则)。

例 10-2 求例 10-1 中耦合电感的端电压 u_1、u_2。

解 按图 10-1(b)和式(10-2),得

$$u_1 = L_1\frac{\mathrm{d}i_1}{\mathrm{d}t} + M\frac{\mathrm{d}i_2}{\mathrm{d}t} = -50\sin(10t)\ \mathrm{V}$$

$$u_2 = M\frac{\mathrm{d}i_1}{\mathrm{d}t} + L_2\frac{\mathrm{d}i_2}{\mathrm{d}t} = -150\sin(10t)\ \mathrm{V}$$

电压 u_1 中只含有互感电压 u_{12},电压 u_2 中只含有自感电压 u_{22},这说明不变动的电流 i_1(直流)虽产生自感和互感磁通链,但不产生自感电压和互感电压。

当施感电流为同频正弦量时,在正弦稳态情况下,电压、电流方程可用相量形式表示,以图 10-1(b)所示电路为例,有

$$\dot{U}_1 = \mathrm{j}\omega L_1\dot{I}_1 + \mathrm{j}\omega M\dot{I}_2$$

$$\dot{U}_2 = \mathrm{j}\omega M\dot{I}_1 + \mathrm{j}\omega L_2\dot{I}_2$$

如令 $Z_M = \mathrm{j}\omega M$,ωM 称为互感抗。

还可以用电流控制电压源 CCVS 表示互感电压的作用。对图 10-1(b)的耦合电感,用 CCVS 表示的等效电路(相量形式)如图 10-3 所示。

图 10-3 用 CCVS 表示互感电压

§10-2 含有耦合电感电路的计算

含有耦合电感电路(简称互感电路)的正弦稳态分析可采用相量法。但应注意耦合电感上的电压包含自感电压和互感电压两部分,在列 KVL 方程时,要正确使用同名端计入互感电压;必要时可引用 CCVS 表示互感电压的作用。耦合电感支路的电压不仅与本支路电流有关,还与其相耦合的其他支路电流有关,列结点电压方程时要另行处理。

图 10-4(a)所示耦合电感电路是一种串联电路,由于是反向耦合,故称反向串联(另一种为同向串联,为同向耦合状态),按图示参考方向,KVL 方程为

$$u_1 = R_1 i + \left(L_1 \frac{\mathrm{d}i}{\mathrm{d}t} - M \frac{\mathrm{d}i}{\mathrm{d}t}\right) = R_1 i + (L_1 - M) \frac{\mathrm{d}i}{\mathrm{d}t}$$

$$u_2 = R_2 i + \left(L_2 \frac{\mathrm{d}i}{\mathrm{d}t} - M \frac{\mathrm{d}i}{\mathrm{d}t}\right) = R_2 i + (L_2 - M) \frac{\mathrm{d}i}{\mathrm{d}t}$$

图 10-4 耦合电感的串联电路

根据上述方程可以给出一个无耦合等效电路,如图 10-4(b)所示。根据 KVL 有

$$u = u_1 + u_2 = (R_1 + R_2) i + (L_1 + L_2 - 2M) \frac{\mathrm{d}i}{\mathrm{d}t}$$

等效电路为电阻 R_1、R_2 和等效电感 $L(= L_1 + L_2 - 2M)$ 的串联电路。对正弦稳态电路,可采用相量形式表示为

$$\dot{U}_1 = [R_1 + \mathrm{j}\omega(L_1 - M)]\dot{I}$$
$$\dot{U}_2 = [R_2 + \mathrm{j}\omega(L_2 - M)]\dot{I}$$
$$\dot{U} = [R_1 + R_2 + \mathrm{j}\omega(L_1 + L_2 - 2M)]\dot{I}$$

电流 $\dot{I}$ 为

$$\dot{I} = \frac{\dot{U}}{(R_1 + R_2) + \mathrm{j}\omega(L_1 + L_2 - 2M)}$$

每一条耦合电感支路的阻抗和电路的输入阻抗分别为

$$Z_1 = R_1 + j\omega(L_1 - M)$$
$$Z_2 = R_2 + j\omega(L_2 - M)$$
$$Z = Z_1 + Z_2 = (R_1 + R_2) + j\omega(L_1 + L_2 - 2M)$$

可以看出,反向串联时,每一条耦合电感支路阻抗和输入阻抗都比无互感时的阻抗小(电抗变小),这是由于互感的反向耦合作用,它类似于串联电容的作用,常称为互感的"容性"效应。每一耦合电感支路的等效电感分别为($L_1 - M$)和($L_2 - M$),有可能其中之一为负值,但不可能都为负,整个电路仍呈感性[①]。

对同向串联电路,不难得出每一耦合电感支路的阻抗为

$$Z_1 = R_1 + j\omega(L_1 + M)$$
$$Z_2 = R_2 + j\omega(L_2 + M)$$

而

$$Z = Z_1 + Z_2 = (R_1 + R_2) + j\omega(L_1 + L_2 + 2M)$$

例 10 - 3 图 10 - 4(a)所示电路中,正弦电压的 $U = 50$ V, $R_1 = 3\ \Omega$, $\omega L_1 = 7.5\ \Omega$, $R_2 = 5\ \Omega$, $\omega L_2 = 12.5\ \Omega$, $\omega M = 8\ \Omega$。求该耦合电感的耦合因数和该电路中各支路吸收的复功率 $\bar{S}_1$ 和 $\bar{S}_2$。

解 耦合因数 k 为

$$k = \frac{M}{\sqrt{L_1 L_2}} = \frac{\omega M}{\sqrt{(\omega L_1)(\omega L_2)}} = \frac{8}{\sqrt{(7.5 \times 12.5)}} = 0.826$$

求得支路的电流和阻抗,就能求得支路的复功率。支路的等效阻抗分别为

$$Z_1 = R_1 + j\omega(L_1 - M) = (3 - j0.5)\ \Omega = 3.04\ \underline{/-9.46°}\ \Omega(容性)$$
$$Z_2 = R_2 + j\omega(L_2 - M) = (5 + j4.5)\ \Omega = 6.73\ \underline{/42°}\ \Omega(感性)$$

输入阻抗 Z 为

$$Z = Z_1 + Z_2 = (8 + j4)\ \Omega = 8.94\ \underline{/26.57°}\ \Omega$$

令 $\dot{U} = 50\ \underline{/0°}$ V,解得电流 $\dot{I}$ 为

$$\dot{I} = \frac{\dot{U}}{Z} = \frac{50\ \underline{/0°}}{8.94\ \underline{/26.57°}}\ \text{A} = 5.59\ \underline{/-26.57°}\ \text{A}$$

各支路吸收的复功率分别为

$$\bar{S}_1 = I^2 Z_1 = (93.75 - j15.63)\ \text{V}\cdot\text{A}$$
$$\bar{S}_2 = I^2 Z_2 = (156.25 + j140.63)\ \text{V}\cdot\text{A}$$

电源发出的复功率 $\bar{S}$ 为

$$\bar{S} = \dot{U}\dot{I}^* = (250 + j125)\ \text{V}\cdot\text{A} = \bar{S}_1 + \bar{S}_2$$

[①] 根据 $\frac{M}{\sqrt{L_1 L_2}} \leqslant 1$,可以证明 $L_1 + L_2 - 2M \geqslant 0$。

图 10-5(a)所示电路为耦合电感的一种并联电路,由于同名端连接在同一个结点上,称为同侧并联电路。当异名端连接在同一结点上时,则称为异侧并联电路,如图 10-5(b)所示。正弦稳态情况下,对同侧并联电路有

$$\left.\begin{aligned}\dot{U} &= (R_1 + j\omega L_1)\dot{I}_1 + j\omega M \dot{I}_2 \\ \dot{U} &= j\omega M \dot{I}_1 + (R_2 + j\omega L_2)\dot{I}_2 \\ \dot{I}_3 &= \dot{I}_1 + \dot{I}_2 \end{aligned}\right\} \quad (10-3a)$$

对异侧并联电路可类似地得出

$$\left.\begin{aligned}\dot{U} &= (R_1 + j\omega L_1)\dot{I}_1 - j\omega M \dot{I}_2 \\ \dot{U} &= -j\omega M \dot{I}_1 + (R_2 + j\omega L_2)\dot{I}_2 \\ \dot{I}_3 &= \dot{I}_1 + \dot{I}_2 \end{aligned}\right\} \quad (10-3b)$$

令 $Z_1 = R_1 + j\omega L_1, Z_2 = R_2 + j\omega L_2, Z_M = j\omega M$,式(10-3a)和式(10-3b)改写为

图 10-5 耦合电感的并联电路

$$\left.\begin{aligned}\dot{U} &= Z_1 \dot{I}_1 \pm Z_M \dot{I}_2 \\ \dot{U} &= \pm Z_M \dot{I}_1 + Z_2 \dot{I}_2 \\ \dot{I}_3 &= \dot{I}_1 + \dot{I}_2 \end{aligned}\right\} \quad (10-3c)$$

式中"+"号对应同侧并联电路。根据上述的电路方程就可以对耦合电感的并联电路进行分析求解。

例 10 – 4 图 10 – 5(a)中,设正弦电压的 $U = 50$ V, $R_1 = 3\ \Omega$, $\omega L_1 = 7.5\ \Omega$, $R_2 = 5\ \Omega$, $\omega L_2 = 12.5\ \Omega$, $\omega M = 8\ \Omega$(与例 10 – 3 相同)。求电路的输入阻抗及支路 1、2 的电流。

解 令 $\dot{U} = 50\ \underline{/0°}$ V,根据式(10 – 3c)解得

$$\dot{I}_1 = \frac{Z_2 - Z_M}{Z_1 Z_2 - Z_M^2}\dot{U} = \frac{5 + j4.5}{-14.75 + j75}\dot{U} = 4.40\ \underline{/-59.14°}\ \text{A}$$

$$\dot{I}_2 = \frac{Z_1 - Z_M}{Z_1 Z_2 - Z_M^2}\dot{U} = \frac{3 - j0.5}{-14.75 + j75}\dot{U} = 1.99\ \underline{/-110.59°}\ \text{A}$$

求得输入阻抗 Z_i 为

$$Z_i = \frac{\dot{U}}{(\dot{I}_1 + \dot{I}_2)} = \frac{Z_1 Z_2 - Z_M^2}{Z_1 + Z_2 - 2Z_M} = \frac{-14.75 + j75}{8 + j4}\ \Omega$$

$$= 8.55\ \underline{/74.56°}\ \Omega = (2.28 + j8.24)\ \Omega$$

如 $R_1 = R_2 = 0$, Z_i 为输入电抗,有

$$Z_i = jX = \frac{(j\omega L_1)(j\omega L_2) - (j\omega M)^2}{(j\omega L_1) + (j\omega L_2) - 2(j\omega M)}$$

$$= j\omega\frac{L_1 L_2 - M^2}{L_1 + L_2 - 2M} = j\omega L_{eq} = j7.44\ \Omega$$

根据同侧并联耦合电路方程式(10 – 3a)可推导出去耦等效电路。用 $\dot{I}_2 = \dot{I}_3 - \dot{I}_1$ 消去支路 1 方程中的 $\dot{I}_2$,用 $\dot{I}_1 = \dot{I}_3 - \dot{I}_2$ 消去支路 2 方程中的 $\dot{I}_1$,有

$$\dot{U} = j\omega M \dot{I}_3 + [R_1 + j\omega(L_1 - M)]\dot{I}_1$$

$$\dot{U} = j\omega M \dot{I}_3 + [R_2 + j\omega(L_2 - M)]\dot{I}_2$$

根据上述方程可获得无耦合的等效电路,如图 10 – 5(c)所示。无耦合等效电路又称去耦等效电路。同理,按式(10 – 3b)可得出异侧并联的去耦等效电路,其差别仅在于互感 M 前的"+"、"−"号。可以归纳出如下的去耦方法:如果耦合电感的两条支路各有一端与第 3 支路形成一个仅含 3 条支路的共同结点,则可用 3 条无耦合的电感支路等效替代,3 条支路的等效电感分别为

(支路 3) $L_3 = \pm M$(同侧取"+",异侧取"−")

(支路 1) $L_1' = L_1 \mp M$ ⎫
(支路 2) $L_2' = L_2 \mp M$ ⎬ M 前所取符号与 L_3 中的相反

等效电感与电流参考方向无关。这 3 条支路中的其他元件不变。注意去耦等效电路中的结点[如图 10 – 5(c)中①所示]不是原电路的结点①,原结点①移至 L_3 的前面。

例 10 – 5 图 10 – 6(a)所示电路中 $\omega L_1 = \omega L_2 = 10\ \Omega$, $\omega M = 5\ \Omega$, $R_1 = R_2 = 6\ \Omega$, $U_s = 12$ V。求 Z_L 最佳匹配时获得的功率 P。

§10-2 含有耦合电感电路的计算   261

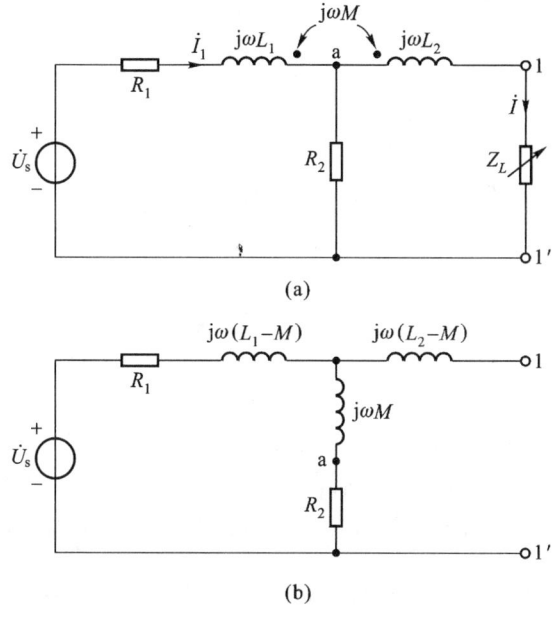

图 10-6 例 10-5 图

解 求解本例的一般方法是用戴维宁(诺顿)等效电路。当一端口电路中含有耦合电感时,求解方法与含有受控源的一端口电路相同。现用一步法解本例。在端口 1-1′ 置电流源 $\dot{I}$ 替代 Z_L,求外特性 $\dot{U}_{11'} = f(\dot{I})$。列网孔(顺时针)方程及 $\dot{U}_{11'}$ 的表达式为

$$(R_1 + R_2 + j\omega L_1)\dot{I}_1 - (R_2 + j\omega M)\dot{I} = \dot{U}_s \text{(左网孔)}$$
$$\dot{U}_{11'} = -(R_2 + j\omega L_2)\dot{I} + (R_2 + j\omega M)\dot{I}_1 \text{(右网孔)}$$

解得

$$\dot{U}_{11'} = \frac{1}{2}\dot{U}_s - (3 + j7.5)\dot{I}$$

戴维宁等效电路参数为

$$\dot{U}_{oc} = \frac{1}{2}\dot{U}_s = 6\ \underline{/0°}\ \text{V}$$

$$Z_{eq} = (3 + j7.5)\ \Omega$$

最佳匹配时 $Z_L = Z_{eq}^* = (3 - j7.5)\Omega$,求得功率

$$P = \frac{U_{oc}^2}{4R_{eq}} = \frac{36}{12}\ \text{W} = 3\ \text{W}$$

本例的电路中,耦合电感的两条支路与 R_2 形成两个 3 支路结点 a 和 1′,所以可用去耦法求解。图 10-6(b)所示为去耦等效电路,求得开路电压和等效阻抗分

别为

$$\dot{U}_{11'oc} = \frac{\dot{U}_s}{2(6+j5)}(6+j5) = \frac{1}{2}\dot{U}_s$$

$$Z_{eq} = \left[\frac{1}{2}(6+j5)+j5\right]\Omega = (3+j7.5)\Omega$$

本例用去耦法显得容易。应当注意,不是所有含耦合电感的电路都有去耦等效电路。

§10-3 耦合电感的功率

当耦合电感中的施感电流变化时,将出现变化的磁场,从而产生电场(互感电压),耦合电感通过变化的电磁场进行电磁能的转换和传输,电磁能从耦合电感一边传输到另一边。图10-7所示(开关S打开状态)为耦合电感同向串联电路。现将线圈2短接(图中开关S闭合),讨论两个线圈中电磁能的传送。如无互感耦合,则达到稳态时电流 i_2 必定为零。但在有耦合的情况下,只要 $\dfrac{di_1}{dt}$ 不为零,则电流 i_2 就不会为零,电磁能将从线圈1传送到线圈2。根据图10-7所示参考方向,电路方程为

$$R_1 i_1 + L_1 \frac{di_1}{dt} + M \frac{di_2}{dt} = u_S$$

$$M \frac{di_1}{dt} + R_2 i_2 + L_2 \frac{di_2}{dt} = 0$$

第1式乘 i_1,第2式乘 i_2,得到耦合电感电路的瞬时功率方程为

$$R_1 i_1^2 + i_1 L_1 \frac{di_1}{dt} + i_1 M \frac{di_2}{dt} = u_S i_1$$

$$i_2 M \frac{di_1}{dt} + R_2 i_2^2 + i_2 L_2 \frac{di_2}{dt} = 0$$

图10-7 耦合电感电路

式中 $i_1 M \dfrac{\mathrm{d}i_2}{\mathrm{d}t}$（在线圈 1 中）和 $i_2 M \dfrac{\mathrm{d}i_1}{\mathrm{d}t}$（在线圈 2 中）为一对通过互感电压耦合的功率(吸收)，通过它们与两个耦合的线圈实现电磁能的转换和传输。关于电磁能通过互感转换和传输的现象，暂不作一般性的理论论述，仅对正弦稳态下的电磁能通过互感转换和传输状态作简要的分析和说明。

当图 10-7 所示耦合电感电路中的电压、电流为同频正弦量时，则两个线圈的复功率 $\bar{S}_1$ 和 $\bar{S}_2$ 分别为

$$\bar{S}_1 = \dot{U}_s \dot{I}_1^* = (R_1 + j\omega L_1)I_1^2 + j\omega M \dot{I}_2 \dot{I}_1^*$$

$$\bar{S}_2 = 0 = j\omega M \dot{I}_1 \dot{I}_2^* + (R_2 + j\omega L_2)I_2^2$$

两个互感电压耦合的复功率分别为 $j\omega M \dot{I}_2 \dot{I}_1^*$（线圈 1 中）和 $j\omega M \dot{I}_1 \dot{I}_2^*$（线圈 2 中），由于 $(\dot{I}_2 \dot{I}_1^*)$ 和 $(\dot{I}_1 \dot{I}_2^*)$ 互为共轭复数，两者的实部同号，而虚部异号，但乘以 j 以后，则变为虚部同号，而实部异号。这一特点是耦合电感本身的电磁特性所决定的。

互感 M 本身是一个非耗能的储能参数，它兼有储能元件电感和电容两者的特性，当 M 起同向耦合作用时，它的储能特性与电感相同，将使耦合电感中的磁能增加；当 M 起反向耦合作用时，它的储能特性与电容相同(容性效应)，与自感储存的磁能彼此互补。也就是说，两个互感电压耦合功率中的无功功率对两个耦合线圈的影响、性质是相同的，这就是耦合功率中虚部同号的原因。无功功率是通过互感 M 的储能特性与耦合电感进行转换的。耦合功率中的有功功率是相互异号的，这表明有功功率从一个端口进入(吸收，正号)，必须从另一端口输出(发出，负号)，这是互感 M 非耗能特性的体现，有功功率是通过耦合电感的电磁场传播的。

下面通过示例作具体说明。

例 10-6 求图 10-7 所示电路的复功率，并说明互感在功率转换和传输中的作用。图中 $U_s = 50$ V，$R_1 = 3\Omega$，$\omega L_1 = 7.5\Omega$，$R_2 = 5\Omega$，$\omega L_2 = 12.5\Omega$，$\omega M = 8\Omega$(与例 10-3 相同)。

解 电路的方程为(令 $\dot{U}_s = 50\underline{/0°}$ V)

$$(3 + j7.5)\dot{I}_1 + j8 \dot{I}_2 = \dot{U}_s$$

$$j8 \dot{I}_1 + (5 + j12.5)\dot{I}_2 = 0$$

解得

$$\dot{I}_1 = \frac{5 + j12.5}{(3 + j7.5)(5 + j12.5) - (j8)^2} \dot{U}_s = 8.81 \underline{/-32.93°} \text{ A}$$

$$\dot{I}_2 = \frac{-j8 \dot{I}_1}{5 + j12.5} = 5.24 \underline{/168.87°} \text{ A}$$

复功率分别为

$$\bar{S}_s = \dot{U}_s \dot{I}_1^* = (3+\text{j}7.5)I_1^2 + \text{j}8\,\dot{I}_2\,\dot{I}_1^*$$
$$= [(232.85+\text{j}582.12)+(137.15-\text{j}342.91)]\ \text{V}\cdot\text{A}$$
$$\bar{S}_2 = \text{j}8\,\dot{I}_1\,\dot{I}_2^* + (5+\text{j}12.5)I_2^2$$
$$= [(-137.15-\text{j}342.91)+(137.15+\text{j}342.91)]\ \text{V}\cdot\text{A}$$
$$= 0$$

从上式可以看出,互感电压发出无功功率,分别补偿 L_1 和 L_2 中的无功功率,其中,L_2 和 M 处于完全补偿状态。线圈 1 中的互感电压吸收的 137.15 W 有功功率,由线圈 2 中的互感电压发出,供给支路 2 中的电阻 R_2 消耗。只要 $\arg(\dot{I}_1\,\dot{I}_2^*) \neq 0$,就会出现互感传递有功功率的现象。

例 10-7 对例 10-4 中的复功率的转换和传输作进一步分析。

解 复功率 $\bar{S}_1$ 和 $\bar{S}_2$ 分别为

$$\bar{S}_1 = \dot{U}\dot{I}_1^* = (3+\text{j}7.5)I_1^2 + \text{j}8(1.99\underline{/-110.59°} \times 4.40\underline{/59.14°})$$
$$\bar{S}_2 = \dot{U}\dot{I}_2^* = \text{j}8(1.99\underline{/110.59°} \times 4.40\underline{/-59.14°}) + (5+\text{j}12.5)I_2^2$$

计算结果为

$$\bar{S}_1 = [(58.08+\text{j}145.2)+(54.78+\text{j}43.65)]\ \text{V}\cdot\text{A}$$
$$\bar{S}_2 = [(-54.78+\text{j}43.65)+(19.80+\text{j}49.50)]\ \text{V}\cdot\text{A}$$

从结果可以看出,互感 M 起同向耦合作用,耦合电感中的无功功率都增加了同一个值,而有功功率的传输情况是:线圈 1 多吸收的 54.78W 传输给线圈 2,并由线圈 2 发出,扣除线圈 2 中电阻 R_2 的消耗后,尚有 34.98W 多余功率,这部分有功功率又返回电源,表明系统对有功功率有过量吸收的情况,出现"过冲"现象。如果将图 10-4(a)所示电路改接成图 10-8 的形式,而其中的参数值与

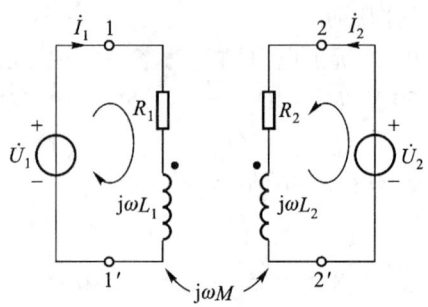

图 10-8 例 10-7 图

例 10-4 所述相同,而两边的电压源为 $\dot{U}_1 = \dot{U}_2 = \dot{U}$,这样计算结果完全相同,但可以看得更清楚。有功功率从左边的电压源发出,供给耦合电感中的电阻消耗后,又将多余部分传输给右边的电压源吸收。

最后应当指出,当 $\arg(\dot{I}_1 \dot{I}_2^*) = 0$ 时,耦合电感中将不会出现有功功率的传播。此外,电路的状态是经过一段历史后的稳定状态,上述的分析不能反映耦合电感电路中电磁能的转换和传播的全过程,仅在正弦稳定的条件下反映耦合电感在电磁能的转换和传播中的作用和一些特点,当然,这也是耦合电感电磁性能的一种表现。

§10-4 变压器原理

变压器是电工、电子技术中常用的电气设备,是耦合电感工程实际应用的典型例子,在其他课程有专门的论述,这里仅对电路原理作简要的介绍。它由两个耦合线圈绕在一个共同的心子上制成,其中,一个线圈作为输入端口,接入电源后形成一个回路,称为一次回路(或一次侧,旧称原边回路、初级回路);另一线圈作为输出端口,接入负载后形成另一个回路,称为二次回路(或二次侧,旧称副边回路、次级回路)。变压器的心子是线性磁性(或工作在线性段)材料制成的,其电路模型如图10-9所示,图中的负载设为 Z_L。变压器通过耦合作用,将输入一次侧中的一部分能量传递到二次侧输出。在正弦稳态下,变压器电路的方程(双网孔方程)为

$$(R_1 + j\omega L_1)\dot{I}_1 + j\omega M \dot{I}_2 = \dot{U}_1 \\ j\omega M \dot{I}_1 + (R_2 + j\omega L_2 + Z_L)\dot{I}_2 = 0 \Big\}$$

图 10-9 变压器电路模型

上述方程是由一次侧和二次侧两个独立回路方程组成,它们通过互感的耦合联列在一起,是分析变压器性能的依据。令 $Z_{11} = R_1 + j\omega L_1$,称为一次回路阻抗,$Z_{22} = R_2 + j\omega L_2 + Z_L$,称为二次回路阻抗,$Z_M = j\omega M$ 为互感抗,则上述方程可简写为

$$Z_{11}\dot{I}_1 + Z_M \dot{I}_2 = \dot{U}_1 \quad (\text{一次侧}) \quad (10-4)$$

$$Z_M \dot{I}_1 + Z_{22} \dot{I}_2 = 0 \text{（二次侧）}$$

工程上根据不同的需要，采用不同的等效电路来分析研究变压器的输入端口或输出端口的状态及相互影响。由式(10-4)解得变压器一次电路中的电流 $\dot{I}_1$ 为

$$\dot{I}_1 = \frac{\dot{U}_1}{Z_{11} - Z_M^2 Y_{22}} = \frac{\dot{U}_1}{Z_{11} + (\omega M)^2 Y_{22}} = \frac{\dot{U}_1}{Z_i}$$

表明变压器一次等效电路的输入阻抗可由两个阻抗的串联组成，其中 $-Z_M^2 Y_{22} = (\omega M)^2 Y_{22}$ 称为引入阻抗，或反映阻抗，它是二次回路阻抗和互感抗通过互感反映到一次侧的等效阻抗。引入阻抗的性质与 Z_{22} 相反，即感性（容性）变为容性（感性）。等效电路如图 10-10(a)所示。

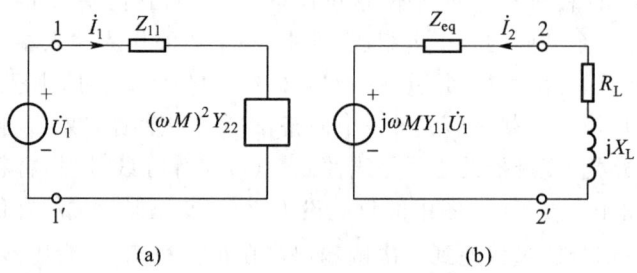

图 10-10 变压器的等效电路

变压器输入端口的工作状态已隐含了二次端口（输出）的工作状态，根据式(10-4)可以将输出端口的电流 $\dot{I}_2$、$\dot{U}_2$ 用输入电流 $\dot{I}_1$ 表示出来，即有

$$\dot{I}_2 = -\frac{Z_M}{Z_{22}} \dot{I}_1$$

$$\dot{U}_2 = -Z_L \dot{I}_2 = \frac{Z_M Z_L}{Z_{22}} \dot{I}_1$$

也可以用二次等效电路从输出端来研究一、二次侧的关系。将上式电流 $\dot{I}_2$ 的表达式改写为

$$\dot{I}_2 = -\frac{Z_M}{Z_{22}} \frac{\dot{U}_1}{Z_{11} + (\omega M)^2 Y_{22}} = -\frac{Z_M \dot{U}_1 / Z_{11}}{Z_{22} + (\omega M)^2 Y_{11}} = -\frac{\dot{U}_{oc}}{Z_{eq} + Z_L}$$

上式电流 $\dot{I}_2$ 是戴维宁等效回路的解答[也可直接从式(10-4)解得]。式中分子是戴维宁等效电路的等效电压源，即端口 2-2′ 的开路电压 $\dot{U}_{oc}$，分母是等效电路的回路阻抗，它由 3 部分阻抗串联组成，即一次回路反映到二次回路的引入阻抗 $(\omega M)^2 Y_{11}$、二次线圈的阻抗 $R_2 + j\omega L_2$ 以及负载阻抗 Z_L，其中 $(R_2 + j\omega L_2) + Z_L = Z_{22}$。而 $Z_{eq} = (\omega M)^2 Y_{11} + R_2 + j\omega L_2$ 是一端口 2-2′ 的戴维宁等效阻抗，其等效回路如图 10-10(b)所示。

根据变压器的电路方程可以获得各部分的复功率及相互转换情况，即有
$$Z_{11} I_1^2 + Z_M \dot{I}_2 \dot{I}_1^* = \dot{U}_1 \dot{I}_1^*$$
$$Z_M \dot{I}_1 \dot{I}_2^* + Z_{22} I_2^2 = 0$$

可得
$$Z_{22} I_2^2 = -Z_M \dot{I}_1 \dot{I}_2^* = (Z_M \dot{I}_2 \dot{I}_1^*)^*$$
$$(\omega M)^2 Y_{22} I_1^2 = Z_M \dot{I}_2 \dot{I}_1^*$$

例 10-8 图 10-9 所示电路中，$R_1 = R_2 = 0$，$L_1 = 5$ H，$L_2 = 3.2$ H，$M = 4$ H，$u_1 = 100\cos(10t)$ V，负载阻抗为 $Z_L = R_L + jX_L = 10$ Ω。求变压器的耦合因数 k 和一、二次电流 i_1、i_2。

解 变压器的耦合因数 k 为
$$k = \frac{M}{\sqrt{L_1 L_2}} = 1$$

表明变压器为全耦合电感。

根据图 10-10(b) 所示二次等效电路求电流 $\dot{I}_2$。二次戴维宁等效电路的参数开路电压 $\dot{U}_{oc}$ 和等效阻抗 Z_{eq} 分别为

$$\dot{U}_{oc} (=\dot{U}_{22'}) = j\omega M Y_{11} \dot{U}_1 = \sqrt{\frac{L_2}{L_1}} \dot{U}_1 = 0.8 \dot{U}_1$$

$$Z_{eq} = (\omega M)^2 Y_{11} + j\omega L_2 = 0$$

表明二次输出端口 2-2′ 的戴维宁等效电路为理想电压源。二次电流 $\dot{I}_2$ 为

$$\dot{I}_2 = -\frac{\dot{U}_{oc}}{Z_{eq} + R_L} = -0.08 \dot{U}_1$$

将上述结果代入一次回路方程为

$$j\omega L_1 \dot{I}_1 - j\omega M \frac{1}{R_L}\sqrt{\frac{L_2}{L_1}} \dot{U}_1 = \dot{U}_1$$

解得 $\dot{I}_1$ 为

$$\dot{I}_1 = \frac{\dot{U}_1}{j\omega L_1} + \frac{\dot{U}_1}{R_L\left(\dfrac{L_1}{L_2}\right)} = (0.064 - j0.02)\dot{U}_1 = 0.067 \dot{U}_1 \underline{/-17.35°} \text{ A}$$

上式表明一次等效电路可用电感 L_1 与 15.625 Ω（$= \dfrac{R_L L_1}{L_2}$）的电阻并联电路表示。电流 $\dot{I}_1$、$\dot{I}_2$ 的时域形式为

$$i_1 = 6.7\cos(10t - 17.35°) \text{ A}$$
$$i_2 = -8\cos(10t) \text{ A}$$

读者可用一次等效电路求解。

§10-5 理想变压器

本节将要介绍的理想变压器,是实际变压器理想化的模型。理想变压器不是偶然想像的产物,而是科学思维的必然结果,因为分析研究耦合电感时,总会促使人们进一步思考,如果耦合电感无限增大和更紧密耦合时,将会出现怎样的结果。读者对下面的分析,不仅仅要关注最终的结果,更为重要的是关注获得结果的过程。

图 10-11(a)所示为无损耗(第 1 个理想化条件)变压器的电路模型,根据图示的参考方向,磁通链方程为

$$\Psi_1 = L_1 i_1 + M i_2 \\ \Psi_2 = M i_1 + L_2 i_2 \tag{10-5}$$

这是分析研究耦合电感的基本方程。在无损耗的条件下,直接对方程求导就能获得表述耦合电感端口特性的电压-电流方程(电压、电流为关联方向)为

$$u_1 = \frac{d\Psi_1}{dt} = L_1 \frac{di_1}{dt} + M \frac{di_2}{dt} \\ u_2 = \frac{d\Psi_2}{dt} = M \frac{di_1}{dt} + L_2 \frac{di_2}{dt} \tag{10-6}$$

当耦合因数 $k \neq 1$ 时,只要给出耦合电感的初始状态,由上式联列求解就能获得耦合系统的唯一解。但当 $k=1$ 时(全耦合,第 2 个理想化条件),有 $L_1 L_2 - M^2 = 0$,即方程组右侧的系数行列式的值为零。由数学理论可知,在此情况下,求解上述方程组将毫无结果,表明方程组对全耦合电感的描述是不充分的,尽管其中每一个方程都符合电路理论的要求,但已失去联列的意义。这说明耦合电感在 $k=1$ 时,一定存在尚未表述的新的约束关系。分别将式(10-5)和式(10-6)中的两个方程相比,就得到磁通链比、电压比方程为

$$\frac{\Psi_1}{\Psi_2} = \frac{u_1}{u_2} = \frac{\sqrt{L_1}}{\sqrt{L_2}} (常数)$$

这一关系是符合实际的,可以直接证明。令耦合电感的绕组匝数分别为 N_1、N_2,$k=1$ 时的耦合磁通为 Φ,则有

$$\Psi_1 = N_1 \Phi \quad u_1 = N_1 \frac{d\Phi}{dt} \\ \Psi_2 = N_2 \Phi \quad u_2 = N_2 \frac{d\Phi}{dt}$$

同样有

$$\frac{\Psi_1}{\Psi_2} = \frac{u_1}{u_2} = \frac{N_1}{N_2}$$

两种形式是相同的(因为电感与匝数的平方成正比)。上式表明,电压比方程与电流无关,而且 u_1、u_2 中只有一个为独立变量,当 $u_2=0$(短路)时,必有 $u_1=0$,所以,当 u_1 为独立的电压源时,二次侧不能短路。并要注意,u_1、u_2 的"＋"极性都设在有标记的同名端。

由磁通链比和电压比方程可知,方程组式(10-5)和式(10-6)都是线性相关的方程组,方程组中只有一个独立方程,也就是说,无损耗全耦合电感不存在描述其端口性能的线性无关的方程组。下面将讨论进一步改变变压器的结构将出现的变化。将式(10-6)的第一式改写为如下形式:

$$i_1 = \frac{1}{L_1}\int u_1 dt - \frac{M}{L_1}\int \frac{di_2}{dt}dt$$

$$= \frac{1}{L_1}\int u_1 dt - \sqrt{\frac{L_2}{L_1}}\int di_2$$

使上式中的 L_1、L_2 同比趋于无穷大(即保持 $\dfrac{\sqrt{L_1}}{\sqrt{L_2}}$ 为定值,这是第 3 个理想化条件),则有

$$\frac{i_1}{i_2} = -\frac{\sqrt{L_2}}{\sqrt{L_1}}$$

这种理论上理想的变压器只有在理想化的条件下可能实现,一种方法是使磁性材料的磁导率 $\mu \to \infty$,才能有 $L_1(L_2$ 和 $M) \to \infty$,实际上不存在这种磁性材料;另一种方法是使绕组的匝数 $N_1(N_2) \to \infty$,这需要无限大空间,也是不现实的。工程实际中只能在允许的条件下,尽可能采用磁导率 μ 较高的磁性材料作变压器的芯子,在 $\dfrac{N_1}{N_2}$ 保持不变的情况下,尽可能增加变压器绕组的匝数,接近于理想的极限状态,使电流比方程近似成立。

电流比方程与电压无关,而且 i_1、i_2 中也只有一个为独立变量,当 $i_2=0$ 时,必有 $i_1=0$,所以,当 i_1 为独立电流源时,二次侧不能开路。注意:i_1、i_2 都设定为从同名端流入。设

$$n = \frac{N_1}{N_2} = \frac{\sqrt{L_1}}{\sqrt{L_2}}$$

式中 N_1、N_2 和 L_1、L_2 都认为是无限大,但比值是任意设定的常数。n 称为理想变压器的变比,现将电压比和电流比方程用变比 n 改写如下:

$$\left. \begin{array}{l} u_1 = nu_2 \\ i_1 = -\dfrac{1}{n}i_2 \end{array} \right\} \tag{10-7}$$

上述两个方程是各自在不同条件下获得的独立关系,两者不是联列关系。

将上述两个方程相乘得

$$u_1 i_1 + u_2 i_2 = 0$$

上式是理想变压器从两个端口吸收的瞬时功率。表明理想变压器将一侧吸收的能量全部传输到另一侧输出,在传输过程中,仅仅将电压、电流按变比作数值的变换,它既不耗能也不储能,是一个非动态无损耗的磁耦合元件。它的电路模型仍用带同名端的耦合电感表示,如图 10-11(b) 所示,图中标出它的参数变比 n,而不能再标 L_1、L_2 和 M,也不能用这些参数来描述理想变压器的电压电流关系。图 10-11(c) 是理想变压器用受控源表示的等效电路之一。

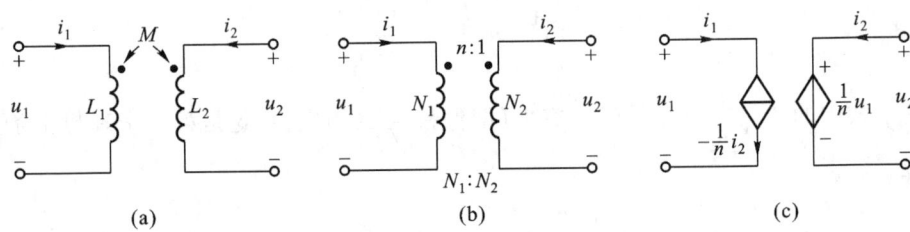

图 10-11 理想变压器电路

例 10-9 图 10-12(a) 所示理想变压器,变比为 1:10,已知 $u_S = 10\cos(10t)\text{V}$,$R_1 = 1\Omega$,$R_2 = 100\Omega$。求 u_2。

解 按图 10-12(a) 可以列出电路方程

$$R_1 i_1 + u_1 = u_S$$

$$R_2 i_2 + u_2 = 0$$

根据理想变压器的 VCR,有

$$u_1 = -\frac{1}{10} u_2$$

$$i_1 = 10 i_2$$

代入数据解得

$$u_2 = -5 u_S = -50\cos(10t) \text{ V}$$

另一种解法是先用一次等效电路求 u_1,再按电压比方程求 u_2。端子 1-1' 右侧电路的输入电阻 R_{eq} 为

$$R_{eq} = \frac{u_1}{i_1} = \frac{-\frac{1}{10}u_2}{10 i_2} = (0.1)^2 \left(\frac{u_2}{-i_2}\right) = (0.1)^2 R_2 = 1\Omega$$

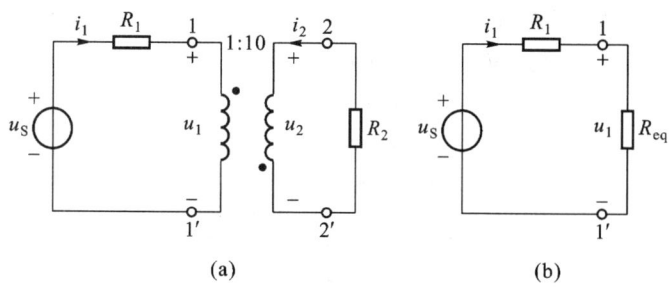

图 10-12　例 10-9 图

等效电路如图 10-12(b)所示,求得

$$u_1 = \frac{u_S}{R_1 + R_{eq}} R_{eq} = \frac{1}{2} u_S$$

$$u_2 = -10 u_1 = -5 u_S$$

理想变压器对电压、电流按变比变换的作用,还反映在阻抗的变换上。在正弦稳态的情况下,当理想变压器二次侧终端 2-2′ 接入阻抗 Z_L 时,则变压器一次侧 1-1′ 的输入阻抗 $Z_{11'}$ 为

$$Z_{11'} = \frac{\dot{U}_1}{\dot{I}_1} = \frac{n \dot{U}_2}{-\frac{1}{n}\dot{I}_2} = n^2 Z_L$$

$n^2 Z_L$ 即为二次侧折合至一次侧的等效阻抗,如二次侧分别接入 R、L、C 时,折合至一次侧将为 $n^2 R$、$n^2 L$、$\dfrac{C}{n^2}$,也就是变换了元件的参数。

　习　题

10-1　试确定题 10-1 图所示耦合线圈的同名端。

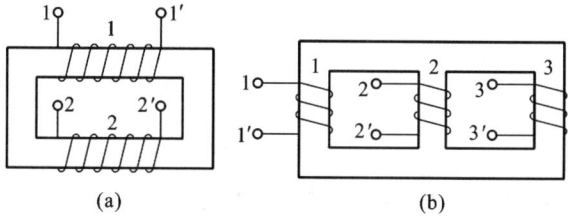

题 10-1 图

10-2 两个耦合的线圈如题 10-2 图所示(黑盒子)。试根据图中开关 S 闭合时或闭合后再打开时,毫伏表的偏转方向确定同名端。

题 10-2 图

10-3 若有电流 $i_1 = 2 + 5\cos(10t + 30°)$ A, $i_2 = 10e^{-5t}$ A,各从图 10-1(a)所示线圈的 1 端和 2 端流入,并设线圈 1 的电感 $L_1 = 6$H,线圈 2 的电感 $L_2 = 3$H,互感为 $M = 4$H。试求:

(1) 各线圈的磁通链;

(2) 端电压 $u_{11'}$ 和 $u_{22'}$;

(3) 耦合因数 k。

10-4 题 10-4 图所示电路中 (1) $L_1 = 8$H, $L_2 = 2$H, $M = 2$H; (2) $L_1 = 8$H, $L_2 = 2$H, $M = 4$H; (3) $L_1 = L_2 = M = 4$H。试求以上三种情况从端子 1-1′ 看进去的等效电感。

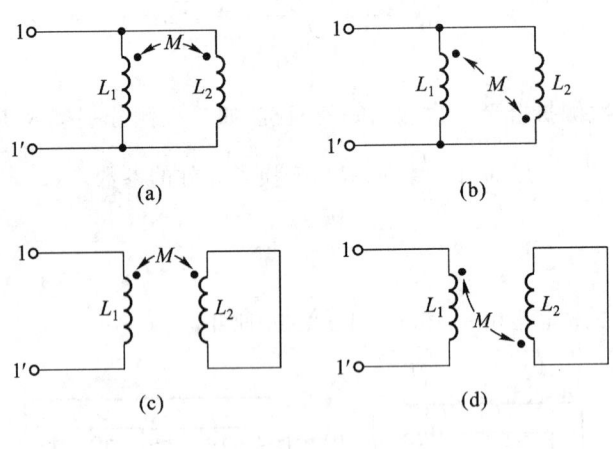

题 10-4 图

10-5 求题 10-5 图所示电路的输入阻抗 $Z(\omega = 1 \text{ rad/s})$。

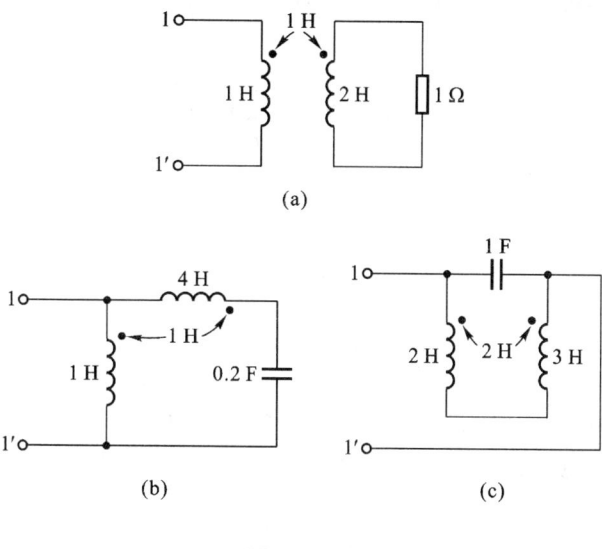

题 10-5 图

10-6 题 10-6 图所示电路中 $R_1 = R_2 = 1\ \Omega$, $\omega L_1 = 3\ \Omega$, $\omega L_2 = 2\ \Omega$, $\omega M = 2\ \Omega$, $U_1 = 100\ \text{V}$。求：

(1) 开关 S 打开和闭合时的电流 $\dot{I}_1$；

(2) S 闭合时各部分的复功率。

题 10-6 图

10-7 把两个线圈串联起来接到 50Hz、220V 的正弦电源上，同向串联时得电流 $I = 2.7\text{A}$，吸收的功率为 218.7W；反向串联时电流为 7A。求互感 M。

10-8 电路如题 10-8 图所示，已知两个线圈的参数为：$R_1 = R_2 = 100\Omega$, $L_1 = 3\text{H}$, $L_2 = 10\text{H}$, $M = 5\text{H}$, 正弦电源的电压 $U = 220\text{V}$, $\omega = 100\text{rad/s}$。

(1) 试求两个线圈端电压，并作出电路的相量图；

(2) 证明两个耦合电感反向串联时不可能有 $L_1 + L_2 - 2M \leqslant 0$；

(3) 电路中串联多大的电容可使 $\dot{U}$、$\dot{I}$ 同相？

(4) 画出该电路的去耦等效电路。

题 10-8 图

10-9 题 10-9 图所示电路中，$L_1 = 0.2\mathrm{H}$，$L_2 = M = 0.1\mathrm{H}$，$u_S = 10\sqrt{2}\cos(2t+30°)$ V。求图中表 W 的读数，并说明该读数有无实际意义。

题 10-9 图

10-10 当题 10-10 图所示电路中的电流 $\dot{I}_1$ 与 $\dot{I}_2$ 正交时，试证明：$R_1 R_2 = \dfrac{L_2}{C}$，并对此结果进行分析。

题 10-10 图

10-11 试求题 10-11 图所示电路中电压源的角频率为何值时，功率表 W 的读数为零（图中元件的参数已知）？

题 10－11 图

10－12 题 10－12 图所示电路中 $R=1\Omega$，$\omega L_1=2\Omega$，$\omega L_2=32\Omega$，耦合因数 $k=1$，$\dfrac{1}{\omega C}=32\Omega$。求电流 $\dot{I}_1$ 和电压 $\dot{U}_2$。

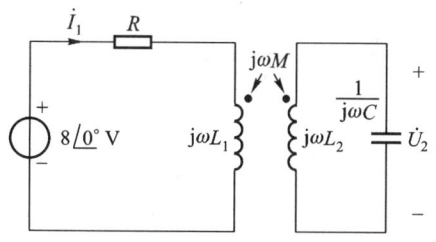

题 10－12 图

10－13 已知变压器如题 10－13 图(a)所示，一次侧的周期性电流源波形如题 10－13 图(b)所示(一个周期)，二次侧的电压表读数(有效值)为 25V。
(1)画出一、二次端电压的波形，并计算互感 M；
(2)给出它的等效受控源(CCVS)电路；
(3)如果同名端弄错，对(1)、(2)的结果有无影响？

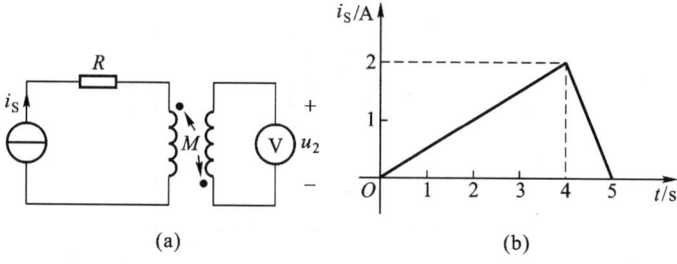

题 10－13 图

10-14 题10-14图所示电路中 $R=50\Omega$, $L_1=70\text{ mH}$, $L_2=25\text{ mH}$, $M=25\text{ mH}$, $C=1\mu\text{F}$, 正弦电源的电压 $\dot{U}=500\underline{/0°}\text{ V}$, $\omega=10^4\text{ rad/s}$。求各支路电流。

题 10-14 图

10-15 列出题10-15图所示电路的回路电流方程。

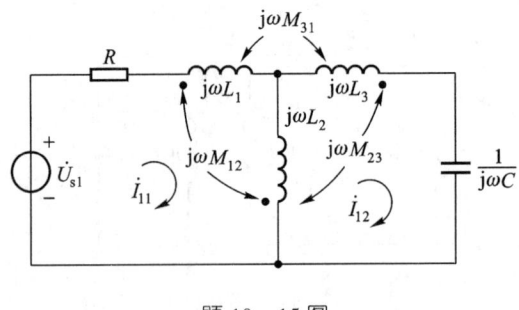

题 10-15 图

10-16 已知题10-16图中 $u_S=100\sqrt{2}\cos(\omega t)\text{V}$, $\omega L_2=120\Omega$, $\omega M=\dfrac{1}{\omega C}=20\Omega$。求负载 Z_L 为何值时获最大功率?并求出最大功率。

题 10-16 图

10-17 如果使 10Ω 电阻能获得最大功率,试确定题10-17图所示电路中理想变压

器的变比 n。

题 10-17 图

10-18 求题 10-18 图所示电路中的阻抗 Z。已知电流表的读数为 10A，正弦电压有效值 $U = 10\text{V}$。

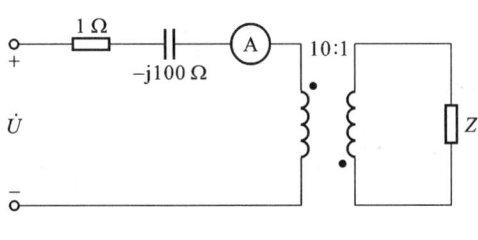

题 10-18 图

10-19 已知题 10-19 图所示电路的输入电阻 $R_{ab} = 0.25\Omega$。求理想变压器的变比 n。

题 10-19 图

10-20 题 10-20 图所示电路中开关 S 闭合时 $u_S = 10\sqrt{2}\cos t$ V，求电流 i_1 和 i_2，并根据结果给出含理想变压器的等效电路。

10-21 已知题 10-21 图所示电路中 $u_S = 10\sqrt{2}\cos(\omega t)$ V，$R_1 = 10\Omega$，$L_1 = L_2 = 0.1$ mH，$M = 0.02$ mH，$C_1 = C_2 = 0.01$ μF，$\omega = 10^6$ rad/s。求 R_2 为何值时获最大功率？并求出最大功率。

10-22 题 10-22 图所示电路中 $C_1 = 10^{-3}$ F，$L_1 = 0.3$ H，$L_2 = 0.6$ H，$M = 0.2$ H，R

题 10-20 图

题 10-21 图

$=10\Omega, u_1 = 100\sqrt{2}\cos(100t - 30°)$ V,C 可变动。试求 C 为何值时,R 可获得最大功率?并求出最大功率。

题 10-22 图

第十一章

电路的频率响应

———————— • 内 容 提 要 • ————————

本章以角频率 ω 为变量,分析研究电路的频率特性。主要内容有:网络函数,RLC 串联、并联谐振及二阶网络函数的频率特性,最后简单介绍波特图和滤波器。

§11-1 网 络 函 数

由于电路和系统中存在着电感和电容,当电路中激励源的频率变化时,电路中的感抗、容抗将跟随频率变化,从而导致电路的工作状态亦跟随频率变化。当频率的变化超出一定的范围时,电路将偏离正常的工作范围,并可能导致电路失效,甚至使电路遭到损坏。此外,电路和系统还可能遭到外部的各种频率的电磁干扰,如雷电或太阳风暴对电路和系统的袭击而造成的破坏,所以,对电路和系统的频率特性的分析研究就显得格外重要。

电路和系统的工作状态跟随频率而变化的现象,称为电路和系统的频率特性,又称频率响应。通常是采用单输入(一个激励变量)-单输出(一个输出变量)的方式,在输入变量和输出变量之间建立函数关系,来描述电路的频率特性,这一函数关系就称为电路和系统的网络函数。本章仅对正弦稳态电路的频率特性作初步分析和研究。

电路在一个正弦电源激励下稳定时,各部分的响应都是同频率的正弦量,通过正弦量的相量,网络函数 $H(j\omega)$ 定义为

$$H(j\omega) \stackrel{\text{def}}{=} \frac{\dot{R}_k(j\omega)}{\dot{E}_{sj}(j\omega)}$$

此式定义的网络函数是描述正弦稳态下响应与激励之间的一种关系。式中 $\dot{R}_k(j\omega)$ 为输出端口 k 的响应,为电压相量 $\dot{U}_k(j\omega)$ 或电流相量 $\dot{I}_k(j\omega)$;$\dot{E}_{sj}(j\omega)$

为输入端口 j 的输入变量(正弦激励),为电压源相量 $\dot{U}_{sj}(j\omega)$ 或电流源相量 $\dot{I}_{sj}(j\omega)$。显然,网络函数有多种类型,当 $k=j$ 时(同一端口),网络函数就是第9章§9-1 中定义的阻抗 $Z(\dfrac{\dot{U}_k}{\dot{I}_{sk}})$ 或导纳 $Y(\dfrac{\dot{I}_k}{\dot{U}_{sk}})$,称为驱动点阻抗或导纳。当 $k \neq j$ 时,即不同端口,统称为转移函数,分别为转移阻抗($\dfrac{\dot{U}_k}{\dot{I}_{sj}}$)、转移电流比($\dfrac{\dot{I}_k}{\dot{I}_{sj}}$)、转移导纳($\dfrac{\dot{I}_k}{\dot{U}_{sj}}$)和转移电压比($\dfrac{\dot{U}_k}{\dot{U}_{sj}}$)。

网络函数不仅与电路的结构、参数值有关,还与输入、输出变量的类型以及端口对的相互位置有关。这犹如从不同"窗口"来分析研究网络的频率特性,可以从不同角度寻找电路比较优越的频率特性和电路工作的最佳频域范围。网络函数是网络性质的一种体现,与输入、输出幅值无关。

网络函数是一个复数,它的频率特性分为两个部分。它的模(值) $|H(j\omega)|$ 是两个正弦量的有效值(或振幅)的比值,它与频率的关系 $|H(j\omega)| - \omega$ 称为幅频特性。它的幅角 $\varphi(j\omega) = \arg[H(j\omega)]$ 是两个同频正弦量的相位差(又称相移),它与频率的关系 $\varphi(j\omega) - \omega$ 称为相频特性。这两种特性与频率的关系,都可以在图上用曲线表示,称为网络的频率响应曲线。即幅频响应和相频响应曲线。

网络函数可以用相量法中任一分析求解方法获得。

例 11-1 求图 11-1 所示电路的网络函数 $\dfrac{\dot{I}_2}{\dot{U}_s}$ 和 $\dfrac{\dot{U}_L}{\dot{U}_s}$。

图 11-1 例 11-1 图

解 列网孔方程解电流 $\dot{I}_2$

$$(2+j\omega)\dot{I}_1 - 2\dot{I}_2 = \dot{U}_s$$
$$-2\dot{I}_1 + (4+j\omega)\dot{I}_2 = 0$$

解得电流 $\dot{I}_2$ 为

$$\dot{I}_2 = \dfrac{2\dot{U}_s}{4+(j\omega)^2+j6\omega}$$

网络函数分别为

$$\frac{\dot{I}_2}{\dot{U}_s} = \frac{2}{4-\omega^2+\mathrm{j}6\omega} \text{(转移导纳)}$$

$$\frac{\dot{U}_L}{\dot{U}_s} = \frac{\mathrm{j}2\omega}{4-\omega^2+\mathrm{j}6\omega} \text{(电压比)}$$

本例也可以求得 $\dfrac{\dot{I}_1}{\dot{U}_s}$（驱动点导纳）。如果将 $\dot{U}_s$ 改为 $\dot{I}_s$，即可求得其他形式的网络函数。

以网络函数中 $(\mathrm{j}\omega)$ 的最高次方的次数来定义网络函数的阶数，如本例为 2 阶（与网络的阶数相同）。一旦获得端口对的网络函数，也就能求得网络在任意正弦输入时的端口正弦响应，即有

$$\dot{U}_k (\text{或 } \dot{I}_k) = H(\mathrm{j}\omega) \dot{U}_{sj} (\text{或 } \dot{I}_{sj})$$

网络函数等于单位激励（$\dot{U}_{sj}$ 或 $\dot{I}_{sj}$ 为 1 单位量）的响应。

§11-2 RLC 串联电路的谐振

图 11-2 所示为 RLC 串联电路，在可变频的正弦电压源 u_S 激励下，由于感抗、容抗随频率变动，所以，电路中的电压、电流响应亦随频率变动。本节将首先分析研究工程上特别关注的谐振状态。根据相量法，电路的输入阻抗 $Z(\mathrm{j}\omega)$ 可表示为

图 11-2 RLC 串联电路

$$Z(\mathrm{j}\omega) = R + \mathrm{j}\left(\omega L - \frac{1}{\omega C}\right)$$

频率特性表示为

$$\varphi(\mathrm{j}\omega) = \arctan\left(\frac{\omega L - \dfrac{1}{\omega C}}{R}\right)$$

$$|Z(\mathrm{j}\omega)| = \frac{R}{\cos[\varphi(\mathrm{j}\omega)]}$$

可以看出，由于串联电路中同时存在着电感 L 和电容 C，两者的频率特性不仅相反（感抗与 ω 成正比，而容抗与 ω 成反比），而且直接相减（电抗角差 180°）。可以肯定，一定存在一个角频率 ω_0，使感抗和容抗相互完全抵消，即 $X(\mathrm{j}\omega_0) =$

0。因此,阻抗 $Z(j\omega)$ 以 ω_0 为中心,在全频域内随频率变动的情况区分为 3 个频区描述如下:

$$\begin{array}{c|c|c}
\omega<\omega_0 & \omega=\omega_0 & \omega>\omega_0 \\
X(j\omega)<0 \quad \varphi(j\omega)<0 & X(j\omega)=0 \quad \varphi(j\omega)=0 & X(j\omega)>0 \quad \varphi(j\omega)>0 \\
\text{容性区} & \text{电阻性} & \text{感性区} \\
R<|Z(j\omega)| & Z(j\omega_0)=R & R<|Z(j\omega)| \\
\text{且}\lim_{\omega\to 0}|Z(j\omega)|=\infty & & \text{且}\lim_{\omega\to\infty}|Z(j\omega)|=\infty
\end{array}$$

阻抗随频率变化的频响曲线如图 11-3 所示。

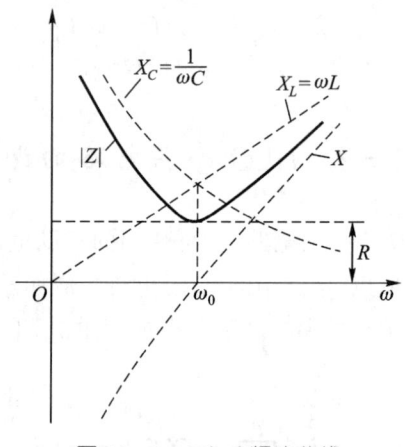

图 11-3 $Z(j\omega)$ 频响曲线

当 $\omega=\omega_0$ 时,$X(j\omega_0)=0$,电路的工作状况将出现一些重要的特征,现分述如下:

(1) $\varphi(j\omega_0)=0$,所以 $\dot{I}(j\omega_0)$ 与 $\dot{U}_s(j\omega_0)$ 同相,工程上将电路的这一特殊状态定义为谐振,由于是 RLC 串联电路中发生的谐振,又常称为串联谐振。由上述分析可知,谐振发生的条件为

$$\text{Im}[Z(j\omega_0)]=X(j\omega_0)=\omega_0 L-\frac{1}{\omega_0 C}=0$$

这只有在电感、电容同时存在时,上述条件才能满足。由上式可知电路发生谐振的角频率 ω_0 和频率 f_0 为

$$\omega_0=\frac{1}{\sqrt{LC}} \qquad f_0=\frac{1}{2\pi\sqrt{LC}}$$

可以看出,RLC 串联电路的谐振频率只有 1 个,而且,仅与电路中 L、C 有关,与电阻 R 无关。ω_0(或 f_0)称为电路的固有频率(或自由频率)。因此,只有当输入信号 u_s 的频率与电路的固有频率 f_0 相同时(合拍),才能在电路中激起谐振。如果电路中 L、C 可调,改变电路的固有频率,则 RLC 串联电路就具有选择任

一频率谐振(调谐),或避开某一频率谐振(失谐)的性能,也可以利用串联谐振现象,判别输入信号的频率。

(2) $Z(j\omega_0) = R$ 为最小值(极小值),电路在谐振时的电流 $I(j\omega_0)$ 为极大值(也是最大值),有

$$I(j\omega_0) = \frac{U_s(j\omega_0)}{R}$$

此极大值又称为谐振峰,这是 RLC 串联电路发生谐振时的突出标志,据此,可以判断电路是否发生了谐振。当 u_S 的幅值不变时,谐振峰仅与电阻 R 有关,所以,电阻 R 是唯一能控制和调节谐振峰的电路元件,从而控制谐振时的电感和电容的电压及其储能状态(下面有说明)。图 11-4 所示为两个参数不同的 RLC 串联电路(u_S 相同)电流的幅频特性,即 $|\dot{I}(j\omega)| - \omega$,从特性可以看出,两者在全频域内的变化走向是相同的,但曲线的整体形状差异很大,这将在下一节作重点分析比较。

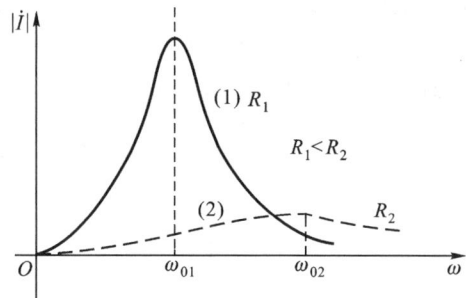

图 11-4 电流 $I(j\omega)$ 的特性

(3) 电抗电压 $U_X(j\omega_0) = 0$,即有

$$\dot{U}_X(j\omega_0) = j\left(\omega_0 L - \frac{1}{\omega_0 C}\right)\dot{I}(j\omega_0) = j\frac{\omega_0 L}{R}\dot{U}_s(j\omega_0) - j\frac{1}{\omega_0 CR}\dot{U}_s(j\omega_0)$$

$$= \dot{U}_L(j\omega_0) + \dot{U}_C(j\omega_0) = 0$$

因此,L、C 串联端口相当于短路,但 $\dot{U}_L(j\omega_0)$、$\dot{U}_C(j\omega_0)$ 分别都不等于零,两者模值相等且反相,相互完全抵消。根据这一特点,串联谐振又称为电压谐振。此外,工程上将式中的比值 $\frac{\omega_0 L}{R} = \frac{1}{\omega_0 CR}$ 定义为谐振电路的品质因数 Q(称 Q 值),即

$$Q \stackrel{\text{def}}{=} \frac{\omega_0 L}{R} = \frac{1}{\omega_0 CR} = \frac{1}{R}\sqrt{\frac{L}{C}}$$

(注意:Q 在这里不表示无功功率)。下面进一步的分析可知 Q 值不仅综合反映了电路中三个参数对谐振状态的影响,而且,也是分析和比较谐振电路频率特

性的一个重要的辅助参数。用 Q 值表示 $U_L(\mathrm{j}\omega_0)$ 和 $U_C(\mathrm{j}\omega_0)$ 为

$$U_L(\mathrm{j}\omega_0) = U_C(\mathrm{j}\omega_0) = QU_s(\mathrm{j}\omega_0)$$

显然,当 $Q>1$ 时,电感和电容两端将分别出现比 $U_s(\mathrm{j}\omega_0)$ 高 Q 倍的过电压。在高电压的电路系统中(如电力系统),这种过电压非常高,可能会危及系统的安全,必须采取必要的防范措施。但在低电压的电路系统中,如无线电接收系统中,则要利用谐振时出现的过电压来获得较大的输入信号。

Q 值可通过测定谐振时的电感或电容电压求得,即

$$Q = \frac{U_C(\mathrm{j}\omega_0)}{U_s(\mathrm{j}\omega_0)} = \frac{U_L(\mathrm{j}\omega_0)}{U_s(\mathrm{j}\omega_0)}$$

而谐振时电阻 R 的端电压 $U_R(\mathrm{j}\omega_0)$ 为

$$\dot{U}_R(\mathrm{j}\omega_0) = \dot{U}_s(\mathrm{j}\omega_0)$$

这也是谐振峰,表明谐振时,电阻 R 上将获得全额的输入电压。图 11-5 为谐振时的电压相量图。

根据上述分析可知,RLC 串联电路中的三个元件都可以作为信号的输出端口,只要参数选配确当,输出信号的幅值就能大于或等于输入信号的幅值。

(4) $Q(\mathrm{j}\omega_0) = 0$,即电路吸收的无功功率等于零,有

$$Q(\mathrm{j}\omega_0) = Q_L(\mathrm{j}\omega_0) + Q_C(\mathrm{j}\omega_0) = \omega_0 L I^2(\mathrm{j}\omega_0) - \frac{1}{\omega_0 C} I^2(\mathrm{j}\omega_0) = 0$$

图 11-5 谐振时的电压相量图

上式表明,电感吸收的无功功率等于电容发出的无功功率,但各自不等于零。电路中储存的电磁能在 L 和 C 之间以两倍于谐振频率的频率做周期性的交换,相互完全补偿,自成独立系统,与外源无能量交换。储存的电磁能的总和为一常数,可根据 i 或 u_S 的最大值求得,即

$$W(\mathrm{j}\omega_0) = W_L(\mathrm{j}\omega_0) + W_C(\mathrm{j}\omega_0) = \frac{1}{2}LI_m^2(\mathrm{j}\omega_0) = \frac{1}{2}CU_{Cm}^2(\mathrm{j}\omega_0)$$
$$= CQ^2 U_s^2(\mathrm{j}\omega_0)$$

(式中 Q 为电路的品质因数)。此时,电压源 u_S 只发出有功功率 $P(j\omega_0)$,供电阻 R 消耗,即

$$\overline{S}_s(j\omega_0) = RI^2(j\omega_0) = \frac{U_s^2(j\omega_0)}{R} = P(j\omega_0)$$

电路的 Q 值亦可根据谐振时,电感或电容的无功功率和电阻消耗的有功功率 $P(j\omega_0)$ 的比值来表示

$$Q = \frac{\omega_0 LI^2(j\omega_0)}{RI^2(j\omega_0)} = \frac{|Q_L(j\omega_0)|}{P(j\omega_0)} = \frac{|Q_C(j\omega_0)|}{P(j\omega_0)}$$

例 11-2 图 11-2 所示电路中,$U_s = 0.1$ V,$R = 1\Omega$,$L = 2$ μH,$C = 200$ pF 时,电流 $I = 0.1$ A。求正弦电压源 u_S 的频率 ω 和电压 U_C、U_L 以及电路的 Q 值。

解 令 $\dot{U}_s = 0.1 \underline{/0°}$ V,设电流为 $\dot{I} = 0.1 \underline{/\phi_i}$ A,则有

$$0.1\underline{/\phi_i} = \frac{0.1\underline{/0°}}{1 + jX(j\omega)}$$

显然有 $X(j\omega) = 0$,$\phi_i = 0°$,所以电流 $\dot{I}$ 与电压 $\dot{U}_s$ 同相,电路处于谐振状态。谐振频率 ω_0 为

$$\omega_0 = \frac{1}{\sqrt{LC}} = \frac{1}{\sqrt{2 \times 10^{-6} \times 200 \times 10^{-12}}} \text{rad/s} = 50 \times 10^6 \text{ rad/s}$$

ω_0 即为电压源 u_S 的频率。电路的 Q 值为

$$Q = \frac{1}{R}\sqrt{\frac{L}{C}} = 100$$

谐振时电压 U_L 和 U_C 为

$$U_L = U_C = QU_s = 10 \text{ V}$$

§11-3 RLC 串联电路的频率响应

上一节着重分析了 RLC 串联电路在谐振点 ω_0 的状态。本节将分析下述网络函数(电压比):

$$\frac{\dot{U}_R(j\omega)}{\dot{U}_s(j\omega)}、\frac{\dot{U}_L(j\omega)}{\dot{U}_s(j\omega)} 和 \frac{\dot{U}_C(j\omega)}{\dot{U}_s(j\omega)}$$

的频率特性。当输入信号 u_S 的幅值不变而 ω 变动时,这犹如从输入端口输入变量 ω,而在不同"窗口"(输出端口)观察频率 ω 的响应,所以,这些网络函数的频率特性又统称为电路的频率响应,为了便于比较不同参数的 RLC 串联电路的频率响应之间在性能上的差异,纵、横坐标都采用相对于谐振点的比值(倍率)作为绘制频率特性的坐标系。由于已设定 $U_s(j\omega) = U_s(j\omega_0)$,所以上述电压比

的模就表示任一频率时的输出电压与其谐振点的输入电压之比值;而横坐标也用与谐振频率 ω_0 的比值表示,即 $\eta = \dfrac{\omega}{\omega_0}$,$\omega = \eta\omega_0$。这样,所有的 RLC 电路都在 $\eta = 1$ 处谐振,都在同一个相对尺度下来比较相互频率特性的差异,这一共同的尺度也表示各谐振电路的偏谐程度(偏离谐振点程度),下面用新坐标系来分析上述网络函数的频率特性,这样绘制的频率响应曲线,称为通用曲线。

(1) 当以电阻电压 $\dot{U}_R(\mathrm{j}\eta)$ 作为输出变量,其网络函数 $H_R(\mathrm{j}\eta)$ 表示为

$$H_R(\mathrm{j}\eta) = \dfrac{\dot{U}_R(\mathrm{j}\omega)}{\dot{U}_s(\mathrm{j}\omega)} = \dfrac{R}{R + \mathrm{j}(\omega L - \dfrac{1}{\omega C})} = \dfrac{1}{1 + \mathrm{j}Q(\eta - \dfrac{1}{\eta})}$$

频率响应分别为

$$\phi(\mathrm{j}\eta) = -\arctan\left[Q\left(\eta - \dfrac{1}{\eta}\right)\right] (相频特性)$$

$$|H_R(\mathrm{j}\eta)| = \cos[\phi(\mathrm{j}\eta)] (幅频特性)$$

从上式可以看出,不同参数的 RLC 串联电路在频响上的差异,可以通过各自的 Q 值体现出来。电路的谐振曲线如图 11-6(a)、(b)所示,图中 $Q_1 \gg Q_2$。从幅频特性可以很清楚地看出,它们有如下的共同点及差异:

① 它们都在谐振点 $\eta = 1$ 处出现峰值,在其邻域 $\eta = 1 + \Delta\eta$ 内都有较大幅度的输出信号,这表明 RLC 串联电路都具有在全频域内选择各自谐振信号的性能,工程上称这一性能为"选择性"。

② 当信号的频率偏离谐振频率($\eta \neq 1$)后,输出信号的幅度都从峰值开始下降,表明电路对非谐振频率的信号有抑制能力(简称抑非能力),电路的这种抑非能力取决下述比值:

$$\left|Q\left(\eta - \dfrac{1}{\eta}\right)\right|_{\eta \neq 1} = \left|\dfrac{X(1 + \Delta\eta)}{R}\right| \qquad [R = Z(\mathrm{j}\omega_0)]$$

该比值为信号偏离谐振频率后,电路电抗的增量[因为 $X(\mathrm{j}1) = 0$]与谐振时阻抗的比值,它与电路的 Q 值成正比,Q 值越大,该比值越大,电抗的相对增量就越大,电路的抑非能力越强,这也说明,电路的抑非能力主要是由非零电抗引起的。从曲线可以看出,由于 $Q_1 \gg Q_2$,曲线(1)代表的电路的抑非能力强于曲线(2)代表的电路,所以曲线(1)急速下降,显得十分陡峭,而曲线(2)下降很慢,顶部的变化显得比较平缓。曲线的整体形状显示了电路在抑非能力上的差异,而这一差异在谐振点附近显得尤为突出;当信号的频率远离谐振频率后,左侧趋同于 RC 电路,右侧趋同于 RL 电路,彼此的差异逐渐缩小,而趋于消失。

③ 电路在全频域内都有信号的输出,但只有在谐振点附近的邻域($\eta = 1 + \Delta\eta$)内输出幅度较大,具有工程实际应用价值。为此,工程上设定一个输出幅度指标来界定频率范围,划分出谐振电路的通频带(简称通带)和阻带。通带限定

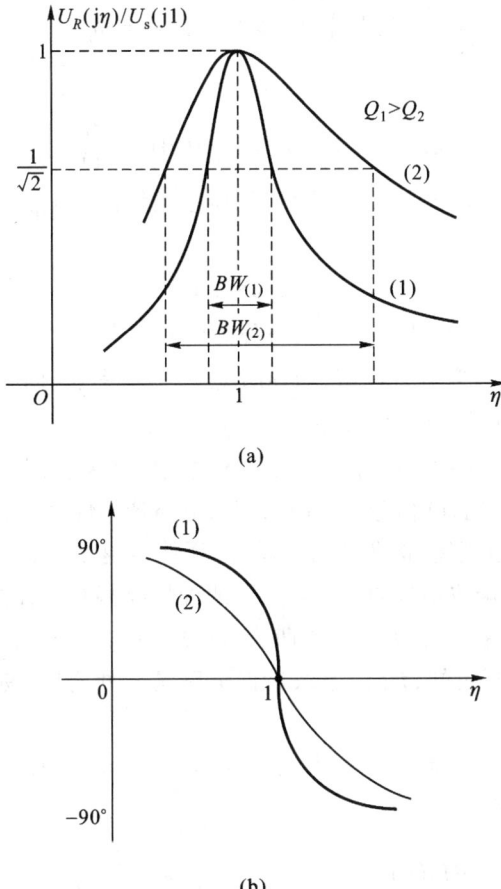

图 11-6 $\dot{U}_R(\mathrm{j}\eta)/\dot{U}_s(\mathrm{j}1)$ 频率响应

的频域范围称为带宽,记为 BW。工程上按下式决定通带的 BW,即

$$|H_R(\mathrm{j}\eta)| \geqslant \frac{1}{\sqrt{2}} = 0.707(\text{设定的指标})$$

上式取等号时,根据 $H_R(\mathrm{j}\eta)$ 的表达式有

$$Q\left(\eta - \frac{1}{\eta}\right) = \pm 1$$

根据该方程可求得两个频率点,作为通带 BW 的上下界,可分别设为 $\eta_{j1} < 1$(谐振点左侧)称为下界(下截止频率),$\eta_{j2} > 1$(谐振点右侧)称为上界(上截止频率),分别为

$$\eta_{j1} = -\frac{1}{2Q} + \sqrt{\left(\frac{1}{2Q}\right)^2 + 1} < 1 \quad \text{和} \quad \omega_{j1} = \eta_{j1}\omega_0 \text{(下界)}$$

$$\eta_{j2} = \frac{1}{2Q} + \sqrt{\left(\frac{1}{2Q}\right)^2 + 1} > 1 \quad 和 \quad \omega_{j2} = \eta_{j2}\omega_0 \text{(上界)}$$

通带的 BW 为

$$BW = \omega_{j2} - \omega_{j1} = \frac{\omega_0}{Q} 或 BW = \frac{f_0}{Q}$$

上述界定的通带位于频域中段,呈带状形,所以网络函数 $H_R(j\eta)$ 称为带通函数。通带的频率范围为

$$\omega_{j1} \leqslant \omega \leqslant \omega_{j2}$$

ω_{j1}、ω_{j2} 分别位于 ω_0 两侧,因此 ω_0 又常称为中心频率。

工程上对 ω_{j1}、ω_{j2} 常另有称谓,如 3dB 点[①],半功率点(因为此时电阻上的功耗等于谐振时电阻功耗的一半),并有 $\varphi(j\eta_{j1}) = 45°$,$\varphi(j\eta_{j2}) = -45°$。

工程上亦常用通带的 BW 来比较和评价电路的选择性,由上面的论述可以看出,BW 与 Q 值成反比,Q 值越大,BW 越窄,电路选择性越好,抑非能力越强,反之,Q 值越小,BW 就越宽,抑非能力越弱,选择性能越差,但宽带包含的信号多,信号流失少,有利于减少信号的失真。上述两种情况都有工程实用价值。BW 如图 11-6(a)所示,读者可将曲线(1)和曲线(2)的 $BW_{(1)}$ 和 $BW_{(2)}$ 作一比较。

通过本节的分析可知,RLC 串联谐振电路是一种简单、易调和频响性能优良的谐振电路。

(2) 分别以电感电压 $\dot{U}_L(j\eta)$ 和电容电压 $\dot{U}_C(j\eta)$ 为输出变量的网络函数 $H_L(j\eta)$、$H_C(j\eta)$ 分别为

$$H_C(j\eta) = \frac{\dot{U}_C(j\eta)}{\dot{U}_s(j1)} = \frac{-jQ}{\eta + jQ(\eta^2 - 1)}$$

$$H_L(j\eta) = \frac{\dot{U}_L(j\eta)}{\dot{U}_s(j1)} = \frac{jQ}{\frac{1}{\eta} + jQ\left(1 - \frac{1}{\eta^2}\right)}$$

由于 $\dot{U}_C(j\eta)$ 滞后 $\dot{U}_R(j\eta)$ 90°,而 $\dot{U}_L(j\eta)$ 超前 90°,所以,上述网络函数的相频特性可不予分析。而描绘幅频特性曲线时,必须首先确定函数的极值点。函数 $H_C(j\eta)$ 的极值条件为

$$\frac{d}{d\eta}\left[\frac{U_C(j\eta)}{U_s(j1)}\right] = 0$$

可求得如下三个极值点 η_{C1},η_{C2} 和 η_{C3} 及对应的极值:

$$\eta_{C1} = 0 \qquad \frac{U_C(j\eta_{C1})}{U_s(j1)} = 1$$

[①] 按分贝的定义,此电压比值相当于 20 lg(0.707) = -3 dB,即电压下降了 3 dB。

$$\eta_{C2}=\sqrt{1-\frac{1}{2Q^2}} \quad \frac{U_C(\mathrm{j}\eta_{C2})}{U_s(\mathrm{j}1)}=\frac{Q}{\sqrt{1-\frac{1}{4Q^2}}}>Q \quad (当\ Q>0.707\ 时)$$

$$\eta_{C3}=\infty \quad \frac{U_C(\mathrm{j}\eta_{C3})}{U_s(\mathrm{j}1)}=0$$

对于 $\dfrac{U_L(\mathrm{j}\eta)}{U_s(\mathrm{j}1)}$ 可作类似的分析,从表达式可知,$\eta_L=\dfrac{1}{\eta_C}$,所以三个极值点 η_{L1},η_{L2} 和 η_{L3} 及对应的极值为

$$\eta_{L1}=\frac{1}{\eta_{C3}}=0 \quad \frac{U_L(\mathrm{j}\eta_{L1})}{U_s(\mathrm{j}1)}=0$$

$$\eta_{L2}=\frac{1}{\eta_{C2}}=\sqrt{\frac{2Q^2}{2Q^2-1}} \quad \frac{U_L(\mathrm{j}\eta_{L2})}{U_s(\mathrm{j}1)}=\frac{Q}{\sqrt{1-\frac{1}{4Q^2}}}>Q \quad (当\ Q>0.707\ 时)$$

$$\eta_{L3}=\frac{1}{\eta_{C1}}=\infty \quad \frac{U_L(\mathrm{j}\eta_{L3})}{U_s(\mathrm{j}1)}=1$$

图 11-7 $H_L(\mathrm{j}\eta)$、$H_C(\mathrm{j}\eta)$ 的幅频特性

两条幅频特性如图 11-7 所示,图中粗虚线表示 $Q\leqslant 0.707$ 时的幅频特性。从图中可以看出,$H_C(\mathrm{j}\eta)$ 为低通函数,当 $Q\gg 1$ 时,可求得上截止频率 $\omega_j=1.55\omega_0$,其通频带域 $0\leqslant\omega\leqslant\omega_j$;函数 $H_L(\mathrm{j}\eta)$ 为高通函数,当 $Q\gg 1$ 时,求得下截止频率 $\omega_j=\dfrac{\omega_0}{1.55}=0.645\omega_0$,通频带域为 $\omega_j\leqslant\omega<\infty$,当 $Q>0.707$ 时,两者都有大于 Q 且相等的峰值,当 Q 增大时,η_{C2},η_{L2} 都向 $\eta=1$ 靠拢,峰值增高,图中 a,b,c 三点在抬高的同时,逐渐合拢,当 $Q\to\infty$,三点合于无穷远。

例 11-3 RLC 串联电路中 $U_s = 200$ V,$C = 6.34$ μF,电路的固有频率 $\omega_0 = 314$ rad/s,带通函数的带宽 $BW = 6.28$ rad/s。求 L、R 和 U_L、U_C。

解 电路的 Q 值为

$$Q = \frac{\omega_0}{BW} = \frac{314}{6.28} = 50$$

谐振时容抗等于感抗,则 L 为

$$L = \frac{1}{\omega_0^2 C} = \frac{1}{(314)^2 \times 6.34 \times 10^{-6}} \text{H} = 1.60 \text{H}$$

R 的值为

$$R = \frac{\omega_0 L}{Q} = \frac{314 \times 1.6}{50} \Omega = 10 \Omega$$

$U_L(j\omega_0)$、$U_C(j\omega_0)$ 为

$$U_L(j\omega_0) = U_C(j\omega_0) = QU_s(j\omega_0) = 50 \times 200 \text{ V} = 10\,000 \text{ V}$$

§ 11-4 RLC 并联谐振电路

图 11-8(a)所示 RLC 并联电路是与 RLC 串联电路相对应的另一种形式的谐振电路。

并联谐振的定义与串联谐振的定义相同,即端口上的电压 $\dot{U}$ 与输入电流 $\dot{I}$ 同相时的工作状况称为谐振。由于发生在并联电路中,所以称为并联谐振。分析方法与 RLC 串联电路相同,并联谐振的条件为

$$\text{Im}[Y(j\omega_0)] = 0$$

图 11-8 并联谐振电路

因为 $Y(j\omega) = G + j\left(\omega C - \frac{1}{\omega L}\right)$,可解得谐振时的角频率 ω_0 和频率 f_0 为

$$\omega_0 = \frac{1}{\sqrt{LC}}$$

$$f_0 = \frac{1}{2\pi\sqrt{LC}}$$

该频率称为电路的固有频率。

并联谐振时,输入导纳 $Y(\mathrm{j}\omega_0)$ 为最小

$$Y(\mathrm{j}\omega_0) = G + \mathrm{j}\left(\omega_0 C - \frac{1}{\omega_0 L}\right) = G$$

或者说输入阻抗最大,$Z(\mathrm{j}\omega_0) = R$,所以谐振时端电压达最大值

$$U(\omega_0) = |Z(\mathrm{j}\omega_0)| I_s = R I_s$$

可以根据这一现象判别并联电路是否发生了谐振。

并联谐振时有 $\dot{I}_L + \dot{I}_C = 0$(所以并联谐振又称电流谐振):

$$\dot{I}_L(\omega_0) = -\mathrm{j}\frac{1}{\omega_0 L}\dot{U} = -\mathrm{j}\frac{1}{\omega_0 LG}\dot{I}_s = -\mathrm{j}Q\dot{I}_s$$

$$\dot{I}_C(\omega_0) = \mathrm{j}\omega_0 C \dot{U} = \mathrm{j}\frac{\omega_0 C}{G}\dot{I}_s = \mathrm{j}Q\dot{I}_s$$

式中 Q 称为并联谐振电路的品质因数

$$Q = \frac{I_L(\omega_0)}{I_s} = \frac{I_C(\omega_0)}{I_s} = \frac{1}{\omega_0 LG} = \frac{\omega_0 C}{G} = \frac{1}{G}\sqrt{\frac{C}{L}}$$

如果 $Q \gg 1$,则谐振时在电感和电容中会出现过电流,但从 L、C 两端看进去的等效电纳等于零,即阻抗为无限大,相当于开路。图 11-8(b) 为并联谐振时的电流相量图。

谐振时无功功率 $Q_L = \frac{1}{\omega_0 L}U^2$,$Q_C = -\omega_0 C U^2$,所以 $Q_L + Q_C = 0$,表明在谐振时,电感的磁场能量与电容的电场能量彼此相互交换,完全补偿,两种能量的总和为

$$W(\omega_0) = W_L(\omega_0) + W_C(\omega_0) = LQ^2 I_s^2 = 常数$$

工程中采用的电感线圈和电容并联的谐振电路,如图 11-9(a) 所示,其中电感线圈用 R 和 L 串联组合表示。谐振时,有

$$\mathrm{Im}[Y(\mathrm{j}\omega_0)] = 0$$

而

$$Y(\mathrm{j}\omega_0) = \mathrm{j}\omega_0 C + \frac{1}{R + \mathrm{j}\omega_0 L} = \mathrm{j}\omega_0 C + \frac{R}{|Z(\mathrm{j}\omega_0)|^2} - \mathrm{j}\frac{\omega_0 L}{|Z(\mathrm{j}\omega_0)|^2}$$

故有

$$\omega_0 C - \frac{\omega_0 L}{|Z(\mathrm{j}\omega_0)|^2} = 0$$

由上式可解得

$$\omega_0 = \frac{1}{\sqrt{LC}}\sqrt{1-\frac{CR^2}{L}}$$

显然,只有当 $1-\frac{CR^2}{L}>0$,即 $R<\sqrt{\frac{L}{C}}$ 时,ω_0 才是实数,所以 $R>\sqrt{\frac{L}{C}}$ 时,电路不会发生谐振。该电路调节电阻可改变电路的固有频率。

谐振时的输入导纳为

$$Y(j\omega_0) = \frac{R}{|Z(j\omega_0)|^2} = \frac{CR}{L}$$

可以证明,该电路发生谐振时的输入导纳不是最小值(即输入阻抗不是最大值),所以谐振时的端电压不是最大值。这种电路只有当 $R \ll \sqrt{\frac{L}{C}}$ 时,它发生谐振时的特点才与图 11-8(a)所示 GLC 并联谐振的特点接近。

此并联电路发生电流谐振时的电流相量图如图 11-9(b)所示,这时有

图 11-9 一种并联谐振电路

$$I_2 = I_1 \sin\varphi_1 = I_s \tan\varphi_1$$

若电感线圈的阻抗角 φ_1 很大,谐振时有过电流出现在电感支路和电容中。

§11-5 波 特 图[①]

对电路和系统的频率特性进行分析时,为了直观地观察频率特性随频率变化的趋势和特征,需要准确地描绘频率响应曲线,这往往不是一件容易的事。工程上常采用对数坐标绘制频响曲线,这样做可以在不同频域内用直线近似代替曲线,使曲线局部直线化,整个曲线则折线化,从而使频响曲线变得易于描绘。这种用对数坐标描绘的频率响应图就称为频响波特图。

网络函数 $H(j\omega)$ 是一个复数,其指数形式为

---

① H.W.Bode 最先使用这种图形,故称波特图。

§11-5 波特图

$$H(j\omega) = |H(j\omega)|e^{j\varphi(j\omega)}$$

对其取对数有

$$\ln[H(j\omega)] = \ln[|H(j\omega)|] + j\varphi(j\omega)$$

其实部为 $H(j\omega)$ 的对数模,而虚部为 $H(j\omega)$ 的相移函数,两者都是 ω 的实函数。用对数坐标作图时,仍然要作两个图,一为对数模(用分贝表示)与对数频率的关系图形,称为幅频波特图,一为相移与对数频率的关系图形,称为相频波特图。作图时两者的横轴坐标都采用对数频率 $\lg\omega$。幅频波特图用分贝(dB)表示对数模,记为 H_{dB},有

$$H_{dB} = 20\lg[|H(j\omega)|]$$

对相频波特图,其纵坐标仍然用度表示。

下面,通过具体例子来说明绘制波特图的方法。

例 11-4 画出如下网络函数的波特图。

$$H(j\omega) = \frac{200j\omega}{(j\omega+2)(j\omega+10)}$$

解 首先将 $H(j\omega)$ 改写成如下形式:

$$H(j\omega) = \frac{10j\omega}{\left(1+\frac{j\omega}{2}\right)\left(1+\frac{j\omega}{10}\right)}$$

$$= \frac{10|j\omega|}{\left|1+\frac{j\omega}{2}\right| \cdot \left|1+\frac{j\omega}{10}\right|} \bigg/ 90° - \arctan\left(\frac{\omega}{2}\right) - \arctan\left(\frac{\omega}{10}\right)$$

因此对数模(单位分贝)和相位(单位度)分别为

$$H_{dB} = 20\lg 10 + 20\lg(|j\omega|) - 20\lg\left(\left|1+j\frac{\omega}{2}\right|\right) - 20\lg\left(\left|1+j\frac{\omega}{10}\right|\right)$$

$$\phi = 90° - \arctan\left(\frac{\omega}{2}\right) - \arctan\left(\frac{\omega}{10}\right)$$

注意到幅频波特图和相频波特图的横坐标均取对数频率 $\lg\omega$,对 H_{dB} 各项的分析如下:

(1) $20\lg 10 = 20$ dB 为常量,为 20dB 的水平直线。

(2) $20\lg(|j\omega|)$ 为 20 dB/10 倍频的直线。当 $\omega = 0.1$ 时,$20\lg(|j0.1|) = -20$;当 $\omega = 1$ 时,$20\lg(|j1|) = 0$;当 $\omega = 10$ 时,$20\lg(|j10|) = 20$。

(3) $-20\lg\left(\left|1+j\frac{\omega}{2}\right|\right)$ 可由两段直线逼近。当 $\omega \to 0$ 时,$-20\lg 1 = 0$;当 $\omega \to \infty$ 时,$-20\lg\left(\left|1+j\frac{\omega}{2}\right|\right) \approx -20\lg\left(\frac{\omega}{2}\right)$。这样,以 $\omega = 2$ 为分界点,在 $\omega < 2$ 区间,该项可用斜率为零的直线逼近;在 $\omega > 2$ 区间,该项用斜率为 -20 dB/10 倍频的直线逼近。

(4) $-20\lg\left(\left|1+\mathrm{j}\dfrac{\omega}{10}\right|\right)$ 的分析与(3)类似,以 $\omega=10$ 为分界点,在 $\omega<10$ 区间,该项用斜率为零的直线逼近;在 $\omega>10$ 区间,该项用斜率等于 -20 dB/10 倍频的直线逼近。

将以上四项叠加,就得到如图 11-10(a) 中实线所示的幅频波特图。

(a) 幅频波特图

(b) 相频波特图

图 11-10 $H(\mathrm{j}\omega)$ 的波特图

对 φ 各项的分析如下：

(1) 90°为常量,在相频波特图上是值为 90°的水平直线。

(2) $-\arctan\left(\dfrac{\omega}{2}\right) = \begin{cases} 0, & \omega = 0 \\ -45°, & \omega = 2 \\ -90°, & \omega \to \infty \end{cases}$

在 $0 \leqslant \omega \leqslant 0.2$ 区间,$-\arctan\left(\dfrac{\omega}{2}\right) \approx 0$,该项用值为 0°的水平直线逼近；当 $\omega = 2$ 时,$-\arctan 1 = -45°$；当 $\omega = 20$ 时,$-\arctan 10 \approx -90°$。即在 $0.2 \leqslant \omega \leqslant 20$ 区间,$-\arctan\left(\dfrac{\omega}{2}\right)$ 可用斜率为 $-45°/10$ 倍频的直线逼近。在 $\omega \geqslant 20$ 区间,该项用值为 $-90°$的水平直线逼近。三段逼近直线的交点在 $\omega = 0.2$ 处和 $\omega = 20$ 处。

(3) $-\arctan\left(\dfrac{\omega}{10}\right)$ 的分析与(2)类似,即在 $1 \leqslant \omega \leqslant 100$ 区间,$-\arctan\left(\dfrac{\omega}{10}\right)$ 用斜率为 $-45°/10$ 倍频的直线逼近；在 $0 \leqslant \omega \leqslant 1$ 区间,该项用值为 0°的水平直线逼近；在 $\omega \geqslant 100$ 区间,该项用值为 $-90°$的水平直线逼近。

将以上三条折线叠加,就得到如图 11-10(b)实线所示的相频波特图。

§11-6 滤波器简介

工程上根据输出端口对信号频率范围的要求,设计专门的网络,置于输入-输出端口之间,使输出端口所需要的频率分量能够顺利通过,而抑制不需要的频率分量,这种具有选频功能的中间网络,工程上称为滤波器。通常将希望保留的频率范围称为通带,将希望抑制的频率范围称为阻带。根据通带和阻带在频率范围中的相对位置,滤波器分为低通、高通、带通和带阻四种类型。

工程上利用电感 L 和电容 C 彼此相反而又互补的频率特性,先设计具有一定滤波功能的"单元电路",然后再用搭"积木"方式(如并联、级联等),连接成各种各样的滤波器网络。如图 11-11(a)所示为 L 形低通滤波器,图 11-11(b)、

图 11-11 低通滤波器的单元电路

(c)所示 T 形和 π 形电路又是 L 形电路的一种镜像连接电路。图 11-12(a)所示为高通滤波器的单元电路(与图 11-11 类似)。图 11-13 所示为 LC 串并联谐振电路构成的带通滤波器,它利用谐振电路的频率特性,只允许谐振频率邻域内的信号通过。图 11-14 所示电路为带阻滤波器,它阻止谐振频率邻域内的信号通过。

(a) L 形　　　　(b) T 形　　　　(c) π 型

图 11-12　高通滤波器的单元电路

图 11-13　带通滤波器　　　　图 11-14　带阻滤波器

上述无损耗 LC 滤波器中的电感元件体积较大,难以使滤波器小型化和集成化。

目前,在滤波器的设计中,已大量使用小型的片式电路元件,可以使滤波器小型化。随着电路和系统集成化的发展,滤波器的设计中,已广泛采用运算放大器,或其他 VCVS 有源器件,不再使用电感元件,称为 RC 有源滤波器,实现了滤波器的集成化,有关这方面的初步知识,读者可参阅本章后面的有关习题。滤波器的设计需要专门的理论知识,本书不作论述。

11-1　求题 11-1 图所示电路端口 1-1′ 的驱动点阻抗 $\dfrac{\dot{U}}{\dot{I}_1}$、转移电流比 $\dfrac{\dot{I}_C}{\dot{I}_1}$ 和转移阻抗 $\dfrac{\dot{U}_2}{\dot{I}_1}$。

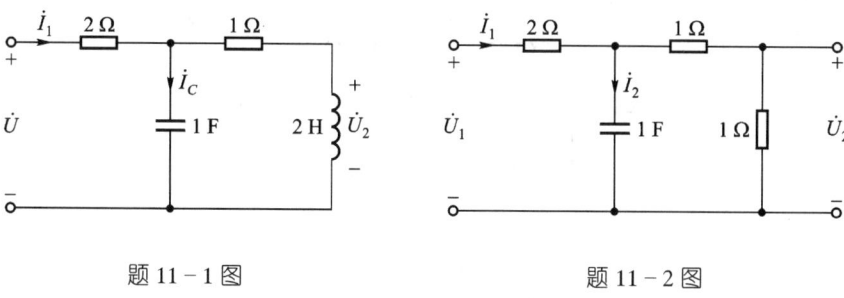

题 11－1 图　　　　　　　　题 11－2 图

11－2　求题 11－2 图所示电路的转移电压比 $\dfrac{\dot{U}_2}{\dot{U}_1}$ 和驱动点导纳 $\dfrac{\dot{I}_1}{\dot{U}_1}$。

11－3　RLC 串联电路中 $R = 1\ \Omega$, $L = 0.01\ \text{H}$, $C = 1\ \mu\text{F}$。求：

(1) 输入阻抗与频率 ω 的关系；

(2) 画出阻抗的频率响应；

(3) 谐振频率 ω_0；

(4) 谐振电路的品质因数 Q；

(5) 通频带的宽度 BW。

11－4　RLC 并联电路中 $R = 10\ \text{k}\Omega$, $L = 1\ \text{mH}$, $C = 0.1\ \mu\text{F}$。求习题 11－3 中所列各项。

11－5　已知 RLC 串联电路中, $R = 50\ \Omega$, $L = 400\ \text{mH}$, 谐振角频率 $\omega_0 = 5000\ \text{rad/s}$, $U_s = 1\ \text{V}$。求电容 C 及各元件电压的瞬时表达式。

11－6　求题 11－6 图所示电路在哪些频率时短路或开路？

11－7　RLC 串联电路中, $L = 50\ \mu\text{H}$, $C = 100\ \text{pF}$, $Q = 50\sqrt{2} = 70.71$, 电源 $U_s = 1\ \text{mV}$。求电路的谐振频率 f_0、谐振时的电容电压 U_C 和通带 BW。

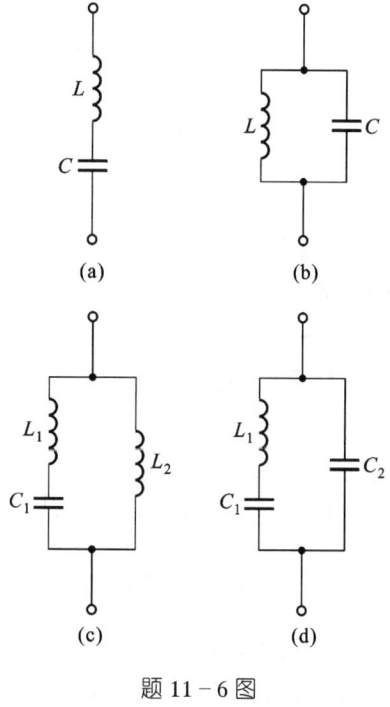

题 11－6 图

11－8　RLC 串联电路谐振时, 已知 $BW = 6.4\ \text{kHz}$, 电阻的功耗 $2\ \mu\text{W}$, $u_S(t) = \sqrt{2}\cos(\omega_0 t)\text{mV}$ 和 $C = 400\ \text{pF}$。求：L、谐振频率 f_0 和谐振时电感电压 U_L。

11－9　RLC 串联电路中, $U_s = 1\ \text{V}$, 电源频率 $f_s = 1\ \text{MHz}$, 发生谐振时 $I(j\omega_0) = 100\ \text{mA}$, $U_C(j\omega_0) = 100\ \text{V}$, 试求 R、L 和 C 的值, Q 值和通带 BW。

11－10　RLC 并联谐振时, $f_0 = 1\ \text{kHz}$, $Z(j\omega_0) = 100\ \text{k}\Omega$, $BW = 100\ \text{Hz}$, 求 R、L 和 C。

11－11　求题 11－11 图所示电路的谐振频率及各频段的电抗性质。

题 11 - 11 图

11 - 12 题 11 - 12 图所示电路中 $I_s = 20$ mA, $L = 100$ μH, $C = 400$ pF, $R = 10$ Ω。求：电路谐振时的通带 BW 和 R_L 等于何值时能获得最大功率，并求最大功率。

题 11 - 12 图　　　　　　　题 11 - 13 图

11 - 13 题 11 - 13 图所示电路中 $R = 10$ Ω, $C = 0.1$ μF, 正弦电压 u_S 的有效值 $U_s = 1$ V, 电路的 Q 值为 100, 求：参数 L 和谐振时的 U_L。

11 - 14 题 11 - 14 图中 $C_2 = 400$ pF, $L_1 = 100$ μH。求下列两种条件下，电路的谐振频率 ω_0：

(1) $R_1 = R_2 \neq \sqrt{\dfrac{L_1}{C_2}}$；

(2) $R_1 = R_2 = \sqrt{\dfrac{L_1}{C_2}}$。

题 11 - 14 图

11-15 求题 11-15 图所示电路的转移电压比 $\dfrac{\dot U_2}{\dot U_1}$。

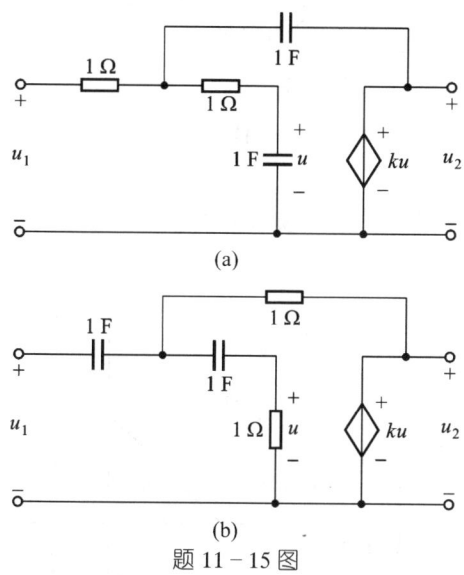

题 11-15 图

11-16 求题 11-16 图所示电路的转移电压比 $\dfrac{\dot U_2}{\dot U_1}$。

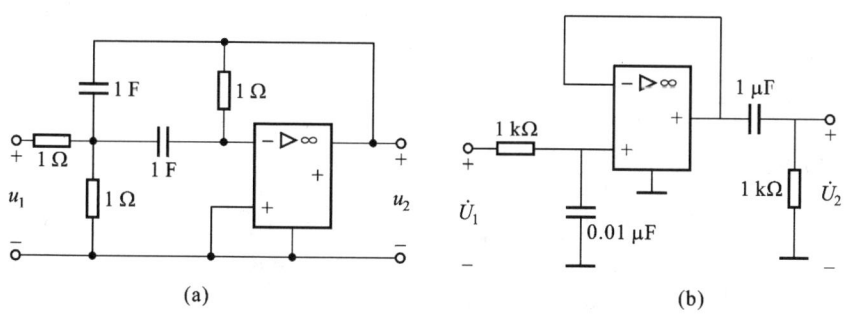

题 11-16 图

11-17 题 11-17 图所示电路中 $RC=1$ s。求:$\dfrac{\dot U_2}{\dot U_1}$ 和 $\dfrac{U_2}{U_1}-\omega$。

11-18 题 11-18 图(a)所示系统的网络函数 $H(\mathrm{j}\omega)=\dfrac{\dot U_2}{\dot U_\mathrm{s}}$,其幅频特性 $|H(\mathrm{j}\omega)|-\omega$ 和相频特性 $\varphi(\mathrm{j}\omega)-\omega$ 如题 11-18 图(b)所示。求:当 $u_\mathrm{s}=10-6.4\sin t-3.2\sin(2t)-2.1\sin(3t)+\cdots$ 时,输出 u_2。

11-19 作下列网络函数 $H(\mathrm{j}\omega)$ 的波特图。

题 11 - 17 图

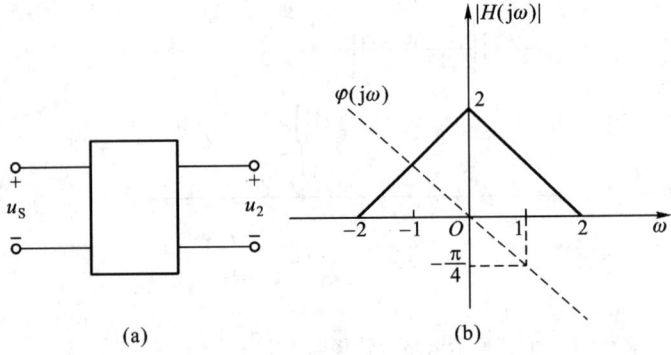

题 11 - 18 图

(1) $H(j\omega) = \dfrac{1}{10 + j\omega}$

(2) $H(j\omega) = \dfrac{5(j\omega + 2)}{j\omega(j\omega + 10)}$

第十二章

三 相 电 路

———— 内 容 提 要 ————

本章主要内容有:对称三相电源,对称三相电路的组成及其电压和电流的相值和线值之间的关系;对称三相电路归结为一相计算方法;简要介绍不对称三相电路的计算;三相电路的功率和测量。

§12-1 三 相 电 路

目前,世界各国的电力系统中电能的生产、传输和供电方式绝大多数都采用三相制。它是世界上规模最大的生产系统,系统的结构为适应工业化生产的需要,已经标准化或规范化,它主要是由三相电源、三相负载和三相输电线路三部分组成。

对称三相电源是由 3 个同频率、等幅值、初相依次滞后 120°的正弦电压源连接成星形(Y)或三角形(△)组成的电源,如图 12-1(a)、(b)所示。这 3 个电源依次称为 A 相、B 相和 C 相,它们的电压瞬时表达式及其相量分别为

$$u_A = \sqrt{2} U\cos(\omega t) \qquad \dot{U}_A = U\underline{/0°}$$

$$u_B = \sqrt{2} U\cos(\omega t - 120°) \qquad \dot{U}_B = U\underline{/-120°} = a^2 \dot{U}_A$$

$$u_C = \sqrt{2} U\cos(\omega t + 120°) \qquad \dot{U}_C = U\underline{/120°} = a\dot{U}_A$$

式中以 A 相电压 u_A 作为参考正弦量。$a = 1\underline{/120°}$,它是工程中为了方便而引入的单位相量算子。

上述三相电压的相序(次序)A、B、C 称为正序或顺序。与此相反,如 B 相超前 A 相 120°,C 相超前 B 相 120°,这种相序称为负序或逆序。相位差为零的相序称为零序。电力系统一般采用正序。

对称三相电压各相的波形和相量图如图 12-1(c)、(d)所示。对称三相电压满足：

$$u_A + u_B + u_C = 0 \quad 或 \quad \dot{U}_A + \dot{U}_B + \dot{U}_C = 0$$

对称三相电压源是由三相发电机提供的(我国三相系统电源频率 $f = 50$ Hz，入户电压为 220 V，而日、美、欧洲等国为 60 Hz，110 V)。

图 12-1(a)所示为三相电压源的星形连接方式，简称星形或 Y 形电源。从 3 个电压源正极性端子 A、B、C 向外引出的导线称为端线，从中性点 N 引出的导线称为中性线(旧称零线)。把三相电压源依次连接成一个回路，再从端子 A、B、C 引出端线，如图 12-1(b)所示，就成为三相电源的三角形联结，简称三角形或 △ 形电源。三角形电源不能引出中性线。

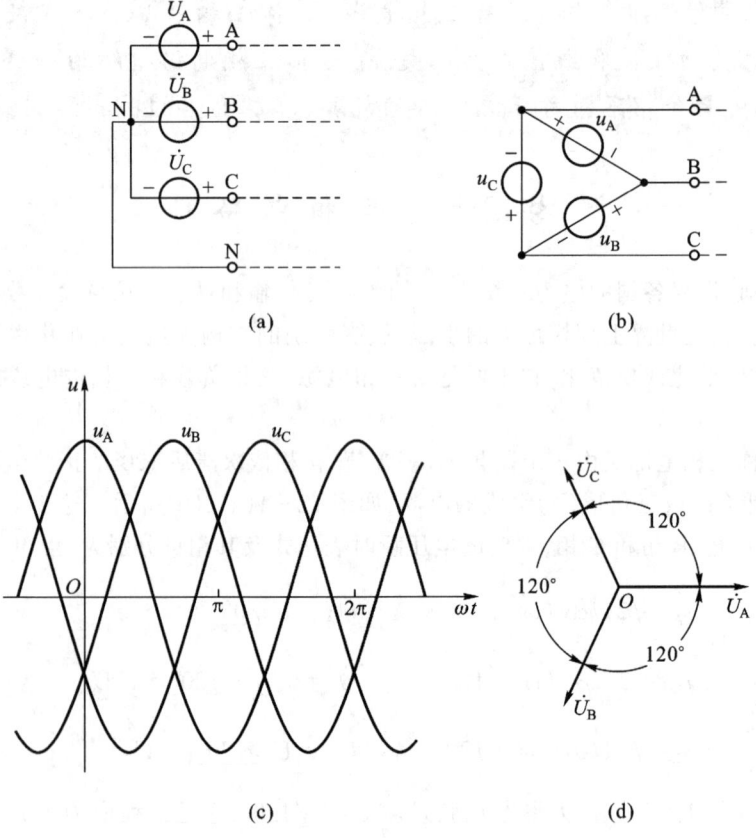

图 12-1 对称三相电压源连接及其电压波形和相量图

3 个阻抗连接成星形(或三角形)就构成星形(或三角形)负载，如图 12-2

所示。当这 3 个阻抗相等时,就称为对称三相负载。

从对称三相电源的 3 个端子引出具有相同阻抗的 3 条端线(或输电线),把一些对称三相负载连接在端线上就形成了对称三相电路。图 12-2(a)、(b)为两个对称三相电路的示例。图(a)中的三相电源为星形电源,负载为星形负载,称为 Y-Y 连接方式(实线所示部分);图(b)中,三相电源为星形电源,负载为三角形负载,称为 Y-△ 连接方式。还有 △-Y 和 △-△ 连接方式。

在 Y-Y 连接中,如把三相电源的中性点 N 和负载的中性点 N′用一条具有阻抗为 Z_N 的中性线连接起来,如图 12-2(a)中虚线所示,这种连接方式称为三相四线制方式。上述其余连接方式均属三相三线制。

实际三相电路中,三相电源是对称的,3 条端线阻抗是相等的,但负载则不一定是对称的。

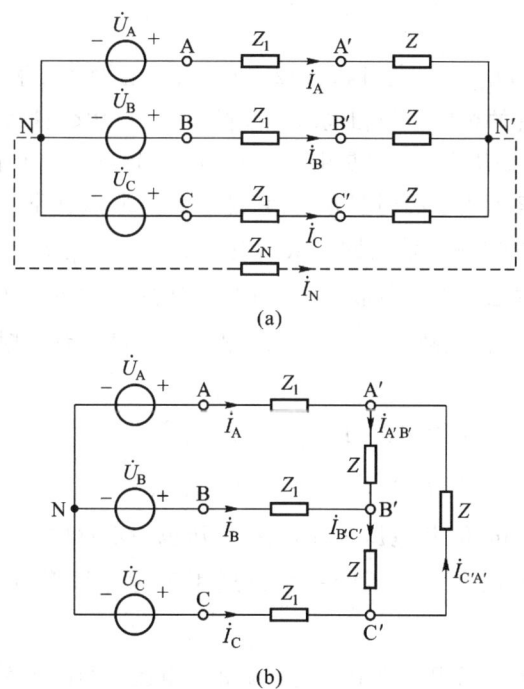

图 12-2 对称三相电路

§12-2 线电压(电流)与相电压(电流)的关系

三相系统中,流经输电线中的电流称为线电流,如图 12-2(a)、(b)所示

的 $\dot{I}_A$、$\dot{I}_B$、$\dot{I}_C$、$\dot{I}_N$ 称为中性线的电流。各输电线线端之间的电压,如图 12-2 (a)、(b)中所示电源端的 $\dot{U}_{AB}$、$\dot{U}_{BC}$、$\dot{U}_{CA}$ 和负载端的 $\dot{U}_{A'B'}$、$\dot{U}_{B'C'}$、$\dot{U}_{C'A'}$,都称为线电压。三相电源和三项负载中每一相的电压、电流称为相电压和相电流。三相系统中的线电压和相电压、线电流和相电流之间的关系都与连接方式有关。

对于对称星形电源、依次设其线电压为 $\dot{U}_{AB}$,$\dot{U}_{BC}$,$\dot{U}_{CA}$,相电压为 $\dot{U}_A$、$\dot{U}_B$、$\dot{U}_C$(或 $\dot{U}_{AN}$、$\dot{U}_{BN}$、$\dot{U}_{CN}$),如图 12-1(a)所示,根据 KVL,有

$$\left. \begin{aligned} \dot{U}_{AB} &= \dot{U}_A - \dot{U}_B = (1-a^2)\dot{U}_A = \sqrt{3}\,\dot{U}_A\underline{/30°} \\ \dot{U}_{BC} &= \dot{U}_B - \dot{U}_C = (1-a^2)\dot{U}_B = \sqrt{3}\,\dot{U}_B\underline{/30°} \\ \dot{U}_{CA} &= \dot{U}_C - \dot{U}_A = (1-a^2)\dot{U}_C = \sqrt{3}\,\dot{U}_C\underline{/30°} \end{aligned} \right\} \quad (12-1)$$

另有 $\dot{U}_{AB} + \dot{U}_{BC} + \dot{U}_{CA} = 0$。所以式(12-1)中,只有两个方程是独立的。对称的星形三相电源端的线电压与相电压之间的关系,可用一种特殊的电压相量图表示,如图 12-3(a)所示①。它是由式(12-1)三个公式的相量图拼接而成,图中实线所示部分表示 $\dot{U}_{AB}$ 的图解方法,它是以 B 为原点画出 $\dot{U}_{AB} = (-\dot{U}_{BN}) + \dot{U}_{AN}$,其他线电压的图解求法类同。从图中可以看出,线电压与对称相电压之间的关系可以用图示电压正三角形说明,相电压对称时,线电压也一定依序对称,它是相电压的 $\sqrt{3}$ 倍,依次超前 $\dot{U}_A$、$\dot{U}_B$、$\dot{U}_C$ 相位 30°,实际计算时,只要算出 $\dot{U}_{AB}$,就可以依序写出 $\dot{U}_{BC} = a^2\dot{U}_{AB}$,$\dot{U}_{CA} = a\dot{U}_{AB}$。

对于三角形电源[如图 12-1(b)所示],有

$$\dot{U}_{AB} = \dot{U}_A,\ \dot{U}_{BC} = \dot{U}_B,\ \dot{U}_{CA} = \dot{U}_C$$

所以线电压等于相电压,相电压对称时,线电压也一定对称。

以上有关线电压和相电压的关系也适用于对称星形负载端和三角形负载端。

对称三相电源和三相负载中的线电流和相电流之间的关系叙述如下。

对于星形连接,线电流显然等于相电流,对三角形连接则不是如此。以图 12-2(b)所示三角形负载为例,设每相负载中的对称相电流分别为 $\dot{I}_{A'B'}$、$\dot{I}_{B'C'}$($=a^2\dot{I}_{A'B'}$)、$\dot{I}_{C'A'}$($=a\dot{I}_{A'B'}$),3 个线电流依次分别为 $\dot{I}_A$、$\dot{I}_B$、$\dot{I}_C$,电流的参考方向

---

① 注意,图中的电压相量是按该电压下标的相反次序画的。例如画 $\dot{U}_{AN}$ 时,应从 N 点指向 A 点,画 $\dot{U}_{AB}$ 时,应从 B 点指向 A 点。A、B、C、N 点则表示电压源的对应端子。

§12-2 线电压(电流)与相电压(电流)的关系

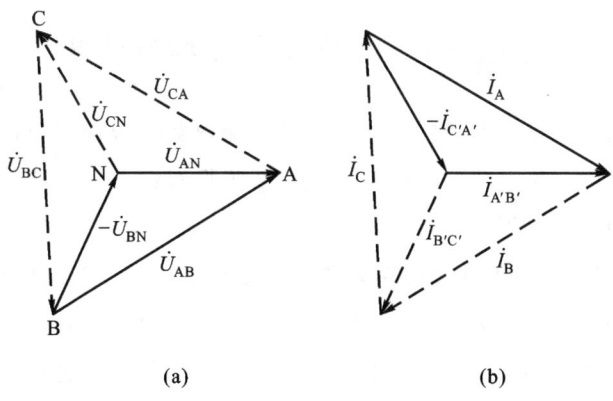

图12-3 线值和相值之间的关系

如图所示。根据KCL,有

$$\left.\begin{aligned}\dot{I}_A &= \dot{I}_{A'B'} - \dot{I}_{C'A'} = (1-a)\dot{I}_{A'B'} = \sqrt{3}\dot{I}_{A'B'}\underline{/-30°}\\ \dot{I}_B &= \dot{I}_{B'C'} - \dot{I}_{A'B'} = (1-a)\dot{I}_{B'C'} = \sqrt{3}\dot{I}_{B'C'}\underline{/-30°}\\ \dot{I}_C &= \dot{I}_{C'A'} - \dot{I}_{B'C'} = (1-a)\dot{I}_{C'A'} = \sqrt{3}\dot{I}_{C'A'}\underline{/-30°}\end{aligned}\right\} \quad (12-2)$$

另有 $\dot{I}_A + \dot{I}_B + \dot{I}_C = 0$。所以,上述3个方程中,只有2个方程是独立的。线电流与对称相电流之间的关系,也可以用一种特殊的电流相量图表示,如图12-3(b)所示,图中实线部分表示 $\dot{I}_A$ 的图解求法,其他线电流的图解求法类同。从图中可以看出,线电流与对称的三角形负载相电流之间的关系,可以用一个电流正三角形说明,相电流对称时,线电流也一定对称,它是相电流的 $\sqrt{3}$ 倍,依次滞后 $\dot{I}_{A'B'}$、$\dot{I}_{B'C'}$、$\dot{I}_{C'A'}$ 的相位为30°。实际计算时,只要计算出 $\dot{I}_A$,就可依次写出 $\dot{I}_B = a^2 \dot{I}_A$,$\dot{I}_C = a\dot{I}_A$。

上述分析方法也适用于三角形电源。

最后还必须指出,所有关于电压、电流的对称性以及上述对称相值和对称线值之间关系的论述,只能在指定的顺序和参考方向的条件下,才能以简单有序的形式表达出来,而不能任意设定(理论上可以),否则将会使问题的表述变得杂乱无序。

§12-3 对称三相电路的计算

对称三相电路是一类特殊类型的正弦电流电路。因此,分析正弦电流电路的相量法对对称三相电路完全适用。但本节根据对称三相电路的一些特点,来简化对称三相电路分析计算。

现在,以对称三相四线制电路为例来进行分析,如图12-2(a)所示,其中 Z_1 为线路阻抗,Z_N 为中性线阻抗。N 和 N' 为中性点。对于这种电路,一般可用结点法先求出中性点 N' 与 N 之间的电压。以 N 为参考结点,可得

$$\left(\frac{1}{Z_N}+\frac{3}{Z+Z_1}\right)\dot{U}_{N'N}=\frac{1}{Z_1+Z}(\dot{U}_A+\dot{U}_B+\dot{U}_C)$$

由于 $\dot{U}_A+\dot{U}_B+\dot{U}_C=0$,所以 $\dot{U}_{N'N}=0$,各相电源和负载中的相电流等于线电流,它们是

$$\dot{I}_A=\frac{\dot{U}_A-\dot{U}_{N'N}}{Z+Z_1}=\frac{\dot{U}_A}{Z+Z_1}$$

$$\dot{I}_B=\frac{\dot{U}_B}{Z+Z_1}=a^2\dot{I}_A$$

$$\dot{I}_C=\frac{\dot{U}_C}{Z+Z_1}=a\dot{I}_A$$

可以看出,各线(相)电流独立,$\dot{U}_{N'N}=0$ 是各线(相)电流独立,彼此无关的必要和充分条件,所以,对称的 Y-Y 电路可分列为三个独立的单相电路。又由于三相电源、三相负载的对称性,所以线(相)电流构成对称组。因此,只要分析计算三相中的任一相,而其他两线(相)的电流就能按对称顺序写出。这就是对称的 Y-Y 三相电路归结为一相的计算

图12-4 一相计算电路

方法。图12-4为一相计算电路(A 相)。注意,在一相计算电路中,连接 N、N' 的短路线是 $\dot{U}_{N'N}=0$ 的等效线,与中性线阻抗 Z_N 无关。另外,中性线的电流为

$$\dot{I}_N=\dot{I}_A+\dot{I}_B+\dot{I}_C=0$$

这表明,对称的 Y-Y 三相电路,在理论上不需要中性线,可以移去。而在

任一时刻，i_A、i_B、i_C 中至少有一个为负值，对应此负值电流的输电线则作为对称电流系统在该时刻的电流回线。

对于其他连接方式的对称三相电路，可以根据星形和三角形的等效互换，化成对称的 Y-Y 三相电路，然后用一相计算法求解。

例 12-1 对称三相电路如图 12-2(a)所示，已知：$Z_1 = (1+j2)\Omega$，$Z = (5+j6)\Omega$，$u_{AB} = 380\sqrt{2}\cos(\omega t + 30°)$V。试求负载中各电流相量。

解 可设一组对称三相电压源与该组对称线电压对应。根据前面式(12-1)的关系，有

$$\dot{U}_A = \frac{\dot{U}_{AB}}{\sqrt{3}}\underline{/-30°} = 220\underline{/0°}\,\text{V}$$

据此可画出一相(A 相)计算电路，如图 12-4 所示。可以求得

$$\dot{I}_A = \frac{\dot{U}_A}{Z+Z_1} = \frac{220\underline{/0°}}{6+j8}\,\text{A} = 22\underline{/-53.1°}\,\text{A}$$

根据对称性可以写出

$$\dot{I}_B = a^2 \dot{I}_A = 22\underline{/-173.1°}\,\text{A} \qquad \dot{I}_C = a\dot{I}_A = 22\underline{/66.9°}\,\text{A}$$

对称三相电路的相量图，可将 A 线(相)的相量图依序顺时针旋转 120° 合成。

例 12-2 对称三相电路如图 12-2(b)所示。已知：$Z = (19.2+j14.4)\Omega$，$Z_1 = (3+j4)\Omega$，对称线电压 $U_{AB} = 380$ V。求负载端的线电压和相电流。

解 该电路可以变换为对称的 Y-Y 电路，如图 12-5 所示。图中 Z' 为(三角形变换为星形)

$$Z' = \frac{Z}{3} = \frac{19.2+j14.4}{3}\Omega = (6.4+j4.8)\Omega$$

图 12-5 例 12-2 图

令 $\dot{U}_A = 220 \underline{/0°}$ V。根据一相计算电路有

$$\dot{I}_A = \frac{\dot{U}_A}{Z_1 + Z'} = 17.1 \underline{/-43.2°} \text{A}$$

而：

$$\dot{I}_B = a^2 \dot{I}_A = 17.1 \underline{/-163.2°} \text{A}$$

$$\dot{I}_C = a \dot{I}_A = 17.1 \underline{/76.8°} \text{A}$$

此电流即为负载端的线电流。再求出负载端的相电压，利用线电压与相电压的关系就可得负载端的线电压。$\dot{U}_{A'N'}$ 为

$$\dot{U}_{A'N'} = \dot{I}_A Z' = 136.8 \underline{/-6.3°} \text{V}$$

根据式(12-1)，有

$$\dot{U}_{A'B'} = \sqrt{3} \dot{U}_{A'N'} \underline{/30°} = 236.9 \underline{/23.7°} \text{V}$$

根据对称性可写出

$$\dot{U}_{B'C'} = a^2 \dot{U}_{A'B'} = 236.9 \underline{/-96.3°} \text{V}$$

$$\dot{U}_{C'A'} = a \dot{U}_{A'B'} = 236.9 \underline{/143.7°} \text{V}$$

根据负载端的线电压[如图12-2(b)所示]可以求得负载中的相电流，有

$$\dot{I}_{A'B'} = \frac{\dot{U}_{A'B'}}{Z} = 9.9 \underline{/-13.2°} \text{A}$$

$$\dot{I}_{B'C'} = a^2 \dot{I}_{A'B'} = 9.9 \underline{/-133.2°} \text{A}$$

$$\dot{I}_{C'A'} = a \dot{I}_{A'B'} = 9.9 \underline{/106.8°} \text{A}$$

也可以利用式(12-2)计算负载的相电流。

§12-4 不对称三相电路的概念

在三相电路中，只要有一部分不对称就称为不对称三相电路，例如，对称三相电路的某一条端线断开，或某一相负载发生短路或开路，它就失去了对称性，成为不对称的三相电路。对于不对称三相电路的分析，一般情况下，不能引用上一节介绍的一相计算方法，而要用其他方法求解。本节只简要地介绍由于负载不对称而引起的一些特点。

图12-6(a)的Y-Y连接电路中三相电源是对称的，但负载不对称。先讨论开关S打开(即不接中性线)时的情况。用结点电压法，可以求得结点电压

$\dot{U}_{N'N}$ 为

$$\dot{U}_{N'N} = \frac{\dot{U}_A Y_A + \dot{U}_B Y_B + \dot{U}_C Y_C}{Y_A + Y_B + Y_C}$$

由于负载不对称,一般情况下 $\dot{U}_{N'N} \neq 0$,即 N'点和 N 点电位不同了。从图 12-6(b)的相量关系可以清楚看出,N'点和 N 点不重合,这一现象称为中性点位移。在电源对称的情况下,可以根据中性点位移的情况判断负载端不对称的程度。当中性点位移较大时,会造成负载端的电压严重的不对称,从而可能使负载的工作不正常。另一方面,如果负载变动时,由于各相的工作相互关联,因此彼此都互有影响。

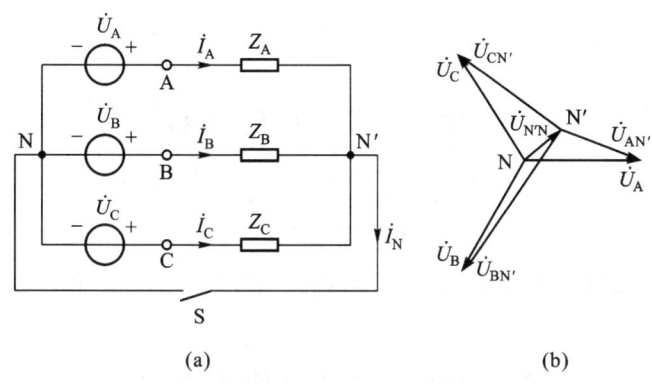

图 12-6 不对称三相电路

合上开关 S(接上中性线),如果 $Z_N \approx 0$,则可强使 $\dot{U}_{N'N} = 0$。尽管电路是不对称,但在这个条件下,可强使各相保持独立性,各相的工作互不影响,因而各相可以分别独立计算。能确保各相负载在相电压下安全工作,这就克服了无中性线时引起的缺点。因此,在负载不对称的情况下中性线的存在是非常重要的,它能起到保证安全供电的作用。

由于线(相)电流的不对称,中性线的电流一般不为零,即

$$\dot{I}_N = \dot{I}_A + \dot{I}_B + \dot{I}_C \neq 0$$

例 12-3 图 12-6(a)所示电路中,若 $Z_A = -j\frac{1}{\omega C}$(电容),而 $Z_B = Z_C = R$,并且 $R = \frac{1}{\omega C}$,则电路是一种测定相序的仪器,称为相序指示器(图中电阻 R 用两个相同的白炽灯代替)。试说明在相电压对称的情况下,当 S 打开时,如何根据两个白炽灯的亮度确定电源的相序。

解 图 12-6(a)所示电路中性点电压 $\dot{U}_{N'N}$ 为

$$\dot{U}_{N'N} = \frac{j\omega C\dot{U}_A + G(\dot{U}_B + \dot{U}_C)}{j\omega C + 2G}$$

令 $\dot{U}_A = U\underline{/0°}$ V,代入给定的参数关系后,有

$$\dot{U}_{N'N} = (-0.2 + j0.6)U = 0.63U\underline{/108.4°}$$

B 相白炽灯承受的电压 $\dot{U}_{BN'}$ 为

$$\dot{U}_{BN'} = \dot{U}_{BN} - \dot{U}_{N'N} = 1.5U\underline{/-101.5°}$$

所以

$$U_{BN'} = 1.5U$$

而

$$\dot{U}_{CN'} = \dot{U}_{CN} - \dot{U}_{N'N} = 0.4U\underline{/133.4°}$$

即

$$U_{CN'} = 0.4U$$

根据上述结果可以判断:$U_{CN'}$ 最小,则白炽灯较暗的一相为 C 相。

§12-5 三相电路的功率

在三相电路中,三相负载吸收的复功率等于各相复功率之和,即

$$\bar{S} = \bar{S}_A + \bar{S}_B + \bar{S}_C$$

在对称的三相电路中有 $\bar{S}_A = \bar{S}_B = \bar{S}_C$,因而 $\bar{S} = 3\bar{S}_A$。

三相电路的瞬时功率为各相负载瞬时功率之和。如对图 12-2(a)所示的对称三相电路,有

$$p_A = u_{AN}i_A = \sqrt{2}\,U_{AN}\cos(\omega t) \times \sqrt{2}\,I_A\cos(\omega t - \varphi)$$
$$= U_{AN}I_A[\cos\varphi + \cos(2\omega t - \varphi)]$$
$$p_B = u_{BN}i_B = \sqrt{2}\,U_{AN}\cos(\omega t - 120°) \times \sqrt{2}\,I_A\cos(\omega t - \varphi - 120°)$$
$$= U_{AN}I_A[\cos\varphi + \cos(2\omega t - \varphi - 240°)]$$
$$p_C = u_{CN}i_C = \sqrt{2}\,U_{AN}\cos(\omega t + 120°) \times \sqrt{2}\,I_A\cos(\omega t - \varphi + 120°)$$
$$= U_{AN}I_A[\cos\varphi + \cos(2\omega t - \varphi + 240°)]$$

它们的和为

$$p = p_A + p_B + p_C = 3 U_{AN} I_A \cos \varphi = 3 P_A$$

此式表明,对称三相电路的瞬时功率是一个常量,其值等于平均功率。这是对称三相电路的一个优越的性能。习惯上把这一性能称为瞬时功率平衡。

在三相三线制电路中,不论对称与否,都可以使用两个功率表的方法测量三相功率(称为二瓦计法)。两个功率表的一种连接方式如图 12-7 所示。使线电流从 * 端分别流入两个功率表的电流线圈(图示为 $\dot{I}_A$, $\dot{I}_B$),它们的电压线圈的非 * 端共同接到非电流线圈所在的第 3 条端线上(图示为 C 端线)。可以看出,这种测量方法中功率表的接线只触及端线,而与负载和电源的连接方式无关。

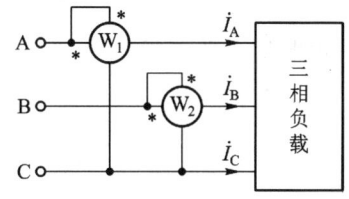

图 12-7 二瓦计法

可以证明图中两个功率表读数的代数和为三相三线制中右侧电路吸收的平均功率。

设两个功率表的读数分别用 P_1 和 P_2 表示,根据功率表的工作原理,有

$$P_1 = \text{Re}[\dot{U}_{AC} \dot{I}_A^*] \qquad P_2 = \text{Re}[\dot{U}_{BC} \dot{I}_B^*]$$

所以

$$P_1 + P_2 = \text{Re}[\dot{U}_{AC} \dot{I}_A^* + \dot{U}_{BC} \dot{I}_B^*]$$

因为 $\dot{U}_{AC} = \dot{U}_A - \dot{U}_C$, $\dot{U}_{BC} = \dot{U}_B - \dot{U}_C$, $\dot{I}_A^* + \dot{I}_B^* = -\dot{I}_C^*$,代入上式有

$$P_1 + P_2 = \text{Re}[\dot{U}_A \dot{I}_A^* + \dot{U}_B \dot{I}_B^* + \dot{U}_C \dot{I}_C^*] = \text{Re}[\bar{S}_A + \bar{S}_B + \bar{S}_C]$$
$$= \text{Re}[\bar{S}]$$

而 $\text{Re}[\bar{S}]$ 则表示右侧三相负载的有功功率。在对称三相制中令 $\dot{U}_A = U_A \underline{/0°}$, $\dot{I}_A = I_A \underline{/-\varphi}$,则有

$$\left.\begin{array}{l} P_1 = \text{Re}[\dot{U}_{AC} \dot{I}_A^*] = U_{AC} I_A \cos(\varphi - 30°) \\ P_2 = \text{Re}[\dot{U}_{BC} \dot{I}_B^*] = U_{BC} I_B \cos(\varphi + 30°) \end{array}\right\} \quad (12-3)$$

式中 φ 为负载的阻抗角。应当注意,在一定的条件下,(例如 $|\varphi| > 60°$)两个功率表之一的读数可能为负,求代数和时该读数应取负值。一般来讲,单独一个功率表的读数是没有意义的。

不对称的三相四线制不能用二瓦计法测量三相功率,这是因为在一般情况下,$\dot{I}_A + \dot{I}_B + \dot{I}_C \neq 0$。

例 12-4 若图 12-7 所示电路为对称三相电路,已知对称三相负载吸收的功率为 2.5 kW,功率因数 $\lambda = \cos\varphi = 0.866$(感性),线电压为 380 V。求图中两个功率表的读数。

解 对称三相负载吸收的功率是一相负载所吸收功率的 3 倍,令 $\dot{U}_A = U_A \underline{/0°}$, $\dot{I}_A = I_A \underline{/-\varphi}$,则

$$P = 3\mathrm{Re}[\dot{U}_A \dot{I}_A^*] = \sqrt{3} U_{AB} I_A \cos\varphi$$

求得电流 I_A 为

$$I_A = \frac{P}{\sqrt{3} U_{AB} \cos\varphi} = 4.386 \text{ A}$$

又

$$\varphi = \arccos\lambda = 30°(感性)$$

则图中功率表相关的电压、电流相量为

$$\dot{I}_A = 4.386 \underline{/-30°} \text{A}, \dot{U}_{AC} = 380 \underline{/-30°} \text{ V}$$

$$\dot{I}_B = 4.386 \underline{/-150°} \text{A}, \dot{U}_{BC} = 380 \underline{/-90°} \text{ V}$$

则功率表的读数如下:

$$P_1 = \mathrm{Re}[\dot{U}_{AC} \dot{I}_A^*] = \mathrm{Re}[380 \times 4.386 \underline{/0°}]\text{W} = 1\,666.68\text{W}$$

$$P_2 = \mathrm{Re}[\dot{U}_{BC} \dot{I}_B^*] = \mathrm{Re}[380 \times 4.386 \underline{/60°}]\text{W} = 833.34\text{W}$$

其实,只要求得两个功率表之一的读数,另一功率表的读数等于负载的功率减去该表的读数,例如,求得 P_1 后,$P_2 = P - P_1$。

———— 习 题 ————

12-1 已知对称三相电路的星形负载阻抗 $Z = (165 + j84)\Omega$,端线阻抗 $Z_1 = (2+j1)\Omega$,中性线阻抗 $Z_N = (1+j1)\Omega$,线电压 $U_1 = 380$ V。求负载端的电流和线电压,并作电路的相量图。

12-2 已知对称三相电路的线电压 $U_1 = 380$ V(电源端),三角形负载阻抗 $Z = (4.5 + j14)\Omega$,端线阻抗 $Z_1 = (1.5+j2)\Omega$。求线电流和负载的相电流,并作相量图。

12-3 将题 12-1 中负载 Z 改为三角形联结(无中性线)。比较两种连接方式中负载所吸收的复功率。

12-4 题 12-4 图所示对称三相耦合电路接于对称三相电源,电源频率为 50 Hz,线电压 $U_1 = 380$ V,$R = 30$ Ω,$L = 0.29$ H,$M = 0.12$ H。求相电流和负载吸收的总功率。

习　题　　313

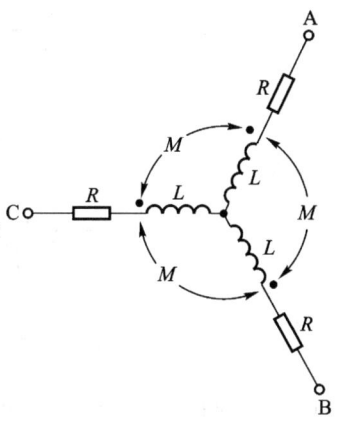

题 12-4 图

12-5 题 12-5 图所示对称 Y-Y 三相电路中,电压表的读数为 1143.16 V,$Z = (15 + j15\sqrt{3})\Omega$,$Z_1 = (1+j2)\Omega$。求:

(1) 图中电流表的读数及线电压 U_{AB};
(2) 三相负载吸收的功率;
(3) 如果 A 相的负载阻抗等于零(其他不变),再求(1)、(2);
(4) 如果 A 相负载开路,再求(1)、(2)。
(5) 如果加接零阻抗中性线 $Z_N = 0$,则(3)、(4)将发生怎样的变化?

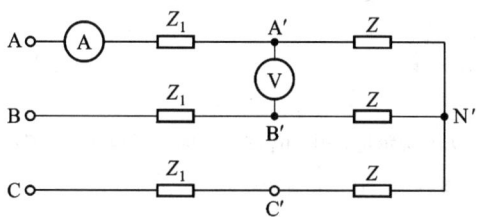

题 12-5 图

12-6 题 12-6 图所示对称三相电路中,$U_{A'B'} = 380$ V,三相电动机吸收的功率为 1.4 kW,其功率因数 $\lambda = 0.866$(滞后),$Z_1 = -j55\Omega$。求 U_{AB} 和电源端的功率因数 λ'。

12-7 题 12-7 图所示对称 Y-△ 三相电路中,$U_{AB} = 380$ V,图中功率表的读数为 $W_1:782$,$W_2:1976.44$。求:

(1) 负载吸收的复功率 $\bar{S}$ 和阻抗 Z;
(2) 开关 S 打开后,功率表的读数。

题 12-6 图　　　　　　　　题 12-7 图

12-8 题 12-8 图所示电路中,对称三相电源端的线电压 $U_l = 380$ V, $Z = (50 + \text{j}50)\,\Omega$, $Z_1 = (100 + \text{j}100)\,\Omega$, Z_A 为 R、L、C 串联组成, $R = 50\,\Omega$, $X_L = 314\,\Omega$, $X_C = -264\,\Omega$。试求:

(1) 开关 S 打开时的线电流;

(2) 若用二瓦计法测量电源端三相功率,试画出接线图,并求两个功率表的读数(S 闭合时)。

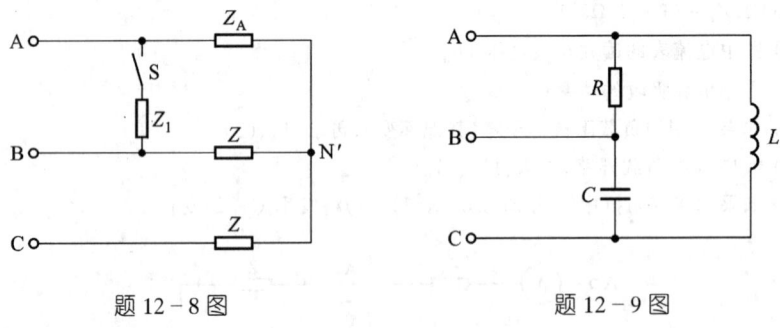

题 12-8 图　　　　　　　　题 12-9 图

12-9 题 12-9 图所示电路中,电源为对称三相电源,试求:

(1) L、C 满足什么条件时,线电流对称?

(2) 若 $R = \infty$(开路),再求线电流。

12-10 已知对称三相电路中的线电压为 380 V, $f = 50$ Hz,负载吸收的功率为 2.4 kW(参阅图 12-7),功率因数为 0.4(感性)。试求:

(1) 两个功率表的读数(用二瓦计法测量功率时);

(2) 怎样才能使负载端的功率因数提高到 0.8? 并再求出两个功率表的读数。

12-11 题 12-11 图所示三相(四线)制电路中, $Z_1 = -\text{j}10\,\Omega$, $Z_2 = (5 + \text{j}12)\,\Omega$,对称三相电源的线电压为 380 V,图中电阻 R 吸收的功率为 24 200 W(S 闭合时)。试求:

(1) 开关 S 闭合时图中各表的读数。根据功率表的读数能否求得整个负载吸收的总功率?

(2) 开关 S 打开时图中各表的读数有无变化,功率表的读数有无意义?

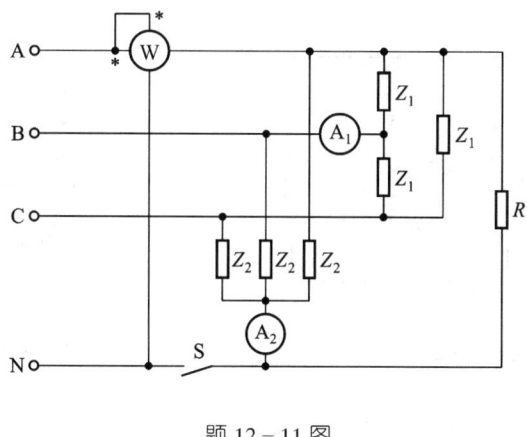

题 12-11 图

12-12 题 12-12 图所示为对称三相电路,线电压为 380 V,$R = 200\ \Omega$,负载吸收的无功功率为 $1\,520\sqrt{3}\,\text{var}$。试求:

(1) 各线电流;

(2) 电源发出的复功率。

题 12-12 图

12-13 题 12-13 图所示为对称三相电路,线电压为 380 V,相电流 $I_{A'B'} = 2\text{A}$。求图中功率表的读数。

12-14 题 12-14 图所示电路中的 $\dot{U}_s$ 是频率 $f = 50$ Hz 的正弦电压源。若要使 $\dot{U}_{ao}$、$\dot{U}_{bo}$、$\dot{U}_{co}$ 构成对称三相电压,R、L、C 之间应当满足什么关系? 设 $R = 20\ \Omega$,求 L 和 C 的值。

第十二章 三相电路

题 12-13 图

题 12-14 图

第十三章

非正弦周期电流电路和信号的频谱

———————————— 内 容 提 要 ————————————

本章主要介绍非正弦周期电流电路的一种分析方法——谐波分析法,它是正弦电流电路分析方法的推广。其次介绍信号频谱的初步概念。主要内容有:周期函数分解为傅里叶级数和信号的频谱,周期量的有效值、平均值,非正弦周期电流电路的计算和平均功率,三相电路中的高次谐波,傅里叶积分简介。

§13-1 非正弦周期信号

在生产实践和科学实验中,通常会遇到按非正弦规律变化的电源和信号。例如,通信工程方面传输的各种信号,如收音机、电视机收到的信号电压或电流,它们的波形都是非正弦波。在自动控制、电子计算机等技术领域中用到的脉冲信号也都是非正弦波。本章表13-1所示非正弦周期波形都是工程中常见的例子。

另外,如果电路存在非线性元件,即使在正弦电源的作用下,电路中也将产生非正弦周期的电压和电流。

非正弦电流、电压又可分为周期的和非周期的两种。本章主要讨论在非正弦周期电源或信号的作用下,线性电路的稳态分析和计算方法,并简要地介绍信号频谱的初步概念。首先应用数学中的傅里叶级数(傅氏级数)展开方法,将非正弦周期激励电压、电流或信号分解为一系列频率为周期函数频率的正整倍数的正弦量之和,再根据线性电路的叠加定理,分别计算每一频率的正弦量单独作用下在电路中产生的同频正弦电流分量和电压分量;最后,把所得分量按时域形式叠加,就可以得到电路在非正弦周期激励下的稳态电流和电压。这种方法称为谐波分析法。它实质上是把非正弦周期电流电路的计算转化为一系列不同频率的正弦电流电路的计算。

§13-2 非正弦周期函数分解为傅里叶级数

非正弦周期电流、电压、信号等都可以用周期函数表示，即
$$f(t) = f(t + nT)$$
式中 T 为周期函数 $f(t)$ 的周期，n 为自然数 $0,1,2,\cdots$。

如果给定的周期函数 $f(t)$ 满足狄里赫利条件，即(1)周期函数的极值点的数目为有限个；(2)间断点的数目为有限个；(3)在一个周期内绝对可积，即有
$$\int_0^T |f(t)| \, dt < \infty \quad (\text{有界})$$
它就能展开成一个收敛的傅里叶级数，即
$$\begin{aligned} f(t) &= \frac{a_0}{2} + [a_1\cos(\omega_1 t) + b_1\sin(\omega_1 t)] + [a_2\cos(2\omega_1 t) + b_2\sin(2\omega_1 t)] + \cdots + \\ &\quad [a_k\cos(k\omega_1 t) + b_k\sin(k\omega_1 t)] + \cdots \\ &= \frac{a_0}{2} + \sum_{k=1}^{\infty} [a_k\cos(k\omega_1 t) + b_k\sin(k\omega_1 t)] \end{aligned} \tag{13-1}$$

式(13-1)中，a_k 项为偶函数，b_k 项为奇函数。还可合并成另一种形式(式中 $\omega_1 = \frac{2\pi}{T}$)
$$\begin{aligned} f(t) &= \frac{A_0}{2} + A_{1m}\cos(\omega_1 t + \phi_1) + A_{2m}\cos(2\omega_1 t + \phi_2) + \cdots + \\ &\quad A_{km}\cos(k\omega_1 t + \phi_k) + \cdots \\ &= \frac{A_0}{2} + \sum_{k=1}^{\infty} A_{km}\cos(k\omega_1 t + \phi_k) \end{aligned} \tag{13-2}$$

不难得出上述两种形式系数之间有如下关系：
$$a_0 = A_0$$
$$a_k = A_{km}\cos\phi_k$$
$$b_k = -A_{km}\sin\phi_k$$
$$A_{km} = \sqrt{a_k^2 + b_k^2}$$
$$\phi_k = \arctan\left(\frac{-b_k}{a_k}\right)$$
$$A_{km}e^{j\phi_k} = a_k - jb_k$$

傅里叶级数是一个无穷三角级数。式(13-2)的第 1 项 $\frac{A_0}{2}$ 称为周期函数 $f(t)$ 的恒定分量(或直流分量)；第 2 项 $(k=1)A_{1m}\cos(\omega_1 t + \phi_1)$ 称为 1 次谐波

§13-2 非正弦周期函数分解为傅里叶级数

(或基波分量),其周期或频率与原周期函数 $f(t)$ 相同,其他各项($k>1$)统称为高次谐波,即 2 次、3 次、4 次、…谐波。这种将一个周期函数展开或分解为一系列谐波之和的傅里叶级数称为谐波分析。

式(13-1)中的系数,可按下列积分获得:

$$\frac{1}{T}\int_0^T f(t)\cos(n\omega_1 t)\mathrm{d}t = \frac{1}{T}\int_0^T \left\{\frac{a_0}{2} + \sum[a_k\cos(k\omega_1 t) + b_k\sin(k\omega_1 t)]\right\}\cos(n\omega_1 t)\mathrm{d}t$$

$$\frac{1}{T}\int_0^T f(t)\sin(n\omega_1 t)\mathrm{d}t = \frac{1}{T}\int_0^T \left\{\frac{a_0}{2} + \sum[a_k\cos(k\omega_1 t) + b_k\sin(k\omega_1 t)]\right\}\sin(n\omega_1 t)\mathrm{d}t$$

当 $n \neq k$ 时,上述积分全为零,当 $n = k$ 时,第 1 积分式中只有 a_k 项(偶函数)积分不为零,第 2 积分式中只有 b_k 项(奇函数)不为零,因此可获得求解 a_k、b_k 的下列积分公式:

$$\begin{aligned}
a_k &= \frac{2}{T}\int_0^T f(t)\cos(k\omega_1 t)\mathrm{d}t = \frac{2}{T}\int_{-\frac{T}{2}}^{\frac{T}{2}} f(t)\cos(k\omega_1 t)\mathrm{d}t \\
&= \frac{1}{\pi}\int_0^{2\pi} f(t)\cos(k\omega_1 t)\mathrm{d}(\omega_1 t) = \frac{1}{\pi}\int_{-\pi}^{\pi} f(t)\cos(k\omega_1 t)\mathrm{d}(\omega_1 t) \\
b_k &= \frac{2}{T}\int_0^T f(t)\sin(k\omega_1 t)\mathrm{d}t = \frac{2}{T}\int_{-\frac{T}{2}}^{\frac{T}{2}} f(t)\sin(k\omega_1 t)\mathrm{d}t \\
&= \frac{1}{\pi}\int_0^{2\pi} f(t)\sin(k\omega_1 t)\mathrm{d}(\omega_1 t) = \frac{1}{\pi}\int_{-\pi}^{\pi} f(t)\sin(k\omega_1 t)\mathrm{d}(\omega_1 t) \\
A_{km}\mathrm{e}^{\mathrm{j}\phi_k} &= a_k - \mathrm{j}b_k = \frac{2}{T}\int_0^T f(t)\mathrm{e}^{-\mathrm{j}k\omega_1 t}\mathrm{d}t
\end{aligned}$$

(13-3)

上述计算公式中 $k = 0,1,2,\cdots$。

为了直观、形象地表示一个周期函数分解为傅氏级数后包含哪些频率分量以及各分量所占"比重",用线段的高度表示各次谐波振幅,画出 $A_{km} - k\omega_1$ 的图形,如图 13-1 所示。这种图形称为 $f(t)$ 的频谱(图)。这种频谱只表示各谐波分量的振幅,所以称为幅度频谱。如果用同样的方法画出 $\phi_k - k\omega_1$ 的图形就可以得到相位频谱。如无特别说明,一般所说频谱是专指幅度频谱而言。由于各谐波的角频率是 ω_1 的正整数倍,所以这种频谱是离散的,有时又称为线频谱。频谱图提供一种从谐波的幅度和谱线密度两个方面研究函数 $f(t)$ 的频率特性的图像方法。函数 $A_{km}\mathrm{e}^{\mathrm{j}\phi_k}$ 就称为频谱函数。

例 13-1 求图 13-2(a)所示周期性矩形信号 $f(t)$ 的傅里叶级数展开式及其频谱。

解 $f(t)$ 在第一个周期内的表达式为

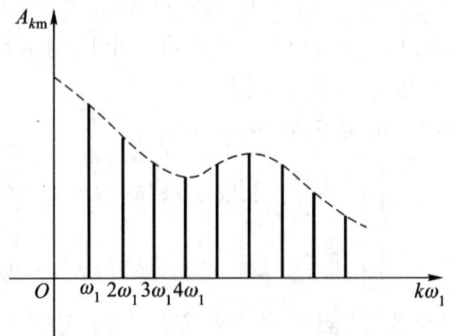

图 13-1 幅度频谱

$$\begin{cases} f(t) = E_m & 0 \leqslant t \leqslant \dfrac{T}{2} \\ f(t) = -E_m & \dfrac{T}{2} \leqslant t \leqslant T \end{cases}$$

根据式(13-3)求得所需要的系数为

$$\begin{aligned} A_{km}e^{j\phi_k} &= a_k - jb_k = \frac{2}{T}\int_0^T f(t)e^{-jk\omega_1 t}dt \\ &= \frac{2}{T}\left[\int_0^{\frac{T}{2}} E_m e^{-jk\omega_1 t}dt - \int_{\frac{T}{2}}^T E_m e^{-jk\omega_1 k}dt\right] \\ &= \frac{E_m}{-jk\pi}[e^{-jk\pi} - 1 - e^{-j2k\pi} + e^{-jk\pi}] \\ &= \frac{E_m}{jk\pi}(1 - e^{-jk\pi})^2 \end{aligned}$$

当 k 为偶数时,上述结果为零,当 k 为奇数时,上述结果为

$$A_{km}e^{j\phi_k} = \frac{4E_m}{jk\pi}$$

即

$$A_{km} = \frac{4E_m}{k\pi} \quad \phi_k = -90°$$

由此求得

$$f(t) = \frac{4E_m}{\pi}\left[\sin(\omega_1 t) + \frac{1}{3}\sin(3\omega_1 t) + \frac{1}{5}\sin(5\omega_1 t) + \cdots\right]$$

图 13-2(b)中虚线所示曲线是取展开式中前 3 项,即取到 5 次谐波时画出的合成曲线。图 13-2(c)是取到 11 次谐波时合成的曲线。比较两个图形可见,谐波项数取得越多,合成曲线就越接近于原来的波形。图 13-2(d)、(e)为 $f(t)$ 的

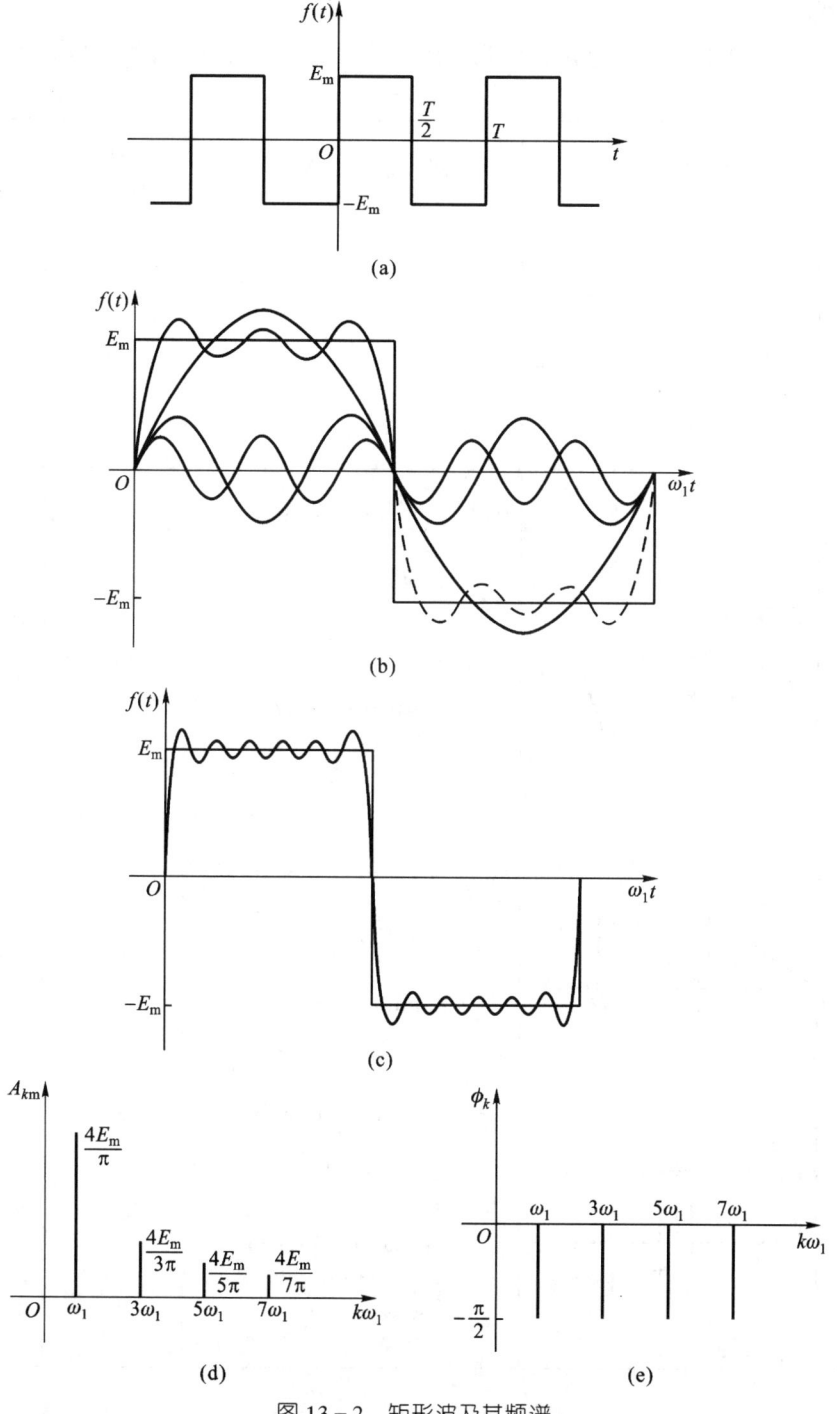

图 13-2 矩形波及其频谱

频谱。

表 13-1 是工程中常用到的几个典型的周期函数的傅里叶级数展开式。

表 13-1

$f(t)$的波形图	$f(t)$分解为傅里叶级数	A（有效值）	A_{av}（平均值）
	$f(t)=A_m\cos(\omega_1 t)$	$\dfrac{A_m}{\sqrt{2}}$	$\dfrac{2A_m}{\pi}$
	$f(t)=\dfrac{4A_{max}}{a\pi}\left[\sin a\sin(\omega_1 t)+\dfrac{1}{9}\sin(3a)\sin(3\omega_1 t)+\dfrac{1}{25}\sin(5a)\sin(5\omega_1 t)+\cdots+\dfrac{1}{k^2}\sin(ka)\sin(k\omega_1 t)+\cdots\right]$ （式中 $a=\dfrac{2\pi d}{T}$，k 为奇数）	$A_{max}\sqrt{1-\dfrac{4a}{3\pi}}$	$A_{max}\left(1-\dfrac{a}{\pi}\right)$
	$f(t)=A_{max}\left\{\dfrac{1}{2}-\dfrac{1}{\pi}\left[\sin(\omega_1 t)+\dfrac{1}{2}\sin(2\omega_1 t)+\dfrac{1}{3}\sin(3\omega_1 t)+\cdots\right]\right\}$	$\dfrac{A_{max}}{\sqrt{3}}$	$\dfrac{A_{max}}{2}$
	$f(t)=A_{max}\left\{a+\dfrac{2}{\pi}\left[\sin(a\pi)\cdot\cos(\omega_1 t)+\dfrac{1}{2}\sin(2a\pi)\cdot\cos(2\omega_1 t)+\dfrac{1}{3}\sin(3a\pi)\cdot\cos(3\omega_1 t)+\cdots\right]\right\}$	$\sqrt{a}A_{max}$	aA_{max}

§13-2 非正弦周期函数分解为傅里叶级数

续表

$f(t)$ 的波形图	$f(t)$ 分解为傅里叶级数	A（有效值）	A_{av}（平均值）
三角波（峰值 A_{max}，周期 T）	$f(t) = \dfrac{8A_{max}}{\pi^2}\left[\sin(\omega_1 t) - \dfrac{1}{9}\sin(3\omega_1 t) + \dfrac{1}{25}\sin(5\omega_1 t) - \cdots + \dfrac{(-1)^{\frac{k-1}{2}}}{k^2}\sin(k\omega_1 t) + \cdots\right]$（$k$ 为奇数）	$\dfrac{A_{max}}{\sqrt{3}}$	$\dfrac{A_{max}}{2}$
方波（峰值 A_{max}，周期 T）	$f(t) = \dfrac{4A_{max}}{\pi}\left[\sin(\omega_1 t) + \dfrac{1}{3}\sin(3\omega_1 t) + \dfrac{1}{5}\sin(5\omega_1 t) + \cdots + \dfrac{1}{k}\sin(k\omega_1 t) + \cdots\right]$（$k$ 为奇数）	A_{max}	A_{max}
全波整流波形（峰值 A_m）	$f(t) = \dfrac{4A_{max}}{\pi}\left[\dfrac{1}{2} + \dfrac{1}{1\times 3}\cos(2\omega_1 t) - \dfrac{1}{3\times 5}\cos(4\omega_1 t) + \dfrac{1}{5\times 7}\cos(6\omega_1 t) - \cdots\right]$	$\dfrac{A_m}{\sqrt{2}}$	$\dfrac{2A_m}{\pi}$

电工技术中遇到的周期函数常具有某种对称性,利用函数的对称性可使系数 a_k、b_k 的求解简化。

图 13-3 所示偶函数有纵轴对称的性质,即
$$f(t) = f(-t)$$
故 $\qquad b_k = 0 \qquad \phi_k = 0$
即级数展开式中不含 sine 项(奇函数)。

图 13-4 所示奇函数有原点对称的性质,即
$$f(t) = -f(-t)$$
故 $\qquad a_k = 0$

图 13 - 3 偶函数的例子

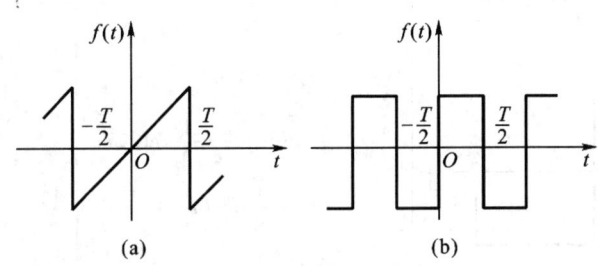

图 13 - 4 奇函数的例子

即级数展开式中不含 cosine 项（偶函数）。

图 13 - 5 所示奇谐波函数有镜像对称性质，即该波形移动半周期后与横轴对称（如图 13 - 5 中虚线所示）。

$$f(t) = -f\left(t + \frac{T}{2}\right)$$

故

$$a_{2k} = b_{2k} = 0$$

即级数展开式中不含偶次谐波。

任意一个非正弦周期函数 $f(t)$，不管其奇偶性如何，都可以分解为一个偶函数 $f_e(t)$（偶部）与一个奇函数 $f_o(t)$（奇部）之和，即有

$$f(t) = f_e(t) + f_o(t)$$

并有

$$f_e(t) = \frac{1}{2}[f(t) + f(-t)]$$

图 13 - 5 奇谐波函数的例子

$$f_\circ(t) = \frac{1}{2}[f(t) - f(-t)]$$

应当指出式(13-2)中的系数 A_{km} 与计时起点无关,而 ϕ_k 与计时起点有关,这是因为构成非正弦周期函数的各谐波的振幅以及各次谐波对该函数波形的相对位置总是一定的,并不会因计时起点的变动而变动;因此,计时起点的变动只能使各次谐波的初相作相应地改变。由于系数 a_k 和 b_k 与初相 ϕ_k 有关,所以它们也随计时起点变动而改变。

由于 a_k 和 b_k 与计时起点的选择有关,所以函数的奇、偶性质与计时起点的选择有关,例如,图 13-3(b)和图 13-4(b)所示波形由于计时起点的选择不同,所以函数的奇、偶性质也不同。但是,函数是否为奇谐波函数与计时起点无关。因此适当选择计时起点有时会使函数的级数展开式简化。

傅里叶级数是一个无穷级数,因此把一个非正弦周期函数分解为傅里叶级数后,从理论上讲,必须取无穷多项方能准确地代表原有函数。从实际运算看,只能截取有限的项数,因此就产生了误差问题。截取项数的多少,要根据级数的收敛速度和电路的频率特性两个方面的情况来定。级数收敛的快慢问题可定性地判断;通常,函数的波形越光滑和越接近于正弦形(相继项系数的比值越小),其展开级数就收敛得越快(可以分析表 13-1 所列各种函数)。而像例 13-1(a)所示矩形波,其级数的收敛较慢。例如,如取 $\omega_1 t = \frac{\pi}{2}$,或 $t = \frac{T}{4}$,则

$$f\left(\frac{T}{4}\right) = \frac{4E_m}{\pi}\left(1 - \frac{1}{3} + \frac{1}{5} - \frac{1}{7} + \frac{1}{9} - \frac{1}{11} + \cdots\right)$$

当取无穷多项时,将有 $f\left(\frac{T}{4}\right) = E_m$,这是准确值。但是如取到 11 次谐波时,合成的结果约为 $0.95E_m$;取到 13 次谐波时约为 $1.05E_m$;取到 35 次谐波时,将得 $0.98E_m$,这时尚有 2% 的误差。在电路的频率特性方面,要注意某些频段内,响应的幅度特别大。例如,谐振点附近的频段,就要专门分析。综合上述两个方面的情况后,才能确定级数的截取项数。

§13-3 有效值、平均值和平均功率

前已指出,任一周期电流 i 的有效值 I 已经定义为

$$I \stackrel{\text{def}}{=\!=\!=} \sqrt{\frac{1}{T}\int_0^T i^2 \mathrm{d}t}$$

当然可以用非正弦周期函数直接按上述定义的积分求有效值。这里主要是寻找有效值与各次谐波有效值之间的关系。

假设一非正弦周期电流 i 可以分解为傅里叶级数

$$i = I_0 + \sum_{k=1}^{\infty} I_{km}\cos(k\omega_1 t + \phi_k)$$

将 i 代入有效值公式,则得此电流的有效值为

$$I = \sqrt{\frac{1}{T}\int_0^T \left[I_0 + \sum_{k=1}^{\infty} I_{km}\cos(k\omega_1 t + \phi_k)\right]^2 dt}$$

设 $I_k = \dfrac{I_{km}}{\sqrt{2}}$,则上式中 i 的展开式平方后将含有下列各项:

$$\frac{1}{T}\int_0^T I_0^2 dt = I_0^2$$

$$\frac{1}{T}\int_0^T I_{km}^2 \cos^2(k\omega_1 t + \phi_k) dt = I_k^2$$

$$\frac{1}{T}\int_0^T 2I_0 \cos(k\omega_1 t + \phi_k) dt = 0$$

$$\frac{1}{T}\int_0^T 2I_{km}\cos(k\omega_1 t + \phi_k) I_{qm}\cos(q\omega_1 t + \phi_q) dt = 0 \quad k \neq q$$

这样可以求得 i 的有效值为

$$I = \sqrt{I_0^2 + I_1^2 + I_2^2 + I_3^2 + \cdots} = \sqrt{I_0^2 + \sum_{k=1}^{\infty} I_k^2}$$

即非正弦周期电流的有效值等于恒定分量的平方与各次谐波有效值的平方之和的平方根。此结论可推广用于其他非正弦周期量。

在实践中还用到平均值的概念,以电流 i 为例,其定义由下式表示:

$$I_{av} \stackrel{\text{def}}{=\!=\!=} \frac{1}{T}\int_0^T |i| dt$$

即非正弦周期电流的平均值等于此电流绝对值的平均值。按上式可求得正弦电流的平均值为

$$I_{av} = \frac{1}{T}\int_0^T |I_m \cos(\omega t)| dt = \frac{4I_m}{T}\int_0^{\frac{T}{4}} \cos(\omega t) dt$$

$$= \frac{4I_m}{\omega T}[\sin(\omega t)]\Big|_0^{\frac{T}{4}} = 0.637 I_m = 0.898 I$$

它相当于正弦电流经全波整波后的平均值(如图 13-6 所示),这是因为取电流的绝对值相当于把负半周的值变为对应的正值。

对于同一非正弦周期电流,当用不同类型的仪表进行测量时,会得到不同的结果。例如用磁电系仪表(直流仪表)测量,所得结果将是电流的恒定分量,这是因为磁电系仪表的偏转角 $\alpha \propto \dfrac{1}{T}\int_0^T i dt$。用电磁系仪表测得的结果为电流的有

§13-3 有效值、平均值和平均功率

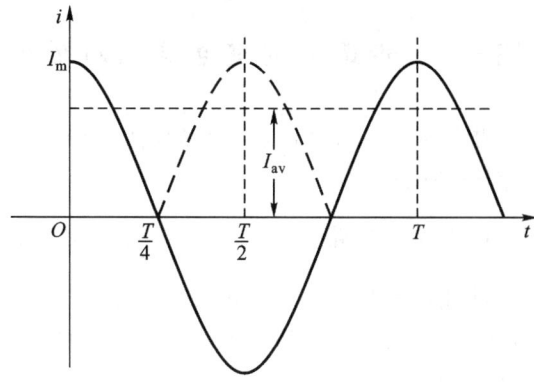

图 13-6 正弦电流的平均值

效值,因为这种仪表的偏转角 $\alpha \propto \dfrac{1}{T}\displaystyle\int_0^T i^2 \mathrm{d}t$。如用全波整流仪表测量时,所得结果为电流的平均值,因为这种仪表的偏转角与电流的平均值成正比。由此可见,在测量非正弦周期电流和电压时,要注意选择合适的仪表,并注意不同类型仪表读数表示的含义(关于仪表的知识可参阅实验指导书)。

现在讨论非正弦周期电流电路的功率问题。任意一端口的瞬时功率(吸收)为

$$p = ui = \left[U_0 + \sum_{k=1}^{\infty} U_{km}\cos(k\omega_1 t + \phi_{uk}) \right] \times \left[I_0 + \sum_{k=1}^{\infty} I_{km}\cos(k\omega_1 t + \phi_{ik}) \right]$$

式中 u、i 取关联参考方向。它的平均功率(有功功率)仍定义为

$$P = \frac{1}{T}\int_0^T p\,\mathrm{d}t$$

不同频率的正弦电压与电流乘积的上述积分为零(即不产生平均功率);同频的正弦电压、电流乘积的上述积分不为零。这样不难证明

$$P = U_0 I_0 + U_1 I_1 \cos\varphi_1 + U_2 I_2 \cos\varphi_2 + \cdots + U_k I_k \cos\varphi_k + \cdots$$

式中

$$U_k = \frac{U_{km}}{\sqrt{2}},\ I_k = \frac{I_{km}}{\sqrt{2}},\ \varphi_k = \phi_{uk} - \phi_{ik},\ k = 1, 2, \cdots$$

即平均功率等于恒定分量构成的功率和各次谐波平均功率的代数和。

非正弦周期电流电路无功功率的情况较为复杂,本书不予讨论。有时候也定义非正弦周期电流电路的视在功率,即有

$$S = UI$$

§13-4 非正弦周期电流电路的计算

在§13-1中已指出非正弦周期电流电路的谐波分析法的计算原则。下面通过具体例子说明计算步骤。

例 13-2 图 13-7 所示电路中，$R=3\,\Omega$，$\dfrac{1}{\omega_1 C}=21\,\Omega$，$\omega_1 L=0.429\,\Omega$，输入电源为矩形波[参阅图 13-3(b)]，其级数展开式为

$$u_S = [280.11\cos(\omega_1 t) + 93.37\cos(3\omega_1 t) + 56.02\cos(5\omega_1 t) + 40.03\cos(7\omega_1 t) + 31.12\cos(9\omega_1 t) + \cdots]\text{ V}$$

求电流 i 和电阻吸收的平均功率 P。

解 电路中的非正弦周期电压已分解为傅里叶级数形式，现写出电流相量的一般表达式（振幅相量）

$$\dot{I}_{m(k)} = \frac{\dot{U}_{sm(k)}}{Z(k\omega_1)} = \frac{\dot{U}_{sm(k)}}{R + jk\omega_1 L - j\dfrac{1}{k\omega_1 C}}$$

式中 $I_{m(k)}$ 为 k 次谐波电流的振幅。根据叠加定理，按 $k=1,2,\cdots$ 的顺序，逐一求解。现将计算式改写为

图 13-7 例 13-2 图

$$Z(k\omega_1) = 3 + j\left(0.429k - \frac{21}{k}\right) = 3\left[1 + j\left(0.143k - \frac{7}{k}\right)\right]$$

则有

$$\begin{cases} \varphi_{(k)} = \arctan\left(0.143k - \dfrac{7}{k}\right) \quad \text{(阻抗角)} \\ \dot{I}_{m(k)} = \dfrac{1}{3}\cos\varphi_{(k)}\, \dot{U}_{sm(k)} \underline{/-\varphi_{(k)}} \\ P_{(k)} = \dfrac{1}{2} I_{m(k)}^2 \cdot R = 1.5 I_{m(k)}^2 \end{cases}$$

计算结果如下：

$k=1$ $\varphi_{(1)} = -81.70°$（容性）

    $\dot{I}_{m(1)} = 13.47\underline{/81.70°}\text{ A}$

    $P_{(1)} = 272.33\text{ W}$

$k=3$ $\varphi_{(3)} = -62.30°$（容性）

    $\dot{I}_{m(3)} = 14.47\underline{/62.30°}\text{ A}$

    $P_{(3)} = 314.06\text{ W}$

$k = 5$ $\varphi_{(5)} = -34.41°(容性)$

$\dot{I}_{m(5)} = 15.41 \underline{/34.41°} \text{A}$

$P_{(5)} = 356.00 \text{ W}$

$k = 7$ $\varphi_{(7)} = 0°(谐振)$

$\dot{I}_{m(7)} = 13.34 \underline{/0°} \text{A}$

$P_{(7)} = 267.07 \text{ W}$

$k = 9$ $\varphi_9 = 26.99°(感性)$

$\dot{I}_{m(9)} = 9.24 \underline{/-26.99°} \text{A}$

$P_{(9)} = 128.17 \text{ W}$

叠加后为

$$i = 13.47\cos(\omega_1 t + 81.70°) + 14.47\cos(3\omega_1 t + 62.30°) +$$
$$15.41\cos(5\omega_1 t + 34.41°) + \cdots$$

$$P = P_{(1)} + P_{(3)} + P_{(5)} + \cdots + P_{(9)} = 1\ 337.63 \text{W}$$

通过本例可以看出,对于电路中 u_S 的各次谐波的振幅与 k 成反比衰减,电路对 7 次谐波谐振,由于 Q 值较小($Q = 1$),所以,总体看来各次谐波的电流振幅衰减非常缓慢。截取 $k = 9$ 是不够的。

例 13-3 图 13-8(a)所示电路中 $L = 5$ H, $C = 10$ μF,负载电阻 $R = 2$ kΩ, u_S 为正弦全波整流波形,如图 13-8(b)所示。设 $\omega_1 = 314$ rad/s, $U_{sm} = 157$ V。求负载两端电压的各谐波分量。

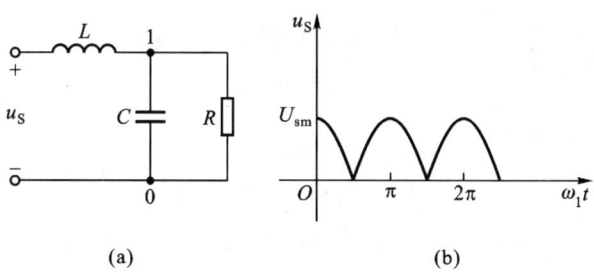

图 13-8 例 13-3 图

解 参阅表 13-1,将给定的 u_S 分解为傅里叶级数,得

$$u_S = \frac{4}{\pi} \times 157 \left[\frac{1}{2} + \frac{1}{3}\cos(2\omega_1 t) - \frac{1}{15}\cos(4\omega_1 t) + \cdots \right]$$

设负载两端电压的第 k 次谐波为 $\dot{U}_{1m(k)}$（采用复振幅相量），用结点电压法有

$$\left[\frac{1}{jk\omega_1 L} + \frac{1}{R} + jk\omega_1 C\right]\dot{U}_{1m(k)} = \frac{1}{jk\omega_1 L}\dot{U}_{sm(k)}$$

$$\dot{U}_{1m(k)} = \frac{\dot{U}_{sm(k)}}{\left(\frac{1}{R} + jk\omega_1 C\right)jk\omega_1 L + 1} = \frac{\dot{U}_{sm(k)}}{1 - k^2\omega_1^2 LC + jk\frac{\omega_1 L}{R}}$$

令 $k = 0, 2, 4, \cdots$，并代入数据，可分别求得

$k = 0$ $\varphi_{(0)} = 0$ $U_{1m(0)} = 100$ V（直流分量）

$k = 2$ $\varphi_{(2)} = 175.21°$ $U_{1m(2)} = 3.55 \underline{/-175.21°}$ V

$k = 4$ $\varphi_{(4)} = 177.69°$ $U_{1m(4)} = -0.171 \underline{/-177.69°}$ V

图 13-8(a)所示电路为一全波整流电路的滤波电路。它利用了电感对高频电流的抑制作用，电容对高频电流的分流作用，使得输入电压中的 2 次和 4 次谐波分量大大削弱，而负载两端的电压接近直流电压，但尚有 3.5% 的 2 次谐波。

*§13-5 对称三相电路中的高次谐波

三相发电机磁极磁场的波形如表 13-1 中第 2 项所示，其产生的电压波形或多或少与正弦波有些差别，因此，含有一定的谐波分量；变压器的励磁电流是非正弦周期波，含有高次谐波分量。所以，一般在对称三相电路中，电压、电流都可能含有高次谐波分量。

对于对称的三相制，3 个对称的非正弦周期相电压在时间上依次滞后 $\frac{1}{3}$ 周期（正序），但其变化规律则相同；如果 A 相电压可表示为

$$u_A = u(t)$$

则 B 相和 C 相电压为

$$u_B = u\left(t - \frac{T}{3}\right), \quad u_C = u\left(t - \frac{2T}{3}\right)$$

如果把上述对称的相电压展开成傅里叶级数（发电机的每相电压为奇谐波函数），则有

A 相 $u_A = \sum U_{m(k)}\cos(k\omega_1 t + \phi_k)$

B 相 $u_B = \sum U_{m(k)}\cos\left(k\omega_1 t + \phi_k - \frac{2k\pi}{3}\right)$

C 相 $u_C = \sum U_{m(k)}\cos\left(k\omega_1 t + \phi_k + \frac{2k\pi}{3}\right)$

式中 k 取奇数，即 $1, 3, 5, \cdots$。下面分别对各次谐波电压，通过比较电压的相位

差来讨论各次谐波电压的对称性。

(1) 令 $k=6n+1, n=0,1,2,\cdots$（自然数），即 $k=1,7,13,\cdots$。各相中该系列谐波电压的初相分别为

$\quad$ A 相：(ϕ_k) $\quad$ B 相：$\left(\phi_k - 4n\pi - \dfrac{2}{3}\pi\right)$ $\quad$ C 相：$\left(\phi_k + 4n\pi + \dfrac{2}{3}\pi\right)$

显然，去掉式中的 $\pm 4n\pi$ 整周期的因子后，这些谐波中的每一次谐波都构成正序对称的三相电压源。

(2) 令 $k=6n+3$，即 $k=3,9,15,\cdots$。各相中该系列谐波电压的初相分别为

$\quad$ A 相：(ϕ_k) $\quad$ B 相：$[\phi_k - (2n+1)2\pi]$ $\quad$ C 相：$[\phi_k + (2n+1)2\pi]$

这些谐波中的每一次谐波都是等幅同相的 3 相电压源，工程上称为零序对称的三相电压源。

(3) 令 $k=6n+5$，即 $k=5,11,17,\cdots$。各相中该系列谐波电压的初相分别为

$\quad$ A 相：(ϕ_k) $\quad$ B 相：$\left[\phi_k - (2n+2)2\pi + \dfrac{2}{3}\pi\right]$

$\quad$ C 相：$\left[\phi_k + (2n+2)2\pi - \dfrac{2}{3}\pi\right]$

这些谐波中的每一次谐波都构成负序对称的三相电压源。

总之，三相对称的正序非正弦周期量（奇谐波）的级数展开式中的谐波组合为 3 类对称组，即正序对称组、负序对称组和零序对称组。

在上述对称的非正弦周期电压源作用下的对称三相电路的分析计算，按 3 类对称组分别进行。对于正序和负序对称组，可直接引用第 12 章 §12-3 的方法和有关结论，零序组电源对对称三相电路的作用，与系统的连接方式有关，下面根据不同的情况单独对零序组（$k=6n+3$）分量的响应进行分析。

(1) 对称的三角形电源。

由于零序组电压源是等幅同相的电源，即有 $\dot{U}_{A(k)} = \dot{U}_{B(k)} = \dot{U}_{C(k)} = \dot{U}_{s(k)}$，所以在三角形电源的回路中将产生零序环流，设为 $\dot{I}_{0(k)}$ 有

$$\dot{I}_{0(k)}(\text{零序}) = \frac{3\dot{U}_{s(k)}}{3Z_0} = \frac{\dot{U}_{s(k)}}{Z_0}(\text{零序})$$

$$\dot{U}_{AB(k)} = \dot{U}_{BC(k)} = \dot{U}_{CA(k)} = \dot{U}_{s(k)} - \dot{I}_{0(k)}Z_0 = 0$$

式中 Z_0 为电源的（一相）内阻抗。在环流的作用下零序线电压为零。所以，不论负载端的连接形式如何，整个系统中除电源中有零序组环流外，其余部分的电压、电流中均不含零序组分量。即电源的三角形接法将消除零序组电压源对系统的影响。

(2) 星形对称电源(无中性线对称系统)。

电路总可以简化为 Y-Y 形式求解,如图 13-9 所示(S 打开时)。可求得零序组电压、电流为

$$\dot{U}_{N'N(k)}(零序) = \dot{U}_{s(k)}(零序)$$

$$\dot{I}_{A(k)} = \dot{I}_{B(k)} = \dot{I}_{C(k)} = \frac{\dot{U}_{s(k)} - \dot{U}_{N'N}}{Z} = 0$$

$$\dot{U}_{AB(k)} = \dot{U}_{A(k)} - \dot{U}_{B(k)} = 0$$

$$\dot{U}_{BC(k)} = \dot{U}_{CA(k)} = 0$$

图 13-9 Y-Y 连接时的高次谐波

结果表明,在无中性线的 Y-Y 系统中,除了中性点电压和电源相电压中含有零序组电压分量外,系统的其余部分的电压、电流都不含零序组分量。

(3) 三相四线制对称系统(有中性线对称系统)

电路参阅图 13-9(S 闭合时)。可求得零序组电压、电流为

$$\dot{U}_{N'N} = \frac{3Z_n \dot{U}_{s(k)}}{Z + 3Z_n}$$

$$\dot{I}_{A(k)} = \dot{I}_{B(k)} = \dot{I}_{C(k)} = \dot{I}_{1(k)} = \frac{\dot{U}_{s(k)} - \dot{U}_{N'N}}{Z} = \frac{\dot{U}_{s(k)}}{Z + 3Z_n}$$

$$\dot{U}_{AN'(k)} = \dot{U}_{BN'(k)} = \dot{U}_{CN'(k)} = \dot{I}_{1(k)} Z$$

$$\dot{I}_{n(k)} = -3 \dot{I}_{1(k)}$$

仍有

$$\dot{U}_{AB(k)} = \dot{U}_{BC(k)} = \dot{U}_{CA(k)} = 0$$

当 $Z_n = \infty$ 时(无中性线),上述结果与(2)相同,结果表明,除线电压外,电路中其余部分的电压、电流中都含零序组分量。

上述 3 种情况中,线电压都不含零序组分量,所以有

$$U_l < \sqrt{3}\, U_{Ph}$$

式中 U_{Ph} 为相电压。3 种情况中,只有三相四线制系统中的电流才含有零序组分量。

*§13-6 傅里叶级数的指数形式

傅里叶级数可以用指数形式表示。非正弦周期信号 $f(t)$ 的傅里叶级数的三角函数形式为

$$f(t) = \frac{A_0}{2} + \sum_{k=1}^{\infty} A_{km}\cos(k\omega_1 t + \phi_k)$$

利用欧拉公式有

$$A_{km}\cos(k\omega_1 t + \phi_k) = \frac{1}{2}[A_{km}(\mathrm{e}^{\mathrm{j}(k\omega_1 t + \phi_k)} + \mathrm{e}^{-\mathrm{j}(k\omega_1 t + \phi_k)})]$$

$$= \frac{1}{2}A_{km}\mathrm{e}^{\mathrm{j}\phi_k}\mathrm{e}^{\mathrm{j}k\omega_1 t} + \frac{1}{2}A_{km}\mathrm{e}^{-\mathrm{j}\phi_k}\mathrm{e}^{-\mathrm{j}k\omega_1 t}$$

$$= c_k \mathrm{e}^{\mathrm{j}k\omega_1 t} + c_k^* \mathrm{e}^{-\mathrm{j}k\omega_1 t}$$

式中 $c_k = \frac{1}{2}A_{km}\mathrm{e}^{\mathrm{j}\phi_k}$, $c_k^* = \frac{1}{2}A_{km}\mathrm{e}^{-\mathrm{j}\phi_k}$。于是有

$$f(t) = \frac{A_0}{2} + \sum_{k=1}^{\infty} c_k \mathrm{e}^{\mathrm{j}k\omega_1 t} + \sum_{k=1}^{\infty} c_k^* \mathrm{e}^{-\mathrm{j}k\omega_1 t} \tag{13-4}$$

上式中 $c_k \mathrm{e}^{\mathrm{j}k\omega_1 t}$ 可以看作具有 $k\omega_1$ 角速度的逆时针旋转向量,$c_k^* \mathrm{e}^{-\mathrm{j}k\omega_1 t}$ 为具有同样角速度的顺时针旋转向量,每一次谐波为两项之和。

由于 $a_k = A_{km}\cos\phi_k$,$b_k = -A_{km}\sin\phi_k$,故 $A_{km}\mathrm{e}^{\mathrm{j}\phi_k} = a_k - \mathrm{j}b_k$,将根据式(13-3)得出的 a_k 和 b_k 代入,有

$$c_k = \frac{1}{T}\int_0^T f(t)\cos(k\omega_1 t)\mathrm{d}t - \mathrm{j}\frac{1}{T}\int_0^T f(t)\sin(k\omega_1 t)\mathrm{d}t$$

$$= \frac{1}{T}\int_0^T f(t)[\cos(k\omega_1 t) - \mathrm{j}\sin(k\omega_1 t)]\mathrm{d}t$$

$$= \frac{1}{T}\int_0^T f(t)\mathrm{e}^{-\mathrm{j}k\omega_1 t}\mathrm{d}t$$

同理,可求得

$$c_k^* = \frac{1}{T}\int_0^T f(t)\mathrm{e}^{\mathrm{j}k\omega_1 t}\mathrm{d}t$$

可见,若令 c_k 中的"k"等于"$-k$",则将等于 c_k^*。所以式(13-4)可改写为

$$f(t) = \frac{A_0}{2} + \sum_{k=1}^{\infty} c_k \mathrm{e}^{\mathrm{j}k\omega_1 t} + \sum_{k=-1}^{-\infty} c_k \mathrm{e}^{\mathrm{j}k\omega_1 t}$$

当 $k=0$ 时, $\dfrac{A_0}{2}=c_0$, 最后可得出傅氏级数的指数形式的表达式(函数对)

$$\left.\begin{array}{l}c_k=\dfrac{1}{T}\displaystyle\int_0^T f(t)\mathrm{e}^{-\mathrm{j}k\omega_1 t}\mathrm{d}t\\ f(t)=\displaystyle\sum_{k=-\infty}^{\infty}c_k\mathrm{e}^{\mathrm{j}k\omega_1 t}\end{array}\right\} \quad (13-5)$$

在画傅里叶级数指数形式的频谱时,要画出 $|c_k|$ 对正、负 k 的关系。由于指数形式中的 k 的取值是正、负整数,所以画出的幅度频谱图对于纵轴对称。同样,画出 c_k 的辐角与 k 的关系,就能获得相位频谱。具体画法参阅下面的例题。

注意,指数形式表述的幅度频谱除了上述特点外,其谱线"高度"是傅氏频谱的一半,另一方面由于正、负 k 完全对称,所以只要研究"半边"即可。

例 13-4 试将例 13-1 的矩形波展开为指数形式的傅氏级数,并画出幅度频谱和相位频谱。

解 根据例 13-1 的结果,可求得 c_k 为

$$c_k=\dfrac{1}{2}A_{km}\mathrm{e}^{\mathrm{j}\phi_k}=\dfrac{E_m}{\mathrm{j}2k\pi}(1-2\mathrm{e}^{-\mathrm{j}k\pi}+\mathrm{e}^{-\mathrm{j}2k\pi})$$

所以

$$c_k=\begin{cases}\dfrac{E_m}{\mathrm{j}2k\pi}\times 4=\dfrac{2E_m}{\mathrm{j}k\pi} & \text{当 } k \text{ 为奇数时}\\ 0 & \text{当 } k \text{ 为偶数时}\end{cases}$$

这样,可以得到指数形式的傅氏级数为

$$f(t)=\dfrac{2E_m}{\pi}(\mathrm{e}^{\mathrm{j}(\omega_1 t-\frac{\pi}{2})}+\mathrm{e}^{-\mathrm{j}(\omega_1 t-\frac{\pi}{2})})+\dfrac{2E_m}{3\pi}(\mathrm{e}^{\mathrm{j}(3\omega_1 t-\frac{\pi}{2})}+\mathrm{e}^{-\mathrm{j}(3\omega_1 t-\frac{\pi}{2})})+$$

$$\dfrac{2E_m}{5\pi}(\mathrm{e}^{\mathrm{j}(5\omega_1 t-\frac{\pi}{2})}+\mathrm{e}^{-\mathrm{j}(5\omega_1 t-\frac{\pi}{2})})+\cdots$$

所得结果与例 13-1 相比完全一致。图 13-10(a)所示为矩形波的傅氏级数的指数形式的幅度频谱[注意与图 13-2(d)、(e)比较],其相位频谱如图 13-10(b)所示。由于 c_k、c_k^* 为一对共轭复数,所以, $|c_k|=|c_k^*|$,其线谱"高度"是傅氏频谱的一半,而 $\arg(c_k^*)=-\arg(c_k)$。

例 13-5 图 13-11(a)所示为常用于电视、雷达、计算机等方面的一种重复性矩形脉冲波。试画出其频谱。

解

$$c_k=\dfrac{1}{T}\int_{-\frac{T}{2}}^{\frac{T}{2}}f(t)\mathrm{e}^{-\mathrm{j}k\omega_1 t}\mathrm{d}t=\dfrac{1}{T}\int_{-\frac{\tau}{2}}^{\frac{\tau}{2}}\mathrm{e}^{-\mathrm{j}k\omega_1 t}\mathrm{d}t$$

$$=\dfrac{1}{T}\left(-\dfrac{1}{\mathrm{j}k\omega_1}\right)(\mathrm{e}^{-\mathrm{j}k\omega_1 \frac{\tau}{2}}-\mathrm{e}^{\mathrm{j}k\omega_1 \frac{\tau}{2}})$$

*§13-6 傅里叶级数的指数形式

图 13-10 例 13-4 的频谱

$$= \frac{\tau}{T} \frac{\sin\left(k\frac{\omega_1 \tau}{2}\right)}{k\frac{\omega_1 \tau}{2}}$$

τ 为脉冲的宽度,并有 $\omega_1 = \frac{2\pi}{T}$,令 $p = \frac{T}{\tau}$,则有

$$c_k = \frac{1}{p} \frac{\sin\left(\frac{k\pi}{p}\right)}{\frac{k\pi}{p}}$$

根据式(13-5)可写出重复性矩形脉冲的傅里叶级数为

$$f(t) = \sum_{k=-\infty}^{\infty} \frac{1}{p} \frac{\sin\left(\frac{k\pi}{p}\right)}{\frac{k\pi}{p}} e^{jk\omega_1 t}$$

由 c_k 式可知,$c_0 = \frac{1}{p} = \frac{\tau}{T}$,当 $\frac{k}{p}$ 为整数时,$|c_k| = 0$。

图 13-11 例 13-5 的周期性矩形脉冲及其频谱

图 13-11(b) 所示频谱是在 $p=5$ 的情况下画出的。5 次谐波及所有 $5k$ 次谐波的幅值都等于零。如令 $x=\dfrac{k\pi}{p}$,则谱线的包络线大体上具有函数 $\left|\dfrac{\sin x}{x}\right|$ 的形式[如图 13-11(b) 中虚线所示]。

*§13-7 傅里叶积分简介

本章前面关于谐波分析法的论述,都是针对非正弦周期函数 $f(t)$ 展开的,理论上仅要求函数 $f(t)$ 满足狄里赫利条件,对函数 $f(t)$ 周期的长短并无限制。本节将在前面论述的基础上,对函数 $f(t)$ 的周期 T 无限增长,在 $T \to \infty$ 的极限

情况下,从理论上说明 $f(t)$ 的傅里叶级数是如何展开的。根据式(13-5)

$$f(t) = \sum_{k=-\infty}^{\infty} c_k e^{jk\omega_1 t}$$

其中

$$c_k = \frac{1}{T}\int_0^T f(t)e^{-jk\omega_1 t}dt$$

$$= \frac{1}{T}\int_{-\frac{T}{2}}^{\frac{T}{2}} f(t)e^{-jk\omega_1 t}dt \tag{13-6}$$

在式(13-6)中,表述的频谱函数 c_k 是离散的线状频谱,相邻谱线之间的频差 $\Delta\omega$ 为

$$\Delta\omega = \omega_1 = \frac{2\pi}{T}(基波频率)$$

当 $T\to\infty$ 时,c_k 在此极限情况下将发生如下变化:其一,相邻谱线之间的频差 $\Delta\omega$ 将无限缩小,谱线将无限密集,最后 $\Delta\omega\to d\omega\to 0$,而 $k\omega_1\to\omega$,离散的线状频谱将变为连续的频谱,即 c_k 为 ω 的连续函数;其二,如果函数 $f(t)$ 在周期内的积分有界(满足狄里赫利条件),则由式(13-5)可知,$|c_k|_{T\to\infty}\to 0$。综上所述,频谱函数 c_k 在全频域内是一个无限小的连续函数,这种极限形式,仅能从理论上说明其极限存在,并可定性地加以描述函数 $f(t)$ 的频域特性,而失去了定量表述的意义[如画不出频谱(图)]。但从式(13-6) c_k 的表达式可知,式中的积分部分才是真正反映函数 $f(t)$ 频域特性的频域函数,因此,从式(13-6)可以定义一个新的函数

$$F(j k\omega_1) = Tc_k = \frac{2\pi c_k}{\Delta\omega} = \int_{-\frac{T}{2}}^{\frac{T}{2}} f(t)e^{-jk\omega_1 t}dt \tag{13-7}$$

当 $T\to\infty$ 时,$\Delta\omega\to d\omega$,$k\omega_1\to\omega$。因此,取极限时式(13-7)变为

$$F(j\omega) = \int_{-\infty}^{\infty} f(t)e^{-j\omega t}dt \tag{13-8}$$

上式称为傅里叶积分或傅里叶正变换,工程上也常称为频谱密度函数,它把一个时间函数变换成一个频率函数。实际上,它是将无限小的连续的频谱函数 c_k 放大了无穷倍,将函数 $f(t)$ 被掩盖的频域特性的真相揭示出来,以利于从频域分析研究。

另外,从式(13-7)有

$$c_k = \frac{F(j k\omega_1)}{T} = \frac{\Delta\omega F(j k\omega_1)}{2\pi}$$

把上式代入(13-5)得

$$f(t) = \sum_{k=-\infty}^{\infty} \frac{\Delta\omega F(j k\omega_1)}{2\pi} e^{-jk\omega_1 t}$$

当 $T\to\infty$ 时, $\Delta\omega\to d\omega$, $k\omega_1\to\omega$。上式的求和变成积分,可以写为

$$f(t) = \frac{1}{2\pi}\int_{-\infty}^{\infty} F(j\omega)e^{-j\omega t}d\omega \quad (13-9)$$

上述积分式称为傅里叶逆变换,为了便于分析对照,将傅里叶正、逆变换重写如下:

$$F(j\omega) = \int_{-\infty}^{\infty} f(t)e^{-j\omega t}dt \quad (正变换)$$

$$f(t) = \frac{1}{2\pi}\int_{-\infty}^{\infty} F(j\omega)e^{j\omega t}d\omega \quad (逆变换)$$

上述一对积分称为傅里叶变换对,$f(t)$(时域)与 $F(j\omega)$(频域)通过上述积分在时域和频域之间建立了一一对应的关系。上述变换对表明,函数 $f(t)$ 在 $T\to\infty$ 的极限条件下,由离散形式频谱函数 c_k,变换为连续形式的频谱密度函数 $F(j\omega)$,$f(t)$ 的傅里叶级数形式(离散形式)的展开式,变换为连续函数形式的展开式,以积分形式表示。这一变换在理论上和应用上都有十分重要的意义,因为任一非周期信号 $f(t)$(任意信号),都可以看作周期为无限长的周期信号,所以傅里叶变换对为分析研究任意信号奠定了理论基础。在线性电路中,任一形式激励的零状态响应,都可以通过傅里叶变换对,用谐波分析法进行分析研究。

现在可以对例 13-5 作进一步的分析。当 $T\to\infty$ 时,图 13-11(a)所示的周期函数 $f(t)$,将变成图 13-12(a)所示的单一的矩形脉冲,$f(t)$ 变成了非周期函数;而图 13-11(b)所示的幅频特性,由于 $\Delta\omega_1\to d\omega$,包络线内的谱线数随之增多,谱线好像从 $-\infty$ 和 ∞ 两个方向向 $\omega=0$ 方向靠拢,无限密集,离散的频谱逐渐过渡为连续的频谱。与此同时,谱线的幅度逐渐降低,并随 $T\to\infty$,使 $|c_k|\to 0$,这就是函数 $f(t)$ 在 $T\to\infty$ 时趋向极限的一种情景。如果将这一无限小的量 c_k 放大无穷(∞)倍,即有

$$F(j\omega) = (Tc_k)\big|_{T\to\infty} = \tau\frac{\sin\left(\frac{k\omega_1\tau}{2}\right)}{\frac{k\omega_1\tau}{2}}\bigg|_{k\omega_1\to\omega} = \tau\frac{\sin\left(\frac{\omega\tau}{2}\right)}{\frac{\omega\tau}{2}}$$

由上式可知,在 $\frac{\omega\tau}{2}=n\pi$,$n=1,2,3,\cdots$ 的频率点上 $F(j\omega)=0$,$F(j\omega)\big|_{\omega=0}=\tau$,根据这些点和表达式,就可以画出幅频特性 $|F(j\omega)|$,如图 13-12(b)所示。它与图 13-11(b)的包络线相似。现由读者思考如下问题:(1)如何画出 $F(j\omega)$ 的相频特性?(2)当脉冲宽度 τ 变窄了,或者变宽了,幅频特性将如何变化?

例 13-6 求 $f(t)=20e^{-5t}(t\geq 0)$ 的傅里叶变换 $F(j\omega)$,并画出其频谱图。

解

*§13-7 傅里叶积分简介

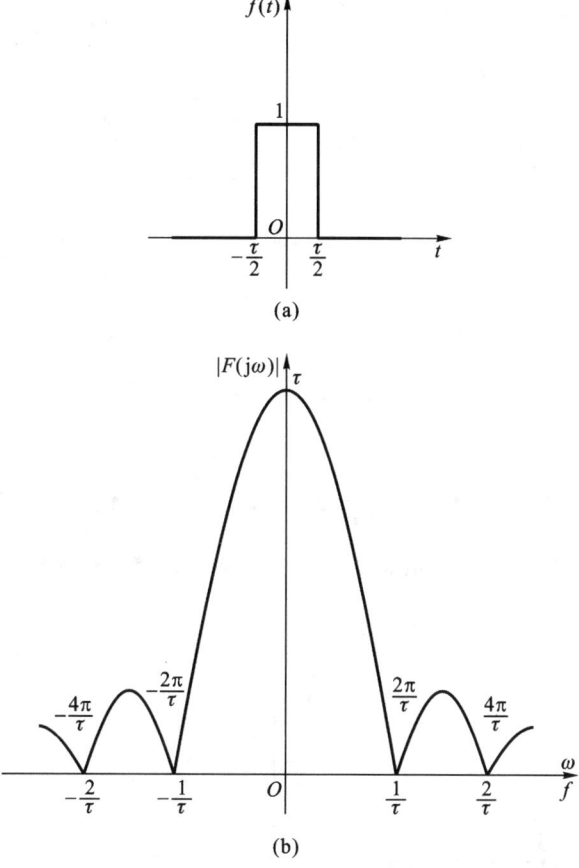

图 13-12 矩形脉冲及其幅频特性

$$F(\mathrm{j}\omega) = \int_{-\infty}^{\infty} 20\mathrm{e}^{-5t}\mathrm{e}^{-\mathrm{j}\omega t}\mathrm{d}t = \int_{0}^{\infty} 20\mathrm{e}^{-(\mathrm{j}\omega+5)t}\mathrm{d}t$$
$$= \frac{20}{\mathrm{j}\omega + 5}$$

频谱分别为

$$\varphi(\mathrm{j}\omega) = -\arctan\left(\frac{\omega}{5}\right)$$

$$|F(\mathrm{j}\omega)| = \frac{20}{\sqrt{5^2 + \omega^2}} = 4\cos[\varphi(\mathrm{j}\omega)]$$

幅频特性和相频特性如图 13-13 所示。

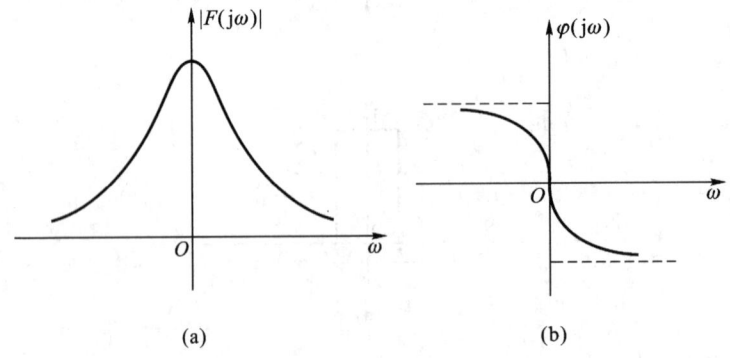

图 13-13 例 13-6 图

———— 习　题 ————

13-1 求下列非正弦周期函数 $f(t)$ 的频谱函数（傅里叶级数系数），并作频谱图。

(1) $f(t) = \cos(4t) + \sin(6t)$；

(2) $f(t)$ 如题 13-1 图(a)、(b)、(c)所示。

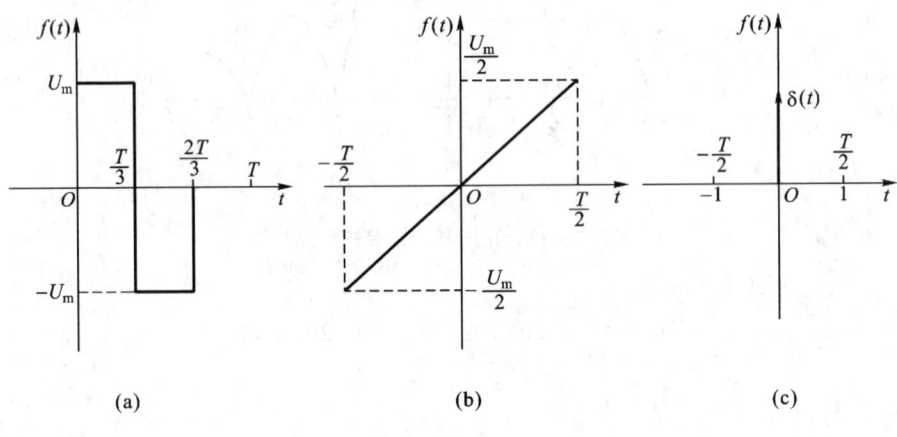

题 13-1 图

13-2 设非正弦周期函数 $f(t)$ 的频谱函数为 $A_{km}\mathrm{e}^{\mathrm{j}\theta_k} = a_k - \mathrm{j}b_k$。试表述下列与 $f(t)$ 相关函数的频谱函数。

(1) $f(t - t_0)$；

(2) $f(t) = f(-t)$；

(3) $f(t) = -f(-t)$；

(4) $f(t) = -f(t + T/2)$；

(5) $\dfrac{\mathrm{d}}{\mathrm{d}t}f(t)$。

13-3 已知某信号半周期的波形如题 13-3 图所示。试在下列各不同条件下画出整个周期的波形：

(1) $a_0 = 0$；

(2) 对所有 k，$b_k = 0$；

(3) 对所有 k，$a_k = 0$；

(4) 当 k 为偶数时，a_k 和 b_k 为零。

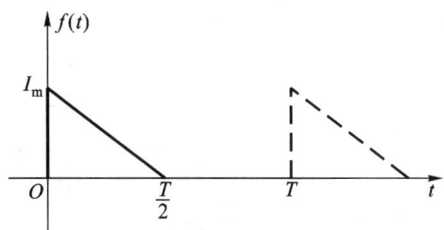

题 13-3 图

13-4 一个 RLC 串联电路，其 $R = 1\ \Omega$，$\omega_1 L = 10\ \Omega$，$\dfrac{1}{\omega_1 C} = 90\ \Omega$，外加电压为 $u_S(t) = f\left(t - \dfrac{T}{2}\right) + \dfrac{U_m}{2}$，$f(t)$ 的波形如题 13-1 图(b)所示。$U_m = 100$ V，$\omega_1 = 10$ rad/s。试求电路中的电流 $i(t)$ 和电路消耗的功率。

13-5 电路如题 13-5 图所示(实线部分)，为了在端口 1-0 获得关于 $u_S(t)$ 的最佳的传输信号，可在端口 1-0 并联 RC 串联支路(图中虚线所示)，使输出电压 $u_{10}(t)$ 为

$$u_{10}(t) = k u_S(t)$$

式中 $u_S(t)$ 为任意频率的输入信号。求：参数 R、C 和 k(实数)。

题 13-5 图

13-6 有效值为 100 V 的正弦电压加在电感 L 两端时，得电流 $I = 10$ A。当电压中有 3 次谐波分量，而有效值仍为 100 V 时，得电流 $I = 8$ A。试求这一电压的基波和 3 次谐波

的有效值。

13-7 已知一 RLC 串联电路的端口电压和电流为
$$u(t) = [100\cos(314t) + 50\cos(942t - 30°)] \text{ V}$$
$$i(t) = [10\cos(314t) + 1.755\cos(942t + \theta_3)] \text{ A}$$

试求:(1) R、L、C 的值;

(2) θ_3 的值;

(3) 电路消耗的功率。

13-8 题 13-8 图所示为滤波电路,要求负载中不含基波分量,但 $4\omega_1$ 的谐波分量能全部传送至负载。如 $\omega_1 = 1\,000$ rad/s,$C = 1$ μF,求 L_1 和 L_2。

题 13-8 图   题 13-9 图

13-9 题 13-9 图所示电路中 $u_S(t)$ 为非正弦周期电压,其中含有 $3\omega_1$ 及 $7\omega_1$ 的谐波分量。如果要求在输出电压 $u(t)$ 中不含这两个谐波分量,问 L、C 应为多少?

13-10 题 13-10 图所示电路中 $i_{S1} = [5 + 10\cos(10t - 30°) - 5\sin(30t + 60°)]$ A,$u_{S2}(t) = 300\sin(10t) + 150\cos(30t - 30°)$ V,$L_1 = L_2 = 2$H,$M = 0.5$H。求图中交流电表的读数和电源发出的功率 P。

题 13-10 图

13-11 题 13-11 图所示电路中 $u_{S1} = [1.5 + 5\sqrt{2}\sin(2t + 90°)]$ V,电流源电流 $i_{S2} = 2\sin(1.5t)$ A。求 u_R 及 u_{S1} 发出的功率。

13-12 对称三相星形联结的发电机的 A 相电压为 $u_A = [215\sqrt{2}\cos(\omega_1 t) -$

题 13 - 11 图

$30\sqrt{2}\cos(3\omega_1 t) + 10\sqrt{2}\cos(5\omega_1 t)$] V,在基波频率下 RL 串联负载阻抗为 $Z = (6 + j3)$ Ω,中性线阻抗 $Z_N = (1 + j2)$ Ω。试求各相电流、中性线的电流以及负载消耗的功率。如不接中性线,再求各相电流及负载消耗的功率;这时中性点电压 $U_{N'N}$ 为多少?

题 13 - 12 图

13 - 13 如果将上题中三相电源改为三角形联结并计及每相电源的阻抗,
(1) 试求测相电压的电压表 V_1 的读数,但三角形电源没有插入电压表 V_2;
(2) 打开三角形电源接入电压表 V_2,如题 13 - 13 图所示,试求此时两个电压表的读数。

题 13 - 13 图

第十四章

线性动态电路的复频域分析

———————— 内 容 提 要 ————————

本章主要内容有拉普拉斯[①]变换的定义及与电路分析有关的一些基本性质。介绍拉普拉斯反变换的部分分式法。还将介绍 KCL 和 KVL 的运算形式、运算阻抗、运算导纳及运算电路,并通过实例说明它们在电路分析中的应用。本章还初步介绍网络函数的基本概念及在电路分析中的应用,讨论了网络函数零点和极点对时域响应和频率特性的影响。

§14–1 拉普拉斯变换的定义

第七章研究了一阶电路和二阶电路,所应用的方法是根据电路定律和元件的电压、电流关系建立描述电路的方程,建立的方程是以时间为自变量的线性常微分方程,求解常微分方程即可得到电路变量在时域的解答,这种方法又称为经典法。

对于具有多个动态元件的复杂电路,用直接求解微分方程的方法比较困难。例如对于一个 n 阶方程,直接求解时需要知道变量及其各阶导数[直到$(n-1)$阶导数]在 $t=0_+$ 时刻的值,而电路中给定的初始状态是各电感电流和电容电压在 $t=0_+$ 时刻的值,从这些值求得所需初始条件的工作量很大。积分变换法是通过积分变换,把已知的时域函数变换为频域函数,从而把时域的微分方程化为频域的代数方程。求出频域函数后,再作反变换,返回时域,可以求得满足电路初始条件的原微分方程的解答,而不需要确定积分常数。拉普拉斯变换是一种重要的积分变换,是求解高阶复杂动态电路的有效而重要的方法之一。

---

① 法国数学家拉普拉斯(P.S. Laplace)。

§14-1 拉普拉斯变换的定义

一个定义在$[0,\infty)$区间的函数$f(t)$,它的拉普拉斯变换式$F(s)$定义为

$$F(s) = \int_{0_-}^{\infty} f(t) \mathrm{e}^{-st} \mathrm{d}t \qquad (14-1)$$

式中$s = \sigma + \mathrm{j}\omega$为复数,$F(s)$称为$f(t)$的象函数,$f(t)$称为$F(s)$的原函数。拉普拉斯变换简称为拉氏变换。

式(14-1)表明拉氏变换是一种积分变换。还可以看出$f(t)$的拉氏变换$F(s)$存在的条件是该式右边的积分为有限值,故e^{-st}称为收敛因子。对于一个函数$f(t)$,如果存在正的有限值常数M和c,使得对于所有t满足条件

$$|f(t)| \leqslant M \mathrm{e}^{ct}$$

则$f(t)$的拉氏变换式$F(s)$总存在,因为总可以找到一个合适的s值,使式(14-1)中的积分为有限值[①]。假设本书涉及的$f(t)$都满足此条件。

从式(14-1)还可看出,把原函数$f(t)$与e^{-st}的乘积从$t = 0_-$到∞对t进行积分,则此积分的结果不再是t的函数。所以拉氏变换是把一个时间域的函数$f(t)$变换到s域内的复变函数$F(s)$。变量s称为复频率。应用拉氏变换法进行电路分析称为电路的复频域分析方法,又称为运算法。定义中拉氏变换的积分从$t = 0_-$开始,可以计及$t = 0$时$f(t)$包含的冲激,从而给计算存在冲激函数电压和电流的电路带来方便。

如果$F(s)$已知,要求出与它对应的原函数$f(t)$,由$F(s)$到$f(t)$的变换称为拉普拉斯反变换,它定义为

$$f(t) = \frac{1}{2\pi\mathrm{j}} \int_{c-\mathrm{j}\infty}^{c+\mathrm{j}\infty} F(s) \mathrm{e}^{st} \mathrm{d}s \qquad (14-2)$$

式中c为正的有限常数。

通常可用符号$\mathscr{L}[\ ]$表示对方括号里的时域函数作拉氏变换,用符号$\mathscr{L}^{-1}[\ ]$表示对方括号内的复变函数作拉氏反变换。

例 14-1 求以下函数的象函数:
(1) 单位阶跃函数;
(2) 单位冲激函数;
(3) 指数函数。

解 (1) 求单位阶跃函数的象函数

$$f(t) = \varepsilon(t)$$

$$F(s) = \mathscr{L}[f(t)] = \int_{0_-}^{\infty} \varepsilon(t) \mathrm{e}^{-st} \mathrm{d}t = \int_{0_-}^{\infty} \mathrm{e}^{-st} \mathrm{d}t$$

[①] 式(14-1)严格应称为单边拉普拉斯变换。由于本书着重拉氏变换在电路分析中的应用,关于式(14-1)存在的条件以及s的取值问题等有关拉氏变换的数学理论问题,可参阅有关教材。

$$= -\frac{1}{s}e^{-st}\Big|_{0_-}^{\infty} = \frac{1}{s}$$

(2) 求单位冲激函数的象函数

$$f(t) = \delta(t)$$

$$F(s) = \mathscr{L}[f(t)] = \int_{0_-}^{\infty} \delta(t)e^{-st}dt$$

$$= \int_{0_-}^{0_+} \delta(t)e^{-st}dt = e^{-s(0)} = 1$$

可以看出按式(14-1)的定义,能计及 $t=0$ 时 $f(t)$ 所包含的冲激函数。

(3) 指数函数的象函数

$$f(t) = e^{\alpha t} \qquad (\alpha \text{ 为实数})$$

$$F(s) = \mathscr{L}[f(t)] = \int_{0_-}^{\infty} e^{\alpha t}e^{-st}dt$$

$$= \frac{1}{-(s-\alpha)}e^{-(s-\alpha)t}\Big|_{0_-}^{\infty}$$

$$= \frac{1}{s-\alpha}$$

§14-2 拉普拉斯变换的基本性质

拉普拉斯变换有许多重要性质,本节仅介绍与分析线性电路有关的一些基本性质。

1. 线性性质

设 $f_1(t)$ 和 $f_2(t)$ 是两个任意的时间函数,它们的象函数分别为 $F_1(s)$ 和 $F_2(s)$,A_1 和 A_2 是两个任意实常数,则

$$\mathscr{L}[A_1f_1(t) + A_2f_2(t)] = A_1\mathscr{L}[f_1(t)] + A_2\mathscr{L}[f_2(t)]$$
$$= A_1F_1(s) + A_2F_2(s)$$

证 $\mathscr{L}[A_1f_1(t) + A_2f_2(t)] = \int_{0_-}^{\infty} [A_1f_1(t) + A_2f_2(t)]e^{-st}dt$

$$= A_1\int_{0_-}^{\infty} f_1(t)e^{-st}dt + A_2\int_{0_-}^{\infty} f_2(t)e^{-st}dt$$

$$= A_1F_1(s) + A_2F_2(s)$$

例 14-2 若:(1) $f(t) = \sin(\omega t)$

(2) $f(t) = K(1 - e^{-\alpha t})$

上述函数的定义域为 $[0, \infty)$,求其象函数。

解 (1) $\mathscr{L}[\sin(\omega t)] = \mathscr{L}\left[\dfrac{1}{2\mathrm{j}}(\mathrm{e}^{\mathrm{j}\omega t} - \mathrm{e}^{-\mathrm{j}\omega t})\right]$

$$= \dfrac{1}{2\mathrm{j}}\left(\dfrac{1}{s-\mathrm{j}\omega} - \dfrac{1}{s+\mathrm{j}\omega}\right)$$

$$= \dfrac{\omega}{s^2 + \omega^2}$$

(2) $\mathscr{L}[K(1-\mathrm{e}^{-\alpha t})] = \mathscr{L}[K] - \mathscr{L}[K\mathrm{e}^{-\alpha t}]$

$$= \dfrac{K}{s} - \dfrac{K}{s+\alpha}$$

$$= \dfrac{K\alpha}{s(s+\alpha)}$$

由此可见,根据拉氏变换的线性性质,求函数乘以常数的象函数以及求几个函数相加减的结果的象函数时,可以先求各函数的象函数再进行计算。

2. 微分性质

函数 $f(t)$ 的象函数与其导数 $f'(t) = \dfrac{\mathrm{d}f(t)}{\mathrm{d}t}$ 的象函数之间有如下关系:

若 $\qquad\qquad\qquad \mathscr{L}[f(t)] = F(s)$

则 $\qquad\qquad\qquad \mathscr{L}[f'(t)] = sF(s) - f(0_-)$

证 $\qquad\qquad\qquad \mathscr{L}\left[\dfrac{\mathrm{d}f(t)}{\mathrm{d}t}\right] = \int_{0_-}^{\infty} \dfrac{\mathrm{d}f(t)}{\mathrm{d}t}\mathrm{e}^{-st}\mathrm{d}t$

设 $\mathrm{e}^{-st} = u, f'(t)\mathrm{d}t = \mathrm{d}v$,则 $\mathrm{d}u = -s\mathrm{e}^{-st}\mathrm{d}t, v = f(t)$。由于 $\int u\mathrm{d}v = uv - \int v\mathrm{d}u$,所以

$$\int_{0_-}^{\infty} f'(t)\mathrm{e}^{-st}\mathrm{d}t = f(t)\mathrm{e}^{-st}\bigg|_{0_-}^{\infty} - \int_{0_-}^{\infty} f(t)(-s\mathrm{e}^{-st})\mathrm{d}t$$

$$= -f(0_-) + s\int_{0_-}^{\infty} f(t)\mathrm{e}^{-st}\mathrm{d}t$$

只要 s 的实部 σ 取得足够大,当 $t\to\infty$ 时,$\mathrm{e}^{-st}f(t)\to 0$,则 $F(s)$ 存在,于是得

$$\mathscr{L}[f'(t)] = sF(s) - f(0_-)$$

例 14 - 3 应用导数性质求下列函数的象函数:

(1) $f(t) = \cos(\omega t)$;

(2) $f(t) = \delta(t)$。

解 (1) 由于 $\qquad\qquad \dfrac{\mathrm{d}\sin(\omega t)}{\mathrm{d}t} = \omega\cos(\omega t)$

$$\cos(\omega t) = \dfrac{1}{\omega}\dfrac{\mathrm{d}\sin(\omega t)}{\mathrm{d}t}$$

而 $\mathscr{L}[\sin(\omega t)] = \dfrac{\omega}{s^2+\omega^2}$（例 14-2 中已求得），所以

$$\mathscr{L}[\cos(\omega t)] = \mathscr{L}\left[\dfrac{1}{\omega}\dfrac{\mathrm{d}}{\mathrm{d}t}\sin(\omega t)\right] = \dfrac{1}{\omega}\left(s\,\dfrac{\omega}{s^2+\omega^2} - 0\right)$$

$$= \dfrac{s}{s^2+\omega^2}$$

(2) 由于 $\delta(t) = \dfrac{\mathrm{d}}{\mathrm{d}t}\varepsilon(t)$，而 $\mathscr{L}[\varepsilon(t)] = \dfrac{1}{s}$，所以

$$\mathscr{L}[\delta(t)] = \mathscr{L}\left[\dfrac{\mathrm{d}}{\mathrm{d}t}\varepsilon(t)\right] = s\cdot\dfrac{1}{s} - 0 = 1$$

此结果与例 14-1 所得结果完全相同。

3. 积分性质

函数 $f(t)$ 的象函数与其积分 $\int_{0_-}^{t} f(\xi)\mathrm{d}\xi$ 的象函数之间满足如下关系：

若 $$\mathscr{L}[f(t)] = F(s)$$

则 $$\mathscr{L}\left[\int_{0_-}^{t} f(\xi)\mathrm{d}\xi\right] = \dfrac{F(s)}{s}$$

证 令 $u = \int f(t)\mathrm{d}t$，$\mathrm{d}v = \mathrm{e}^{-st}\mathrm{d}t$，则 $\mathrm{d}u = f(t)\mathrm{d}t$，$v = -\dfrac{\mathrm{e}^{-st}}{s}$，利用分部积分公式 $\int u\mathrm{d}v = uv - \int v\mathrm{d}u$，所以

$$\int_{0_-}^{\infty}\left[\left(\int_{0_-}^{t} f(\xi)\mathrm{d}\xi\right)\mathrm{e}^{-st}\mathrm{d}t\right]$$

$$= \left(\int_{0_-}^{t} f(\xi)\mathrm{d}\xi\right)\dfrac{\mathrm{e}^{-st}}{-s}\bigg|_{0_-}^{\infty} - \int_{0_-}^{\infty} f(t)\left(-\dfrac{\mathrm{e}^{-st}}{s}\right)\mathrm{d}t$$

$$= \left(\int_{0_-}^{t} f(\xi)\mathrm{d}\xi\right)\dfrac{\mathrm{e}^{-st}}{-s}\bigg|_{0_-}^{\infty} + \dfrac{1}{s}\int_{0_-}^{\infty} f(t)\mathrm{e}^{-st}\mathrm{d}t$$

只要 s 的实部 σ 足够大，当 $t\to\infty$ 时和 $t = 0_-$ 时，等式右边第一项都为零，所以有

$$\mathscr{L}\left[\int_{0_-}^{t} f(\xi)\mathrm{d}\xi\right] = \dfrac{F(s)}{s}$$

例 14-4 利用积分性质求函数 $f(t) = t$ 的象函数。

解 由于 $f(t) = t = \int_{0}^{t}\varepsilon(\xi)\mathrm{d}\xi$，所以

$$\mathscr{L}[f(t)] = \dfrac{1}{s}\cdot\dfrac{1}{s} = \dfrac{1}{s^2}$$

4. 延迟性质

函数 $f(t)$ 的象函数与其延迟函数 $f(t-t_0)\varepsilon(t-t_0)$ 的象函数之间有如下

关系：

若
$$\mathscr{L}[f(t)] = F(s)$$

则
$$\mathscr{L}[f(t-t_0)\varepsilon(t-t_0)] = e^{-st_0}F(s)$$

证
$$\mathscr{L}[f(t-t_0)\varepsilon(t-t_0)] = \int_{0_-}^{\infty} f(t-t_0)\varepsilon(t-t_0)e^{-st}dt$$
$$= \int_{t_0}^{\infty} f(t-t_0)e^{-st}dt$$

令 $\tau = t - t_0$，则上式为

$$\mathscr{L}[f(t-t_0)\varepsilon(t-t_0)] = \int_{0_-}^{\infty} f(\tau)e^{-s(\tau+t_0)}d\tau$$
$$= e^{-st_0}\int_{0_-}^{\infty} f(\tau)e^{-s\tau}d\tau$$
$$= e^{-st_0}F(s)$$

例 14-5 求图 14-1 所示矩形脉冲的象函数。

解 图 14-1 中的矩形脉冲可用解析式表示为
$$f(t) = \varepsilon(t) - \varepsilon(t-\tau)$$

因为 $\mathscr{L}[\varepsilon(t)] = \dfrac{1}{s}$，根据延迟性质

$$\mathscr{L}[\varepsilon(t-\tau)] = \frac{1}{s}e^{-s\tau}$$

又根据拉氏变换的线性性质，得
$$\mathscr{L}[f(t)] = \mathscr{L}[\varepsilon(t) - \varepsilon(t-\tau)]$$
$$= \frac{1}{s} - \frac{1}{s}e^{-s\tau}$$
$$= \frac{1}{s}(1 - e^{-s\tau})$$

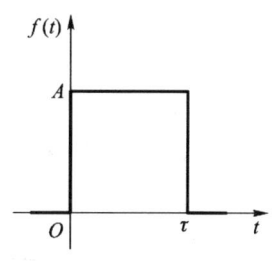

图 14-1 例 14-5 图

5. 拉氏变换的卷积定理

§7-9 节已介绍过两个时间函数 $f_1(t)$ 和 $f_2(t)$，它们在 $t < 0$ 时为零，$f_1(t)$ 和 $f_2(t)$ 的卷积用下列积分式定义：

$$f_1(t) * f_2(t) = \int_0^t f_1(t-\xi)f_2(\xi)d\xi$$

设 $f_1(t)$ 和 $f_2(t)$ 的象函数分别为 $F_1(s)$ 和 $F_2(s)$，有

$$\mathscr{L}[f_1(t) * f_2(t)] = \mathscr{L}\left[\int_0^t f_1(t-\xi)f_2(\xi)d\xi\right]$$
$$= F_1(s)F_2(s)$$

证 根据拉氏变换定义，有

$$\mathscr{L}[f_1(t) * f_2(t)] = \int_0^\infty e^{-st}\left[\int_0^t f_1(t-\xi)f_2(\xi)d\xi\right]dt$$

根据延迟的单位阶跃函数的定义

$$\varepsilon(t-\xi) = \begin{cases} 1 & \xi < t \\ 0 & \xi > t \end{cases}$$

故
$$\int_0^t f_1(t-\xi)f_2(\xi)d\xi = \int_0^\infty f_1(t-\xi)\varepsilon(t-\xi)f_2(\xi)d\xi$$

$$\mathscr{L}[f_1(t) * f_2(t)] = \int_0^\infty e^{-st}\int_0^\infty f_1(t-\xi)\varepsilon(t-\xi)f_2(\xi)d\xi dt$$

令 $x = t - \xi$,则 $e^{-st} = e^{-s(x+\xi)}$,上式变为

$$\mathscr{L}[f_1(t) * f_2(t)] = \int_0^\infty \int_0^\infty f_1(x)\varepsilon(x)f_2(\xi)e^{-s\xi}e^{-sx}d\xi dx$$
$$= \int_0^\infty f_1(x)\varepsilon(x)e^{-sx}dx \int_0^\infty f_2(\xi)e^{-s\xi}d\xi$$
$$= F_1(s)F_2(s)$$

同理,可以证明

$$\mathscr{L}[f_2(t) * f_1(t)] = F_2(s)F_1(s)$$

所以
$$f_1(t) * f_2(t) = f_2(t) * f_1(t)$$

根据以上介绍的拉氏变换的定义及与电路分析有关的拉氏变换的一些基本性质,可以方便地求得一些常用的时间函数的象函数,表 14-1 为常用函数的拉氏变换表。

表 14-1

原函数 $f(t)$	象函数 $F(s)$	原函数 $f(t)$	象函数 $F(s)$
$A\delta(t)$	A	$e^{-at}\cos(\omega t)$	$\dfrac{s+\alpha}{(s+\alpha)^2+\omega^2}$
$A\varepsilon(t)$	A/s	te^{-at}	$\dfrac{1}{(s+\alpha)^2}$
Ae^{-at}	$\dfrac{A}{s+\alpha}$	t	$\dfrac{1}{s^2}$
$1-e^{-at}$	$\dfrac{\alpha}{s(s+\alpha)}$	$\sinh(\alpha t)$	$\dfrac{\alpha}{s^2-\alpha^2}$
$\sin(\omega t)$	$\dfrac{\omega}{s^2+\omega^2}$	$\cosh(\alpha t)$	$\dfrac{s}{s^2-\alpha^2}$

续表

原函数 $f(t)$	象函数 $F(s)$	原函数 $f(t)$	象函数 $F(s)$
$\cos(\omega t)$	$\dfrac{s}{s^2+\omega^2}$	$(1-at)\mathrm{e}^{-at}$	$\dfrac{s}{(s+\alpha)^2}$
$\sin(\omega t+\phi)$	$\dfrac{s\sin\phi+\omega\cos\phi}{s^2+\omega^2}$	$\dfrac{1}{2}t^2$	$\dfrac{1}{s^3}$
$\cos(\omega t+\phi)$	$\dfrac{s\cos\phi-\omega\sin\phi}{s^2+\omega^2}$	$\dfrac{1}{n!}t^n$	$\dfrac{1}{s^{n+1}}$
$\mathrm{e}^{-at}\sin(\omega t)$	$\dfrac{\omega}{(s+\alpha)^2+\omega^2}$	$\dfrac{1}{n!}t^n\mathrm{e}^{-at}$	$\dfrac{1}{(s+\alpha)^{n+1}}$

§14-3 拉普拉斯反变换的部分分式展开

用拉氏变换求解线性电路的时域响应时,需要把求得的响应的拉氏变换式反变换为时间函数。拉氏反变换可以用式(14-2)求得,但涉及计算一个复变函数的积分,一般比较复杂。如果象函数比较简单,往往能从拉氏变换表中查出其原函数。对于不能从表中查出原函数的情况,如果能设法把象函数分解为若干较简单的、能够从表中查到的项,就可查出各项对应的原函数,而它们之和即为所求原函数。电路响应的象函数通常可表示为两个实系数的 s 的多项式之比,即 s 的一个有理分式

$$F(s)=\frac{N(s)}{D(s)}=\frac{a_0 s^m+a_1 s^{m-1}+\cdots+a_m}{b_0 s^n+b_1 s^{n-1}+\cdots+b_n} \quad (14-3)$$

式中 m 和 n 为正整数,且 $n\geqslant m$[①]。

把 $F(s)$ 分解成若干简单项之和,而这些简单项可以在拉氏变换表中找到,这种方法称为部分分式展开法,或称为分解定理。

用部分分式展开有理分式 $F(s)$ 时,需要把有理分式化为真分式。若 $n>m$,则 $F(s)$ 为真分式。若 $n=m$,则

$$F(s)=A+\frac{N_0(s)}{D(s)}$$

式中 A 是一个常数,其对应的时间函数为 $A\delta(t)$,余数项 $\dfrac{N_0(s)}{D(s)}$ 是真分式。

用部分分式展开真分式时,需要对分母多项式作因式分解,求出 $D(s)=0$

---

① 在电路分析中,通常不出现 $n<m$ 的情况。

的根。$D(s)=0$ 的根可以是单根、共轭复根和重根几种情况。

1. 单根

如果 $D(s)=0$ 有 n 个单根,设 n 个单根分别是 p_1、p_2、$\cdots$、p_n。于是 $F(s)$ 可以展开为

$$F(s)=\frac{K_1}{s-p_1}+\frac{K_2}{s-p_2}+\cdots+\frac{K_n}{s-p_n} \qquad (14-4)$$

式中 K_1、K_2、$\cdots$、K_n 是待定系数。

将上式两边都乘以 $(s-p_1)$,得

$$(s-p_1)F(s)=K_1+(s-p_1)\left(\frac{K_2}{s-p_2}+\cdots+\frac{K_n}{s-p_n}\right)$$

令 $s=p_1$,则等式除第一项外都变为零,这样求得

$$K_1=[(s-p_1)F(s)]_{s=p_1}$$

同理可求得 K_2、K_3、$\cdots$、K_n。所以确定式(14-4)中各待定系数的公式为

$$K_i=[(s-p_i)F(s)]_{s=p_i} \quad i=1,2,3,\cdots,n$$

因为 p_i 是 $D(s)=0$ 的一个根,故上面关于 K_i 的表达式为 $\frac{0}{0}$ 的不定式,可以用求极限的方法确定 K_i 的值,即

$$K_i=\lim_{s\to p_i}\frac{(s-p_i)N(s)}{D(s)}=\lim_{s\to p_i}\frac{(s-p_i)N'(s)+N(s)}{D'(s)}=\frac{N(p_i)}{D'(p_i)}$$

所以确定式(14-4)中各待定系数的另一公式为

$$K_i=\frac{N(s)}{D'(s)}\bigg|_{s=p_i} \quad i=1,2,3,\cdots,n \qquad (14-5)$$

确定了式(14-4)中各待定系数后,相应的原函数为

$$f(t)=\mathscr{L}^{-1}[F(s)]=\sum_{i=1}^{n}K_i e^{p_i t}=\sum_{i=1}^{n}\frac{N(p_i)}{D'(p_i)}e^{p_i t}$$

例 14-6 求 $F(s)=\dfrac{2s+1}{s^3+7s^2+10s}$ 的原函数 $f(t)$。

解 因为 $F(s)=\dfrac{2s+1}{s^3+7s^2+10s}=\dfrac{2s+1}{s(s+2)(s+5)}$

所以,$D(s)=0$ 的根为

$$p_1=0, p_2=-2, p_3=-5$$
$$D'(s)=3s^2+14s+10$$

根据式(14-5)确定各系数

$$K_1=\frac{N(s)}{D'(s)}\bigg|_{s=p_1}=\frac{2s+1}{3s^2+14s+10}\bigg|_{s=0}=0.1$$

同理求得
$$K_2 = 0.5$$
$$K_3 = -0.6$$
所以
$$f(t) = 0.1 + 0.5e^{-2t} - 0.6e^{-5t}$$

2. 共轭复根

如果 $D(s)=0$ 具有共轭复根 $p_1 = \alpha + j\omega, p_2 = \alpha - j\omega$，则

$$K_1 = [(s-\alpha-j\omega)F(s)]_{s=\alpha+j\omega} = \left.\frac{N(s)}{D'(s)}\right|_{s=\alpha+j\omega}$$

$$K_2 = [(s-\alpha+j\omega)F(s)]_{s=\alpha-j\omega} = \left.\frac{N(s)}{D'(s)}\right|_{s=\alpha-j\omega}$$

由于 $F(s)$ 是实系数多项式之比，故 K_1、K_2 为共轭复数。

设 $K_1 = |K_1|e^{j\theta_1}$，则 $K_2 = |K_1|e^{-j\theta_1}$，有

$$\begin{aligned}f(t) &= K_1 e^{(\alpha+j\omega)t} + K_2 e^{(\alpha-j\omega)t} \\ &= |K_1|e^{j\theta_1}e^{(\alpha+j\omega)t} + |K_1|e^{-j\theta_1}e^{(\alpha-j\omega)t} \\ &= |K_1|e^{\alpha t}[e^{j(\omega t+\theta_1)} + e^{-j(\omega t+\theta_1)}] \\ &= 2|K_1|e^{\alpha t}\cos(\omega t + \theta_1)\end{aligned} \qquad (14-6)$$

例 14-7 求 $F(s) = \dfrac{s+3}{s^2+2s+5}$ 的原函数 $f(t)$。

解 $D(s)=0$ 的根为共轭复根，$p_1 = -1+j2, p_2 = -1-j2$。

$$\begin{aligned}K_1 &= \left.\frac{N(s)}{D'(s)}\right|_{s=p_1} = \left.\frac{s+3}{2s+2}\right|_{s=-1+j2} \\ &= 0.5 - j0.5 = 0.5\sqrt{2}e^{-j\frac{\pi}{4}}\end{aligned}$$

$$K_2 = |K_1|e^{-j\theta_1} = 0.5\sqrt{2}e^{j\frac{\pi}{4}}$$

根据式(14-6)可得

$$f(t) = 2|K_1|e^{-t}\cos\left(2t - \frac{\pi}{4}\right)$$
$$= \sqrt{2}e^{-t}\cos\left(2t - \frac{\pi}{4}\right)$$

3. 重根

如果 $D(s)=0$ 具有重根，则应含 $(s-p_1)^n$ 的因式。现设 $D(s)$ 中含有 $(s-p_1)^3$ 的因式，p_1 为 $D(s)=0$ 的三重根，其余为单根，$F(s)$ 可分解为

$$F(s) = \frac{K_{13}}{s-p_1} + \frac{K_{12}}{(s-p_1)^2} + \frac{K_{11}}{(s-p_1)^3} + \left(\frac{K_2}{s-p_2} + \cdots\right)^{①} \qquad (14-7)$$

---

① 括号中为其余单根项。

对于单根，仍采用 $K_i = \dfrac{N(s)}{D'(s)}\bigg|_{s=p_i}$ 公式计算。为了确定 K_{11}、K_{12} 和 K_{13} 可以将式(14-7)两边都乘以 $(s-p_1)^3$，则 K_{11} 被单独分离出来，即

$$(s-p_1)^3 F(s) = (s-p_1)^2 K_{13} + (s-p_1) K_{12} + K_{11} + (s-p_1)^3 \left(\dfrac{K_2}{s-p_2} + \cdots\right) \tag{14-8}$$

则

$$K_{11} = (s-p_1)^3 F(s)\big|_{s=p_1}$$

再对式(14-8)两边对 s 求导一次，K_{12} 被分离出来，即

$$\dfrac{\mathrm{d}}{\mathrm{d}s}[(s-p_1)^3 F(s)] = 2(s-p_1) K_{13} + K_{12} + \dfrac{\mathrm{d}}{\mathrm{d}s}\left[(s-p_1)^3 \left(\dfrac{K_2}{s-p_2} + \cdots\right)\right]$$

所以

$$K_{12} = \dfrac{\mathrm{d}}{\mathrm{d}s}[(s-p_1)^3 F(s)]_{s=p_1}$$

用同样的方法可得

$$K_{13} = \dfrac{1}{2}\dfrac{\mathrm{d}^2}{\mathrm{d}s^2}[(s-p_1)^3 F(s)]_{s=p_1}$$

从以上分析过程可以推论得出当 $D(s)=0$ 具有 q 阶重根，其余为单根时的分解式为

$$F(s) = \dfrac{K_{1q}}{s-p_1} + \dfrac{K_{1(q-1)}}{(s-p_1)^2} + \cdots + \dfrac{K_{11}}{(s-p_1)^q} + \left(\dfrac{K_2}{s-p_2} + \cdots\right) \tag{14-9}$$

式中

$$K_{11} = (s-p_1)^q F(s)\big|_{s=p_1}$$

$$K_{12} = \dfrac{\mathrm{d}}{\mathrm{d}s}[(s-p_1)^q F(s)]\bigg|_{s=p_1}$$

$$K_{13} = \dfrac{1}{2}\dfrac{\mathrm{d}^2}{\mathrm{d}s^2}[(s-p_1)^q F(s)]\bigg|_{s=p_1}$$

…………

$$K_{1q} = \dfrac{1}{(q-1)!}\dfrac{\mathrm{d}^{q-1}}{\mathrm{d}s^{q-1}}[(s-p_1)^q F(s)]\bigg|_{s=p_1}$$

如果 $D(s)=0$ 具有多个重根时，对每个重根分别利用上述方法即可得到各系数。

例 14-8 求 $F(s) = \dfrac{1}{(s+1)^3 s^2}$ 的原函数 $f(t)$。

解 令 $D(s) = (s+1)^3 s^2 = 0$，有 $p_1 = -1$ 为三重根，$p_2 = 0$ 为二重根，所以

$$F(s) = \frac{K_{13}}{s+1} + \frac{K_{12}}{(s+1)^2} + \frac{K_{11}}{(s+1)^3} + \frac{K_{22}}{s} + \frac{K_{21}}{s^2}$$

首先以 $(s+1)^3$ 乘以 $F(s)$ 得

$$(s+1)^3 F(s) = \frac{1}{s^2}$$

应用式(14-9)得

$$K_{11} = \frac{1}{s^2}\bigg|_{s=-1} = 1$$

$$K_{12} = \frac{\mathrm{d}}{\mathrm{d}s}\frac{1}{s^2}\bigg|_{s=-1} = \frac{-2}{s^3}\bigg|_{s=-1} = 2$$

$$K_{13} = \frac{1}{2}\frac{\mathrm{d}^2}{\mathrm{d}s^2}\frac{1}{s^2}\bigg|_{s=-1} = \frac{1}{2}\frac{6}{s^4}\bigg|_{s=-1} = 3$$

同样为计算 K_{21} 和 K_{22}，首先以 s^2 乘 $F(s)$ 得

$$s^2 F(s) = \frac{1}{(s+1)^3}$$

应用式(14-9)可求得

$$K_{21} = 1$$
$$K_{22} = -3$$

所以

$$F(s) = \frac{1}{(s+1)^3 s^2} = \frac{3}{s+1} + \frac{2}{(s+1)^2} + \frac{1}{(s+1)^3} - \frac{3}{s} + \frac{1}{s^2}$$

相应的原函数为

$$f(t) = 3\mathrm{e}^{-t} + 2t\mathrm{e}^{-t} + \frac{1}{2}t^2\mathrm{e}^{-t} - 3 + t$$

§14-4 运 算 电 路

基尔霍夫定律的时域表示式为

对任一结点，$\sum i(t) = 0$；对任一回路，$\sum u(t) = 0$。

根据拉氏变换的线性性质得出基尔霍夫定律的运算形式如下：

对任一结点 $\sum I(s) = 0$

对任一回路 $\sum U(s) = 0$

根据元件电压、电流的时域关系，可以推导出各元件电压电流关系的运算形式。

图 14-2(a)所示电阻元件的电压电流关系为 $u(t) = Ri(t)$，两边取拉氏变换，得

$$U(s) = RI(s) \quad (14-10)$$

式(14-10)就是电阻 VCR 的运算形式,图 14-2(b)称为电阻 R 的运算电路。

图 14-2 电阻的运算电路

对于图 14-3(a)所示电感有 $u(t) = L\dfrac{\mathrm{d}i(t)}{\mathrm{d}t}$,取拉氏变换并根据拉氏变换的微分性质,得

$$\mathscr{L}[u(t)] = \mathscr{L}\left[L\dfrac{\mathrm{d}i(t)}{\mathrm{d}t}\right]$$

$$U(s) = sLI(s) - Li(0_-) \quad (14-11\mathrm{a})$$

式中 sL 为电感的运算阻抗,$i(0_-)$ 表示电感中的初始电流。这样就可以得到图 14-3(b)所示运算电路,$Li(0_-)$ 表示附加电压源的电压,它反映了电感中初始电流的作用。还可以把式(14-11a)改写为

$$I(s) = \dfrac{1}{sL}U(s) + \dfrac{i(0_-)}{s} \quad (14-11\mathrm{b})$$

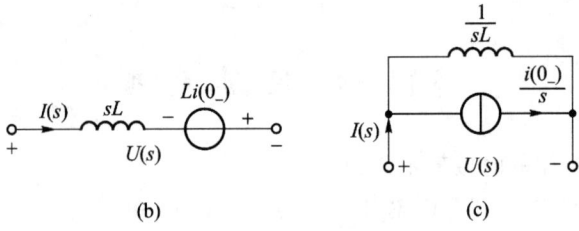

图 14-3 电感的运算电路

就可以获得图 14-3(c)所示运算电路,其中 $\dfrac{1}{sL}$ 为电感的运算导纳,$\dfrac{i(0_-)}{s}$ 表示附加电流源的电流。

同理,对于图 14-4(a)所示,电容有 $u(t) = \frac{1}{C}\int_0^t i(\xi)d\xi + u(0_-)$,取拉氏变换并根据拉氏变换的积分性质,得

$$\left.\begin{aligned} U(s) &= \frac{1}{sC}I(s) + \frac{u(0_-)}{s} \\ I(s) &= sCU(s) - Cu(0_-) \end{aligned}\right\} \qquad (14-12)$$

这样可以分别获得图 14-4(b)、(c)所示运算电路,其中 $\frac{1}{sC}$ 和 sC 分别为电容 C 的运算阻抗和运算导纳, $\frac{u(0_-)}{s}$ 和 $Cu(0_-)$ 分别为反映电容初始电压的附加电压源的电压和附加电流源的电流。

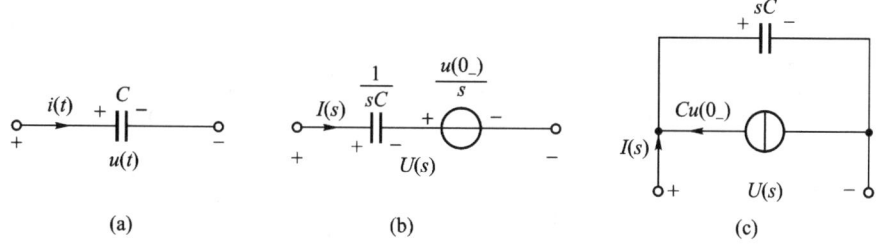

图 14-4 电容的运算电路

对两个耦合电感,运算电路中应包括由于互感引起的附加电源。根据图 14-5(a),有

$$u_1 = L_1 \frac{di_1}{dt} + M \frac{di_2}{dt}$$

$$u_2 = L_2 \frac{di_2}{dt} + M \frac{di_1}{dt}$$

对上式两边取拉氏变换有

$$U_1(s) = sL_1 I_1(s) - L_1 i_1(0_-) + sMI_2(s) - Mi_2(0_-)$$

$$U_2(s) = sL_2 I_2(s) - L_2 i_2(0_-) + sMI_1(s) - Mi_1(0_-) \qquad (14-13)$$

式中 sM 称为互感运算阻抗,$Mi_1(0_-)$ 和 $Mi_2(0_-)$ 都是附加的电压源,附加电压源的方向与电流 i_1、i_2 的参考方向有关。图 14-5(b)为具有耦合电感的运算电路。

图 14-6(a)所示为 RLC 串联电路。设电源电压为 $u(t)$,电感中初始电流为 $i(0_-)$,电容中初始电压为 $u_C(0_-)$。如用运算电路表示,将得到图 14-6(b)。

图 14-5 耦合电感的运算电路

根据 $\sum U(s) = 0$,有

$$RI(s) + sLI(s) - Li(0_-) + \frac{1}{sC}I(s) + \frac{u_C(0_-)}{s} = U(s)$$

或

$$\left(R + sL + \frac{1}{sC}\right)I(s) = U(s) + Li(0_-) - \frac{u_C(0_-)}{s}$$

$$Z(s)I(s) = U(s) + Li(0_-) - \frac{u_C(0_-)}{s}$$

式中 $Z(s) = R + sL + \frac{1}{sC}$ 为 RLC 串联电路的运算阻抗。在零值初始条件下,$i(0_-) = 0, u_C(0_-) = 0$,则有

$$Z(s)I(s) = U(s)$$

上式即为运算形式的欧姆定律。

图 14-6 RLC 串联电路

§14-5 应用拉普拉斯变换法分析线性电路

运算法与相量法的基本思想类似。相量法把正弦量变换为相量(复数)，从而把求解线性电路的正弦稳态问题归结为以相量为变量的线性代数方程。运算法把时间函数变换为对应的象函数，从而把问题归结为求解以象函数为变量的线性代数方程。当电路的所有独立初始条件为零时，电路元件 VCR 的运算形式与相量形式是类似的，加之 KCL 和 KVL 的运算形式与相量形式也是类似的，所以对于同一电路列出的零状态下的运算形式的方程和相量方程在形式上相似，但这两种方程具有不同的意义。在非零状态条件下，电路方程的运算形式中还应考虑附加电源的作用。当电路中的非零独立初始条件考虑成附加电源之后，电路方程的运算形式仍与相量方程类似。可见相量法中各种计算方法和定理在形式上完全可以移用于运算法。

在运算法中求得象函数之后，利用拉氏反变换就可以求得对应的时间函数。

根据上述思想，以下将通过一些实例说明拉氏变换法在线性电路分析中的应用。

例 14-9 图 14-7(a)所示电路原处于稳态。$t=0$ 时开关 S 闭合，试用运算法求解换路后的电流 $i_L(t)$。

解 首先求 U_S 的拉氏变换

$$\mathscr{L}[U_S] = \mathscr{L}[1] = \frac{1}{s}$$

由于开关闭合前电路已处于稳态，所以电感电流 $i_L(0_-)=0$，电容电压 $u_C(0_-)=1\text{ V}$。该电路的运算电路如图 14-7(b)所示。

应用回路电流法，设回路电流为 $I_a(s)$、$I_b(s)$，方向如图 14-7(b)所示，可列出方程

$$\left(R_1 + sL + \frac{1}{sC}\right)I_a(s) - \frac{1}{sC}I_b(s) = \frac{1}{s} - \frac{u_C(0_-)}{s}$$

$$-\frac{1}{sC}I_a(s) + \left(R_2 + \frac{1}{sC}\right)I_b(s) = \frac{u_C(0_-)}{s}$$

代入已知数据，得

$$\left(1 + s + \frac{1}{s}\right)I_a(s) - \frac{1}{s}I_b(s) = 0$$

$$-\frac{1}{s}I_a(s) + \left(1 + \frac{1}{s}\right)I_b(s) = \frac{1}{s}$$

解得

图 14-7 例 14-9 图

$$I_L(s) = I_a(s) = \frac{1}{s(s^2 + 2s + 2)}$$

求其反变换

$$\mathscr{L}^{-1}[I_L(s)] = \frac{1}{2}(1 - e^{-t}\cos t - e^{-t}\sin t)$$

所以

$$i_L(t) = \frac{1}{2}(1 - e^{-t}\cos t - e^{-t}\sin t)\text{A} \quad t \geq 0$$

例 14-10 图 14-8(a)所示为 RC 并联电路，激励为电流源 $i_S(t)$，若：

(1) $\qquad i_S(t) = \varepsilon(t)\text{A}$

(2) $\qquad i_S(t) = \delta(t)\text{A}$

试求电路响应 $u(t)$。

解 运算电路如图 14-8(b)所示。

(1) 当 $i_S(t) = \varepsilon(t)\text{A}$ 时，$I_S(s) = \dfrac{1}{s}$

$$U(s) = Z(s)I_S(s) = \frac{R \cdot \dfrac{1}{sC}}{R + \dfrac{1}{sC}} \cdot \frac{1}{s}$$

§14-5 应用拉普拉斯变换法分析线性电路

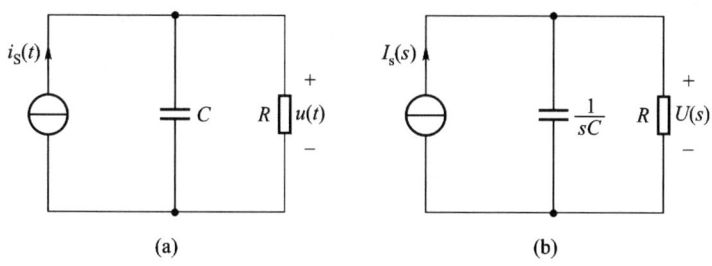

图 14-8 例 14-10 图

$$= \frac{1}{sC\left(s + \frac{1}{RC}\right)} = \frac{R}{s} - \frac{R}{s + \frac{1}{RC}}$$

其反变换为

$$u(t) = \mathscr{L}^{-1}[U(s)] = R(1 - e^{-\frac{1}{RC}t})\varepsilon(t)\mathrm{V}$$

(2) 当 $i_S(t) = \delta(t)\mathrm{A}$ 时,$I_S(s) = 1$

$$U(s) = Z(s)I_S(s) = \frac{R \cdot \frac{1}{sC}}{R + \frac{1}{sC}}$$

其反变换为

$$u(t) = \frac{1}{C}e^{-\frac{1}{RC}t}\varepsilon(t)\mathrm{V}$$

以上结果分别为 RC 并联电路的阶跃响应和冲激响应。用拉氏变换法求得的结果与第七章的结果相同。

例 14-11 图 14-9(a)所示电路中,电路原处于稳态,$t=0$ 时将开关 S 闭合,求换路后的 $u_L(t)$,已知 $u_{S1} = 2e^{-2t}\mathrm{V}, u_{S2} = 5\mathrm{V}, R_1 = R_2 = 5\Omega, L = 1\mathrm{H}$。

解 与图 14-9(a)相对应的运算电路见图 14-9(b),其中

$$\mathscr{L}[u_{S1}] = \mathscr{L}[2e^{-2t}] = \frac{2}{s+2}$$

$$\mathscr{L}[u_{S2}] = \mathscr{L}[5\varepsilon(t)] = \frac{5}{s}$$

电感电流的初始值

$$i_L(0_-) = \frac{u_{S2}}{R_2} = 1\ \mathrm{A}$$

应用结点法求解。设①点为参考结点,结点电压 $U_{n1}(s)$ 就是 $U_L(s)$。有

$$\left(\frac{1}{R_1} + \frac{1}{R_2} + \frac{1}{sL}\right)U_L(s) = \frac{\frac{2}{s+2}}{R_1} + \frac{\frac{5}{s}}{R_2} - \frac{Li(0_-)}{sL}$$

代入已知数据,得

$$\left(\frac{2}{5}+\frac{1}{s}\right)U_L(s) = \frac{2}{5(s+2)} + \frac{1}{s} - \frac{1}{s}$$

$$U_L(s) = \frac{2s}{(s+2)(2s+5)}$$

$$u_L(t) = \mathscr{L}^{-1}[U_L(s)] = (-4\mathrm{e}^{-2t} + 5\mathrm{e}^{-2.5t})\mathrm{V} \quad t \geqslant 0$$

图 14-9 例 14-11 图

例 14-12 图 14-10(a)所示电路中,已知 $R_1 = R_2 = 1\ \Omega, L_1 = L_2 = 0.1\ \mathrm{H}, M = 0.05\ \mathrm{H}$ 激励为直流电压 $U_S = 1\ \mathrm{V}, t = 0$ 时开关闭合,试求换路后的电流 $i_1(t)$ 和 $i_2(t)$。

解 图 14-10(b)为与图 14-10(a)相应的运算电路。列出回路电流方程

$$(R_1 + sL_1)I_1(s) - sMI_2(s) = \frac{1}{s}$$

$$-sMI_1(s) + (R_2 + sL_2)I_2(s) = 0$$

代入已知数据,可得

$$(1 + 0.1s)I_1(s) - 0.05sI_2(s) = \frac{1}{s}$$

$$-0.05sI_1(s) + (1 + 0.1s)I_2(s) = 0$$

§14-5 应用拉普拉斯变换法分析线性电路

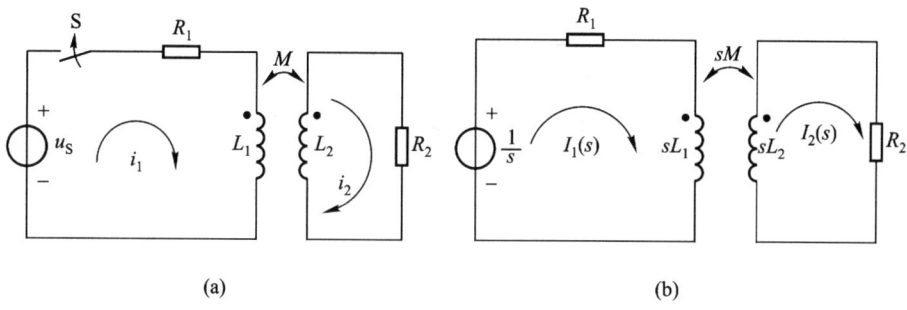

图 14-10 例 14-12 图

解得

$$I_1(s) = \frac{0.1s + 1}{s(0.75 \times 10^{-2} s^2 + 0.2s + 1)}$$

$$I_2(s) = \frac{0.05s}{0.75 \times 10^{-2} s^2 + 0.2s + 1}$$

$$i_1(t) = (1 - 0.5 e^{-6.67t} - 0.5 e^{-20t}) \text{A} \quad t \geqslant 0$$

$$i_2(t) = 0.5(e^{-6.67t} - e^{-20t}) \text{A} \quad t \geqslant 0$$

例 14-13 电路如图 14-11(a)所示,开关 S 原来闭合,$t=0$ 时打开,求换路后电路中的电流及电感元件上的电压。

解 L_1 中的初始电流为 $\dfrac{U_S}{R_1} = 5$ A,S 打开后的运算如图 14-11(b)所示,故

$$I(s) = \frac{\dfrac{10}{s} + 5L_1}{R_1 + R_2 + s(L_1 + L_2)} = \frac{10 + 1.5s}{s(5 + 0.4s)}$$

$$= \frac{3.75s + 25}{s(s + 12.5)} = \frac{2}{s} + \frac{1.75}{s + 12.5}$$

$$i(t) = (2 + 1.75 e^{-12.5t}) \text{A} \quad t \geqslant 0_+$$

电流随时间变化的曲线如图 14-11(c)所示。本题中 L_1 原有电流 5 A,L_2 中没有电流,但开关打开后,L_1 和 L_2 的电流在 $t = 0_+$ 时都被强制为同一电流,其数值为 $i(0_+) = 3.75$ A。

可见两个电感的电流都发生了跃变。由于电流的跃变,电感 L_1 和 L_2 的电压 u_{L_1} 和 u_{L_2} 中将有冲激函数出现。电压 u_{L_1} 和 u_{L_2} 可求得如下:

$$U_{L_1}(s) = 0.3sI(s) - 1.5$$

$$= 0.6 + \frac{0.3s \times 1.75}{s + 12.5} - 1.5$$

图 14-11 例 14-13 图

$$= -\frac{6.56}{s+12.5} - 0.375$$

$$U_{L_2}(s) = 0.1sI(s) = 0.2 + \frac{0.175s}{s+12.5}$$

$$= -\frac{2.19}{s+12.5} + 0.375$$

$$u_{L_1}(t) = [-6.56\mathrm{e}^{-12.5t}\varepsilon(t) - 0.375\delta(t)]\ \mathrm{V}$$

$$u_{L_2}(t) = [-2.19\mathrm{e}^{-12.5t}\varepsilon(t) + 0.375\delta(t)]\ \mathrm{V}$$

$$u_{L_1}(t) + u_{L_2}(t) = -8.75\mathrm{e}^{-12.5t}\varepsilon(t)\mathrm{V}$$

可见 $u_{L_1} + u_{L_2}$ 中并无冲激函数出现，这是因为虽然 L_1、L_2 中的电流发生了跃变，因而分别有冲激电压出现，但两者大小相同而方向相反，故在整个回路，不会出现冲激电压，保证满足 KVL。

从这个实例中可以看出，由于拉氏变换式中下限取 0_-，故自动地把冲激函数考虑进去，因此无需先求 $t = 0_+$ 时的跃变值。

例 14-14 图 14-12(a) 所示为含有受控源的零状态电路，试求电容电压 $u_C(t)$。已知激励为 $u_S(t) = 20\sin t\varepsilon(t)\mathrm{V}$。

解 已知电路为零状态电路，$t > 0$ 时运算电路如图 14-12(b) 所示。以

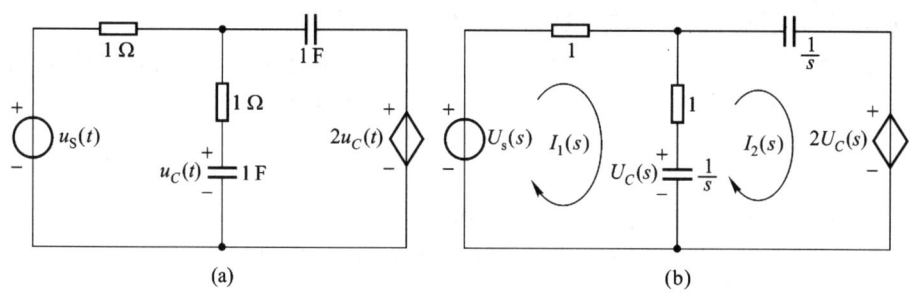

图 14-12　例 14-14 图

以 $I_1(s)$、$I_2(s)$、为变量列得电路的 KVL 方程为

$$\left(1+1+\frac{1}{s}\right)I_1(s) - \left(\frac{1}{s}+1\right)I_2(s) = U_S(s)$$

$$-\left(\frac{1}{s}+1\right)I_1(s) + \left(1+\frac{1}{s}+\frac{1}{s}\right)I_2(s) = -2U_C(s)$$

而

$$U_C(s) = \frac{1}{s}[I_1(s) - I_2(s)]$$

联立求解得

$$U_C(s) = \frac{1}{s^2+s+1}U_S(s)$$

而

$$U_S(s) = \frac{20}{s^2+1}$$

所以

$$U_C(s) = \frac{20}{(s^2+s+1)(s^2+1)} = 20\left(\frac{s+1}{s^2+s+1} - \frac{s}{s^2+1}\right)$$

$$= 20\left[\frac{s+\frac{1}{2}}{\left(s+\frac{1}{2}\right)^2+\left(\frac{\sqrt{3}}{2}\right)^2} + \frac{1}{\sqrt{3}}\frac{\frac{\sqrt{3}}{2}}{\left(s+\frac{1}{2}\right)^2+\left(\frac{\sqrt{3}}{2}\right)^2} - \frac{s}{s^2+1}\right]$$

求 $U_C(s)$ 的反变换，则有

$$u_C(t) = \mathscr{L}^{-1}[U_C(s)] = 20\mathrm{e}^{-\frac{1}{2}t}\left[\cos\left(\frac{\sqrt{3}}{2}t\right) + \frac{1}{\sqrt{3}}\sin\left(\frac{\sqrt{3}}{2}t\right)\right] - 20\cos t$$

即

$$u_C(t) = \left\{20\mathrm{e}^{-\frac{1}{2}t}\left[\cos\left(\frac{\sqrt{3}}{2}t\right) + \frac{1}{\sqrt{3}}\sin\left(\frac{\sqrt{3}}{2}t\right)\right] - 20\cos t\right\}\varepsilon(t)\ \mathrm{V}$$

§14-6　网络函数的定义

在第十一章指出，线性电路在单一正弦激励下达到稳态时，其响应相量与激

励相量之比定义为网络函数。这里讨论在 s 域的网络函数。

线性时不变电路在单一电源激励下,其零状态响应 $r(t)$ 的象函数 $R(s)$ 与激励 $e(t)$ 的象函数 $E(s)$ 之比定义为该电路的网络函数 $H(s)$,即

$$H(s) \stackrel{\text{def}}{=\!=} \frac{R(s)}{E(s)} \tag{14-14}$$

由于激励 $E(s)$ 可以是独立的电压源或独立的电流源,响应 $R(s)$ 可以是电路中任意两点之间的电压或任意一支路的电流,故网络函数可能是驱动点阻抗(导纳)、转移阻抗(导纳)、电压转移函数或电流转移函数。

根据网络函数的定义,若 $E(s)=1$,则 $R(s)=H(s)$,即网络函数就是该响应的象函数,而当 $E(s)=1$ 时,$e(t)=\delta(t)$,所以网络函数的原函数 $h(t)$ 是电路的单位冲激响应,即

$$h(t) = \mathscr{L}^{-1}[H(s)] \tag{14-15}$$

例 14-15 图 14-13(a)中电路激励为 $i_S(t)=\delta(t)$,求冲激激励下的电容电压 $u_C(t)$。

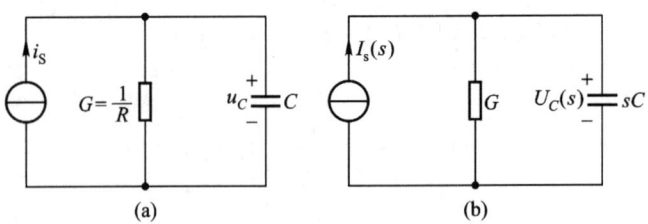

图 14-13 例 14-15 图

解 图 14-13(b)为其运算电路,由于此冲激响应与冲激电流激励属于同一端口,因而网络函数为驱动点阻抗,即

$$H(s) = \frac{R(s)}{E(s)} = \frac{U_C(s)}{1} = Z(s) = \frac{1}{sC+G} = \frac{1}{C} \cdot \frac{1}{s+\frac{1}{RC}}$$

$$h(t) = u_C(t) = \mathscr{L}^{-1}[H(s)] = \mathscr{L}^{-1}\left[\frac{1}{C} \cdot \frac{1}{s+\frac{1}{RC}}\right] = \frac{1}{C} e^{-\frac{1}{RC}t} \varepsilon(t)$$

此结果与第七章所得的相同。

例 14-16 图 14-14(a)所示电路为一低通滤波电路,激励是电压源 $u_1(t)$。已知:$L_1=1.5$ H,$C_2=\frac{4}{3}$ F,$L_3=0.5$ H,$R=1$ Ω。求电压转移函数 $H_1(s)=\dfrac{U_2(s)}{U_1(s)}$ 和驱动点导纳函数 $H_2(s)=\dfrac{I_1(s)}{U_1(s)}$。

§14-6 网络函数的定义

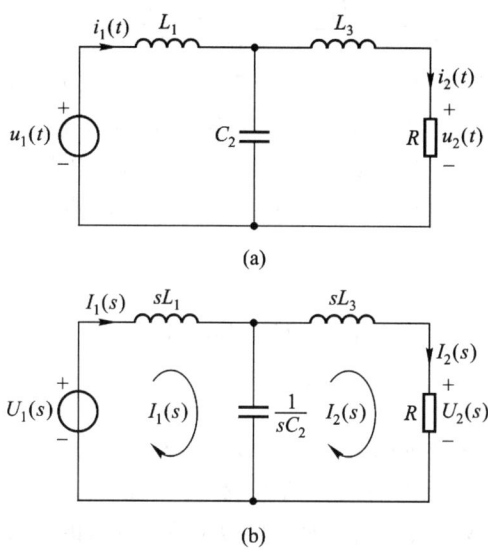

图 14-14 例 14-16 图

解 给定电路的运算电路如图 14-14(b)所示。用回路电流法列出回路电流 $I_1(s)$ 和 $I_2(s)$ 的方程,有

$$\left(sL_1 + \frac{1}{sC_2}\right)I_1(s) - \frac{1}{sC_2}I_2(s) = U_1(s)$$

$$-\frac{1}{sC_2}I_1(s) + \left(sL_3 + \frac{1}{sC_2} + R\right)I_2(s) = 0$$

解得

$$I_1(s) = \frac{L_3 C_2 s^2 + RC_2 s + 1}{D(s)} U_1(s)$$

$$I_2(s) = \frac{1}{D(s)} U_1(s)$$

其中 $D(s) = L_1 L_3 C_2 s^3 + RL_1 C_2 s^2 + (L_1 + L_3)s + R$

而 $U_2(s) = RI_2(s)$

代入数据后得

$$D(s) = s^3 + 2s^2 + 2s + 1$$

电压转移函数为

$$H_1(s) = \frac{U_2(s)}{U_1(s)} = \frac{1}{s^3 + 2s^2 + 2s + 1} = \frac{1}{(s+1)(s^2 + s + 1)}$$

驱动点导纳函数为

$$H_2(s) = \frac{I_1(s)}{U_1(s)} = \frac{2s^2 + 4s + 3}{3(s^3 + 2s^2 + 2s + 1)}$$

由以上的例题及网络函数的定义,可见对于由 R、$L(M)$、C 及受控源等元件组成的电路,网络函数是 s 的实系数有理函数,其分子和分母多项式的根或为实数或为共轭复数。另外,可以看出网络函数中不会出现激励的象函数。

根据网络函数的定义,还可以应用卷积定理求电路响应。从式(14-14)可知,网络响应 $R(s)$ 为

$$R(s) = E(s)H(s) \tag{14-16}$$

求 $R(s)$ 的拉氏反变换,得到时域中的响应

$$r(t) = \mathscr{L}^{-1}[E(s)H(s)] = \int_0^t e(t-\xi)h(\xi)\mathrm{d}\xi \tag{14-17}$$

这里 $e(t)$ 为外施激励的时间函数形式,$h(t)$ 为网络的冲激响应,给定任何激励函数后,就可以求该网络的零状态响应。所以可以通过求网络函数 $H(s)$ 与任意激励的象函数 $E(s)$ 之积 $[R(s) = E(s)H(s)]$ 的拉氏反变换求得该网络在任何激励下的零状态响应。

§14-7 网络函数的极点和零点

由于网络函数 $H(s)$ 的分子和分母都是 s 的多项式,故其一般形式可写为

$$\begin{aligned}
H(s) &= \frac{N(s)}{D(s)} = \frac{b_m s^m + b_{m-1}s^{m-1} + \cdots + b_0}{a_n s^n + a_{n-1}s^{n-1} + \cdots + a_0} \\
&= H_0 \frac{(s-z_1)(s-z_2)\cdots(s-z_i)\cdots(s-z_m)}{(s-p_1)(s-p_2)\cdots(s-p_j)\cdots(s-p_n)} \\
&= H_0 \frac{\prod_{i=1}^{m}(s-z_i)}{\prod_{j=1}^{n}(s-p_j)}
\end{aligned} \tag{14-18}$$

其中 H_0 为一常数,z_1、z_2、$\cdots$、z_i、$\cdots$、z_m 是 $N(s) = 0$ 的根,p_1、p_2、$\cdots$、p_j、$\cdots$、p_n 是 $D(s) = 0$ 的根。当 $s = z_i$ 时 $H(s) = 0$,故 z_1、z_2、$\cdots$、z_i、$\cdots$、z_m 称为网络函数的零点。当 $s = p_j$ 时,$D(s) = 0$,$H(s)$ 将趋近无限大,故 p_1、p_2、$\cdots$、p_j、$\cdots$、p_n 称为网络函数的极点。如果 $N(s)$ 和 $D(s)$ 分别有重根,则称之为重零点和重极点。

网络函数的零点和极点可能是实数、虚数或复数。如果以复数 s 的实部 σ 为横轴,虚部 $\mathrm{j}\omega$ 为纵轴,就得到一个复频率平面,简称为复平面或 s 平面。在复平面上把 $H(s)$ 的零点用"。"表示,极点用"×"表示,就得到网络函数的零、极点分布图。

例 14 – 17 图 14 – 15 所示电路含理想运算放大器,已知 $u_S(t) = 2\varepsilon(t)\mathrm{V}$,试求电压转移函数 $H(s) = \dfrac{U_2(s)}{U_S(s)}$,并在复平面上绘出其零、极点图。

图 14 – 15 例 14 – 17 图

解 对结点①、③分别列结点电压方程

$$\left(\frac{1}{R_1} + \frac{1}{R_2} + sC_1 + sC_2\right)U_1(s) - sC_1 U_3(s) - sC_2 U_2(s) = \frac{U_s(s)}{R_1}$$

$$-sC_1 U_1(s) + \left(sC_1 + \frac{1}{R_3}\right)U_3(s) - \frac{1}{R_3}U_2(s) = 0$$

根据理想运算放大器的性质有

$$U_3(s) = 0$$

解得

$$U_2(s) = \dfrac{-\dfrac{C_1}{R_1}sU_s(s)}{s^2 C_1 C_2 + s\dfrac{(C_1 + C_2)}{R_3} + \left(\dfrac{1}{R_1} + \dfrac{1}{R_2}\right)\dfrac{1}{R_3}}$$

代入已知参数

$$H(s) = \frac{U_2(s)}{U_S(s)} = \frac{-2s}{s^2 + 6s + 8}$$

该网络函数有 1 个零点,$z_1 = 0$;有 2 个极点,$p_1 = -2$,$p_2 = -4$。其零、极点图如图 14 – 16 所示。

零、极点在 s 平面上的分布与网络的时域响应和正弦稳态响应有着密切的关系,后两节中将详细分析。

图 14 - 16 例 14 - 17 零、极点图

§14-8 极点、零点与冲激响应

根据网络函数的定义可知,电路的零状态响应的象函数

$$R(s) = H(s)E(s) = \frac{N(s)}{D(s)} \cdot \frac{P(s)}{Q(s)}$$

式中 $H(s) = \frac{N(s)}{D(s)}$,$E(s) = \frac{P(s)}{Q(s)}$,而 $N(s)$、$D(s)$、$P(s)$、$Q(s)$ 都是 s 的多项式。用部分分式法求响应的原函数时,$D(s)Q(s) = 0$ 的根将包含 $D(s) = 0$ 和 $Q(s) = 0$ 的根。响应中包含 $Q(s) = 0$ 的根的那些项属于强制分量,而包含 $D(s) = 0$ 的根(即网络函数的极点)的那些项则是自由分量或瞬态分量。

若网络函数为真分式且分母具有单根,则网络的冲激响应为

$$h(t) = \mathscr{L}^{-1}[H(s)] = \mathscr{L}^{-1}\left[\sum_{i=1}^{n}\frac{K_i}{s-p_i}\right] = \sum_{i=1}^{n}K_i e^{p_i t} \quad (14-19)$$

式中 p_i 为 $H(s)$ 的极点。从式(14-19)可以看出,当 p_i 为负实根时,$e^{p_i t}$ 为衰减指数函数;当 p_i 为正实根时,$e^{p_i t}$ 为增长的指数函数;而且 $|p_i|$ 越大,衰减或增长的速度越快。这说明若 $H(s)$ 的极点都位于负实轴上,则 $h(t)$ 将随 t 的增大而衰减,这种电路是稳定的;若有一个极点位于正实轴上,则 $h(t)$ 将随 t 的增长而增长,这种电路是不稳定的。当极点 p_i 为共轭复数时,根据式(14-19)可知 $h(t)$ 是以指数曲线为包络线的正弦函数,其实部的正或负确定增长或衰减的正弦项。当 p_i 为虚根时,则将是纯正弦项。图 14-17 画出了网络函数的极点分别为负实数、正实数、虚数以及共轭复数时,对应的时域响应的波形。总之,只要极点位于左半平面,则 $h(t)$ 必随时间增长而衰减,故电路是稳定的。所以一个实际的线性电路,其网络函数的极点一定位于左半平面。

从式(14-19)还可以看出,p_i 仅由电路的结构及元件值确定,因而将 p_i 称

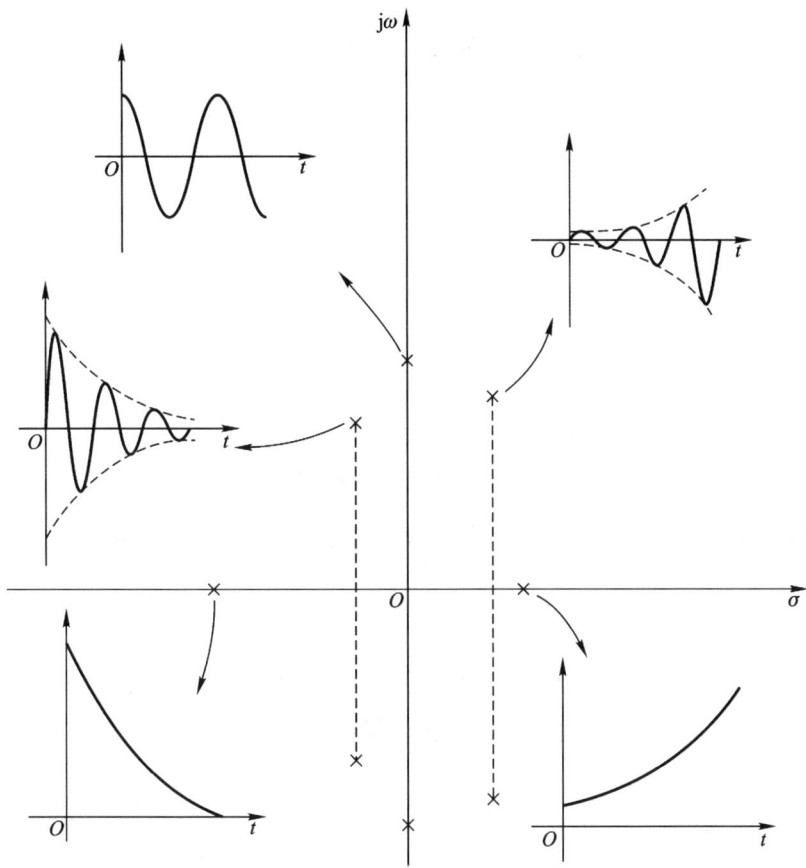

图 14-17 极点与冲激响应的关系

为该电路变量的自然频率或固有频率,p_i 也称为该电路的一个固有频率。因此,电路的固有频率就是该电路所有变量的固有频率。

由于一般情况下 $h(t)$ 的特性就是时域响应中自由分量的特性,而强制分量的特点又仅仅决定于激励的变化规律,所以,根据 $H(s)$ 的极点分布情况和激励的变化规律不难预见时域响应的全部特点。

例 14-18 RLC 串联电路接通恒定电压源 U_S,如图 14-18(a)所示。根据网络函数 $H(s) = \dfrac{U_C(s)}{U_S(s)}$ 的极点分布情况分析 $u_C(t)$ 的变化规律。

解 $H(s) = \dfrac{U_C(s)}{U_S(s)} = \dfrac{1}{R + sL + \dfrac{1}{sC}} \cdot \dfrac{1}{sC}$

图 14-18　例 14-18 图

$$= \frac{1}{s^2 LC + sRC + 1} = \frac{1}{LC} \frac{1}{(s-p_1)(s-p_2)}$$

(1) 当 $0 < R < 2\sqrt{\dfrac{L}{C}}$ 时，$p_{1,2} = -\delta \pm j\omega_d$，其中

$$\delta = \frac{R}{2L},\ \omega_d = \sqrt{\omega_0^2 - \delta^2},\ \omega_0 = \frac{1}{\sqrt{LC}}$$

这时 $H(s)$ 的极点位于左半平面，如图 14-18(b) 中的 p_1、p_2，因此 $u_C(t)$ 的自由分量 $u''_C(t)$ 为衰减的正弦振荡，其包络线的指数为 $e^{-\delta t}$，振荡角频率为 ω_d 且极点离开虚轴越远，振荡衰减越快。

(2) 当 $R = 0$ 时，$\delta = 0$，$\omega_d = \omega_0$，故 $p'_{1,2} = \pm j\omega_0$，这说明 $H(s)$ 的极点位于虚轴上，因此，$u''_C(t)$ 为等幅振荡且 ω_d 的绝对值越大，等幅振荡的振荡频率越高。

(3) 当 $R > 2\sqrt{\dfrac{L}{C}}$ 时，有

$$p''_1 = -\frac{R}{2L} + \sqrt{\left(\frac{R}{2L}\right)^2 - \frac{1}{LC}}$$

$$p''_2 = -\frac{R}{2L} - \sqrt{\left(\frac{R}{2L}\right)^2 - \frac{1}{LC}}$$

此时 $H(s)$ 的极点位于负实轴上，因此 $u''_C(t)$ 是由 2 个衰减速度不同的指数函数组成。且极点离原点越远，$u''_C(t)$ 衰减越快。

$u_C(t)$ 中的强制分量 $u'_C(t)$ 取决于激励的情况，本例中 $u'_C(t) = U_S$。

§14-9　极点、零点与频率响应

如果用相量法求图 14-14(a) 所示电路在正弦稳态情况下的电压转移函数，则

图 14-14(b)中的 sL_1、$\dfrac{1}{sC_2}$ 和 sL_3 将分别是 $j\omega L_1$、$\dfrac{1}{j\omega C_2}$ 和 $j\omega L_3$，输入电压 $U_1(s)$ 和输出电压 $U_2(s)$ 将是相量 $\dot U_1$ 和 $\dot U_2$，而回路电流将是相量 $\dot I_1$ 和 $\dot I_2$。不难求得

$$\dot I_2 = \frac{1}{D(j\omega)}\dot U_1$$

其中　　$D(j\omega) = L_1 L_3 C_2 (j\omega)^3 + RL_1 C_2 (j\omega)^2 + (L_1 + L_2)j\omega + R$

代入数据后，有

$$\frac{\dot U_2}{\dot U_1} = \frac{1}{(j\omega)^3 + 2(j\omega)^2 + 2(j\omega) + 1}$$

可见，若把例 14-16 的解 $H_1(s)$ 中的 s 用 $j\omega$ 代替，则 $H_1(j\omega) = \dfrac{\dot U_2}{\dot U_1}$。就是说，在 $s = j\omega$ 处计算所得网络函数 $H_1(s)$ 即 $H_1(j\omega)$，而 $H_1(j\omega)$ 是角频率为 ω 时正弦稳态情况下的输出相量与输入相量之比。

同理，有

$$H_2(j\omega) = H_2(s)|_{s=j\omega} = \frac{\dot I_1}{\dot U_1}$$

上述结论在一般情况下也成立。所以，如果令网络函数 $H(s)$ 中复频率 s 等于 $j\omega$，分析 $H(j\omega)$ 随 ω 变化的情况就可以预见相应的转移函数或驱动点函数在正弦稳态情况下随 ω 变化的特性。

对于某一固定角频率 ω，$H(j\omega)$ 通常是一个复数，即可以表示为

$$\begin{aligned} H(j\omega) &= |H(j\omega)|e^{j\varphi} \\ &= |H(j\omega)|\underline{/\varphi(j\omega)} \end{aligned} \quad (14-20)$$

式中 $|H(j\omega)|$ 为网络函数在频率 ω 处的模值，而 $\varphi = \arg[H(j\omega)]$ 为网络函数在频率 ω 处的相位。将 $|H(j\omega)|$ 随 ω 变化的关系称为幅值频率响应，简称幅频响应；$\arg[H(j\omega)]$ 随 ω 变化的关系称为相位频率响应，简称相频特性。显然，这里关于 $H(j\omega)$ 的定义和讨论与第十一章的内容是一致的。根据式(14-18)有

$$H(j\omega) = H_0 \frac{\prod_{i=1}^{m}(j\omega - z_i)}{\prod_{j=1}^{n}(j\omega - p_j)}$$

于是有

$$|H(j\omega)| = H_0 \frac{\prod_{i=1}^{m}|(j\omega - z_i)|}{\prod_{j=1}^{n}|(j\omega - p_j)|} \quad (14-21)$$

$$\arg[H(j\omega)] = \sum_{i=1}^{m}\arg(j\omega - z_i) - \sum_{j=1}^{n}\arg(j\omega - p_j)$$

所以若已知网络函数的极点和零点,则按式(14-21)便可以计算对应的频率响应,同时还可以通过在 s 平面上作图的方法定性描绘出频率响应。

例 14-19 图 14-19 为 RC 串联电路,试定性分析以电压 u_2 为输出时该电路的频率响应。

解 以 u_2 为电路变量的网络函数为

$$H(s) = \frac{U_2(s)}{U_1(s)} = \frac{\dfrac{1}{RC}}{s + \dfrac{1}{RC}}$$

其极点 $p_1 = -\dfrac{1}{RC}$,如图 14-20(a)所示。

将 $H(s)$ 中 s 用 $j\omega$ 代替,得

图 14-19 例 14-19 图

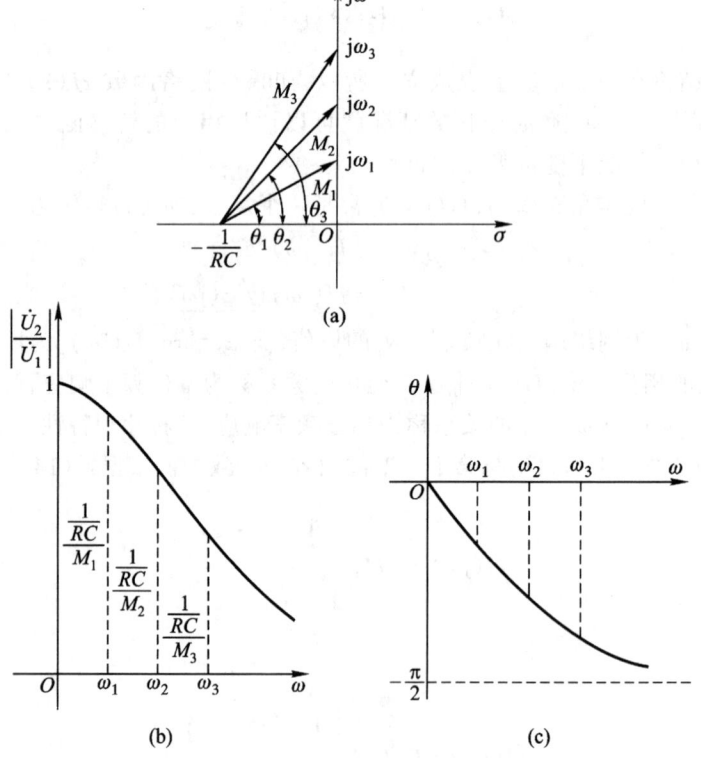

图 14-20 RC 串联电路的频率响应

$$H(\mathrm{j}\omega) = \frac{\dfrac{1}{RC}}{\mathrm{j}\omega + \dfrac{1}{RC}}$$

$H(\mathrm{j}\omega)$ 在 $\omega = \omega_1$、ω_2 和 ω_3 时的模值分别为 $\dfrac{1}{RC}$ 除以图 14-20(a) 中的线段长度 M_1、M_2 和 M_3，对应的相位分别为同图中的 θ_1、θ_2 和 θ_3 的负值。随 ω 从零沿虚轴向 ∞ 增长时，$|H(\mathrm{j}\omega)|$ 趋于零，而相位从零趋近 $-90°$。由此定性画出的幅频特性和相频特性分别如图 14-20(b) 和 (c) 所示。

可以看出，该电路具有低通特性。当 $\omega = 0$ 时，$\dfrac{\dot{U}_2}{\dot{U}_1} = 1 \underline{/0°}$；$\omega = \dfrac{1}{RC}$ 时，$\dfrac{\dot{U}_2}{\dot{U}_1} = \dfrac{1}{1+\mathrm{j}} = \dfrac{1}{\sqrt{2}} \underline{/-45°}$，即 $\dfrac{U_2}{U_1} = 0.707$，相当于 $\omega = 0$ 时模值的 0.707，此频率有时称为低通滤波电路的截止频率，用 ω_c 表示，而 0 到 ω_c 的频率范围称为通频带。

例 14-20 图 14-21(a) 所示为 RLC 串联电路，设电容电压为输出电压 u_2，电压转移函数 $H(s) = \dfrac{U_2(s)}{U_1(s)}$；试根据该网络函数的极点和零点，定性地绘出 $H(\mathrm{j}\omega)$。

解 $H(s) = \dfrac{U_2(s)}{U_1(s)} = \dfrac{\dfrac{1}{sC}}{R + sL + \dfrac{1}{sC}}$

$$= \dfrac{1}{LC} \dfrac{1}{(s-p_1)(s-p_2)}$$

$$= H_0 \dfrac{1}{(s-p_1)(s-p_2)}$$

令 $s = \mathrm{j}\omega$，有

$$\dfrac{\dot{U}_2}{\dot{U}_1} = H(\mathrm{j}\omega) = H_0 \dfrac{1}{(\mathrm{j}\omega - p_1)(\mathrm{j}\omega - p_2)}$$

设极点为一对共轭复数，即

$$p_{1,2} = -\dfrac{R}{2L} \pm \mathrm{j}\sqrt{\dfrac{1}{LC} - \left(\dfrac{R}{2L}\right)^2} = -\delta \pm \mathrm{j}\omega_d$$

式中 $\omega_d = \sqrt{\omega_0^2 - \delta^2}$，而 $\omega_0 = \dfrac{1}{\sqrt{LC}} = \sqrt{\omega_d^2 + \delta^2}$。当 $\omega = \omega_1$ 时，有 [如图 14-21(b) 所示]：

$$|H(\mathrm{j}\omega_1)| = \dfrac{H_0}{|\mathrm{j}\omega_1 - p_1||\mathrm{j}\omega_1 - p_2|} = \dfrac{H_0}{M_1 M_2}$$

$$\arg[H(\mathrm{j}\omega)] = -(\theta_1 + \theta_2)$$

定性绘出幅频特性和相频特性如图 14-21(c)、(d)所示。

从上述分析中可以看出,当 p_1、p_2 远离虚轴如图 14-21(b)所示位置时,随 ω 变化 M_1 和 M_2 的变化几乎相等,可以看到没有一个极点对频率响应起主要作用。如果极点位置如图 14-21(e)所示,即极点 p_1、p_2 接近 jω 轴,则在 jω 与 p_1 之间的向量 M_1 的长度和角度对 $|H(j\omega)|$ 和 arg$[H(j\omega)]$ 都产生较大的影响,而 M_2 却改变较少。经分析计算可得到,当 $\omega \approx \omega_0$ 时,$|H(j\omega)|$ 达到峰值,而

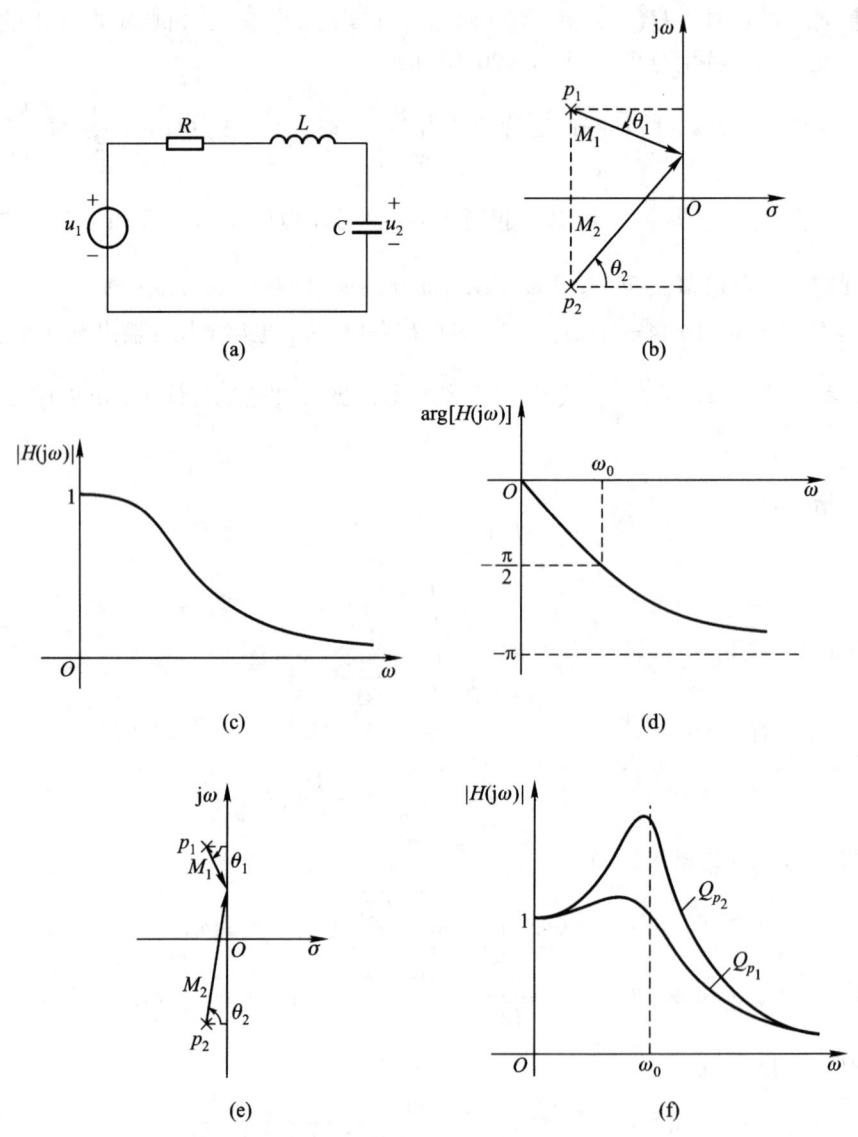

图 14-21 例 14-20 图

$\omega = \omega_0 = \dfrac{1}{\sqrt{LC}}$ 为 RLC 串联电路的谐振角频率。因此，当极点为共轭复数时，极点到坐标原点的距离与极点的实部之比对网络的频率响应影响很大，有时把此值的一半，即 $\dfrac{\omega_0}{2\delta}$ 定义为极点的品质因数，以 Q_p 表示。对于二阶电路

$$Q_p = \dfrac{\omega_0}{2\delta} = \dfrac{\omega_0 L}{R} = \dfrac{1}{R}\sqrt{\dfrac{L}{C}} = Q$$

可以看出 $Q_p = Q$，而 Q 即回路的品质因数。

根据第十一章讨论可知，对例 14-20 中的电路，当 $Q_p < \dfrac{1}{\sqrt{2}}$ 时，$|H(j\omega)|$ 随 ω 的增长而单调减小，如图 14-21(c)所示，而当 Q_p 增大时，$|H(j\omega)|$ 出现峰值，如图 14-21(f)所示，且峰值随 Q_p 的增大而增大，峰值对应的频率值 ω 随 Q_p 的增大而趋于 ω_0。

———— 习　题 ————

14-1　求下列各函数的象函数：

(1) $f(t) = 1 - e^{-at}$

(2) $f(t) = \sin(\omega t + \varphi)$

(3) $f(t) = e^{-at}(1 - at)$

(4) $f(t) = \dfrac{1}{a}(1 - e^{-at})$

(5) $f(t) = t^2$

(6) $f(t) = t + 2 + 3\delta(t)$

(7) $f(t) = t\cos(at)$

(8) $f(t) = e^{-at} + at - 1$

14-2　求下列各函数的原函数：

(1) $\dfrac{(s+1)(s+3)}{s(s+2)(s+4)}$

(2) $\dfrac{2s^2 + 16}{(s^2 + 5s + 6)(s + 12)}$

(3) $\dfrac{2s^2 + 9s + 9}{s^2 + 3s + 2}$

(4) $\dfrac{s^3}{(s^2 + 3s + 2)s}$

14-3　求下列各函数的原函数：

(1) $\dfrac{1}{(s+1)(s+2)^2}$

(2) $\dfrac{(s+1)}{s^3 + 2s^2 + 2s}$

(3) $\dfrac{s^2 + 6s + 5}{s(s^2 + 4s + 5)}$

(4) $\dfrac{s}{(s^2 + 1)^2}$

14-4　题 14-4 图(a)、(b)、(c)所示电路原已达稳态，$t=0$ 时把开关 S 合上，分别画出运算电路。

14-5　题 14-5 图所示电路原处于零状态，$t=0$ 时合上开关 S，试求电流 i_L。

14-6　电路如题 14-6 图所示，已知 $i_L(0_-) = 0$A，$t=0$ 时将开关 S 闭合，求 $t>0$ 时的 $u_L(t)$。

题 14-4 图

题 14-5 图　　　　　　题 14-6 图

14-7　电路如题 14-7 图所示,设电容上原有电压 $U_{C0}=100$ V,电源电压 $U_S=200$ V,$R_1=30\ \Omega$,$R_2=10\ \Omega$,$L=0.1$ H,$C=1\,000\ \mu$F。求 S 合上后电感中的电流 $i_L(t)$。

14-8　题 14-8 图所示电路中的储能元件均为零初始值,$u_S(t)=5\varepsilon(t)$V,在下列条件下求 $U_1(s)$：

(1) $r=-3$；

(2) $r=3\ \Omega$。

14-9　题 14-9 图所示电路中,$i_S=2\sin(1\,000\,t)$A,$R_1=R_2=20\Omega$,$C=1000\ \mu$F,$t=0$时合上开关 S,用运算法求 $u_C(t)$。

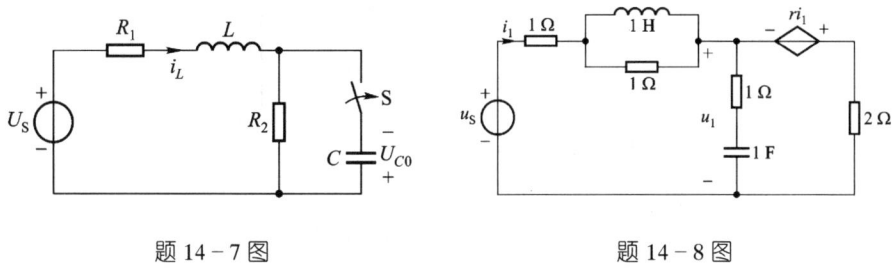

题 14-7 图　　　　　　　题 14-8 图

14-10　题 14-10 图所示电路中 $L_1=1$ H, $L_2=4$ H, $M=2$ H, $R_1=R_2=1\ \Omega$, $U_S=1$ V,电感中原无磁场能量。$t=0$ 时合上开关 S,用运算法求 i_1、i_2。

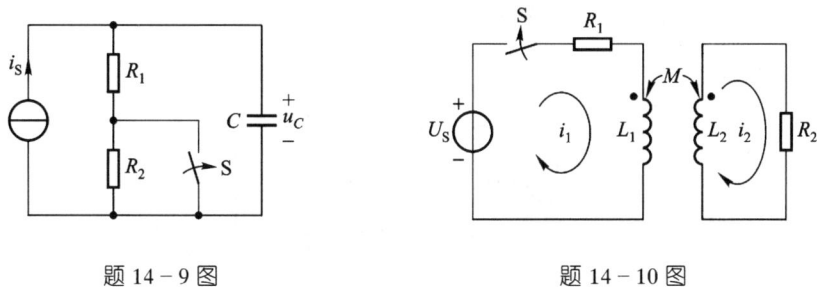

题 14-9 图　　　　　　　题 14-10 图

14-11　题图 14-11 所示电路,当 $t<0$ 时开关 S 打开,电路已稳定;当 $t=0$ 时闭合开关 S。求当 $t>0$ 时的电流 $i_2(t)$。

题 14-11 图

14-12　题图 14-12 所示电路含理想运算放大器,已知 $R_1=1$ kΩ, $R_2=2$ kΩ, $C_1=1\ \mu F$, $C_2=2\ \mu F$, $u_S(t)=2\varepsilon(t)$ V,试求电压 $u_2(t)$。

题 14-12 图

14-13 题图 14-13 所示电路含理想变压器,已知 $R=1\ \Omega, C_1=1\ \text{F}, C_2=2\ \text{F}, i_S(t)=\text{e}^{-t}\varepsilon(t)\text{V}$,试求电路的零状态响应 $u(t)$。

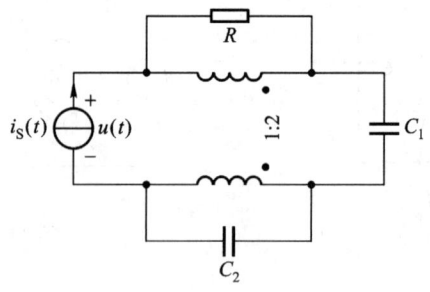

题 14-13 图

14-14 题 14-14 图(a)所示电路激励 $u_S(t)$ 的波形如题 14-14 图(b)所示,已知 $R_1=6\ \Omega, R_2=3\ \Omega, L=1\ \text{H}, \mu=1$,求电路的零状态响应 $i_L(t)$。

题 14-14 图

14-15 题 14-15 图所示各电路在 $t=0$ 时合上开关 S,用运算法求 $i(t)$ 及 $u_C(t)$。

题 14-15 图

14-16 电路如题 14-16 图所示,已知 $u_{S1}(t)=\varepsilon(t)\mathrm{V}, u_{S2}(t)=\delta(t)\mathrm{V}$,试求 $u_1(t)$ 和 $u_2(t)$。

14-17 电路如题 14-17 图所示,已知 $u_S(t)=[\varepsilon(t)+\varepsilon(t-1)-2\varepsilon(t-2)]\mathrm{V}$,求 $i_L(t)$。

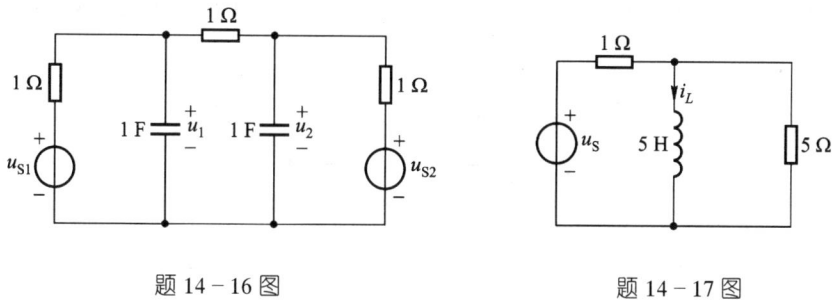

题 14-16 图 题 14-17 图

14-18 电路如题 14-18 图所示,开关 S 原是闭合的,电路处于稳态。若 S 在 $t=0$ 时打开,已知 $U_S=2\mathrm{~V}, L_1=L_2=1\mathrm{H}, R_1=R_2=1\mathrm{~\Omega}$。试求 $t\geqslant 0$ 时的 $i_1(t)$ 和 $u_{L_2}(t)$。

题 14-18 图

14-19 题 14-19 图所示电路中 U_S 为恒定值,$u_{C_2}(0_-)=0$,开关闭合前电路已达稳态,$t=0$ 时 S 闭合,求开关闭合后,电容电压 u_{C_1} 和 u_{C_2},电流 i_{C_1} 和 i_{C_2}。

14-20 题 14-20 图所示电路中两电容原来未充电,在 $t=0$ 时将开关 S 闭合,已知 $U_S=10$ V, $R=5$ Ω, $C_1=2$ F, $C_2=3$ F。求 $t\geqslant 0$ 时的 u_{C_1}, u_{C_2} 及 i_1、i_2、i。

题 14-19 图　　　　　　题 14-20 图

14-21 电路如题 14-21 图所示,已知电容 C_1 和 C_2 原带电荷,方向如图所示, $C_1=3$ F, $q_{C_1}(0_-)=15$ C, $C_2=6$ F, $q_{C_2}(0_-)=60$ C, $t=0$ 时,开关 S 闭合,求开关 S 闭合后电压 $u(t)$。

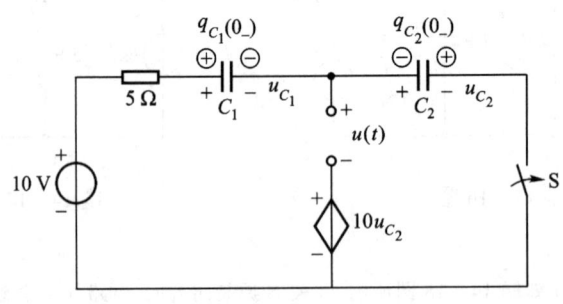

题 14-21 图

14-22 绘出 $H(s)=\dfrac{2s^2-12s+16}{s^3+4s^2+6s+3}$ 的零、极点图。

14-23 试求题 14-23 图所示线性一端口网络的驱动点阻抗 $Z(s)$ 的表达式,并在 s

题 14-23 图

平面上绘出极点和零点。已知 $R=1\ \Omega, L=0.5\ \text{H}, C=0.5\ \text{F}$。

14-24 求题 14-24 图所示各电路的驱动点阻抗 $Z(s)$ 的表达式，并在 s 平面上绘出极点和零点。

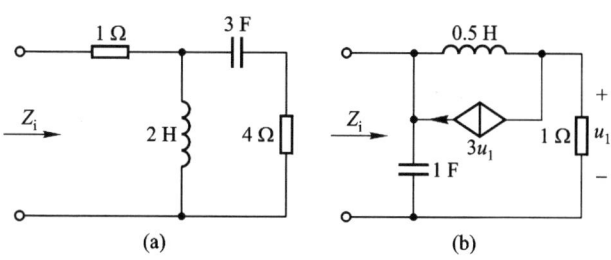

题 14-24 图

14-25 题 14-25 图所示为一线性电路，输入电流源的电流为 i_S。

题 14-25 图

(1) 试计算驱动点阻抗 $Z_\mathrm{d}(s) = \dfrac{U_1(s)}{I_s(s)}$；

(2) 试计算转移阻抗 $Z_\mathrm{t}(s) = \dfrac{U_2(s)}{I_s(s)}$；

(3) 在 s 平面上绘出 $Z_\mathrm{d}(s)$ 和 $Z_\mathrm{t}(s)$ 的极点和零点。

14-26 电路如题 14-26 图所示，已知 $u_S(t) = 4\varepsilon(t)$ V，求：(1) 网络函数 $H(s) =$

题 14-26 图

$\dfrac{U_o(s)}{U_s(s)}$；(2) 绘出 $H(s)$ 的零、极点图。

14-27 题 14-27 图所示为 RC 电路，求它的转移函数 $H(s)=\dfrac{U_o(s)}{U_i(s)}$。

14-28 题 14-28 图所示电路中 $L=0.2\text{ H}, C=0.1\text{ F}, R_1=6\text{ Ω}, R_2=4\text{ Ω}, u_S(t)=7\text{e}^{-2t}\text{ V}$，求 R_2 中的电流 $i_2(t)$，并求网络函数 $H(s)=\dfrac{I_2(s)}{U_s(s)}$ 及单位冲激响应。

题 14-27 图　　　　　　题 14-28 图

14-29 已知网络函数为

(1) $H(s)=\dfrac{2}{s-0.3}$

(2) $H(s)=\dfrac{s-5}{s^2-10s+125}$

(3) $H(s)=\dfrac{s+10}{s^2+20s+500}$

试定性作出单位冲激响应的波形。

14-30 设某线性电路的冲激响应 $h(t)=\text{e}^{-t}+2\text{e}^{-2t}$，试求相应的网络函数，并绘出零、极点图。

14-31 设网络的冲激响应为

(1) $h(t)=\delta(t)+\dfrac{3}{5}\text{e}^{-t}$

(2) $h(t)=\text{e}^{-at}\sin(\omega t+\theta)$

(3) $h(t)=\dfrac{3}{5}\text{e}^{-t}-\dfrac{7}{9}t\text{e}^{-3t}+3t$

试求相应的网络函数的极点。

14-32 画出与题 14-32 图所示零、极点分布相应的幅频响应 $|H(\text{j}\omega)|-\omega$ 曲线。

14-33 已知电路如题 14-33 图所示，求网络函数 $H(s)=\dfrac{U_2(s)}{U_s(s)}$，定性画出幅频特性和相频特性示意图。

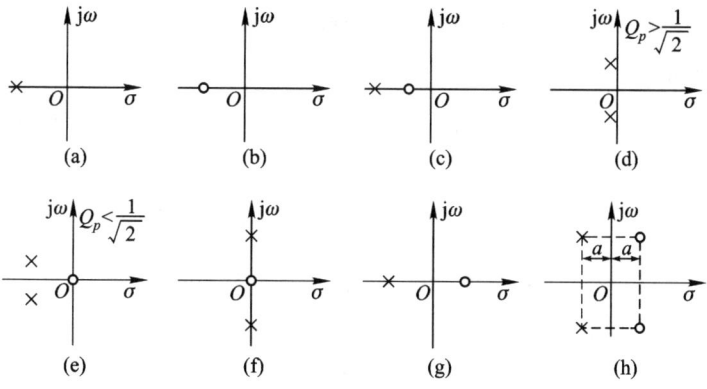

题 14-32 图

14-34 题 14-34 图所示电路为 *RLC* 并联电路,试用网络函数的图解法分析 $H(s) = \dfrac{U_2(s)}{I_s(s)}$ 的频率响应特性。

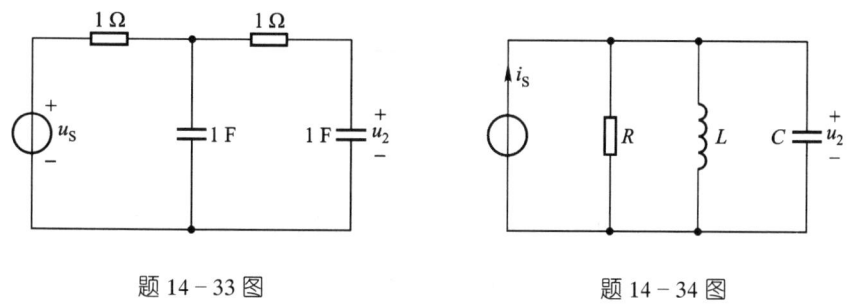

题 14-33 图　　　　　　　　题 14-34 图

14-35 题 14-35 图所示电路,试求:

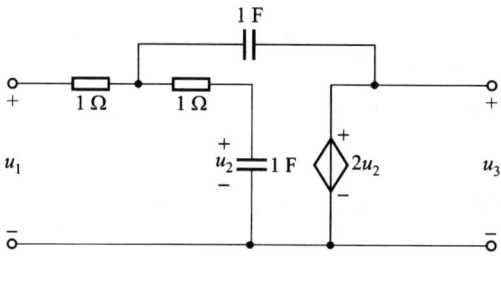

题 14-35 图

(1) 网络函数 $H(s) = \dfrac{U_3(s)}{U_1(s)}$，并绘出幅频特性示意图；

(2) 冲激响应 $h(t)$。

14-36 求题 14-36 图所示电路的电压转移函数 $H(s) = \dfrac{U_o(s)}{U_i(s)}$，设运放是理想的。

题 14-36 图

14-37 题 14-37 图所示电路为一低通滤波器，若已知冲激响应为

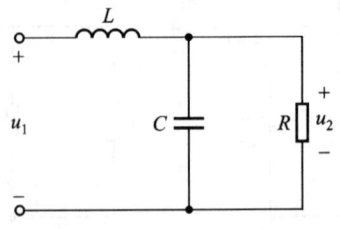

题 14-37 图

$$h(t) = \left[\sqrt{2}\mathrm{e}^{-\frac{\sqrt{2}}{2}t}\sin\left(\frac{1}{\sqrt{2}}t\right)\right]\varepsilon(t)$$

求：(1) L、C 值；

(2) 幅频响应 $|H(\mathrm{j}\omega)| - \omega$ 曲线。

14-38 电路如题 14-38 图所示，已知激励 $u(t) = 10\mathrm{e}^{-at}[\varepsilon(t) - \varepsilon(t-1)]$ V，试用卷积定理求电流 $i(t)$。

14-39 电路如题 14-39 图所示，网络 N 为线性无源网络，已知其网络函数 $H(s) = \dfrac{I(s)}{U(s)} = \dfrac{s}{s^2 + 2s + 2}$。

(1) 给出该网络的一种结构及合适的元件值；

(2) 判断该网络冲激响应的性质。

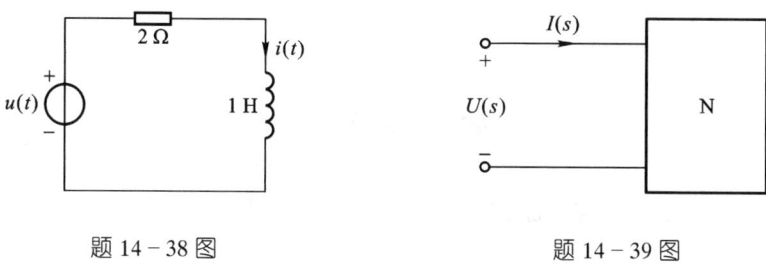

题 14-38 图　　　　　　题 14-39 图

14-40 电路如题 14-40 图所示，网络函数 $H(s) = \dfrac{U(s)}{I(s)}$，其零、极点分布如题 14-40 图(b)所示，且 $H(0)=1$，求 R、L、C 的值。

题 14-40 图

14-41 电路如题图 14-41 所示，已知 $R_1 = R_2 = 1\ \Omega$，$C = \dfrac{1}{2}$ F，$L = 2$ H，$g = \dfrac{1}{2}$ S。

(1) 求电压转移函数 $H(s) = \dfrac{U_o(s)}{U_s(s)}$ 及其冲激响应；

(2) 定性绘出 $|H(j\omega)| - \omega$ 及 $\arg[H(j\omega)] - \omega$ 曲线。

题 14-41 图

第十五章

电路方程的矩阵形式

• ── 内 容 提 要 ── •

本章主要介绍电路方程的矩阵形式。首先,在图的基本概念的基础上介绍几个重要的矩阵:关联矩阵、回路矩阵和割集矩阵,并导出用这些矩阵表示的 KCL、KVL 方程。然后导出回路电流(网孔电流)方程、结点电压方程、割集电压方程和列表方程的矩阵形式。

§15-1 割 集

在第三章中曾介绍过几种有效的电路分析方法,如回路电流法和结点电压法等。当电路规模较小,结构较简单时,上述电路方程不难由人工用观察法列出。但在实际工程应用中,电路的规模日益增大,结构日趋复杂。为了便于利用计算机作为辅助手段进行电路分析,有必要研究系统化建立电路方程的方法,而且为了便于用计算机求解方程,还要求这些方程用矩阵形式表示。本章主要介绍电路方程的矩阵形式及其系统建立法,它是电路计算机辅助设计和分析所需的基本知识。

在第三章中已经介绍了图的定义及有关回路、树等的基本概念。这里补充介绍割集的概念,并介绍与树有关的基本割集组。

连通图 G 的一个割集是 G 的一个支路集合,把这些支路移去将使 G 分离为两个部分,但是如果少移去其中一条支路,图仍将是连通的。如在图 15-1(a) 所示的连通图 G 中,支路集合 Q_1 至 Q_7(图中用虚线所示的支路)都是 G 的割集,即(a,d,f),(a,b,e),(b,c,f),(c,d,e),(b,d,e,f),(a,e,c,f) 和 (a,b,c,d);而支路集合 (a,d,e,f) 和 (a,b,c,d,e) 则不是 G 的割集,这是因为前者若少移去一条支路,G 仍被分离为两部分;而后者若移去这些支路,G 将被分离成三部分。一般可以用在连通图 G 上作闭合面的方法确定一个割集。如果在 G 上作一个闭合面,使其包围 G 的某些结点,于是,若把与此闭合面相切割的所有支路全部移去,G 将被分离为两个部分,则这样一组支路便构成一个割集。在图 15-1 中,示出了有关闭合面(图中用虚线示出)与割集支路相切割的情况。

由于 KCL 适用于任何一个闭合面,因此属于同一割集的所有支路的电流应满足 KCL。当一个割集的所有支路都连接在同一个结点上,如图 15-1 中的 Q_1、Q_2、Q_3 和 Q_4,则割集的 KCL 方程变为结点上的 KCL 方程。于是,对于连通图,总共可列出与割集数相等数目的 KCL 方程,但这些方程并非都是线性独立的。对应于一组线性独立的 KCL 方程的割集称为独立割集。

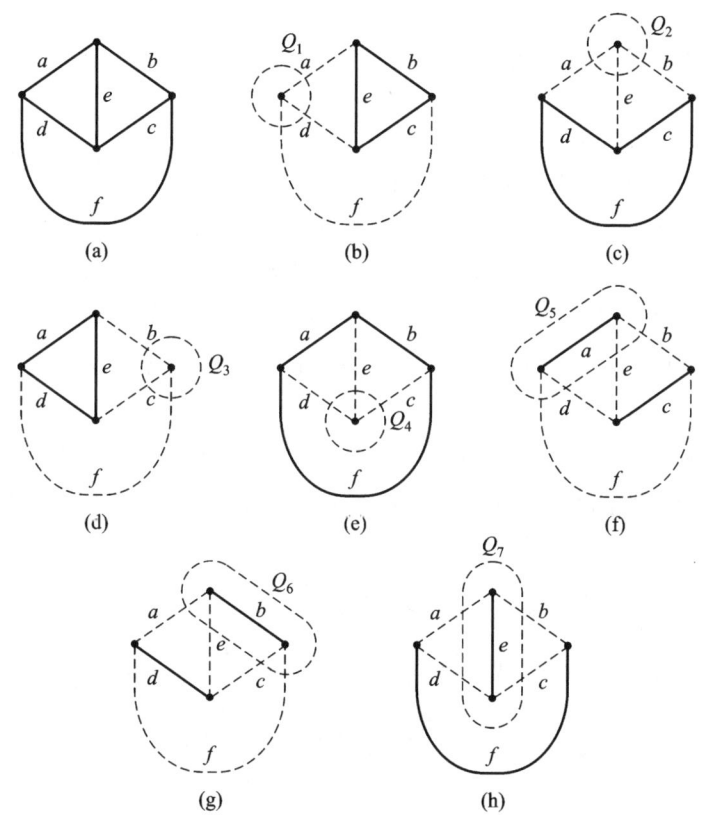

图 15-1 割集的定义

在第三章中曾介绍了回路电流法,在应用回路电流法时,首先必须选择一组独立回路。应用割集电压法(§15-6)时,首先必须选择一组独立割集。与某一个树有关的单连支回路组是一组独立回路,即基本回路,这就是说,借助于"树"能方便地确定一组独立回路。现在介绍借助于"树"确定一组独立割集的方法。

对于一个连通图,如任选一个树,则与树对应的连支集合不能构成一个割集,而它的每一个树支与一些相应的连支可以构成一个割集。例如,对图 15-2 所示连通图 G,选一个树 T,它的树支和连支分别用实线和虚线表示,如把全部连支移去,剩下的图(即为树)仍是连通的,所以任何连支集合不能构成一个割集。另外,由于树是连接全部结点所需最少支路的集合,所以移去任何一条树支,如 b_t,将把树分离成 T_1 和 T_2 两部分。于是连接 T_1 和 T_2 的那些连支 l_1、l_2 和 l_3 与 b_t 一起必构成一个割集,因为把它们移去后,G 将被分离为两部分。同理,每一条树支都可以与相应的一些连支构成割集。这种由树的一条树支与相应的一些连支构成的割集称为单树支割集或基本割集。对于一个具有 n 个结点和 b 条支路的连通

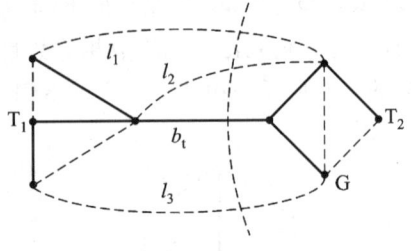

图 15-2 单树支割集

图,其树支数为$(n-1)$,因此将有$(n-1)$个单树支割集,称为基本割集组。基本割集组是独立割集组。对于 n 个结点的连通图,独立割集数为$(n-1)$。顺便指出,独立割集不一定是单树支割集,如同独立回路不一定是单连支回路一样。

由于一个连通图 G 可以有许多不同的树,所以可选出许多基本割集组。如对图 15-3(a)所示的连通图,若选支路(2、3、4、6)为树支,则基本割集组为:Q_1(2、1、5、7、8),Q_2(3、1、5、8),Q_3(4、1、5),Q_4(6、5、7、8),分别如图(b)、(c)、(d)、(e)所示,其中实线和虚线分别表示树支和连支,点画线表示割集支路与相应闭合面相切割的情况。

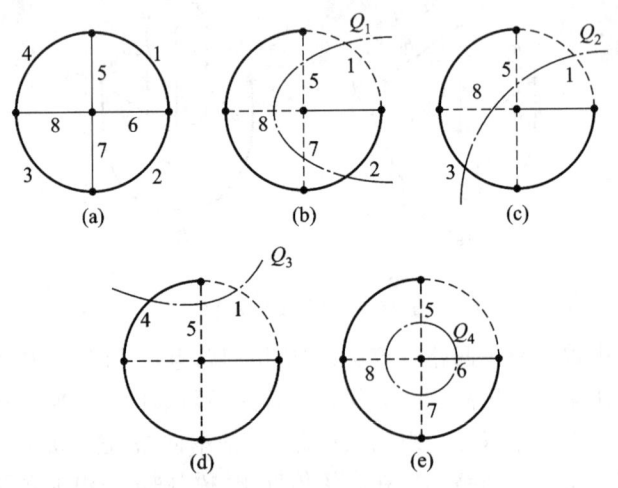

图 15-3 基本割集组

§15-2 关联矩阵、回路矩阵、割集矩阵

电路的图是电路拓扑结构的抽象描述,若图中每一支路都赋予一个参考方向,它成为有向图。有向图的拓扑性质可以用关联矩阵、回路矩阵和割集矩阵描述。本节介绍这 3 个矩阵以及用它们表示的基尔霍夫定律的矩阵形式。

设一条支路连接于某两个结点,则称该支路与这两个结点相关联。支路与结点的关联性质可以用所谓关联矩阵描述。设有向图的结点数为 n,支路数为 b,且所有结点与支路均加以编号。于是,该有向图的关联矩阵为一个 $(n \times b)$ 的矩阵,用 $\mathbf{A}_a$ 表示。它的行对应结点,列对应支路,它的任一元素 a_{jk} 定义如下:

$a_{jk} = +1$,表示支路 k 与结点 j 关联并且它的方向背离结点;

$a_{jk} = -1$,表示支路 k 与结点 j 关联并且它指向结点;

$a_{jk} = 0$,表示支路 k 与结点 j 无关联。

例如对于图 15-4 所示的有向图,它的关联矩阵是

$$\mathbf{A}_a = \begin{array}{c} \\ 1 \\ 2 \\ 3 \\ 4 \end{array} \begin{array}{c} \begin{array}{cccccc} 1 & 2 & 3 & 4 & 5 & 6 \end{array} \\ \left[\begin{array}{cccccc} -1 & -1 & +1 & 0 & 0 & 0 \\ 0 & 0 & -1 & -1 & 0 & +1 \\ +1 & 0 & 0 & +1 & +1 & 0 \\ 0 & +1 & 0 & 0 & -1 & -1 \end{array} \right] \end{array} \quad (15-1)$$

$\mathbf{A}_a$ 的每一列对应于一条支路。由于一条支路连接于两个结点,若离开一个结点,则必指向另一个结点,因此每一列中只有两个非零元素,即 +1 和 -1。当把所有行的元素按列相加就得一行全为零的元素,所以 $\mathbf{A}_a$ 的行不是彼此独立的。或者说按 $\mathbf{A}_a$ 的每一列只有 +1 和 -1 两个非零元素这一特点,$\mathbf{A}_a$ 中的任一行必能从其他 $(n-1)$ 行导出。

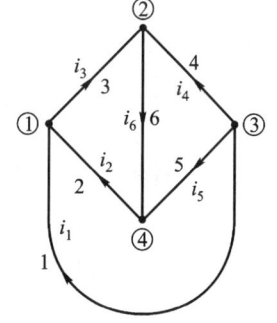

如果把 $\mathbf{A}_a$ 的任一行划去,剩下的 $[(n-1) \times b]$ 矩阵用 $\mathbf{A}$ 表示,并称为降阶关联矩阵(今后主要用这种降阶关联矩阵,所以往往略去"降阶"二字)。例如,若把式(15-1)中的第 4 行划去,得

图 15-4 图的结点与支路的关联性质

$$\mathbf{A} = \begin{bmatrix} -1 & -1 & +1 & 0 & 0 & 0 \\ 0 & 0 & -1 & -1 & 0 & +1 \\ +1 & 0 & 0 & +1 & +1 & 0 \end{bmatrix}$$

矩阵 $\mathbf{A}$ 的某些列将只具有一个 +1 或一个 -1,每一个这样的列必对应于

与划去结点相关联的一条支路。被划去的行对应的结点可以当作参考结点。

设支路电流的参考方向就是支路的方向,电路中的 b 个支路电流可以用一个 b 阶列向量表示,即

$$i = \begin{bmatrix} i_1 & i_2 & \cdots & i_b \end{bmatrix}^T$$

若用矩阵 A 左乘电流列向量,则乘积是一个 $(n-1)$ 阶列向量,由矩阵相乘规则可知,它的每一元素即为关联到对应结点上各支路电流的代数和,即

$$Ai = \begin{bmatrix} \text{结点 1 上的} \sum i \\ \text{结点 2 上的} \sum i \\ \vdots \\ \text{结点}(n-1)\text{上的} \sum i \end{bmatrix}$$

因此,有

$$Ai = 0 \tag{15-2}$$

式(15-2)是用矩阵 A 表示的 KCL 的矩阵形式。例如对图 15-4 有

$$Ai = \begin{bmatrix} -i_1 - i_2 + i_3 \\ -i_3 - i_4 + i_6 \\ i_1 + i_4 + i_5 \end{bmatrix} = \begin{bmatrix} 0 \\ 0 \\ 0 \end{bmatrix}$$

设支路电压的参考方向就是支路的方向,电路中 b 个支路电压可以用一个 b 阶列向量表示,即

$$u = \begin{bmatrix} u_1 & u_2 & \cdots & u_b \end{bmatrix}^T$$

$(n-1)$ 个结点电压可以用一个 $(n-1)$ 阶列向量表示,即

$$u_n = \begin{bmatrix} u_{n1} & u_{n2} & \cdots & u_{n(n-1)} \end{bmatrix}^T$$

由于矩阵 A 的每一列,也就是矩阵 A^T 的每一行,表示每一对应支路与结点的关联情况,所以有

$$u = A^T u_n \tag{15-3}$$

例如,对图 15-4 有

$$\begin{bmatrix} u_1 \\ u_2 \\ u_3 \\ u_4 \\ u_5 \\ u_6 \end{bmatrix} = \begin{bmatrix} -1 & 0 & 1 \\ -1 & 0 & 0 \\ 1 & -1 & 0 \\ 0 & -1 & 1 \\ 0 & 0 & 1 \\ 0 & 1 & 0 \end{bmatrix} \begin{bmatrix} u_{n1} \\ u_{n2} \\ u_{n3} \end{bmatrix} = \begin{bmatrix} -u_{n1} + u_{n3} \\ -u_{n1} \\ u_{n1} - u_{n2} \\ -u_{n2} + u_{n3} \\ u_{n3} \\ u_{n2} \end{bmatrix}$$

可见式(15-3)表明电路中的各支路电压可以用与该支路关联的两个结点的结点电压(参考结点的结点电压为零)表示,这正是结点电压法的基本思想。同时,可以认为该式是用矩阵 A 表示的 KVL 的矩阵形式。

§15-2 关联矩阵、回路矩阵、割集矩阵

设一个回路由某些支路组成,则称这些支路与该回路关联。支路与回路的关联性质可以用所谓回路矩阵描述。下面仅介绍独立回路矩阵,简称为回路矩阵。设有向图的独立回路数为 l,支路数为 b,且所有独立回路和支路均加以编号,于是,该有向图的回路矩阵是一个 $(l \times b)$ 的矩阵,用 B 表示。B 的行对应回路,列对应于支路,它的任一元素,如 b_{jk},定义如下:

$b_{jk} = +1$,表示支路 k 与回路 j 关联,且它们的方向一致;

$b_{jk} = -1$,表示支路 k 与回路 j 关联,且它们的方向相反;

$b_{jk} = 0$,表示支路 k 与回路 j 无关联。

例如,对于图 15-4 所示的有向图[重画于图 15-5(a)],独立回路数等于 3。若选一组独立回路如图 15-5(b)所示,则对应的回路矩阵为

$$B = \begin{array}{c} \\ 1 \\ 2 \\ 3 \end{array} \begin{array}{c} 1 \quad 2 \quad 3 \quad 4 \quad 5 \quad 6 \\ \begin{bmatrix} 1 & 0 & 1 & 0 & -1 & 1 \\ 0 & 1 & 1 & 0 & 0 & 1 \\ 0 & 0 & 0 & 1 & -1 & 1 \end{bmatrix} \end{array}$$

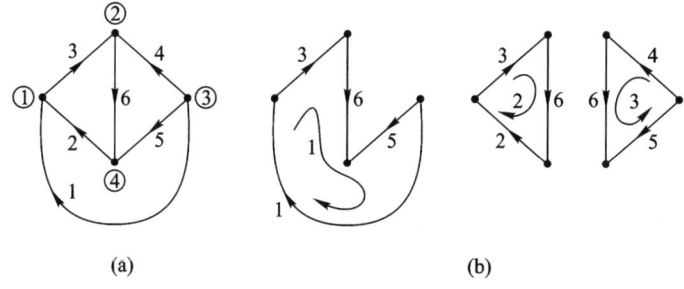

图 15-5 回路与支路的关联性质

如果所选独立回路组是对应于一个树的单连支回路组,这种回路矩阵就称为基本回路矩阵,用 B_f 表示。写 B_f 时,注意安排其行、列次序如下:把 l 条连支依次排列在对应于 B_f 的第 1 至第 l 列,然后再排列树支;取每一单连支回路的序号为对应连支所在列的序号,且以该连支的方向为对应的回路的绕行方向,B_f 中将出现一个 l 阶的单位子矩阵,即有

$$B_f = [\mathbf{1}_l \;\vdots\; B_t] \tag{15-4}$$

式中下标 l 和 t 分别表示与连支和树支对应的部分。例如对图 15-5(a)所示有向图,若选支路 3、5、6 为树支,则支路 1、2、4 即为连支,所以图 15-5(b)所示一组独立回路即为一组单连支回路,可以将回路矩阵写成基本回路矩阵形式

$$\boldsymbol{B}_\mathrm{f} = \begin{matrix} & 1 & 2 & 4 & 3 & 5 & 6 \\ 1 & \left[\begin{matrix} 1 & 0 & 0 & 1 & -1 & 1 \\ 0 & 1 & 0 & 1 & 0 & 1 \\ 0 & 0 & 1 & 0 & -1 & 1 \end{matrix}\right. \\ 2 \\ 3 \end{matrix} \Big]$$

今后,基本回路矩阵一般都写成如式(15-4)的形式。

回路矩阵左乘支路电压列向量,所得乘积是一个 l 阶的列向量。由于矩阵 $\boldsymbol{B}$ 的每一行表示每一对应回路与支路的关联情况,由矩阵的乘法规则可知乘积列向量中每一元素将等于每一对应回路中各支路电压的代数和,即

$$\boldsymbol{B}\boldsymbol{u} = \begin{bmatrix} 回路1中的\sum u \\ 回路2中的\sum u \\ \vdots \\ 回路l中的\sum u \end{bmatrix}$$

故有

$$\boldsymbol{B}\boldsymbol{u} = \boldsymbol{0} \tag{15-5}$$

式(15-5)是用矩阵 $\boldsymbol{B}$ 表示的 KVL 的矩阵形式。例如,对图 15-5(a),若选如图 15-5(b)所示一组独立回路,有

$$\boldsymbol{B}\boldsymbol{u} = \begin{bmatrix} u_1 + u_3 - u_5 + u_6 \\ u_2 + u_3 + u_6 \\ u_4 - u_5 + u_6 \end{bmatrix} = \begin{bmatrix} 0 \\ 0 \\ 0 \end{bmatrix}$$

l 个独立回路电流可用一个 l 阶列向量表示,即 $\boldsymbol{i}_1 = \begin{bmatrix} i_{l1} & i_{l2} & \cdots & i_{ll} \end{bmatrix}^\mathrm{T}$。

由于矩阵 $\boldsymbol{B}$ 的每一列,也就是矩阵 $\boldsymbol{B}^\mathrm{T}$ 的每一行,表示每一对应支路与回路的关联情况,所以按矩阵的乘法规则可知

$$\boldsymbol{i} = \boldsymbol{B}^\mathrm{T} \boldsymbol{i}_1 \tag{15-6}$$

例如,对图 15-5(a)有

$$\begin{bmatrix} i_1 \\ i_2 \\ i_3 \\ i_4 \\ i_5 \\ i_6 \end{bmatrix} = \begin{bmatrix} 1 & 0 & 0 \\ 0 & 1 & 0 \\ 1 & 1 & 0 \\ 0 & 0 & 1 \\ -1 & 0 & -1 \\ 1 & 1 & 1 \end{bmatrix} \begin{bmatrix} i_{l1} \\ i_{l2} \\ i_{l3} \end{bmatrix} = \begin{bmatrix} i_{l1} \\ i_{l2} \\ i_{l1} + i_{l2} \\ i_{l3} \\ -i_{l1} - i_{l3} \\ i_{l1} + i_{l2} + i_{l3} \end{bmatrix}$$

所以式(15-6)表明电路中各支路电流可以用与该支路关联的所有回路中的回路电流表示,这正是回路电流法的基本思想。可以认为该式是用矩阵 $\boldsymbol{B}$ 表示的 KCL 的矩阵形式。

设一个割集由某些支路构成,则称这些支路与该割集关联。支路与割集的

§15-2 关联矩阵、回路矩阵、割集矩阵

关联性质可用所谓割集矩阵描述。下面仅介绍独立割集矩阵,简称割集矩阵。设有向图的结点数为 n,支路数为 b,则该图的独立割集数为 $(n-1)$。对每个割集编号,并指定一个割集方向(移去割集的所有支路,G 被分离为两部分后,从其中一部分指向另一部分的方向,即为割集的方向,每一个割集只有两个可能的方向)。于是割集矩阵为一个 $[(n-1) \times b]$ 的矩阵,用 $\boldsymbol{Q}$ 表示。$\boldsymbol{Q}$ 的行对应割集,列对应支路,它的任一元素 q_{jk} 定义如下:

$q_{jk} = +1$,表示支路 k 与割集 j 关联并且具有同一方向;

$q_{jk} = -1$,表示支路 k 与割集 j 关联但是它们的方向相反;

$q_{jk} = 0$,表示支路 k 与割集 j 无关联。

例如,对图 15-4 所示有向图[重画于图 15-6(a)],独立割集数等于 3。若选一组独立割集如图 15-6(b)所示,对应的割集矩阵为

$$\boldsymbol{Q} = \begin{matrix} & 1 & 2 & 3 & 4 & 5 & 6 \\ 1 \\ 2 \\ 3 \end{matrix} \begin{bmatrix} -1 & -1 & 1 & 0 & 0 & 0 \\ 1 & 0 & 0 & 1 & 1 & 0 \\ -1 & -1 & 0 & -1 & 0 & 1 \end{bmatrix}$$

如果选一组单树支割集为一组独立割集,这种割集矩阵称为基本割集矩阵,用 $\boldsymbol{Q}_\mathrm{f}$ 表示。在写 $\boldsymbol{Q}_\mathrm{f}$ 时,注意安排其行、列次序如下:把 $(n-1)$ 条树支依次排列在对应于 $\boldsymbol{Q}_\mathrm{f}$ 的第 1 至第 $(n-1)$ 列,然后排列连支,再取每一单树支割集的序号与相应树支所在列的序号相同,且选割集方向与相应树支方向一致,则 $\boldsymbol{Q}_\mathrm{f}$ 有如下形式:

$$\boldsymbol{Q}_\mathrm{f} = [\boldsymbol{1}_\mathrm{t} \ \vdots \ \boldsymbol{Q}_\mathrm{l}] \tag{15-7}$$

式中下标 t 和 l 分别表示对应于树支和连支部分。例如,对于图 15-6(a)所示的有向图,若选支路 3、5、6 为树支,一组单树支割集如图 15-6(b)所示,可得

$$\boldsymbol{Q}_\mathrm{f} = \begin{matrix} & 3 & 5 & 6 & 1 & 2 & 4 \\ 1 \\ 2 \\ 3 \end{matrix} \begin{bmatrix} 1 & 0 & 0 & -1 & -1 & 0 \\ 0 & 1 & 0 & 1 & 0 & 1 \\ 0 & 0 & 1 & -1 & -1 & -1 \end{bmatrix} \tag{15-8}$$

今后,基本割集矩阵一般都写成式(15-7)的形式。

前面介绍割集概念时曾指出,属于一个割集所有支路电流的代数和等于零。根据割集矩阵的定义和矩阵的乘法规则不难得出

$$\boldsymbol{Q}\boldsymbol{i} = \boldsymbol{0} \tag{15-9}$$

式(15-9)是用矩阵 $\boldsymbol{Q}$ 表示的 KCL 的矩阵形式。例如,对图 15-6(a)所示有向图,若选如图 15-6(b)所示的一组独立割集,则有

$$Qi = \begin{bmatrix} -i_1 - i_2 + i_3 \\ i_1 + i_4 + i_5 \\ -i_1 - i_2 - i_4 + i_6 \end{bmatrix} = \begin{bmatrix} 0 \\ 0 \\ 0 \end{bmatrix}$$

电路中$(n-1)$个树支电压可用$(n-1)$阶列向量表示,即

$$\boldsymbol{u}_t = \begin{bmatrix} u_{t1} & u_{t2} & \cdots & u_{t(n-1)} \end{bmatrix}^T$$

由于通常选单树支割集为独立割集,此时树支电压又可视为对应的割集电压,所以$\boldsymbol{u}_t$又是基本割集组的割集电压列向量。由于$\boldsymbol{Q}_f$的每一列,也就是$\boldsymbol{Q}_f^T$的每一行,表示一条支路与割集的关联情况,按矩阵相乘的规则可得

$$\boldsymbol{u} = \boldsymbol{Q}_f^T \boldsymbol{u}_t \tag{15-10}$$

式(15-10)是用矩阵$\boldsymbol{Q}_f$表示的KVL的矩阵形式。例如对图15-6(a)所示有向图,若选支路3、5、6为树支,$\boldsymbol{Q}_f$如式(15-8)所示,则有

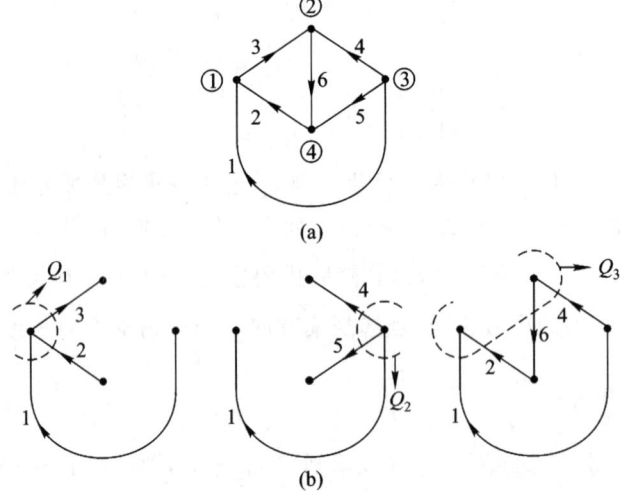

图15-6 割集与支路的关联性质

$$\boldsymbol{u} = \begin{bmatrix} u_3 & u_5 & u_6 & u_1 & u_2 & u_4 \end{bmatrix}^T$$

而

$$\boldsymbol{u} = \boldsymbol{Q}_f^T \boldsymbol{u}_t = \begin{bmatrix} 1 & 0 & 0 \\ 0 & 1 & 0 \\ 0 & 0 & 1 \\ -1 & 1 & -1 \\ -1 & 0 & -1 \\ 0 & 1 & -1 \end{bmatrix} \begin{bmatrix} u_{t1} \\ u_{t2} \\ u_{t3} \end{bmatrix} = \begin{bmatrix} u_{t1} \\ u_{t2} \\ u_{t3} \\ -u_{t1} + u_{t2} - u_{t3} \\ -u_{t1} - u_{t3} \\ u_{t2} - u_{t3} \end{bmatrix}$$

式(15-10)表明电路的支路电压可以用树支电压(割集电压)表示,这就是后面将介绍的割集电压法的基本思想。

式(15-2)和式(15-3)分别与式(15-9)和式(15-10)在形式上相似。有时,对某些图有

$$Q_f = A$$

*§15-3 矩阵 A、B_f、Q_f 之间的关系

对于任一个连通图 G,在支路排列顺序相同时写出的矩阵 A 和 B 有如下关系:

$$AB^T = 0$$

或

$$BA^T = 0$$

这是因为 $u = A^T u_n$ 和 $Bu = 0$,当支路排列顺序相同时,两式中的 u 完全相同,所以有

$$Bu = BA^T u_n = 0$$

可以证明(从略)

$$BA^T = 0$$

或

$$AB^T = 0$$

用类似的方法可以证明:当支路排列顺序相同时写出的连通图的矩阵 Q 和 B 有如下关系:

$$QB^T = 0$$

或

$$BQ^T = 0$$

如果选择连通图 G 的一个树,按先树支、后连支的相同支路顺序排列下写出 G 的 A、B_f、Q_f,使得 $A = [A_t \ \vdots \ A_l]$,$B_f = [B_t \ \vdots \ 1_l]$,$Q_f = [1_t \ \vdots \ Q_l]$,由于

$$AB_f^T = [A_t \ \vdots \ A_l] \begin{bmatrix} B_f^T \\ --- \\ 1_l \end{bmatrix} = 0$$

所以

$$A_t B_t^T + A_l = 0$$

或

$$\boldsymbol{B}_\mathrm{t}^\mathrm{T} = -\boldsymbol{A}_\mathrm{t}^{-1}\boldsymbol{A}_\mathrm{l} \text{①}$$

同理,由于

$$\boldsymbol{Q}_\mathrm{f}\boldsymbol{B}_\mathrm{f}^\mathrm{T} = [\boldsymbol{1}_\mathrm{t} \,\vdots\, \boldsymbol{Q}_\mathrm{l}] \begin{bmatrix} \boldsymbol{B}_\mathrm{t}^\mathrm{T} \\ \cdots \\ \boldsymbol{1}_\mathrm{l} \end{bmatrix} = 0$$

所以

$$\boldsymbol{B}_\mathrm{t}^\mathrm{T} + \boldsymbol{Q}_\mathrm{l} = 0$$

或

$$\boldsymbol{Q}_\mathrm{l} = -\boldsymbol{B}_\mathrm{t}^\mathrm{T} = \boldsymbol{A}_\mathrm{t}^{-1}\boldsymbol{A}_\mathrm{l}$$

§15-4 回路电流方程的矩阵形式

在第三章中曾介绍了网孔电流法和回路电流法。它们的特点是分别以网孔电流和回路电流作为电路的独立变量,并用 KVL 列出足够的电路方程。

由于描述支路与回路关联性质的是回路矩阵 $\boldsymbol{B}$,所以适合用以 $\boldsymbol{B}$ 表示的 KCL 和 KVL 推导出回路电流方程的矩阵形式。首先设回路电流列向量为 $\boldsymbol{i}_\mathrm{l}$,有

KCL $\qquad \boldsymbol{i} = \boldsymbol{B}^\mathrm{T}\boldsymbol{i}_\mathrm{l}$

KVL $\qquad \boldsymbol{B}\boldsymbol{u} = 0$

在列矩阵形式电路方程时,还必须有一组支路约束方程。因此需要规定一条支路的结构和内容。目前在电路理论中还没有统一的规定,但可以采用所谓"复合支路"。对于回路电流法采用图 15-7 所示复合支路,其中下标 k 表示第 k 条支路,$\dot{U}_{sk}$ 和 $\dot{I}_{sk}$ 分别表示独立电压源和独立电流源,Z_k(或 Y_k)表示阻抗(或导纳),且规定② 它只可能是单一的电阻、电感或电容,而不能是它们的组合,即

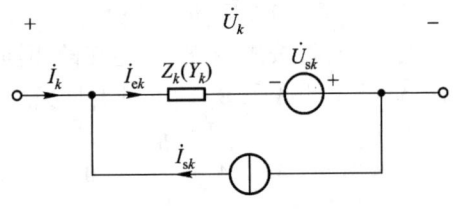

图 15-7 复合支路

---

① 可以证明子矩阵 $\boldsymbol{A}_\mathrm{t}$ 是非奇异的,它的逆阵一定存在。

② 这种规定主要是为了便于编制程序。

§15−4 回路电流方程的矩阵形式

$$Z_k = \begin{cases} R_k \\ j\omega L_k \\ \dfrac{1}{j\omega C_k} \end{cases}$$

总之,复合支路的定义规定了一条支路最多可以包含的不同元件数及其连接方式,但不是说每条支路都必须包含这几种元件。所以可以允许一条支路缺少其中某些元件[①]。另外,还需指出,图 15−7 中的复合支路是在采用相量法条件下画出的。应用运算法时,可以采用相应的运算形式。为了写出复合支路的支路方程,还应规定电压和电流的参考方向。本章中采用的电压和电流的参考方向如图 15−7 所示。下面分两种不同情况推导整个电路的支路方程的矩阵形式。

(1) 当电路中电感之间无耦合时,对于第 k 条支路有

$$\dot{U}_k = Z_k(\dot{I}_k + \dot{I}_{sk}) - \dot{U}_{sk} \tag{15-11}$$

若设

$\dot{\boldsymbol{I}} = [\dot{I}_1 \quad \dot{I}_2 \quad \cdots \quad \dot{I}_b]^T$ 为支路电流列向量;

$\dot{\boldsymbol{U}} = [\dot{U}_1 \quad \dot{U}_2 \quad \cdots \quad \dot{U}_b]^T$ 为支路电压列向量;

$\dot{\boldsymbol{I}}_s = [\dot{I}_{s1} \quad \dot{I}_{s2} \quad \cdots \quad \dot{I}_{sb}]^T$ 为支路电流源的电流列向量;

$\dot{\boldsymbol{U}}_s = [\dot{U}_{s1} \quad \dot{U}_{s2} \quad \cdots \quad \dot{U}_{sb}]^T$ 为支路电压源的电压列向量。

对整个电路有

$$\begin{bmatrix} \dot{U}_1 \\ \dot{U}_2 \\ \vdots \\ \dot{U}_b \end{bmatrix} = \begin{bmatrix} Z_1 & & & \mathbf{0} \\ & Z_2 & & \\ & & \ddots & \\ \mathbf{0} & & & Z_b \end{bmatrix} \begin{bmatrix} \dot{I}_1 + \dot{I}_{s1} \\ \dot{I}_2 + \dot{I}_{s2} \\ \vdots \\ \dot{I}_b + \dot{I}_{sb} \end{bmatrix} - \begin{bmatrix} \dot{U}_{s1} \\ \dot{U}_{s2} \\ \vdots \\ \dot{U}_{sb} \end{bmatrix}$$

即

$$\dot{\boldsymbol{U}} = \boldsymbol{Z}(\dot{\boldsymbol{I}} + \dot{\boldsymbol{I}}_s) - \dot{\boldsymbol{U}}_s \tag{15-12}$$

式中 $\boldsymbol{Z}$ 称为支路阻抗矩阵,它是一个对角阵。

(2) 当电路中电感之间有耦合时,式(15−11)还应计及互感电压的作用。若设第 1 支路至第 g 支路之间相互均有耦合,则有

$$\dot{U}_1 = Z_1 \dot{I}_{e1} \pm j\omega M_{12} \dot{I}_{e2} \pm j\omega M_{13} \dot{I}_{e3} \pm \cdots \pm j\omega M_{1g} \dot{I}_{eg} - \dot{U}_{s1}$$

$$\dot{U}_2 = \pm j\omega M_{21} \dot{I}_{e1} + Z_2 \dot{I}_{e2} \pm j\omega M_{23} \dot{I}_{e3} \pm \cdots \pm j\omega M_{2g} \dot{I}_{eg} - \dot{U}_{s2}$$

$$\cdots\cdots\cdots\cdots$$

---

① 对于回路电流法,不允许存在无伴电流源支路。

$$\dot{U}_g = \pm j\omega M_{g1}\dot{I}_{e1} \pm j\omega M_{g2}\dot{I}_{e2} \pm j\omega M_{g3}\dot{I}_{e3} \pm \cdots + Z_g\dot{I}_{eg} - \dot{U}_{sg}$$

式中所有互感电压前取"＋"号或"－"号决定于各电感的同名端和电流、电压的参考方向。其次要注意 $\dot{I}_{e1} = \dot{I}_1 + \dot{I}_{s1}$，$\dot{I}_{e2} = \dot{I}_2 + \dot{I}_{s2}$，$\cdots$，$M_{12} = M_{21}$，$\cdots$；其余支路之间由于无耦合，故得

$$\dot{U}_h = Z_h \dot{I}_{eh} - \dot{U}_{sh}$$

$$\cdots\cdots\cdots\cdots$$

$$\dot{U}_b = Z_b \dot{I}_{eb} - \dot{U}_{sb}$$

上式中的下标 $h = g + 1$，这样，支路电压与支路电流之间的关系可用下列矩阵形式表示：

$$\begin{bmatrix} \dot{U}_1 \\ \dot{U}_2 \\ \vdots \\ \dot{U}_g \\ \dot{U}_h \\ \vdots \\ \dot{U}_b \end{bmatrix} = \begin{bmatrix} Z_1 & \pm j\omega M_{12} & \cdots & \pm j\omega M_{1g} & 0 & \cdots & 0 \\ \pm j\omega M_{21} & Z_2 & \cdots & \pm j\omega M_{2g} & 0 & \cdots & 0 \\ \vdots & \vdots & & \vdots & \vdots & & \vdots \\ \pm j\omega M_{g1} & \pm j\omega M_{g2} & \cdots & Z_g & 0 & \cdots & 0 \\ 0 & 0 & \cdots & 0 & Z_h & \cdots & 0 \\ \vdots & \vdots & & \vdots & \vdots & & \vdots \\ 0 & 0 & \cdots & 0 & 0 & \cdots & Z_b \end{bmatrix} \times \begin{bmatrix} \dot{I}_1 + \dot{I}_{s1} \\ \dot{I}_2 + \dot{I}_{s2} \\ \vdots \\ \dot{I}_g + \dot{I}_{sg} \\ \dot{I}_h + \dot{I}_{sh} \\ \vdots \\ \dot{I}_b + \dot{I}_{sb} \end{bmatrix} - \begin{bmatrix} \dot{U}_{s1} \\ \dot{U}_{s2} \\ \vdots \\ \dot{U}_{sg} \\ \dot{U}_{sh} \\ \vdots \\ \dot{U}_{sb} \end{bmatrix}$$

或写成

$$\dot{\boldsymbol{U}} = \boldsymbol{Z}(\dot{\boldsymbol{I}} + \dot{\boldsymbol{I}}_s) - \dot{\boldsymbol{U}}_s$$

式中 $\boldsymbol{Z}$ 为支路阻抗矩阵，其主对角线元素为各支路阻抗，而非对角线元素将是相应的支路之间的互感阻抗，因此 $\boldsymbol{Z}$ 不再是对角阵。显然，这个方程形式上完全与式(15-12)一样。为了导出回路电流方程的矩阵形式，重写所需 3 组方程为

KCL $\qquad\qquad\qquad\qquad \dot{\boldsymbol{I}} = \boldsymbol{B}^\mathrm{T}\dot{\boldsymbol{I}}_l$

KVL $\qquad\qquad\qquad\qquad \boldsymbol{B}\dot{\boldsymbol{U}} = \boldsymbol{0}$

支路方程 $\qquad\qquad\qquad \dot{\boldsymbol{U}} = \boldsymbol{Z}(\dot{\boldsymbol{I}} + \dot{\boldsymbol{I}}_s) - \dot{\boldsymbol{U}}_s$

把支路方程代入 KVL 可得

$$B[Z(\dot{I} + \dot{I}_s) - \dot{U}_s] = 0$$
$$BZ\dot{I} + BZ\dot{I}_s - B\dot{U}_s = 0$$

再把 KCL 代入便得到

$$BZB^T \dot{I}_l = B\dot{U}_s - BZ\dot{I}_s \tag{15-13}$$

式(15-13)即为回路电流方程的矩阵形式。由于乘积 BZ 的行、列数分别为 l 和 b，乘积 $(BZ)B^T$ 的行、列数均为 l，所以 BZB^T 是一个 l 阶方阵。同理乘积 $B\dot{U}_s$ 和 $BZ\dot{I}_s$ 都是 l 阶列向量。

如设 $Z_l \xrightarrow{\text{def}} BZB^T$，它是一个 l 阶的方阵，称为回路阻抗矩阵，它的主对角元素即为自阻抗，非主对角元素即为互阻抗。

当电路中含有与无源元件串联的受控电压源(控制量可以是另一支路上无源元件的电压或电流)时，复合支路将如图 15-8 所示。这样，支路方程的矩阵形式仍为式(15-12)，只是其中支路阻抗矩阵的内容不同而已。此时 Z 的非主对角元素将可能是与受控电压源的控制系数有关的元素。

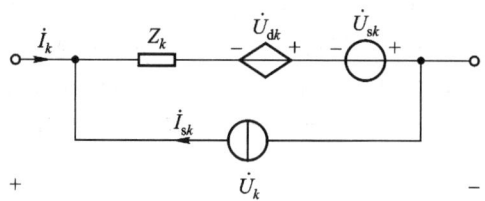

图 15-8 含受控电压源的复合支路

例 15-1 电路如图 15-9(a)所示。用矩阵形式列出电路的回路电流方程。

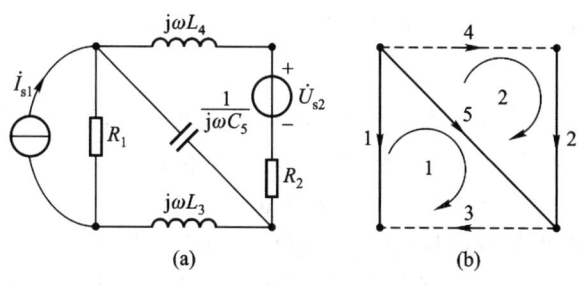

图 15-9 例 15-1 图

解 作出有向图，并选支路 1、2、5 为树支[如图 15-9(b)中实线所示]。两个单连支回路 1、2 如图 15-9(b)所示，有

$$\boldsymbol{B} = \begin{matrix} 1 \\ 2 \end{matrix} \begin{bmatrix} \overset{1}{-1} & \overset{2}{0} & \overset{3}{1} & \overset{4}{0} & \overset{5}{1} \\ 0 & 1 & 0 & 1 & -1 \end{bmatrix}$$

$$\boldsymbol{Z} = \mathrm{diag}\left[R_1, R_2, \mathrm{j}\omega L_3, \mathrm{j}\omega L_4, \frac{1}{\mathrm{j}\omega C_5} \right]$$

$$\dot{\boldsymbol{U}}_\mathrm{s} = \begin{bmatrix} 0 & -\dot{U}_{s2} & 0 & 0 & 0 \end{bmatrix}^\mathrm{T}$$

$$\dot{\boldsymbol{I}}_\mathrm{s} = \begin{bmatrix} \dot{I}_{s1} & 0 & 0 & 0 & 0 \end{bmatrix}^\mathrm{T}$$

把上式各矩阵代入式(15-13)便得回路电流方程的矩阵形式

$$\begin{bmatrix} R_1 + \mathrm{j}\omega L_3 + \dfrac{1}{\mathrm{j}\omega C_5} & -\dfrac{1}{\mathrm{j}\omega C_5} \\ -\dfrac{1}{\mathrm{j}\omega C_5} & R_2 + \mathrm{j}\omega L_4 + \dfrac{1}{\mathrm{j}\omega C_5} \end{bmatrix} \begin{bmatrix} \dot{I}_{l1} \\ \dot{I}_{l2} \end{bmatrix} = \begin{bmatrix} R_1 \dot{I}_{s1} \\ -\dot{U}_{s2} \end{bmatrix}$$

若选网孔为一组独立回路,则回路电流方程即为网孔电流方程。例 15-1 就属这种情况。

编写回路电流方程必须选择一组独立回路,一般用基本回路组,从而可以通过选择一个合适的树处理。树的选择固然可以在计算机上按编好的程序自动进行,但比之结点电压法,这就显得麻烦些。另外,由于实际的复杂电路中,独立结点数往往少于独立回路数,再加上其他一些原因,目前在计算机辅助分析的程序中(如电力系统的潮流计算,电子电路的分析等),广泛采用结点法,而不采用回路法。

§15-5 结点电压方程的矩阵形式

结点电压法以结点电压为电路的独立变量,并用 KCL 列出足够的独立方程。由于描述支路与结点关联性质的是矩阵 $\boldsymbol{A}$,因此宜用以 $\boldsymbol{A}$ 表示的 KCL 和 KVL 推导结点电压方程的矩阵形式。设结点电压列向量为 $\boldsymbol{u}_\mathrm{n}$,按式(15-3)有

$$\boldsymbol{u} = \boldsymbol{A}^\mathrm{T} \boldsymbol{u}_\mathrm{n}$$

上述 KVL 方程表示了 $\boldsymbol{u}_\mathrm{n}$ 与支路电压列向量 $\boldsymbol{u}$ 的关系,它提供了选用 $\boldsymbol{u}_\mathrm{n}$ 作为独立电路变量的可能性。还需要用矩阵 $\boldsymbol{A}$ 表示的 KCL,即

$$\boldsymbol{A}\boldsymbol{i} = \boldsymbol{0}$$

(式中 $\boldsymbol{i}$ 表示支路电流列向量)作为导出结点电压方程的依据。

对于结点电压法,可采用如图 15-10 所示复合支路[①],与图 15-7 定义的

[①] 注意,按这种复合支路的规定,电路中不允许存在受控电压源。另外,对结点电压法,不允许存在无伴电压源支路。

§15-5 结点电压方程的矩阵形式

复合支路相比,图 15-10 中的复合支路仅增加了受控电流源①。所有电压、电流的参考方向如图 15-10 所示。下面首先分 3 种情况推导出整个电路的支路方程的矩阵形式。

(1) 当电路中无受控电流源(即 $\dot{I}_{dk}=0$),电感间无耦合时,对于第 k 条支路有

$$\dot{I}_k = Y_k \dot{U}_{ek} - \dot{I}_{sk} = Y_k(\dot{U}_k + \dot{U}_{sk}) - \dot{I}_{sk} \tag{15-14}$$

对整个电路有

$$\dot{I} = Y(\dot{U} + \dot{U}_s) - \dot{I}_s \tag{15-15}$$

式中 Y 称为支路导纳矩阵,它是一个对角阵。

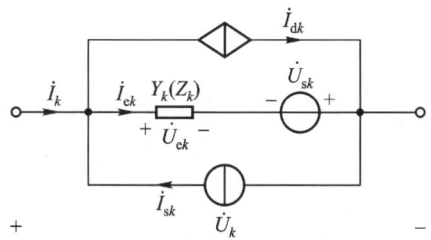

图 15-10 复合支路

(2) 当电路中无受控源,但电感之间有耦合时,式(15-14)还应计及互感电压的影响。根据前节的讨论,当电感之间有耦合时,电路的支路阻抗矩阵 Z 不再是对角阵,其主对角线元素为各支路阻抗,而非对角线元素将是相应的支路之间的互感阻抗。如令 $Y = Z^{-1}$(Y 仍称为支路导纳矩阵),则由 $\dot{U} = Z(\dot{I} + \dot{I}_s) - \dot{U}_s$ 可得

$$Y\dot{U} = \dot{I} + \dot{I}_s - Y\dot{U}_s$$

或

$$\dot{I} = Y(\dot{U} + \dot{U}_s) - \dot{I}_s$$

这个方程形式上完全与式(15-15)相同,唯一的差别是此时 Y 不再是对角阵。

(3) 当电路中含有受控电流源时,设第 k 支路中有受控电流源并受第 j 支路中无源元件上的电压 $\dot{U}_{ej}$ 或电流 $\dot{I}_{ej}$ 控制,如图 15-11 所示,其中 $\dot{I}_{dk} = g_{kj}\dot{U}_{ej}$ 或 $\dot{I}_{dk} = \beta_{kj}\dot{I}_{ej}$。

此时,对第 k 支路有

$$\dot{I}_k = Y_k(\dot{U}_k + \dot{U}_{sk}) + \dot{I}_{dk} - \dot{I}_{sk}$$

在 VCCS 情况下,上式中的 $\dot{I}_{dk} = g_{kj}(\dot{U}_j + \dot{U}_{sj})$。而在 CCCS 的情况下,$\dot{I}_{dk} = $

---

① 它的控制量是另一支路中无源元件的电压或电流。

$\beta_{kj}Y_j(\dot U_j + \dot U_{sj})$。于是有

$$\begin{bmatrix} \dot I_1 \\ \dot I_2 \\ \vdots \\ \dot I_j \\ \vdots \\ \dot I_k \\ \vdots \\ \dot I_b \end{bmatrix} = \begin{bmatrix} Y_1 & & & & & & \\ 0 & Y_2 & & & & & \\ \vdots & \vdots & \ddots & & \mathbf{0} & & \\ 0 & 0 & \cdots & Y_j & & & \\ \vdots & \vdots & & \vdots & \ddots & & \\ 0 & 0 & \cdots & Y_{kj} & \cdots & Y_k & \\ \vdots & \vdots & & \vdots & & \vdots & \ddots \\ 0 & 0 & \cdots & 0 & \cdots & 0 & \cdots & Y_b \end{bmatrix} \begin{bmatrix} \dot U_1 + \dot U_{s1} \\ \dot U_2 + \dot U_{s2} \\ \vdots \\ \dot U_j + \dot U_{sj} \\ \vdots \\ \dot U_k + \dot U_{sk} \\ \vdots \\ \dot U_b + \dot U_{sb} \end{bmatrix} - \begin{bmatrix} \dot I_{s1} \\ \dot I_{s2} \\ \vdots \\ \dot I_{sj} \\ \vdots \\ \dot I_{sk} \\ \vdots \\ \dot I_{sb} \end{bmatrix}$$

式中

$$Y_{kj} = \begin{cases} g_{kj} & (\text{当}\dot I_{dk}\text{为 VCCS 时}) \\ \beta_{kj}Y_j & (\text{当}\dot I_{dk}\text{为 CCCS 时}) \end{cases}$$

即

$$\dot{\mathbf{I}} = \mathbf{Y}(\dot{\mathbf{U}} + \dot{\mathbf{U}}_s) - \dot{\mathbf{I}}_s$$

可见此时支路方程在形式上仍与情况 1 时相同,只是矩阵 **Y** 的内容不同而已。注意此时 **Y** 也不再是对角阵。

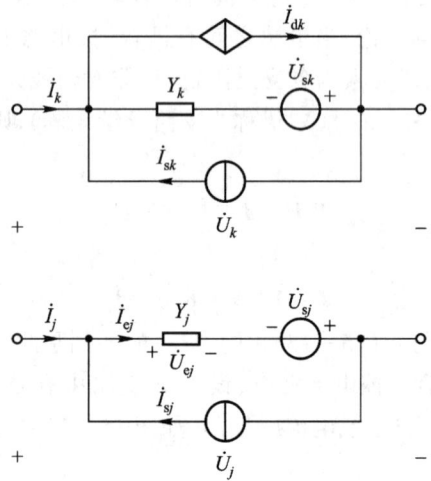

图 15 – 11 受控电流源的控制关系

为了导出结点电压方程的矩阵形式,重写所需 3 组方程为

KCL $\quad\quad\quad\quad\quad\quad \mathbf{A}\dot{\mathbf{I}} = \mathbf{0}$

KVL $\quad\quad\quad\quad\quad\quad \dot{\mathbf{U}} = \mathbf{A}^T\dot{\mathbf{U}}_n$

支路方程 $\dot{I} = Y(\dot{U} + \dot{U}_s) - \dot{I}_s$

把支路方程代入 KCL 可得：

$$A[Y(\dot{U} + \dot{U}_s) - \dot{I}_s] = 0$$

$$AY\dot{U} + AY\dot{U}_s - A\dot{I}_s = 0$$

再把 KVL 代入便得

$$AYA^T\dot{U}_n = A\dot{I}_s - AY\dot{U}_s \qquad (15-16)$$

式(15-16)即结点电压方程的矩阵形式。由于乘积 AY 的行和列数分别为 $(n-1)$ 和 b，乘积 $(AY)A^T$ 的行和列数都是 $(n-1)$，所以乘积 AYA^T 是一个 $(n-1)$ 阶方阵。同理，乘积 $A\dot{I}_s$ 和 $AY\dot{U}_s$ 都是 $(n-1)$ 阶的列向量。

如设 $Y_n \overset{\text{def}}{=\!=\!=} AYA^T$，$\dot{J}_n \overset{\text{def}}{=\!=\!=} A\dot{I}_s - AY\dot{U}_s$，则式(15-16)可写为

$$Y_n \dot{U}_n = \dot{J}_n$$

Y_n 称为结点导纳矩阵，它的元素相当于第三章中结点电压方程等号左边的系数；$\dot{J}_n$ 为由独立电源引起的注入结点的电流列向量，它的元素相当于第三章中结点电压方程等号右边的常数项。

例 15-2 电路如图 15-12(a)所示，图中元件的数字下标代表支路编号。列出电路的结点电压方程(矩阵形式)。

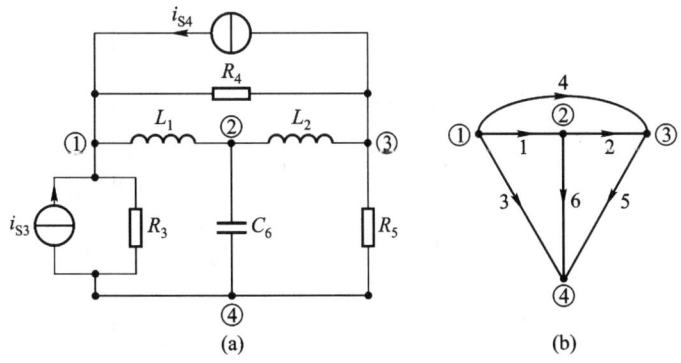

图 15-12 例 15-2 图

解 作出图 15-12(a)所示电路的有向图如图 15-12(b)所示。若选结点④为参考结点，则关联矩阵为

$$A = \begin{bmatrix} 1 & 0 & 1 & 1 & 0 & 0 \\ -1 & 1 & 0 & 0 & 0 & 1 \\ 0 & -1 & 0 & -1 & 1 & 0 \end{bmatrix}$$

电压源列向量 $\dot{U}_s = 0$，电流源列向量为

$$\dot{I}_s = [0 \quad 0 \quad \dot{I}_{s3} \quad \dot{I}_{s4} \quad 0 \quad 0]^T$$

支路导纳矩阵为

$$Y = \text{diag}\left[\frac{1}{j\omega L_1}, \frac{1}{j\omega L_2}, \frac{1}{R_3}, \frac{1}{R_4}, \frac{1}{R_5}, j\omega C_6\right]$$

结点电压方程为

$$AYA^T \dot{U}_n = A\dot{I}_s$$

即

$$\begin{bmatrix} \dfrac{1}{R_3} + \dfrac{1}{R_4} + \dfrac{1}{j\omega L_1} & -\dfrac{1}{j\omega L_1} & -\dfrac{1}{R_4} \\ -\dfrac{1}{j\omega L_1} & \dfrac{1}{j\omega L_1} + \dfrac{1}{j\omega L_2} + j\omega C_6 & -\dfrac{1}{j\omega L_2} \\ -\dfrac{1}{R_4} & -\dfrac{1}{j\omega L_2} & \dfrac{1}{R_4} + \dfrac{1}{R_5} + \dfrac{1}{j\omega L_2} \end{bmatrix} \begin{bmatrix} \dot{U}_{n1} \\ \dot{U}_{n2} \\ \dot{U}_{n3} \end{bmatrix} = \begin{bmatrix} \dot{I}_{s3} + \dot{I}_{s4} \\ 0 \\ -\dot{I}_{s4} \end{bmatrix}$$

例 15 – 3 电路如图 15 – 13(a)所示,图中元件的下标代表支路编号,图 15 – 13(b)是它的有向图。设 $\dot{I}_{d2} = g_{21}\dot{U}_1$,$\dot{I}_{d4} = \beta_{46}\dot{I}_6$。写出支路方程的矩阵形式。

解 支路导纳矩阵可写为(注意 g_{21} 和 β_{46} 出现的位置)

$$Y = \begin{bmatrix} \dfrac{1}{R_1} & 0 & 0 & 0 & 0 & 0 \\ -g_{21} & \dfrac{1}{R_2} & 0 & 0 & 0 & 0 \\ 0 & 0 & j\omega C_3 & 0 & 0 & 0 \\ 0 & 0 & 0 & j\omega C_4 & 0 & \dfrac{\beta_{46}}{j\omega L_6} \\ 0 & 0 & 0 & 0 & \dfrac{1}{j\omega L_5} & 0 \\ 0 & 0 & 0 & 0 & 0 & \dfrac{1}{j\omega L_6} \end{bmatrix}$$

电流源向量与电压源向量为

$$\dot{I}_s = \begin{bmatrix} \dot{I}_{s1} & 0 & 0 & -\dot{I}_{s4} & 0 & 0 \end{bmatrix}^T$$

$$\dot{U}_s = \begin{bmatrix} 0 & -\dot{U}_{s2} & 0 & \dot{U}_{s4} & 0 & 0 \end{bmatrix}^T$$

支路方程的矩阵形式为

$$\begin{bmatrix} \dot{I}_1 \\ \dot{I}_2 \\ \dot{I}_3 \\ \dot{I}_4 \\ \dot{I}_5 \\ \dot{I}_6 \end{bmatrix} = \begin{bmatrix} \dfrac{1}{R_1} & 0 & 0 & 0 & 0 & 0 \\ -g_{21} & \dfrac{1}{R_2} & 0 & 0 & 0 & 0 \\ 0 & 0 & j\omega C_3 & 0 & 0 & 0 \\ 0 & 0 & 0 & j\omega C_4 & 0 & \dfrac{\beta_{46}}{j\omega L_6} \\ 0 & 0 & 0 & 0 & \dfrac{1}{j\omega L_5} & 0 \\ 0 & 0 & 0 & 0 & 0 & \dfrac{1}{j\omega L_6} \end{bmatrix} \begin{bmatrix} \dot{U}_1 + 0 \\ \dot{U}_2 - \dot{U}_{s2} \\ \dot{U}_3 + 0 \\ \dot{U}_4 + \dot{U}_{s4} \\ \dot{U}_5 + 0 \\ \dot{U}_6 + 0 \end{bmatrix} - \begin{bmatrix} \dot{I}_{s1} \\ 0 \\ 0 \\ -\dot{I}_{s4} \\ 0 \\ 0 \end{bmatrix}$$

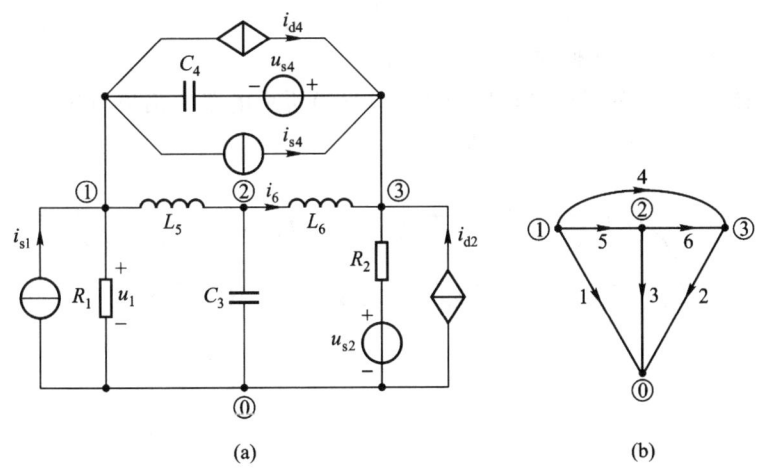

图 15-13 例 15-3 图

*§15-6 割集电压方程的矩阵形式

式(15-10)表明,电路中所有支路电压可以用树支电压表示,所以树支电压与独立结点电压一样可被选作电路的独立变量。当所选独立割集组不是基本割集组时,式(15-10)中的 u_t 可理解为一组独立的割集电压。这时割集电压是指由割集划分的两组结点(或两分离部分)之间的一种假想电压,正如回路电流是沿着回路流动的一种假想电流一样。以割集电压为电路独立变量的分析法称为割集电压法。设复合支路的定义如图 15-10 所示,支路方程的形式将与式(15-15)相似,按以 $\boldsymbol{Q}_f$ 表示的 KCL 和 KVL 就可以导出割集电压(树支电压)方程的矩阵形式。把这 3 组方程(相量形式)重新列出如下:

$$\text{KCL} \qquad \boldsymbol{Q}_\text{f}\,\dot{\boldsymbol{I}}=\boldsymbol{0}$$

$$\text{KVL} \qquad \dot{\boldsymbol{U}}=\boldsymbol{Q}_\text{f}^\text{T}\,\dot{\boldsymbol{U}}_\text{t}$$

支路方程
$$\dot{\boldsymbol{I}}=\boldsymbol{Y}\dot{\boldsymbol{U}}+\boldsymbol{Y}\dot{\boldsymbol{U}}_\text{s}-\dot{\boldsymbol{I}}_\text{s}$$

先把支路方程代入 KCL,可得

$$\boldsymbol{Q}_\text{f}\boldsymbol{Y}\dot{\boldsymbol{U}}+\boldsymbol{Q}_\text{f}\boldsymbol{Y}\dot{\boldsymbol{U}}_\text{s}-\boldsymbol{Q}_\text{f}\,\dot{\boldsymbol{I}}_\text{s}=\boldsymbol{0}$$

再把 KVL 代入上式,便可得割集电压方程如下:

$$\boldsymbol{Q}_\text{f}\boldsymbol{Y}\boldsymbol{Q}_\text{f}^\text{T}\dot{\boldsymbol{U}}_\text{t}=\boldsymbol{Q}_\text{f}\,\dot{\boldsymbol{I}}_\text{s}-\boldsymbol{Q}_\text{f}\boldsymbol{Y}\dot{\boldsymbol{U}}_\text{s} \qquad (15-17)$$

不难看出,乘积 $\boldsymbol{Q}_\text{f}\boldsymbol{Y}\boldsymbol{Q}_\text{f}^\text{T}$ 是一个 $(n-1)$ 阶方阵,乘积 $\boldsymbol{Q}_\text{f}\,\dot{\boldsymbol{I}}_\text{s}$ 和 $\boldsymbol{Q}_\text{f}\boldsymbol{Y}\dot{\boldsymbol{U}}_\text{s}$ 都是 $(n-1)$ 阶列向量。若 $\boldsymbol{Y}_\text{t}\stackrel{\text{def}}{=}\boldsymbol{Q}_\text{f}\boldsymbol{Y}\boldsymbol{Q}_\text{f}^\text{T}$,$\boldsymbol{Y}_\text{t}$ 称为割集导纳矩阵。

值得指出,割集电压法是结点电压法的推广,或者说结点电压法是割集电压法的一个特例。若选择一组独立割集,使每一割集都由汇集在一个结点上的支路构成时,割集电压法便成为结点电压法。

例 15-4 以运算形式写出图 15-14(a)所示电路的割集电压方程的矩阵形式。设 L_3、L_4、C_5 的初始条件为零。

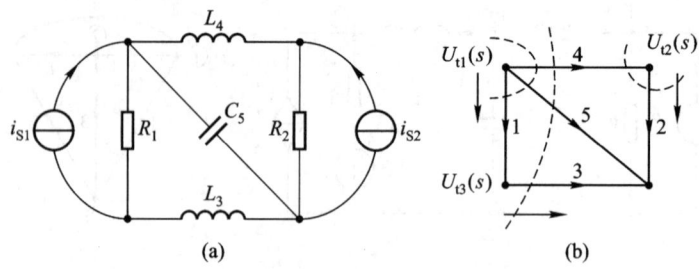

图 15-14 例 15-4 图

解 作出有向图如图 15-14(b)所示,选支路 1、2、3 为树支,3 个单树支割集如虚线所示,树支电压 $U_{t1}(s)$、$U_{t2}(s)$ 和 $U_{t3}(s)$ 也就是割集电压,它们的方向也是割集的方向。

基本割集矩阵 $\boldsymbol{Q}_\text{f}$ 为

$$\boldsymbol{Q}_\text{f}=\begin{array}{c} \\ 1 \\ 2 \\ 3 \end{array}\begin{array}{c} 1\ \ 2\ \ 3\ \ \ \ 4\ \ \ 5 \\ \left[\begin{matrix} 1 & 0 & 0 & 1 & 1 \\ 0 & 1 & 0 & -1 & 0 \\ 0 & 0 & 1 & 1 & 1 \end{matrix}\right] \end{array}$$

用拉氏变换表示时,有

$$\boldsymbol{U}_\text{s}(s)=\boldsymbol{0}$$

$$\boldsymbol{I}_\text{s}(s)=[\,I_{s1}(s)\quad I_{s2}(s)\quad 0\quad 0\quad 0\,]^\text{T}$$

$U_s(s)$ 和 $I_s(s)$ 分别为电压源和电流源列向量，支路导纳矩阵为

$$Y(s) = \text{diag}\left[\frac{1}{R_1}, \frac{1}{R_2}, \frac{1}{sL_3}, \frac{1}{sL_4}, sC_5\right]$$

把上述矩阵代入式(15-17)，便可得所求割集电压方程的矩阵形式

$$\begin{bmatrix} \dfrac{1}{R_1} + \dfrac{1}{sL_4} + sC_5 & -\dfrac{1}{sL_4} & \dfrac{1}{sL_4} + sC_5 \\ -\dfrac{1}{sL_4} & \dfrac{1}{R_2} + \dfrac{1}{sL_4} & -\dfrac{1}{sL_4} \\ \dfrac{1}{sL_4} + sC_5 & -\dfrac{1}{sL_4} & \dfrac{1}{sL_3} + \dfrac{1}{sL_4} + sC_5 \end{bmatrix} \begin{bmatrix} U_{t1}(s) \\ U_{t2}(s) \\ U_{t3}(s) \end{bmatrix} = \begin{bmatrix} I_{s1}(s) \\ I_{s2}(s) \\ 0 \end{bmatrix}$$

*§15-7 列 表 法

从前面介绍的回路电流法、结点电压法、割集电压法的矩阵形式可知，回路电流法不允许存在无伴电流源支路，且规定的复合支路不允许存在受控电流源；结点电压法和割集电压法不允许存在无伴电压源支路，且规定的复合支路不允许存在受控电压源。这就使上述几种电路分析法有一定的局限性。本节介绍的列表法对支路类型无过多限制，适应性强，但方程数较多。下面推导列表方程的矩阵形式。

如前所述，式(15-12)和式(15-15)形式的支路方程都有各自的局限性，列表法采用一种新形式的支路方程。首先规定一个元件为一条支路[①]（注意，列表法不采用复合支路定义），且用阻抗描述电阻或电感支路，用导纳描述电导或电容支路，即

对于电阻或电感支路有：$\dot{U}_k = Z_k \dot{I}_k$, $Z_k = R_k$ 或 $Z_k = j\omega L_k$

对于电导或电容支路有：$\dot{I}_k = Y_k \dot{U}_k$, $Y_k = G_k$ 或 $Y_k = j\omega C_k$

对于 VCVS 支路有： $\dot{U}_k = \mu_{kj} \dot{U}_j$

对于 VCCS 支路有： $\dot{I}_k = g_{kj} \dot{U}_j$

对于 CCVS 支路有： $\dot{U}_k = r_{kj} \dot{I}_j$

对于 CCCS 支路有： $\dot{I}_k = \beta_{kj} \dot{I}_j$

另外，对于独立电压源支路，有 $\dot{U}_k = \dot{U}_{sk}$。对于独立电流源支路，有 $\dot{I}_k = \dot{I}_{sk}$。对整个电路可以写出如下形式的支路方程：

$$\boldsymbol{F}\dot{\boldsymbol{U}} + \boldsymbol{H}\dot{\boldsymbol{I}} = \dot{\boldsymbol{U}}_s + \dot{\boldsymbol{I}}_s \tag{15-18}$$

[①] 支路电流和支路电压取关联参考方向；电压源支路电压方向规定为电源电压的正极指向负极；电流源支路电流方向规定与电流源的电流方向一致。

式中的 $\dot{U} = [\dot{U}_1 \quad \dot{U}_2 \quad \cdots \quad \dot{U}_b]^T$、$\dot{I} = [\dot{I}_1 \quad \dot{I}_2 \quad \cdots \quad \dot{I}_b]^T$ 分别为待求的支路电压和支路电流列向量，F 和 H 均为 b 阶方阵，$\dot{U}_s$ 和 $\dot{I}_s$ 分别为 b 阶电压源列向量和电流源列向量。下面分几种情况讨论。

(1) 当电路中无受控源，电感间无耦合时，F、H 都是对角阵，它们的元素为：

若支路 k 为电导或电容支路，有
$$F_{kk} = G_k \text{ 或 } j\omega C_k, H_{kk} = -1$$

若支路 k 为电阻或电感支路，有
$$F_{kk} = -1, H_{kk} = R_k \text{ 或 } j\omega L_k$$

(2) 当电路中有 VCVS 和 VCCS，电感间无耦合时，F 将是非对角阵，H 仍为对角阵，它们的元素为：

若支路 k 为 $\dot{U}_j$ 控制的 VCVS 支路，有
$$F_{kk} = +1, \quad F_{kj} = -\mu_{kj}, \quad H_{kk} = 0$$

若支路 k 为 $\dot{U}_j$ 控制的 VCCS 支路，有
$$F_{kk} = 0, \quad F_{kj} = -g_{kj}, \quad H_{kk} = +1$$

(3) 当电路中有 CCVS 和 CCCS，电感间无耦合时，F 为对角阵，H 将是非对角阵，它们的元素为：

若支路 k 为 $\dot{I}_j$ 控制的 CCVS 支路，有
$$F_{kk} = +1, \quad H_{kj} = -r_{kj}, \quad H_{kk} = 0$$

若支路 k 为 $\dot{I}_j$ 控制的 CCCS 支路，有
$$F_{kk} = 0, H_{kj} = -\beta_{kj}, \quad H_{kk} = +1$$

(4) 当电路中电感间有耦合时，设支路 k 和支路 j 之间有耦合，因 $\dot{U}_k = j\omega L_k \dot{I}_k \pm j\omega M_{kj}\dot{I}_j$，$\dot{U}_j = j\omega L_j \dot{I}_j \pm j\omega M_{jk}\dot{I}_k$，所以有
$$F_{kk} = +1, \quad H_{kk} = -j\omega L_k, \quad H_{kj} = \mp j\omega M_{kj}$$
$$F_{jj} = +1, \quad H_{jj} = -j\omega L_j, \quad H_{jk} = \mp j\omega M_{jk}$$

(5) 当电路中含有理想变压器时，设理想变压器及其图如图 15-15 所示，由于 $\dot{U}_k = n\dot{U}_j, \dot{I}_j = -n\dot{I}_k$，故有
$$F_{kk} = +1, F_{kj} = -n, \quad H_{kk} = 0$$
$$F_{jj} = 0, \quad H_{jj} = +1, \quad H_{jk} = n$$

另外，若支路 k 为独立电压源支路，有
$$F_{kk} = +1, \quad H_{kk} = 0$$

若支路 k 为独立电流源支路，有
$$F_{kk} = 0, \quad H_{kk} = +1$$

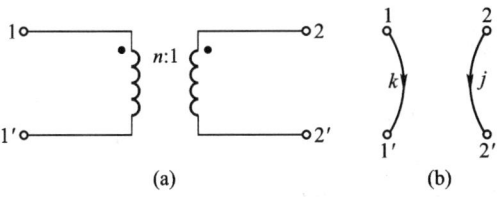

图 15-15 理想变压器

从上面的分析可见,式(15-18)表达的支路方程适应性非常强,可以方便地处理支路为上述单一元件的各种情况。

下面只给出列表方程之一——结点列表方程的矩阵形式的推导。设结点电压 $\dot{U}_n$ 也为待求量,把用关联矩阵 A 表示的 KCL、KVL 以及式(15-18)重新列出如下:

$$\text{KCL} \qquad A\dot{I} = 0$$

$$\text{KVL} \qquad \dot{U} - A^T\dot{U}_n = 0$$

支路方程 $\qquad F\dot{U} + H\dot{I} = \dot{U}_s + \dot{I}_s$

将这 3 个方程合在一起,便得到结点列表方程的矩阵形式

$$\begin{bmatrix} 0 & 0 & A \\ -A^T & 1_b & 0 \\ 0 & F & H \end{bmatrix} \begin{bmatrix} \dot{U}_n \\ \dot{U} \\ \dot{I} \end{bmatrix} = \begin{bmatrix} 0 \\ 0 \\ \dot{U}_s + \dot{I}_s \end{bmatrix} \qquad (15-19)$$

上式中 1_b 为 b 阶的单位矩阵。由于 A 为 $[(n-1)\times b]$ 矩阵,F 和 H 为 b 阶方阵,故方程总数为 $(2b+n-1)$。

例 15-5 写出图 15-16(a)所示电路的结点列表方程的矩阵形式(相量形式)。

解 该电路的图如图 15-16(b)所示,选结点⑦为参考结点,则关联矩阵为

$$A = \begin{matrix} 1 \\ 2 \\ 3 \\ 4 \\ 5 \\ 6 \end{matrix} \begin{bmatrix} 1 & 1 & 1 & 0 & 0 & 0 & 0 & 0 & 0 & 0 & 0 \\ -1 & 0 & 0 & 1 & 1 & 0 & 0 & 0 & 0 & 0 & 0 \\ 0 & -1 & 0 & 0 & 0 & 1 & 0 & 1 & 0 & 0 & 0 \\ 0 & 0 & -1 & 0 & 0 & -1 & 1 & 0 & 1 & 0 & 0 \\ 0 & 0 & 0 & -1 & 0 & 0 & -1 & 0 & 0 & 1 & 0 \\ 0 & 0 & 0 & 0 & 0 & 0 & 0 & -1 & -1 & 0 & 1 \end{bmatrix}$$

F 矩阵和 H 矩阵分别为

图 15-16 例 15-5 图

$$\mathbf{F} = \begin{matrix} & & 3 & & & 8 & & \\ 2 & \begin{bmatrix} 1 & & \vdots & & & \vdots & & \\ \cdots & 0 & -g_{23} & & & \vdots & & \\ & & -1 & & & \vdots & & \\ & & & -1 & & \vdots & & \mathbf{0} \\ & & & 1 & & \vdots & & \\ & & & & G_6 & \vdots & & \\ & & & & & 1 & -\mu_{78} & \cdots & \cdots & \cdots & \\ & & & & & j\omega C_8 & & & & \\ & & \mathbf{0} & & & & 0 & & \\ & & & & & & & 0 & \\ & & & & & & & & -1 \end{bmatrix} 7 \end{matrix}$$

$$H = \begin{bmatrix} 0 & & & & 6 & & & & & \\ & 1 & & & \vdots & & & & & \\ & & R_3 & & \vdots & & & \mathbf{0} & & \\ & & & j\omega L_4 & \vdots & & & & & \\ & & & 0 & -r_{56} & \cdots & \cdots & \cdots & \cdots & 5 \\ & & & & -1 & & & & & \\ & \mathbf{0} & & & 0 & & & & & \\ & & & & & -1 & & & & \\ & & & & & & 1 & & & \\ 10 & \cdots & \cdots & -\beta_{10,4} & & & & 1 & & \\ & & & \vdots & & & & & & R_{11} \\ & & & 4 & & & & & & \end{bmatrix}$$

另有

$$\dot{\boldsymbol{U}}_s = [\dot{U}_{s1} \quad 0 \quad 0 \quad 0 \quad 0 \quad 0 \quad 0 \quad 0 \quad 0 \quad 0]^T$$
$$\dot{\boldsymbol{I}}_s = [0 \quad 0 \quad 0 \quad 0 \quad 0 \quad 0 \quad 0 \quad \dot{I}_{s9} \quad 0 \quad 0]^T$$

把这些矩阵按式(15-19)所示位置填入,即可获得结点列表方程的矩阵形式。

由例 15-5 可以看出,列表法的适应性很强,而且方程易于建立,如同填写表格一般,故有列表之称。列表方程的缺点是规模大,然而其系数矩阵中零元素所占比例也很大。稀疏矩阵技术的发展已使这一缺点变得微不足道了。

需要说明的是,列表法还有回路列表法和割集列表法。列写回路列表方程时,只需设 $\dot{I}_l$ 为待求量,并把 KCL 和 KVL 用 $\boldsymbol{B}_f$ 表示,支路方程为式(15-18)形式;列割集列表方程,只需设 $\dot{U}_t$ 为待求量,且用 $\boldsymbol{Q}_f$ 表示 KCL 和 KVL,支路方程仍为式(15-18)形式。

另一种适应性强的方法是改进结点电压法,这里不再介绍。

———— 习 题 ————

15-1 以结点⑤为参考,写出题 15-1 图所示有向图的关联矩阵 $\boldsymbol{A}$。

15-2 对于题 15-2 图(a)和(b),与用虚线画出的闭合面 S 相切割的支路集合是否构成割集?为什么?

15-3 对于题 15-3 图所示有向图,若选支路 1、2、3、7 为树支,试写出基本割集矩阵和基本回路矩阵;另外,以网孔作为回路写出回路矩阵。

15-4 对于题 15-4 图所示有向图,若选支路 1、2、3、5、8 为树支,试写出基本割集矩阵和基本回路矩阵。

题 15-1 图

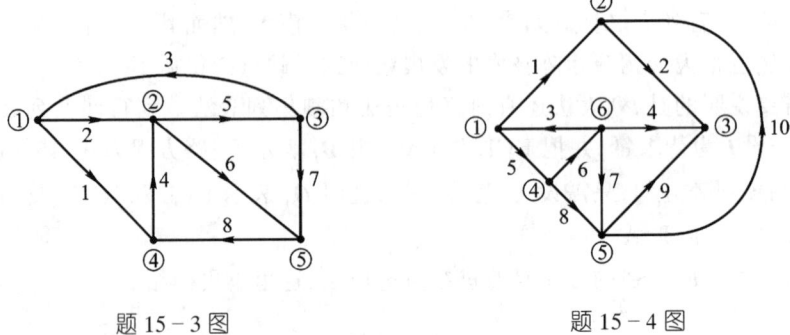

题 15-2 图

题 15-3 图

题 15-4 图

15-5 对题 15-5 图所示有向图,若选结点⑤为参考,并选支路 1、2、4、5 为树。试写出关联矩阵、基本回路矩阵和基本割集矩阵;并验证 $B_t^T = -A_t^{-1}A_l$ 和 $Q_l = -B_t^T$。

15-6 对题 15-6 图所示电路,选支路 1、2、4、7 为树,用矩阵形式列出其回路电流方程。各支路电阻均为 5 Ω,各电压源电压均为 3 V,各电流源电流均为 2 A。

15-7 对题 15-7 图所示电路,用运算形式(设零

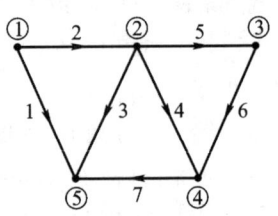

题 15-5 图

值初始条件)在下列 2 种不同情况下列出网孔电流方程:(1) 电感 L_5 和 L_6 之间无互感;
(2) L_5 和 L_6 之间有互感 M。

题 15-6 图

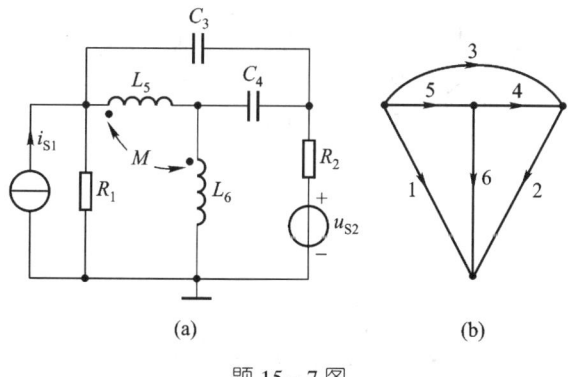

题 15-7 图

15-8 对题 15-8 图所示电路,选支路 1、2、3、4、5 为树,试写出此电路回路电流方程的矩阵形式。

15-9 写出题 15-9 图所示电路网孔电流方程的矩阵形式。

15-10 题 15-10 图所示电路中电源角频率为 ω,试以结点④为参考结点,列写出该电路结点电压方程的矩阵形式。

15-11 试以结点⑥为参考结点,列出题 15-11 图所示电路矩阵形式的结点电压方程。

15-12 电路如题 15-12 图(a)所示,题 15-12 图(b)为其有向图。选支路 1、2、6、7 为树,列出矩阵形式的割集电压方程。

题 15-8 图

题 15-9 图

题 15-10 图

*15-13 电路如题 15-13 图(a)所示,题 15-13 图(b)为其有向图。试写出结点列表法中支路方程的矩阵形式。

习　题

题 15-11 图

题 15-12 图

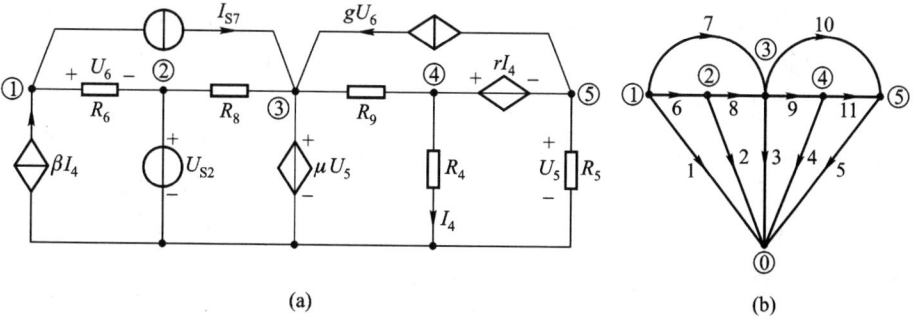

题 15-13 图

第十六章

二端口网络

• ——内 容 提 要—— •

本章介绍二端口(网络)及其方程,二端口的 Y、Z、$T(A)$、H 等参数矩阵以及它们之间的相互关系,还介绍转移函数,T 形和 π 形等效电路及二端口的连接。最后介绍两种可用二端口描述的电路元件——回转器和负阻抗变换器。

---

§16-1 二端口网络

前面讨论的电路分析主要属于这样一类问题:在一个电路及其输入已经给定的情况下,如何去计算一条或多条支路的电压和电流。如果一个复杂的电路只有两个端子向外连接,且仅对外接电路中的情况感兴趣,则该电路可视为一个一端口,并用戴维宁或诺顿等效电路替代,然后再计算感兴趣的电压和电流。在工程实际中遇到的问题还常常涉及两对端子之间的关系,如变压器、滤波器、放大器、反馈网络等,如图 16-1(a)、(b)、(c)所示。对于这些电路,都可以把两对端子之间的电路概括在一个方框中,如图 16-1(d)所示。一对端子 1-1′ 通常是输入端子,另一对端子 2-2′ 为输出端子。

如果这两对端子满足端口条件,即对于所有时间 t,从端子 1 流入方框的电流等于从端子 1′ 流出的电流;同时,从端子 2 流入方框的电流等于从端子 2′ 流出的电流,这种电路称为二端口网络,简称二端口。若向外伸出的 4 个端子上的电流无上述限制,称为四端网络。本章仅讨论二端口。

用二端口概念分析电路时,仅对二端口处的电流、电压之间的关系感兴趣,这种相互关系可以通过一些参数表示,而这些参数只决定于构成二端口本身的元件及它们的连接方式。一旦确定表征这个二端口的参数后,当一个端口的电压、电流发生变化,要找出另外一个端口上的电压、电流就比较容易了。同时,还可以利用这些参数比较不同的二端口在传递电能和信号方面的性能,从而评价它们的质量。一个任意复杂的二端口,还可以看作由若干简单的二端口组成。如果已知这些简单的二端口的参数,那么,根据它们与复杂二端口的关系就可以直接求出后者的参数,从而找出后者在两个端口处的电压与电流关系,而不再涉及原来复杂电路内部的任何计算。总之,这种分析方法有它的特点,与前面介绍的一端口有类似的地方。

本章介绍的二端口是由线性的电阻、电感(包括耦合电感)、电容和线性受控源组成,并规定不包含任何独立电源(如用运算法分析时,还规定独立的初始条件均为零,即不存在附加电源)。

图 16-1 二端口

§16-2 二端口的方程和参数

图 16-2 所示为一线性二端口。在分析中将按正弦稳态情况考虑,并应用相量法。当然,也可以用运算法讨论。在端口 1-1′ 和 2-2′ 处的电流相量和电压相量的参考方向如图所示。假设两个端口电压 $\dot{U}_1$ 和 $\dot{U}_2$ 已知,可以利用替代定理把两个端口电压 $\dot{U}_1$ 和 $\dot{U}_2$ 都看作是外施的独立电压源。这样,根据叠加定理,$\dot{I}_1$ 和 $\dot{I}_2$ 应分别等于各个独立电压源单独作用时产生的电流之和,即

$$\left. \begin{array}{l} \dot{I}_1 = Y_{11} \dot{U}_1 + Y_{12} \dot{U}_2 \\ \dot{I}_2 = Y_{21} \dot{U}_1 + Y_{22} \dot{U}_2 \end{array} \right\} \quad (16-1)$$

图 16-2 线性二端口的电流电压关系

式(16-1)还可以写成如下的矩阵形式

$$\begin{bmatrix} \dot{I}_1 \\ \dot{I}_2 \end{bmatrix} = \begin{bmatrix} Y_{11} & Y_{12} \\ Y_{21} & Y_{22} \end{bmatrix} \begin{bmatrix} \dot{U}_1 \\ \dot{U}_2 \end{bmatrix} = Y \begin{bmatrix} \dot{U}_1 \\ \dot{U}_2 \end{bmatrix}$$

其中

$$Y \xlongequal{\text{def}} \begin{bmatrix} Y_{11} & Y_{12} \\ Y_{21} & Y_{22} \end{bmatrix}$$

称为二端口的 Y 参数矩阵,而 Y_{11}、Y_{12}、Y_{21}、Y_{22} 称为二端口的 Y 参数。不难看出 Y 参数属于导纳性质,可以按下述方法计算或试验测量求得:如果在端口 1-1′ 上外施电压 $\dot{U}_1$,而把端口 2-2′ 短路,即 $\dot{U}_2=0$,工作情况如图16-3(a)所示。由式(16-1)可得

$$Y_{11} = \frac{\dot{I}_1}{\dot{U}_1} \bigg|_{\dot{U}_2=0}$$

$$Y_{21} = \frac{\dot{I}_2}{\dot{U}_1} \bigg|_{\dot{U}_2=0}$$

Y_{11} 表示端口 2-2′ 短路时,端口 1-1′ 处的输入导纳或驱动点导纳;Y_{21} 表示端口 2-2′ 短路时,端口 2-2′ 与端口 1-1′ 之间的转移导纳,这是因为 Y_{21} 是 $\dot{I}_2$ 与 $\dot{U}_1$ 的比值,它表示一个端口的电流与另一个端口的电压之间的关系。

图 16-3 短路导纳参数的测定

同理,在端口 2-2′ 外施电压 $\dot{U}_2$,而把端口 1-1′ 短路,即 $\dot{U}_1=0$,工作情况如图 16-3(b)所示,由式(16-1)得到

$$Y_{12} = \frac{\dot{I}_1}{\dot{U}_2} \bigg|_{\dot{U}_1=0}$$

$$Y_{22} = \left. \frac{\dot{I}_2}{\dot{U}_2} \right|_{\dot{U}_1 = 0}$$

Y_{12} 是端口 1－1′与端口 2－2′之间的转移导纳，Y_{22} 是端口 2－2′的输入导纳。由于 Y 参数都是在一个端口短路情况下通过计算或测试求得的，所以又称为短路导纳参数，例如 Y_{11} 就称为端口 1－1′的短路输入导纳。以上说明了 Y 参数表示的具体含义。

例 16－1 求图 16－4(a)所示二端口的 Y 参数。

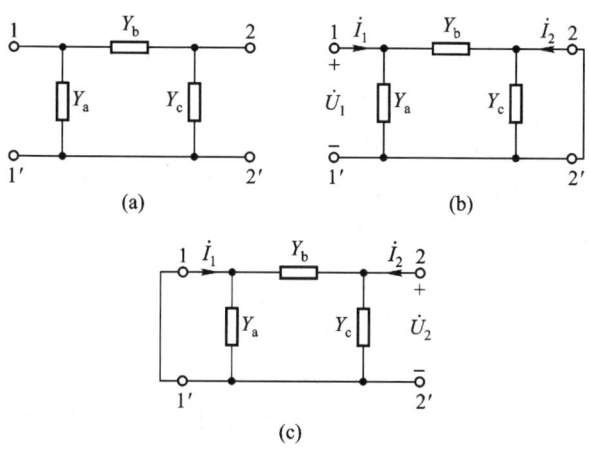

图 16－4 例 16－1 图

解 这个端口的结构比较简单，它是一个 π 形电路。求它的 Y_{11} 和 Y_{21} 时，把端口 2－2′短路，在端口 1－1′上外施电压 $\dot{U}_1$［如图 16－4(b)所示］，这时可求得

$$\dot{I}_1 = \dot{U}_1 (Y_a + Y_b)$$
$$-\dot{I}_2 = \dot{U}_1 Y_b$$

式中 $\dot{I}_2$ 前有负号是由指定的电流和电压参考方向造成的。根据定义可求得

$$Y_{11} = \left. \frac{\dot{I}_1}{\dot{U}_1} \right|_{\dot{U}_2 = 0} = Y_a + Y_b$$

$$Y_{21} = \left. \frac{\dot{I}_2}{\dot{U}_1} \right|_{\dot{U}_2 = 0} = -Y_b$$

同样，如果把端口 1－1′短路，并在端口 2－2′上外施电压 $\dot{U}_2$，则可求得

$$Y_{12} = -Y_b$$
$$Y_{22} = Y_b + Y_c$$

由此可见，$Y_{12} = Y_{21}$。此结果虽然是根据这个特例得到的，但是根据互易定理不难证明，对于由线性 R、$L(M)$、C 元件构成的任何无源二端口，$Y_{12} = Y_{21}$ 总是成立的。所以对任何一个无源线性二端口，只要 3 个独立的参数就足以表征它的性能。

如果一个二端口的 Y 参数，除了 $Y_{12} = Y_{21}$ 外，还有 $Y_{11} = Y_{22}$，则此二端口的两个端口 1-1′ 和 2-2′ 互换位置后与外电路连接，其外部特性将不会有任何变化。也就是说，这种二端口从任一端口看进去，它的电气特性是一样的，因而称为电气上对称的，或简称为对称二端口。结构上对称[①] 的二端口显然一定是对称二端口。例如在例 16-1 中的 π 形电路，如果 $Y_a = Y_c$，它在结构上就是对称的，这时就有 $Y_{11} = Y_{22}$。但是电气上对称并不一定意味着结构上对称。显然，对于对称二端口的 Y 参数，只有 2 个是独立的。

假设图 16-2 所示二端口的 $\dot{I}_1$ 和 $\dot{I}_2$ 是已知的，可以利用替代定理把 $\dot{I}_1$ 和 $\dot{I}_2$ 看作是外施电流源的电流。根据叠加定理，$\dot{U}_1$、$\dot{U}_2$ 应等于各个电流源单独作用时产生的电压之和，即

$$\left. \begin{aligned} \dot{U}_1 &= Z_{11}\dot{I}_1 + Z_{12}\dot{I}_2 \\ \dot{U}_2 &= Z_{21}\dot{I}_1 + Z_{22}\dot{I}_2 \end{aligned} \right\} \qquad (16-2)$$

式中 Z_{11}、Z_{12}、Z_{21}、Z_{22} 称为 Z 参数，它们具有阻抗性质。Z 参数可按下述方法计算或试验测量求得：设端口 2-2′ 开路，即 $\dot{I}_2 = 0$，只在端口 1-1′ 施加一个电流源 $\dot{I}_1$，如图 16-5(a) 所示。由式 (16-2) 可得

$$Z_{11} = \left. \frac{\dot{U}_1}{\dot{I}_1} \right|_{\dot{I}_2=0}$$

$$Z_{21} = \left. \frac{\dot{U}_2}{\dot{I}_1} \right|_{\dot{I}_2=0}$$

所以 Z_{11} 称为端口 2-2′ 开路时端口 1-1′ 的开路输入阻抗，Z_{21} 称为端口 2-2′ 开路时端口 2-2′ 与端口 1-1′ 之间的开路转移阻抗。同理，将端口 1-1′ 开路，即 $\dot{I}_1 = 0$，并在端口 2-2′ 施加电流源 $\dot{I}_2$，如图 16-5(b) 所示，由式 (16-2) 得

$$Z_{12} = \left. \frac{\dot{U}_1}{\dot{I}_2} \right|_{\dot{I}_1=0}$$

$$Z_{22} = \left. \frac{\dot{U}_2}{\dot{I}_2} \right|_{\dot{I}_1=0}$$

即 Z_{12} 是端口 1-1′ 开路时端口 1-1′ 与端口 2-2′ 之间的开路转移阻抗，Z_{22} 是

[①] "结构上对称"是指连接方式和元件性质及其参数的大小均具对称性。

端口 $1-1'$ 开路时端口 $2-2'$ 的开路输入阻抗。

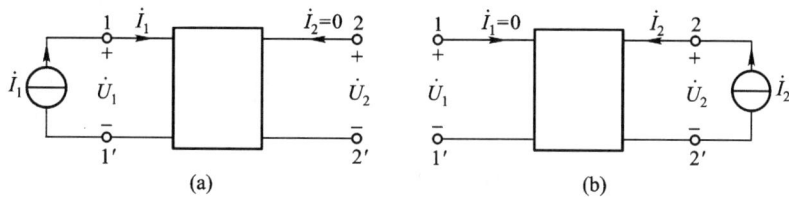

图 16-5 开路阻抗参数的测定

把式(16-2)改写成矩阵形式,有

$$\begin{bmatrix} \dot{U}_1 \\ \dot{U}_2 \end{bmatrix} = \begin{bmatrix} Z_{11} & Z_{12} \\ Z_{21} & Z_{22} \end{bmatrix} \begin{bmatrix} \dot{I}_1 \\ \dot{I}_2 \end{bmatrix} = Z \begin{bmatrix} \dot{I}_1 \\ \dot{I}_2 \end{bmatrix}$$

其中

$$Z \stackrel{\text{def}}{=\!=} \begin{bmatrix} Z_{11} & Z_{12} \\ Z_{21} & Z_{22} \end{bmatrix}$$

称为二端口的 Z 参数矩阵,也称开路阻抗矩阵。

同理,根据互易定理不难证明,对于线性 R、$L(M)$、C 元件构成的任何无源二端口,$Z_{12} = Z_{21}$ 总是成立的。所以在这种情况下,Z 参数只有 3 个是独立的。对于对称的二端口,则还有 $Z_{11} = Z_{22}$ 的关系,故只有 2 个参数是独立的。

比较式(16-1)与式(16-2)可以看出开路阻抗矩阵 Z 与短路导纳矩阵 Y 之间存在着互为逆阵的关系,即

$$Z = Y^{-1} \text{ 或 } Y = Z^{-1}$$

即

$$\begin{bmatrix} Z_{11} & Z_{12} \\ Z_{21} & Z_{22} \end{bmatrix} = \frac{1}{\Delta_Y} \begin{bmatrix} Y_{22} & -Y_{12} \\ -Y_{21} & Y_{11} \end{bmatrix} \tag{16-3}$$

式中 $\Delta_Y = Y_{11} Y_{22} - Y_{12} Y_{21}$。

对于含有受控源的线性 R、$L(M)$、C 二端口,利用特勒根定理可以证明互易定理一般不再成立,因此 $Y_{12} \neq Y_{21}$、$Z_{12} \neq Z_{21}$。下面的例子将说明这一点。

例 16-2 求图 16-6 所示二端口的 Y 参数。

解 把端口 $2-2'$ 短路,在端口 $1-1'$ 外施电压 $\dot{U}_1$,得

$$\dot{I}_1 = \dot{U}_1 (Y_a + Y_b)$$
$$\dot{I}_2 = -\dot{U}_1 Y_b - g\dot{U}_1$$

于是,可求得

$$Y_{11} = \frac{\dot{I}_1}{\dot{U}_1} = Y_a + Y_b$$

$$Y_{21} = \frac{\dot{I}_2}{\dot{U}_1} = -Y_b - g$$

同理，为了求 Y_{12}、Y_{22}，把端口 $1-1'$ 短路，即令 $\dot{U}_1 = 0$，这时受控源的电流也等于零，故得

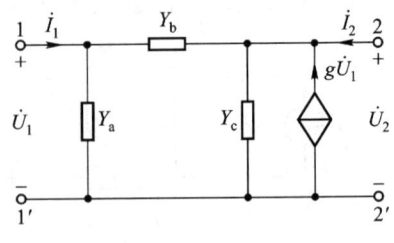

图 16-6 例 16-2 图

$$Y_{12} = \frac{\dot{I}_1}{\dot{U}_2} = -Y_b$$

$$Y_{22} = \frac{\dot{I}_2}{\dot{U}_2} = Y_b + Y_c$$

可见，在这种情况下，$Y_{12} \neq Y_{21}$。

Y 参数和 Z 参数都可用来描述一个二端口的端口外特性。如果一个二端口的 Y 参数已经确定，一般就可以用式(16-3)求出它的 Z 参数。反之亦然（参阅后面的表 16-1）。

在许多工程实际问题中，往往希望找到一个端口的电流、电压与另一端口的电流、电压之间的直接关系。例如，放大器、滤波器的输入和输出之间的关系；传输线的始端和终端之间的关系。另外，有些二端口并不同时存在阻抗矩阵和导纳矩阵表达式；或者既无阻抗矩阵表达式，又无导纳矩阵表达式。例如理想变压器就属这类二端口。这意味着某些二端口宜用除 Z 参数和 Y 参数以外的其他形式的参数描述其端口外特性。为此，可把式(16-1)的第二式化为

$$\dot{U}_1 = -\frac{Y_{22}}{Y_{21}}\dot{U}_2 + \frac{1}{Y_{21}}\dot{I}_2$$

然后把它代入该式中的第一式，经整理后有

$$\dot{I}_1 = \left(Y_{12} - \frac{Y_{11} Y_{22}}{Y_{21}}\right)\dot{U}_2 + \frac{Y_{11}}{Y_{21}}\dot{I}_2$$

把以上两式写成如下形式：

$$\left. \begin{array}{l} \dot{U}_1 = A\dot{U}_2 - B\dot{I}_2 \\ \dot{I}_1 = C\dot{U}_2 - D\dot{I}_2 \end{array} \right\}^{①} \qquad (16-4)$$

式中(注意，右方第二项前面用的是负号)

$$\left. \begin{array}{ll} A = -\dfrac{Y_{22}}{Y_{21}} & B = -\dfrac{1}{Y_{21}} \\ C = Y_{12} - \dfrac{Y_{11} Y_{22}}{Y_{21}} & D = -\dfrac{Y_{11}}{Y_{21}} \end{array} \right\} \qquad (16-5)$$

---

① 有时用 A_{11}、A_{12}、A_{21}、A_{22} 分别表示 A、B、C、D。

§16-2 二端口的方程和参数

这样,就把端口 1-1′ 的电流 $\dot{I}_1$、电压 $\dot{U}_1$ 用端口 2-2′ 的电流 $\dot{I}_2$、电压 $\dot{U}_2$ 通过 A、B、C、D 4 个参数表示出来了。A、B、C、D 称为二端口的一般参数、传输参数、T 参数或 A 参数。它们表示的具体含义可分别用以下各式说明:

$$A = \left.\frac{\dot{U}_1}{\dot{U}_2}\right|_{\dot{I}_2=0}$$

$$B = \left.\frac{\dot{U}_1}{-\dot{I}_2}\right|_{\dot{U}_2=0}$$

$$C = \left.\frac{\dot{I}_1}{\dot{U}_2}\right|_{\dot{I}_2=0}$$

$$D = \left.\frac{\dot{I}_1}{-\dot{I}_2}\right|_{\dot{U}_2=0}$$

可见,A 是两个电压的比值,是一个量纲一的量;B 是短路转移阻抗;C 是开路转移导纳;D 是两个电流的比值,也是量纲一的量。A、B、C、D 都具有转移参数性质。

对于不含受控源的无源线性二端口,A、B、C、D 4 个参数中将只有 3 个是独立的,这是因为按式(16-5)并注意到 $Y_{12}=Y_{21}$,得

$$AD - BC = \frac{Y_{11}Y_{22}}{Y_{21}^2} + \frac{1}{Y_{21}}\frac{Y_{12}Y_{21}-Y_{11}Y_{22}}{Y_{21}} = \frac{Y_{12}}{Y_{21}} = 1$$

对于对称的二端口,由于 $Y_{11}=Y_{22}$,故由式(16-5),还将有 $A=D$。

式(16-4)写成矩阵形式时,有

$$\begin{bmatrix}\dot{U}_1\\ \dot{I}_1\end{bmatrix} = \begin{bmatrix}A & B\\ C & D\end{bmatrix}\begin{bmatrix}\dot{U}_2\\ -\dot{I}_2\end{bmatrix} = \boldsymbol{T}\begin{bmatrix}\dot{U}_2\\ -\dot{I}_2\end{bmatrix}$$

其中

$$\boldsymbol{T} \stackrel{\text{def}}{=\!=} \begin{bmatrix}A & B\\ C & D\end{bmatrix}$$

$\boldsymbol{T}$ 称为 T 参数矩阵,引用上式时,要注意式中电流 $\dot{I}_2$ 前面的负号。

还有一套常用的参数,称为混合参数或 H 参数,用下面一组方程表示:

$$\left.\begin{aligned}\dot{U}_1 &= H_{11}\dot{I}_1 + H_{12}\dot{U}_2\\ \dot{I}_2 &= H_{21}\dot{I}_1 + H_{22}\dot{U}_2\end{aligned}\right\} \qquad (16-6)$$

在晶体管电路中,H 参数获得了广泛的应用。H 参数的具体意义可以分别用下列各式说明:

$$H_{11} = \left.\frac{\dot{U}_1}{\dot{I}_1}\right|_{\dot{U}_2=0}$$

$$H_{12} = \left.\frac{\dot{U}_1}{\dot{U}_2}\right|_{\dot{I}_1=0}$$

$$H_{21} = \left.\frac{\dot{I}_2}{\dot{I}_1}\right|_{\dot{U}_2=0}$$

$$H_{22} = \left.\frac{\dot{I}_2}{\dot{U}_2}\right|_{\dot{I}_1=0}$$

可见 H_{11} 和 H_{21} 有短路参数的性质，H_{12} 和 H_{22} 有开路参数的性质。不难看出，$H_{11} = \dfrac{1}{Y_{11}}$，$H_{22} = \dfrac{1}{Z_{22}}$，$H_{21}$ 为两个电流之间的比值，H_{12} 为两个电压之间的比值。

用矩阵形式表示时，有

$$\begin{bmatrix} \dot{U}_1 \\ \dot{I}_2 \end{bmatrix} = \begin{bmatrix} H_{11} & H_{12} \\ H_{21} & H_{22} \end{bmatrix} \begin{bmatrix} \dot{I}_1 \\ \dot{U}_2 \end{bmatrix} = \boldsymbol{H} \begin{bmatrix} \dot{I}_1 \\ \dot{U}_2 \end{bmatrix}$$

其中 $\boldsymbol{H}$ 称为 H 参数矩阵

$$\boldsymbol{H} \stackrel{\text{def}}{=\!=\!=} \begin{bmatrix} H_{11} & H_{12} \\ H_{21} & H_{22} \end{bmatrix}$$

对于不含受控源的无源线性二端口，H 参数中只有 3 个是独立的。例如，将前面求得的 Y 参数代入，就可得出图 16-4(a)所示二端口的 H 参数

$$H_{11} = \frac{1}{Y_a + Y_b}, \quad H_{12} = \frac{Y_b}{Y_a + Y_b}$$

$$H_{21} = \frac{-Y_b}{Y_a + Y_b}, \quad H_{22} = Y_c + \frac{Y_a Y_b}{Y_a + Y_b}$$

可见 $H_{21} = -H_{12}$。对于对称的二端口，由于 $Y_{11} = Y_{22}$ 或 $Z_{11} = Z_{22}$，则有

$$H_{11} H_{22} - H_{12} H_{21} = 1$$

图 16-7 所示为一只晶体管的小信号工作条件下的简化等效电路，不难根据 H 参数的定义，求得

$$H_{11} = \left.\frac{\dot{U}_1}{\dot{I}_1}\right|_{\dot{U}_2=0} = R_1, \quad H_{12} = \left.\frac{\dot{U}_1}{\dot{U}_2}\right|_{\dot{I}_1=0} = 0$$

$$H_{21} = \left.\frac{\dot{I}_2}{\dot{I}_1}\right|_{\dot{U}_2=0} = \beta, \quad H_{22} = \left.\frac{\dot{I}_2}{\dot{U}_2}\right|_{\dot{I}_1=0} = \frac{1}{R_2}$$

图 16-7 晶体管的等效电路

Y 参数、Z 参数、T 参数、H 参数之间的相互转换关系不难根据以上的基本方程推导出来，表 16-1 总结了这些关系。

表 16-1

	Z 参数	Y 参数	H 参数	$T(A)$ 参数
Z 参数	$Z_{11}\ \ Z_{12}$ $Z_{21}\ \ Z_{22}$	$\dfrac{Y_{22}}{\Delta_Y}\ \ -\dfrac{Y_{12}}{\Delta_Y}$ $-\dfrac{Y_{21}}{\Delta_Y}\ \ \dfrac{Y_{11}}{\Delta_Y}$	$\dfrac{\Delta_H}{H_{12}}\ \ \dfrac{H_{12}}{H_{22}}$ $-\dfrac{H_{21}}{H_{22}}\ \ \dfrac{1}{H_{22}}$	$\dfrac{A}{C}\ \ \dfrac{\Delta_T}{C}$ $\dfrac{1}{C}\ \ \dfrac{D}{C}$
Y 参数	$\dfrac{Z_{22}}{\Delta_Z}\ \ -\dfrac{Z_{12}}{\Delta_Z}$ $-\dfrac{Z_{21}}{\Delta_Z}\ \ \dfrac{Z_{11}}{\Delta_Z}$	$Y_{11}\ \ Y_{12}$ $Y_{21}\ \ Y_{22}$	$\dfrac{1}{H_{11}}\ \ -\dfrac{H_{12}}{H_{11}}$ $\dfrac{H_{21}}{H_{11}}\ \ \dfrac{\Delta_H}{H_{11}}$	$\dfrac{D}{B}\ \ -\dfrac{\Delta_T}{B}$ $-\dfrac{1}{B}\ \ \dfrac{A}{B}$
H 参数	$\dfrac{\Delta_Z}{Z_{22}}\ \ \dfrac{Z_{12}}{Z_{22}}$ $-\dfrac{Z_{21}}{Z_{22}}\ \ \dfrac{1}{Z_{22}}$	$\dfrac{1}{Y_{11}}\ \ -\dfrac{Y_{12}}{Y_{11}}$ $\dfrac{Y_{21}}{Y_{11}}\ \ \dfrac{\Delta_Y}{Y_{11}}$	$H_{11}\ \ H_{12}$ $H_{21}\ \ H_{22}$	$\dfrac{B}{D}\ \ \dfrac{\Delta_T}{D}$ $-\dfrac{1}{D}\ \ \dfrac{C}{D}$
$T(A)$ 参数	$\dfrac{Z_{11}}{Z_{21}}\ \ \dfrac{\Delta_Z}{Z_{21}}$ $\dfrac{1}{Z_{21}}\ \ \dfrac{Z_{22}}{Z_{21}}$	$-\dfrac{Y_{22}}{Y_{21}}\ \ -\dfrac{1}{Y_{21}}$ $-\dfrac{\Delta_Y}{Y_{21}}\ \ -\dfrac{Y_{11}}{Y_{21}}$	$-\dfrac{\Delta_H}{H_{21}}\ \ -\dfrac{H_{11}}{H_{21}}$ $-\dfrac{H_{22}}{H_{21}}\ \ -\dfrac{1}{H_{21}}$	$A\ \ B$ $C\ \ D$

表中

$$\Delta_Z = \begin{vmatrix} Z_{11} & Z_{12} \\ Z_{21} & Z_{22} \end{vmatrix}, \quad \Delta_Y = \begin{vmatrix} Y_{11} & Y_{12} \\ Y_{21} & Y_{22} \end{vmatrix}$$

$$\Delta_H = \begin{vmatrix} H_{11} & H_{12} \\ H_{21} & H_{22} \end{vmatrix}, \quad \Delta_T = \begin{vmatrix} A & B \\ C & D \end{vmatrix}$$

二端口一共有 6 组不同的参数，其余 2 组分别与 H 参数和 T 参数相似，只是把电路方程等号两边的端口变量互换而已，此处不再列举。

§16-3 二端口的等效电路

任何复杂的由线性 R、$L(M)$、C 元件构成的无源一端口可以用一个等效阻抗表征它的外部特性。同理，任何给定的由线性 R、$L(M)$、C 元件构成的无源二端口的外部性能既然可以用 3 个参数确定，那么只要找到一个由具有 3 个阻抗（或导纳）组成的简单二端口，如果这个二端口与给定的二端口的参数分别相等，则这两个二端口的外部特性也就完全相同，即它们是等效的。由 3 个阻抗（或导纳）组成的二端口只有两种形式，即 T 形电路和 π 形电路，分别如图 16-8

(a)、(b)所示。

图 16-8 二端口的等效电路

如果给定二端口的 Z 参数，要确定此二端口的等效 T 形电路[图 16-8(a)]中的 Z_1、Z_2、Z_3 的值，可先按图中所示回路电流的方向，写出 T 形电路的回路电流方程

$$\left.\begin{array}{l}\dot{U}_1 = Z_1 \dot{I}_1 + Z_2(\dot{I}_1 + \dot{I}_2) \\ \dot{U}_2 = Z_2(\dot{I}_1 + \dot{I}_2) + Z_3 \dot{I}_2\end{array}\right\} \qquad (16-7)$$

而由 Z 参数表示的二端口方程式(16-2)中，由于 $Z_{12} = Z_{21}$，可以将式(16-2)改写为

$$\left.\begin{array}{l}\dot{U}_1 = (Z_{11} - Z_{12})\dot{I}_1 + Z_{12}(\dot{I}_1 + \dot{I}_2) \\ \dot{U}_2 = Z_{12}(\dot{I}_1 + \dot{I}_2) + (Z_{22} - Z_{12})\dot{I}_2\end{array}\right\} \qquad (16-8)$$

比较式(16-7)与式(16-8)可知

$$Z_1 = Z_{11} - Z_{12}, Z_2 = Z_{12}, Z_3 = Z_{22} - Z_{12} \qquad (16-9)$$

如果二端口给定的是 Y 参数，宜先求出其等效 π 形电路[图 16-8(b)]中的 Y_1、Y_2、Y_3 的值。为此针对图 16-8(b)所示电路，按求 T 形电路相似的方法可得

$$Y_1 = Y_{11} + Y_{12}, Y_2 = -Y_{12} = -Y_{21}, Y_3 = Y_{22} + Y_{21} \qquad (16-10)$$

如果给定二端口的其他参数，则可查表 16-1，把其他参数变换成 Z 参数或 Y 参数，然后再由式(16-9)或式(16-10)求得 T 形等效电路或 π 形等效电路的参数值。例如 T 形等效电路的 Z_1、Z_2、Z_3 与 T 参数之间的关系为

$$Z_1 = \frac{A-1}{C}, Z_2 = \frac{1}{C}, Z_3 = \frac{D-1}{C}$$

π 形等效电路的 Y_1、Y_2、Y_3 与 T 参数之间的关系为

$$Y_1 = \frac{D-1}{B}, Y_2 = \frac{1}{B}, Y_3 = \frac{A-1}{B}$$

对于对称二端口，由于 $Z_{11} = Z_{22}$，$Y_{11} = Y_{22}$，$A = D$，故它的等效 T 形或 π 形电路也一定是对称的，这时应有 $Y_1 = Y_3$，$Z_1 = Z_3$。

如果二端口内部含有受控源,那么,二端口的 4 个参数将是相互独立的。若给定二端口的 Z 参数,则式(16-2)可写成

$$\dot U_1 = Z_{11}\dot I_1 + Z_{12}\dot I_2$$
$$\dot U_2 = Z_{12}\dot I_1 + Z_{22}\dot I_2 + (Z_{21}-Z_{12})\dot I_1$$

这样第 2 个方程右端的最后一项是一个 CCVS,其等效电路如图 16-9(a)所示。同理,用 Y 参数表示的含受控电源的二端口可用图 16-9(b)所示等效电路代替。

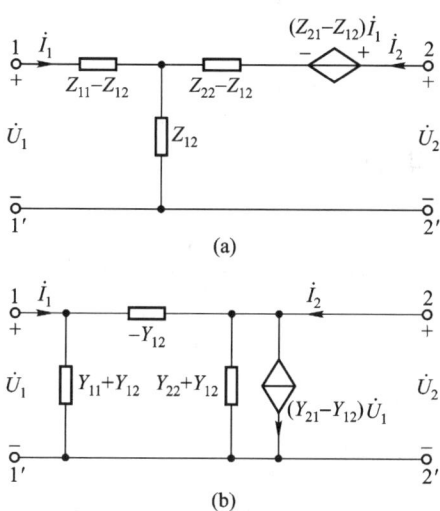

图 16-9 含受控电源的二端口的等效电路

§16-4 二端口的转移函数

以上对二端口的讨论都是按正弦稳态情况考虑的,故用相量法。如果用运算法分析二端口,则上述这些参数都是复变量 s 的函数。二端口的转移函数(传递函数),就是用拉氏变换形式表示的输出电压或电流与输入电压或电流之比(注意,二端口内部必须没有独立电源,也没有由动态元件的非零初值引起的附加电源)。当二端口没有外接负载及输入激励无内阻抗时,二端口称为无端接的。下面分别推导无端接的二端口的电压转移函数 $\dfrac{U_2(s)}{U_1(s)}$,电流转移函数 $\dfrac{I_2(s)}{I_1(s)}$,转移导纳(函数) $\dfrac{I_2(s)}{U_1(s)}$ 和转移阻抗(函数) $\dfrac{U_2(s)}{I_1(s)}$。

令式(16-2)中的电流 $I_2(s)=0$,有

$$U_1(s) = Z_{11}(s) I_1(s)$$
$$U_2(s) = Z_{21}(s) I_1(s)$$

因此电压转移函数为

$$\frac{U_2(s)}{U_1(s)} = \frac{Z_{21}(s)}{Z_{11}(s)}$$

或者令式(16-1)中的 $I_2 = 0$,有

$$0 = Y_{21}(s) U_1(s) + Y_{22}(s) U_2(s)$$

所以电压转移函数为

$$\frac{U_2(s)}{U_1(s)} = -\frac{Y_{21}(s)}{Y_{22}(s)}$$

同理,可求得二端口的其余转移函数为

电流转移函数

$$\frac{I_2(s)}{I_1(s)} = \frac{Y_{21}(s)}{Y_{11}(s)} = -\frac{Z_{21}(s)}{Z_{22}(s)} \quad [U_2(s) = 0]$$

转移导纳

$$\frac{I_2(s)}{U_1(s)} = Y_{21}(s) \quad [U_2(s) = 0]$$

转移阻抗

$$\frac{U_2(s)}{I_1(s)} = Z_{21}(s) \quad [I_2(s) = 0]$$

这些转移函数可纯粹用 Y 参数或 Z 参数表示。当然,也可纯粹用 $T(A)$ 参数或 H 参数表示。

在实际应用中,二端口的输出端口往往接有负载阻抗 Z_L,输入端口接有电压源和阻抗 Z_S 的串联组合或电流源和阻抗 Z_S 的并联组合。这种情况下该二端口称为具有"双端接"的二端口。如果只计及 Z_L 或只计及 Z_S,则称为具有"单端接"的二端口。具有单端接或双端接的二端口的转移函数与端接阻抗有关。

图 16-10 所示为一个输出端接有电阻 R 的二端口。对此二端口,有

图 16-10 具有端接电阻的二端口

§16-4 二端口的转移函数

$$I_2(s) = Y_{21}(s)U_1(s) + Y_{22}(s)U_2(s)$$
$$U_2(s) = -RI_2(s)$$

消去 $U_2(s)$ 后,得转移导纳

$$\frac{I_2(s)}{U_1(s)} = \frac{\dfrac{Y_{21}(s)}{R}}{Y_{22}(s) + \dfrac{1}{R}}$$

对此二端口还有

$$U_2(s) = Z_{21}(s)I_1(s) + Z_{22}(s)I_2(s)$$
$$U_2(s) = -RI_2(s)$$

消去 $I_2(s)$ 后,得转移阻抗

$$\frac{U_2(s)}{I_1(s)} = \frac{RZ_{21}(s)}{R + Z_{22}(s)}$$

如果对此二端口写出如下方程:

$$I_2(s) = Y_{21}(s)U_1(s) + Y_{22}(s)U_2(s)$$
$$U_1(s) = Z_{11}(s)I_1(s) + Z_{12}(s)I_2(s)$$
$$U_2(s) = -RI_2(s)$$

消去 $U_2(s)$ 和 $U_1(s)$ 后,得电流转移函数

$$\frac{I_2(s)}{I_1(s)} = \frac{Y_{21}(s)Z_{11}(s)}{1 + Y_{22}(s)R - Z_{12}(s)Y_{21}(s)}$$

$$= \frac{\dfrac{Y_{21}(s)}{R}}{Y_{11}(s)\left[\dfrac{1}{R} + Y_{22}(s)\right] - Y_{12}(s)Y_{21}(s)}$$

如果对此二端口写出如下方程:

$$U_2(s) = Z_{21}(s)I_1(s) + Z_{22}(s)I_2(s)$$
$$I_1(s) = Y_{11}(s)U_1(s) + Y_{12}(s)U_2(s)$$
$$U_2(s) = -RI_2(s)$$

消去 $I_1(s)$ 和 $I_2(s)$ 后,得电压转移函数

$$\frac{U_2(s)}{U_1(s)} = \frac{Z_{21}(s)Y_{11}(s)}{1 + Z_{22}(s)\dfrac{1}{R} - Z_{21}(s)Y_{12}(s)}$$

$$= \frac{Z_{21}(s)R}{Z_{11}(s)[R + Z_{22}(s)] - Z_{12}(s)Z_{21}(s)}$$

对于双端接二端口,转移函数将与两个端接阻抗有关。图 16-11 所示为这

种情况，其中 R_1 为输入端的电阻，R_2 为输出端的电阻。假定要求的是 $\dfrac{U_2(s)}{U_s(s)}$ [这里应当把 $U_s(s)$ 作为输入]，这时有

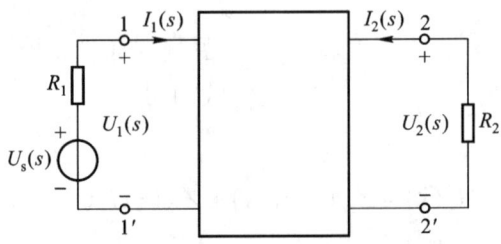

图 16-11　两个端口都有端接电阻影响的情况

$$U_1(s) = U_s(s) - R_1 I_1(s)$$
$$U_2(s) = -R_2 I_2(s)$$

把它们代入式(16-2)，得

$$U_s(s) - R_1 I_1(s) = Z_{11}(s) I_1(s) + Z_{12}(s) I_2(s)$$
$$-R_2 I_2(s) = Z_{21}(s) I_1(s) + Z_{22}(s) I_2(s)$$

解得

$$I_2(s) = -\frac{U_s(s) Z_{21}(s)}{[R_1 + Z_{11}(s)][R_2 + Z_{22}(s)] - Z_{12}(s) Z_{21}(s)}$$

这样有

$$\frac{U_2(s)}{U_s(s)} = \frac{-R_2 I_2(s)}{U_s(s)} = \frac{Z_{21}(s) R_2}{[R_1 + Z_{11}(s)][R_2 + Z_{22}(s)] - Z_{12}(s) Z_{21}(s)}$$

以上介绍了一些转移函数的计算方法。如前所述，二端口常为完成某种功能起着耦合两部分电路的作用。例如，滤波器能让具有某些频率的信号通过，而对另一些频率的信号则加以抑制。这种功能往往是通过转移函数描述或指定的。另一方面，转移函数的极、零点的分布与二端口内部的元件及连接方式等密切相关，而极、零点的分布又决定了电路的特性。所以可以根据转移函数确定二端口内部元件的连接方式及元件值，即所谓电路设计或网络综合。可见二端口的转移函数是一个很重要的概念。

§16-5　二端口的连接

如果把一个复杂的二端口看成是由若干个简单的二端口按某种方式连接而

成，这将使电路分析得到简化。另一方面，在设计和实现一个复杂的二端口时，也可以用简单的二端口作为"积木块"，把它们按一定方式连接成具有所需特性的二端口。一般说来，设计简单的部分电路并加以连接要比直接设计一个复杂的整体电路容易些。因此讨论二端口的连接问题具有重要意义。

二端口可按多种不同方式相互连接，这里主要介绍3种方式：级联（链联）、串联和并联，分别如图 16-12(a)、(b)、(c)所示。在二端口的连接问题上，感兴趣的是复合二端口的参数与部分二端口的参数之间的关系。

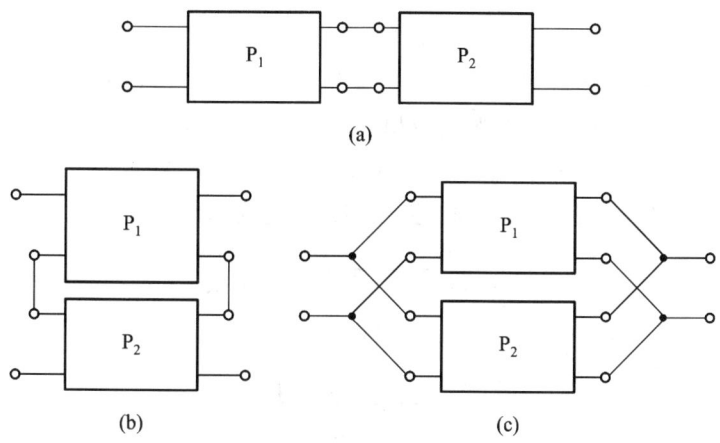

图 16-12 二端口的连接

当两个无源二端口 P_1 和 P_2 按级联方式连接后，它们构成了一个复合二端口，如图 16-13 所示。设二端口 P_1 和 P_2 的 T 参数分别为

$$\boldsymbol{T}' = \begin{bmatrix} A' & B' \\ C' & D' \end{bmatrix}, \boldsymbol{T}'' = \begin{bmatrix} A'' & B'' \\ C'' & D'' \end{bmatrix}$$

则应有

$$\begin{bmatrix} \dot{U}'_1 \\ \dot{I}'_1 \end{bmatrix} = \boldsymbol{T}' \begin{bmatrix} \dot{U}'_2 \\ -\dot{I}'_2 \end{bmatrix}, \begin{bmatrix} \dot{U}''_1 \\ \dot{I}''_1 \end{bmatrix} = \boldsymbol{T}'' \begin{bmatrix} \dot{U}''_2 \\ -\dot{I}''_2 \end{bmatrix}$$

但由于 $\dot{U}_1 = \dot{U}'_1, \dot{U}'_2 = \dot{U}''_1, \dot{U}''_2 = \dot{U}_2, \dot{I}_1 = \dot{I}'_1, \dot{I}'_2 = -\dot{I}''_1$ 及 $\dot{I}''_2 = \dot{I}_2$，所以有

$$\begin{bmatrix} \dot{U}_1 \\ \dot{I}_1 \end{bmatrix} = \begin{bmatrix} \dot{U}'_1 \\ \dot{I}'_1 \end{bmatrix} = \boldsymbol{T}' \begin{bmatrix} \dot{U}'_2 \\ -\dot{I}'_2 \end{bmatrix} = \boldsymbol{T}' \begin{bmatrix} \dot{U}''_1 \\ \dot{I}''_1 \end{bmatrix} = \boldsymbol{T}'\boldsymbol{T}'' \begin{bmatrix} \dot{U}''_2 \\ -\dot{I}''_2 \end{bmatrix} = \boldsymbol{T}'\boldsymbol{T}'' \begin{bmatrix} \dot{U}_2 \\ -\dot{I}_2 \end{bmatrix} = \boldsymbol{T} \begin{bmatrix} \dot{U}_2 \\ -\dot{I}_2 \end{bmatrix}$$

其中 $\boldsymbol{T}$ 为复合二端口的 T 参数矩阵，它与二端口 P_1 和 P_2 的 T 参数矩阵的关系为

$$\boldsymbol{T} = \boldsymbol{T}'\boldsymbol{T}''$$

即
$$T = \begin{bmatrix} A'A'' + B'C'' & A'B'' + B'D'' \\ C'A'' + D'C'' & C'B'' + D'D'' \end{bmatrix}$$

图 16-13 二端口的级联

当两个二端口 P_1 和 P_2 按并联方式连接时,如图 16-14 所示,两个二端口的输入电压和输出电压被分别强制为相同,即 $\dot{U}'_1 = \dot{U}''_1 = \dot{U}_1$,$\dot{U}'_2 = \dot{U}''_2 = \dot{U}_2$。如果每个二端口的端口条件(即端口上流入一个端子的电流等于流出另一端子的电流)不因并联连接而被破坏,则复合二端口的总端口的电流应为

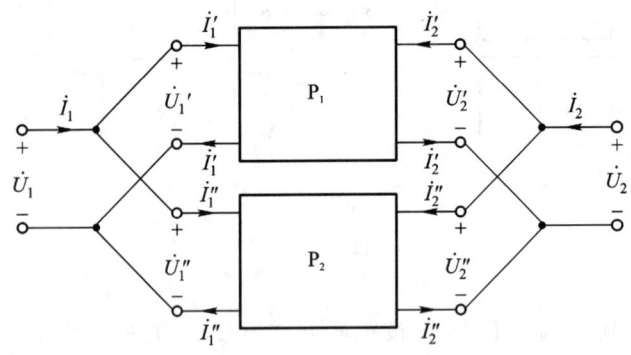

图 16-14 二端口的并联

$$\dot{I}_1 = \dot{I}'_1 + \dot{I}''_1, \dot{I}_2 = \dot{I}'_2 + \dot{I}''_2$$

若设 P_1 和 P_2 的 Y 参数分别为

$$\boldsymbol{Y}' = \begin{bmatrix} Y'_{11} & Y'_{12} \\ Y'_{21} & Y'_{22} \end{bmatrix}, \quad \boldsymbol{Y}'' = \begin{bmatrix} Y''_{11} & Y''_{12} \\ Y''_{21} & Y''_{22} \end{bmatrix}$$

则应有

$$\begin{bmatrix} \dot{I}_1 \\ \dot{I}_2 \end{bmatrix} = \begin{bmatrix} \dot{I}'_1 \\ \dot{I}'_2 \end{bmatrix} + \begin{bmatrix} \dot{I}''_1 \\ \dot{I}''_2 \end{bmatrix} = \boldsymbol{Y}' \begin{bmatrix} \dot{U}'_1 \\ \dot{U}'_2 \end{bmatrix} + \boldsymbol{Y}'' \begin{bmatrix} \dot{U}''_1 \\ \dot{U}''_2 \end{bmatrix} = (\boldsymbol{Y}' + \boldsymbol{Y}'') \begin{bmatrix} \dot{U}_1 \\ \dot{U}_2 \end{bmatrix} = \boldsymbol{Y} \begin{bmatrix} \dot{U}_1 \\ \dot{U}_2 \end{bmatrix}$$

其中 $\boldsymbol{Y}$ 为复合二端口的 Y 参数矩阵,它与二端口 P_1 和 P_2 的 Y 参数矩阵的关系为

$$\boldsymbol{Y} = \boldsymbol{Y}' + \boldsymbol{Y}''$$

当两个二端口按串联方式连接时,只要端口条件仍然成立,用类似方法,不

难导得复合二端口的 Z 参数矩阵与串联连接的两个二端口的 Z 参数矩阵有如下关系：

$$Z = Z' + Z''$$

§16-6 回转器和负阻抗变换器

回转器是一种线性非互易的多端元件,图 16-15 为它的电路图形符号。理想回转器可视为一个二端口,它的端口电压、电流关系可用下列方程表示：

$$\left.\begin{array}{l} u_1 = -ri_2 \\ u_2 = ri_1 \end{array}\right\} \quad (16-11)$$

或写为

$$\left.\begin{array}{l} i_1 = gu_2 \\ i_2 = -gu_1 \end{array}\right\}① \quad (16-12)$$

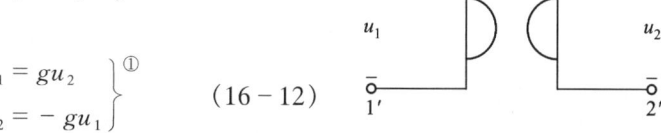

图 16-15 回转器

式中的 r 和 g 分别具有电阻和电导的量纲。它们分别称为回转电阻和回转电导,简称回转常数。把上式与理想变压器的关系式对比,就可以明确两者的差别所在。

用矩阵形式表示时,式(16-11)、(16-12)可分别写为

$$\begin{bmatrix} u_1 \\ u_2 \end{bmatrix} = \begin{bmatrix} 0 & -r \\ r & 0 \end{bmatrix} \begin{bmatrix} i_1 \\ i_2 \end{bmatrix}$$

$$\begin{bmatrix} i_1 \\ i_2 \end{bmatrix} = \begin{bmatrix} 0 & g \\ -g & 0 \end{bmatrix} \begin{bmatrix} u_1 \\ u_2 \end{bmatrix}$$

可见,回转器的 Z 参数矩阵和 Y 参数矩阵分别为

$$Z = \begin{bmatrix} 0 & -r \\ r & 0 \end{bmatrix}, \quad Y = \begin{bmatrix} 0 & g \\ -g & 0 \end{bmatrix}$$

根据理想回转器的端口方程,即式(16-11),有

$$u_1 i_1 + u_2 i_2 = -ri_1 i_2 + ri_1 i_2 = 0$$

由于图 16-15 中回转器的两个端口的电压电流均取关联参考方向,因此上式表

---

① 式(16-11)和(16-12)的另一种形式为：

$$\left.\begin{array}{l} u_1 = ri_2 \\ u_2 = -ri_1 \end{array}\right\} \quad (16-11')$$

$$\left.\begin{array}{l} i_1 = -gu_2 \\ i_2 = gu_1 \end{array}\right\} \quad (16-12')$$

为了区别这两种情况,习惯上在图 16-15 所示电路符号图上方加一个箭头。当箭头自左指向右时,它对应式(16-11)或式(16-12),而自右指向左时则对应式(16-11')或式(16-12')。本书的有关图中略去了这个箭头。

示理想回转器既不消耗功率又不发出功率,它是一个无源线性元件。另外,按式(16-11)或式(16-12),不难证明互易定理不适用于回转器。

从式(16-11)或式(16-12)可以看出,回转器有把一个端口上的电流"回转"为另一端口上的电压或相反过程的性质。正是这一性质,使回转器具有把一个电容回转为一个电感的本领,这在微电子器件中为用易于集成的电容实现难以集成的电感提供了可能性。下面说明回转器的这一功能。

对图16-16所示电路,有 $I_2(s) = -sCU_2(s)$(这里采用运算形式),故按式(16-11)或(16-12)可得

$$U_1(s) = -rI_2(s) = rsCU_2(s) = r^2 sCI_1(s)$$

或

$$I_1(s) = gU_2(s) = -g\frac{1}{sC}I_2(s) = g^2\frac{1}{sC}U_1(s)$$

于是,输入阻抗为

$$Z_{in} = \frac{U_1(s)}{I_1(s)} = sr^2 C = s\frac{C}{g^2}$$

可见,对于图16-16所示电路,从输入端看,相当于一个电感元件,它的电感值 $L = r^2 C = \frac{C}{g^2}$。如果设 $C = 1\ \mu F, r = 50\ k\Omega$,则 $L = 2\ 500\ H$。换言之,回转器可把 $1\ \mu F$ 的电容回转成 $2\ 500\ H$ 的电感。

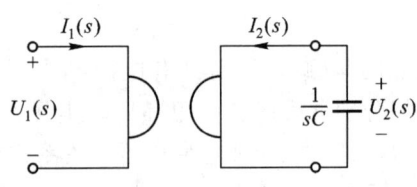

图16-16 电感的实现

负阻抗变换器(简称NIC[①])也是一个二端口,它的符号如图16-17(a)所示。它的端口特性可以用下列 T 参数描述[采用运算形式,但为简化起见,略去 U、I 后的"(s)"]

$$\begin{bmatrix} U_1 \\ I_1 \end{bmatrix} = \begin{bmatrix} 1 & 0 \\ 0 & -k \end{bmatrix} \begin{bmatrix} U_2 \\ -I_2 \end{bmatrix} \quad (16-13a)$$

或

$$\begin{bmatrix} U_1 \\ I_1 \end{bmatrix} = \begin{bmatrix} -k & 0 \\ 0 & 1 \end{bmatrix} \begin{bmatrix} U_2 \\ -I_2 \end{bmatrix} \quad (16-13b)$$

式中 k 为正实常数。

从式(16-13a)可以看出,输入电压 U_1 经过传输后成为 U_2,但 U_1 等于 U_2,因此电压的大小和方向均没有改变;但是电流 I_1 经传输后变为 kI_2,换句话说,电流经传输后改变了方向,所以该式定义的NIC称为电流反向型的NIC。

---

① Negative Impedance Converter 的缩写。

图 16-17 负阻抗变换器

从式(16-13b)可以看出,经传输后电压变为 $-kU_2$,改变了方向,电流却不改变方向。这种 NIC 称为电压反向型的 NIC。下面说明 NIC 把正阻抗变为负阻抗的性质。

在端口 2-2′接上阻抗 Z_2,如图 16-17(b)所示。从端口 1-1′看进去的输入阻抗 Z_1 可计算如下:

设 NIC 为电流反向型,利用式(16-13a),得

$$Z_1 = \frac{U_1}{I_1} = \frac{U_2}{kI_2}①$$

但是 $U_2 = -Z_2 I_2$(根据指定的参考方向),因此

$$Z_1 = -\frac{Z_2}{k}$$

换句话说,输入阻抗 Z_1 是负载阻抗 $Z_2\left(乘以\frac{1}{k}\right)$ 的负值。所以这个二端口有把一个正阻抗变为负阻抗的本领,也即当端口 2-2′接上电阻 R、电感 L 或电容 C 时,则在端口 1-1′将变为 $-\frac{1}{k}R$、$-\frac{1}{k}L$ 或 $-kC$。

负阻抗变换器为电路设计中实现负 R、L、C 提供了可能性。

 习 题

16-1 求题 16-1 图所示二端口的 Y 参数、Z 参数和 T 参数矩阵。

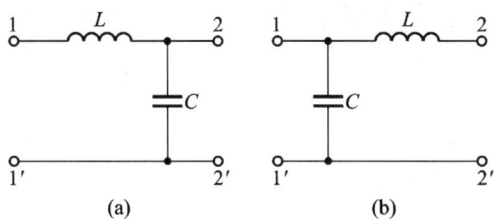

题 16-1 图

---

① 如 NIC 为电压反向型,利用式(16-13b)可得 $Z_1 = kU_2/I_2$。

16-2 求题 16-2 图所示二端口的 Y 参数和 Z 参数矩阵。

题 16-2 图

16-3 求题 16-3 图所示二端口的 T 参数矩阵。

题 16-3 图

16-4 求题 16-4 图所示二端口的 Y 参数矩阵。

题 16-4 图

16-5 求题 16-5 图所示二端口的混合(H)参数矩阵。

16-6 已知题 16-6 图所示二端口的 Z 参数矩阵为

题 16-5 图

$$Z = \begin{bmatrix} 10 & 8 \\ 5 & 10 \end{bmatrix} \Omega$$

求 R_1、R_2、R_3 和 r 的值。

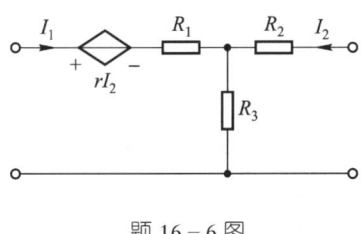

题 16-6 图

16-7 已知二端口的 Y 参数矩阵为

$$Y = \begin{bmatrix} 1.5 & -1.2 \\ -1.2 & 1.8 \end{bmatrix} S$$

求 H 参数矩阵,并说明该二端口中是否有受控源。

16-8 求题 16-8 图所示二端口的 Z 参数、T 参数矩阵。

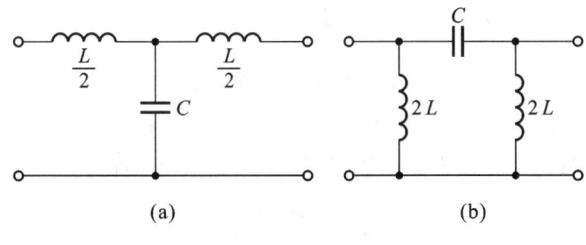

题 16-8 图

16-9 电路如题 16-9 图所示,已知二端口的 H 参数矩阵为

$$H = \begin{bmatrix} 40 & 0.4 \\ 10 & 0.1 \end{bmatrix}$$

求电压转移函数 $\dfrac{U_2(s)}{U_1(s)}$。

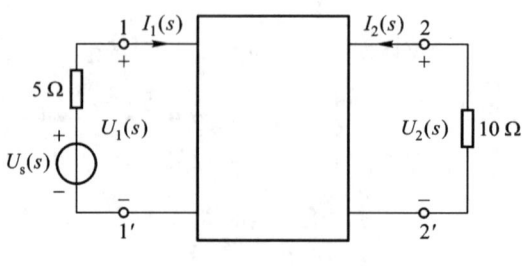

题 16-9 图

16-10 已知二端口参数矩阵为

(a) $\mathbf{Z} = \begin{bmatrix} \dfrac{60}{9} & \dfrac{40}{9} \\ \dfrac{40}{9} & \dfrac{100}{9} \end{bmatrix} \Omega$；

(b) $\mathbf{Y} = \begin{bmatrix} 5 & -2 \\ 0 & 3 \end{bmatrix} \mathrm{S}$。

试问二端口是否有受控源，并求它们的等效 π 形电路。

16-11 求题 16-11 图所示双 T 电路的 Y 参数矩阵。

题 16-11 图

16-12 求题 16-12 图所示二端口的 T 参数矩阵，设内部二端口 P_1 的 T 参数矩阵为

$$\mathbf{T}_1 = \begin{bmatrix} A & B \\ C & D \end{bmatrix}$$

16-13 利用题 16-1、16-3 的结果，求出题 16-13 图所示二端口的 T 参数矩阵。设已知 $\omega L_1 = 10\ \Omega,\ \dfrac{1}{\omega C} = 20\ \Omega,\ \omega L_2 = \omega L_3 = 8\ \Omega,\ \omega M_{23} = 4\ \Omega$。

16-14 试证明两个回转器级联后[如题 16-14 图(a)所示]，可等效为一个理想变压器[如题 16-14 图(b)所示]，并求出变比 n 与两个回转器的回转电导 g_1 和 g_2 的关系。

题 16-12 图

题 16-13 图

题 16-14 图

16-15 试求题 16-15 图所示电路的输入阻抗 Z_i。已知 $C_1 = C_2 = 1$ F,$G_1 = G_2 = 1$ S,$g = 2$ S。

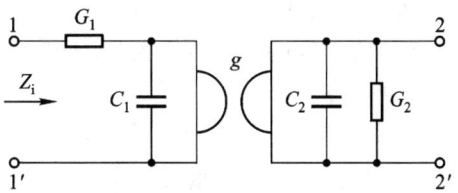

题 16-15 图

第十七章

非线性电路

内容提要

本章简要地介绍非线性元件,并举例说明非线性电路方程的建立方法。同时,介绍分析非线性电路的一些常用方法,如小信号法,分段线性化方法;简要地介绍了工作在非线性范围的运放,有关状态平面以及自激振荡的初步概念;最后初步介绍了"混沌"、人工神经元电路。

本章以掌握概念为主,不要求定量分析。

---

§17-1 非线性电阻

在线性电路中,线性元件的特点是其参数不随电压或电流而变化。如果电路元件的参数随着电压或电流而变化,即电路元件的参数与电压或电流有关,就称为非线性元件,含有非线性元件的电路称为非线性电路。

实际电路元件的参数总是或多或少地随着电压或电流而变化。所以,严格说来,一切实际电路都是非线性电路。在工程计算中,将那些非线性程度比较微弱的电路元件作为线性元件来处理,不会带来本质上的差异,从而简化了电路分析。但是,许多非线性元件的非线性特征不容忽略,否则就将无法解释电路中发生的物理现象。如果将这些非线性元件作为线性元件处理,势必使计算结果与实际量值相差太大而无意义,甚至还会产生本质的差异。由于非线性电路本身具有的特殊性,分析研究非线性电路具有重要的意义。

线性电阻元件的伏安特性可用欧姆定律来表示,即 $u=Ri$,在 $u-i$ 平面上它是通过坐标原点的一条直线。非线性电阻元件的电压电流关系不满足欧姆定律,而是遵循某种特定的非线性函数关系。非线性电阻在电路中的符号如图 17-1(a)所示(为了使问题简化,这里仅考虑 $u>0$ 和 $i>0$ 的情况)。

§17–1 非线性电阻

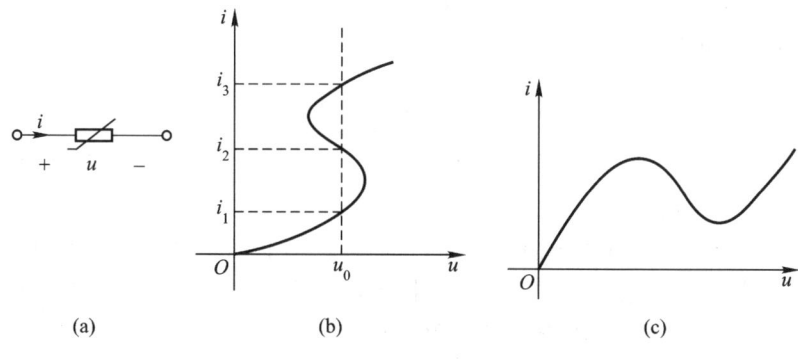

图 17–1 非线性电阻

若非线性电阻元件两端的电压是其电流的单值函数,这种电阻就称为电流控制型电阻,它的伏安特性可用下列函数关系表示:

$$u = f(i) \tag{17-1}$$

其典型的伏安特性曲线如图 17–1(b)所示,从特性曲线上可以看到:对于每一个电流值 i,有且只有一个电压值 u 与之相对应;而对于某一电压值,与之对应的电流可能是多值的。如 $u = u_0$ 时,就有 i_1、i_2 和 i_3 3 个不同的值与之对应。某些充气二极管就具有这种伏安特性。

若通过非线性电阻元件中的电流是其两端电压的单值函数,这种电阻就称为电压控制型电阻,其伏安特性可用下列函数关系表示:

$$i = g(u) \tag{17-2}$$

其典型的伏安特性曲线如图 17–1(c)所示,从特性曲线上可以看到:对于某一电流值,与之对应的电压可能是多值的。但是对于每一个电压值 u,有且只有一个电流值 i 与之对应。隧道二极管就具有这样的伏安特性。

从图 17–1(b)、(c)中还可以看出,上述两种伏安特性曲线都具有一段下倾的线段。就是说在这一段范围内电流随着电压的增长反而下降。

另一种非线性电阻属于"单调型",其伏安特性是单调增长或单调下降的,它同时是电流控制又是电压控制的。这一类非线性电阻以 PN 结二极管最为典型,其伏安特性可用下列函数式表示:

$$i = I_s(e^{\frac{qu}{kT}} - 1) \tag{17-3}$$

式中 I_s 为一常数,称为反向饱和电流,q 是电子的电荷(1.6×10^{-19} C),k 是玻尔兹曼常数(1.38×10^{-23} J/K),T 为热力学温度。在 $T = 300$ K(室温下)时

$$\frac{q}{kT} = 40 \text{(J/C)}^{-1} = 40 \text{ V}^{-1}$$

因此

$$i = I_s(e^{40u} - 1)$$

从式(17-3)可求得

$$u = \frac{kT}{q}\ln\left(\frac{1}{I_s}i + 1\right)$$

上式表明,电压可用电流的单值函数来表示。图 17-2 定性示出了 PN 结二极管的伏安特性曲线。

特别要指出的是线性电阻是双向性的,而许多非线性电阻具有单向性。当加在非线性电阻两端的电压方向不同时,流过它的电流完全不同,故其特性曲线不对称于原点。在工程中,非线性电阻的单向导电性可作为整流用。为了计算上的需要,对于非线性电阻元件有时引用静态电阻和动态电阻的概念。

非线性电阻元件在某一工作状态下(如图 17-2 中 P 点)的静态电阻 R 等于该点的电压值 u 与电流值 i 之比,即

$$R = \frac{u}{i}$$

显然 P 点的静态电阻正比于 $\tan\alpha$。

非线性电阻元件在某一工作状态下(如图 17-2 中 P 点)的动态电阻 R_d 等于该点的电压 u 对电流 i 的导数值,即

$$R_d = \frac{du}{di}$$

显然 P 点的动态电阻正比于 $\tan\beta$。

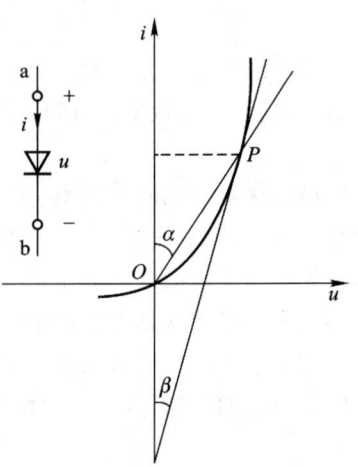

图 17-2 PN 结二极管的伏安特性

这里特别要说明的是,对于图 17-1(b)、(c)中所示伏安特性曲线的下倾段,其动态电阻为负值,因此具有"负电阻"的性质。

例 17-1 设有一个非线性电阻元件,其伏安特性为 $u = f(i) = 100i + i^3$。

(1) 试分别求出 $i_1 = 5$ A, $i_2 = 10$ A, $i_3 = 0.01$ A, $i_4 = 0.001$ A 时对应的电压 u_1、u_2、u_3、u_4 的值;

(2) 试求 $i = 2\cos(314t)$ A 时对应的电压 u 的值;

(3) 设 $u_{12} = f(i_1 + i_2)$,试问 u_{12} 是否等于 $(u_1 + u_2)$?

解 (1) $i_1 = 5$ A 时

$$u_1 = (100 \times 5 + 5^3) \text{ V} = 625 \text{ V}$$

$i_2 = 10$ A 时

$$u_2 = (100 \times 10 + 10^3) \text{ V} = 2\,000 \text{ V}$$

$i_3 = 0.01$ A 时

$$u_3 = [100 \times 0.01 + (0.01)^3] \text{ V} = (1 + 10^{-6}) \text{ V}$$

$i_4 = 0.001$ A 时

$$u_4 = [100 \times 0.001 + (0.001)^3] \text{ V} = (0.1 + 10^{-9}) \text{ V}$$

从上述计算可以看出,如果把这个电阻作为 100 Ω 的线性电阻,当电流 i 不同时,引起的误差不同,当电流值较小时,引起的误差不大。

(2) 当 $i = 2\cos(314t)$ A 时

$$\begin{aligned} u &= [100 \times 2\cos(314t) + 8\cos^3(314t)] \text{ V} \\ &= [206\cos(314t) + 2\cos(942t)] \text{ V} \end{aligned}$$

电压 u 中含有 3 倍于电流频率的分量,所以利用非线性电阻可以产生频率不同于输入频率的输出(这种作用称为"倍频")。

(3) 现假设 $u_{12} = f(i_1 + i_2)$,则

$$\begin{aligned} u_{12} &= 100(i_1 + i_2) + (i_1 + i_2)^3 \\ &= 100(i_1 + i_2) + (i_1^3 + i_2^3) + (i_1 + i_2) \times 3i_1 i_2 \\ &= u_1 + u_2 + 3i_1 i_2 (i_1 + i_2) \end{aligned}$$

可见,一般情况下,$i_1 + i_2 \neq 0$,因此有

$$u_{12} \neq u_1 + u_2$$

所以叠加定理不适用于非线性电路。

当非线性电阻元件串联或并联时,只有所有非线性电阻元件的控制类型相同,才有可能得出其等效电阻伏安特性的解析表达式。如果把非线性电阻元件串联或并联后对外当作一个一端口时,则端口的电压电流关系或伏安特性称为此一端口的驱动点特性。对于图 17 - 3(a)所示两个非线性电阻的串联,设它们的伏安特性分别为 $u_1 = f_1(i_1), u_2 = f_2(i_2)$,用 $u = f(i)$ 表示此串联电路的一端口伏安特性。根据 KCL 和 KVL,有

$$i = i_1 = i_2$$
$$u = u_1 + u_2$$

将两个非线性电阻的伏安特性代入 KVL 有

$$u = f_1(i_1) + f_2(i_2)$$

根据 KCL 对所有 i,则有

$$u = f(i) = f_1(i) + f_2(i)$$

这表示,其驱动点特性为一个电流控制的非线性电阻,因此两个电流控制的非线性电阻串联组合的等效电阻还是一个电流控制的非线性电阻。

可以用图解的方法来分析非线性电阻的串联电路。图 17 - 3(b)说明了这种分析方法,即在同一电流值下将 u_1 和 u_2 相加可得出 u。例如,当 $i' = i_1' = i_2'$ 时,有 $u_1 = u_1', u_2 = u_2'$,而 $u' = u_1' + u_2'$。取不同的 i 值,可逐点求出其等效伏

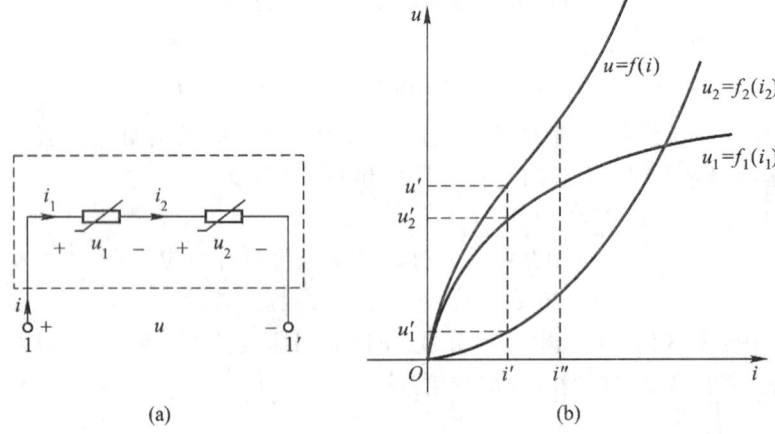

图 17-3 非线性电阻的串联

安特性 $u = f(i)$,如图 17-3(b)所示。

如果这两个非线性电阻中有一个是电压控制型,在电流值的某范围内电压是多值的。很难写出一端口的等效伏安特性 $u = f(i)$ 的解析式。但是用图解方法不难获得等效非线性电阻的伏安特性。

图 17-4 所示为两个非线性电阻的并联电路。按 KCL 和 KVL 有

$$u = u_1 = u_2, \quad i = i_1 + i_2$$

设两个非线性电阻均为电压控制型的,其伏安特性分别表示为

$$i_1 = f_1(u_1), \quad i_2 = f_2(u_2)$$

由并联电路组成的一端口的驱动点特性用 $i = f(u)$ 来表示。利用以上关系,可得

$$i = f_1(u) + f_2(u)$$

所以此一端口的驱动点特性是一个电压控制型的非线性电阻。如果并联的非线性电阻中之一不是电压控制的,就得不出以上的解析式,但可以用图解法来求解。

图 17-4 非线性电阻的并联

用图解法来分析非线性电阻的并联电路时,把在同一电压值下的各并联非线性电阻的电流值相加,即可得到所需要的驱动点特性。

图 17-5(a)所示电路由线性电阻 R_0 和直流电压源 U_0 及一个非线性电阻 R 组成。线性电阻 R_0 和电压源 U_0 的串联组合可以是一个线性一端口的戴维宁等效电路。设非线性电阻的伏安特性如图 17-5(b)所示。这里介绍另一种图解法,称为"曲线相交法"。

对此电路应用 KVL,可得下列方程
$$U_0 = R_0 i + u$$
$$u = U_0 - R_0 i \qquad (17-4)$$

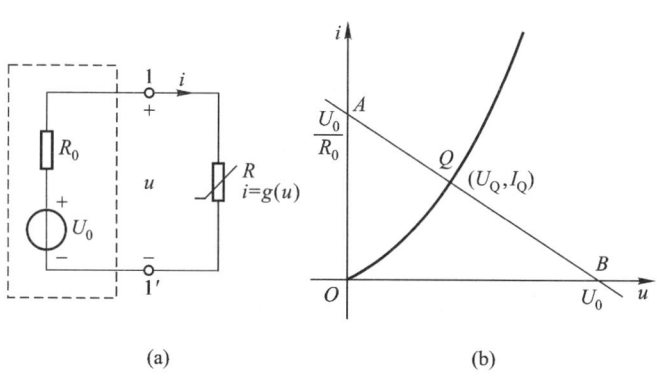

图 17-5 静态工作点

此方程可以看作是图 17-5(a)中虚线方框所示一端口的伏安特性。它在 $u-i$ 平面上是一条如图 17-5(b)中的直线 $\overline{AB}$。设非线性电阻 R 的伏安特性可表示为
$$i = g(u) \qquad (17-5)$$

直线 $\overline{AB}$ 与此伏安特性曲线的交点 (U_Q, I_Q) 同时满足式(17-4)和式(17-5),所以有
$$U_0 = R_0 I_Q + U_Q$$
$$I_Q = g(U_Q)$$

交点 $Q(U_Q, I_Q)$ 称为电路的静态工作点,它就是图 17-5(a)所示电路的解。在电子电路中直流电压源通常表示偏置电压,R_0 表示负载,故直线 $\overline{AB}$ 有时称为负载线。

§17-2 非线性电容和非线性电感

线性电容是一个二端储能元件,它两端电压与其电荷的关系是用函数或库伏特性表示的。如果一个电容元件的库伏特性不是一条通过坐标原点的直线,这种电容就是非线性电容。非线性电容的电路符号和 $q-u$ 特性曲线如图 17-6所示。

如果一个非线性电容元件的电荷、电压关系可用下式表示:
$$q = f(u)$$

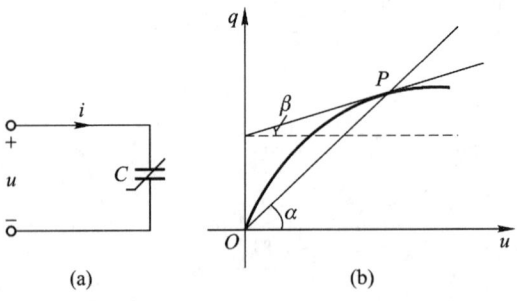

图 17-6 非线性电容及 q-u 特性曲线

即电荷可用电压的单值函数来表示,则此电容称为电压控制的。如果电荷电压关系可表示为

$$u = h(q)$$

即电压可用电荷的单值函数来表示,则此电容称为电荷控制的电容。

非线性电容也可以是单调型的,即其库伏特性在 q-u 平面上是单调增长或单调下降的。

为了计算上的需要,有时引用静态电容 C 和动态电容 C_d 的概念,它们的定义分别如下:

$$C = \frac{q}{u}$$

$$C_d = \frac{dq}{du}$$

显然,在图 17-6(b)中 P 点的静态电容正比于 $\tan \alpha$,P 点的动态电容正比于 $\tan \beta$。

电感也是一个二端储能元件,其特征是用磁通链与电流之间的函数关系或韦安特性表示的。如果电感元件的韦安特性不是一条通过原点的直线,这种电感元件就是非线性电感元件。

如果非线性电感的电流与磁通链的关系表示为

$$i = h(\Psi)$$

则称为磁通链控制的电感。如果电流与磁通链的关系表示为

$$\Psi = f(i)$$

就称为电流控制的电感。非线性电感的 Ψ-i 特性曲线如图 17-7 所示。

同样,为了计算上的方便,也引用静态电感 L 和动态电感 L_d 的概念,它们的定义分别如下:

$$L = \frac{\Psi}{i}$$

$$L_d = \frac{d\Psi}{di}$$

显然,在图 17-7(b)中 P 点的静态电感正比于 $\tan\alpha$,P 点的动态电感正比于 $\tan\beta$。

非线性电感也可以是单调型的,即其韦安特性在 $\Psi-i$ 平面上是单调增长或单调下降的。不过大多数实际非线性电感元件包含铁磁材料制成的心子,由于铁磁材料的磁滞现象的影响,它的 $\Psi-i$ 特性曲线具有回线形状,如图 17-8 所示。

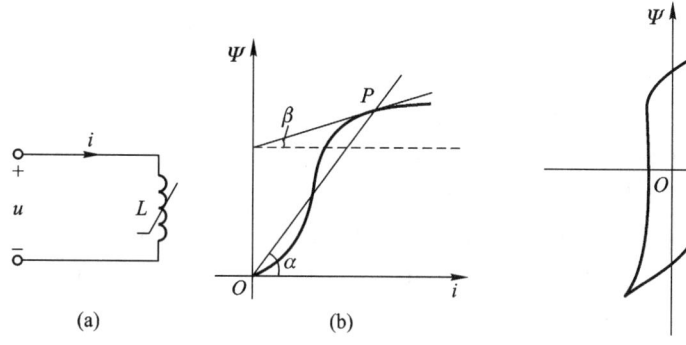

图 17-7 非线性电感及 $\Psi-i$ 特性曲线

图 17-8 铁磁材料的 $\Psi-i$ 特性曲线

§17-3 非线性电路的方程

在电路的分析与计算中,由于基尔霍夫定律对于线性电路和非线性电路均适用,所以线性电路方程与非线性电路方程的差别仅由于元件特性的不同而引起。对于非线性电阻电路列出的方程是一组非线性代数方程,而对于含有非线性储能元件的动态电路列出的方程是一组非线性微分方程。下面通过两个实例说明上述概念。

例 17-2 电路如图 17-9 所示,已知 $R_1 = 3\ \Omega$,$R_2 = 2\ \Omega$,$u_S = 10\ \text{V}$,$i_S = 1\ \text{A}$,非线性电阻的特性是电压控制型的,$i = u^2 + u$,试求 u。

解 应用 KCL 有

$$i_1 = i_S + i$$

对于回路 1 应用 KVL,有

$$R_1 i + R_2 i_1 + u = u_S$$

将 $i_1 = i + i_S$,$i = u^2 + u$ 代入上式,得电路方程为

图 17-9 例 17-2 图

$$5u^2 + 6u - 8 = 0$$

解得 $u' = 0.8\ \text{V}, u'' = -2\ \text{V}$

可见,非线性电路的解可能不是唯一的。

如果电路中既有电压控制的电阻,又有电流控制的电阻,建立方程的过程就比较复杂。

对于含有非线性动态元件的电路,通常选择非线性电感的磁通链和非线性电容的电荷为电路的状态变量,根据 KCL、KVL 列写的方程是一组非线性微分方程。

例 17-3 含非线性电容的电路如图 17-10 所示,其中非线性电容的库伏特性为 $u = 0.5kq^2$,试以 q 为电路变量写出微分方程。

解 以电容电荷 q 为电路变量,有

$$i_C = \frac{\mathrm{d}q}{\mathrm{d}t}$$

$$i_0 = \frac{u}{R_0} = \frac{0.5kq^2}{R_0}$$

应用 KCL,有

$$i_C + i_0 = i_S$$

因此,得一阶非线性微分方程为

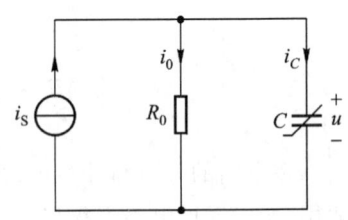

图 17-10 例 17-3 图

$$\frac{\mathrm{d}q}{\mathrm{d}t} = -\frac{0.5kq^2}{R_0} + i_S$$

列写具有多个非线性储能元件电路的状态方程比线性电路更为复杂和困难。

对于非线性代数方程和非线性微分方程,其解析解一般都是难以求得的,但是可以利用计算机应用数值法来求得数值解。

§17-4 小信号分析法

小信号分析法是电子工程中分析非线性电路的一个重要方法。通常在电子电路中遇到的非线性电路,不仅有作为偏置电压的直流电源 U_0 作用,同时还有随时间变动的输入电压 $u_S(t)$ 作用。假设在任何时刻有 $|u_S(t)| \ll U_0$,则把 $u_S(t)$ 称为小信号电压。分析此类电路,就可采用小信号分析法。

在图 17-11(a)所示电路中,直流电压源 U_0 为偏置电压,电阻 R_0 为线性电阻,非线性电阻是电压控制型的,其伏安特性为 $i = g(u)$,图 17-11(b)为其伏安特性曲线。小信号时变电压为 $u_S(t)$,且 $|u_S(t)| \ll U_0$ 总成立。现在待求的是非线性电阻电压 $u(t)$ 和电流 $i(t)$。

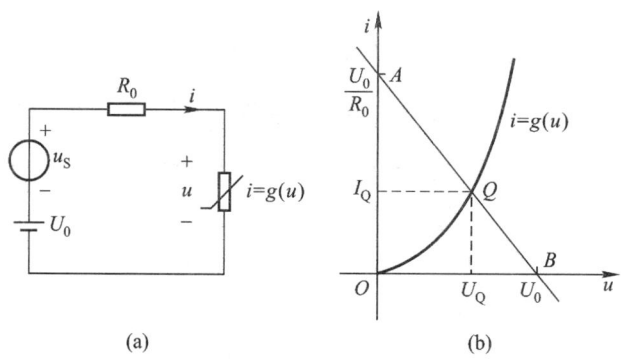

图 17-11 非线性电路的小信号分析

首先应用 KVL 列出电路方程

$$U_0 + u_S(t) = R_0 i(t) + u(t) \tag{17-6}$$

当 $u_S(t) = 0$ 时,即电路中只有直流电压源作用时,负载线 $\overline{AB}$ 如图 17-11(b)所示,它与非线性电阻伏安特性曲线的交点 $Q(U_Q, I_Q)$ 即电路的静态工作点。在 $|u_S(t)| \ll U_0$ 的条件下,电路的解 $u(t)$、$i(t)$ 必在工作点 (U_Q, I_Q) 附近,所以可以近似地把 $u(t)$、$i(t)$ 写为

$$u(t) = U_Q + u_1(t)$$
$$i(t) = I_Q + i_1(t)$$

式中 $u_1(t)$ 和 $i_1(t)$ 是由于信号 $u_S(t)$ 在工作点 (U_Q, I_Q) 附近引起的偏差。在任何时刻 t,$u_1(t)$ 和 $i_1(t)$ 相对于 U_Q、I_Q 都是很小的量。

考虑到给定非线性电阻的特性 $i = g(u)$,从以上两式得

$$I_Q + i_1(t) = g[U_Q + u_1(t)]$$

由于 $u_1(t)$ 很小,可以将上式右方在 Q 点附近用泰勒级数展开,取级数前面两项而略去一次项以上的高次项,则上式可写为

$$I_Q + i_1(t) \approx g(U_Q) + \left.\frac{dg}{du}\right|_{U_Q} u_1(t)$$

由于 $I_Q = g(U_Q)$,故从上式得

$$i_1(t) \approx \left.\frac{dg}{du}\right|_{U_Q} u_1(t)$$

又因为

$$\left.\frac{dg}{du}\right|_{U_Q} = G_d = \frac{1}{R_d}$$

为非线性电阻在工作点 (U_Q, I_Q) 处的动态电导,所以有

$$i_1(t) = G_d u_1(t)$$
$$u_1(t) = R_d i_1(t)$$

由于 $G_d = \frac{1}{R_d}$ 在工作点 (U_Q, I_Q) 处是一个常量,所以从上式可以看出,由小信号电压 $u_S(t)$ 产生的电压 $u_1(t)$ 和电流 $i_1(t)$ 之间的关系是线性的。这样,式 (17-6) 可改写为

$$U_0 + u_S(t) = R_0[I_Q + i_1(t)] + U_Q + u_1(t)$$

但是 $U_0 = R_0 I_Q + U_Q$,故得

$$u_S(t) = R_0 i_1(t) + u_1(t)$$

又因为在工作点 (U_Q, I_Q) 处,有 $u_1(t) = R_d i_1(t)$,代入上式,最后得

$$u_S(t) = R_0 i_1(t) + R_d i_1(t)$$

上式是一个线性代数方程,由此可以做出给定非线性电阻在静态工作点 (U_Q, I_Q) 处的小信号等效电路如图 17-12 所示。于是求得

$$i_1(t) = \frac{u_S(t)}{R_0 + R_d}$$

$$u_1(t) = R_d i_1(t) = \frac{R_d u_S(t)}{R_0 + R_d}$$

综上所述,小信号分析法的步骤为:

(1) 求解非线性电路的静态工作点。

(2) 求解非线性电路的动态电导或动态电阻。

(3) 作出给定的非线性电阻在静态工作点处的小信号等效电路。

(4) 根据小信号等效电路求解。

图 17-12 小信号等效电路

例 17-4 非线性电路如图 17-13(a)所示,非线性电阻为电压控制型,用函数表示则为

$$i = g(u) = \begin{cases} u^2 & (u>0) \\ 0 & (u<0) \end{cases}$$

而直流电压源 $U_S = 6$ V,$R = 1$ Ω,信号源 $i_S(t) = 0.5\cos(\omega t)$ A,试求在静态工作点处由小信号所产生的电压 $u(t)$ 和电流 $i(t)$。

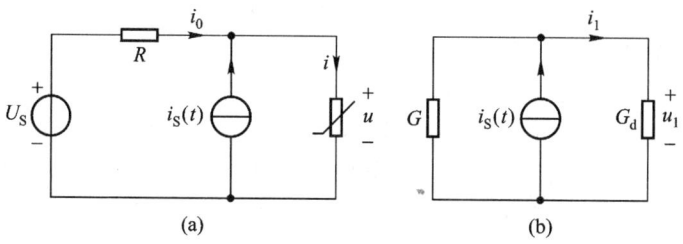

图 17-13 例 17-4 图

解 对于图 17-13(a),应用 KCL 和 KVL 有

$$i = i_0 + i_S$$
$$u = U_S - Ri_0$$

整理后即得

$$\frac{u}{R} + g(u) = 6 + 0.5\cos(\omega t)$$

(1) 先求电路的静态工作点,令 $i_S(t) = 0$,则

$$u^2 + u - 6 = 0$$

解得 $u = 2$ 和 $u = -3$,而 $u = -3$ 不符合题意,故可得静态工作点 $U_Q = 2$ V,$I_Q = U_Q^2 = 4$ A。

(2) 求解非线性电路的动态电导,静态工作点处的动态电导为

$$G_d = \frac{dg(u)}{du}\bigg|_{U_Q} = 2u\bigg|_{U_Q} = 4 \text{ S}$$

(3) 作出给定非线性电导在静态工作点处的小信号等效电路如图 17-13(b)所示,则有

$$u_1(t) = \frac{i_S}{G + G_d} = \frac{0.5\cos(\omega t)}{1 + 4} \text{ V} = 0.1\cos(\omega t) \text{ V}$$

$$i_1(t) = u_1(t) \times G_d = 4 \times 0.1\cos(\omega t) \text{ A} = 0.4\cos(\omega t) \text{ A}$$

故得图 17-13(a)中

$$u(t) = U_Q + u_1(t) = [2 + 0.1\cos(\omega t)] \text{ V}$$
$$i(t) = I_Q + i_1(t) = [4 + 0.4\cos(\omega t)] \text{ A}$$

§17-5 分段线性化方法

分段线性化方法(又称折线法)是研究非线性电路的一种有效方法,它的特点在于能把非线性的求解过程分成几个线性区段,就每个线性区段来说,又可以应用线性电路的计算方法。

应用分段线性化方法时,为了画出一端口网络的驱动点特性曲线,常引用理想二极管模型。它的特点是,在电压为正向时,二极管完全导通,它相当于短路;在电压反向时,二极管不导通,电流为零,它相当于开路,其伏安特性如图17-14所示。一个实际二极管的模型可由理想二极管和线性电阻串联组成,其伏安特性可用图17-15中的折线$\overline{BOA}$近似地逼近,当这个二极管加上正向电压时,它相当于一个线性电阻,其伏安特性用直线$\overline{OA}$表示;当电压反向时,二极管完全不导通,其伏安特性用直线$\overline{BO}$表示。

图17-14 理想二极管伏安特性

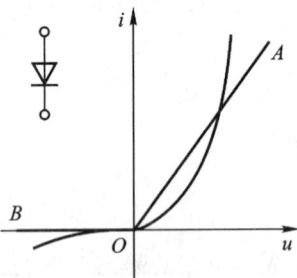
图17-15 PN结二极管伏安特性

例17-5 (1) 图17-16(a)所示电路由线性电阻R,理想二极管和直流电压源串联组成。电阻R的伏安特性如图17-16(b)所示,画出此串联电路的伏安特性。(2) 把图17-16(a)中的电阻R和二极管与直流电流源并联,如图17-16(d)所示,画出此并联电路的伏安特性。

解 (1) 各元件的伏安特性如图17-16(b)所示,电路方程为
$$u = Ri + u_d + U_0 \qquad i > 0$$
串联电路的伏安特性可用图解法求得,即图17-16(c)中的折线$\overline{ABC}$(当$u < U_0$时,$i = 0$)。

(2) 电路方程为
$$i = \frac{u}{R} + I_0 \qquad u > 0$$

§17-5 分段线性化方法

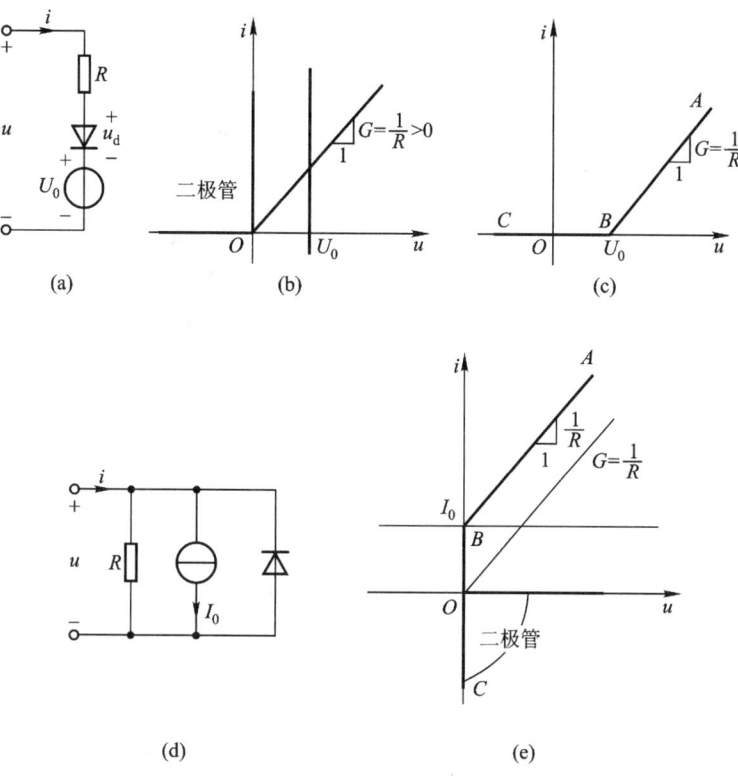

图 17-16　例 17-5 图

当 $u<0$ 时,二极管完全导通,电路被短路。当 $u>0$ 时,用图解法求得的伏安特性如图 17-16(e)中的折线 $\overline{ABO}$ 所示。

图 17-17(a)中的虚线为隧道二极管的伏安特性,此特性可用图示的三段直线来粗略地表示。假设这三段直线的斜率分别为

$$G=G_a,\quad 当 u\leqslant U_1 \quad (区域 1)$$
$$G=G_b,\quad 当 U_1<u\leqslant U_2 \quad (区域 2)$$
$$G=G_c,\quad 当 u>U_2 \quad (区域 3)$$

其中 U_1,U_2 确定了这三个区域,而 U_1 和 U_2 为转折点的电压值。图 17-17(a)所示的伏安特性可以分解为三个伏安特性,即图 17-17(b)中的直线 $\overline{AOB}$,折线 $\overline{EU_1C}$ 和 $\overline{EU_2D}$,并设图 17-17(b)中有关直线段的斜率分别为 G_1,G_2 和 G_3,根据非线性电阻(或电导)并联的图解法原则,就可以确定 G_1,G_2 和 G_3。

在区域 1 应当有

$$G_1 u = G_a u \quad 或 \quad G_1 = G_a$$

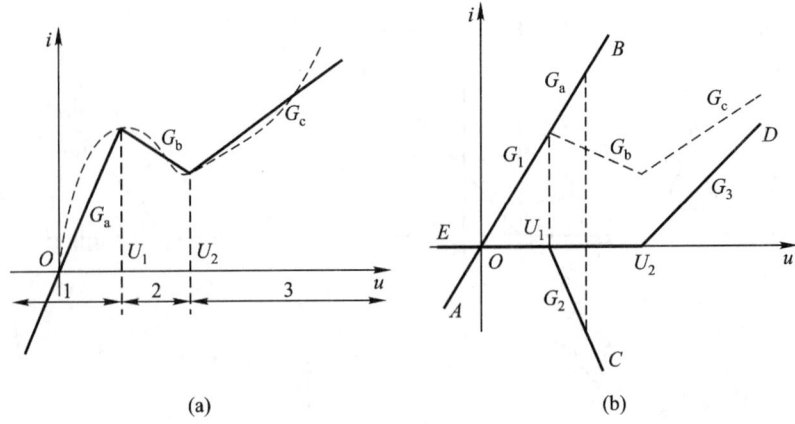

图 17-17 分段线性化特性的合成

在区域 2 有
$$G_1 u + G_2 u = G_b u \quad 或 \quad G_1 + G_2 = G_b$$
同理,在区域 3 有
$$G_1 u + G_2 u + G_3 u = G_c u \quad 或 \quad G_1 + G_2 + G_3 = G_c$$
因此,可得
$$G_1 = G_a, \quad G_2 = G_b - G_a, \quad G_3 = G_c - G_b$$

而图 17-17(a)所示的伏安特性则是 G_1, G_2 和 G_3 这三个电导并联后的等效电导的伏安特性。其静态工作点也可以用图解法来确定。不过应当注意,如果静态工作点位于图 17-18(a)所示的位置,表示该点确实是工作点,如果负载线与分段线性的伏安特性曲线交点位于图 17-18(b)所示位置,则只有 Q_3 为实际的工作点,而 Q_1、Q_2 并不代表实际的工作点,因为其交点并不位于对应的区段。

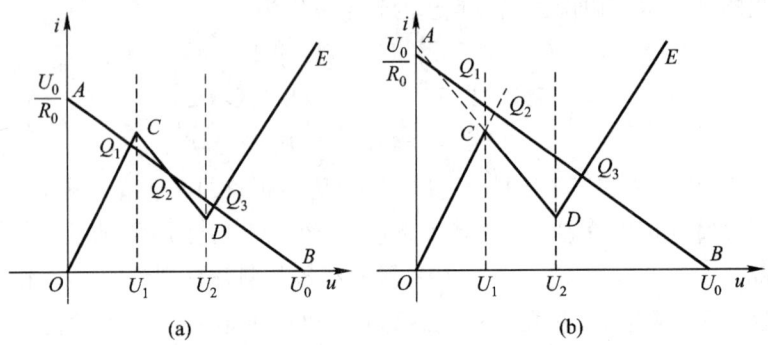

图 17-18 隧道二极管的静态工作点

§17-5 分段线性化方法

图 17-19(a)所示电路是一个分段线性 RC 电路,其中虚线框部分为一端口网络 N,它的驱动点特性如图 17-19(b)所示,在端口处电压电流关系为

$$\frac{du}{dt} = \frac{du_C}{dt} = -\frac{i}{C} \tag{17-7}$$

设方程的解用 u-i 平面上的点(u,i)表示,并称之为动态点,动态点(u,i)随时间将沿着 N 的驱动点特性(端口伏安特性)移动,移动的方向由上式确定。动态点移动的路径(包括方向)称为动态路径。所以由式(17-7)可以看出,在任何时刻 t,当 $i<0$ 时有 $\frac{du}{dt}>0$,因此,在 u-i 平面的下半平面,动态点应当从初始位置沿着动态路径向右移动。当 $i>0$ 时有 $\frac{du}{dt}<0$,因此,在 u-i 平面的上半平面,动态点应当沿着动态路径向左移动,如图 17-19(b)中箭头所示。

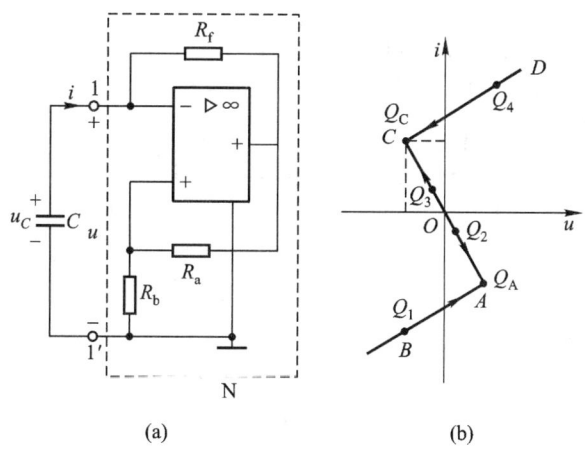

图 17-19 分段线性 RC 电路

假设动态点(u,i)的初始位置位于 Q_2,随着时间的增长,动态点应当向 A 点移动,但到达 A 点后它不能再沿着 $\overline{AB}$ 线段继续移动,因为方向不对。同样,如果初始位置位于 Q_1,则动态点到达 A 点后也不能再继续前进,对于转折点 C 也有同样的情况,因为表示动态路径方向的两个箭头都是指向 C 点的。由于对应 A 点和 C 点的电流值均为非零值,因此 A 点和 C 点均不对应最终的平衡点或稳态,这是因为 $\frac{du}{dt}$ 在此时不等于零。

为了解决这个问题,必须计及电路中存在的微小的串联电感,并按二阶电路分析。在这种情况下,动态路径将如图 17-20(a)所示,图中假设 P_0 表示动态点的初始点。当动态点到达 P_1(对应转折点 A)后,由于电感电流不能跃变,它将

从 P_1 前进到 P_2,当动态点到达 P_3(对应转折点 C)后,它将从 P_3 前进到 P_4,如图 17-20(a)中箭头所示。从 P_1 前进到 P_2(或从 P_3 前进到 P_4)所需时间随电感 L 值的减小而减小,当电感 L 的值趋近于零时,可以认为动态点从 P_1 前进到 P_2(或从 P_3 前进到 P_4)所需时间也趋近于零,或者说,动态点将瞬时从 $P_1(P_3)$ "跳跃"到 $P_2(P_4)$,此时,电路中发生跃变的是电流值。这个电路的动态路径将如图 17-20(b)中箭头所示。这里除了从初始点 P_0 到 P_1 这个过渡过程阶段,动态路径是闭合的。这说明电路中的电压或电流从初始状态开始经短暂时间后,就将周期性变化。这个电路能产生周期性变化的电压和电流,所以它具有振荡器的作用。这种振荡称为张弛振荡,因为产生的电压或电流波形与正弦波相差甚大。振荡周期等于从 P_2 到 P_3 的时间和从 P_4 到 P_1 的时间之和。

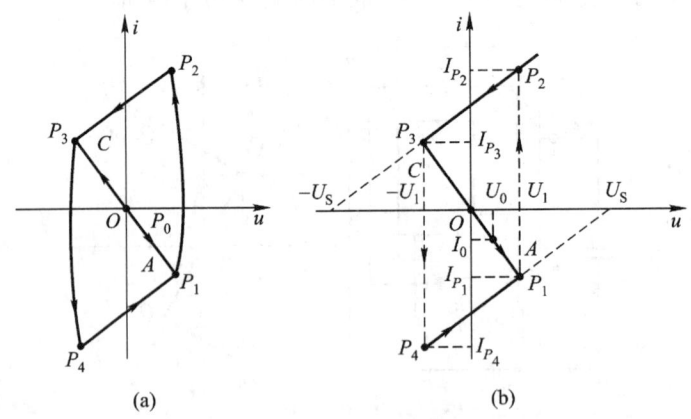

图 17-20 动态路径和跳跃现象

*§17-6 工作在非线性范围的运算放大器

本书在前面章节中把运放的工作范围局限在线性区域,即认为输出电压 u_o 与 u_d 成正比,而且

$$-U_{sat} < u_o < U_{sat}$$

$\pm U_{sat}$ 为运放输出电压的饱和值。

设运放的放大倍数 A 为无限大,并考虑到输出电压达到饱和值,则运放的输出电压 u_o 与差分电压 u_d 之间的关系可用图 17-21 所示特性曲线来表示。这时可用以下表达式描述运放的工作:

$$i^- = 0, \quad i^+ = 0$$

*§17-6 工作在非线性范围的运算放大器

$$u_o = U_{sat} \frac{|u_d|}{u_d}, \quad u_d \neq 0$$

$$u_d = 0, \quad -U_{sat} < u_o < U_{sat}$$

这里把电压的关系分为3个区域来考虑：

线性区 $u_d = 0, \quad -U_{sat} < u_o < U_{sat}$

正饱和区 $u_o = U_{sat}, \quad u_d = (u^+ - u^-) > 0$

负饱和区 $u_o = -U_{sat}, \quad u_d = (u^+ - u^-) < 0$

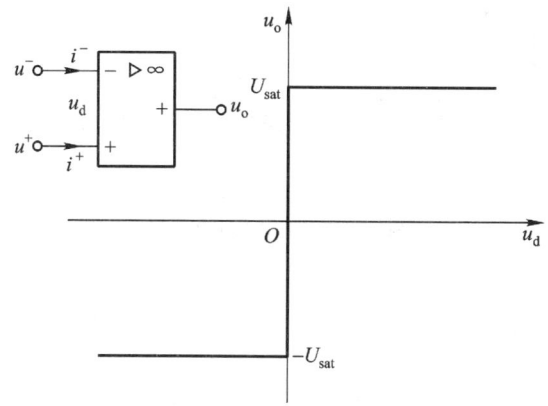

图 17-21 理想运放的饱和 $u_d - u_o$ 特性

注意，在正、负饱和区，u_d 不再等于零，但 u_o 是定值。而在线性区 u_d 被强制为零，但 u_o 不是定值，它的大小取决于外电路。当运放在正饱和区和负饱和区工作时，它是在非线性区工作。

图 17-22 所示电路是一个实现分段线性电阻的电路，其中运放通过 R_f 实现负反馈，通过 R_a 和 R_b 实现正反馈。如果计及运放工作在饱和区的情况，这个电路的输入电阻在一定范围内具有负电阻的性质。现分析这个电路的驱动点特性。

在线性区，对于图 17-22(a)，根据"虚短"，有 $u = u_2$，根据"虚断"，流过 R_a 中的电流等于流过 R_b 中的电流，因此可以得出

$$u_2 = \frac{R_b}{R_a + R_b} u_o = \alpha u_o$$

其中 $\alpha = \frac{R_b}{R_a + R_b}$，而 $u_o = \frac{1}{\alpha} u_o$。

应用 KVL，有

$$u = R_f i + u_o$$

图 17-22 负电阻的实现

把 $u_o = \dfrac{u}{\alpha}$ 代入,则得

$$i = -\left(\dfrac{R_a}{R_b}\right)\left(\dfrac{1}{R_f}\right)u$$

上式可以用图 17-22(b) 的直线段 $\overline{AOC}$ 表示。对应此线段的两个端点 A 和 C 的电压值可以求得如下:

在线性区,由于 $u_o = \dfrac{1}{\alpha}u$,故

$$-\alpha U_{sat} < u < \alpha U_{sat}$$

直线段 $\overline{AOC}$ 的斜率是负的,且正比于 $-\dfrac{R_a}{R_b} \cdot \dfrac{1}{R_f}$。

在正饱和区,$u_o = U_{sat}$,应用 KVL,有

$$u = R_f i + U_{sat}$$

$$i = \dfrac{1}{R_f}(u - U_{sat}) \tag{17-8}$$

为了确定电压 u 的范围,应用 KVL,得

$$u_d = u_2 - u = \dfrac{R_b}{R_a + R_b}U_{sat} - u$$

$$u_d = \alpha U_{sat} - u$$

由于 $u_d > 0$,故 $u < \alpha U_{sat}$。这与式 (17-8) 确定了图 17-22(b) 中的直线段 $\overline{AB}$,它表示在正饱和区的伏安特性,其斜率正比于 $\dfrac{1}{R_f}$。

在负饱和区，$u_o = -U_{sat}$，有
$$u = R_f i - U_{sat}$$
由于 $u_d < 0$，故 $u > -\alpha U_{sat}$。图 17-22(b)中的直线段 $\overline{CD}$ 表示在负饱和区的伏安特性，其斜率正比于 $\frac{1}{R_f}$。

所以这个电路可以实现一个折线或分段线性电阻，此电阻在运放线性工作范围内具有负电阻性质，其值等于 $-\frac{R_b R_f}{R_a}$。

*§17-7 二阶非线性电路的状态平面

二阶非线性电路方程的一般形式可写为

$$\left. \begin{aligned} \frac{dx_1}{dt} &= f_1(x_1, x_2, t) \\ \frac{dx_2}{dt} &= f_2(x_1, x_2, t) \end{aligned} \right\} \quad (17-9)$$

其中 $x_1(t), x_2(t)$ 为状态变量，式(17-9)为状态方程。

如果式(17-9)右方的函数不随时间 t 而变，即自变量 t 除了在 $\frac{dx}{dt}$ 中以隐含形式出现外，不以任何显含形式出现，即有

$$\left. \begin{aligned} \frac{dx_1}{dt} &= f_1(x_1, x_2) \\ \frac{dx_2}{dt} &= f_2(x_1, x_2) \end{aligned} \right\} \quad (17-10)$$

这种自变量 t 不以任何显含形式出现的方程式(17-10)称为自治方程，若电路是时变的，或电路中包含随时间变化的外施激励，使得方程中自变量 t 以显含形式出现，如式(17-9)所示，则称为非自治方程。在零输入或在直流激励下的非线性二阶电路的方程是自治方程，对应的电路就称为自治电路。

一般来说，求解非线性微分方程式(17-9)或式(17-10)是比较困难的。通常无闭式解。

把自治方程式(17-10)中的状态变量 x_1、x_2 看作是平面上的坐标点，这种平面就称为状态平面。状态平面上每一点的坐标(x_1, x_2)随着时间 t 的变化将在平面上描绘出式(17-10)的某些曲线。设给定的初始状态(条件)为 $x_1(0)$, $x_2(0)$，对所有 $t \geq 0$，方程(17-10)的解 $[x_1(t), x_2(t)]$ 在平面上描绘出的以 $[x_1(0), x_2(0)]$ 为起点的轨迹称为该状态方程的一条轨道或相轨道(又称轨

迹)。对于不同的初始条件,可以在状态平面上描绘出一族相轨道,这族相轨道又称为该自治方程的相图。坐标点(x_1, x_2)称为相点。通常从相图可以定性地了解状态方程所描述的电路工作状态的整个变化情况,而不必直接求解非线性微分方程。可以利用数值法通过电子计算机把相轨道描绘出来。相轨道还可以通过实验的方法来观察,例如只要把$x_1(t)$和$x_2(t)$作为信号电压,把它们加到示波器的水平输入和垂直输入,就可以显示出相应的相轨道。

下面用状态平面讨论二阶 RLC 串联电路放电的动态过程,其电路如图 17-23所示。为了简化分析,设电阻 R、电感 L 和电容 C 都是线性元件。

设电容电压的初始值为 $u_C(0_-) = U_0$,电感电流的初始值为 $i(0_-) = 0$,电路的方程为

$$L\frac{\mathrm{d}^2 i}{\mathrm{d}t^2} + R\frac{\mathrm{d}i}{\mathrm{d}t} + \frac{i}{C} = 0$$

令 $x_1 = i, x_2 = \dfrac{\mathrm{d}i}{\mathrm{d}t} = \dfrac{\mathrm{d}x_1}{\mathrm{d}t}$,上式可改写为

$$\left. \begin{aligned} \frac{\mathrm{d}x_1}{\mathrm{d}t} &= x_2 \\ \frac{\mathrm{d}x_2}{\mathrm{d}t} &= -\omega_0^2 x_1 - 2\delta x_2 \end{aligned} \right\} \quad (17-11)$$

图 17-23 研究相图用的电路

式中 $\delta = \dfrac{R}{2L}, \omega_0^2 = \dfrac{1}{LC}$。

对式(17-11)直接积分,可以求得相轨道的方程,但需要一定的数学运算。这里主要用状态平面来讨论。

当 $\delta^2 < \omega_0^2$ 或 $R < 2\sqrt{\dfrac{L}{C}}$ 时,电路中的放电过程为衰减振荡性质,相应的相轨道将如图 17-24(a)所示。对应不同的初始条件,相轨道将是一族螺旋线,并以原点为其渐近点。该图中螺旋线的圈间距离表征了振荡的衰减率,而每一圈对应于振荡的一个周期,原点表示 $x_1 = 0, x_2 = 0$,是方程式(17-11)的所谓"平衡点"。

方程式(17-11)的解为

$$x_1 = K\mathrm{e}^{-\delta t}\cos(\omega t + \varphi)$$
$$x_2 = -K\omega_0 \mathrm{e}^{-\delta t}\sin(\omega t + \varphi + \beta')$$

式中 $\omega^2 = \omega_0^2 - \delta^2, \beta' = \arctan\left(\dfrac{\delta}{\omega}\right)$,常数 K 和 φ 则由初始条件决定。

当 $\delta^2 > \omega_0^2$ 或 $R > 2\sqrt{\dfrac{L}{C}}$ 时,电路中的放电过程为非周期衰减性质,相应的相轨道将如图 17-24(b)所示。对应不同的初始条件,相轨道将是一族变形的

抛物线，原点是它们的渐近点，相点的运动方向是趋近于原点的。

方程式(17-11)的解为
$$x_1 = K_1 e^{-m_1 t} + K_2 e^{-m_2 t}$$
$$x_2 = -K_1 m_1 e^{-m_1 t} - K_2 m_2 e^{-m_2 t}$$
式中 $-m_1 = -\delta + \sqrt{\delta^2 - \omega_0^2}$，$-m_2 = -\delta - \sqrt{\delta^2 - \omega_0^2}$，常数 K_1 和 K_2 由初始条件确定。

当 $\delta = 0$ 或 $R = 0$ 时，式(17-11)变为
$$\frac{\mathrm{d}x_2}{\mathrm{d}x_1} = -\omega_0^2 \frac{x_1}{x_2}$$

经过积分后得
$$\frac{x_1^2}{K^2} + \frac{x_2^2}{K^2 \omega_0^2} = 1$$

式中 K 是与初始条件有关的积分常数。对应不同的初始条件，相轨道是具有水平轴为 K，垂直半轴为 $\omega_0 K$ 的一族椭圆，如图17-24(c)所示，它对应于不衰减的正弦振荡。振荡的振幅与初始条件有关。

方程式(17-11)的解为
$$x_1 = K\cos(\omega_0 t + \varphi)$$
$$x_2 = -K\omega_0 \sin(\omega_0 t + \varphi)$$

这个例子说明相轨道形状的研究可以对定性了解电路全部解提供有用的信息。

另外，在某些非线性自治电路中，在一定的初始条件下会建立起不衰减的周期振荡过程，此时所对应的相轨道将是一条称为极限环的孤立闭合曲线。

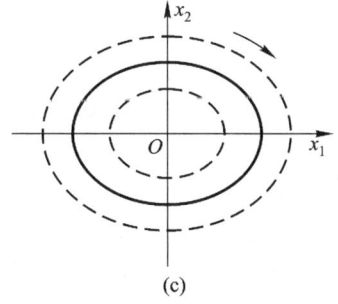

图 17-24 式(17-11)的相图

*§17-8 非线性振荡电路

电子振荡电路一般至少含有两个储能元件和一个非线性元件。本节通过实例介绍一种典型的非线性振荡电路，即范德坡电路。它由一个线性电感、一个线性电容和一个非线性电阻组成，如图17-25(a)所示，非线性电阻的伏安特性曲线有一段为负电阻性质，它的伏安特性可用下式表示(属电流控制型)：

$$u_R = \frac{1}{3}i_R^3 - i_R$$

伏安特性曲线的大致形状如图 17 - 25(b)所示。

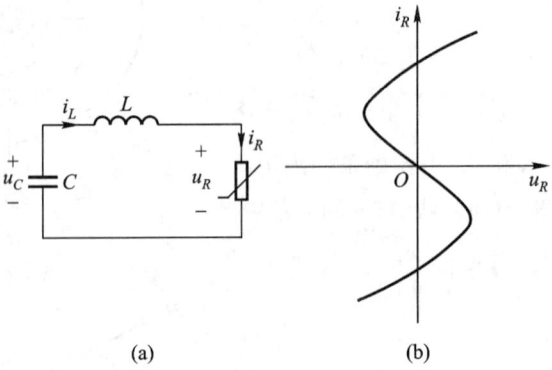

图 17 - 25 范德坡电路

电路的状态方程可写为(注意 $i_L = i_R$)

$$\left.\begin{aligned}\frac{\mathrm{d}u_C}{\mathrm{d}t} &= -\frac{i_L}{C} \\ \frac{\mathrm{d}i_L}{\mathrm{d}t} &= \frac{u_C - \left(\frac{1}{3}i_L^3 - i_L\right)}{L}\end{aligned}\right\} \qquad (17-12)$$

其中 u_C 和 i_L 为状态变量。为了使用量纲一的量,令 $\tau = \frac{1}{\sqrt{LC}}t$,$\tau$ 是量纲一的量。这样有

$$\frac{\mathrm{d}u_C}{\mathrm{d}t} = \frac{\mathrm{d}u_C}{\mathrm{d}\tau}\frac{\mathrm{d}\tau}{\mathrm{d}t} = \frac{1}{\sqrt{LC}}\frac{\mathrm{d}u_C}{\mathrm{d}\tau}$$

$$\frac{\mathrm{d}i_L}{\mathrm{d}t} = \frac{\mathrm{d}i_L}{\mathrm{d}\tau}\frac{\mathrm{d}\tau}{\mathrm{d}t} = \frac{1}{\sqrt{LC}}\frac{\mathrm{d}i_L}{\mathrm{d}\tau}$$

令 $\varepsilon = \sqrt{\frac{C}{L}}$,则式(17 - 12)可改写为

$$\frac{\mathrm{d}u_C}{\mathrm{d}\tau} = -\frac{1}{\varepsilon}i_L$$

$$\frac{\mathrm{d}i_L}{\mathrm{d}\tau} = \varepsilon\left[u_C - \left(\frac{1}{3}i_L^3 - i_L\right)\right]$$

若令 $x_1 = i_L$,$x_2 = \frac{\mathrm{d}i_L}{\mathrm{d}\tau}$,则上式又可改写为

*§17-8 非线性振荡电路

$$\left.\begin{aligned}\frac{\mathrm{d}x_1}{\mathrm{d}\tau} &= x_2 \\ \frac{\mathrm{d}x_2}{\mathrm{d}\tau} &= \varepsilon(1-x_1^2)x_2 - x_1\end{aligned}\right\} \quad (17-13)$$

方程式(17-13)中仅有一个参数 ε。对不同的 ε 值,可以画出该方程不同的相图,就可以了解图 17-25(a)所示电路的定性性质。图 17-26 画出了 $\varepsilon=0.1$ 时的相图的示意图。从图中可以看出有单一的闭合曲线存在。这种单一的或孤立的闭合曲线称为极限环,与其相邻的相轨道都是卷向它的。所以不管相点最初在极限环外或是在极限环内,最终都将沿着极限环运动。如果取 u_C 的标度为 i_L 标度的 $\frac{1}{\varepsilon}$ 倍,则极限环接近为一个圆。此时 u_C 和 i_L 的波形与正弦波形接近,u_C 的振幅为 i_L 的振幅的 $\frac{1}{\varepsilon}$ 倍。这说明不管初始条件如何,在所研究电路中最终将建立起周期性振荡。这种在非线性自治电路中产生的持续振荡是一种自激振荡,但它与图 17-24(c)在线性电路中产生的振荡过程有所不同,后者的振荡振幅是与初始条件有关的。

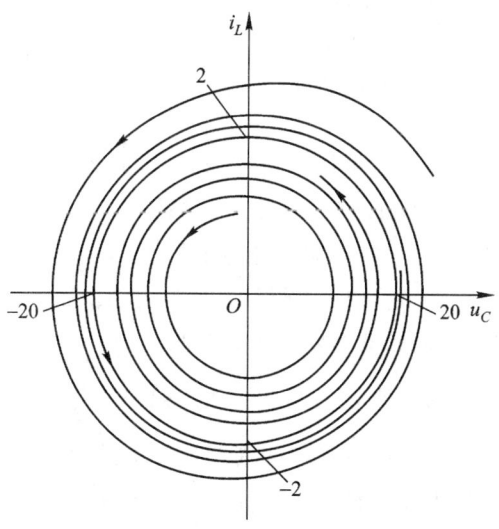

图 17-26 范德坡振荡电路的相图

如果令式(17-13)中的 $x_1 = x$,该方程还可写为含有一个变量的二阶非线性微分方程

$$\frac{\mathrm{d}^2 x}{\mathrm{d}t^2} - \varepsilon(1-x^2)\frac{\mathrm{d}x}{\mathrm{d}t} + x = 0$$

上式就是范德坡方程。

*§17-9 混沌电路简介

混沌理论自 20 世纪 70 年代以来已成为许多不同学科领域的研究热点。粗略地说,混沌是发生在确定性系统中的一种不确定行为,或类似随机的行为。混沌运动是另一种非周期运动。混沌的一个最显著的特点是,状态变量的波形对状态变量的初始值极为敏感,或者说初始值对波形有重大影响。在有些二阶非线性非自治电路或三阶非线性自治电路中就存在着混沌现象。这类动态电路方程是二阶或三阶非线性常微分方程。根据经典理论,在初始态条件确定之后,它的解是确定的。但是发现在一定参数值的条件下,电路会出现很复杂的解,这种解不是周期解,又不是拟周期解①,在状态平面上它的相轨道始终不会重复,但是有界的,即在一定的有界范围内具有遍历性,它对初始态条件极为敏感。

图 17-27 所示是线性电阻 R、线性电感 L 和半导体变容二极管 D 组成的串联电路,外施电压为正弦电压。变容二极管可以用一个非线性电阻和一个非线性电容的并联组合作为其电路模型。

此电路的方程是一个二阶非自治非线性微分方程。在一定的参数条件下,该电路中当正弦激励的频率固定,振幅 U_m 自零逐步增长时,用实验观察或用计算机求解电路中的电流 i,将会发现当 U_m 自零增长到某 U_{m1} 之前,电流 i 的稳态解是非正弦周期解,这时它的周期与外施正弦激励的周期相同。当达到 U_{m1} 时,电流 i 仍为非正弦周期性的,但它的周期已变为外施正弦激励

图 17-27 变容二极管混沌电路

周期的 2 倍。所以电流的基波频率为正弦激励频率的 $\frac{1}{2}$②,即 $\frac{1}{2}\omega$。当 U_m 继续增大时,例如到达 U_{m2} 时,会出现稳定的周期为外施激励周期 4 倍的解。之后又会出现 8 倍周期解、16 倍周期解。这种现象称为分叉。自 16 周期分叉后会出现一个混沌区,此时电流既非周期解又非拟周期解。在混沌区后,随激励幅值的增加还发现有 3 周期、6 周期等分叉。图 17-28 就是电流分叉的示意图,图中

---

① 拟周期解可以看作是一些具有不同频率的周期解之和,这些频率的相互比值是非有理数。总体看来,它似乎是具有"很长"的周期又接近周期解的一种解。

② 一个非正弦周期解,如果它的基波频率是外施频率的分数倍,这种"谐波"称为"子谐波"。线性电路的非正弦周期解,它的"谐波"是外施频率的整数倍,基波频率则与外施频率相同。

的数字 2、4 等表示 2 周期、4 周期等分叉。

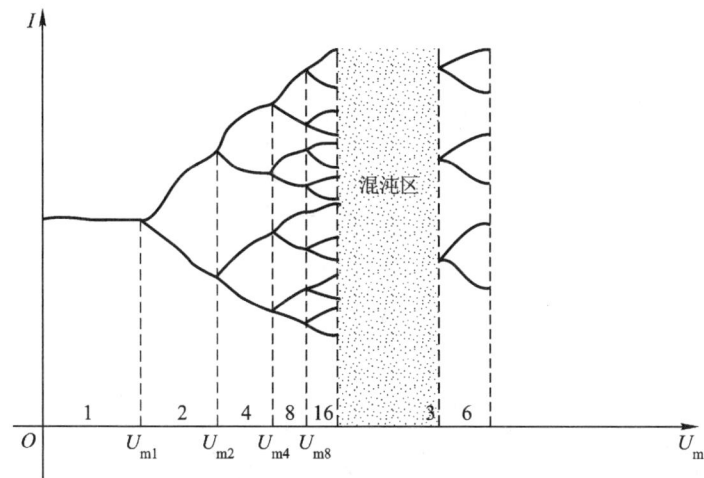

图 17-28 电流的分叉

混沌现象广泛地存在于非线性电路中,其中比较典型并已得到深入研究的电路是二阶非自治铁磁谐振电路和称为蔡氏电路的三阶自治电路。

蔡氏电路[①] 如图 17-29(a)所示,它是由两个线性电容、一个线性电感、一个线性电阻和一个非线性电阻构成的三阶自治动态电路,非线性电阻的伏安特性 $i_R = g(u_R)$,是一个分段线性电阻,如图 17-29(b)所示,其中 m_0、m_1、m_2 分别表示相应折线的斜率。

设电容电压 u_{C_1},u_{C_2} 和电感电流 i_L 为状态变量,得电路的状态方程如下:

$$\left. \begin{aligned} C_1 \frac{\mathrm{d}u_{C_1}}{\mathrm{d}t} &= \frac{1}{R_0}(u_{C_2} - u_{C_1}) - g(u_R) \\ C_2 \frac{\mathrm{d}u_{C_2}}{\mathrm{d}t} &= \frac{1}{R_0}(u_{C_1} - u_{C_2}) + i_L \\ L \frac{\mathrm{d}i_L}{\mathrm{d}t} &= -u_{C_2} \end{aligned} \right\} \quad (17-14)$$

这是一个三阶非线性自治方程组。这个电路在不同的参数值条件下会发生丰富多样的自激振荡动态过程,并有混沌出现,同时方程的解对初始条件非常敏感。根据不同的 C_1、C_2、L、R_0 及非线性电阻的 U_1、U_2、m_0、m_1、m_2 等和不同的 $u_{C_1}(0)$、$u_{C_2}(0)$、$i_L(0)$ 初始条件,按式(17-14),应用计算机可以计算出以 u_{C_1}、u_{C_2} 和 i_L 为坐标的状态空间的相轨道和它们的时域波形。

---

① 此电路由 L.O.Chua(蔡少棠)提出,故称为蔡氏电路,又称为"双涡卷(double scroll)"电路。

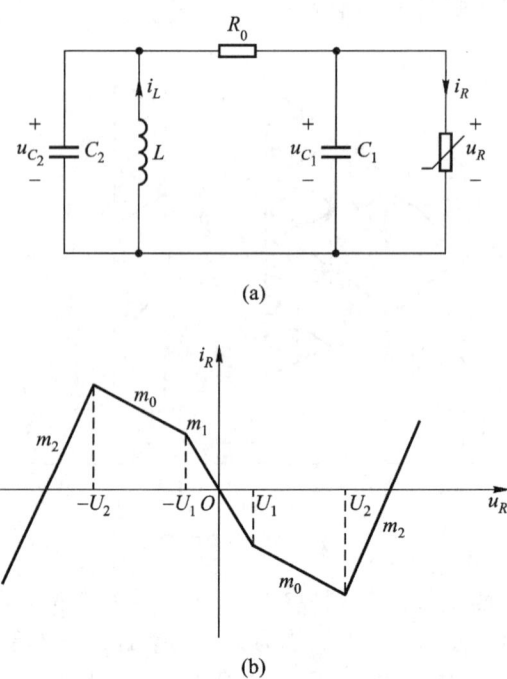

(a)

(b)

图 17-29 蔡氏电路

图 17-30 示出了在某一组参数值及初始条件下,电路出现混沌时投影在 $i_L - u_{C_1}$ 状态平面上的相轨道,它具有"双涡卷"形状,故称此电路为"双涡卷"电

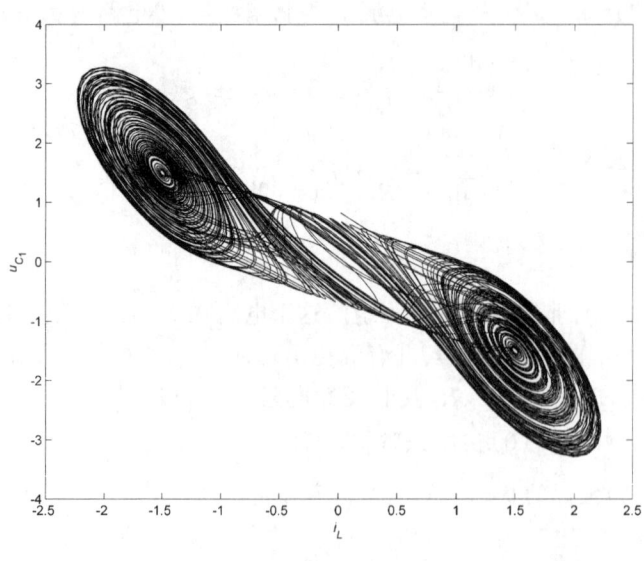

图 17-30 双涡卷相轨道

路,其相轨道永不重复。图 17-31 示出了电容电压的时域波形,说明了混沌振荡的非周期性。

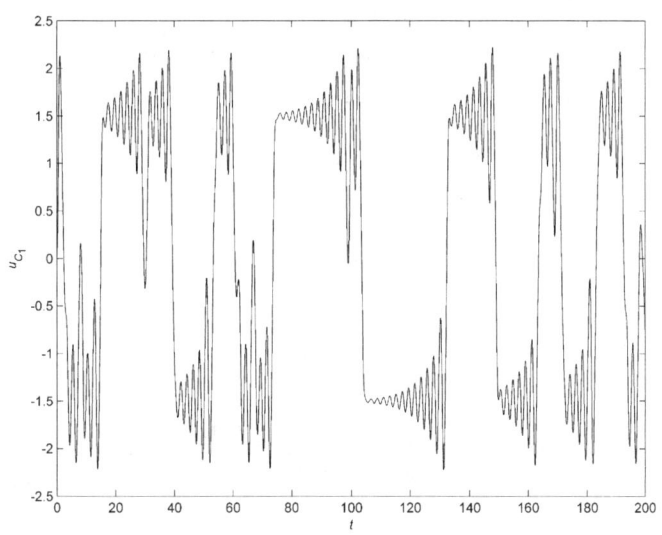

图 17-31 电容电压的时域波形

由于非线性电路中混沌解的特殊性,分析研究混沌的方法主要有:(1) 使用计算机对非线性电路进行数值计算,从得到的相图和时域波形等来判别混沌特征的信息;(2) 对电路直接进行实验,在实验中对混沌现象进行观察和分析。

*§17-10 人工神经元电路

人工神经网络(简称神经网络)试图部分模仿人脑神经系统的结构和功能,它与数字计算机迥然不同,它具有分布式存储和并行处理的特色。人工神经网络只是人脑功能的一种简化和抽象的模型。人的大脑含有数以亿万计的生物神经元,以特定的方式相互连接,从而使人具有理解、记忆、联想、识别和计算能力。生物神经元可以当作是具有输入和输出处理信息的单元,其输入和输出之间的关系可用具有饱和特性的一种 S 形非线性转移函数来描述。人工神经元模型就是根据这一设想构成的。

神经网络具有广泛的应用前景,可用来处理识别、分类、联想、优化等问题。目前有许多种神经网络模型。本书介绍人工神经网络的 Hopfield 电路模型,这是一种用电路实现的神经网络模型。

图 17-32 示出了这个电路模型的第 k 个人工神经元的构成,图中的运放

具有有限放大倍数并计及其饱和特性,运放的输出电压与输入电压之间的转移函数关系 $u_{ok} = f_k(u_{ik})$ 可用来描述神经元的相应转移函数关系。运放输入端的电容 C_k 和电阻 R_k 对于输出与输入信号之间产生延迟作用,以此模仿神经元的动态特性。另外在输入端连接的电阻 R_{kj} 用来表示第 j 个神经元的输出电压 u_{oj} 与第 k 个神经元产生的输入电流之间的相互联系。电流 I_k 表示注入第 k 个神经元的电流。

图 17-32 第 k 个神经元电路

根据 KCL,在第 k 个神经元的输入结点处有

$$C_k \frac{\mathrm{d} u_{ik}}{\mathrm{d} t} + \frac{u_{ik}}{R_k} = \sum_{j \ne k}^{n} \frac{1}{R_{kj}} (u_{oj} - u_{ik}) + I_k$$

整理后,有

$$C \frac{\mathrm{d} u_{ik}}{\mathrm{d} t} = \sum_{j \ne k}^{n} \frac{1}{R_{kj}} u_{oj} - \frac{1}{R_k'} u_{ik} + I_k$$

其中

$$\frac{1}{R_k'} = \frac{1}{R_k} + \sum_{j \ne k}^{n} \frac{1}{R_{kj}}$$

另外有

$$u_{ok} = f_k(u_{ik})$$

上式中假设共有 n 个神经元相互有连接,而 $k = 1, 2, \cdots, n$。

对于每个神经元都可以列出上述类似的方程,这样就构成了一个 n 阶非线性微分方程组。当给定一组初始值后,就可以求出此方程组的解。如果方程组的解为一组确定值,则表明电路最终将达到一个稳定状态。

以这种神经元模型为基础,可以设计出用来处理和求解多种不同类型问题的神经网络电路。这些问题包括"旅行商最优路径问题"、模-数转换问题、线性规划问题以及其他各种优化问题等。

习 题

17-1 如果通过非线性电阻的电流为 $\cos(\omega t)$ A,要使该电阻两端的电压中含有 4ω 角频率的电压分量,试求该电阻的伏安特性,写出其解析表达式。

17-2 写出题 17-2 图所示电路的结点电压方程,假设电路中各非线性电阻的伏安特性为 $i_1 = u_1^3, i_2 = u_2^2, i_3 = u_3^{\frac{3}{2}}$。

题 17-2 图

17-3 一个非线性电容的库伏特性为 $u = 1 + 2q + 3q^2$,如果电容从 $q(t_0) = 0$ 充电至 $q(t) = 1$ C。试求此电容储存的能量。

17-4 非线性电感的韦安特性为 $\Psi = i^3$,当有 2 A 电流通过该电感时,试求此时的静态电感值。

17-5 已知题 17-5 图所示电路中,$U_S = 84$ V,$R_1 = 2$ kΩ,$R_2 = 10$ kΩ,非线性电阻 R_3 的伏安特性可用下式表示:$i_3 = 0.3u_3 + 0.04u_3^2$。试求电流 i_1 和 i_3。

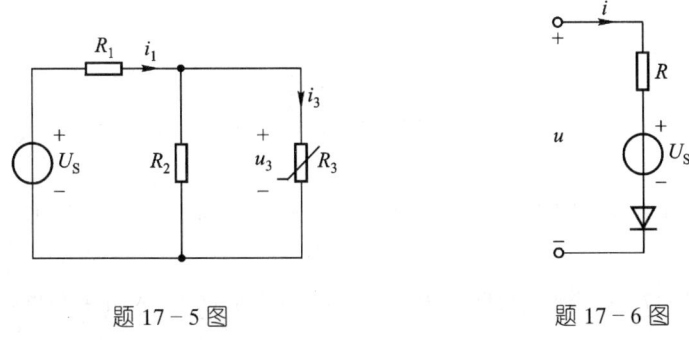

题 17-5 图   题 17-6 图

17-6 题 17-6 图所示电路由一个线性电阻 R,一个理想二极管和一个直流电压源串联组成。已知 $R=2\ \Omega$，$U_\mathrm{S}=1\ \mathrm{V}$，在 $u-i$ 平面上画出对应的伏安特性曲线。

17-7 题 17-7 图所示电路由一个线性电阻 R，一个理想二极管和一个直流电流源并联组成。已知 $R=1\ \Omega$，$I_\mathrm{S}=1\ \mathrm{A}$，在 $u-i$ 平面上画出对应的伏安特性曲线。

题 17-7 图　　　　　　　　题 17-8 图

17-8 试设计一个由线性电阻，独立电源和理想二极管组成的一端口网络，要求它的伏安特性具有题 17-8 图所示特性。

17-9 设题 17-9 图所示电路中二极管的伏安特性可用下式表示：

$$i_\mathrm{d}=10^{-6}(\mathrm{e}^{40u_\mathrm{d}}-1)\ \mathrm{A}$$

式中 u_d 为二极管的电压，其单位为 V，已知 $R_1=0.5\ \Omega$，$R_2=0.5\ \Omega$，$R_3=0.75\ \Omega$，$U_\mathrm{S}=2\ \mathrm{V}$。试用图解法求出静态工作点。

题 17-9 图　　　　　　　　题 17-10 图

17-10 题 17-10 图所示非线性电阻电路中，非线性电阻的伏安特性为

$$u=2i+i^3$$

现已知当 $u_\mathrm{S}(t)=0$ 时，回路中的电流为 1 A。如果 $u_\mathrm{S}(t)=\cos(\omega t)\ \mathrm{V}$ 时，试用小信号分析法求回路中的电流 i。

17-11 题 17-11 图所示电路中，$R=2\ \Omega$，直流电压源 $U_\mathrm{S}=9\ \mathrm{V}$，非线性电阻的伏安特性 $u=-2i+\dfrac{1}{3}i^3$，若 $u_\mathrm{S}(t)=\cos t\ \mathrm{V}$，试求电流 i。

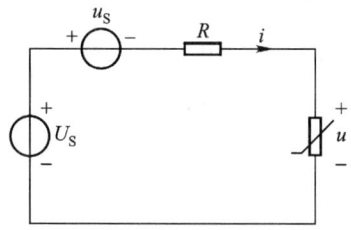

题 17-11 图

17-12 题 17-12 图(a)所示电路中,直流电压源 $U_S = 3.5\text{ V}, R = 1\text{ }\Omega$,非线性电阻的伏安特性曲线如题 17-12 图(b)所示。

(1) 试用图解法求静态工作点;

(2) 如将曲线分成 OC、CD 和 DE 三段,试用分段线性化法求静态工作点,并与(1)的结果相比较。

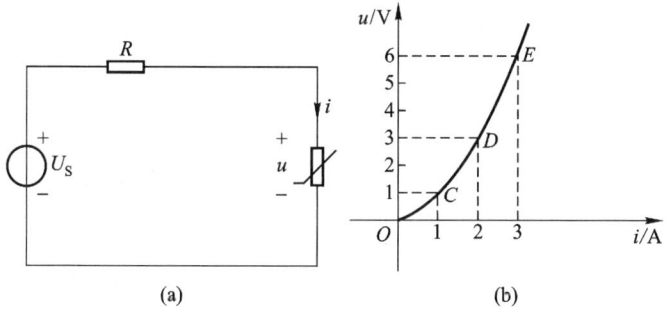

题 17-12 图

17-13 题 17-13 图所示电路中,非线性电阻的伏安特性为 $i = u^2$,试求电路的静态工作点及该点的动态电阻 R_d。

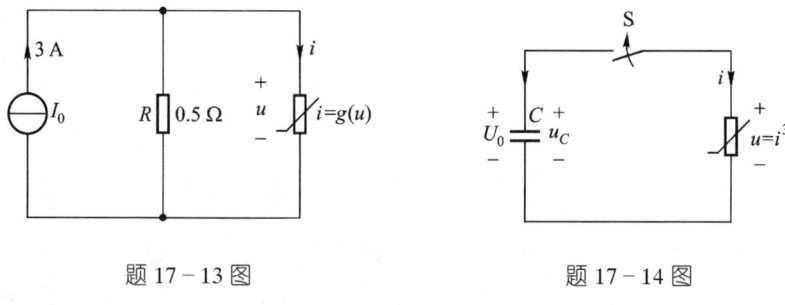

题 17-13 图   题 17-14 图

17-14 题 17-14 图所示电路中,非线性电阻的伏安特性为 $u = i^3$,如将此电阻突然与一个充电的电容接通,试求电容两端的电压 u_C,设 $u_C(0_+) = U_0$。

17-15 在题 17-15 图(a)所示电路中,线性电容通过非线性电阻放电,非线性电阻伏安特性如题 17-15 图(b)所示。已知 $C = 1$ F,$u_C(0_-) = 3$ V,试求 u_C。

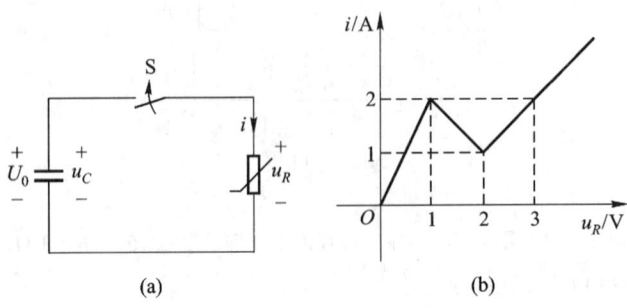

题 17-15 图

第十八章

均匀传输线

—————— • 内 容 提 要 • ——————

本章首先介绍分布参数电路的概念和均匀传输线。其次讨论均匀传输线的方程及其正弦稳态解,沿线电压和电流分布情况,引入行波、入射波、反射波等概念,并介绍均匀传输线的副参数、特性阻抗和传播常数等概念。讨论了无损耗线在终端开路和短路情况下电压和电流的驻波及其输入阻抗的特点。最后,简要介绍了无损耗线的波过程。

§18-1 分布参数电路

在以前各章中,讨论了由集总参数元件组成的电路模型。每一种集总参数元件被假设集中由一种电磁现象所表征。例如,电阻元件集中表征了某一个实际部件或某一段实际电路中的能量消耗,电感元件集中地反映了磁场的物理现象,电容元件则集中反映了电场的物理现象(如充、放电,位移电流等)。但是,在某些实际电路中,发生的电磁现象往往是带有分布性的,必须在一定条件下才能建立其集总参数模型。图18-1(a)示出一个实际电路,这是一个电源通过导线向负载传递信号或能量的传输电路。导线中的电流是由导线中电场产生的,电流在导线外产生磁场(用磁感应强度 B 表示);并且由于两导线之间的电压,导线间也有电场(用电场强度 E 表示),此电场在导线间产生电容电流和漏电流。这些电场-磁场都是沿线分布,即分散在空间的。就导线上的能量损耗与磁场效应来说,因导线间的电流导致导线中的电流处处不同,故不能以一项 $i^2 R$ 或 $L\dfrac{\mathrm{d}i}{\mathrm{d}t}$(即以一个集总参数 R、L)来概括导线上的物理过程;而导线上的电阻、电感压降也导致线间的电压处处不相同,故不能以一项 $u^2 G$ 或 $C\dfrac{\mathrm{d}u}{\mathrm{d}t}$(即以一个集

总参数 G、C)来概括导线间的物理过程。接近这种物理现象的电路模型,应是由无限多个导线上的电阻、电感以及无限多个导线间的电导、电容所组成的分布参数模型,如图 18-1(b)所示。

应当说,任何实际电路都有是否必须采用分布参数模型的问题。以传输线为例,只要沿线流动的电流随空间距离变化很小,即导线间的空间电容电流及电导电流不大时,就可以用单个电阻来描述损耗、单个电感来描述磁场作用。引申至一个实际电阻器的情况,在直流工作条件下其模型仅为一个电阻元件,在低频交流工作条件下其模型则是电阻元件和电感元件的串联组合;另一方面,当可不计导线上电阻、电感电压降时,认为导线间所有漏电流、所有电容电流处于同一个电压时,就可以用单个电导来描述导线间漏电作用、单个电容来描述导线间的电容作用。实际电容器部件则是另一例,在直流及低频交流下可不计极板上电流的电阻性压降和电感性压降,其模型就是一个电容元件和电导元件的并联组合。这些模型都是集总参数模型,构成的电路模型就是集总参数电路。

图 18-1 实际电路参数的分布

直流稳态下,有时也要用分布参数模型。例如在直流输电线中,如果要研究沿线的电压、电流变化,这时虽然电感、电容不产生影响,还应从导线上电阻及导线间电导所构成的分布参数模型来研究。

在交流稳态下,由于电感电压以及电容电流都与工作频率成正比,因此在高

§18-1 分布参数电路

频下分布参数问题就更为突出。这可以从电磁波的传播来解释。真空中电磁波是以有限速度(光速)的波动方式运动的,在运动过程中在传播方向会出现波峰(极值)、波节(零值)的移动。相邻波峰(或波节)的距离称为工作波长 λ。众所周知,$\lambda = \dfrac{v}{f} = vT$,其中 v 为波速,f 为工作频率,T 为周期。在电压(或电流)波峰所到之处,电压(电流)达到极值,在电压(电流)波节所到之处,电压(电流)为零。因此沿传播方向,即使在同一时刻,沿线电压(或电流)是以波长 λ 为重复周期[①] 的电压(或电流)波动形式。图 18-2(a)示出,当线长 $l \ll \lambda$ 时,全线的电压(电流)处于同一个变化状态,就可使用集总参数模型[②];图 18-2(b)中示出 $l \not\ll \lambda$ 时,即线长可与 λ 作比较时,此时沿线电压(或电流)有明显的波动,各处数值不一,就不可使用集总参数模型。而必须采用分布参数模型。

线长 l 与工作波长 λ 可相比较的传输线称为长线。"长"是以线长相对工作波长 λ 而衡量的,因此与工作频率 f 有关。如果波动的速率以真空中的光速计,即 $v = c = 3 \times 10^8$ m/s。在工频 $f = 50$ Hz 时,$\lambda = \dfrac{v}{f} = 6\,000$ km。一般的电气部件、传输线都满足 $l \ll \lambda$,可以使用集总参数模型。但在高频情况下就不同了,当 $f = 300$ MHz(超高频)时 $\lambda = 1$ m;$f = 30$ GHz 时 $\lambda = 1$ cm;此时不长的一段线就是长线,如再使用集总模型将会得出错误的结果。在研究天线、雷达及微波设备中的电路时,广泛地使用了分布参数模型。

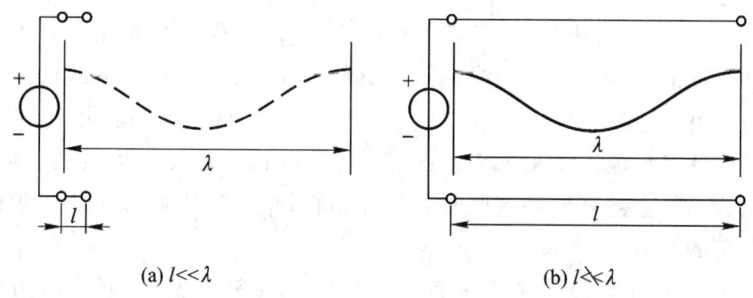

(a) $l \ll \lambda$ (b) $l \not\ll \lambda$

图 18-2 电磁作用在线上的传播

令 $\Delta t = \dfrac{l}{v}$,Δt 为电磁作用传遍线长所需的时间。条件 $l \ll \lambda$ 两侧均除以 v 后,就可写为 $\Delta t \ll T$。周期 T 是度量正弦时间函数随时间变化快慢的值。因此,使用集总模型的条件也可理解为:在电磁作用传遍全线的时间内,电源值

---

① 由于沿线传播有衰减,故非严格意义的周期变化。
② 如舍弃线间电流,则视为集总电阻、电感串联;如舍弃线上压降,则视为集总电导、电容并联。

几乎未发生变化。此时自然不会沿线出现具有波峰、波节形式的波动。也相当于波是以无限大速度传播的,沿线不存在电磁作用的推迟作用。[①]

应当指出,如果仅关心长线电源端以及负载端的电压、电流。还是可以将传输线部分看为一个二端口网络,或相应地用等值 T 形、π 形电路来替代。但是这些二端口的参数、等值电路应由分布参数模型来求出。此外,虽然等值 T 形、π 形电路是集总参数电路,但其中的 Z、Y 都是在一定的频率下求得的,并非传输线线路参数的直接归结[②]。不能误解为此时分布参数模型可以由集总参数模型来代替。

§18-2 均匀传输线及其方程

最典型的传输线是由在均匀媒质中放置的两根平行直线导体构成的,其通常的形式如图 18-3 所示。其中图(a)为两线架空线,图(b)为同轴电缆,图(c)为二芯电缆,图(d)是一线一地构成的传输线,图(e)、(f)是在高频下工作的天线。[图(e)是最普通的半波电视天线,左右两段导线的总长为 $\lambda/2$。图(f)是中波使用的垂直天线,亦由一线一地构成。]

在上述传输线中,电流在导线的电阻中引起沿线的电压降,并在导线的周围产生磁场,即沿线有电感的存在,变动的电流沿线产生电感电压降。所以,导线间的电压是连续变化的。另一方面,由于两导体构成电容,因此在导线间存在电容电流;导体间还有漏电导,故还有电导电流。这样,沿线不同的地方,导线中的电流也是不同的。为了计及沿线电压与电流的变化,必须认为导线的每一元段(无限小长度的一段)上,在导线上具有无限小的电阻和电感;在导线间则有电容和电导。这就是传输线的分布参数模型,它是集总参数元件构成的极限情况。由于电阻、电感、电容和电导这些参数是分布在线上的,因此必须用单位长度上传输线具有的参数表示,即:

R_0——两根导线每单位长度具有的电阻。其单位为 Ω/m(在电力传输线中,常用 Ω/km)。

L_0——两根导线每单位长度具有的电感,其单位为 H/m(或 H/km)。

C_0——每单位长度导线之间的电容,其单位为 F/m(或 F/km)。

G_0——每单位长度导线之间的电导,其单位为 S/m(或 S/km)。

---

① 读者将在电磁场的学习中加深理解此点。

② T 形、π 形等效电路中的各个 Z、Y 如果以集总元件 R、L、G、C 来实现时,这些参数将是频率 f 的函数。此情况类似于:交流电路中,R、L 串联组合用 R'、L' 并联组合来等效替代时,R'、L' 还将与频率有关。并不说明串联结构在一切频率下等同于一个确定值的 R'、L' 并联结构。

§18-2 均匀传输线及其方程

图 18-3 不同形式的传输线

R_0、L_0、C_0、G_0 称为传输线的原参数，如果沿线原参数到处相等，则称为均匀传输线。图 18-3 中图(a)、(b)、(c)、(d)均可看为均匀传输线,图(e)、(f)则是不均匀传输线。当然实际的传输线不可能是均匀的。例如图 18-3(a)所示的两线架空线在有支架处和没有支架处是不一样的,因为漏电的情况不尽相同。在架空线的每一跨度之间,由于导线的自重引起的下垂情况也改变了传输线对大地的电容的分布均匀性。但是,为了便于分析起见,通常忽略所有造成不均匀性的因素而把实际的传输线当作均匀的传输线。以后的讨论都局限于均匀传输线。

图 18-4 表示一均匀传输线,传输线的一方与电源连接,称为始端;传输线的另一方与负载相连接,称为终端。两根导线中,一根称为来线,另一根称为回线,来线是指电流参考方向从始端指向终端的传输线,回线则指电流参考方向从终端指向始端的传输线。设来线和回线的长度都为 l,从线的始端到所讨论长

图 18-4 均匀传输线

度元的距离为 x。

上面已经提到,设想均匀传输线是由一系列集总元件构成的,也就是设想它是由许多无穷小的长度元 $\mathrm{d}x$ 组成,每一长度元 $\mathrm{d}x$ 具有电阻 $R_0\mathrm{d}x$ 和电感 $L_0\mathrm{d}x$,而两导线间具有电容 $C_0\mathrm{d}x$ 和电导 $G_0\mathrm{d}x$。这样构成了图 18-5 所示的电路模型。设在 $\mathrm{d}x$ 左端的电压和电流为 u 和 i,在 $\mathrm{d}x$ 右端的电压和电流为 $u + \frac{\partial u}{\partial x}\mathrm{d}x$ 和 $i + \frac{\partial i}{\partial x}\mathrm{d}x$,根据 KCL,对于结点 b,有

$$i - \left(i + \frac{\partial i}{\partial x}\mathrm{d}x\right) = G_0\left(u + \frac{\partial u}{\partial x}\mathrm{d}x\right)\mathrm{d}x + C_0\frac{\partial}{\partial t}\left(u + \frac{\partial u}{\partial x}\mathrm{d}x\right)\mathrm{d}x$$

对回路 abcda 应用 KVL,则有

$$u - \left(u + \frac{\partial u}{\partial x}\mathrm{d}x\right) = R_0 i\mathrm{d}x + L_0\frac{\partial i}{\partial t}\mathrm{d}x$$

图 18-5 均匀传输线的电路模型

略去二阶无穷小量并约去 $\mathrm{d}x$ 后,得下列方程:

$$\left.\begin{array}{r}-\dfrac{\partial u}{\partial x} = R_0 i + L_0\dfrac{\partial i}{\partial t}\\[2mm] -\dfrac{\partial i}{\partial x} = G_0 u + C_0\dfrac{\partial u}{\partial t}\end{array}\right\} \qquad (18-1)$$

这就是均匀传输线方程,它是一组偏微分方程。根据边界条件(即始端和终端的情况)和初始条件(即时间起始时的条件),求出方程式(18-1)的解,就可以得到电压 u 和电流 i,它们将是 x 和 t 的函数。可见电压和电流不仅随时间变化,同时也随距离变化。这是分布电路与集总电路的一个显著区别。

§18-3 均匀传输线方程的正弦稳态解

本节研究均匀传输线在始端电源角频率为 ω 的正弦时间函数时电路的稳态分析。在这种情况下,沿线的电压、电流是同一频率的正弦时间函数,因此,可以用相量法分析沿线的电压和电流。于是有

§18-3 均匀传输线方程的正弦稳态解

$$u(x,t) = \text{Re}[\sqrt{2}\dot{U}(x)e^{j\omega t}]$$
$$i(x,t) = \text{Re}[\sqrt{2}\dot{I}(x)e^{j\omega t}]$$

其中 $\dot{U}(x)$ 和 $\dot{I}(x)$ 均为 x 的函数，简写为 $\dot{U}$ 和 $\dot{I}$，因而方程式(18-1)可以写成以下形式：

$$\left. \begin{aligned} -\frac{d\dot{U}}{dx} &= (R_0 + j\omega L_0)\dot{I} = Z_0\dot{I} \\ -\frac{d\dot{I}}{dx} &= (G_0 + j\omega C_0)\dot{U} = Y_0\dot{U} \end{aligned} \right\} \quad (18-2)$$

其中 $Z_0 = R_0 + j\omega L_0$ 为单位长度的阻抗，$Y_0 = G_0 + j\omega C_0$ 为单位长度的导纳。由于相量 $\dot{U}$ 和 $\dot{I}$ 仅为距离 x 的函数，所以在式(18-1)中对 u 和 i 的偏导数可以写成全导数，这样，式(18-1)的偏微分方程组就成为式(18-2)的常微分方程组。将式(18-2)对 x 取一次导数，得

$$-\frac{d^2\dot{U}}{dx^2} = Z_0\frac{d\dot{I}}{dx}$$

$$-\frac{d^2\dot{I}}{dx^2} = Y_0\frac{d\dot{U}}{dx}$$

把式(18-2)中的 $\frac{d\dot{I}}{dx}$ 和 $\frac{d\dot{U}}{dx}$ 代入上式，便得到

$$\frac{d^2\dot{U}}{dx^2} = Z_0 Y_0 \dot{U}$$

$$\frac{d^2\dot{I}}{dx^2} = Z_0 Y_0 \dot{I}$$

令 $\gamma = \alpha + j\beta = \sqrt{Z_0 Y_0} = \sqrt{(R_0 + j\omega L_0)(G_0 + j\omega C_0)}$，代入上式后得

$$\frac{d^2\dot{U}}{dx^2} = \gamma^2 \dot{U}$$

$$\frac{d^2\dot{I}}{dx^2} = \gamma^2 \dot{I}$$

γ 称为传播常数。上列方程是常系数二阶线性微分方程。它们的通解具有下列形式：

$$\left. \begin{aligned} \dot{U} &= A_1 e^{-\gamma x} + A_2 e^{\gamma x} \\ \dot{I} &= B_1 e^{-\gamma x} + B_2 e^{\gamma x} \end{aligned} \right\} \quad (18-3)$$

利用式(18-2)可以求得积分常数 A_1 和 B_1 及 A_2 和 B_2 之间的关系。由式(18-2)中的第一个方程得

$$\dot{I} = -\frac{1}{Z_0}\frac{d\dot{U}}{dx} = -\frac{1}{Z_0}(-A_1\gamma e^{-\gamma x} + A_2\gamma e^{\gamma x})$$

$$= \frac{A_1}{\sqrt{\frac{Z_0}{Y_0}}} e^{-\gamma x} - \frac{A_2}{\sqrt{\frac{Z_0}{Y_0}}} e^{\gamma x} = B_1 e^{-\gamma x} + B_2 e^{\gamma x}$$

令 $Z_c = \sqrt{\frac{Z_0}{Y_0}}$，从上式中有 $B_1 = \frac{A_1}{Z_c}, B_2 = -\frac{A_2}{Z_c}$，而电流

$$\dot{I} = \frac{A_1}{Z_c} e^{-\gamma x} - \frac{A_2}{Z_c} e^{\gamma x}$$

Z_c 称为特性阻抗或波阻抗。它和称为传播常数的 γ 都是复数。后面将会看到 Z_c 和 γ 可以用来表征均匀传输线的主要特性。

根据边界条件可以确定积分常数 A_1 和 A_2，可以分两种不同情况讨论。

一种是设传输线的始端电压 $\dot{U}_1$ 和电流 $\dot{I}_1$ 为已知。当以始端作为计算距离 x 的起点时，在始端处 $x=0$。根据给定的边界条件，由式(18-3)可以得到

$$\dot{U}_1 = A_1 + A_2$$

$$\dot{I}_1 = \frac{A_1}{Z_c} - \frac{A_2}{Z_c}$$

解得

$$A_1 = \frac{1}{2}(\dot{U}_1 + Z_c \dot{I}_1)$$

$$A_2 = \frac{1}{2}(\dot{U}_1 - Z_c \dot{I}_1)$$

由此得到传输线上与始端的距离为 x 处的电压和电流为

$$\left.\begin{aligned}\dot{U} &= \frac{1}{2}(\dot{U}_1 + Z_c \dot{I}_1) e^{-\gamma x} + \frac{1}{2}(\dot{U}_1 - Z_c \dot{I}_1) e^{\gamma x} \\ \dot{I} &= \frac{1}{2}\left(\frac{\dot{U}_1}{Z_c} + \dot{I}_1\right) e^{-\gamma x} - \frac{1}{2}\left(\frac{\dot{U}_1}{Z_c} - \dot{I}_1\right) e^{\gamma x}\end{aligned}\right\} \quad (18-4)$$

利用双曲线函数

$$\cosh(\gamma x) = \frac{1}{2}(e^{\gamma x} + e^{-\gamma x})$$

$$\sinh(\gamma x) = \frac{1}{2}(e^{\gamma x} - e^{-\gamma x})$$

式(18-4)又可以改写为

$$\left.\begin{aligned}\dot{U} &= \dot{U}_1 \cosh(\gamma x) - Z_c \dot{I}_1 \sinh(\gamma x) \\ \dot{I} &= \dot{I}_1 \cosh(\gamma x) - \frac{\dot{U}_1}{Z_c} \sinh(\gamma x)\end{aligned}\right\} \quad (18-5)$$

另一种情况是设传输线终端(即 $x=l$ 处，l 为线长)的电压 $\dot{U}_2$ 和电流 $\dot{I}_2$ 为已知。根据这种边界条件，从式(18-3)得

§18-3 均匀传输线方程的正弦稳态解

$$\dot{U}_2 = A_1 e^{-\gamma l} + A_2 e^{\gamma l}$$

$$\dot{I}_2 = \frac{A_1}{Z_c} e^{-\gamma l} - \frac{A_2}{Z_c} e^{\gamma l}$$

从而有

$$A_1 = \frac{1}{2}(\dot{U}_2 + Z_c \dot{I}_2) e^{\gamma l}$$

$$A_2 = \frac{1}{2}(\dot{U}_2 - Z_c \dot{I}_2) e^{-\gamma l}$$

这样,当终端的电压 $\dot{U}_2$ 和电流 $\dot{I}_2$ 已知时,传输线上与始端距离为 x 处的任一点电压和电流为

$$\dot{U} = \frac{1}{2}(\dot{U}_2 + Z_c \dot{I}_2) e^{\gamma(l-x)} + \frac{1}{2}(\dot{U}_2 - Z_c \dot{I}_2) e^{-\gamma(l-x)}$$

$$\dot{I} = \frac{1}{2}\left(\frac{\dot{U}_2}{Z_c} + \dot{I}_2\right) e^{\gamma(l-x)} - \frac{1}{2}\left(\frac{\dot{U}_2}{Z_c} - \dot{I}_2\right) e^{-\gamma(l-x)}$$

如果把计算距离的起点改为传输线的终端,则线上任一点到终端的距离为 $x' = l - x$,上式可以改写为

$$\left. \begin{array}{l} \dot{U} = \dfrac{1}{2}(\dot{U}_2 + Z_c \dot{I}_2) e^{\gamma x'} + \dfrac{1}{2}(\dot{U}_2 - Z_c \dot{I}_2) e^{-\gamma x'} \\ \dot{I} = \dfrac{1}{2}\left(\dfrac{\dot{U}_2}{Z_c} + \dot{I}_2\right) e^{\gamma x'} - \dfrac{1}{2}\left(\dfrac{\dot{U}_2}{Z_c} - \dot{I}_2\right) e^{-\gamma x'} \end{array} \right\} \quad (18-6)$$

通常把上式的 x' 仍记为 x,这样做并不会引起混淆,因为式中右方的 $\dot{U}_2$ 和 $\dot{I}_2$ 就意味着以传输线的终端作为计算距离的起点。

同样,将式(18-6)用双曲线函数表示时,得

$$\left. \begin{array}{l} \dot{U} = \dot{U}_2 \cosh(\gamma x) + Z_c \dot{I}_2 \sinh(\gamma x) \\ \dot{I} = \dot{I}_2 \cosh(\gamma x) + \dfrac{\dot{U}_2}{Z_c} \sinh(\gamma x) \end{array} \right\} \quad (18-7)$$

式中 x 为距终端的距离。

例 18-1 一高压线长 $l = 300$ km,终端接负载,功率为 30 MW,功率因数 $\lambda = 0.9$(感性),已知输电线的 $Z_0 = 1\underline{/80°}\ \Omega/\text{km}$,$Y_0 = 6.5 \times 10^{-6}\underline{/90°}\ \text{S/km}$。设负载端电压 $\dot{U}_2 = 115.5\underline{/0°}$ kV,求距离始端 200 km 处的电压、电流相量。

解

$$I_2 = \frac{30 \times 10^6}{115.5 \times 10^3 \times 0.9}\ \text{A} = 288.6\ \text{A}$$

$$\dot{I}_2 = 288.6\underline{/-25.84°}\ \text{A}$$

$$\gamma = \sqrt{Z_0 Y_0} = 2.55 \times 10^{-3}\underline{/85°}\ \text{km}^{-1}$$

$$Z_c = \sqrt{\frac{Z_0}{Y_0}} = 392.2\underline{/-5°}\ \Omega$$

距离始端 200 km 即距离终端 100 km，该处电压和电流分别为

$$\dot{U} = \dot{U}_2 \cosh(100\gamma) + Z_c \dot{I}_2 \sinh(100\gamma)$$
$$= (128.3 + \text{j}23.95)\ \text{kV}$$
$$= 130.5\underline{/10.5°}\ \text{kV}$$

$$\dot{I} = \dot{I}_2 \cosh(100\gamma) + \frac{\dot{U}_2}{Z_c}\sinh(100\gamma)$$
$$= (252.9 - \text{j}44.11)\ \text{A}$$
$$= 256.7\underline{/-9.893°}\ \text{A}$$

其中

$$100\gamma = 0.255\underline{/85°} = 0.022\ 2 + \text{j}0.254$$

而

$$\sinh(100\gamma) = 0.252\underline{/85.11°}$$
$$\cosh(100\gamma) = 0.968\underline{/0.33°}$$

为了说明传输线上的电压、电流是波动形式，可以从式(18-4)出发，先将该式中的 $\dot{U}$、$\dot{I}$ 表达式改写如下：

$$\left.\begin{array}{l}\dot{U} = \dot{U}^+ + \dot{U}^- \\ \dot{I} = \dot{I}^+ - \dot{I}^-\end{array}\right\} \tag{18-8}$$

其中

$$\dot{U}^+ = A_1 \text{e}^{-\gamma x} = \frac{1}{2}(\dot{U}_1 + Z_c \dot{I}_1)\text{e}^{-\gamma x}$$
$$= |A_1|\text{e}^{\text{j}\phi_+} \cdot \text{e}^{-\gamma x} = U_0^+ \text{e}^{\text{j}\phi_+} \cdot \text{e}^{-\gamma x}$$

$$\dot{U}^- = A_2 \text{e}^{\gamma x} = \frac{1}{2}(\dot{U}_1 - Z_c \dot{I}_1)\text{e}^{\gamma x}$$
$$= |A_2|\text{e}^{\text{j}\phi_-} \cdot \text{e}^{-\gamma x} = U_0^- \text{e}^{\text{j}\phi_-} \cdot \text{e}^{\gamma x}$$

式中 $U_0^+ = |A_1|$，$U_0^- = |A_2|$；对于电流有 $\dot{I}^+ = \dfrac{\dot{U}^+}{Z_c}$，$\dot{I}^- = \dfrac{\dot{U}^-}{Z_c}$。

由于 $\gamma = \alpha + \text{j}\beta$，式(18-8)中电压 $\dot{U}$ 可写为

$$\dot{U} = U_0^+ \text{e}^{-\alpha x}\text{e}^{\text{j}(\phi_+ - \beta x)} + U_0^- \text{e}^{\alpha x}\text{e}^{\text{j}(\phi_- + \beta x)}$$

现在把电压相量 $\dot{U}$ 化为时间函数形式，得

$$u = \sqrt{2}U_0^+ \text{e}^{-\alpha x}\cos(\omega t - \beta x + \phi_+) + \sqrt{2}U_0^- \text{e}^{\alpha x}\cos(\omega t + \beta x + \phi_-)$$
$$= u^+ + u^- \tag{18-9}$$

这样一来，u 可以看作是两个电压分量 u^+ 和 u^- 的叠加。现在分别研究 u^+ 和 u^- 这两个分量具有的含义。第一个分量 u^+ 为

$$u^+ = \sqrt{2}\,U_0^+ \mathrm{e}^{-\alpha x}\cos(\omega t - \beta x + \phi_+)$$

它既是时间 t 的函数,又是空间位置 x 的函数。如果在传输线的某一固定点,即 $x = x_1$ 的地方观察 u^+,它将是时间 t 的正弦函数。假想在某一固定瞬间 $t = t_1$ 观察,则 u^+ 沿线按照振幅为指数衰减的正弦规律随 x 变化。为了便于理解 u^+ 的性质,在图 18-6 中画出 3 个不同瞬间 u^+ 沿线的分布情况。可见,可以把 u^+ 看为一个随时间增加向 x 增加方向(即从线的始端向终端的方向)运动的衰减波。通常将这种波称为电压入射波、直波或正向行波。

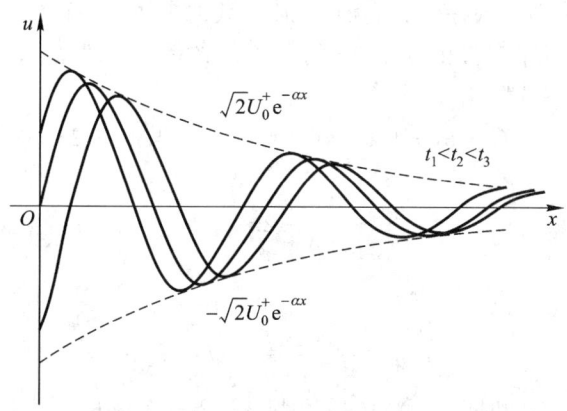

图 18-6 入射波沿线的传播

为了确定这个电压波 u^+ 运动或传播的速度,假设 $\alpha = 0$,这时 $u^+ = \sqrt{2}\,U_0^+\cos(\omega t - \beta x + \phi_+)$,也就是说把 u^+ 看作是一个不衰减的正弦波。现在分析 $x = x_1$ 与 $x = x_2$ 两点上电压波动的情况。在 $x = x_1$ 处,$u^+(x_1,t) = \sqrt{2}\,U_0^+\cos(\omega t - \beta x_1 + \phi_+)$,而在 $x = x_2$ 处,$u(x_2,t) = \sqrt{2}\,U_0^+\cos(\omega t - \beta x_2 + \phi_+)$。若 $x_2 > x_1$,则该两点电压正弦变化的相位关系是 $u^+(x_2,t)$ 比 $u^+(x_1,t)$ 落后,落后的相位为 $(-\beta x_1 + \phi_+) - (-\beta x_2 + \phi_+) = \beta(x_2 - x_1) = \beta\Delta x$。因此,在 x_1 处出现的正弦时间变化过程,要在一定的时间差后才会在距 x_1 为 Δx 的 x_2 处重复出现。这一时间差为

$$\Delta t = \frac{\beta(x_2 - x_1)}{\omega} = \frac{\beta\Delta x}{\omega}$$

故相应的沿线从始端向终端传播速度为

$$v_\varphi = \lim_{\Delta t \to 0}\frac{\Delta x}{\Delta t} = \frac{\omega}{\beta} \tag{18-10}$$

这就是整个电压波 u^+ 的传播速度。由于这是同相点的运动速度,称为相位速

度,简称相速,以 v_φ 表示。

用同样的方法研究式(18-9)右端的第二项

$$u^- = \sqrt{2}\, U_0^-\, \mathrm{e}^{\alpha x} \cos(\omega t + \beta x + \phi_-)$$

它与 u^+ 不同之处在于式中 αx 与 βx 前面的符号恰好相反,所以可以说 u^- 也是一种行波,但其传播方向和 u^+ 相反,也即 u^- 是沿 x 减少的方向以相速 v_φ 传播的衰减波,即由终端沿线向始端传播的衰减正弦波。通常把 u^- 称为电压反射波、回波或反向行波。注意在式(18-9)中 $u = u^+ + u^-$,所以 u^+ 和 u^- 所取参考方向与 u 的参考方向一致,也就是把传输线的来线取为正极。

在波的传播方向上,相位差 2π 的两点间的距离称为波长,以 λ 表示。这样,从式(18-9)右端的第一项,得

$$\omega t - \beta(x + \lambda) + \phi_+ = \omega t - \beta x + \phi_+ - 2\pi$$

从而得

$$\lambda = \frac{2\pi}{\beta} \qquad (18-11)$$

而

$$v_\varphi = \frac{\omega}{\beta} = \frac{2\pi f}{\beta} = \lambda f = \frac{\lambda}{T} \qquad (18-12)$$

也就是在一个周期的时间内,波传播的距离等于一个波长。

在式(18-8)中的电流相量 $\dot{I}$ 也可以写成相应的时间函数形式

$$i = \sqrt{2}\, \frac{U_0^+}{|Z_c|}\mathrm{e}^{-\alpha x}\cos(\omega t - \beta x + \phi_+ - \theta) - \sqrt{2}\,\frac{U_0^-}{|Z_c|}\mathrm{e}^{\alpha x}\cos(\omega t + \beta x + \phi_- - \theta)$$

$$= i^+ - i^- \qquad (18-13)$$

其中 $|Z_c|$ 和 θ 为特性阻抗 Z_c 的模和辐角,即 $Z_c = |Z_c|\underline{/\theta}$。可见电流 i 也可以看作是两个以相同的相位速度、但以相反方向传播的衰减正弦波,即入射波电流 i^+ 和反射波电流 i^- 叠加的结果。但须注意,对于反射波电流 i^-,由于在导线中其方向与入射波电流的方向相反,故两者为相减。可以看出,虽然合成的电压波与电流波的形式很复杂,但对同一方向行进的入射电压波与入射电流波,或是反射电压波与反射电流波,都是随行进方向衰减的行波;且电压波与电流波之间的关系由传输线特性阻抗 Z_c 来决定。

例 18-2 有一均匀传输线长 300 km,在频率 $f = 50$ Hz 时,传播常数 $\gamma = 1.06 \times 10^{-3}\,\underline{/84.7°}$ km^{-1},$Z_c = 400\,\underline{/-5.3°}$ Ω,若已知 $\dot{U}_1 = 120\,\underline{/0°}$ kV,$\dot{I}_1 = 30\,\underline{/-10°}$ A。求:(1) 行波的相速;(2) 距始端 50 km 处电压、电流入射波和反射波的瞬时值表达式。

解 (1) 由于 $\gamma = 1.06 \times 10^{-3}\,\underline{/84.7°}$ km$^{-1} = (0.979 \times 10^{-4} + \mathrm{j}1.055 \times 10^{-3})$ km^{-1},故相速

$$v_\varphi = \frac{\omega}{\beta} = \frac{2\pi \times 50}{1.055 \times 10^{-3}} \text{ km/s} = 2.98 \times 10^5 \text{ km/s}$$

(2) 按式(18-4)、(18-8)求出 $\dot{U}_1^+$ 和 $\dot{U}_1^-$ 为

$$\dot{U}_1^+ = \frac{1}{2}(\dot{U}_1 + Z_c \dot{I}_1) = 65\ 806 \underline{/-1.381°} \text{ V}$$

$$\dot{U}_1^- = \frac{1}{2}(\dot{U}_1 - Z_c \dot{I}_1) = 54\ 236 \underline{/1.673°} \text{ V}$$

由式(18-9)可得

$$u^+ = \sqrt{2} \times 65\ 806 e^{-0.979 \times 10^{-4} x} \cos(314t - 1.055 \times 10^{-3} x - 1.381°) \text{ V}$$

$$u^- = \sqrt{2} \times 54\ 236 e^{0.979 \times 10^{-4} x} \cos(314t + 1.055 \times 10^{-3} x + 1.673°) \text{ V}$$

所以在 $x = 50$ km 处,有

$$u^+ = \sqrt{2} \times 65\ 486 \cos(314t - 4.405°) \text{ V}$$

$$u^- = \sqrt{2} \times 54\ 502 \cos(314t + 4.697°) \text{ V}$$

根据电压与电流入射波与反射波之间的关系,可得

$$i^+ = \sqrt{2} \times 163.71 \cos(314t + 0.9°) \text{ A}$$

$$i^- = \sqrt{2} \times 136.25 \cos(314t + 10°) \text{ A}$$

当传输线终端所接的负载阻抗 $Z_2 = Z_c$ 时,电压、电流波中均没有反射波。因此可以认为反射波是由于 Z_2 与 Z_c 不等而引起的。定义终端的反射系数为该处反射波与入射波电压相量或电流相量之比,即

$$n = \frac{\dot{U}_2^-}{\dot{U}_2^+} = \frac{\dot{I}_2^-}{\dot{I}_2^+} = \frac{\dot{U}_2 - Z_c \dot{I}_2}{\dot{U}_2 + Z_c \dot{I}_2} = \frac{Z_2 - Z_c}{Z_2 + Z_c} \quad (18-14)$$

反射系数是一个复数,反映了反射波与入射波在幅值和相位上的差异。$n = 0$ 时,不存在反射,称为终端阻抗与传输线阻抗相匹配[①]。在通信线路和设备连接(例如电视接收机与信号馈线的连接)时,均要求匹配,避免反射。

终端开路时,$Z_2 \to \infty$,$n = 1$;终端短路时,$Z_2 = 0$,$n = -1$。$|n| = 1$ 称为全反射。终端开路及短路都产生全反射,但相位不同,前者使 $\dot{I}_2 = 0$,后者使 $\dot{U}_2 = 0$,满足了边界条件。

§18-4 均匀传输线的原参数和副参数

传输线单位长度的电阻 R_0、电感 L_0、电容 C_0 和电导 G_0 称为它的原参数,L_0 和 C_0 的计算公式在电磁场课程中介绍。上一节引入的传播常数 γ 和特性阻

[①] 这里的"匹配"(即 $Z_2 = Z_c$),与最大功率传输时的匹配是不同的。

抗 Z_c 称为传输线的副参数。

传播常数 γ 是一个复数,其实部 α 称为衰减常数,虚部 β 称为相位常数。从式(18-9)及以后有关的讨论中可以看出,α 表示入射波和反射波沿线的衰减特性,其单位通常用 Np/m 或 dB/m[①];而 β 表示入射波和反射波沿线的相位变化的特性,其单位通常用 rad/m。

为了计算均匀传输线的 α 和 β,设 R_0、L_0、C_0 和 G_0 为已知,则根据 $\gamma = \alpha + \mathrm{j}\beta$ 有

$$\gamma = \alpha + \mathrm{j}\beta = \sqrt{Z_0 Y_0} = \sqrt{(R_0 + \mathrm{j}\omega L_0)(G_0 + \mathrm{j}\omega C_0)}$$

所以

$$|\gamma|^2 = \alpha^2 + \beta^2 = \sqrt{(R_0^2 + \omega^2 L_0^2)(G_0^2 + \omega^2 C_0^2)}$$

$$\gamma^2 = \alpha^2 - \beta^2 + \mathrm{j}2\alpha\beta$$
$$= (R_0 G_0 - \omega^2 L_0 C_0) + \mathrm{j}(G_0 \omega L_0 + R_0 \omega C_0)$$

从以上两式不难分别求得

$$\left.\begin{array}{l}\alpha = \sqrt{\dfrac{1}{2}\left[R_0 G_0 - \omega^2 L_0 C_0 + \sqrt{(R_0^2 + \omega^2 L_0^2)(G_0^2 + \omega^2 C_0^2)}\right]} \\ \beta = \sqrt{\dfrac{1}{2}\left[\omega^2 L_0 C_0 - R_0 G_0 + \sqrt{(R_0^2 + \omega^2 L_0^2)(G_0^2 + \omega^2 C_0^2)}\right]}\end{array}\right\} \quad (18-15)$$

值得注意的是,相位常数 β 是单调地随频率增高而增加,图 18-7 给出了 α 和 β 与角频率的变化关系。

按式(18-10)和式(18-11),相位速度和波长是由相位常数 β 决定的,即有

$$v_\varphi = \frac{\omega}{\beta}, \qquad \lambda = \frac{2\pi}{\beta}$$

当传输线的原参数满足条件 $\dfrac{R_0}{G_0} = \dfrac{L_0}{C_0}$ 时,按式(18-15)可推得

[①] 在有线通信中通常用奈培(Neper, Np)表示电平。Np 是根据研究的量的比值的自然对数定义的。以两个电压 U_1、U_2 为例,有

$$H_{\mathrm{Np}} = \ln\left(\left|\frac{U_2}{U_1}\right|\right)$$

前面已指出分贝(dB)是根据常用对数定义的,即

$$H_{\mathrm{dB}} = 20\lg\left(\left|\frac{U_2}{U_1}\right|\right)$$

由上述定义,可推出

$$1\ \mathrm{Np} = 8.686\ \mathrm{dB}$$
$$1\ \mathrm{dB} = 0.115\ \mathrm{Np}$$

$$\alpha = \sqrt{\frac{1}{2}[R_0 G_0 - \omega^2 L_0 C_0 + R_0 G_0 + \omega^2 L_0 C_0]} = \sqrt{R_0 G_0}$$

$$\beta = \sqrt{\frac{1}{2}[\omega^2 L_0 C_0 - R_0 G_0 + R_0 G_0 + \omega^2 L_0 C_0]} = \omega \sqrt{L_0 C_0}$$

此时,衰减系数 α 与频率无关;相位系数 β 与频率成正比,故相速 v_φ 也与频率无关,且 α、β 均达其最小值,这种传输线称为无畸变线。当非正弦信号在线上传输时,各次谐波分量将发生同样程度的衰减且以同样的速度传输,因而不会发生畸变。这一条件也称为传输线的无畸变条件[①]。满足 $R_0 = G_0 = 0$ 的传输线称为无损耗线(将在§18-5中讨论),此时 $\alpha = 0, \beta = \omega \sqrt{L_0 C_0}$,因此,无损耗线也是无畸变线。图18-7示出了 α 与 β 的频率特性,可以看出,当 ω 很高时,传输线也接近于无畸变线。对于上述两种情况,有

图18-7 α 和 β 的频率特性

$$v_\varphi = \frac{1}{\sqrt{L_0 C_0}}$$

或[②]

$$v_\varphi \approx \frac{c}{\sqrt{\varepsilon_r \mu_r}}$$

后一式中,c 为真空中的光速,ε_r 和 μ_r 分别为导线周围媒质的相对介电常数和相对磁导率。对于架空线,$\varepsilon_r \approx 1$ 和 $\mu_r \approx 1$,即波的传播速度 v_φ 实际上等于真空中的光速。对于电缆,这一速度要小一些,因为电缆中用的绝缘介质的相对介电常数 $\varepsilon_r \approx 4 \sim 5$,所以波的相速比真空中的光速低。在有损耗的线中($R_0 \neq 0, G_0 \neq 0$),相速总是比光速小。

从式(18-8)可见。特性阻抗 Z_c 为入射波(或反射波)电压、电流相量的比

[①] 通常情况下的架空传输线和电缆都不满足无畸变条件,前者的 G_0 小;后者的 C_0 大。因此常常使用增加 L_0 的方法来满足无畸变传输。例如使用集中加感、分布加感等方法。

[②] 此公式的证明需用计算 L_0 和 C_0 的公式,请参阅电磁场教材。

值。它与原参数的关系是

$$Z_c = \sqrt{\frac{Z_0}{Y_0}} = \sqrt{\frac{R_0 + j\omega L_0}{G_0 + j\omega C_0}} = |Z_c| e^{j\theta} \qquad (18-16)$$

式中

$$|Z_c| = \sqrt[4]{\frac{R_0^2 + \omega^2 L_0^2}{G_0^2 + \omega^2 C_0^2}} \qquad (18-17)$$

$$\theta = \frac{1}{2}\left[\arctan\left(\frac{\omega L_0}{R_0}\right) - \arctan\left(\frac{\omega C_0}{G_0}\right)\right]$$

$$= \frac{1}{2}\arctan\left(\frac{\omega L_0 G_0 - \omega C_0 R_0}{R_0 G_0 + \omega^2 L_0 C_0}\right) \qquad (18-18)$$

当 $\omega = 0$ 时,即在直流情况下

$$|Z_c| = \sqrt{\frac{R_0}{G_0}}, \theta = 0$$

此时特性阻抗是纯电阻。对工作频率较高的传输线,由于 $R_0 \ll \omega L_0$ 和 $G_0 \ll \omega C_0$,所以

$$Z_c = \sqrt{\frac{R_0 + j\omega L_0}{G_0 + j\omega C_0}} = \sqrt{\frac{j\omega L_0\left(1 + \frac{R_0}{j\omega L_0}\right)}{j\omega C_0\left(1 + \frac{G_0}{j\omega C_0}\right)}} \approx \sqrt{\frac{L_0}{C_0}}$$

可见,此时 Z_c 也是纯电阻性质的。

显然,$R_0 = 0$ 和 $G_0 = 0$ 的无损耗传输线的特性阻抗也是一个纯电阻,且其 $Z_c = \sqrt{\frac{L_0}{C_0}}$。一般架空线的特性阻抗 $|Z_c|$ 约为 400~600 Ω,而电力电缆约为 50 Ω,这是因为与架空线相比,电缆中的导线彼此相距较近,而且导线间的绝缘材料的相对介电常数 $\varepsilon_r \approx 4 \sim 5$,所以 L_0 和 C_0 的比值要比架空线的小。因此电缆的 $|Z_c|$ 只有架空线的 $\frac{1}{8} \sim \frac{1}{6}$。在通信中使用的同轴电缆的 $|Z_c|$ 一般为 40~100 Ω,常用的有 75 Ω 和 50 Ω 两种。

由于 $\omega C_0 \gg G_0$,式(18-16)中分母复数的辐角接近 45°,要比分子复数的辐角大,所以特性阻抗的辐角 θ 常为负值。

根据式(18-17)和式(18-18)作出 $|Z_c|$ 和 θ 的频率特性如图 18-8 所示。从式(18-16)可以看出,当 $\omega = 0$ 时

$$|Z_c| = \sqrt{\frac{R_0}{G_0}}$$

而当 $\omega \to \infty$ 时

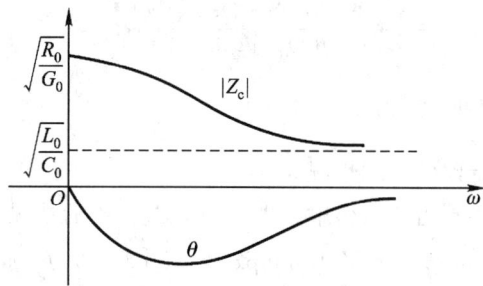

图 18-8 $|Z_c|$ 和 θ 的频率特性

$$|Z_c| = \sqrt{\frac{L_0}{C_0}}$$

不论是架空线还是电缆,都有 $\dfrac{R_0}{G_0} > \dfrac{L_0}{C_0}$,所以 $\omega = 0$ 时的 $|Z_c|$ 比 $\omega \to \infty$ 时的大。

§18-5 无损耗传输线

如果传输线的电阻 R_0 和导线间的漏电导 G_0 都等于零,这种传输线就称为无损耗传输线,简称为无损耗线。

在无线电工程中由于工作频率较高,因此 $\omega L_0 \gg R_0$,$\omega C_0 \gg G_0$。如将损耗略去不计,即令 $R_0 = 0$ 和 $G_0 = 0$,不致引起较大的误差,就可看为无损耗线。在这种情况下有

$$\gamma = \sqrt{Z_0 Y_0} = \sqrt{(j\omega L_0)(j\omega C_0)} = j\omega \sqrt{L_0 C_0}$$

故 $\alpha = 0$,而 $\beta = \omega \sqrt{L_0 C_0}$。特性阻抗

$$Z_c = \sqrt{\frac{Z_0}{Y_0}} = \sqrt{\frac{L_0}{C_0}}$$

可见无损耗的特性阻抗是一个纯电阻且与频率无关。

距终端 x 处的电压、电流为

$$\left.\begin{aligned} \dot{U}_x &= \dot{U}_2 \cos(\beta x) + j Z_c \dot{I}_2 \sin(\beta x) \\ \dot{I}_x &= \dot{I}_2 \cos(\beta x) + j \frac{\dot{U}_2}{Z_c} \sin(\beta x) \end{aligned}\right\} \quad (18-19)$$

距终端 x 处的入端阻抗为

$$Z_{ix} = \frac{\dot{U}_x}{\dot{I}_x} = \frac{\dot{U}_2 \cos(\beta x) + j Z_c \dot{I}_2 \sin(\beta x)}{\dot{I}_2 \cos(\beta x) + j \dfrac{\dot{U}_2}{Z_c} \sin(\beta x)}$$

$$= \frac{Z_2\cos(\beta x) + jZ_c\sin(\beta x)}{Z_c\cos(\beta x) + jZ_2\sin(\beta x)} Z_c \qquad (18-20)$$

式中 $Z_2 = \dfrac{\dot{U}_2}{\dot{I}_2}$ 为终端的负载阻抗。

以下讨论几种特殊的终端情况。

第一种情况是终端阻抗与传输线匹配，即 $Z_2 = Z_c$ 的情况。此时有

$$\dot{U}_x = \dot{U}_2\cos(\beta x) + jZ_c \dot{I}_2\sin(\beta x) = \dot{U}_2[\cos(\beta x) + j\sin(\beta x)]$$
$$= \dot{U}_2 e^{j\beta x}$$

$$\dot{I}_x = \dot{I}_2 e^{j\beta x}$$

$$Z_{ix} = Z_c$$

传输线上出现的电压、电流是从始端向终端传输的入射行波，且无振幅的衰减；在相位上，离始端越远处，相位越落后，但在同一点上，电压、电流则为同相，其振幅比等于 Z_c（为实数）。电压、电流行波将电能从始端无损耗地传递到终端阻抗中去，不产生反射。

第二种情况为终端开路（即空载），$Z_2 \to \infty$。此时 $\dot{I}_2 = 0$。从式（18-19）中可以得到

$$\left.\begin{aligned}\dot{U}_x &= \dot{U}_2\cos(\beta x)\\ \dot{I}_x &= j\frac{\dot{U}_2}{Z_c}\sin(\beta x)\end{aligned}\right\} \qquad (18-21)$$

假设终端电压 $u_2 = \sqrt{2}\,U_2\sin(\omega t)$，式（18-21）的时间函数形式为

$$\left.\begin{aligned}u_x &= \sqrt{2}\,U_2\cos(\beta x)\sin(\omega t)\\ i_x &= \frac{\sqrt{2}\,U_2}{Z_c}\sin(\beta x)\cos(\omega t)\end{aligned}\right\} \qquad (18-22)$$

表明传输线上出现的电压、电流并非行波。由于 $\beta = \dfrac{2\pi}{\lambda}$，因此在 $x = 0, \dfrac{\lambda}{2}, \lambda, \dfrac{3\lambda}{2}, \cdots$ 处 $\beta x = 0, \pi, 2\pi, \cdots$，此时 $\cos(\beta x) = \pm 1, \sin(\beta x) = 0$，故这些地方的电压值始终是沿线电压分布中的极值（最大或最小），称之为电压的波腹；而这些地方的电流值始终是沿线电流分布中的零值，称之为电流的波节。在 $x = \dfrac{\lambda}{4}, \dfrac{3\lambda}{4}, \dfrac{5\lambda}{4}, \cdots$ 处，$\beta x = \dfrac{\pi}{2}, \dfrac{3\pi}{2}, \dfrac{5\pi}{2}, \cdots$，$\cos(\beta x) = 0, \sin(\beta x) = \pm 1$，故这些地方是电流的波腹也是电压的波节。图 18-9 画出几个不同瞬间 u_x 和 i_x 沿线的分布曲线，它们对应于时间 $t = 0, \dfrac{T}{4}, \dfrac{T}{2}, \dfrac{3T}{4}$ 等时刻。从图中可看出电流、电压的波腹、波节

的位置是固定不变的。这种波腹、波节位置固定不变的波称为驻波。

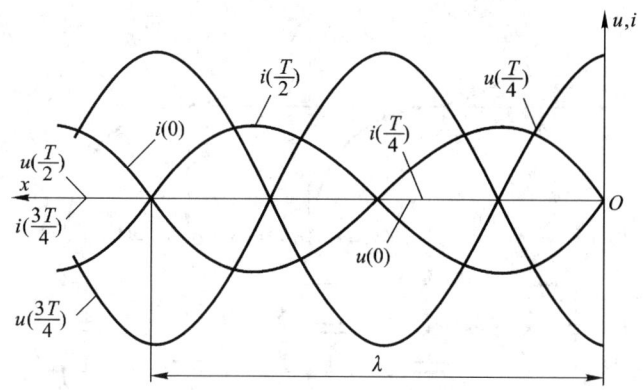

图 18-9 空载无损耗线的电压和电流分布曲线

空载时,在距终端 x 处向终端看去的输入阻抗为

$$Z_{ix} = \frac{\dot{U}_x}{\dot{I}_x} = -jZ_c\cot(\beta x) = -jZ_c\cot\left(\frac{2\pi}{\lambda}x\right) = jX_{oc} \quad (18-23)$$

表明输入阻抗是一个纯电抗,以 $\frac{\lambda}{4}$ 的间隔而变号;在电压波节(电流波腹)处,$Z_{ix}=0$,相当于短路,也可理解为是一个串联谐振电路①;在电流波节(电压波腹)处,$Z_{ix}=\infty$,相当于开路,理解为是一个并联谐振电路。如图 18-10 所示。

第三种是终端短路的情况,此时,$Z_2=0$,$\dot{U}_2=0$。从式(18-19)可得

$$\left.\begin{aligned}\dot{U}_x &= jZ_c\dot{I}_2\sin(\beta x)\\ \dot{I}_x &= \dot{I}_2\cos(\beta x)\end{aligned}\right\} \quad (18-24)$$

设终端电流 $i_2=\sqrt{2}I_2\sin(\omega t)$,则 $\dot{U}_x$、$\dot{I}_x$ 对应的时间函数为

$$\left.\begin{aligned}u_x &= \sqrt{2}Z_cI_2\sin(\beta x)\cos(\omega t)\\ i_x &= \sqrt{2}I_2\cos(\beta x)\sin(\omega t)\end{aligned}\right\} \quad (18-25)$$

传输线上也出现电压、电流驻波,但电压-电流驻波的波腹、波节位置与终端开路情况的位置不同,都移动了 $\frac{\lambda}{4}$②。图 18-11 示出了几个特定时刻线上出现的

---

① 正弦稳态时,在终端开路或短路的无损耗线上电压或电流的波节处,功率为零($p_x = u_x i_x$),与谐振情况相似。

② 根据 Z_{ix} 的意义,在终端开路的无损耗线的电压波节处加以短路(例如在离开路终端 $\frac{\lambda}{4}$ 处),在此处与始端之间的电压、电流波形不会受到影响,也就是短了 $\frac{\lambda}{4}$ 长度的终端短路无损耗线。

图 18-10 空载无损耗线的输入阻抗

电压、电流驻波分布。

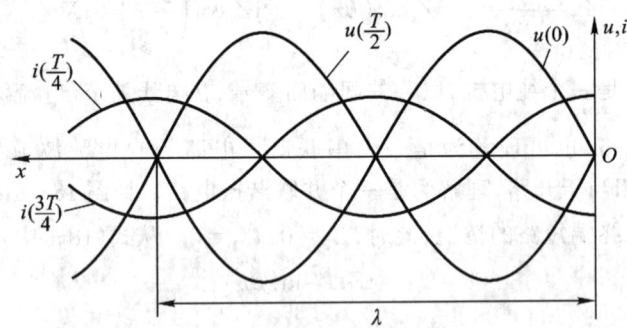

图 18-11 短路无损耗线的电压和电流分布曲线

短路时,在距终端 x 处向终端看去的输入阻抗为

$$Z_{ix} = \frac{\dot{U}_x}{\dot{I}_x} = jZ_c \tan(\beta x) = jZ_c \tan\left(\frac{2\pi}{\lambda}x\right) = jX_{sc} \quad (18-26)$$

可见 Z_{ix} 也是一个纯电抗。输入阻抗随 x 的变化如图 18-12 所示,与空载无损耗线阻抗图 18-10 比较,可见两者图形仅在长度上有 $\frac{\lambda}{4}$ 的移动。

上述无损耗线在终端开路或短路时,其输入阻抗具有的一些特点在高频技术中获得了一定的应用。

例如长度小于 $\frac{\lambda}{4}$ 的开路无损耗线可以用来代替电容,而长度小于 $\frac{\lambda}{4}$ 的短路

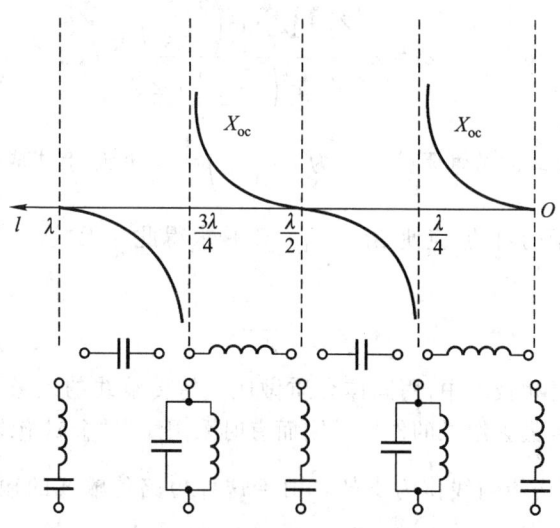

图 18-12　短路无损耗线的输入阻抗

无损耗线可以用来代替电感。考虑到频率较高时,常用的电感线圈或电容器已经不可能作为电感元件或电容元件工作,这种方法的意义就更明显了。假定要替代的容抗 X_C 或感抗 X_L 为已知,则利用下列公式就可以分别决定所需开路无损耗线或短路无损耗线的长度 l:

$$X_C = -\frac{1}{\omega C} = -Z_c \cot\left(\frac{2\pi}{\lambda}l\right)$$

$$X_L = \omega L = Z_c \tan\left(\frac{2\pi}{\lambda}l\right)$$

长度为 $\frac{\lambda}{4}$ 的无损耗线,还可以用来作为接在传输线和负载之间的匹配元件,它的作用如同一个阻抗变换器。下面介绍其工作原理。

设无损耗线的特性阻抗为 Z_{c1},负载阻抗为 Z_2,且设 Z_2 为纯电阻(即 $Z_2 = R_2$),现在要求设法使 Z_2 和 Z_{c1} 匹配。为此目的,在传输线的终端与负载 Z_2 之间插入一段 $l = \frac{\lambda}{4}$ 的无损耗线(见图18-13)。根据式(18-11),可以求得这段长度为 $\frac{\lambda}{4}$ 的无损耗线的输入阻抗 Z_i 为(注意其终端负载为 Z_2)

图 18-13　无损耗线作为阻抗变换器

$$Z_i = Z_c \frac{Z_2 + jZ_c\tan\left(\frac{2\pi}{\lambda}\frac{\lambda}{4}\right)}{jZ_2\tan\left(\frac{2\pi}{\lambda}\frac{\lambda}{4}\right) + Z_c} \tag{18-27}$$

式中 Z_c 为无损耗线的特性阻抗。因为 $\tan\left(\frac{\pi}{2}\right) = \infty$，所以上式成为 $Z_i = \frac{Z_c^2}{Z_2}$。可见，为了达到匹配的目的，应使 $Z_i = Z_{c1}$。于是求得此 $\frac{\lambda}{4}$ 无损耗线的特性阻抗应为

$$Z_c = \sqrt{Z_{c1}Z_2}$$

此外，在超高频技术中，用固体介质做成支持传输线的绝缘子，其介质损耗往往会太大，以致失去绝缘的作用。因而有时采用所谓"金属绝缘子"，也就是一段长度为 $\frac{\lambda}{4}$ 的短路传输线作为支架。由于这种短路传输线的输入阻抗非常大（在理想情况等于无限大），因此其损耗小于介质绝缘子中的损耗。

当无损耗线的终端所接负载 $Z_2 = \pm jX_2$ 为纯电抗时，沿线也将出现电压和电流驻波。这不难解释如下：由于电抗可以用一段适当长的开路或短路无损耗线代替，因此，沿终端接有电抗负载的无损耗线的电压和电流的分布情况，与开路或短路的无损耗线上的分布将没有什么本质上的差别。显然，终端接有电抗负载时，在终端处将既不是电流或电压的波腹，也不是电流或电压的波节（见图18-14）。

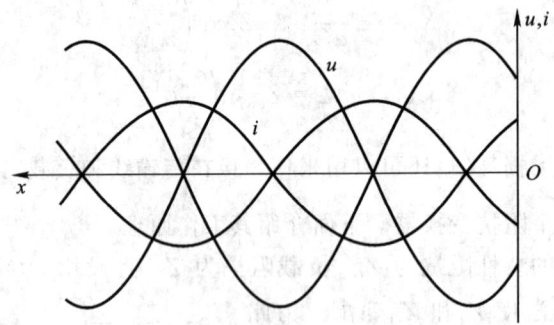

图 18-14 负载为纯电抗的无损耗线的电压和电流分布

不论在哪种情况下，当出现驻波时，在任何瞬间波节处的电压或电流始终为零。所以在这些波节所在处功率也恒等于零。这样，在相邻电压和电流波节之间能量（线上电感的磁场能量和线间电容的电场能量）被封闭在 $\frac{\lambda}{4}$ 的区域内，不

能越出波节而彼此交换。因此,在传输线上出现驻波,将意味着没有有功功率被传输到终端负载。一般说来,只有电压和电流的行波才能传输有功功率。

例 18-3 现用特性阻抗为 75 Ω 终端短路的无损耗线来实现工作频率 $f = 600$ MHz 下 0.7589 μH 的电感,试求其长度 l。如果改用终端开路的同一线实现,则长度应为多少?

解 根据终端短路时输入阻抗公式,有

$$Z_i = jZ_c \tan\left(\frac{2\pi}{\lambda}l\right)$$

现有 $Z_c = 75$ Ω, $\lambda = \dfrac{3 \times 10^8}{600 \times 10^6}$ m $= 0.5$ m,则

$$Z_i = jX_L = j2\pi \times 600 \times 10^6 \times 0.7589 \times 10^{-6} \, \Omega = j2861 \, \Omega$$

故有 $\tan\left(\dfrac{2\pi}{\lambda}l\right) = \dfrac{2861}{75} = 38.146$,解得 $\dfrac{2\pi}{0.5}l = 1.5446$, $l = 0.123$ m。

如果使用终端开路的同一无损耗线,参阅图 8-10 和图 18-12 可知,应为

$$l' = 0.123 + \frac{\lambda}{4} = 0.248 \text{ m}。$$

例 18-4 现有一长度为 0.0625 m 终端开路且 $Z_c = 50$ Ω 的无损耗线,已知其工作频率为 600 MHz,试求其输入阻抗,它相当于什么元件?

解 输入阻抗

$$Z_i = -jZ_c \cot\left(\frac{2\pi}{\lambda}l\right)$$

现 $Z_c = 50$ Ω, $\lambda = 0.5$ m, $l = 0.0625$ m,代入后可得 $Z_i = -j50$ Ω,故为容抗。相当的电容值为

$$C = \frac{1}{\omega \times 50} = 5.305 \text{ pF}$$

例 18-5 架空无损耗线的特性阻抗 $Z_c = 100$ Ω,线长 $l = 60$ m,工作频率 $f = 10^6$ Hz。今欲使始端的输入阻抗为零,试问终端应接怎样的负载?

解 根据输入阻抗的公式和题意,有

$$Z_i = Z_c \frac{Z_2 + jZ_c \tan(\beta l)}{Z_c + jZ_2 \tan(\beta l)} = 0$$

从而得

$$Z_2 + jZ_c \tan(\beta l) = 0$$

其中 $\beta = \dfrac{\omega}{c}$,而 c 为真空中的光速,故

$$Z_2 = -jZ_c \tan(\beta l) = -j100\tan\left(\frac{2\pi \times 10^6}{3 \times 10^8} \times 60\right)\Omega$$

$$= -j307.7 \, \Omega$$

在终端应接容抗值为 308 Ω 的负载。

例 18-6 把两段无损耗传输线连接起来，如图 18-15 所示。已知它们的特性阻抗分别为 $Z_{c1} = 60\ \Omega$，$Z_{c2} = 100\ \Omega$。为了使这两段线上都不产生反射，试求应接的负载 Z_1 和 Z_2。

解 由图 18-15 可以看出，要求在第二段线上不产生反射，必须满足 $Z_2 = Z_{c2} = 100\ \Omega$。这样在 2-2′ 处第二段线的输入阻抗 $Z_{i2} = Z_{c2} = 100\ \Omega$。

为了使得在第一段线上没有反射，必须使该线的特性阻抗为

$$Z_{c1} = \frac{Z_1 Z_{c2}}{Z_1 + Z_{c2}} = \frac{100 Z_1}{Z_1 + 100}$$

或

$$60 = \frac{100 Z_1}{Z_1 + 100}$$

所以

$$Z_1 = 150\ \Omega$$

图 18-15 例 18-6 图

§18-6 无损耗线方程的通解

在前面各节中讨论了在正弦稳态下均匀传输线的一些特点，本节和下一节介绍均匀传输线的时域分析，并简要地讨论其中发生的过渡过程。这种过渡过程是一系列的波过程，所以与集总电路的过渡过程有所不同。

在 §18-2 中导出了均匀传输线的偏微分方程式(18-1)

$$\left. \begin{aligned} -\frac{\partial u}{\partial x} &= R_0 i + L_0 \frac{\partial i}{\partial t} \\ -\frac{\partial i}{\partial x} &= G_0 u + C_0 \frac{\partial u}{\partial t} \end{aligned} \right\}$$

式中 R_0、L_0、C_0 和 G_0 是传输线的原参数，x 是从始端到讨论点的距离。

为简化起见，忽略传输线的损耗，即认为 $R_0 = 0$ 和 $G_0 = 0$，则上述方程成为

$$\left. \begin{aligned} -\frac{\partial u}{\partial x} &= L_0 \frac{\partial i}{\partial t} \\ -\frac{\partial i}{\partial x} &= C_0 \frac{\partial u}{\partial t} \end{aligned} \right\} \quad (18-28)$$

由于讨论的是均匀传输线，因此 L_0 和 C_0 为常数且与 x 无关。上述偏微分方程的通解具有下列形式：

§18-6 无损耗线方程的通解

$$u(x,t) = f_1(x-vt) + f_2(x+vt) = u^+ + u^-$$
$$i(x,t) = \sqrt{\frac{C_0}{L_0}}[f_1(x-vt) - f_2(x+vt)] = i^+ - i^-$$
(18-29)

式中 $v = \dfrac{1}{\sqrt{L_0 C_0}}$ 称为波的速度,简称波速(在数值上恰好等于正弦稳态下的相速 v_φ);而函数 f_1 和 f_2 均为待定,要根据具体的边界条件和初始条件确定。此通解的正确性,可以把它们代入方程式(18-28)加以验证。

为了理解通解的每一项表示的意义,首先对式(18-29)中的电压分量 u^+ 进行讨论。设在 $t=t_0$ 时,电压分量

$$u^+(x,t_0) = f_1(x-vt_0)$$

设此时电压沿线的分布如图 18-16 中实线所示。在经过时间 Δt 后,此电压分量 u^+ 将为 $u^+(x,t_0+\Delta t) = f_1(x-v\Delta t-vt_0) = f_1(x-\Delta x-vt_0)$,式中 $\Delta x = v\Delta t$。比较上两式可以看出,$u^+(x,t_0+\Delta t)$ 和 $u^+(x,t_0)$ 沿线的分布规律是相同的,只不过前者比后者向 x 增加的方向移动了一个距离 $\Delta x = v\Delta t$。所以 $u^+(x,t)$ 是向前(即从始端向终端)运动的行波分量,也即入射波,其波速显然就是 $v = \dfrac{\mathrm{d}x}{\mathrm{d}t} = \dfrac{1}{\sqrt{L_0 C_0}}$。为了便于描述波的传播过程,引进"波前"的概念。对应于离始端为 x_f 的点,如果当 $x>x_f$ 时,$u^+ = 0$,而 $x = x_f$ 时,$u^+ \neq 0$ 则称该点为入射波的波前。

同理,用相同的方法分析电压分量 u^-,不难看出它是一个以相同波速 v 向 x 减少的方向运动的行波,也即反射波。

从式(18-29)可以得出沿线任一点电压分量 $u^+(u^-)$ 和电流分量 $i^+(i^-)$ 的比值为

$$\frac{u^+}{i^+} = \frac{u^-}{i^-} = \sqrt{\frac{L_0}{C_0}} = Z_c$$

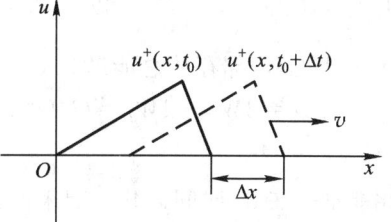

图 18-16 电压入射波沿线的分布

Z_c 就是无损耗线的特性阻抗或波阻抗。因此,u^+ 和 i^+ 都是从始端向终端传播的入射波;而 u^- 和 i^- 都是向相反方向传播的反射波。这样,在任何瞬间,沿线的电压和电流都可以看作是入射波和反射波的叠加。

为了形象地阐明电压波或电流波沿线传播的过程,假定研究的无损耗线原来没有充电,且其终端在无限远处(半无限长线)。设在 $t=0$ 时,将电压为 U_0 的直流电压源接到该线的始端。由于反射波是在终端产生的,而现在终端在无限远处,因此在有限的时间内,传输线上不会出现反射波,所以只要研究入射波

就可以了。这时,电压波将沿线由始端向终端行进,使传输线充电到 U_0。设在某一瞬间波前传播到 m-n 处(见图 18-17),于是在 m-n 处的左边沿线各处线间电压为 U_0,同时来线(上方导线)带正电荷,回线(下方导线)带负电荷(显然,每单位长度所带电荷为 $q_0 = C_0 U_0$),而在 m-n 处的右边,由于电压波尚未到达,各处线间电压均为零,来、回线上也就没有电荷。

在时间 $\mathrm{d}t$ 内,电压波向前移动了距离 $\mathrm{d}x = v\mathrm{d}t$。与此同时在线段 $\mathrm{d}x$ 中获得的电荷 $\mathrm{d}q = q_0 \mathrm{d}x = C_0 U_0 \mathrm{d}x$。此充电电荷将通过 m-n 左边的所有截面,于是从电源到 m-n 的全线上就产生了充电电流

$$I_0 = \frac{\mathrm{d}q}{\mathrm{d}t} = q_0 \frac{\mathrm{d}x}{\mathrm{d}t} = C_0 U_0 \frac{\mathrm{d}x}{\mathrm{d}t} = C_0 U_0 v = \frac{U_0}{Z_c}$$

入射电流波伴随着入射电压波以同样速度向终端传播。

电源供给的功率 $U_0 I_0$,而入射波在 $\mathrm{d}t$ 时间内经过线段 $\mathrm{d}x$ 建立的电场和磁场储存的能量分别为

$$\mathrm{d}W_C = \frac{1}{2} C_0 U_0^2 \mathrm{d}x, \quad \mathrm{d}W_L = \frac{1}{2} L_0 I_0^2 \mathrm{d}x$$

由于 $\dfrac{U_0}{I_0} = Z_c = \sqrt{\dfrac{L_0}{C_0}}$,所以 $\mathrm{d}W_C = \mathrm{d}W_L$,在线段 $\mathrm{d}x$ 内储存的总能量为

$$\mathrm{d}W = \mathrm{d}W_C + \mathrm{d}W_L = C_0 U_0^2 \mathrm{d}x \tag{18-30}$$

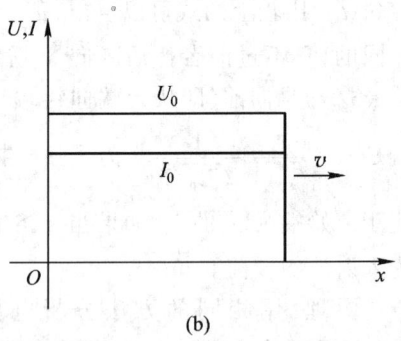

图 18-17 波沿线的传播

此能量是在 $\mathrm{d}t$ 时间内建立起来的,所以传输线吸收的功率为

$$p = \frac{\mathrm{d}W}{\mathrm{d}t} = C_0 U_0^2 \frac{\mathrm{d}x}{\mathrm{d}t} = C_0 U_0^2 v = \frac{U_0^2}{Z_c} = U_0 I_0$$

此功率恰好就是始端电源供给的功率。

在无反射情况下传输线上的电压、电流行波可以解析形式表示。设始端电压为 $u(0,t) = U_0 \varepsilon(t)$,式中 $\varepsilon(t)$ 为单位阶跃函数,线上任一点的电压、电流波为

$$u(x,t) = U_0 \varepsilon\left(t - \frac{x}{v}\right)$$

$$i(x,t) = \frac{U_0}{\sqrt{\dfrac{L_0}{C_0}}} \varepsilon\left(t - \frac{x}{v}\right)$$

图 18-18 示出这些波形。

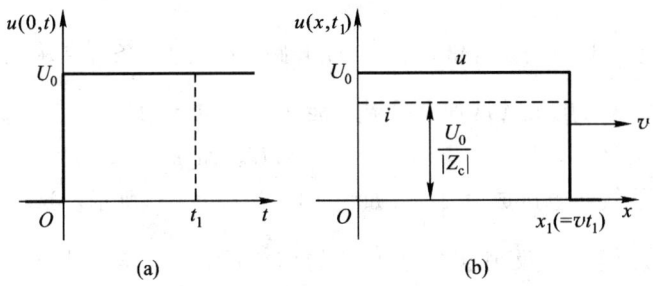

图 18-18 半无限长线的电压和电流行波

如果始端的激励电压为任意波形 $u_S(t)\varepsilon(t)$，如图 18-19(a)所示，可得到线上任一点 x 处在 t 时刻的电压为

$$u(x,t) = u_S\left(t - \frac{x}{v}\right)\varepsilon\left(t - \frac{x}{v}\right)$$

如图 18-19(b)所示。注意电压波以 $u_S(0)$ 为波前向 x 方向行进，图 18-19(b) 示出了 t_1 时刻($t_1 > t_2$)沿线的电压分布，可注意到图 18-19(a)、(b)中两波形的相似关系。

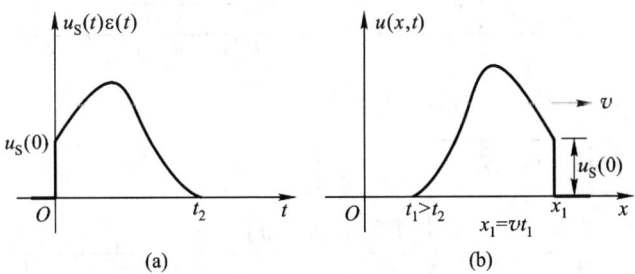

图 18-19 始端激励为任意波时波过程

§18-7 无损耗线的波过程

上节中讨论了不存在反射时无损耗线上的波过程。当传输线存在终端且不匹配的情况下，在终端将引起波的反射，因此，传输线上除了入射波以外还将存在反射波。本节讨论无损耗线在终端开路和短路两种情况下波的反射过程。

首先研究终端开路的无损耗线接通直流电压 U_0 的波过程。在入射波未到

达终端 $0 < t < \dfrac{l}{v}$ 的时间间隔内,反射尚未产生,因此线上的波过程和上节所述相同。在 $t = \dfrac{l}{v}$ 时波到达终端,由于终端开路,这一边界条件要求电流反射波大小为 I_0,因为只有电流的这种全反射才能使终端电流为零($i = i^+ - i^-$)。反射波所到之处电流变为零。由于 $u^- = Z_c i^- = U_0$,而 $u^+ = U_0$,因此,电压的反射波所到之处使线间电压成为 $2U_0$,如图 18-20(a)、(b)所示。这一过程发生在 $\dfrac{l}{v} \leqslant t < \dfrac{2l}{v}$ 之间。当反射波到达始端的前一瞬间时,全线电流为零,电压为 $2U_0$。当反射波到达始端时,由于始端的边界条件要求电压为 U_0,因此在始端也将产生反射,反射波也即是第二次入射波将为 $-U_0$ 以满足始端的边界条件,

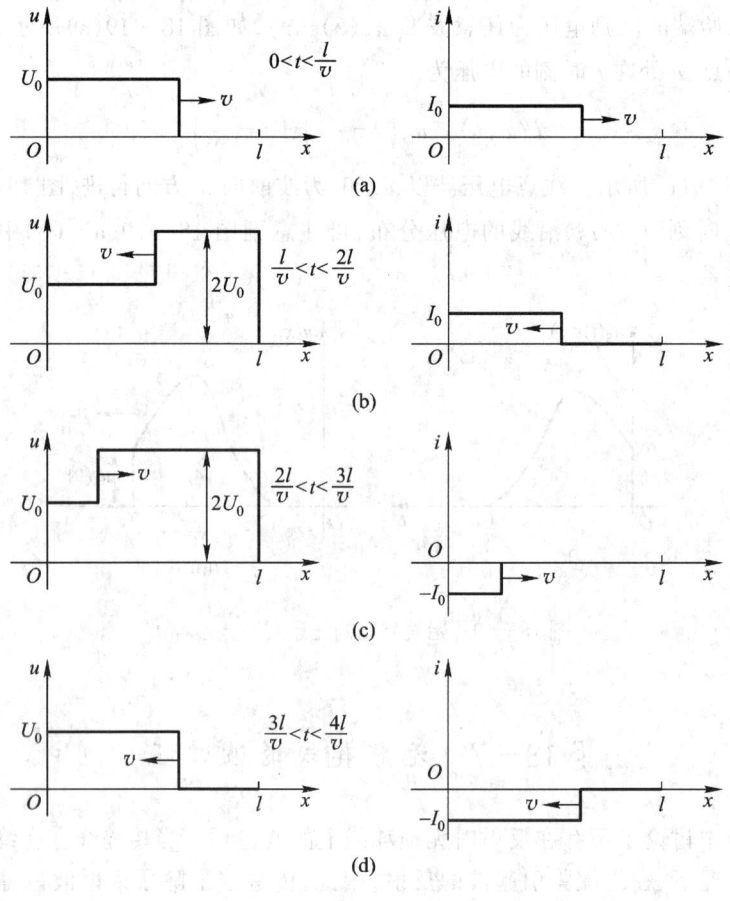

图 18-20 电压波和电流波在开路线上的多次入射和反射

这也决定了第二次入射电流波为 $-I_0$。故 $\frac{2l}{v} \leqslant t < \frac{3l}{v}$ 的时间间隔内，波所到之处将使电压为 U_0 而电流为 $-I_0$，如图 18-20(c)所示。在 $t = \frac{3l}{v}$ 第二次入射波到达终端时，终端的边界条件要求第二次反射波为 $-I_0$，使 $i^+ - i^- = 0$，第二次反射电压为 $-U_0$。故在 $\frac{3l}{v} \leqslant t < \frac{4l}{v}$ 时间间隔内，波所到之处将使线上电压和电流均为零，如图 18-20(d)所示。当 $t = \frac{4l}{v}$ 时，第二次反射波到达始端，全线电压和电流均为零，完成接通过程的一次循环，即回复到开始接通的状态。以后的过程将周期性地重复出现。此周期等于波行进 4 倍线长所需的时间，即 $T = \frac{4l}{v} = 4l\sqrt{L_0 C_0}$。

终端短路的无损耗线与直流电压的接通过程与上述开路线相仿。当第一次入射波到达终端时将产生电压的全反射，第一次电压反射波为 $-U_0$ 而电流反射波为 $-I_0$，将使线上电流增加为 $2I_0$，从图 18-21(a)、(b)可以看出，经 $\frac{2l}{v}$ 时间，电压就完成一次周期重复而电流将增至 $2I_0$。之后每次由始端产生的入射波使沿线电压变为 U_0，从终端产生的反射波使电压为零，所以，电压在零和 U_0 之间变动。对电流来说，在始端产生的入射波和终端产生的反射波，总是使得沿线电流增加一个 I_0。因此，线上电流最后将增加到无限大。

图 18-21 电压波和电流波在短路线上的多次入射和反射

如果终端接以非匹配的电阻负载 R_L，则视此电阻 R_L 与 Z_c 的大小关系将有不同的反射。如果 $R_L > Z_c$，则反射使电流减小、电压增加；如果 $R_L < Z_c$，则反射将使电流增加、电压减少。两种情况下，经过多次反射以后沿线电压与电流趋近恒定。如果终端的负载不是纯电阻而是电阻与电感或电容的组合，则由于终端将出现集总元件的过渡过程，反射的方式也将随时间而变。对这类问题不再深入讨论。

前面介绍的是无损耗线的时域分析。如果需要计及传输线的 R_0 和 G_0，对有损耗线进行时域分析则要困难得多。

近年来由于超大规模集成电路的发展，并为提高数字电子计算机的运算速度，使用了更高的工作频率和变化更快的短脉冲，信号经过集成电路芯片之间的相互连接导线（简称互连）时，会产生延迟、畸变和交叉干扰等现象。对这种互连的时域分析需要用分布参数电路或传输线的观点处理。同时，这类传输线的损耗不能忽略，加上互连的数目很多，它们之间还有互感耦合，这些使得这类问题的分析变得更为复杂。

习　题

18-1 一对架空传输线的原参数是 $L_0 = 2.89 \times 10^{-3}$ H/km，$C_0 = 3.85 \times 10^{-9}$ F/km，$R_0 = 0.3$ Ω/km，$G_0 = 0$。试求当工作频率为 50 Hz 时的特性阻抗 Z_c、传播常数 γ、相位速度 v_φ 和波长 λ。如果频率为 10^4 Hz，重求上述各参数。

18-2 一同轴电缆的原参数为：$R_0 = 7$ Ω/km，$L_0 = 0.3$ mH/km，$C_0 = 0.2$ μF/km，$G_0 = 0.5 \times 10^{-6}$ S/km。试计算当工作频率为 800 Hz 时此电缆的特性阻抗 Z_c、传播常数 γ、相位速度 v_φ 和波长 λ。

18-3 传输线的长度 $l = 70.8$ km，其中 $R_0 = 1$ Ω/km，$\omega C_0 = 4 \times 10^{-4}$ S/km，而，$G_0 = 0$，$L_0 = 0$。在线的终端所接阻抗 $Z_2 = Z_c$。终端的电压 $U_2 = 3$ V。试求始端的电压 U_1 和电流 I_1。

18-4 一高压输电线长 300 km，线路原参数 $R_0 = 0.06$ Ω/km，$L_0 = 1.40 \times 10^{-3}$ H/km，$G_0 = 3.75 \times 10^{-8}$ S/km，$C_0 = 9.0 \times 10^{-9}$ F/km。电源的频率为 50 Hz。终端为一电阻负载，终端的电压为 220 kV，电流为 455 A。试求始端的电压 $\dot{U}_1$ 和电流 $\dot{I}_1$。

18-5 两段特性阻抗分别为 Z_{c1} 和 Z_{c2} 的无损耗线连接的传输线如题 18-5 图所示。已知终端所接负载为 $Z_2 = (50 + j50)$Ω。设 $Z_{c1} = 75$ Ω，$Z_{c2} = 50$ Ω。两段线的长度都为 0.2λ（λ 为线的工作波长），试求 $1-1'$ 端的输入阻抗。

18-6 特性阻抗为 50 Ω 的同轴线，其中介质为空气，终端连接的负载 $Z_2 = (50 + j100)$Ω。试求终端处的反射系数，距负载 2.5 cm 处的输入阻抗和反射系数。已知线的工作波长为 10 cm。

题 18-5 图

18-7 试证明无损耗线沿线电压和电流的分布及输入导纳可以表示为下面的形式:

$$\dot{U} = \dot{U}_2 \left[\cos(\beta x) + j \frac{Y_2}{Y_c} \sin(\beta x) \right]$$

$$\dot{I} = \dot{I}_2 \left[\cos(\beta x) + j \frac{Y_c}{Y_2} \sin(\beta x) \right]$$

$$Y_i = Y_c \frac{Y_2 + j Y_c \tan(\beta x)}{Y_c + j Y_2 \tan(\beta x)}$$

其中 $Y_c = \dfrac{1}{Z_c}$,$Y_2 = \dfrac{1}{Z_2}$,Z_2 为负载阻抗。

附录 A

磁路和铁心线圈

———————— 内 容 提 要 ————————

本附录介绍磁场、磁路和磁路定律,并对无分支磁路和有分支磁路的计算作简要介绍。另外还简要地介绍铁磁物质的磁化过程和铁心损耗以及磁饱和对电流和磁通波形的影响。最后介绍铁心线圈的电路模型和分析。

§A-1 磁场和磁路

根据电磁场理论,磁场是由电流产生的,它与电流在空间的分布和周围空间磁介质的性质密切相关。在工程中,常把载流导体制成的线圈绕在由磁性材料制成的(闭合)铁心上。由于磁性材料的磁导率比周围空气的磁导率大很多,因此,铁心中的磁场比周围空气中的磁场强得多,磁场的磁感线大部分汇聚于铁心中,工程上把这种由磁性材料组成的、能使磁感线集中通过的整体,称为磁路。磁路这种形式,可以用相对较小的电流,在其限定的区域内获得较强的磁场。在工程上,凡需要强磁场的场合,都广泛采用磁路实现,如各种型号的电机、变压器、继电器、电磁铁和电磁仪表等电气设备中,都有由磁性材料制成的磁路,图A-1是一种变压器的示意图。

磁路在载流线圈的作用下(如图 A-1 中的电流 i_1 和 i_2),在其内、外分布着电磁场,因此,磁路的分析计算实际上是电磁场的求解问题。描述磁场的两个基本物理量:磁感应强度 B(向量),磁场强度 H(向量)以及它们的积分性质是分析计算磁路的基础。

磁感应强度用向量 B 表示,是根据洛伦兹力定义的。在 SI 中,B 的单位是 T(特斯拉)。B 与电流的关系满足毕奥-沙伐定律。穿过某一截面 S 的磁感应强度 B 的通量称为磁通量,简称磁通,它定义为

§A-1 磁场和磁路

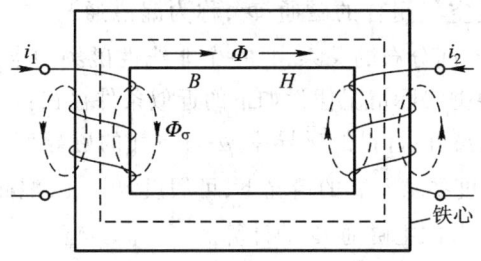

图 A-1 变压器的磁路

$$\Phi = \int_S \boldsymbol{B} \cdot \mathrm{d}\boldsymbol{S}$$

所以 $\boldsymbol{B}$ 在某截面 S 上的面积分就是通过该截面的磁通。磁通是一个标量,在 SI 中,它的单位是 Wb(韦伯)。磁通的参考方向与电流的方向满足右手螺旋定则。在磁场中,对 $\boldsymbol{B}$ 的任意闭合面积分为零,即有

$$\oint_S \boldsymbol{B} \cdot \mathrm{d}\boldsymbol{S} = 0 \qquad (A-1)$$

式中 $\mathrm{d}\boldsymbol{S}$ 的方向规定为闭合面的外法线方向,同时又规定穿出闭合面的磁通为它的参考方向。所以在上式中穿进闭合面的磁通取"－"号,穿出闭合面的磁通取"＋"号,两者的绝对值是相等的,这就是磁通连续性原理。

磁场强度用向量 $\boldsymbol{H}$ 表示,在 SI 中它的单位是 A/m,它是计及磁介质的作用后,描述磁场的另一个物理量,它与磁感应强度 $\boldsymbol{B}$、磁介质的磁导率 μ 之间有如下关系:

$$\boldsymbol{B} = \mu \boldsymbol{H}$$

由于磁性材料的 μ 不是常量,所以,在磁路中上述关系为非线性关系。在磁场中,对 $\boldsymbol{H}$ 的任意闭合路径(环路)的线积分,等于穿过该闭合路径所界定面的电流的代数和,即

$$\oint_l \boldsymbol{H} \cdot \mathrm{d}\boldsymbol{l} = \sum Ni \qquad (A-2)$$

该积分称为安培环路定律。当电流的参考方向与环路的绕向符合右手螺旋定则时,该电流前取"＋"号,反之,取"－"号。Ni 又称为磁通势,可用 F_m 表示,即 $F_\mathrm{m} = Ni$,其单位为 A,有时也用 At(安匝)。

以上有关 $\boldsymbol{B}$ 和 $\boldsymbol{H}$ 的内容可参阅电磁场理论或物理学的有关部分。

现对图 A-1 所示磁路作进一步的说明。图中载流线圈的电流 i_1 和 i_2 共同产生的磁通分为两部分,其中只经铁心闭合的磁通 Φ 称为主磁通,另一部分是

部分经铁心、部分经空气闭合的磁通 Φ_σ，称为漏磁通[①]。要精确分析计算电流与这两部分磁通在空间分布的关系，是一个非线性磁场的求解问题。为简化磁路的分析，工程上根据实际情况假设如下的近似条件存在：

(1) 由于铁心的磁性材料的磁导率 μ 与空气的磁导率 μ_0（真空）之比约为 $10^3 \sim 10^4$，在计算精度要求不高的情况下，可假设 $\Phi_\sigma = 0$（漏磁通）认为磁通全部集中在磁路内，即只考虑主磁通 Φ 的计算。

(2) 磁路通常由同种类磁性材料或规则分段的不同种类的磁性材料组成，可以根据磁通的走向，按磁介质和截面都相同的原则分段计算。当每段磁路的截面较小时，可以近似地认为磁场是均匀分布的，即 B 和 H 在各磁路段内分别处处相等，并假设它们的方向和磁通的方向相同，均平行于磁路段的中心线，如图 A-1 中所示。

在上述条件下，可按下述关系分段计算磁路：

① 第 k 段磁路内的磁通

$$\Phi_k = \int_{S_k} \boldsymbol{B}_k \cdot \mathrm{d}\boldsymbol{S}_k = B_k S_k, B_k = \frac{\Phi_k}{S_k} \tag{A-3}$$

② 沿第 k 磁路段的中心线，有

$$\int_{l_k} \boldsymbol{H} \cdot \mathrm{d}\boldsymbol{l} = H_k l_k = u_{\mathrm{m}k} \tag{A-4}$$

上述积分是安培环路定律在一段路径上的积分结果，称为 k 磁路段的端磁位差（与电路中的端电压类似）。

③ $\boldsymbol{B}_k$ 与 $\boldsymbol{H}_k$ 之间的关系仍为

$$\boldsymbol{B}_k = \mu_k \boldsymbol{H}_k$$

这一非线性关系，在工程上将用 $B = f(H)$ 函数关系画出的曲线表示，称为 B-H 曲线或磁化曲线，计算时可查阅。

真空的磁导率 $\mu_0 = 4\pi \times 10^{-7}$ H/m，μ_0 是一个常数。非铁磁物质的磁导率 μ 与 μ_0 相差无几，所以一般可以当作 μ_0 计算。

§A-2 铁磁物质的磁化曲线

工程上常用的铁磁材料主要是指铁、钴、镍及其合金，它们的磁化特性常用 B-H 曲线的形式表示，称为磁化曲线，通常是通过实验的方法获得的。

图 A-2(a)、(b) 所示就是实验测得的磁化曲线，它表现为回线的形式，分别

[①] 主磁通与两个线圈交链，漏磁通只穿过一个线圈的一部分。

称为磁滞回线[图(a)所示]和磁滞回线族[图(b)所示]。回线表明:B 和 H 之间是多值的函数关系,而且回线的形状与磁场强度的最大值 H_m 和磁化状态的历史有关。回线的走向与 ΔH 的符号有关,在回线任一点上 $\Delta H>0$(上升)和 $\Delta H<0$(下降)时的曲线不在同一条曲线上,当 $\Delta H>0$ 时,曲线是沿着右侧的曲线上升[图 A-2(a)所示],$\Delta H<0$ 时,曲线是沿着左侧所示曲线下降,图(a)所示的回线是在相同的 H_m 和 $-H_m$ 下,连续地来回反复十多次获得的结果。如果在回线上的任一点上[如图 A-2(a)中的 a 点],小范围内来回反复变化一次或数次,可以生成一条小回线(称为局部回线)。图 A-2(b)所示回线族是在不同的最大值 H_m 下形成的磁滞回线。如果回线横向宽度较窄(回线所围成的面积较小),则铁磁材料称为软磁材料,电机、变压器等铁心是用软磁材料制成。如果回线横向宽度较宽,则称为硬磁材料,工程上多用此材料制成永久磁铁。

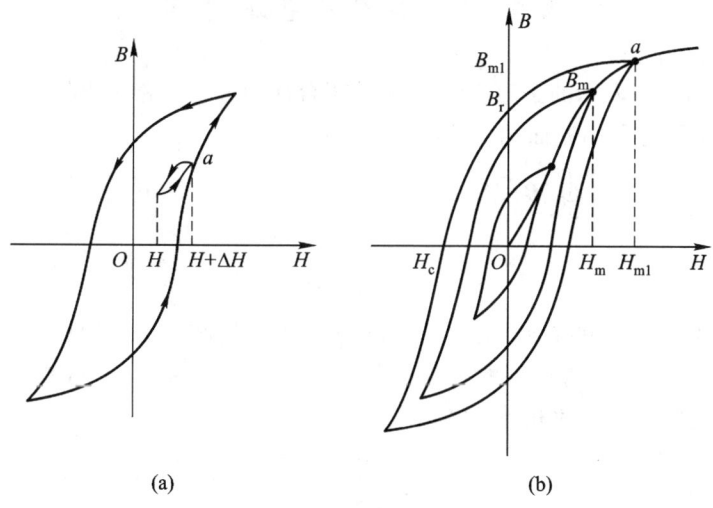

图 A-2　磁滞回线(族)

　　计算软磁材料制成的磁路时,常采用一条基本磁化曲线近似替代磁滞回线,它是从 $B-H$ 平面坐标的原点开始,到磁滞回线族的顶点(H_m,B_m)描成的一条曲线,如图 A-2(b)所示。工程上给出的磁化曲线都是基本磁化曲线,如图 A-3 所示。从曲线上可以看出,开始 B 随 H 增长较慢(Oa 段),然后迅速增长(ab 段),之后,增长速率减慢(bc 段),逐渐趋向于饱和(cd 段)。c 点称为曲线饱和点。图中还画出了磁导率 μ 随 H 的变化曲线。

　　磁化曲线还与温度有关,磁导率 μ 一般随温度的升高而下降,高于某一温度时(居里点)可能完全失去磁性材料的磁性,使 $\mu=\mu_0$(真空),如铁的居里点为 760℃。

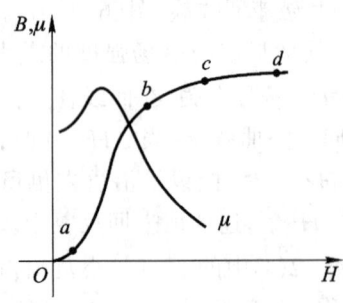

图 A-3 基本磁化曲线

§A-3 磁路的基本定律

由式(A-1)表示的磁感应强度 **B** 的闭合面积分在磁路中也处处适用,当用于磁路中不同磁段的截面结合处时,有

$$\oint_S \boldsymbol{B} \cdot \mathrm{d}\boldsymbol{S} = \Phi_1 + \Phi_2 + \cdots + \Phi_k + \cdots = 0$$

即有

$$\sum \Phi = 0 \tag{A-5}$$

积分式中的闭合面包括结合处所有磁段的截面。这是磁通连续性原理在磁路中的表示,式(A-5)称为磁路的基尔霍夫第一定律,可叙述为:穿过磁路中不同截面结合处的磁通的代数和等于零。式(A-5)也可表示为

$$B_1 S_1 + B_2 S_2 + \cdots + B_k S_k + \cdots = 0$$

$$\sum BS = 0$$

该定律形式上类似于电路中的 KCL。

在近似计算磁路时,取每一磁路段的中心线为计算长度的路径,当积分环路由磁路段的中心线组成时,应用式(A-2)表示的磁场强度闭合线积分有

$$\oint_l \boldsymbol{H} \cdot \mathrm{d}\boldsymbol{l} = H_1 l_1 + H_2 l_2 + \cdots + H_k l_k + \cdots = \sum Ni$$

根据式(A-2),Ni 为磁通势 F_m,是磁路中的激励,故

$$\sum Hl = \sum F_\mathrm{m} \tag{A-6}$$

式(A-6)称为磁路的基尔霍夫第二定律,可叙述为:磁路中由磁路段的中心线组成的环路上各磁路段的 Hl 的代数和等于中心线(环路)交链的磁通势的代数和。此定律形式上类似于电路中的 KVL。

计算磁路时有时用到磁阻的概念。每一磁路段的磁阻 $R_{\mathrm{m}k}$ 是该磁路段的磁

位差 $U_{mk} = H_k l_k$ 与该磁路段中的磁通 Φ_k 之比,即有

$$R_{mk} = \frac{H_k l_k}{\Phi_k} = \frac{H_k l_k}{\mu_k H_k S_k} = \frac{l_k}{\mu_k S_k}$$

磁阻类似于电路中的非线性电阻。上式表示的磁阻是静态磁阻,由于 μ_k 与 $B-H$ 曲线有关,不是常数,直接计算磁阻不很方便。

现以图 A-4 的有分支磁路为例说明磁路定律的应用。绕组 1 和 2 的匝数分别为 N_1 和 N_2,其中电流为 i_1 和 i_2。先把磁路分段,并画出各段的中心线,即图 A-4 中的虚线。为简化起见,设 ab、fa、ef 三段的材料和截面积相同,截面积设为 S_1;bc、cd、de 三段也作为一磁路段,截面积设为 S_2。根据磁通连续性原理,在 ab、fa、ef 三磁路段内的磁通是相等的,设为 Φ_1。由于这三段的截面又相等,故三段的 B 和 H 值分别是相等的,设为 B_1 和 H_1,而 Φ_1(或 B_1 和 H_1)的方向取为与电流 i_1 成右手螺旋关系。同理,在 bc、cd、de 三磁路段内的磁通相等,设为 Φ_2,B 和 H 设为 B_2 和 H_2,其方向与电流 i_2 成右手螺旋关系。对 be 段内的磁通设为 Φ_3,B 和 H 设为 B_3 和 H_3,截面积设为 S_3,Φ_3 的方向可任意指定,如图 A-4 所示。

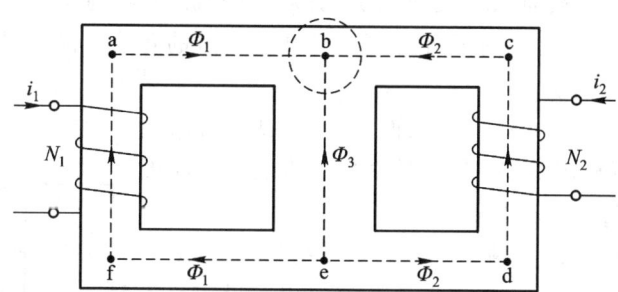

图 A-4 分支磁路的例子

按式(A-5),在 b 处有

$$-\Phi_1 - \Phi_2 - \Phi_3 = 0$$

按式(A-6),有

$$H_1(l_{fa} + l_{ab} + l_{ef}) - H_3 l_{be} = N_1 i_1$$

$$H_2(l_{bc} + l_{cd} + l_{de}) - H_3 l_{be} = N_2 i_2$$

其他关系有

$$B_1 = \frac{\Phi_1}{S_1}, \quad B_2 = \frac{\Phi_2}{S_2}, \quad B_3 = \frac{\Phi_3}{S_3}$$

$$B_1 = \mu_1 H_1, B_2 = \mu_2 H_2, B_3 = \mu_3 H_3$$

式中 μ_1、μ_2、μ_3 分别为三磁路段的磁导率。

若磁路为同一铁磁材料构成,则有 $\mu_1 = \mu_2 = \mu_3$。

§A-4 恒定磁通磁路的计算

通常在计算电机、电器的磁路时有两类问题,一类是预先给定磁通(或磁感应强度),然后按照给定的磁通和磁路的结构及材料去求所需磁通势 F_m。另一类问题是预先给定磁通势,要求求出磁路中的磁通。

恒定磁通磁路是指磁路中各励磁线圈的电流是直流,就是说磁路中的磁通和磁通势都是恒定的。

首先介绍无分支恒定磁通磁路的计算。无分支磁路的主要特点是在不计及漏磁通时,磁路中处处都有相等的(主)磁通 Φ,其计算可按下述步骤进行:

(1) 根据磁路中各部分的材料和截面积进行分段,要求每一段磁路具有相同的材料和截面积。

(2) 根据各分段磁路的尺寸计算出各段的截面积和平均长度(一般沿中心线计算)。在计算截面积时,必须注意,计算出的截面积称为视在面积,要扣除硅钢片之间的绝缘层占去的截面积,才是磁感线通过的有效面积,一般可以用下式近似表示:

$$\text{有效面积} = k \times \text{视在面积}$$

式中 k 称为填充因数,它随硅钢片厚度和绝缘层厚度而定,一般约为 0.9 左右。

如磁路中存在空气隙,则磁通会向外扩张,造成边缘效应,如图 A-5 所示,增大了有效面积。当铁心为矩形截面时,其有效面积可按下式估算(空气隙很短时):

$$S_a \approx (a + \delta)(b + \delta) \approx ab + (a + b)\delta$$

图 A-5 空气隙中磁通的边缘效应

式中 a、b 分别为矩形截面的长和宽,δ 为空气隙长度。

对于半径为 r 的圆形截面,可按下式估算:

$$S_a \approx \pi \left(r + \frac{\delta}{2} \right)^2 \approx \pi r^2 + \pi r \delta$$

(3) 根据已知的磁通计算各磁路段的磁感应强度 $B = \dfrac{\Phi}{S}$。

(4) 根据每一磁路段的 B,查阅对应的磁性材料的基本磁化曲线,求得每一磁路段的磁场强度 H;对于空气隙有 $H_a = \dfrac{B_a}{\mu_0}$,或采用下列近似公式:

§A-4 恒定磁通磁路的计算

$$H_a = \frac{B_a}{4\pi \times 10^{-7}} \approx 0.8 \times 10^6 B_a$$

(5) 求出每一磁段的 Hl 值。

(6) 按式(A-6)求出所需磁通势。

例 A-1 某磁路的结构与尺寸(单位为 mm)如图 A-6(a)所示。已知 $\Phi = 15 \times 10^{-4}$ Wb, $k = 0.90$(填充因数),励磁绕组的匝数为 120,所用硅钢片的基本磁化曲线如图 A-6(b)所示。求励磁电流 I。

解 (1) 根据该磁路的结构和尺寸,硅钢片有两种截面积,所以,该磁路连同空气隙共分为三段计算。

(2) 每段的截面积和平均长度:

$$\begin{cases} S_1 = 50 \times 50 \times 0.9 \text{ mm}^2 = 22.5 \times 10^{-4} \text{ m}^2 \\ l_1 = 2l'_1 = (100-20) \times 2 \text{ mm} = 0.16 \text{ m} \end{cases}$$

$$\begin{cases} S_2 = 50 \times 20 \times 0.9 \text{ mm}^2 = 9 \times 10^{-4} \text{ m}^2 \\ l_2 = l'_2 + 2l'_3 = [(250-50) \times 2 - 2] \text{ mm} = 0.398 \text{ m} \end{cases}$$

$$\begin{cases} S_a = [20 \times 50 + (20+50) \times 2] \text{ mm}^2 = 11.4 \times 10^{-4} \text{ m}^2 \\ l_a = 2 \text{ mm} = 0.002 \text{ m} \end{cases}$$

图 A-6 例 A-1 图

(3) 每磁路段的磁感应强度

$$B_1 = \frac{\Phi}{S_1} = \frac{15 \times 10^{-4}}{22.5 \times 10^{-4}} \text{T} = 0.667 \text{ T}$$

$$B_2 = \frac{\Phi}{S_2} = \frac{15 \times 10^{-4}}{9 \times 10^{-4}} \text{T} = 1.667 \text{ T}$$

$$B_a = \frac{\Phi}{S_a} = \frac{15 \times 10^{-4}}{11.4 \times 10^{-4}} \text{T} = 1.316 \text{ T}$$

(4) 每磁路段的磁场强度：

由图 A-6(b)所示曲线查得

$$H_1 = 170 \text{ A/m}, H_2 = 4\ 500 \text{ A/m}$$

根据公式可得

$$H_a = 0.8 \times 10^6 B_a = 10.53 \times 10^5 \text{A/m}$$

(5) 每磁路段的 Hl：

$$H_1 l_1 = 170 \times 0.16 \text{ A} = 27.2 \text{ A}$$

$$H_2 l_2 = 4\ 500 \times 0.398 \text{ A} = 1\ 791 \text{ A}$$

$$H_a l_a = 10.53 \times 10^5 \times 0.002 \text{ A} = 2\ 106 \text{ A}$$

(6) 总磁通势：

$$F_m = NI = H_1 l_1 + H_2 l_2 + H_a l_a = 3\ 924 \text{ At}$$

$$I = \frac{F_m}{N} = \frac{3\ 924}{120} \text{ A} = 32.7 \text{ A}$$

从以上计算可以看出，空气隙虽然很短，它只占磁路平均长度的0.35%，但空气隙的 $H_a l_a$ 却占总磁通势的53.4%。这是由于空气的磁导率比硅钢片的磁导率小很多的缘故。在本例中，l_2 部分的截面积较小，在磁通 $\Phi = 15 \times 10^{-4}$ Wb 的作用下已处于饱和状态，使这部分硅钢片的磁导率显著下降，所以这一段的磁阻较大，磁位差增大，否则空气隙的磁位差所占比例还要高。

如果给定无分支磁路的磁通势而要求出该磁通势在磁路中激发的磁通，则由于磁路各段的磁导率不是常数，因此需要采用试探法或图解法，其求解步骤见下例。

例 A-2 图 A-7(a)所示磁路中，空气隙的长度 $l_a = 1$ mm，磁路横截面面积 $S = 16$ cm^2，中心线长度 $l = 50$ cm，线圈的匝数 $N = 1\ 250$，励磁电流 $I = 800$ mA。磁路的材料为铸钢，其基本磁化曲线如图 A-7(b)所示。求磁路中的磁通。

解 此磁路由两段构成，其平均长度和面积分别为（铸钢段）

$$l_1 \approx 50 \text{ cm} = 0.5 \text{ m}$$

$$S_1 = 16 \text{ cm}^2 = 16 \times 10^{-4} \text{ m}^2$$

（空气隙段）：为简化起见，忽略空气隙的边缘效应，设

§A-4 恒定磁通磁路的计算

$$l_a = 0.1 \text{ cm} = 10^{-3} \text{ m}, S_a \approx 16 \times 10^{-4} \text{ m}^2$$

磁路中的磁通势为

$$F_m = NI = 1\,250 \times 800 \times 10^{-3} \text{ At} = 1\,000 \text{ At}$$

由于空气隙的磁阻较大，故可暂设整个磁路磁通势全部用于空气隙中，这样算出的磁通作为第 1 次试探值 Φ^1，即

$$\Phi^1 = B_a^1 S_a = \frac{NI\mu_0 S_a}{l_a} = \frac{1\,000 \times 16 \times 10^{-4} \times 4\pi \times 10^{-7}}{10^{-3}} \text{ Wb}$$

$$= 20.11 \times 10^{-4} \text{ Wb}$$

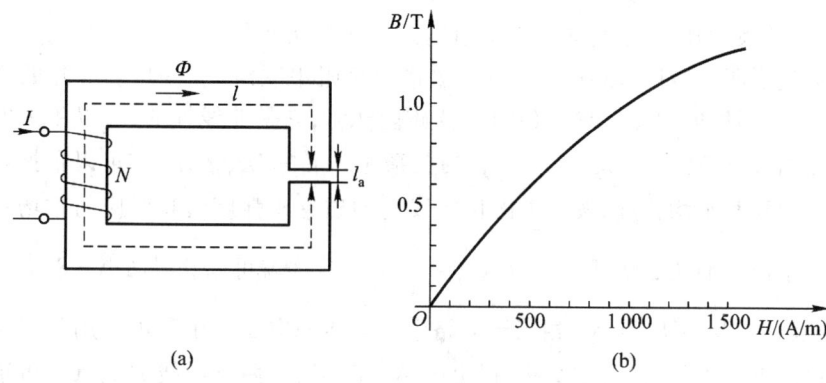

图 A-7 例 A-2 图

由于设 $S_1 = S_a$，故算得磁感应强度为

$$B_1^1 = B_a^1 = \frac{\Phi^1}{S_1} = \frac{20.11 \times 10^{-4}}{16 \times 10^{-4}} \text{ T} = 1.26 \text{ T}$$

按图 A-7(b)查得

$$H^1 = 1\,410 \text{ A/m}$$

空气隙中的磁场强度为

$$H_a^1 = 0.8 \times 10^6 B_a^1 = 10.08 \times 10^5 \text{ A/m}$$

磁通势为

$$F_m^1 = H_1^1 l_1 + H_a^1 l_a = 1\,713 \text{ At}$$

由于 $F_m^1 \neq F_m (= NI)$，所以要进行第 2、3、⋯次试探，直至误差小于某一给定值为止。从第 2 次试探起，各次试探值与前 1 次试探值之间可按下式联系起来：

$$\Phi^{n+1} = \Phi^n \frac{F_m}{F_m^n}$$

各次试探结果见表 A-1。

表 A-1

n	$\Phi^n \times 10^{-4}/\text{Wb}$	$B_1 = B_a/\text{T}$	$H_1/(\text{A/m})$	$H_a/(\text{A/m})$	F_m/At	误差/%
1	20.11	1.26	1 410	10.10×10^5	1 713	+71.3
2	11.74	0.733	640	5.87×10^5	906	-9.4
3	12.94	0.809	680	6.47×10^5	987	-1.3
4	13.11	0.819	694	6.55×10^5	1 002	+0.2

可见，第 4 次试探值可以作为最后的结果，即 $\Phi = \Phi^4 = 13.11 \times 10^{-4}$ Wb。求解这类问题的图解法与非线性电阻电路的图解法相似。以例 A-2 的无分支磁路为例说明，它可以看作是由两段磁路的磁阻串联组成，一是空气隙的磁阻 R_{ma}，它是线性的，另一是铁心(铸钢)的磁阻 R_{m1}，它是非线性的，可以用韦安特性即磁通 Φ 与磁位差 $U_{m1}(=H_1 l_1)$ 的关系曲线 $\Phi - U_{m1}$ 表示，它可以根据该磁段的截面积和平均长度，按基本磁化曲线上的磁感应强度值和对应的磁场强度值逐点求出。而 R_{ma} 则可表示为 $R_{ma} = \dfrac{l_a}{\mu_0 S_a}$。这样就可以获得图 A-8(a)所示计算磁路图，其中 $F_m = NI$ 相当于电路中的电压源电压。于是可以用类似于非线性电阻电路中的"曲线相交法"得出图 A-8(b)，从两条曲线的交点即可求得所需磁通。

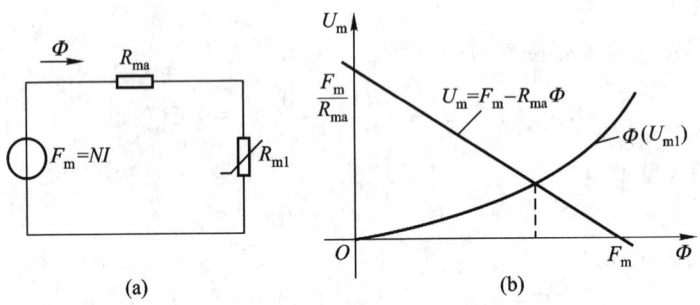

图 A-8 计算磁路图及图解法

如果给定的无分支磁路是由几段不同的磁段组成，则其计算磁路图可以看作是几个磁阻串联组成，同样可以用图解法求解。

有分支的恒定磁通磁路的计算比较复杂。下面通过一个具体的示例介绍计算方法的思路。

图 A-9 是具有一个磁通势的分支磁路。按假设的各磁通参考方向和磁路定律式(A-5)、(A-6)，有下列关系式：

$$\Phi_1 = \Phi_2 + \Phi_3$$
$$H_2 l_2 + H_a l_a = H_3 l_3$$
$$H_1 l_1 + H_3 l_3 = NI$$

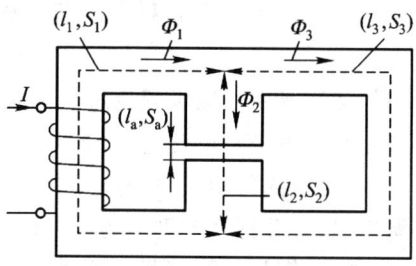

图 A-9 有分支磁路

如果给定的为通过空气隙的磁通 Φ_2，则可直接求出所需磁通势。主要步骤如下：

(1) 从给定 Φ_2 可以求得 $B_2 (= \dfrac{\Phi_2}{S_2})$，并从相应的基本磁化曲线查出 H_2，这样就可以按下式求出 H_3

$$H_3 = \frac{H_2 l_2 + H_a l_a}{l_3}$$

(2) 由 H_3 和基本磁化曲线 $B_3 - H_3$ 查得 B_3，并可求得 $\Phi_3 = B_3 S_3$。

(3) 按式：$\Phi_1 = \Phi_2 + \Phi_3$，求得 Φ_1。

(4) 从 Φ_1 求得 $B_1 (= \dfrac{\Phi_1}{S_1})$，查 $B_1 - H_1$ 曲线得 H_1 和求得 $H_1 l_1$。

(5) 最后求得磁通势：$NI = H_1 l_1 + H_3 l_3$。

如果给定的是其他支路的磁通，则有一部分要采用试探法或图解法计算。如果是给定磁通势求各支路磁通，则必须用试探法或图解法求解。

§A-5 交变磁通磁路简介

恒定磁通的磁路中没有功率损耗。如果磁通随时间变化，这时，铁磁物质的磁滞现象将会产生磁滞损耗，电磁感应现象将会在铁磁物质中产生涡流，引起涡流损耗。通常把磁滞损耗和涡流损耗的总和称为铁心损耗。

可以证明磁滞损耗功率与铁磁物质的磁滞回线的面积成正比。对于同一铁心，磁滞回线的形状与磁感应强度的最大值 B_m 有关。工程上采用下列经验公式计算磁滞损耗：

$$P_\mathrm{h} = \sigma_\mathrm{h} f B_\mathrm{m}^n V$$

式中 B_m 为磁感应强度最大值；n 由 B_m 值决定，当 $B_\mathrm{m} < 1$ T 时，取 $n = 1.6$，当 $B_\mathrm{m} > 1.6$ T 时，取为 2；f 为工作频率；σ_h 是与材料有关的系数，同时又取决于所用单位；V 为铁心的体积。

铁心的涡流损耗功率的计算要用电磁场理论进行。涡流损耗功率与铁心的几何尺寸和材料有关。若铁心是由平行于磁感应强度的钢片叠成，涡流损耗与钢片厚度的平方成正比，还与交变磁通的频率、材料的电导率及磁感应强度最大值有关。所以为了减小涡流损耗，硅钢片越薄越好(电工钢片渗入硅，其电导率就减小)。受工艺条件的限制，硅钢片不可能做得很薄，工频下硅钢片的厚度约为 0.35~0.5 mm，音频下约为 0.02~0.05 mm，而高频下则采用磁介质，如铁淦氧。涡流损耗一般与工作频率 f 和磁感应强度的最大值 B_m 有关。

铁磁物质的磁感应强度与磁场强度之间不成线性关系，所以磁路中的磁通也就与励磁电流之间不成线性关系。当磁通是正弦形时，励磁电流则为非正弦形；反之，当励磁电流是正弦形时，磁通为非正弦形。

设无分支磁路由铁磁物质构成，其平均长度为 l，截面积为 S[图 A-10(a)]。在交变电流作用下，铁磁物质的磁化状态将沿磁滞回线周而复始地改变。为了简化讨论起见，设磁化状态是沿着基本磁化曲线变化的。这样，磁通 Φ 与电流 i 的关系就可以根据基本磁化曲线求得。按图 A-10(a)，有 $\Phi = BS$，而励磁电流 $i = \dfrac{Hl}{N}$，所以只要把铁心的基本磁化曲线上 B 的坐标乘以 S，H 的坐标乘以 $\dfrac{l}{N}$，即可获得表示铁心特性的 $\Phi - i$ 曲线，显然其形状与 $B - H$ 曲线的形状是相似的。

图 A-10(b)和(c)分别绘出了正弦磁通和正弦电流对应的电流和磁通的波形。当磁通作正弦变化时(至饱和区)，电流曲线具有尖顶波形；而当电流作正弦变化且工作到饱和区域，则磁通具有平顶波形。如对非正弦形的电流和磁通波形进行谐波分析，则可以看出它们都是奇谐波函数，主要含有 3 次谐波，而且随铁心饱和程度的提高，3 次谐波分量就越显著。如果正弦电流和正弦磁通的最大值不太大，使铁心的工作状态在饱和点以下的近似直线段，则对应磁通和电流波形将比较接近于正弦形。以上讨论未计及磁滞回线的影响。如果考虑到这一因素，则在正弦磁通下的电流波形将与图 A-10(b)所示不同。铁心中的涡流损耗也会影响电流的波形。

交变磁通磁路的计算比较复杂，因为需要计及磁饱和、磁滞和涡流等影响。

图 A-10　交变磁通电流和磁通的波形

§A-6　铁 心 线 圈

如图 A-11(a)所示的铁心线圈中通以交变电流时,其中便有交变磁通。Φ 是其主磁通,Φ_σ 是其漏磁通。

下面分析铁心线圈的电压和电流关系。主磁通和漏磁通分别在线圈中产生感应电压 u 和 u_σ,再加上线圈的电阻上的电压 u_R,线圈端电压 $u_1 = u + u_\sigma +$

u_R。通常 u_σ 和 u_R 都比 u 小很多,因而有 $u_1 \approx u$,这样,当线圈两端的电压 u_1 是正弦形时,主磁通 Φ 同样是正弦形(这是因为 $u = \dfrac{\mathrm{d}\Phi}{\mathrm{d}t}$),但是电流则是非正弦波。为了简化计算且利于应用相量法,常采用等效正弦电流替代实际的非正弦电流,其条件是两者的有效值相等,并保持有功功率不变。当然,这只有在高次谐波不显著时才相对准确。

图 A-11 铁心线圈的部分电压电流关系

如果暂不考虑线圈的电阻和漏磁通,图 A-11(b)给出了主磁通、电压和电流的相量图。图中电流相量 $\dot{I}$ 具有两个分量,一个分量 $\dot{I}_a$ 与电压相量 $\dot{U}$ 同相,它是用来计及铁心损耗的,它是电流 $\dot{I}$ 的有功分量;另一个分量 $\dot{I}_r$ 与磁通相量 $\dot{\Phi}$ 同相,而滞后电压 $\dot{U}$ 的相位为 $\dfrac{\pi}{2}$,称为铁心线圈的磁化电流,是 $\dot{I}$ 的无功分量。通常 $I_r > I_a$。可以用图 A-11(c)所示电路模型描述这部分的电压、磁通和电流的关系,它由两条并联支路组成,一条支路为电导 G_0,通过的电流为 $\dot{I}_a$,另一条支路为电感,通过电流为 $\dot{I}_r$,其中 $G_0 = \dfrac{I_a}{U}$,而感纳 $|B_0| = \dfrac{I_r}{U}$。

设 $\Phi = \Phi_m \sin(\omega t)$,则

$$u = N\dfrac{\mathrm{d}\Phi}{\mathrm{d}t} = N\omega\Phi_m \cos(\omega t) = 2\pi f N \Phi_m \cos(\omega t)$$

式中 N 为线圈的匝数,感应电压的有效值

$$U = \dfrac{N\omega\Phi_m}{\sqrt{2}} = 4.44 f N B_m S$$

式中 B_m 为磁感应强度最大值。设 P 和 Q 分别表示铁心的有功功率和无功功率,则有 $P = I_a U$,$Q = I_r U$。这样

$$G_0 = \dfrac{P}{U^2} = \dfrac{P}{(4.44 f N B_m S)^2}$$

$$|B_0| = \dfrac{Q}{(4.44 f N B_m S)^2}$$

P 和 Q 与 B_m 的关系是比较复杂的,要严格计算必须按照交变磁通磁路的观点进行。一般说来,G_0 和 B_0 都不是常数而随 B_m 或 U 而变,因此在图中用非线性元件表示。

现在,计及线圈的电阻和漏磁通的作用。线圈电阻 R 上的电压 $\dot{U}_R = R\dot{I}$,与电流同相。漏磁通链产生的感应电压 $\dot{U}_\sigma = j\omega \dot{\Psi}_\sigma = j\omega L_\sigma \dot{I}$,它超前电流 $\dot{I}$ 的相位为 $\frac{\pi}{2}$,式中 Ψ_σ 表示漏磁通链的有效值,$L_\sigma = \Psi_\sigma/I$ 是漏电感。因为漏磁通主要经过空气闭合,漏磁通磁路的磁阻主要取决于空气段的磁阻,所以,可以认为漏磁通链与电流之间有线性关系,而 L_σ 也就可以视为常数。于是,有

$$\dot{U}_1 = \dot{U}_R + \dot{U}_\sigma + \dot{U} = R\dot{I} + j\omega L_\sigma \dot{I} + \dot{U}$$

按照上式,并参照图 A-11(b)、(c),铁心线圈的相量图和电路模型将如图 A-12(a)、(b)所示,图中 U_R 和 U_σ 一般仅为 U 的长度的百分之几,而图中画的是有意放大的。可见铁心线圈电路是一个含非线性电感的电路。

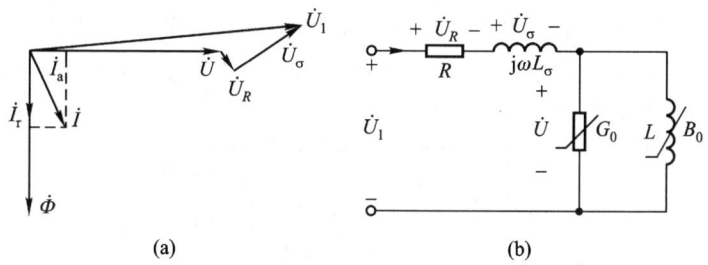

图 A-12 铁心线圈的电路模型及相量图

如果铁心线圈所用铁心带有较大的空气隙,或者铁心是不闭合的(如磁棒),则在这种情况下常把电感作为线性元件来处理,当然电感值比无铁心时仍要增大很多。

习 题

A-1 题 A-1 图所示磁路中的磁通为 3.2×10^{-4} Wb,设填充因数 $k=1$,铸钢和电工钢片的基本磁化曲线用下列表格表示。求磁通势(磁路尺寸:mm)。

铸 钢

$H/(\text{A/m})$	200	300	400	500	600	700	800	900	1 000	1 100
B/T	0.27	0.39	0.50	0.61	0.72	0.82	0.90	0.98	1.05	1.11

电 工 钢 片

$H/(A/m)$	40	60	80	100	120	140	160	180	200
B/T	0.12	0.30	0.45	0.57	0.65	0.70	0.76	0.80	0.85

题 A-1 图

A-2 已知题 A-2 图所示磁路中尺寸单位为 mm,构成磁路的电工钢片的基本磁化曲线如图 A-6(b)所示,设 $k=0.91$,计算时要考虑空气隙的扩散作用。设磁通势为 860 At。求空气隙中的磁通。

题 A-2 图

A-3 已知磁路如题 A-3 图所示,其铁心材料的基本磁化曲线同题 A-2,磁路中的磁通 $\Phi=3.6\times10^{-3}$ Wb, $k=1$,计算时要计及空气隙的扩散作用。图中所示尺寸单位为 mm。求磁通势。

A-4 题 A-4 图所示为有分支磁路,由同一电工钢片叠成。各段磁路的平均长度和截面面积均示于图中, $l_a \ll l_2$。现在要求出在空气隙中产生磁通 Φ_a 所需磁通势,试给出解题的步骤。

题 A-3 图　　　　　　题 A-4 图

附录 B

PSpice 简介

> **内容提要**
>
> 本附录简要介绍电路计算机辅助分析的有关概念和常用的一种电路模拟程序,即 PSpice 的初步知识。

§B-1 电路的计算机辅助分析

电路的计算机辅助分析是利用计算机作为辅助手段对电路进行分析。电路分析包括许多内容,其中主要有电阻电路分析(或直流电路分析)、正弦电流电路分析、线性动态电路分析、非线性电路分析等。用计算机进行电路分析,一般需要针对要求解决问题的类型编制程序,让计算机执行。当进行电路分析时,首先需要把电路拓扑结构的信息、电路元件的类型及元件值作为数据送进计算机。然后,使计算机根据输入数据自动形成电路方程并进行求解。

下面主要介绍建立电路方程的一些有关问题,其目的是为了说明编制程序的一些思路。

现结合图 B-1(a)所示电路说明如何应用计算机形成结点列表法方程。图 B-1(b)所示为该电路的图,它共有 4 个结点和 8 条支路。特别需要注意的是:每条支路仅含一个元件。独立电压源和独立电流源为同频率正弦量,因此用向量法进行分析。为了简化起见,没有考虑受控源、耦合电感、理想变压器等。结点和支路的编号如图 B-1(b)所示,其中每条支路有一个始结点和一个终结点,支路的参考方向自始结点指向终结点,因此依据始结点和终结点的编号顺序就明确了支路的方向。

这里设计一个 5 变量数组 (k,i,j,g,h),其中 k 表示支路编号;i 表示第 k 支路的始结点;j 表示第 k 支路的终结点;g 是一个数,用来表示元件的类型,例如可用"1"表示电阻,用"2"表示电容,用"3"表示电感,用"4"表示独立电压源,用"5"表示独立电流源;h 表示元件的参数值。这个数组共 5 列和 8 行,即

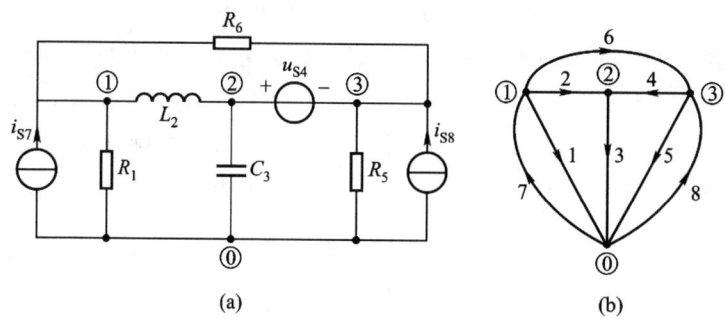

图 B-1 建立结点列表法的电路

支路号	始结点号	终结点号	元件类型	元件值
1	1	0	1	R_1
2	1	2	3	L_2
3	2	0	2	C_3
4	3	2	4	$-U_{S4}$
5	3	0	1	R_5
6	1	3	1	R_6
7	0	1	5	I_{S7}
8	0	3	5	I_{S8}

结点列表法的方程如下：

$$A\dot{I} = 0$$
$$-A^T\dot{U}_n + \dot{U} = 0$$
$$F\dot{U} + H\dot{I} = \dot{U}_s + \dot{I}_s$$

其中 $\dot{U}_n$ 为结点电压列向量，$\dot{U}$ 和 $\dot{I}$ 分别为支路电压列向量和支路电流列向量，它们是方程中的未知量。

上列第一式可以按如下的步骤形成。按数组第 2、3 列，即从始结点编号到终结点编号，令 i、j 自 1 到 3 依次寻找连接于相同编号结点的支路，凡支路与同号始结点连接的，这些支路电流分别乘以"+1"，凡支路与同号终结点连接的，这些支路电流则分别乘以"-1"；这样可得

$$\dot{I}_1 + \dot{I}_2 + \dot{I}_6 - \dot{I}_7 = 0$$
$$-\dot{I}_2 + \dot{I}_3 - \dot{I}_4 = 0$$

$$\dot I_4 + \dot I_5 - \dot I_6 - \dot I_8 = 0$$

第二式可以按如下的步骤直接形成。令数组第 1 列的 k 自 1 到 8，依次检查第 2、3 列的 i 和 j。当 $i>0$，该结点电压 $\dot U_{ni}$ 乘以"-1"；当 $i=0$，该结点电压 $\dot U_{ni}$ 乘以"0"；当 $j>0$，该结点电压 $\dot U_{nj}$ 乘以"$+1$"，当 $j=0$，则该结点电压 $\dot U_{nj}$ 乘以"0"；支路电压 $\dot U_k$ 则依次分别乘以"$+1$"。这样可得

$$-\dot U_{n1} + \dot U_1 = 0$$
$$-\dot U_{n1} + \dot U_{n2} + \dot U_2 = 0$$
$$-\dot U_{n2} + \dot U_3 = 0$$
$$\cdots\cdots$$
$$\dot U_{n3} + \dot U_8 = 0$$

第三式可以按如下的步骤直接形成。按数组第 1 列，令 k 从 1 到 8，依次检查第 4 列和第 5 列。当第 k 支路为电容 C_k 时，该支路电压 $\dot U_k$ 乘以 $j\omega C_k$，支路电流 $\dot I_k$ 乘以"-1"；当第 k 支路为电阻 R_k 或电感 L_k 时，该支路电压 $\dot U_k$ 乘以"-1"，支路电流 $\dot I_k$ 乘以 R_k 或 $j\omega L_k$。当第 k 支路为独立电压源时，该支路电压 $\dot U_k$ 乘以"$+1$"，右方 $\dot U_{sk}$ 赋予元件值；当第 k 支路为独立电流源时，该支路电流 $\dot I_k$ 乘以"$+1$"，右方 $\dot I_{sk}$ 赋予元件值。这样可得

$$-\dot U_1 + R_1 \dot I_1 = 0$$
$$-\dot U_2 + j\omega L_2 \dot I_2 = 0$$
$$j\omega C_3 \dot U_3 - \dot I_3 = 0$$
$$\dot U_4 = -\dot U_{s4}$$
$$-\dot U_5 + R_5 \dot I_5 = 0$$
$$-\dot U_6 + R_6 \dot I_6 = 0$$
$$\dot I_7 = \dot I_{s7}$$
$$\dot I_8 = \dot I_{s8}$$

以上通过一个简单的实例说明了如何根据输入的数据直接形成结点列表法方程的思路。如果电路中有受控源、耦合电感、理想变压器等，只要相应地改变输入数据的结构，仍然可以直接建立结点列表法所需方程。显然，如果要建立其他形式的电路方程，形成的方法将随之改变。

动态电路方程的形成以及电路方程的数值求解法超出本书范围。在计算机辅助分析中，线性代数方程的求解一般采用的有高斯消去法、LU 分解法、高斯－塞德尔迭代法、稀疏矩阵法等。对于动态电路的分析，则要求解微分方程，常用的计算方法有梯形法、龙格－库塔法、基尔法等，可参阅有关书籍。

目前国内外有很多电路计算机辅助分析程序，为了便于使用者应用，这类程

序往往只要求使用者将被分析电路的有关信息以及进行哪种分析和所需要的输出,按规定编写成一个输入文件,输入计算机中,让计算机执行。至于该程序是根据什么原理(包括使用的电路方程的形式,数值求解法等)编制的,其细节如何,使用者无需了解。

使用计算机对电路进行分析和计算具有许多优点,计算机能处理大规模电路,如具有成千结点的集成电路、大型电力系统电路等。并且计算速度迅速,结果精确可靠。依靠计算机辅助分析还可以验证电路设计的正确性,所以计算机辅助分析是计算机辅助设计的重要组成部分。

§B-2 PSpice

PSpice 是国际上广泛应用的通用电路模拟程序。主要是面向电子电路和集成电路的分析软件,是 Spice(Simulation Program with Integrated Circuit Emphasis)的一种(PC)微机版本,而且版本不断地在完善、修改和更新。PSpice 电路数据的输入既可以为文本方式,也可以为图形方式。供教学使用的 PSpice 通常只能分析规模较小的电路。

目前在 Windows 方式下的 PSpice 通常包括以下几个基本程序模块:电路原理图编辑程序 Capture;激励源编辑程序 Stimulus Editor;电路仿真程序 PSpice A/D;曲线输出程序 Probe;模型参数编辑程序 Model Editor;元器件模型参数库 LIB。

PSpice 能够处理的电子元器件非常广泛,可直接输入的电路元器件有:线性电路元件(其中包括电阻、电容、电感、耦合电感、独立电源、线性受控源、传输线等);非线性受控源;电子元器件(其中包括二极管、双极晶体管、结型场效应管和 MOS 场效应管、运算放大器等);功率电子器件(其中包括晶闸管、电力晶体管、功率 MOS 管、IGBT 等);用于电子测量、控制等常见的集成芯片等。

PSpice 的分析功能十分强大,它可以进行直流分析(电阻电路分析)、交流分析(正弦稳态分析)、瞬态分析(动态电路的时域分析)、傅里叶分析以及其他分析。

在 PSpice 中,电路结构和参数的输入有两种方式。一种是在(File/New/Textfile)的文本环境中,用电路描述语言编辑并保存符合语法规则的文本电路数据文件,用(Simulation/Run)命令直接执行 OrCAD/PSpiceA/D 程序进行仿真。另一种是调用 OrCAD/Captur 程序在图形方式下建立并编辑电路原理图,根据电路数据修改元器件的参数或型号。然后在主菜单(PSpice)中选取(New Simulation Profile)菜单设置或编辑分析类型,再进行仿真计算。无论采用何种输入方式,所有版本的 PSpice 最终都要通过电路文本格式文件确定元件间的连接关系,然后根据分析类型进行分析计算。

　　PSpice 的文本输入任务是构造一个文本格式的输入文件。在计算机中,有关电路信息可以通过元器件名称、连接结点、元件值等组成的语句来确定,文件名的后缀为".cir"。在编写文本输入文件前,先要给电路结点编号,一般采用正整数,参考结点的编号必须为数字"0",其他结点的编号可任意选取,序号可不连接。PSpice 要求文本输入文件中每一条语句必须独占一行。文件中星号"*"或";"后的内容,只起解释作用,不参与分析计算。首行为标题,".END"语句表示结束,其中圆点"."不能省略,文本中其余语句顺序任意。文本格式为:标题描述、元件描述、电路分析功能描述、输出结果和要求描述、说明语句和结束描述。

　　标题描述可以是任何类型的注释,对电路的分析和计算不起任何影响。元件描述用下列关键字母,电阻用 R、电感用 L、电容用 C 、互感用 K、二极管用 D、VCVS 用 E、CCCS 用 F、VCCS 用 G、CCVS 用 H、独立电压源用 V、独立电流源用 I、压控开关用 S。

　　执行和输出功能描述用下列关键词:交流分析用.AC,直流分析用.DC,瞬态分析用.TRAN,打印输出数据用.PRINT,打印输出曲线用.PLOT;另一种曲线输出语句为.PROBE,在执行.PROBE 语句后,PSpice 将在屏幕上显示一个菜单界面,用户可根据需要随时使用菜单添加输出变量,随后在屏幕上就可显示根据输出数据处理后所描绘的图形曲线。

　　使用的数字可以用整数、浮点数和指数(如 $1.45\text{E}-12,1.25\text{E}+4$)。比例因子规定有 10 种,以下只列出 8 种:

　　$M=1\text{E}-3, U=1\text{E}-6, N=1\text{E}-9, P=1\text{E}-12, K=1\text{E}+3, MEG=1\text{E}+6, G=1\text{E}+9, T=1\text{E}+12$。

　　此外,在数值后也可紧跟一些字母,如用 V、A、OHM 等表示电压、电流、电阻的单位。还需要注意的是:文件中不区分字母的大小写,当一行中数据没有写完时,续行的第一列必须用"+"号来表示;数据之间的分隔符,采用空格或逗号;电路中同类型的元件,元件名不能相同。为了确保电路在工作点处有唯一解,PSpice 要求电路中既不能含有电压源和电容构成的回路,也不能含有电流源和电感构成的割集。下面通过 3 个实例简要介绍文本输入,然后再通过例题简要介绍图形输入。

　　1. 文本输入

　　(1) 直流分析:PSpice 的直流分析功能可以分析电路的静态工作点(.OP)、直流小信号传递特性(.TF)、直流扫描特性(.DC)、直流灵敏度(.SENS)。在直流分析中,电感直接按短路处理,电容直接按开路处理,PSpice 的基本输出量通常为结点电压、支路电压和支路电流。

　　例 B-1　图 B-2 所示的线性电路中,已知 $R_1=R_2=R_3=10\ \Omega, U_\text{S}=$

1 V，$I_S=0.2$ A，电压控制电流源 VCCS 中的控制系数 $g=0.2$ S，试按给定结点求出结点电压 u_{n1}、u_{n2}、u_{n3}。

图 B-2　例 B-1 电路

解　输入文件：
EX1
VS 2 3 DC 1
IS 0 1 DC 0.2
G　0 3 1 0 0.2
R1 1 0 10
R2 1 2 10
R3 3 0 10
.OP
.END

输入描述语言说明如下：

第 1 句是标题说明（可以由任意字符构成）。

第 2 句是独立电压源的说明，指出电源的名称，"2"、"3"表示其正极和负极连接的结点编号，"DC"表示直流，"1"表示电压的幅值为 1 V（对于正弦量，其大小均用幅值，而不用有效值）。

第 3 句是独立电流源的说明，指出电源的名称，"0"、"1"表示电流从"0"结点流向"1"结点，"DC"表示直流，"0.2"表示电流的幅值为 0.2 A。

第 4 句是 VCCS 的说明，受控电流源从一个结点流向另一个结点的 2 个结点的编号，控制电压的正极和负极连接的 2 个结点的编号，控制系数 g 值。

第 5～7 句是电阻的说明，给出了电阻的名称，连接的始结点和终结点的编号和电阻值（单位为 Ω）。

第 8 句是直流工作点分析语句说明，该语句没有参数项，它能给出各结点电压、电压源电流及电路总的直流功率。

第9句是结束语句说明。

注意:当需要计算某支路电流时,通常采取在该支路中串接一个电压为零的电压源来实现。

为了对电路进行分析,确保电路方程不致奇异,PSpice 规定,每一个结点必须要有一条到地的直流通路。如果电路不满足该要求,必须在该结点与地之间连接一个对电路没有影响的大电阻。

最后计算时,调用 PSpice,输入该数据,在后缀为".out"的文件中可得以下输出结果:

```
NODE   VOLTAGE   NODE   VOLTAGE   NODE   VOLTAGE
 (1)    5.000V    (2)    8.000V    (3)    7.000V
```

(2) 瞬态分析:在电路进行瞬态分析时,需要给定输入信号和初始值。为了能够获得可靠的数值分析结果,时间步长的选取是很重要的,最大计算步长则限定 PSpice 的内部计算步长不得超过此值。瞬态分析可以计算动态电路的结点电压、支路电压和支路电流瞬时值,能够获得瞬时值随时间的变化曲线。

例 B-2 电路如图 B-3 所示,已知 $R_1=0.45 \text{ k}\Omega, R_2=1 \text{ k}\Omega, R_I=1 \text{ M}\Omega$, $R_0=100 \text{ }\Omega, R_3=500 \text{ }\Omega, R_4=1 \text{ k}\Omega, C_1=C_2=4 \text{ }\mu\text{F}$,电压控制电压源 VCVS 的增益 $A=5\times10^5$。输入正弦电压 u_i 的幅值为 2 V,频率可变。要求在频率 1 Hz ~10 kHz 范围内,按每个数量级取 20 个频率点,绘制输出电压 u_4 的幅频特性。

图 B-3 例 B-2 电路图

解 输入文件:

EX2
VIN 1 0 AC 2V
R1 1 2 0.45K
R2 2 0 1K
RI 3 0 1MEG

```
R0 5 4 100
R3 3 4 500
R4 4 0 1K
C1 2 3 4U
C2 2 4 4U
E1 5 0 0 3 500K
.AC DEC 20 1 10K
.PLOT AC VM(4)
.PROBE
.END
```

输入描述语言说明如下：

第 1 句是标题说明。

第 2 句是独立电压源的说明，"AC"表示"交流"，"2"表示电压的幅值为 2V（正弦量的大小都用幅值，不用有效值）。

第 3~8 句是电阻的说明。

第 9~10 句是电容的说明，给出了电容的名称，连接的始结点和终结点的编号，电容值（单位为 F）。

第 11 句是电压控制电压源 VCVS 的说明，受控电压源的正极和负极连接的 2 个结点编号，控制电压的正极和负极连接的 2 个结点编号，控制系数 A 值。

第 12 句是 AC 频率范围的说明，"DEC"表示按数量级变化，"20"表示在每一数量级内取 20 个点，最后 2 个数字表示起始频率和终止频率。

第 13 句是曲线打印语句，"AC"表示分析类型，"VM"表示输出为电压幅值，括号内的"4"表示该电压是结点 4 的结点电压（输出电压）。

第 14 句是探针显示语句。Probe 是 PSpice 的一个图形后处理程序，可用来观察图形、曲线的局部细节。

图 B-4 所示为打印出的输出电压的幅频特性曲线。

例 B-3 电路如图 B-5 所示，已知 $R_1 = R_2 = 20\ \Omega$, $R_3 = 4\ k\Omega$, $L = 0.2\ H$, $C = 0.5\ \mu F$, $u_S(t) = 10\varepsilon(t) V$，其中 $\varepsilon(t)$ 为单位阶跃函数，$u_C(0) = 2\ V$, $i_L(0) = 0.2\ A$，求 $u_C(t)$，并绘制 $u_C(t)$ 波形，设时间区间为 0~30 ms，打印时间间隔为 0.1 ms。

解 输入文件：

```
EX3
VS 1 0 10
R1 1 2 20
R2 2 0 20
```

图 B-4 输出电压的幅频特性曲线

图 B-5 例 B-3 电路图

R3 3 0 4K
L 2 3 0.2 IC=0.2
C 3 0 0.5U IC=2
.TRAN 0.1M 30M UIC
.PLOT TRAN V(3,0)
.PROBE
.END

输入描述语言说明如下：
第1句是标题说明。

第 2 句是独立电压源的说明,指出电源的名称,它的正极和负极连接的结点编号和电压值。

第 3~4 句是电阻的说明,指出电阻的名称,连接的始结点和终结点编号和电阻值。

第 5 句是电感的说明,指出电感的名称,连接的始结点和终结点编号和电感值。注意电感电流的初始值用"IC"表示。

第 6 句是电容的说明,指出电容的名称,连接的始结点和终结点编号和电容值。注意电容电压的初始值也用"IC"表示。

第 7 句". TRAN"定义瞬态分析,打印的时间间隔("0.1M"表示 0.1 ms),打印的终止时间("30M"表示 30 ms),而"UIC"表示使用者自己规定初始条件来进行瞬态分析,同时也规定了结点电压的初始值。所以第 2 句本来是直流电压源的说明,不过此句用了"UIC",它表示此电压为阶跃电压。

第 8 句是曲线打印语句,"TRAN"表示分析类型,"V(3,0)"表示结点"3"、"0"之间的电压,即题中要求的电容电压。

第 9 句是探针显示语句。

第 10 句是结束语句。

图 B-6 显示出了打印出的电容电压 $u_C(t)$ 的变化曲线。

图 B-6 $u_C(t)$ 的变化曲线

2. 图形输入

为了简要说明图形输入的要点，按图形输入的命令次序来说明完成一个电路题目分析的操作过程。

(1) 在 WIN98 或 WIN2000 下单击"程序"，选中"orCAD Demo"，进入"Capture CIS Demo"窗口，选择执行 File/New/Project 命令，新建电路分析题目(在 Name 框中，键入带后缀的.cir 的题目名)。选中"Analog or Mixed Signal Circuit"单选框，并按"OK"按钮，即表示对设计的电路可进行 PSpice 的数模混合仿真。随后，在元器件库中对元器件库进行再配置，按"Add"按钮，将元器件库增添进选用框中，再按"完成"按钮，即可进入图形编辑状态。

(2) 开始设计电路，放置元器件，用鼠标单击"Place"菜单下的"Part"选项(或点击窗口右侧的"与门"图形符号)，键入元器件的特征字符，选定并拖放元器件到图中相应位置。单击"Place"菜单下的"Wire"选项(或点击窗口右侧的连线图形符号)进行连线，单击鼠标左键选择连线起始点进行连接。单击"Place"菜单下的"Ground"选项(或点击窗口右侧的接地图形符号)设置接地点，注意每一个电路图中都必须设置接地点。

(3) 电路图编辑结束后，需定义和设置元器件的参数值。用鼠标双击元器件的图形符号或参数，弹出元器件对话框，键入修正值。

(4) 单击"PSpice"菜单下的"New Simulation Profile"选项设置分析类型，PSpice9.0 可供选择的四项基本分析功能为：Bias Point(直流工作点分析)；DC Sweep(直流分析)；AC Sweep/Noise(正弦小信号分析)；Time Domain/Transient(瞬态分析)。其他分析功能如 Temperature(温度)、Parametric(参数)、Fourier(傅里叶)嵌套在此四项基本分析功能中。当屏幕上弹出 New Simulation 对话框，在 Name 文本栏内键入模拟类型分组名，按"Creat"按钮，当屏幕上弹出分析类型和参数设置对话框后，即可进行分析类型和参数的设置。分析类型和参数的设置选择执行"PSpice/Edit Simulation Settings"选项进行设置。

(5) 单击"PSpice"菜单下的"Run"选项进行仿真计算。

(6) 计算结束后，通过"Trace"菜单中的"Add"选项可得到分析结果的波形曲线。

例 B-4 设计一 RLC 串联谐振电路，$L=0.25\text{ H}, C=0.1\text{ μF}, R=500\text{ Ω}$，电源电压有效值 $U=10\text{ V}$。当电源频率 f 从 $100\text{ Hz}\sim 10\text{ kHz}$ 变化时，试求以电阻电压为输出的频率特性。

解 按 PSpice9.0 图形输入的规定次序命令进行操作，设计电路，在"PSpice"菜单下编辑的电路如图 B-7 所示。单击"PSpice"菜单下的"Run"选项进行仿真分析。计算结束后，通过"Trace"菜单中的"Add"选项得到分析结果的波形曲线如图 B-8 所示。

图 B-7　例 B-4 电路图

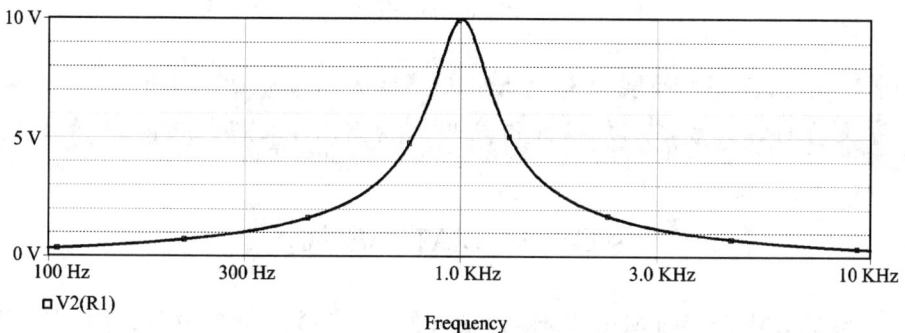

图 B-8　输出电压的幅频特性曲线

附录 C

MATLAB 简介

内容提要

附录 C 首先简要地介绍 MATLAB 的初步知识,然后,结合本书涉及的内容,简要地介绍如何应用 MATLAB 求解电路问题。

---

§C-1 MATLAB 概述

MATLAB 是美国 MathWorks 公司开发的大型数学计算软件,它具有强大的矩阵处理功能和绘图功能,已经广泛地应用于科学研究和工程技术的各个领域,MATLAB 以矩阵和向量为基本数据单元,提供了丰富的矩阵操作和矩阵运算功能,并在这些基本运算的基础上提供了可供各种科学研究和工程技术门类使用的工具箱。极大地方便了科学计算和工程问题的求解,使得科技人员从复杂的编程工作中解放出来,专注于数学模型的建立。

例 C-1 求解以下线性代数方程组:

$$\begin{bmatrix} 1 & -1 & -1 \\ 10 & 10 & 0 \\ 10 & -10 & 10 \end{bmatrix} \begin{bmatrix} i_1 \\ i_2 \\ i_3 \end{bmatrix} = \begin{bmatrix} 0 \\ 10 \\ 0 \end{bmatrix}$$

解 下列语句实现矩阵相乘和线性代数方程组的求解运算功能。

A = [1 -1 -1; 10 10 0; 10 -10 10];
B = [0 10 0]';
i = inv(A) * B;
i

其中 A 是三阶方阵,B 是一阶转置矩阵,inv(A) 表示 A 的逆阵。运算结果如下:

i =

0.6000

0.4000

0.2000

在 MATLAB 函数库中,除了基本初等函数外,还有初等矩阵和矩阵变换、线性代数方程组和矩阵特征值的求解、多项式运算和求根、函数的插值和数据的多项式拟合、数值积分和常微分方程数值解、函数求极值、单变量非线性方程求根、数据分析和傅里叶变换,以及某些特殊的矩阵函数和数学函数,这些函数都可以直接调用。用户还可以根据自己的需要任意扩充函数库。

以下是 MATLAB 中常用的数学函数。

三角函数和双曲函数类:正弦函数 sin、余弦函数 cos、正切函数 tan、余切函数 cot、反正弦函数 asin、反余弦函数 acos、反正切函数 atan、反余切函数 acot、双曲正弦函数 sinh、双曲余弦函数 cosh、双曲正切函数 tanh、双曲余切函数 coth、反双曲正弦函数 asinh、反双曲余弦函数 acosh、反双曲正切函数 atanh、反双曲余切函数 acoth 等。

指数对数函数类:指数函数 exp、自然对数函数 log、常用对数 log10、以 2 为底的对数 log2、平方根函数 sqrt 等。

圆整函数和求余函数类:向正无穷圆整函数 ceil、向负无穷圆整函数 floor、向 0 圆整函数 fix、模除求余函数 mod、四舍五入函数 round、符号函数 sign 等。

MATLAB 规定了一些内置变量,其中常用的有:eps 表示误差容限,i 和 j 表示虚数单位;inf 表示正无穷大量,而 -inf 表示负无穷大量;用 NaN 表示不定值,如 inf/inf 或 0/0;pi 表示圆周率 π。

MATLAB 的基本算数运算符主要有:加法运算符 +、减法运算符 -、数组乘法运算符 .*、数组除法运算符 ./、数组乘幂运算符 .^、非共轭转置运算符 .'、共轭转置运算符 '、矩阵乘法运算符 *、矩阵右除运算符 /、矩阵左除运算符 \(注意:MATLAB 中的除法中有右除和左除之分,如矩阵 A、B,则 AB^{-1} 可表示成 A/B,而 $A^{-1}B$ 表示为 A\B)、矩阵乘幂运算符 ^ 等。

MATLAB 绘图功能使用方法也非常简便。可以绘制二维或三维图形,用户可以根据需要在坐标图上加标题、坐标轴标记、文本注释及栅格等,还可以指定图线形式(如实线、虚线等)和颜色,也可以在同一张图上画出不同函数的曲线,对于曲面图还能画出等高线等等。

MATLAB 常用绘图命令有:plot 表示线性 $x-y$ 坐标图;plot3 表示线性 $x-y-z$ 三维坐标图;mesh 表示三维消隐图。

MATLAB 常用图形注释命令有:title 表示题头标注,xlabel 表示 x 轴标注,ylabel 表示 y 轴标注。

§C-2 MATLAB在电路分析中的应用举例

现以下述电路为例,简要介绍如何使用MATLAB进行电路分析问题的求解。

1. 直流电路分析

例C-2 电路如图C-1所示,已知:$R_1 = 10\ \Omega, R_2 = 20\ \Omega, R_3 = R_4 = 10\ \Omega, u_S = 40\ V, i_S = 1\ A$,求结点电压 u_{n1}, u_{n2}。

解 以结点(0)为参考结点,电路的结点电压方程为

$$(G_1 + G_2 + G_3)u_{n1} - G_3 u_{n2} = G_1 u_S + i_S$$
$$-(G_3 + 2G_4)u_{n1} + (G_3 + G_4)u_{n2} = -i_S$$

将结点电压方程写成矩阵形式,在MATLAB命令菜单中输入 edit 命令进入程序编辑器,编辑文件。运行下述程序:

图C-1 例C-2电路

G1 = 1/10; G2 = 1/20; G3 = 1/10; G4 = 1/10;
us = 40; is = 1;
Gn = [G1 + G2 + G3 - G3; -(G3 + 2*G4) G3 + G4]
In = [G1 * us + is; - is]
Un = inv(Gn) * In

得出以下运算结果:

Gn =
  0.2500 -0.1000
 -0.3000 0.2000
Un =
 45.0000
 62.5000

2. 交流电路分析

应用MATLAB进行复数和相量运算也是很方便的,下面用例题予以说明。

例C-3 正弦稳态电路如图C-2所示,已知 $R_1 = R_2 = 5\ \Omega, j\omega L_1 = j\omega L_2 = j5\ \Omega, -j\dfrac{1}{\omega C} = -j5\ \Omega, \dot{U}_S = 10\underline{/0°}\ V$,试求电流 $\dot{I}_{l1}$ 和 $\dot{I}_{l2}$。

解 其回路电流方程为

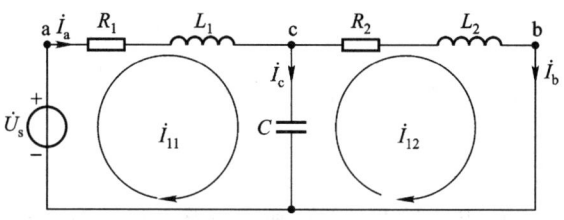

图 C-2　例 C-3 电路

$$(5+j5-j5)\dot{I}_{l1} + j5\,\dot{I}_{l2} = 10\,\underline{/0°}$$
$$j5\,\dot{I}_{l1} + (5+j5-j5)\dot{I}_{l2} = 0$$

将回路电流方程写成矩阵形式,在 MATLAB 命令菜单中输入 edit 命令进入程序编辑器,编辑文件。注意:MATLAB 一般用"i"表示虚数,这里为了不重复,用"x"表示回路电流,运行下述程序:

A=[5+5*i-5*i 5*i;5*i 5+5*i-5*i];
B=[10 0]′;
x=inv(A)*B;
x

计算结果为

x =
　1.0000
　0-1.0000i

即 $\dot{I}_a = \dot{I}_{l1} = 1$ A, $\dot{I}_b = \dot{I}_{l2} = -j1$ A。

这里若采用 MATLAB 中一般代数方程组的求解方式,求解指令是 solve,该指令的使用格式如下:

S=solve('eq1','eq2',…,'eqn','v1','v2',…'vn')

其中'eq1','eq2',…,'eqn',是字符串表达的方程;而'v1','v2',…'vn'是字符串表达的求解变量名。S 是一个构架数组。如要显示求解结果,必须采用 S.v1,S.v2,…,S.vn 的援引方式。

将电路方程编写为程序文件如下:

S=solve('(5+5*i-5*i)*x+5*i*y=10','5*i*x+(5+5*i-5*i)*y=0','x','y');
disp('S,x'),disp(S.x),disp('S,y'),disp(S.y)

这里 x 表示回路电流 $\dot{I}_{l1}$,y 表示回路电流 $\dot{I}_{l2}$,运行程序后得

S,x

1

S,y
−i

可见采用 MATLAB 中的两种算法所得电路方程结果完全一致。

例 C-4 含理想运算放大器的低通滤波电路如图 C-3 所示,已知: $G_1 = G_2 = G_3 = 10^{-3}$ S, $C_1 = 1.414 \times 10^{-3}$ F, $C_2 = 0.707 \times 10^{-4}$ F。试绘制传递函数 $H(s) = \dfrac{U_2(s)}{U_i(s)}$ 的幅频特性。

解 应用结点法得到传递函数 $H(s)$ 如下:

$$H(s) = \frac{U_2(s)}{U_i(s)} = -\frac{\dfrac{G_1 G_2}{C_1 C_2}}{s^2 + \dfrac{(G_1 + G_2 + G_3)}{C_1}s + \dfrac{G_2 G_3}{C_1 C_2}} = -\frac{10}{s^2 + 2.12s + 10}$$

图 C-3 例 C-4 电路

应用 MATLAB,在命令菜单中输入 edit 命令进入程序编辑器,编辑并输入文件。有

num = 10;
den = [1 2.12 10];
w = 0:0.01:10;
g = freqs(num,den,w);
mag = abs(g);
plot(w,mag)
xlabel('Frequency − rad/s');

ylabel('Magnitude');

在程序中：

第 1 行，"num"表示传递函数的分子多项式，"10"是分子。

第 2 行，"den"指传递函数的分母多项式，"1"是分母多项式中二次函数的系数，"2.12"是分母多项式中一次函数的系数，"10"是常数项。

第 3 行，"W"表示角频率，"0"表示起始频率，"0.01"表示间隔，"10"表示终止频率。

第 4 行，"g"表示传递函数，"freqs( )"表示频率特性。

第 5 行，"mag = abs(g)"表示传递函数幅频特性的幅值。

第 6 行，"plot(w,mag)"表示绘出传递函数幅频特性图。

第 7 行，"xlabel"表示幅频特性图的横坐标。

第 8 行，"ylabel"表示幅频特性图的纵坐标。

运行上述程序得到的幅频特性如图 C-4 所示。

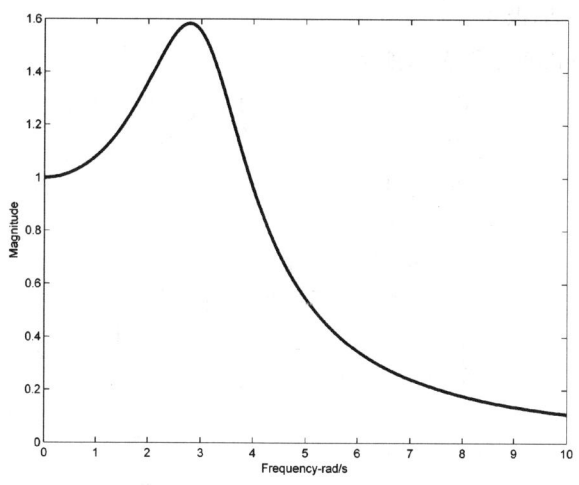

图 C-4　例 C-4 电路的幅频特性

3. 动态电路计算

MATLAB 为求解常微分方程提供了一组配套齐全，结构完整的指令。包括：常微分方程解算指令（solver），调用的 ODE 文件格式指令（MATLAB 中计算导数的 M 函数文件称为 ODE 文件）。"ode23"是采用 2、3 阶龙格-库塔法求解常微分方程调用的 ODE 文件，"ode45"是采用 4、5 阶龙格-库塔法求解常微分方程调用的 ODE 文件。

利用 MATLAB 指令具体求解动态电路的步骤是：

（1）应用支路法或回路法等写出电路的一阶微分方程组和相应的初始条件，这里变量指定用 y 表示。

(2) 编写能计算导数的 M 函数文件,最简易的编写方法是把 y,t 作为输入宗量。

(3) 将编写好能计算导数的 M 函数文件(ODE 函数文件)和初始值供微分方程解算指令(solver)调用,运行程序后就可得到变量 y 及其导数在指定时间上的数值解。

solver 解算指令的使用格式为

$$[\mathrm{t}, \mathrm{YY}] = \mathrm{solver}(\mathrm{'F'}, \mathrm{tspan}, \mathrm{Y0})$$

这是用 MATLAB 求解微分方程的最简单的格式。实际计算时,solver 应是具体指令名(如 ode45),这里输入宗量 F 是 ODE 函数文件名;当 tspan 被赋予二元向量[t0,tf]时,tspan 用来定义求数值解的时间区间。输入宗量 Y0 表示初始值的列向量。

例 C-5 二阶动态电路如图 C-5 所示,已知电压源 $u_S = 10$ V, $R_1 = 4$ Ω, $R_2 = 0.2$ Ω, $C_1 = 1$ F, $L = 1$ H, $u_C(0_-) = 0$, $i_L(0_-) = 0$, $t = 0$ 时开关 S 闭合,试绘出电容电压 u_C 的波形。

解 电路的状态方程表示如下:

$$\frac{\mathrm{d}u_C}{\mathrm{d}t} = -\frac{1}{R_1 C}u_C - \frac{1}{C}i_L + \frac{u_S}{R_1 C}$$

$$\frac{\mathrm{d}i_L}{\mathrm{d}t} = \frac{1}{L}u_C - \frac{R_2}{L}i_L$$

图 C-5 例 C-5 电路

应用 MATLAB,在命令菜单中输入 edit 命令进入程序编辑器,编辑文件。电路的一阶微分方程组编写的 MATLAB 文件为

function yd = DYDt50(t,y)
U = 10;
R1 = 4;
R2 = 0.2;
C = 1;

L = 1;
yd = [- (1/(R1 * C)) * y(1) - (1/C) * y(2) + (1/(R1 * C)) * U;
    (1/L) * y(1) - (R2/L) * y(2)];
solver 解算指令的使用格式程序为
tspan = [0,40];
y0 = [0;0];
[t,YY] = ode45('DYDt50 ',tspan,y0);
plot(t,YY(:,1));
xlabel('t'),ylabel('uc');
在程序中：

第 1 行，"tspan"用来定义求数值解的时间区间，"0"表示起始时间，"40"表示终止时间。

第 2 行，"y0"表示电路变量的初始时值。

第 3 行，solver 解算指令的使用格式。

第 4 行，plot(t,YY(:,1))表示绘制变量 $y(1)$（即 $u_C(t)$）的时域波形图。

第 5 行，表示横坐标是 t，纵坐标是 u_C。

调用 solver 解算指令的使用格式程序，运行程序得 $u_C(t)$ 的时域波形图如图 C-6 所示。

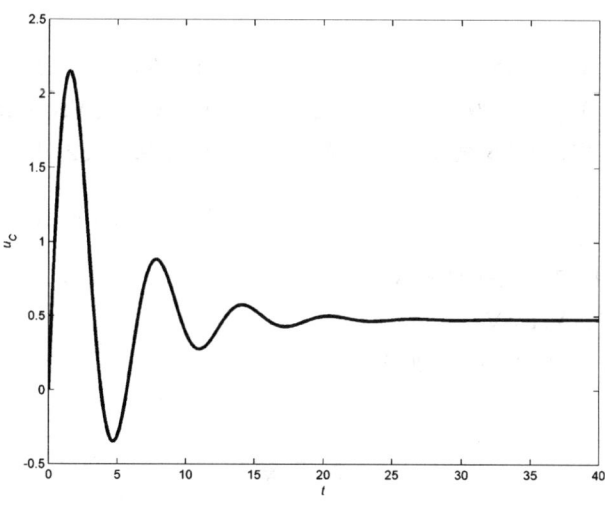

图 C-6　$u_C(t)$ 的时域波形

部分习题答案

第一章

1-3 $p_{A发}=300$ W,$p_{B吸}=60$ W,$p_{C吸}=120$ W,$p_{D吸}=80$ W,$p_{E吸}=40$ W

1-4 (a) $u=10\times10^3 i$;(b) $u=-10i$;(c) $u=10$ V;(e) $i=10\times10^{-3}$ A;(f) $i=-10\times10^{-3}$ A

1-7 (a) $U=16$ V,$P_{支吸}=P_{U_S吸}+P_{R耗}$;(b) $U=8$ V,$P_{支发}=P_{U_S发}-P_{R耗}$;(c) $U=-8$ V,$P_{支吸}=P_{R耗}-P_{U_S发}$;(d) $U=-16$ V,$P_{支吸}=P_{U_S吸}+P_{R耗}$

1-9 (a) 4Ω;(b) 6.667 Ω;(c) 5 Ω;(d) 220 Ω

1-10 (1) $i=2.222$ A,$u_{ab}=0.889$ V;(2) $u_{cb}=-13$ V

1-11 94.6 万 kW,94.6%

1-12 (1) $i_4=1$ A,$i_5=13$ A;(2) $i_1=3.333$ A,$i_2=0.3333$ A,$i_{13}=-3.666$ A

1-13 7 V,2 V,5 V,3 V,2 V,0 V,U_g 与 U_h 不定,1 V,1 V,5 V

1-16 (a) 电流源吸收 0.5 W,电阻消耗 0.5 W,VCVS 发出 1 W;(b) 电压源发出 0.8 W,CCCS 发出 0.96 W,2 Ω 电阻消耗 0.32 W,1 Ω 电阻消耗 1.44 W

1-17 4 A

1-18 (1) 7.5 A;(2) 6 A

1-19 5 mA,15 V

1-20 $u_1=20$ V,$u=200$ V

第二章

2-1 (1) $u_2=66.67$ V,$i_2=i_3=8.333$ mA;(2) $u_2=80$ V,$i_2=10$ mA,$i_3=0$;(3) $u_2=0$,$i_2=0$,$i_3=50$ mA

2-3 (1) $u_o=38.7$ V;(2) $u_{ot}=40$ V;(3) $\delta(\%)=-3.1\%$

2-4 (a) 4.4 Ω;(b) 3 Ω;(c) 1.5 Ω(S 闭合、断开均如此);(d) 0.5 Ω;(e)

3Ω;(f) $1.27\ \Omega$;(g) $1.67\ \Omega$

2-5 7Ω

2-6 1.5Ω

2-7 (1) 3 mA,4 kΩ;(2) 2 mA,8 mW;(4) $P_{U_{S1}} = 40$ mW, $P_{U_{S2}} = 2$ mW

2-8 $U = 2$ V, $U_{ab} = 20$ V

2-10 (a) 30 V;(b) -5 V

2-11 0.125 A

2-12 0.3

2-13 $0.75 u_S$

2-14 (a) $(1-\mu)R_1 + R_2$;(b) $R_1 + (1+\beta)R_2$

2-15 (a) $\dfrac{R_1}{1+\beta} /\!/ R_2$;(b) $\dfrac{R_1}{1-\mu} /\!/ R_3$

2-16 $0.4\ \Omega$

第 三 章

3-7 -0.956 A

3-9 -1.552 A

3-10 2.4 A

3-11 0.5 A

3-12 5 A, -42 V

3-13 (1) 8 V;(2) 1 A

3-14 3 A,0 W

3-19 (a) 2 A, -1 A,3 A,2 A;(b) 1.891 A,1.240 A,0.652 A,2.261 A, -1.609 A

3-20 $I_S = 9$ A, $I_O = -3$ A

3-21 32 V

第 四 章

4-1 $(\sin t + 0.2\ e^{-t})$ V

4-2 80 V

4-3 0

4-4 (1) 8 V;(2) 1 V

4-5 3 A

4-6 0.364

4-7　1.8 倍

4-8　190 mA

4-9　(a) -0.5 V, 2 Ω; (b) 0.416 V, 3.505 Ω

4-10　(a) $\frac{5}{8}$ V, $\frac{11}{16}$ Ω; (b) $\alpha U_S, R_1 + \alpha(1-\alpha)R$; (c) 1 A, 40 Ω; (d) 5 V, 10 Ω

4-12　(a) 15 V, 14 Ω; (b) 6 V, 16 Ω; (c) 0 V, 7 Ω; (d) 28.235 V, 6.47 Ω

4-13　(a) 5 V, 0 Ω; (b) 7.5 A, 0 S

4-14　(1) $R_V = 47.315$ kΩ　$R_V > 937$ kΩ; (2) -16.7%

4-16　(1) 10 Ω, 35.16 W

4-17　4 Ω, 2.25 W

4-18　1.6 V

4-19　3 V

4-20　$I_1 = 2$ A, $I_2 = -1$ A

4-21　40 V

4-22　-0.6 A

4-23　7.2 V

4-24　10.8 A

第五章

5-2　$u_o = \dfrac{R_2}{R_1}(u_2 - u_1)$

5-4　$\dfrac{-R_2 R_3 (R_4 + R_5)}{R_1(R_2 R_4 + R_2 R_5 + R_3 R_4)}$

5-5　$\dfrac{-R_2 R_4}{R_1 R_2 + R_2 R_3 + R_3 R_1}$

5-7　$u_O = \dfrac{(G_3 + G_4)G_1 u_{S1} + (G_1 + G_2)G_3 u_{S2}}{G_1 G_4 - G_2 G_3}$

第六章

6-3　-5 V

6-4　3.75 A

6-6　(2) $2e^{-t}$ V, $-e^{-t}$ V, $100(1 - e^{-t})$ V

6-8　2.5 F, 10 H

6-9　(1) 1.6 μF, $u_C = 5 - 15e^{-5t}$ V; (2) $u_{C_1} = 7 - 12e^{-5t}$ V, $u_{C_2} = -2 -$

$3\mathrm{e}^{-5t}$ V

6-10 (1) 1.2 H, $i = 2.5 - 2.5\mathrm{e}^{-2t}$ A;(2) $i_1 = 2.5 - 0.5\mathrm{e}^{-2t}$ A, $i_2 = -2\mathrm{e}^{-2t}$ A

第 七 章

7-1 (a) $u_C(0_+) = 10$ V, $i_C(0_+) = -1.5$ A, $u_R(0_+) = -15$ V;(b) $i_L(0_+) = 1$ A, $u_R(0_+) = 5$ V, $i_R(0_+) = 1$ A

7-2 (a) $u_{C1}(0_+) = 10$ V, $u_{C2}(0_+) = 5$ V, $i_1(0_+) = \frac{7}{3}$ A, $i_2(0_+) = \frac{4}{3}$ A, $i_3(0_+) = 1$ A, $u_{R1}(0_+) = 7$ V, $u_{R2}(0_+) = 8$ V, $u_{R3}(0_+) = 3$ V;(b) $i_L(0_+) = 1.2$ A, $u_{R1}(0_+) = 60$ V, $u_{R2}(0_+) = 18$ V, $u_{R3}(0_+) = 36$ V, $u_L(0_+) = -54$ V;(c) $u_C(0_+) = 15$ V, $i(0_+) = \frac{1}{6}$ A, $u_{R1}(0_+) = \frac{5}{6}$ V, $u_{R2}(0_+) = -\frac{25}{6}$ V;(d) $u_C(0_+) = 20$ V, $i(0_+) = 3.33$ A, $u_R(0_+) = 66.6$ V

7-3 $u_C(0_+) = 6$ V, $i_L(0_+) = 2$ A, $\left.\dfrac{\mathrm{d}u_C}{\mathrm{d}t}\right|_{0_+} = -24$ V/s, $\left.\dfrac{\mathrm{d}i_L}{\mathrm{d}t}\right|_{0_+} = 0$, $\left.\dfrac{\mathrm{d}i_R}{\mathrm{d}t}\right|_{0_+} = 4$ A/s

7-4 $u_C(t) = 4\mathrm{e}^{-2t}$ V, $i(t) = 0.04\mathrm{e}^{-2t}$ mA

7-5 $i(t) = 2\mathrm{e}^{-8t}$ A, $u_L(t) = -16\mathrm{e}^{-8t}$ V

7-6 $i = 0.24(\mathrm{e}^{-500t} - \mathrm{e}^{-1000t})$ A

7-7 $i(t) = -\mathrm{e}^{-\frac{1}{5}t}$ A

7-8 $u_L(t) = -60\mathrm{e}^{-4t}$ V

7-9 $u_C(t) = Ri_s(1 - \mathrm{e}^{-\frac{1}{2RC}t})$ V, $p = Ri_s^2\left(1 - \dfrac{1}{2}\mathrm{e}^{-\frac{1}{2RC}t}\right)$ W

7-10 $u_C(t) = 10(1 - \mathrm{e}^{-10t})$ V, $i_C(t) = \mathrm{e}^{-10t}$ mA

7-11 $u_L(t) = 14\mathrm{e}^{-50t}$ V, $p = (-14\mathrm{e}^{-50t} - 6)$ W

7-12 $u_C(t) = 2(1 - \mathrm{e}^{-\frac{10^6}{21}t})$ V

7-13 $u_C(t) = 18(1 - \mathrm{e}^{-50t})$ V, $i_C(t) = 90\mathrm{e}^{-50t}$ A

7-14 $i_L(t) = \dfrac{8}{3}(1 - \mathrm{e}^{-4.5t})$ A, $u_L(t) = 24\mathrm{e}^{-4.5t}$ V

7-15 (1) $u_C = [(U_0 - 30.825)\mathrm{e}^{-50t} + 34.6\sqrt{2}\cos(314t - 50.95°)]$ V;(2) $U_0 = 30.825$ V

7-16 (1) $i_L = 2$ A 无过渡;(2) $p = 48$ W

7-17 $i_C(t) = 3e^{-25t}$ mA, $W_C(2\text{ ms}) = 396 \times 10^{-6}$ J

7-18 $u(t) = [2(1-e^{-3t}) + 27e^{-9t}]$ V

7-19 $u_C(t) = (10 - 4e^{-0.2t})$ V

7-20 $u_L(t) = 52e^{-100t}$ V

7-21 (1) $u_C(t) = (8e^{-2t} - 2e^{-8t})$ V, $i(t) = 4(e^{-2t} - e^{-8t})$ A; (2) $R = 2\ \Omega$

7-22 $u_C(t) = -200e^{-10t}\sin(49.97t)$ V, $i_L(t) = 1.02e^{-10t}\sin(49.97t + 78.68°)$ A

7-23 $u_C(t) = -355.61e^{-25t}\sin(139.19t - 4.03°)$ V

7-24 (1) $i(t) = [44.69e^{-381.97t} - 44.51e^{-2618.03t}]$ mA, $u_C(t) = [100 - 117e^{-381.97t} + 17e^{-2618.03t}]$ V; (2) $i(t) = 100te^{-10^3 t}$ A, $u_C(t) = [100 - (100 + 10^5 t)e^{-1000t}]$ V; (3) $i(t) = 0.1e^{-100t}\sin(\omega t)$ A, $u_C(t) = [100 - 100.5e^{-100t} \cdot \sin(995t + 84.26°)]$ V

7-25 $u_L(t) = 309.84e^{-250t}\sin(12.91 \times 10^3 t + 2.22°)$ V

7-26 $i_L = e^{-t}\sin(2t)$ A

7-27 $i_1(t) = (8 - 0.667e^{-4.17 \times 10^5 t})$ A, $i_C(t) = 0.833e^{-4.17 \times 10^5 t}$ A, $u_C(t) = (4 - 2e^{-4.17 \times 10^5 t})$ V

7-28 $i(t) = [(1-e^{-\frac{6}{5}t})\varepsilon(t) - (1-e^{-\frac{6}{5}(t-1)})\varepsilon(t-1)]$ A

7-29 (2) $u_C(t) = \{10(1-e^{-100t})\varepsilon(t) - 30[1-e^{-100(t-2)}]\varepsilon(t-2) + 20[1-e^{-100(t-3)}]\varepsilon(t-3)\}$ V

7-30 $i_C(t) = [3.33\delta(t) - 666.6e^{-200t}\varepsilon(t)]$ mA, $i_1(t) = 222.2e^{-200t}\varepsilon(t)$ mA, $u_C(t) = 1\,333.3e^{-200t}\varepsilon(t)$ V

7-31 $i_L(t) = 40e^{-24t}\varepsilon(t)$ A, $u_L(t) = [-96e^{-24t}\varepsilon(t) + 4\delta(t)]$ V

7-32 (1) $u_C(t) = 100(1-e^{-20t})\varepsilon(t)$ V, $i_C(t) = 10e^{-20t}\varepsilon(t)$ mA; (2) $u_C(t) = 80e^{-20t}\varepsilon(t)$ V, $i_C(t) = [0.4\delta(t) - 8e^{-20t}\varepsilon(t)]$ mA

7-33 (1) $u_C(t) = \frac{10^6}{9}e^{-\frac{10^3}{9}t}\varepsilon(t)$ V; (2) $u_C(t) = \left[\frac{10^6}{9}e^{-\frac{10^3}{9}t} + e^{-\frac{10^3}{9}t}\right]\cdot \varepsilon(t)$ V; (3) $u_C(t) = \left\{\left[\frac{10^6}{9}e^{-\frac{10^3}{9}(t-2)}\right]\varepsilon(t-2) + 2e^{-\frac{10^3}{9}t}\varepsilon(t)\right\}$ V

7-34 $i_L(t) = 2.5(1-e^{-0.3t})\varepsilon(t)$ A

7-35 $i(t) = (5 + 5e^{-50t})\varepsilon(t)$ A

7-36 (1) $i_L(t) = \left(1 - \frac{4}{3}e^{-t} + \frac{1}{3}e^{-4t}\right)\varepsilon(t)$ A; (2) $u_C(t) =$

$$\left[-\frac{1}{3}e^{-t} + \frac{4}{3}e^{-4t}\right] \text{V}$$

7-37 (1) $u_C(t) = \left[10 - \frac{20}{\sqrt{3}}e^{-\frac{1}{2}t}\sin\left(\frac{\sqrt{3}}{2}t + 60°\right)\right] \text{V}$; (2) $h(t) = u_C(t) = \frac{20}{\sqrt{3}}e^{-\frac{1}{2}t}\sin\left(\frac{\sqrt{3}}{2}t\right) \text{V}$

7-38 $u_2(t) = \left(\frac{5}{8} - \frac{1}{8}e^{-t}\right) \text{V}$

7-39 $u_C(t) = -10(1 - e^{-\frac{1}{1200}t})\varepsilon(t) \text{V}$

7-40 (1) $u_o(t) = -\frac{R_2}{R_1}U(1 - e^{-\frac{1}{R_2C}t})\varepsilon(t) \text{V}$; (2) $u_o(t) = -\frac{1}{R_1C}e^{-\frac{1}{R_2C}t} \cdot \varepsilon(t) \text{V}$

7-41 $u_L(t) = \frac{U_0}{R - aL}(Re^{-\frac{R}{L}t} - aLe^{-at})\varepsilon(t)$

7-42 状态方程为

$$\begin{bmatrix} \frac{du_C}{dt} \\ \frac{di_{L_1}}{dt} \\ \frac{di_{L_2}}{dt} \end{bmatrix} = \begin{bmatrix} 0 & \frac{1}{C} & \frac{1}{C} \\ -\frac{1}{L_1} & -\frac{R_1R_2}{L_1(R_1+R_2)} & 0 \\ \frac{1}{L_1} & 0 & 0 \end{bmatrix} \begin{bmatrix} u_C \\ i_{L_1} \\ i_{L_2} \end{bmatrix} + \begin{bmatrix} 0 \\ \frac{R_2}{L_1(R_1+R_2)} \\ 0 \end{bmatrix} [u_S(t)]$$

输出方程为

$$\begin{bmatrix} u_{n1} \\ u_{n2} \end{bmatrix} = \begin{bmatrix} 0 & -\frac{R_1R_2}{R_1+R_2} & 0 \\ 1 & 0 & 0 \end{bmatrix} \begin{bmatrix} u_{C1} \\ i_{L_1} \\ i_{L_2} \end{bmatrix} + \begin{bmatrix} \frac{R_2}{R_1+R_2} \\ 0 \end{bmatrix} [u_S(t)]$$

7-43
$$\begin{bmatrix} \frac{du_{C_1}}{dt} \\ \frac{di_{L_1}}{dt} \\ \frac{di_{L_2}}{dt} \end{bmatrix} = \begin{bmatrix} 0 & \frac{1}{2} & -\frac{1}{2} \\ -1 & -1 & 0 \\ 1 & 0 & -1 \end{bmatrix} \begin{bmatrix} u_C \\ i_{L_1} \\ i_{L_2} \end{bmatrix} + \begin{bmatrix} 0 \\ 1 \\ 0 \end{bmatrix} [u_S]$$

第 八 章

8-1 (1) $7.07\underline{/-135°}$; (2) $5\underline{/143.13°}$; (3) $44.72\underline{/63.43°}$; (4) $10\underline{/90°}$; (5) $3\underline{/180°}$; (6) $9.61\underline{/-73.19°}$

8-2 (1) $2.92 - j9.56$; (2) $-5.76 + j13.85$; (3) $0.74 + j0.95$; (4) $-j10$; (5) -5; (6) $-7.07 - j7.07$

8-3 $102.1, 30.34°$

8-4 $48.05 \underline{/69.94°}; 0.52 \underline{/-143.68°}$

8-5 $-2.08 - j9.56, -7.92 + j9.56$

8-6 $|F_1| = 9.66, F_1 + F_2 = 2.59 \underline{/150°}$

8-7 (1) $u_1 = 50\sqrt{2}\cos(628t + 30°)$ V, $u_2 = 100\sqrt{2}\cos(628t + 30°)$ V; (2) $\varphi = 30° - 30° = 0$

8-8 (1) $f = 159.16$ Hz, $T = 6.28$ ms; (2) $\dot{U} = 7.07 \underline{/-110°}$, $\dot{I} = 1.41 \underline{/-50°}$, $\varphi = \phi_u - \phi_i = -60°$

8-9 (1) $u_a + u_b + u_c = 0$; (2) $u_{ab} = 380\sqrt{2}\cos(\omega t + 40°)$ V, $u_{bc} = 380\sqrt{2}\cos(\omega t - 80)$ V

8-10 (a) $67.1 \underline{/63.43°}$ V; (b) $25 \underline{/-53.13°}$ V

8-11 表 A: 40.31 A

8-12 $R = 30\ \Omega, C = 79.62\ \mu F$

8-13 (1) 电阻: $R = 5\ \Omega$; (2) 电容: $C = 2 \times 10^{-3}$ F; (3) 电感: $L = 10$ H; (4) 非 R、L、C 单一元件

8-14 $R = 66.14\ \Omega, i = \sqrt{2}\cos(10^3 t - 20.7°)$ A

8-15 $\dot{I} = 10\sqrt{2}\underline{/45°}, \dot{U}_s = j100$ V

8-16 $\sqrt{2}\underline{/-45°}$ V

8-17 $\{\cos[10^6(t - t_1) - 16.32°] + 0.282e^{-10^6(t-t_1)}\}$ A 或 $\{\cos[\omega(t - t_1) + 106.32°] + 0.96e^{-10^6(t-t_1)}\}$ A $(t \geq t_1)$

8-18 $u_C = -10$ V, $i_L = 10 - \sqrt{2}\cos(10^6 t)$ A

8-19 $\dot{I} = \dfrac{j\omega C}{1 - \beta}\dot{U}_s$

8-20 (1) $\dot{I}_1 = 9 \underline{/180°}$ A, $\dot{I}_2 = 4 \underline{/0°}$ A, $\dot{I} = 5 \underline{/180°}$ A

第九章

9-1 (a) $(1 - j2)\ \Omega, (0.2 + j0.4)$ S, (b) $(2 - j1)\ \Omega, (0.4 + j0.2)$ S; (c) $40\ \Omega, 0.025$ S; (d) $j\omega L - r, \dfrac{1}{j\omega L - r}$

9-2 (a) $Z_1 = (4 + j4)\ \Omega, Z_2 = (4 - j4)\ \Omega, Z_3 = (-2 - j2)\ \Omega$; (b) $Z_{12} = (-1 + j1)\ \Omega, Z_{23} = (0.5 + j0.5)\ \Omega, Z_{31} = (0.5 - j0.5)\ \Omega$

部分习题答案

9-3 (1) $20\ \Omega, 0.05\ S$;(2) $(-3.54+j3.54)\ \Omega, (-0.14-j0.14)\ S$;(3) $j20\Omega, -j0.05\ S$;(4) $(4.78+j1.46)\ \Omega, (0.19-j0.059)\ S$

9-4 表A_1:3 A(或 4.799 A),表A_2:4 A(或 1.404 A)

9-5 $\dot{I}=10\sqrt{2}\underline{/45°}\ A, \dot{U}_s=(5+j5)\ V$

9-6 表A_2:48 mA

9-7 $\beta=-41, \omega C=13.67\times10^{-3}\ S$

9-8 $Y_i=0.5\ S, \dot{I}=4\underline{/0°}\ A, \dot{I}_1=(3-j)\ A, \dot{I}_2=(1+j)\ A$

9-9 $(100+j100\sqrt{3})\ \Omega$ 或 $(50+j50\sqrt{3})\ \Omega$

9-10 $Z_1=(1.11+j5.02)\ \Omega$ 或 $(1.11+j34.18)\ \Omega$
$Z_2=(10-j19.6)\ \Omega$

9-11 $Z_1=(15\pm j40)\ \Omega, Z_2=\mp j60\ \Omega$

9-12 $\omega=\dfrac{1}{\sqrt{2LC}}$

9-13 (1) $CR_1=\dfrac{L}{R_2}$;(2) $\dot{U}_{cd}=U_s\underline{/-2\varphi}, 0\leqslant\varphi\leqslant 90°$

9-14 (1) $C=1000\ pF$

9-15 $Z=(3.5\pm j15)\ \Omega$

9-18 $\overline{S}_s=(500-j1500)\ V\cdot A$

9-19 $R=10\ \Omega, 4\ kW$

9-20 (2) $(-7.07+j7.07)\ V\cdot A$;(4) $(153+j46.8)\ V\cdot A$

9-21 $\omega=1000\ rad/s, I_C=0.2\ A, P_R=40\ W$

9-22 $\dfrac{\dot{U}_2}{\dot{U}_s}=0.283\underline{/-98.13°}, \overline{S}=(120+j160)\ V\cdot A$

9-23 $Z_L=50(1-j)\ \Omega, P_{max}=12.5\ W$

9-24 $-j\dfrac{1}{\omega C}=-j10\ \Omega,$ 表 V:55.9 V

9-25 表 A:91.79 A,表 W:19.8 kW,$\lambda=0.98$

9-26 $\overline{S}=(8+j9)\ V\cdot A, Z_i=(8+j9)\ \Omega$

9-27 电流源:$(250+j250)\ V\cdot A$,电压源$(250-j250)\ V\cdot A$

第十章

10-1 (a) (1,2′)或(1′,2);(b) (1,2′),(1,3′),(2,3′)

10-2 闭合时:1(端)与毫伏表高电位端为同名端;再打开时:1(端)与毫伏表低电位端为同名端

10-3 (1) $\Psi_1 = [12 + 30\cos(10t + 30°) - 40e^{-5t}]$ Wb, $\Psi_2 = [-8 - 20\cos(10t + 30°) + 30e^{-5t}]$ Wb; (2) $u_{11'} = \dfrac{d\Psi_1}{dt} = [-300\sin(10t + 30°) + 200e^{-5t}]$ V, $u_{22'} = \dfrac{d\Psi_2}{dt} = [200\sin(10t + 30°) - 150e^{-5t}]$ V; (3) $k = 0.943$

10-4 (a):(1) 2 H, (2) 0 H, (3) 4 H; (b):(1) 0.857 H, (2) 0 H, (3) 0 H; (c):(1) 6 H, (2) 0 H, (3) 0 H; (d):同(c)

10-5 (a) $(0.2 + j0.6)\ \Omega$; (b) $-j1\ \Omega$; (c) $\infty\ \Omega$

10-6 (1) $\dot{I}_1 = 10.85\ \underline{/-77.47°}\ \text{A}, \dot{I}_1 = 43.85\ \underline{/-37.88°}\ \text{A}$ (S 闭合);(2) $\overline{S}_{L1} = 4385\ \underline{/37.88°}\ \text{V·A}(R_1 \text{与} L_1 \text{串联部分}), \overline{S}_{L2} = 0(R_2 \text{与} L_2 \text{串联支路})$

10-7 $M = 52.86$ mH

10-8 (1) $\dot{U}_1 = 136.4\ \underline{/-119.74°}\ \text{V}, \dot{U}_2 = 311.0\ \underline{/22.4°}\ \text{V}$;(3) $C = 33.33\ \mu\text{F}$

10-9 表 W:1.84 W

10-11 $\omega = \sqrt{\dfrac{L_2 + M}{C(L_1 L_2 - M^2)}}$

10-12 $\dot{I}_1 = 0$ A, $\dot{U}_2 = 32\ \underline{/0°}$ V

10-13 (1) $M = 25$ H

10-14 $\dot{I} = \dot{I}_1 = 1.1\ \underline{/-83.66°}\ \text{A}, \dot{I}_2 = 0$(电容支路)

10-16 $Z_L = (50 - j50)\ \Omega, P_{\max} = 25$ W

10-17 $n = 2.24$

10-18 $Z = j1\ \Omega$

10-19 $n = 0.5$ 或 0.25

10-20 $i_1 = 10\cos(t - 45°)$ A, $i_2 = 2.5\sqrt{2}\cos t$ A

10-21 $R_2 = 40\ \Omega, P_{\max} = 2.5$ W

10-22 $C = 250\ \mu\text{F}, P_{\max} = 62.5$ W

第十一章

11-1 $\dfrac{\dot{U}}{\dot{I}_1} = \dfrac{2 + j2\omega(1 + j2\omega) + (1 + j2\omega)}{1 + j\omega(1 + j2\omega)}, \dfrac{\dot{I}_C}{\dot{I}_1} = \dfrac{j\omega(1 + j2\omega)}{1 + j\omega(1 + j2\omega)}, \dfrac{\dot{U}_2}{\dot{I}_1} = \dfrac{j2\omega}{1 + j\omega(1 + j2\omega)}$

11-2 $\dfrac{\dot{U}_2}{\dot{U}_1} = \dfrac{1}{4(1 + j\omega)}, \dfrac{\dot{I}_1}{\dot{U}_1} = \dfrac{1 + j2\omega}{4(1 + j\omega)}$

部分习题答案

11-3 (1) $Z(j\omega) = 1 + j\left(0.01\omega - \dfrac{10^6}{\omega}\right)$; (2) $\varphi_Z(j\omega) = \arctan(0.01\omega - \dfrac{10^6}{\omega})$, $|Z(j\omega)| = \dfrac{1}{\cos\varphi_Z(j\omega)}$; (3) $\omega_0 = 10^4$ rad/s; (4) $Q = 100$; (5) $BW = \dfrac{\omega_0}{Q} = 100$ rad/s

11-4 (1) $Y(j\omega) = 10^{-4}\left[1 + j\left(10^{-3}\omega - \dfrac{10^6}{\omega}\right)\right]$; (2) $\varphi_Y(j\omega) = \arctan\left(10^{-3}\omega - \dfrac{10^6}{\omega}\right)$, $|Y(j\omega)| = \dfrac{10^{-4}}{\cos[\varphi_Y(j\omega)]}$; (3) $\omega_0 = 10^5$ rad/s; (4) $Q = 100$; (5) $BW = \dfrac{\omega_0}{Q} = 1000$ rad/s

11-5 $C = 0.1\ \mu F$, $u_R = \sqrt{2}\cos(5000t)$ V, $u_C = 40\sqrt{2}\cos(5000t - 90°)$ V, $u_L = 40\sqrt{2}\cos(5000t + 90°)$ V

11-6 (a) $\omega_0 = \dfrac{1}{\sqrt{LC}}$(短路), $\omega = 0$ 和 ∞(开路); (b) $\omega_0 = \dfrac{1}{\sqrt{LC}}$(开路), $\omega = 0$ 和 ∞(短路); (c) $\omega_{01} = \dfrac{1}{\sqrt{L_1 C_1}}$ 和 $\omega = 0$(短路), $\omega_{02} = \dfrac{1}{\sqrt{(L_1 + L_2)C_1}}$ 和 $\omega = \infty$(开路); (d) $\omega_{01} = \dfrac{1}{\sqrt{L_1 C_1}}$ 和 $\omega = \infty$(短路), $\omega_{02} = \dfrac{1}{\sqrt{L_1 C_0}}$ 和 $\omega = 0$(开路), $C_0 = \dfrac{C_1 C_2}{C_1 + C_2}$

11-7 $f_0 = 2.25$ MHz, $U_C = 70.71$ mV, $BW - 0.2 \times 10^6$ rad/s

11-8 $L = 12.43\ \mu H$, $f_0 = 2.26$ MHz, $U_L = 352.6$ mV

11-9 $Q = 100$, $R = 10\ \Omega$, $L = 159.2\ \mu H$, $C = 159.2$ pF, $BW = 62.8 \times 10^3$ rad/s

11-10 $R = 100$ kΩ, $L = 0.253$ H, $C = 0.1\ \mu F$

11-11 (a) 并联谐振: $\omega_{01} = \dfrac{1}{\sqrt{L_1 C_1}}$, $\omega_{02} = \dfrac{1}{\sqrt{L_2 C_2}}$; 串联谐振: $\omega_{03} = \dfrac{1}{\sqrt{L'C'}}$, $C' = C_1 + C_2$, $L' = \dfrac{L_1 L_2}{L_1 + L_2}$, $\omega_{01} < \omega_{03} < \omega_{02}$; (b) 串联谐振: $\omega_0 = \dfrac{1}{\sqrt{3LC}}$

11-12 $R_L = 25$ kΩ, $P_{max} = 2.5$ W

11-13 $L = 2.5$ H, $U_L = 500$ V

11-14 (1) $\omega_0 = \dfrac{1}{\sqrt{L_1 C_2}}$; (2) $\omega_0 = \dfrac{0}{0}$(任意)

11-15 (a) $\dfrac{\dot{U}_2}{\dot{U}_1} = \dfrac{k}{1-\omega^2+\mathrm{j}\omega(3-k)}$ (低通); (b) $\dfrac{\dot{U}_2}{\dot{U}_1} = \dfrac{-\omega^2 k}{(\mathrm{j}\omega)^2+\mathrm{j}\omega(3-k)+1}$ (高通)

11-16 (a) $\dfrac{\dot{U}_2}{\dot{U}_1} = \dfrac{-\mathrm{j}\omega}{(\mathrm{j}\omega)^2+\mathrm{j}\omega+2}$ (带通); (b) $\dfrac{\dot{U}_2}{\dot{U}_1} = \dfrac{\mathrm{j}\omega \times 10^4}{(10^4+\mathrm{j}\omega)(10^3+\mathrm{j}\omega)}$ (带通)

11-17 $\dfrac{\dot{U}_2}{\dot{U}_1} = \dfrac{\mathrm{j}\omega-1}{1+\mathrm{j}\omega}, \dfrac{U_2}{U_1} = 1$

11-18 $u_2 = \left[20+6.4\cos\left(t+\dfrac{\pi}{4}\right)\right]$ V

第 十 二 章

12-1 $\dot{I}_A = 1.174\underline{/-26.98°}$ A(设 $\dot{U}_A = 220\underline{/0°}$ V), $\dot{U}_{A'B'} = 376.5\underline{/30°}$ V

12-2 设 $\dot{U}_A = 220\underline{/0°}$ V, $\dot{I}_A = 30.1\underline{/-65.8°}$ A, $\dot{I}_{A'B'} = 17.4\underline{/-35.8°}$ A

12-3 星形联结时: $\overline{S}_Y = (682.3+\mathrm{j}347.3)$ V·A, 三角形联结时: $\overline{S}_\Delta = (1952.6+\mathrm{j}994.03)$ V·A, $\overline{S}_\Delta = 3\overline{S}_Y$

12-4 设 $\dot{U}_A = 220\underline{/0°}$ V, $\dot{I}_A = 3.59\underline{/-60.7°}$ A, $P = 1161.78$ W

12-5 (1) 表 A:22 A, $U_{AB} = 1228.2$ V; (2) $\overline{S}_A = (7260+\mathrm{j}12574.7)$ V·A(A 相); (3) 电路为不对称三相电路, 设电源端对称电压不变, 则表 A:57.97 A, 表 V:1037.32 V; (4) 表 A:0 A, 表 V:1209.75 V, $\overline{S}_B = \overline{S}_C = (5443.54+\mathrm{j}9428.48)$ V·A; (5) A 相短路时: 表 A:317.12 A, 表 V:660 V, A 相开路时: 表 A:0 A, 表 V:1191.41

12-6 $U_{AB} = 332.78$ V, $\lambda' = 0.992$

12-7 (1) $\overline{S} = (2758.44+\mathrm{j}2068.83)$ V·A, $Z = 125.64\underline{/36.87°}$ Ω; (2) 表 W_1、W_2:919.34 W

12-8 设 $\dot{U}_A = 220\underline{/0°}$ V, (1) $\dot{I}_A = 3.11\underline{/-45°}$ A; (2) $\dot{I}'_A = \dot{I}_A + 2.69\underline{/-15°}$, $\dot{I}_B = a^2\dot{I}_A - 2.69\underline{/-15°}$ A, $\dot{I}_C = a\dot{I}_A$, 表 W_1:1028.67 W($\dot{I}_A$ 流入), 表 W_2:1141.53 W($\dot{I}_C$ 流入)

12-9 (1) $\omega C = \dfrac{1}{\omega L} = \dfrac{G}{\sqrt{3}}$, $\dot{I}_A = \dfrac{\dot{U}_{AB}}{\omega L}\underline{/-30°}$; (2) $\dot{I}_A = \dfrac{\dot{U}_{AB}}{\omega L}\underline{/-150°}$ A, $\dot{I}_B = a\dot{I}_A$, $\dot{I}_C = a^2\dot{I}_A$, 线电流为逆序对称

12-10 (1) 表 W_1:2787.4 W, 表 W_2:-387.4 W; (2) 挂接 △ 形电容: $C =$

27.19 μF/相,表 W_1:1719.6,表 W_2:680.4 W

12-11 (1) 表 A_1:65.82 A,表 A_2:0 A,表 W:25631.95 W,三相负载的功率 = 3(表 W 读数 $-P_R$);(2) 表 A_1 不变,表 A_2:40.54 A,表 W:5.45 kW

12-12 (1) $\dot{I}_A = 5.18\underline{/50.56°}$ A, $\dot{I}_B = a^2 \dot{I}_A$, $\dot{I}_C = a\dot{I}_A$;(2) $\overline{S} = (2166 - j1520\sqrt{3})$ V·A

12-13 表 W_1:658.18 W,表 W_2:-658.18 W

12-14 $\omega L = \dfrac{1}{\omega C} = \sqrt{3}R = 34.61\ \Omega, L = 110.32\ \text{mH}, C = 91.89\ \mu\text{F}$

第 十 三 章

13-1 (2) (a) $A_{km}e^{j\varphi_k} = \dfrac{U_m}{jk\pi}(1-e^{-\frac{j2k\pi}{3}})^2$,(b) $A_{km}e^{j\varphi_k} = \dfrac{jU_m}{k\pi}\cos(k\pi)$,(c) $A_{km}e^{j\varphi_k} = 1$

13-2 (1) $e^{-jk\omega_1 t_0} A_{km}e^{j\varphi_k} = A_{km}e^{j(\varphi_k - k\omega_1 t_0)}$;(2) $A_{km}e^{j\varphi_k} = A_{km}e^{-j\varphi_k}$,即 $a_k - jb_k = a_k + jb_k, b_k = 0$;(3) $A_{km}e^{j\varphi_k} = -A_{km}e^{-j\varphi_k}$,即 $a_k - jb_k = -(a_k + jb_k), a_k = 0$;(4) $A_{km}e^{j\varphi_k} = e^{jk\pi}(-A_{km}e^{j\varphi_k}), k$ 为偶数时,$a_k = b_k = 0, k$ 为奇数时,$a_k \neq 0, b_k \neq 0$;(5) $jk\omega_1 A_k e^{j\varphi_k}$

13-4 $i(t) = [-0.4\sin(10t + 89.28°) - 0.636\sin(20t + 87.71°) - 10.61\sin(30t) - 0.454\sin(40t - 86.73°)]$ A, $P = 56.69$ W

13-5 $u_{10}(t) = 0.8u_S(t), R = 4\ \Omega, C = 250\ \mu\text{F}, k = 0.8$

13-6 $U_1 = 77.14$ V, $U_3 = 63.64$ V(3 次谐波)

13-7 (1) $R = 10\ \Omega, L = 31.86$ mH, $C = 318.34\ \mu\text{F}$;(2) $\theta_3 = -99.45°$;(3) $P = 515.4$ W

13-8 $L_1 = 1$ H, $L_2 = 66.67$ mH

13-9 $L = \dfrac{1}{9\omega_1^2}, C = \dfrac{1}{49\omega_1^2}$

13-10 表 A_1:9.35 A,表 A_2:9.42 A,表 V:269.86 V

13-11 $u_R = [0.5 + \sqrt{2}\cos(2t - 53.13°) + \sqrt{2}\cos(1.5t - 45°)]$ V, $P_{S1} = 3.75$ W

13-13 (1) 表 V_1:215.23 V;(2) 表 V_1:217.31 V,表 V_2:90 V

第 十 四 章

14-1 (1) $F(s) = \dfrac{a}{s(s+a)}$;(2) $F(s) = \dfrac{\omega\cos\varphi + s\sin\varphi}{s^2 + \omega^2}$;(3) $F(s) =$

$\dfrac{s}{(s+a)^2}$;(4) $F(s)=\dfrac{1}{s(s+a)}$;(5) $F(s)=\dfrac{2}{s^3}$;(6) $F(s)=\dfrac{3s^2+2s+1}{s^2}$;(7) $F(s)=\dfrac{s^2-a^2}{(s^2+a^2)^2}$;(8) $F(s)=\dfrac{a^2}{s^2(s+a)}$

14-2 (1) $f(t)=\dfrac{1}{8}(3+2\mathrm{e}^{-2t}+3\mathrm{e}^{-4t})$;(2) $f(t)=\dfrac{12}{5}\mathrm{e}^{-2t}-\dfrac{34}{9}\mathrm{e}^{-3t}+\dfrac{152}{45}\cdot\mathrm{e}^{-12t}$;(3) $f(t)=2\delta(t)+2\mathrm{e}^{-t}+\mathrm{e}^{-2t}$;(4) $f(t)=\delta(t)+\mathrm{e}^{-t}-4\mathrm{e}^{-2t}$

14-3 (1) $f(t)=\mathrm{e}^{-t}-\mathrm{e}^{-2t}-t\mathrm{e}^{-2t}$;(2) $f(t)=0.5+0.707\mathrm{e}^{-t}\cos(t-135°)$;(3) $f(t)=1+2\mathrm{e}^{-2t}\sin t$;(4) $f(t)=\dfrac{1}{2}t\sin t$

14-5 $i_L(t)=(1-1.5\mathrm{e}^{-50t}+0.5\mathrm{e}^{-150t})\mathrm{A}$

14-6 $u_L(t)=(-3\mathrm{e}^{-t}+18\mathrm{e}^{-6t})\mathrm{V}$

14-7 $i_L(t)=(5+1500t\mathrm{e}^{-200t})\mathrm{A}$

14-8 (1) $U_1(s)=\dfrac{25}{11}\dfrac{(s+1)^2}{s\left(s^2+\dfrac{15}{11}s+\dfrac{6}{11}\right)}$;(2) $U_1(s)=-\dfrac{(s+1)^2}{s^2\left(s+\dfrac{3}{5}\right)}$

14-9 $u_C(t)=[-3.788\times10^{-3}\mathrm{e}^{-50t}+1.9976\sin(1000t-87.138°)]\mathrm{V}$

14-10 $i_1(t)=\left(1-\dfrac{1}{5}\mathrm{e}^{-\frac{1}{5}t}\right)\mathrm{A}, i_2(t)=\dfrac{2}{5}\mathrm{e}^{-\frac{1}{5}t}\mathrm{A}$

14-11 $i_2(t)=(-\mathrm{e}^{-2.5t}+\mathrm{e}^{-0.5t})\varepsilon(t)\mathrm{A}$

14-12 $u_2(t)=\dfrac{4}{3}(\mathrm{e}^{-1000t}-\mathrm{e}^{-250t})\mathrm{V}$

14-13 $u(t)=(1-0.5\mathrm{e}^{-t}-0.5\mathrm{e}^{-2t})\varepsilon(t)\mathrm{V}$

14-14 $i_L(t)=\dfrac{1}{6}[\mathrm{e}^{-t}+(t-1)\varepsilon(t)-(t-1)\varepsilon(t-1)]\mathrm{A}$

14-15 (a) $i(t)=0.15\delta(t)\mathrm{mA}, u_C(t)=50\varepsilon(t)\mathrm{V}$;(b) $i(t)=\left(\dfrac{2}{3}\delta(t)+\dfrac{1}{6}\mathrm{e}^{-\frac{5}{4}t}\right)\mathrm{A}, u_C(t)=\left(\dfrac{4}{5}-\dfrac{5}{12}\mathrm{e}^{-\frac{5}{4}t}\right)\mathrm{V}$

14-16 $u_1(t)=\left(\dfrac{2}{3}-\dfrac{2}{3}\mathrm{e}^{-3t}\right)\mathrm{V}, u_2(t)=\left(\dfrac{1}{3}+\dfrac{2}{3}\mathrm{e}^{-3t}\right)\mathrm{V}$

14-17 $i_L(t)=[(1-\mathrm{e}^{-\frac{1}{6}t})\varepsilon(t)+(1-\mathrm{e}^{-\frac{1}{6}(t-1)})\varepsilon(t-1)-2(1-\mathrm{e}^{-\frac{1}{6}(t-2)})\cdot\varepsilon(t-2)]\mathrm{A}$

14-18 $i_1(t)=\varepsilon(t)\mathrm{A}, u_{L_2}(t)=-\delta(t)\mathrm{V}$

14-19 $u_{C_1}=U_\mathrm{S}\left(1-\dfrac{C_2}{C_1+C_2}\mathrm{e}^{-\frac{1}{R(C_1+C_2)}t}\right)\mathrm{V}, u_{C_2}=u_{C_1}, i_{C_1}=\dfrac{C_1C_2}{(C_1+C_2)^2}\dfrac{U_\mathrm{S}}{R}\mathrm{e}^{-\frac{1}{R(C_1+C_2)}t}-\dfrac{C_1C_2}{C_1+C_2}U_\mathrm{S}\delta(t), i_{C_2}=\dfrac{C_2^2}{(C_1+C_2)^2}\dfrac{U_\mathrm{S}}{R}\mathrm{e}^{-\frac{1}{R(C_1+C_2)}t}+$

$\dfrac{C_1+C_2}{C_1+C_2}U_S\delta(t)$

14-20 $u_{C_1}=(10-4\mathrm{e}^{-0.04t})$ V, $u_{C_2}=4\mathrm{e}^{-0.04t}$ V, $i_1=[12\delta(t)+0.32\mathrm{e}^{-0.04t}]$ A, $i_2=[12\delta(t)-0.48\mathrm{e}^{-0.04t}]$ A, $i=0.8\mathrm{e}^{-0.04t}$ A

14-21 $u(t)=45(1+\mathrm{e}^{-0.1t})$ V

14-22 零点 $z_1=2, z_2=4$,极点 $p_1=-1, p_2=-\dfrac{3}{2}-\mathrm{j}\dfrac{\sqrt{3}}{2}, p_3=-\dfrac{3}{2}+\mathrm{j}\dfrac{\sqrt{3}}{2}$

14-23 (a) $Z(s)=\dfrac{s}{s+2}$; (b) $Z(s)=\dfrac{2(s+2)}{s^2+2s+4}$; (c) $Z(s)=1=\dfrac{(s+2)^2}{s^2+4s+4}$

14-24 (a) $Z(s)=\dfrac{30s^2+14s+1}{6s^2+12s+1}$; (b) $Z(s)=\dfrac{2s+1}{2s^2+s+1}$

14-25 (1) $Z_\mathrm{d}(s)=\dfrac{96s(s^2+55)}{55(s+5)(s^2+6s+25)}$; (2) $Z_\mathrm{t}(s)=\dfrac{96s}{(s+5)(s^2+6s+25)}$; (3) $Z_\mathrm{d}(s)$的零点: $z_1=0$、$z_2=\mathrm{j}\sqrt{55}$、$z_3=-\mathrm{j}\sqrt{55}$,极点: $p_1=-5$、$p_2=-3+\mathrm{j}4$、$p_3=-3-\mathrm{j}4$, $Z_\mathrm{t}(s)$的零点: $z=0$,极点与 $Z_\mathrm{d}(s)$极点相同

14-26 (1) $H(s)=\dfrac{-1}{2s\left(s+\dfrac{1}{2}\right)}$; (2) 无零点,极点: $p_1=0$、$p_2=-\dfrac{1}{2}$

14-27 $H(s)=\dfrac{\dfrac{1}{R_1C_2}s}{s^2+s\left(\dfrac{1}{R_2C_2}+\dfrac{1}{R_1C_2}+\dfrac{1}{R_1C_1}\right)+\dfrac{1}{R_1R_2C_1C_2}}$

14-28 $H(s)=\dfrac{3s}{(s+3)(s+10)}$, $h(t)=-\dfrac{9}{7}\mathrm{e}^{-3t}+\dfrac{30}{7}\mathrm{e}^{-10t}$

14-30 $H(s)=\dfrac{3s+4}{(s+1)(s+2)}$,零点: $z=-\dfrac{4}{3}$,极点: $p_1=-1$、$p_2=-2$

14-31 (1) 1个极点: $p=-1$; (2) 2个极点: $p_1=-\alpha+\mathrm{j}\omega, p_2=-\alpha-\mathrm{j}\omega$; (3) 5个极点: $p_1=p_2=0$(二阶极点), $p_3=-1, p_4=p_5=-3$

14-33 $H(s)=\dfrac{1}{s^2+3s+1}$

14-35 (1) $H(s)=\dfrac{2}{s^2+s+1}$; (2) $h(t)=2.31\mathrm{e}^{-\frac{1}{2}t}\sin\left(\dfrac{\sqrt{3}}{2}t\right)$

14-36 $H(s) = \dfrac{\dfrac{1}{R_1 R_2 C_1 C_2}}{s^2 + s\left(\dfrac{1}{R_1 C_1} + \dfrac{1}{R_2 C_1}\right) + \dfrac{1}{R_1 R_2 C_1 C_2}}$

14-37 (1) $L = \sqrt{2}$ H, $C = \dfrac{1}{\sqrt{2}}$ F; (2) $H(j\omega) = \dfrac{1}{(j\omega)^2 + j\sqrt{2}\omega + 1}$, $|H(j\omega)| = \dfrac{1}{\sqrt{1+\omega^4}}$

14-38 $i(t) = \dfrac{10}{2-a}[(e^{-at} - e^{-2t})\varepsilon(t) - (e^{-at} - e^{-2(t-1)-a})\varepsilon(t-1)]$ A

14-39 (1) 串联结构,$R = 2\ \Omega, L = 1$ H, $C = \dfrac{1}{2}$ F,或其他结构;(2) $h(t)$ 的包络线是衰减的指数曲线或 $h(t)$ 必随时间增长而衰减

14-40 $R = 1\ \Omega, L = \dfrac{1}{2}$ H, $C = 1.6$ F

14-41 (1) $H(s) = \dfrac{2}{2s+3}$, $h(t) = e^{-1.5t}\varepsilon(t)$;(2) 由 $H(j\omega) = \dfrac{1}{j\omega + 1.5}$ 可得幅频特性和相频特性

第 十 五 章

15-1 (a) $\mathbf{A} = \begin{bmatrix} -1 & 1 & 0 & 0 & 0 & 0 & 0 & -1 & 1 & 0 \\ 1 & 0 & 1 & 0 & 0 & 1 & -1 & 0 & 0 & 0 \\ 0 & -1 & 0 & 0 & 1 & -1 & 0 & 0 & 0 & 1 \\ 0 & 0 & -1 & 1 & 0 & 0 & 0 & 1 & 0 & -1 \end{bmatrix}$;

(b) $\mathbf{A} = \begin{bmatrix} 1 & 0 & 1 & 0 & 0 & 0 & 1 & 1 \\ 0 & 0 & -1 & 1 & 1 & 0 & -1 & 0 \\ 0 & 0 & 0 & 0 & -1 & 1 & 0 & 0 \\ -1 & 1 & 0 & 0 & 0 & 0 & 0 & 0 \end{bmatrix}$

15-3 $\mathbf{B}_f = \begin{array}{c} \phantom{\mathbf{B}_f =}\begin{matrix} 4 & 5 & 6 & 8 & 1 & 2 & 3 & 7 \end{matrix} \\ \begin{bmatrix} 1 & 0 & 0 & 0 & 1 & -1 & 0 & 0 \\ 0 & 1 & 0 & 0 & 0 & 1 & 1 & 0 \\ 0 & 0 & 1 & 0 & 0 & 1 & 1 & -1 \\ 0 & 0 & 0 & 1 & -1 & 0 & -1 & 1 \end{bmatrix} \end{array}$

$$Q_f = \begin{matrix} 4 & 5 & 6 & 8 & 1 & 2 & 3 & 7 \end{matrix}$$
$$Q_f = \begin{bmatrix} -1 & 0 & 0 & 1 & 1 & 0 & 0 & 0 \\ 1 & -1 & -1 & 0 & 0 & 1 & 0 & 0 \\ 0 & -1 & -1 & 1 & 0 & 0 & 1 & 0 \\ 0 & 0 & 1 & -1 & 0 & 0 & 0 & 1 \end{bmatrix}$$

15-6 $\begin{bmatrix} 10 & 0 & 5 & 5 \\ 0 & 10 & -5 & 0 \\ 5 & -5 & 15 & 5 \\ 5 & 0 & 5 & 10 \end{bmatrix} \begin{bmatrix} I_{l1} \\ I_{l2} \\ I_{l3} \\ I_{l4} \end{bmatrix} = \begin{bmatrix} 13 \\ -10 \\ 13 \\ 13 \end{bmatrix}$

15-8

$$\begin{bmatrix} R_4+R_5+R_6+j\omega L_2 & R_4+R_5+j\omega(L_2-M) & 0 \\ R_4+R_5+j\omega(L_2-M) & R_3+R_4+R_5+R_7+j\omega(L_1+L_2-2M) & R_3 \\ 0 & R_3 & R_3+\dfrac{1}{j\omega C_8} \end{bmatrix} \begin{bmatrix} \dot{I}_{l1} \\ \dot{I}_{l2} \\ \dot{I}_{l3} \end{bmatrix}$$

$$= \begin{bmatrix} R_4 \dot{I}_{s4} \\ -\dot{U}_{s7}+R_4 \dot{I}_{s4} \\ 0 \end{bmatrix}$$

15-10

$$\begin{bmatrix} j\omega C_1 + \dfrac{1}{R_2} + \dfrac{1}{R_3} & g - \dfrac{1}{R_3} & -g \\ \dfrac{1}{R_3} & \dfrac{1}{R_3}+\dfrac{1}{R_5}+\dfrac{1}{j\omega L_4}-g & g-\dfrac{1}{R_5} \\ 0 & -\dfrac{1}{R_5} & \dfrac{1}{R_5}+\dfrac{1}{R_6} \end{bmatrix} \begin{bmatrix} \dot{U}_{n1} \\ \dot{U}_{n2} \\ \dot{U}_{n3} \end{bmatrix}$$

$$= \begin{bmatrix} \dfrac{\dot{U}_{s2}}{R_2} - \dfrac{\dot{U}_{s3}}{R_3} \\ \dfrac{\dot{U}_{s3}}{R_3} \\ -\dot{I}_{s6} \end{bmatrix}$$

15-12

$$\begin{bmatrix} G_1+G_4+G_8 & G_4+G_8 & G_4+G_8 & -G_4 \\ G_4+G_8 & G_2+G_4+G_5+G_8 & G_4+G_5+G_8 & -G_4 \\ G_4+G_8 & G_4+G_5+G_8 & G_3+G_4+G_5+G_6+G_8 & -(G_3+G_4) \\ -G_4 & -G_4 & -(G_3+G_4) & G_3+G_4+G_7 \end{bmatrix} \begin{bmatrix} U_{t1} \\ U_{t2} \\ U_{t3} \\ U_{t4} \end{bmatrix}$$

$$= \begin{bmatrix} G_4 U_{S4} + G_8 U_{S8} \\ I_{S2} + G_4 U_{S4} + G_8 U_{S8} \\ G_4 U_{S4} + G_8 U_{S8} \\ -G_4 U_{S4} \end{bmatrix}$$

第 十 六 章

16-1 (a) $Y = \begin{bmatrix} -j\frac{1}{\omega L} & j\frac{1}{\omega L} \\ j\frac{1}{\omega L} & j\left(\omega C - \frac{1}{\omega L}\right) \end{bmatrix}$; (b) $T = \begin{bmatrix} 1 & j\omega L \\ j\omega C & 1 - \omega^2 LC \end{bmatrix}$

16-2 (a) $Y = \begin{bmatrix} \frac{5}{3} & -\frac{4}{3} \\ -\frac{4}{3} & \frac{5}{3} \end{bmatrix}$; (b) $Z = \begin{bmatrix} \frac{3}{2} & \frac{1}{2} \\ \frac{1}{2} & \frac{3}{2} \end{bmatrix}$

16-4 (a) $Y = \begin{bmatrix} \frac{5}{12} & -\frac{1}{12} \\ -\frac{1}{4} & \frac{1}{4} \end{bmatrix}$; (b) $Y = \begin{bmatrix} \frac{3}{2} & -\frac{1}{2} \\ -5 & 3 \end{bmatrix}$

16-6 $R_1 = 5\ \Omega, R_2 = 5\ \Omega, R_3 = 5\ \Omega, r = 3\ \Omega$

16-7 $H = \begin{bmatrix} 0.667 & 0.8 \\ -0.8 & 0.84 \end{bmatrix}$

16-9 -2

16-11 $Y_{11} = Y_{22} = \dfrac{sC\left(s + \dfrac{1}{RC}\right)}{2\left(s + \dfrac{1}{2RC}\right)} + \dfrac{s + \dfrac{1}{RC}}{R\left(s + \dfrac{2}{RC}\right)}$,

$Y_{12} = Y_{21} = -\left[\dfrac{s^2 C}{2\left(s + \dfrac{1}{2RC}\right)} + \dfrac{\dfrac{1}{R^2 C}}{s + \dfrac{2}{RC}}\right]$

16-13 $T = \begin{bmatrix} 3.25 & j27 \\ j0.025 & 0.1 \end{bmatrix}$

16-15 $\dfrac{s^2 + 2s + 5}{s^2 + s + 4}$

第 十 七 章

17-1 $u = 1 - 8i^2 + 8i^4$

17-2 $u_1^3 + (u_1 - u_2)^2 = 12,\ u_2^{\frac{3}{2}} - (u_1 - u_2)^2 = 4$

17-3 3 J

17-4 $L = 4$ H

17-5 $i_1^{(1)} = 0.04193$ A, $i_3^{(1)} = 0.04192$ A

17-9 $U_Q = 0.34$ V, $I_Q = 0.66$ A

17-10 $\left[1 + \dfrac{1}{7}\cos(\omega t)\right]$ A

17-11 $\left(3 - \dfrac{1}{9}\cos t\right)$ A

17-12 (1) $U_Q \approx 1.9$ V, $I_Q \approx 1.7$ A; (2) $U_Q \approx 2$ V, $I_Q \approx 1.5$ A

17-13 $R_d = 0.5\ \Omega$

17-14 $u_C = \left(U_0^{\frac{2}{3}} - \dfrac{2}{3}\dfrac{t}{C}\right)^{\frac{3}{2}}$ V

17-15 $u_C(t) = (1 + 2e^{-t})$ V, $0 \leqslant t \leqslant 0.693$ s; $u_C(t) = (3 - e^{t-0.693})$ V, 0.693 s $\leqslant t \leqslant 1.386$ s; $u_C(t) = e^{-2(t-1.386)}$ V, $t > 1.386$ s

第 十 八 章

18-1 $Z_c = 889.14\ \underline{/-9.142°}\ \Omega$, $\gamma = (0.1708 \times 10^{-3} + j1.0617 \times 10^{-3})$ km^{-1}, $v_\varphi = 2.958 \times 10^5$ km/s, $\lambda = 5924$ km

18-2 $Z_c = 84.39\ \underline{/-38.9°}\ \Omega$, $\gamma = (53.32 + j65.99) \times 10^{-3}$ km^{-1}, $v_\varphi = 7.617 \times 10^4$ km/s, $\lambda = 95.2$ km

18-3 $U_1 = 8.164$ V, $I_1 = 0.1633$ A

18-4 $\dot{U}_1 = 224.1\ \underline{/15.73°}$ kV, $\dot{I}_1 = 470.4\ \underline{/23.5°}$ A

18-5 $(40.5 + j46.28)\ \Omega$

索 引

B

比例器	118
变压器	265
理想~	268
并联	34
电阻~	34
波长	477
波过程	498
波速	499
波形	16

C

CCCS	19
CCVS	19
参考方向	9
关联~	10
冲激函数	172
单位~	172
冲激响应	172
一阶电路~	174
二阶电路~	176
初始条件	138
独立~	138
非独立~	138
初始状态	461
串联	33
电阻~	33

阻抗~	223
磁场强度	506
磁感应强度	506
磁化曲线	508
磁路	506
~定律	510
恒定磁通~	512
交变磁通~	517
磁通	507
磁通链	129
磁滞回线	509

D

戴维宁定理	90
导纳	220
复(数)~	222
运算~	356
等效变换	32
等效电路	33
戴维宁~	90
诺顿~	90
等效电阻	32
电导	13
电感(元件)	129
线性~	129
非线性~	448
电感的初始值	139
电感的能量	130
电抗	221

索 引

电流控制电流源	19
电流控制电压源	19
电流源	17
电路	1
线性~	32
非线性~	442
时不变~	32
电路模型	8
电纳	222
电容(元件)	126
线性~	126
非线性~	447
电容的初始值	138
电容的能量	128
电压跟随器	121
电压控制电流源	19
电压控制电压源	19
电压源	16
电源	7
独立~	18
受控~	18
电源的等效变换	42
电阻(元件)	13
线性~	13
非线性~	442
压控~	443
流控~	443
负~	16
叠加定理	82
动态电路	137
动态元件	127
短路	14
短路电流	43
端线	302
对偶原理	105
对偶元素	105

E

二端口	418
~参数	419
~参数互换表	427
~连接	432
二极管	443
二阶电路	156
RLC~	156
二瓦计法	311

F

反射波	486
反射系数	487
方程	52
结点电压~	69
结点列表~	411
回路电流~	65
网孔电流~	62
割集电压~	407
状态~	184
自治~	461
非自治~	461
非振荡放电	158
非正弦周期电流	317
~平均值	326
非正弦周期电流电路	317
~平均功率	327
非正弦周期电压	317
分贝	288
分布(参数)电路	475
分段线性化	454

复功率	238	**H**	
～守恒	239		
复合支路	398	互感	253
复频率	345	互感抗	256
～平面	368	互易定理	102
复数	202	回路	20
～运算	203	独立～	55
傅里叶变换(积分)	337	基本～	56
傅里叶级数	318	回转常数	435
～三角形式	318	回转器	435
～指数形式	334	混沌电路	466

G		**J**	
感(性电)抗	221	基波	319
感(性电)纳	222	基尔霍夫电流定律	21
高次谐波	319	基尔霍夫电压定律	22
三相电路～	330	基尔霍夫定律	20
割集	388	激励	7
独立～	389	集总(参数)电路	13
基本～	390	集总(参数)元件	13
工作点(静态)	447	阶跃函数	168
功率	5	单位～	168
三相电路～	310	阶跃响应	168
无功～	235	一阶电路～	168
有功(平均)～	235	二阶电路～	168
视在～	236	结点	20
瞬时～	233	始～	524
功率守恒	239	终～	524
功率因数	236	矩阵	388
～提高	239	关联～	391
固有频率	282	回路～	393
过渡过程	138	割集～	395
过阻尼	158	H(混合)参数～	426
		T(一般)参数～	425

索　引　　565

Y 参数～	420
Z 参数～	423
卷积	181
均匀传输线	478
～方程	480
～原参数	487
～副参数	487
～稳态解	480

K

KCL	21
KVL	22
开路	14
开路电压	43

L

拉氏变换	345
～定义	345
～线性性质	347
～微分性质	347
～积分性质	348
～延迟性质	348
拉氏变换表	350
拉氏反变换	351
～部分分式展开	351
理想运放	117
～饱和特性	459
连支	55
滤波器	295

M

MATLAB	538
描述语言	527

N

奈培	488
能量	11
电场～	126
磁场～	129
诺顿定理	90

O

耦合电感	252
耦合因数	254

P

PSpice	527
频率	18
复～	345
角～	18
频率响应	279
频谱	319
品质因数	283

Q

Q 值(见品质因数)	283
齐性定理	87
强制分量	148
驱动点导纳	280
驱动点阻抗	280
去耦法	260

R

人工神经网络	469
人工神经元	469
容(性电)抗	221
容(性电)纳	222
入射波	485

S

Spice	527
三角形电源	302
三角形负载	302
三角形联结	37
三相电路	301
对称~	303
不对称~	308
三相电路的连接	303
三相电压	301
三相电源	301
三相三线制	303
三相四线制	303
三要素法	153
时间常数	141
RC 电路~	141
RL 电路~	144
输出	7
输入	7
~电阻	45
~导纳	420
~阻抗	422
树	55
树支	55
瞬时值	16
瞬态分量	148

T

T 形等效电路	428
特勒根定理	99
梯形电路	87
替代定理	88
铁心损耗	517
铁心线圈	519
~电路模型	521
同名端	253
图	53
连通~	54
平面~	56
拓扑	21

V

VCCS	19
VCR	21
VCVS	19

W

网孔	56
网络	9
网络函数	279
~零点	368
~极点	368
稳定状态	148
稳态分量	148

X

相轨道	461	一端口	45
相量	210	含源～	90
有效值～	210	一阶电路	137
振幅～	210	RC～	141
相量法	208	RL～	143
相量图	210	一相计算电路	306
相位(角)	206	有效值(均方根值)	206
初～(初相)	206	正弦量～	207
～差	207	非正弦周期量～	326
～速度(相速)	485	语句	528
响应	7	元件	8
零输入～	141	二端～	8
零状态～	147	三端～	8
全～	152	四端～	8
小信号分析	451	多端～	117
谐波	319	无源～	15
～分析法	319	有源～	16
子～	466	线性～	13
谐振	282	非线性～	13
～频率	282	时变～	13
串联～	282	运算电路	356
并联～	290	运算法	345
星形电源	303	运算放大器(运放)	115
星形负载	303	～外特性	117
星形联结	37	～饱和特性	117
行波	485		
虚地	120	**Z**	
虚短	120		
虚断	120	折线(分段线性)电阻	461
选择性	286	折线法	454
		振荡	160
Y		衰减～	160
		自激～	465
Y-Δ等效变换	37	张弛～	458
Y形联结(同星形联结)	37	正弦电流电路	209

正弦量(波)	205	～位移	309
正弦稳态电路	209	中性线	302
正弦稳态分析	227	自由分量	148
支路	20	阻抗	220
～电流法	58	复(数)～	221
～阻抗矩阵	399	运算～	356
～导纳矩阵	403	特性～	482
驻波	493	最大功率	97
状态	184		
～平面	461	**其他**	
～变量	184		
自感(系数)	129	△形联结(同三角形联结)	37
中性点	302	π形等效电路	428

参 考 书 目

[1]　周守昌主编. 电路原理(上、下册). 2 版. 北京:高等教育出版社,2004.

[2]　俞大光编. 电工基础(中册). 修订本. 北京:高等教育出版社,1965.

[3]　陈希有主编. 电路理论基础. 3 版. 北京:高等教育出版社,2004.

[4]　李瀚荪编. 电路分析基础. 3 版. 北京:高等教育出版社,1993.

[5]　吴锡龙编. 电路分析. 北京:高等教育出版社,2004.

[6]　狄苏尔 C A,葛守仁著. 电路基本理论. 林争辉主译. 北京:高等教育出版社,1979.

[7]　Hayt W H, Kemmerly J E. Engineering Circuit Analysis. 3rd ed. [s.l.]:McGraw－Hill,Inc.,1978.

[8]　Chua L O,Desoer C A,Kuh E S. Linear and Nonlinear Circuits. [s.l.]:McGraw－Hill Inc.,1987.

[9]　Alexander C K, Sadiku M N O. Fundamentals of Electric Circuits. [s.l.]:McGraw－Hill Inc.,2000.

[10]　Boylestad R L. Introductory Circuit Analysis. 9th ed. [s.l.]:Prentice－Hall,Inc.,2000.

[11]　肖达川编著. 电路分析. 北京:科学出版社,1984.

[12]　林争辉著. 电路理论(第一卷). 北京:高等教育出版社,1988.

[13]　邱关源主编. 电工基础(上册). 北京:高等教育出版社,1965.

[14]　邱关源编著. 现代电路理论. 北京:高等教育出版社,2001.

内 容 简 介

本书为普通高等教育"十五"国家级规划教材,是《电路》(第 4 版)(邱关源主编,高等教育出版社,1999)的修订版。

全书共分 18 章,主要内容有:电路模型和电路定律、电阻电路的等效变换、电阻电路的一般分析、电路定理、含有运算放大器的电阻电路、储能元件、一阶电路和二阶电路的时域分析、相量法、正弦稳态电路的分析、含有耦合电感的电路、电路的频率响应、三相电路、非正弦周期电流电路和信号的频谱、线性动态电路的复频域分析、电路方程的矩阵形式、二端口网络、非线性电路、均匀传输线,另有磁路和铁心线圈、PSpice 简介和 MATLAB 简介三个附录。书末附有部分习题答案。

本书可供高等学校电子与电气信息类专业师生作为电路课程的教材使用,也可供有关科技人员参考。

郑 重 声 明

高等教育出版社依法对本书享有专有出版权。任何未经许可的复制、销售行为均违反《中华人民共和国著作权法》，其行为人将承担相应的民事责任和行政责任，构成犯罪的，将被依法追究刑事责任。为了维护市场秩序，保护读者的合法权益，避免读者误用盗版书造成不良后果，我社将配合行政执法部门和司法机关对违法犯罪的单位和个人给予严厉打击。社会各界人士如发现上述侵权行为，希望及时举报，本社将奖励举报有功人员。

反盗版举报电话：(010) 58581897/58581896/58581879
传　　真：(010) 82086060
E - mail：dd@hep.com.cn
通信地址：北京市西城区德外大街 4 号
　　　　　高等教育出版社打击盗版办公室
邮　　编：100120

购书请拨打电话：(010)58581118

图书在版编目（CIP）数据

电路 / 邱关源，罗先觉主编. —5 版. —北京：高等教育出版社，
2006.5（2022.8 重印）
ISBN 978-7-04-019671-9

Ⅰ. 电… Ⅱ. ①邱…②罗… Ⅲ. 电路-高等学校-教材 Ⅳ. TM13

中国版本图书馆 CIP 数据核字（2006）第 049675 号

| 策划编辑 | 刘激扬 | 责任编辑 | 曲文利 | 封面设计 | 李卫青 | 责任绘图 | 朱 静 |
| 版式设计 | 陆瑞红 | 责任校对 | 王效珍 | 责任印制 | 高 峰 | | |

出版发行	高等教育出版社	网 址	http://www.hep.edu.cn
社　　址	北京市西城区德外大街 4 号		http://www.hep.com.cn
邮政编码	100120	网上订购	http://www.landraco.com
印　　刷	河北新华第一印刷有限责任公司		http://www.landraco.com.cn
开　　本	787 × 960　1/16		
印　　张	36.75	版　次	1979 年 7 月第 1 版
字　　数	690 000		2006 年 5 月第 5 版
购书热线	010-58581118	印　次	2022 年 8 月第 44 次印刷
咨询电话	400-810-0598	定　价	59.90 元

本书如有缺页、倒页、脱页等质量问题，请到所购图书销售部门联系调换
版权所有　侵权必究
物　料　号　19671-C0